中国西北干旱气候变化对农业与生态影响及对策

张 强 王润元 邓振镛 等 编著

内容简介

本书共分四篇21章。第一篇中国西北干旱气候变化及气象灾害的基本特征,概述了气候系统与气候变化、西北地区和典型区域气候变化的基本特征、极端气候事件对气候变化的响应。第二篇中国西北干旱气候变化对农业的影响,包括气候变化对农作物生长影响的成因、气候变化对6种粮食作物和6种经济作物以及19种特种作物的影响、对作物种植结构的影响及调整方案、对农作物病虫害的影响和对林牧业的影响。第三篇中国西北干旱气候变化对农业生态环境的影响,包括气候变化对农业水资源、农田土壤水分、农田土壤环境及生物多样性和自然植被的影响。第四篇中国西北干旱气候变化的影响评价与预警技术,包括对西北干旱气候变化的预估、气候变化对水资源和生态环境以及农业生产的影响评价、农业气候变化预警业务系统和农业应对气候变化的对策与技术。

本书系统介绍了西北干旱气候变化对农业与生态影响及应对技术,侧重于基本事实、基本方法、基本理论和基本原理。是一本资料翔实、内容丰富及理论性、针对性和实用性强的专著,具有较高的学术价值和实践指导作用。本书可作为气候变化、农业气象科学、地理科学、环境科学、生态科学、农林牧业科学等相关专业从事科研和业务的专业技术人员以及政府部门的决策管理者的参考材料,也可供相关学科的大专院校师生阅读。

图书在版编目(CIP)数据

中国西北干旱气候变化对农业与生态影响及对策/张强等编著.
—北京:气象出版社,2012.1
ISBN 978-7-5029-5413-0

Ⅰ.①中… Ⅱ.①张… Ⅲ.①干旱-气候变化-影响-农业生态-研究-西北地区 Ⅳ.①S181

中国版本图书馆 CIP 数据核字(2011)第 275979 号

出版发行:	气象出版社		
地　　址:	北京市海淀区中关村南大街46号	邮政编码:	100081
总 编 室:	010-68407112	发 行 部:	010-68409198
网　　址:	http://www.cmp.cma.gov.cn	E-mail:	qxcbs@cma.gov.cn
责任编辑:	陈　红	终　　审:	黄润恒
封面设计:	燕　彤	责任技编:	吴庭芳
责任校对:	石　仁		
印　　刷:	北京中新伟业印刷有限公司		
开　　本:	787 mm×1092 mm　1/16	印　　张:	30.25
字　　数:	768千字		
版　　次:	2012年1月第1版	印　　次:	2012年1月第1次印刷
定　　价:	90.00元		

本书如存在文字不清、漏印以及缺页、倒页、脱页等,请与本社发行部联系调换

前言

于20世纪80年代兴起的全球变化研究,因其提出了人类社会未来发展的诸多重大挑战,已经引起了各国政府、科学界与公众的强烈关注。其中陆地生态系统变化及其与非生物过程变化的关系研究以及气候变化对农业的影响研究是全球变化研究中的重要内容。地处北半球中纬度的中国西北干旱半干旱区是一个不同于世界其他干旱区的独特区域,在全球环境系统中占有极为特殊的地位。西北干旱半干旱区不仅是全球气候变化响应最敏感的地区之一,也是生态和社会环境最脆弱的地区之一,受气候变化影响更加显著,其生态环境的变化对区域和全球气候变化的贡献也比较突出。随着全球变暖,这一地区的水资源日益短缺,天然植被退化,土地荒漠化,气象灾害增多,生态环境不断恶化,总体干旱化趋势已非常明显。该地区气候、生态和环境以及气候变化对其影响等问题一直是国内外科学家和政府关注的科学热点。

农业是对气候变化响应最为敏感的行业之一,气候变化对发展现代农业提出了前所未有的严峻挑战。中国是农业大国,受气候变化的影响,农业气象灾害的频率和强度明显增大,农业生产损失巨大,粮食安全压力和农业生产的不稳定性增加,不同农业气候区域的生产布局和结构将出现变动,农业成本和投资大幅度增加。如何认识和解决这些问题,确保中国农业实现可持续发展,是目前需要进一步研究的紧迫课题。

为此,本书概述了西北干旱气候变化的主要特征,介绍了气候变暖对农业与生态的影响规律,揭示了西北农业和生态对气候变化的响应规律以及适应特征,提出了西北农业和生态应对气候变化的适应技术及其对策。研究成果对于推动现代农业发展,促进西北农业安全生产,改善自然生态与环境,提升西北社会经济可持续发展能力,具有十分重大的意义;研究成果丰富了对干旱气候变化、农业气象和农业生态的科学认识,具有重要的科学价值和现实意义。

本书共分四篇21章。第一篇中国西北干旱气候变化及气象灾害的基本特征,概述了气候系统与气候变化、西北地区和典型区域气候变化基本特征、极端气候事件对气候变化的响应等内容,由董安祥、张强、邓振镛、陈少勇、杨金虎、王毅荣等撰写。第二篇中国西北干旱气候变化对农业的影响,主要内容包括气候变化对农作物生长影响的成因,气候变化对粮食作物、经济作物、特种作物的影响,对作物种植结构的影响及调整方案,对农作物病虫害的影响和对林牧业的影响等,由邓振镛、肖国举、蒲金涌、姚玉璧、曹玲、刘明春、姚小英、马兴祥、王鹤龄、赵鸿、张谋草、肖志强等撰写。第三篇中国西北干旱气候变化对农业生态环境的影响,主要内容包括气候变化对农业水资源、农田土壤水分、农田土壤环境及生物多样性的影响和对自然植被的影响等,由姚玉璧、肖国举、邓振镛、刘明春、蒲金涌、曹玲、张凯、张谋草、李巧珍等撰写。第四篇中国西北干旱气候变化的影响评价与预警技术,主要内容包括对西北干旱气候变化的预估,气候变化对水资源、生态环境、农业生产的影响评价,农业气候变化预警业务系统和农业应对气候变化的对策与技术等,由王润元、张强、王鹤龄、赵鸿、方锋、董安祥、姚玉璧、邓振镛、马兴祥、张凯、万信等撰写。参加工作的人员还有倾继祖、杨启国、黄蕾诺、徐金芳、蒋丽萍等。

本书由张强、王润元负责审阅、定稿;邓振镛承担总编辑及全书修改统稿;王润元、邓振镛、董安祥、姚玉璧和蒲金涌负责各篇的初审与修改。

本书是国家公益性行业(气象)科研专项"西北地区旱作农业对气候变暖的响应特征及其预警和应对技术研究"课题(编号:GYHY200806021)的主要成果之一,并得到该课题的资助,编写由中国气象局兰州干旱气象研究所牵头,甘肃省干旱气候变化与减灾重点实验室、中国气象局干旱气候变化与减灾重点开放实验室、宁夏大学、兰州大学、西北师范大学、甘肃省气象局、青海省气象局、宁夏回族自治区气象局、陕西省气象局、定西市气象局、天水市气象局、武威市气象局、庆阳市气象局等单位共同参与完成。

本书的出版得到国家科技部、中国气象局、甘肃省科技厅等单位大力支持和关心,深表感谢。

由于时间较紧,水平所限,错漏在所难免,敬请广大读者斧正。

编著者
2012 年 1 月

目　录

前言

第一篇　中国西北干旱气候变化及气象灾害的基本特征

第1章　气候系统与气候变化 (1)
1.1　气候系统 (2)
1.2　气候变化 (5)
1.3　气候变化原因 (9)
1.4　西北干旱气候系统 (13)

第2章　西北地区气候变化基本特征 (16)
2.1　温度变化 (16)
2.2　降水变化 (21)
2.3　日照变化 (25)
2.4　辐射变化 (29)

第3章　典型区域气候变化基本特征 (33)
3.1　祁连山区及河西走廊云水变化基本特征 (33)
3.2　黄土高原气候变化基本特征 (49)

第4章　气候变化背景下的气象灾害特征 (56)
4.1　气候灾害与全球变化 (56)
4.2　干旱 (60)
4.3　高温热浪 (63)
4.4　干热风 (68)
4.5　霜冻 (72)
4.6　沙尘暴 (77)
4.7　冰雹 (81)
4.8　暴雨 (88)
4.9　生态气象灾害 (93)

第二篇　中国西北干旱气候变化对农业的影响

第5章　气候变化影响农作物生长的机理 (100)
5.1　研究方法 (100)

5.2	对作物生理生态特征的影响	(103)
5.3	对作物气候生产力的影响	(115)
5.4	对作物气候生态适应性的影响	(127)

第6章 气候变化对主要粮食作物的影响 (136)
  6.1 冬小麦 (136)
  6.2 春小麦 (140)
  6.3 玉米 (143)
  6.4 马铃薯 (148)
  6.5 谷子 (153)
  6.6 糜子 (157)
  6.7 综述 (161)

第7章 气候变化对主要经济作物的影响 (166)
  7.1 棉花 (166)
  7.2 胡麻 (172)
  7.3 冬油菜 (176)
  7.4 春油菜 (178)
  7.5 甜菜 (183)
  7.6 综述 (187)

第8章 气候变化对主要特种作物的影响 (192)
  8.1 果类 (192)
  8.2 瓜类 (212)
  8.3 中药材类 (217)
  8.4 其他类 (227)
  8.5 综述 (248)

第9章 气候变化对作物种植结构的影响及调整方案 (252)
  9.1 农业种植结构影响因素及调整原则 (252)
  9.2 对种植制度的影响 (255)
  9.3 对作物布局的影响 (260)
  9.4 西北地区农业种植结构调整方案与政策措施 (264)
  9.5 典型区域农业种植结构调整发展战略与优化方案 (268)

第10章 气候变化对主要农业病虫害的影响 (277)
  10.1 对主要农作物病害的影响 (277)
  10.2 对主要农作物虫害的影响 (283)
  10.3 气候变化对农作物病虫害的主要危害特征 (291)
  10.4 应对技术 (292)

第 11 章　气候变化对林牧业的影响 …………………………………………………… (294)
　　11.1　对林业的影响 …………………………………………………………………… (294)
　　11.2　对畜牧业的影响 ………………………………………………………………… (297)

第三篇　中国西北干旱气候变化对农业生态环境的影响

第 12 章　气候变化对农业水资源的影响 ………………………………………………… (305)
　　12.1　气候变化与水循环和水资源 …………………………………………………… (305)
　　12.2　对地下水资源的影响 …………………………………………………………… (309)
　　12.3　对冰川积雪的影响 ……………………………………………………………… (312)
　　12.4　对内陆湖泊的影响 ……………………………………………………………… (314)
　　12.5　对内陆河水资源的影响 ………………………………………………………… (319)
　　12.6　对外流河水资源的影响 ………………………………………………………… (332)

第 13 章　气候变化对农田土壤水分的影响 …………………………………………… (337)
　　13.1　土壤水热特征和蒸散量 ………………………………………………………… (337)
　　13.2　对旱作地土壤水分的影响 ……………………………………………………… (344)
　　13.3　对灌区土壤水分的影响 ………………………………………………………… (351)
　　13.4　对主要农作物土壤水分的影响 ………………………………………………… (354)

第 14 章　气候变化对农田土壤环境及生物多样性的影响 …………………………… (372)
　　14.1　对土壤环境的影响及胁迫效应 ………………………………………………… (372)
　　14.2　对生物多样性的影响 …………………………………………………………… (381)
　　14.3　对农业生态系统组成与结构和功能的影响 …………………………………… (383)

第 15 章　气候变化对自然植被的影响 ………………………………………………… (386)
　　15.1　祁连山区及河西走廊 …………………………………………………………… (386)
　　15.2　新疆荒漠和半荒漠区 …………………………………………………………… (390)
　　15.3　青藏高原 ………………………………………………………………………… (394)
　　15.4　生态环境保护与建设 …………………………………………………………… (399)

第四篇　中国西北干旱气候变化的影响评价与预警技术

第 16 章　对西北干旱气候变化的预估 ………………………………………………… (406)
　　16.1　西北干旱气候变化的综合评价 ………………………………………………… (406)
　　16.2　未来气候变化的演变趋势 ……………………………………………………… (407)
　　16.3　气候变化预测的不确定性 ……………………………………………………… (410)
　　16.4　科学应对气候变暖的策略 ……………………………………………………… (411)

第 17 章　气候变化对水资源的影响评价 ……………………………………………… (413)
　　17.1　气候变化对水资源的影响评价方法 …………………………………………… (413)

17.2　未来气候变化对水资源的影响预测……………………………………(416)
　　17.3　水资源可持续利用……………………………………………………(418)
第18章　气候变化对生态环境的影响评价……………………………………………(422)
　　18.1　甘肃省脆弱生态环境定量评价………………………………………(422)
　　18.2　石羊河流域生态环境定量评价………………………………………(429)
第19章　气候变化对农业生产的影响评价……………………………………………(434)
　　19.1　对农作物的影响评价…………………………………………………(434)
　　19.2　对畜牧业的影响评价…………………………………………………(440)
第20章　农业应对气候变化的对策与技术……………………………………………(442)
　　20.1　气候变化对农业技术的影响…………………………………………(442)
　　20.2　农业应对气候变化对策的影响因素…………………………………(443)
　　20.3　农作物应对气候变化对策与技术……………………………………(444)
　　20.4　畜牧业应对气候变化对策与技术……………………………………(446)
　　20.5　农业可持续发展的基本策略…………………………………………(448)
第21章　气候变化对农业影响预估及预警业务系统…………………………………(452)
　　21.1　未来气候变化对农业影响预估………………………………………(452)
　　21.2　预警技术………………………………………………………………(454)
　　21.3　预警业务系统…………………………………………………………(456)
参考文献……………………………………………………………………………………(463)

第一篇　中国西北干旱气候变化及气象灾害的基本特征

随着科学的发展,气候从一个局地的、低层大气特征的概念转变为全球气候系统的概念。气候学的研究对象也自然而然地扩展为全球气候系统。人类活动对地球气候的影响日益显著,气候改变也反过来影响着社会的发展。

受气候变暖影响,一系列频繁发生的、历史罕见的极端天气、气候事件正突破人们以往所认识的天气特点和气候规律,对人类防范气象灾害和应对气候变化提出了更加严峻的挑战。这已成为目前国际社会十分关注的问题。全球气候变暖的第一个影响,就是导致地球气候系统出现不平衡,而非不可预测,但是真正要防止它频频为难人类,人类必须开始反思自身,善待地球。

第1章　气候系统与气候变化

随着人类社会经济的进步和科学的深入发展,大气科学家们越来越认识到,人类赖以生存的大气环境的变化不止受到大气圈自身运动规律的控制,还受到来自于大气圈进行物质和能量交换的其他圈层的影响。"气候系统"(Climate System)的概念在1974年的一次国际气候讨论会上被首次提出。接着在1979年的"世界气候大会"上,明确要求将气候系统的5个圈层(岩石圈、水圈、冰雪圈、大气圈、生物圈)结合起来研究。这标志着人类在气候变化问题认识上的一次质的大飞跃,将气候学从气象学与地理学之下的一个分支学科,提升为地球物理学、地质学、海洋学、水文学、气象学和生态学之间的一个交叉学科。使气候变化研究不再仅局限于大气圈,而将它视为是"气候系统各子系统间的相互作用在大气圈中的反映"。在此思想的指导之下,近30年来,气候学得到了突飞猛进的发展(高晓清,2004)。

"气候系统"的概念提出后,明确了今后气候研究的指导思想,即各子系统之间的相互作用决定着系统的整体特征。这一概念扩展了气候研究的视野和思路。它是如此之吸引人,以至于地球科学家紧跟着在20世纪80年代初提出了"地球系统"(Earth System)的概念。两者的差别仅在于将前者中的"岩石圈"换成为"固体地球圈"(包括岩石圈、上下地幔和内外地核)。气候变化的研究也随之扩充为"全球变化"(Global Change)的研究。由此"气候系统"实际上就成为"地球系统"的表层系统,其质量比地球系统小两个数量级(高晓清,2004)。1998年美国气象学会计划委员会在向其理事会的10年展望研究报告中曾明确指出:"许多大气过程若按地球系统的孤立成分对待,就无法进行全面的分析、理解和预测。"

地球系统概念的提出是长期科技发展,特别是过去几十年地球科学、生命科学各分支研究和技术发展的必然结果。目前,地学和生物学各学科的研究已渐趋成熟,并相互交叉渗透,圈层之间的界面过程研究已成为学科发展的当务之急。地学家们已经认识到地球系统各部分相互作用及其对外源的响应是理解地球这一系统整体行为的关键。对全球变化过程的研究关系到未来人类生存和可持续发展的进程。气候变化作为全球变化的核心问题理应从地球系统的高度认真加以研究。

1.1 气候系统

1.1.1 气候系统

随着科学的发展，气候从一个局地的、低层大气特征的概念转变为全球气候系统的概念。气候学的研究对象也自然而然地扩展为全球气候系统。由于人类活动日益影响地球的气候，气候改变又反过来影响社会的发展。因此，气候学的研究在20世纪的最后20～30年发生了革命性的变革。

一般来说，完整的气候系统是由5个部分所组成，它们是大气圈、海洋圈、冰雪圈、岩石圈和生物圈。气候就是气候系统内部各成员间相互联系、相互作用下所达到的一种缓慢变化的准平衡状态。气候系统是一个很复杂的系统。气候变化不仅是由于发生在大气内部的动力、热力过程所造成，更重要的是由于受海洋、冰雪圈（冰川、海冰和陆上冰雪覆盖）、岩石圈（山脉、陆面、土壤）、生物圈和人类活动的影响。这些各不相同的"圈层"之间的相互作用可以形成月、季、年、年代际以及百年以上时间尺度的气候变化(IPCC，2007)。

在这个系统自身动力学和外部强迫作用下（如火山爆发，太阳变化，人类活动引起的大气成分的变化和土地利用变化），气候系统不断地随时间演变（渐变与突变），而且具有不同时空尺度的气候变化与气候变率（月、季、年、年代际、百年尺度等气候变率与振荡）。与之相联系，对气候形成的物理因子，也不仅限于太阳辐射、海陆分布与大气环流。例如人类活动造成的大气中温室气体浓度变化对气候的影响，就是近几十年气候研究的中心问题；又如20世纪末人们发现深海中的热盐环流(thermohaline circulation)改变，可能是气候突变的重要成因之一。这些都是对经典气候学概念的突破。因此可以说20世纪后四分之一，气候学发生了一次革命。现代气候学研究的是全球系统。气候观测不再只限于地面测站而是广泛应用各种卫星，进行对全球的遥感遥测。据此提出了全球气候观测系统计划所用的方法不再仅仅是统计分析系统，而广泛利用各种各样的气候模式进行模拟研究。研究内容也不仅限于气候的物理过程，而且与化学过程、生物过程联系在一起，气候学以崭新的面貌进入21世纪。

1.1.2 气候系统各圈层相互作用

气候系统中有许多反馈机制能放大（"正反馈"）或缩小（"负反馈"）气候强迫变化的效应。例如，温室气体浓度的增加使地球气候变暖，雪和冰就会开始融化。雪和冰融化后，原来藏在雪和冰下面的深色的地面和水面露了出来，这些深色的表面吸收更多的太阳热量，就会造成进一步增温，进而又造成更多的雪、冰融化，周而复始，愈演愈烈。这种反馈循环被称为"冰—反照率反馈"，放大了最初由于温室气体的增加而造成的变暖(周秀骥等，2004)。

气候系统五大圈层的相互作用是气候变化的重要原因。研究表明：气候异常以及年际、年代际变化取决于五大圈层各分量的总体行为。由于各圈层分量变化的时间尺度不同，各圈层在不同时间尺度气候变化中起着不同的作用。因此，深入研究各层圈分量自身的变化规律及其对其他层圈的影响是研究气候变化的基础和前提。气候系统模式是目前研究、模拟和预测气候变化的重要工具,在气候模式研究中,如何定量地确定大气圈、水圈、冰雪圈、岩石圈、生物圈等各圈层分量的能量和物质交换和相互作用,成为气候模式发展中最重要的科学问题之一。

1.1.2.1 气候系统基本物理过程

气候变化是气候系统各圈层相互作用的结果。在这些相互作用中,目前应重点研究不同圈层各自变化的基本物理过程和它们间的相互作用机理。其基本物理过程如下:影响气候长期变化的温盐环流及海洋的经向热输送;海洋的能量平衡及其在气候系统能量循环中的作用;各大洋的调整过程和上层海洋变化的主周期;圈层间的相互作用、反馈机制及耦合理论;太平洋—印度洋暖池的物理过程及其对气候系统的影响;热带印度洋上层海洋季节和年际变化规律与形成机制;海洋—大气耦合涛动及机理;土壤—植被—大气相互作用;非均匀地表的参数化及尺度转换。

大面积的、持续时间较长的极端气象水文事件(如旱涝灾害)与大尺度的、持续反常的大气环流相关。海—陆—气间的相互作用会影响区域和全球气候变化,进而以各种方式改变水循环过程(周秀骥等,2004)。

1.1.2.2 海—陆—气相互作用

(1)亚洲季风系统海—陆—气相互作用

我国气候属于季风气候。东亚地区西倚世界屋脊—青藏高原,东临太平洋,地形多变,周边海陆分布复杂,特殊的地理条件造就了这一区域特别的气候特征。亚洲季风的建立、中断、活跃和撤退与中国降水、气温紧密相关;亚洲季风的爆发时间和强度的年际变化很大,同时具有明显的年代际变化特征。亚洲季风系统异常复杂,海—陆—气相互作用和青藏高原大地形温差的季节变化是亚洲季风系统动力学中的核心科学问题之一,也是制约季风年际和年代际变化的重要因素。南海海气相互作用与夏季风爆发、青藏高原在季风中的作用是我国学者在国际亚洲季风研究方面提出的独具特色的科学问题(周秀骥等,2004)。

(2)ENSO与亚洲季风系统相互作用

ENSO循环是发生在热带太平洋上典型的海洋—大气耦合现象,它是气候系统中最显著的年际和年代际变化强信号。ENSO与亚洲季风系统存在相互作用。在20世纪90年代初已发现,ENSO与季风降水有密切关系。90年代中期,我国学者首先发现并提出,强的冬季风有可能引起第二年厄尔尼诺事件的发生。随后,在ENSO与季风的相互作用方面取得一批研究成果:西太平洋海气相互作用在ENSO对季风的影响中起着重要作用,季风的强弱会影响ENSO循环的振幅;与海气相互作用关系密切的大气季节内振荡,在ENSO与亚洲季风系统中扮演着重要而特殊的角色(周秀骥等,2004)。

1.1.2.3 气溶胶—云—辐射相互作用

气溶胶是大气中的一种重要微量成分,它是许多大气化学过程的媒介或终端产物。实际大气气溶胶的成分非常复杂,它可以通过吸收和散射太阳辐射而直接影响地气系统的辐射平衡,即直接辐射气候效应。由于对气溶胶直接辐射强迫的估计中有很大的不确定性,因此气溶胶对全球尺度辐射收支的影响至今还没有可信的定量结果。在估计大气气溶胶气候效应方面所遇到的困难,是造成解释近百年气温变化不确定性的一个主要原因。另一方面,气溶胶粒子又可以作为云的凝结核影响云的光学特性、云量以及云的寿命,产生间接效应,目前对间接辐射强迫估计的不确定性更大。云辐射强迫是气候系统中最敏感的气候强迫,对云的形成和演变有重要影响的过程是气候系统中最重要的物理过程(周秀骥等,2004)。

1.1.2.4 大气－冰雪圈过程

冰雪圈在全球气候变化中起着重要作用。中国的冰雪圈研究主要包括南极、北极和高亚洲(主要是青藏高原)。青藏高原是世界上最大最高的高原,其主体平均海拔高度在 4500 m 以上。独特的地理气候条件使得以青藏高原为中心的高亚洲地区冰川广布。除了极地地区之外,以青藏高原为中心的高亚洲地区也是冰芯研究的理想场地。高亚洲冰雪圈在全球变化中起着重要的作用,因此高亚洲冰芯研究是全球变化研究的重要内容之一(周秀骥等,2004)。

1.1.2.5 圈层界面的能量与物质交换

在气候和环境系统中,圈层间的相互作用和影响是通过其界面上的能量与物质交换来完成的。圈层界面的能量与物质交换是地球气候环境系统的关键性环节之一,也是国际全球气候变化研究的焦点问题之一。

此外,水循环是联系气候系统中各大圈层的纽带,是气候系统各种物质循环中最积极、最活跃的部分,同时也是地球上各种物质循环的中心循环。气候系统中许多物质、能量的交换和运动必须依靠水循环才得以实现。水循环在气候系统中扮演着一个集成者的角色,它深入到整个气候系统中,特别是人类活动中,控制着气候变率和变化,维持着生命活动,是一个相当复杂的问题(周秀骥等,2004)。

全球碳循环及其驱动机制的研究是全球变化科学中的一个重要组成部分,也是 20 世纪 90 年代兴起的跨学科、综合性、大规模国际合作研究热点。

1.1.3 东亚气候系统

要预测气候灾害的发生,首先必须了解气候灾害是如何产生的。要了解气候灾害的成因,不仅要知道控制气候灾害发生的大气内部过程,而且还要知道大气外部如海洋、陆面等的热力状况及其对大气的影响。中国气候灾害的发生主要是由于东亚气候系统变化所引起。如图 1.1 所示,这个系统包括了以下几个成员:

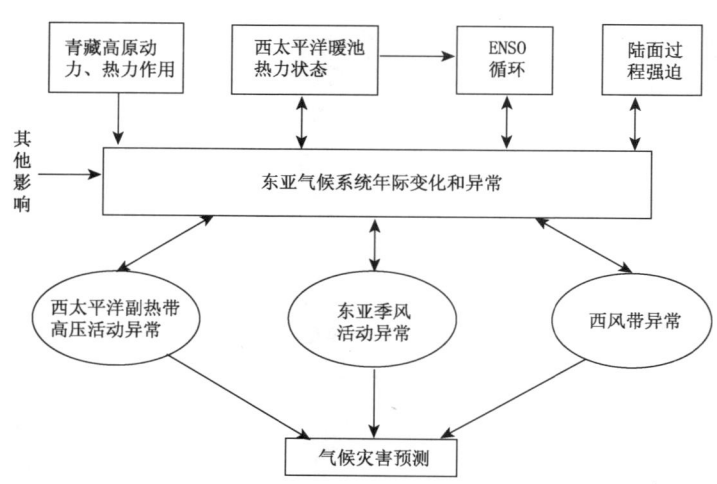

图 1.1 东亚气候系统示意图

(1) 在大气圈中有东亚季风(包括冬、夏季风)、西太平洋副热带高压、中纬度扰动;

(2) 在海洋圈中有热带太平洋的厄尔尼诺和南方涛动循环(ENSO 循环)、热带西太平洋暖池热力状态和印度洋的热力状态;

(3) 在陆面与岩石圈有青藏高原的动力、热力作用、北冰洋海冰、欧亚积雪以及陆面过程,特别是干旱和半干旱区的陆面过程。

上述东亚气候系统的变化与异常可以引起中国气候的季节内、年际和年代际变化与异常,从而引起中国重大气候灾害(黄荣辉,2003)。

1.2 气候变化

气候的主要要素是温度和降水。温度变化是直接和主动的,而降水的变化是间接和被动的,是对温度变化的响应,所以温度变化才是气候变化的真正本质。气候系统温度的改变主要靠气候系统内部总热能及其分布状态的改变来实现。气候系统中水分的存在状态和输送过程会由于温度的变化而改变,从而改变气候系统的大气水分含量和降水过程。温度增暖,一般会增加液态和气态水,而减少固态水,蒸发加大,增加大气的持水能力,从而增加降水,温度变化还可以通过改变大气环流和大气动力形势来影响降水特征。不过,降水变化更受关注,是气候变化的核心,它是影响人类生存环境的决定性因素。人类活动向大自然排放许多温室气体,二氧化碳(CO_2)是温室气体中的主要角色,其对温室效应的贡献占到 70% 左右。本书在全球与中国气候变化中主要讨论 CO_2 浓度、温度和降水。

1.2.1 CO_2 浓度

研究表明,随着人类生产活动的日益加剧,排放到大气中的二氧化碳量日益增多,大气中二氧化碳浓度含量创下新高。

地球气候在不断地变化着,虽然地质年代气候变化一般是温度超前于二氧化碳的变化,但通过二氧化碳的反馈作用,可知二氧化碳与温度变化总是以大致相同的趋势在演变,并使初始的增温进一步放大。可以说,二氧化碳是气候变化的一个关键驱动力或反馈机制,对于近代气候变化尤其是如此。

1.2.1.1 全球大气 CO_2 浓度变化

在工业化前的 8000 年里,大气 CO_2 浓度仅增加了 20 $\mu mol \cdot mol^{-1}$,几十年到百年尺度上的变化少于 10 $\mu mol \cdot mol^{-1}$,并且可能主要是由于自然过程。然而,自 1750 年以来,CO_2 浓度已经增加了近 100 $\mu mol \cdot mol^{-1}$。已从工业化前的约 280 $\mu mol \cdot mol^{-1}$,增加到了 2005 年的 379 $\mu mol \cdot mol^{-1}$。过去十年(1996—2005 年)的 CO_2 年增长率(1.9 $\mu mol \cdot mol^{-1} \cdot a^{-1}$)高于有连续直接大气观测以来(1960—2005 年)的平均年增长率(1.4 $\mu mol \cdot mol^{-1} \cdot a^{-1}$)(图 1.2)。2006 年为 381.2 $\mu mol \cdot mol^{-1}$,2008 年增加到 385.2 $\mu mol \cdot mol^{-1}$。

在最近几十年里,CO_2 排放持续增加。大气 CO_2 增长率的短期变化主要受大气和陆地生物圈之间 CO_2 通量变化的控制,海洋通量变率的影响较小,但很重要。陆地生物圈通量的变率受气候扰动的影响,气候扰动会通过植物生长影响对 CO_2 的吸收,还会通过有机物的异养呼吸和林火所产生的腐烂影响 CO_2 重新排放回大气。大气 CO_2 增长率的年际变化主要源于

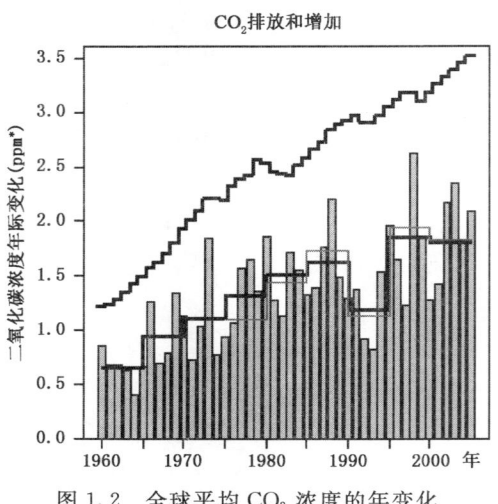

图 1.2　全球平均 CO_2 浓度的年变化

厄尔尼诺—南方涛动(ENSO)事件,因为 ENSO 事件会影响陆地通量、海平面温度、降水以及林火的发生(IPCC,2007)。

图 1.2 中灰色条纹为年变化,黑色和下部的黑色台阶线条为根据两个不同的观测网资料所计算的五年平均,五年平均平滑了与 1972 年、1982 年、1987 年和 1997 年强 ENSO 事件相关的短期扰动。五年平均中的不确定性由黑色线条和下部黑色线条之间的差异来表示,其量级为 0.15 $\mu mol \cdot mol^{-1}$。上部的台阶线条表示所有化石燃料燃烧产生的排放都留存在大气中而没有其他排放时可能产生的年增加。

1.2.1.2　中国大气 CO_2 浓度变化

中国大气 CO_2 浓度的观测始于 1991 年。观测站设立在地处青藏高原东北部的瓦里关山(Mt. Waliguan),是世界气象组织(WMO)的全球大气观测(Global Atmosphere Watch)监测网络 22 个大气本底站之一(WMO,2002)。从瓦里关山站的监测结果看:大气 CO_2 浓度自 1991 年以来一直处于上升趋势,其上升的趋势可表述为线性函数。年平均增长率约为 1.79 $\mu mol \cdot mol^{-1} \cdot a^{-1}$。这一明显的上升趋势说明:人类活动引起的碳排放量多于地球生态系统所吸收的碳量。中国大气 CO_2 浓度的变化与世界气象组织的观测结果基本一致。瓦里关山站的监测结果还显示:中国大气 CO_2 浓度表现出十分明显的年内季节循环,以 4 月和 5 月的浓度为最高,而以 7 月和 8 月的浓度为最低;二者相差在 10 $\mu mol \cdot mol^{-1}$ 左右(丁一汇,2008;气候变化国家评估报告,2007)。

1.2.2　气温

1.2.2.1　全球气温变化

气候变暖是指气候系统总体温度随时间不断升高的趋势,以大气温度升高为主要特征。当前,气候系统的变暖是确定的,从全球平均气温和海温升高、大范围雪和冰融化及海平面上升的观测中得到的证据支持了这一观点(图 1.3)。

---

* 1 ppm $= 10^{-6}$。

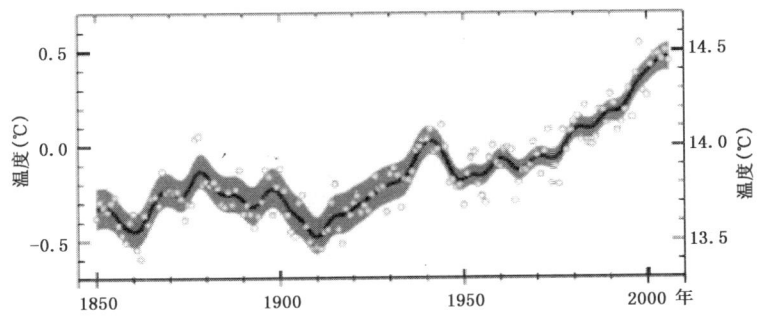

图 1.3 已观测到的年全球平均地表温度

(所有变化差异均相对于 1961—1990 年的相应平均值。各平滑曲线表示
十年平均值,各圆点表示年平均值。阴影区为不确定性区间)

根据全球地表温度器测资料,1850 年以来,最近 12 年(1995—2006 年)中有 11 年位列最暖的 12 个年份之中。100 年(1906—2005 年)线性趋势倾向率为 0.074℃·(10 a)$^{-1}$[0.056~0.092℃·(10 a)$^{-1}$],近 50 年(1956—2005 年)的线性趋势倾向率为 0.13℃·(10 a)$^{-1}$[0.10~0.16℃·(10 a)$^{-1}$],几乎是近 100 年的两倍。从 1850—1899 年到 2001—2005 年,气温升高总量为 0.76℃(0.57~0.95℃)。2005 年和 1998 年是 1850 年器测全球地表温度记录以来最暖的两年。

由探空和卫星观测对流层中、低层温度进行的分析表明,二者之间的变暖率基本上是一致的,并且在各自的不确定性范围内与 1958—2005 年和 1979—2005 年之间的地表温度记录一致。

近 30 年来全球大范围增温,最大增温幅度出现在北半球高纬地区。最大增温期发生在北半球冬季(12 月,1 月和 2 月平均)和春季(3 月,4 月和 5 月平均)。近 100 年来,北极平均温度几乎以两倍于其他地区的速率升高。

极端温度变化与变暖相一致。观测结果显示,中纬度区域霜冻日数大范围减少,极端暖日数(最暖 10% 的白昼或黑夜)增加,极端冷日数(最冷 10% 的白昼或黑夜)减少(图略)。冷夜变化最显著,1951—2003 年间,在有观测资料的所有区域(76% 的陆地)冷夜均减少。

从更长时间尺度看,20 世纪下半叶北半球的平均温度很可能比过去 500 年内的任何其他 50 年的温度高,并可能是至少过去 1300 年内最温暖的时候(IPCC,2007)。

1.2.2.2 中国气温变化

1951—2001 年,中国年平均气温整体上升趋势非常明显,温度变化达 0.22℃·(10 a)$^{-1}$;51 年平均气温上升了约 1.1℃。增温主要从 20 世纪 80 年代开始,且有加快趋势。图 1.4 给出了 1905—2001 年的全国平均温度变化情况。可以看到,中国年平均温度呈现明显的上升趋势,97 年中上升了 0.79℃,平均增温速率约为 0.08℃·(10 a)$^{-1}$,这一变化略高于全球平均的增温幅度。明显增暖主要发生在 20 世纪 20—40 年代和 80 年代中期以后两个时段,90 年代和 40 年代分别比平均值偏高 0.37℃ 和 0.36℃。1998 年是最暖的 1 年,相对 1971—2000 年平均值高出 1.13℃,第二个最暖年发生在 1946 年。两个明显的偏凉时期是 20 世纪 10—20 年代和 50—60 年代,早期的偏凉程度尤其突出。综合不同资料和方法得出的结果,目前大体可以认为,中国近百年增温幅度为 0.5~0.8℃。

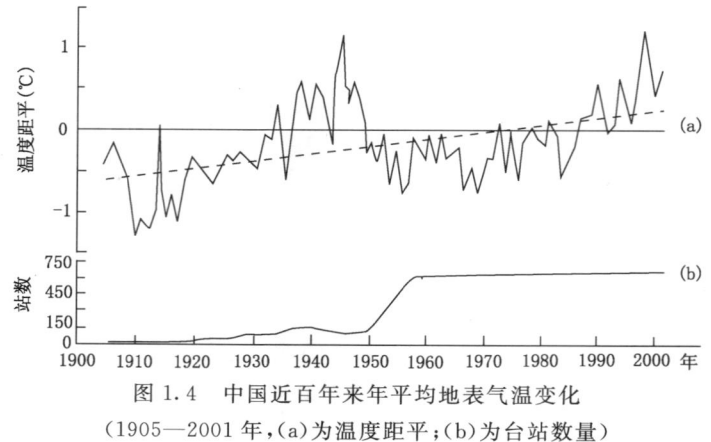

图 1.4 中国近百年来年平均地表气温变化
(1905—2001 年,(a)为温度距平;(b)为台站数量)

中国 1951—2001 年春季、夏季、秋季、冬季平均气温都呈上升趋势,其中冬季上升趋势最明显,变化速率高达 $0.36℃ \cdot (10 a)^{-1}$;春季和秋季增温也很显著,夏季增温幅度最小。春季和夏季温度变化特征相近,主要的增温开始于 20 世纪 90 年代中期,秋、冬季明显的增温始于 20 世纪 80 年代早期,1987 年后增温有加快趋势。

全国范围内,除局部地区有较小的气温下降趋势外,其他地方均呈上升趋势。我国北方(秦岭、淮河一线以北地区)和青藏高原的部分地区年平均气温升高明显;但西南地区北部,包括四川盆地东部和云贵高原北部年平均气温呈下降趋势。这个区域的降温现象早在十几年前就已经被发现,目前仍然在持续。季节平均温度分析显示降温主要发生在春、夏季。长江中下游地区在近 50 年来也表现出夏季降温的趋势(丁一汇,2007)。

1.2.3 降水

1.2.3.1 全球降水变化

就半球和大陆尺度而言,最近的研究证实至少从 20 世纪 80 年代以来,无论在陆地和海洋上空,还是在对流层上层,平均大气水汽含量都有所增加,这与较暖空气能够容纳更多水汽总体一致。

对流层水汽增加。自 1976 年以来,陆地和海洋表面的比湿普遍增加,这与温度偏高具有密切联系。1988—2004 年,全球海洋上空整层水汽以每十年 1.2%±0.3%(95%信度)的速度增长。

全球降水量在 1900—2005 年间存在长期趋势。在南北美东部、欧洲北部、亚洲北部和中部已观测到降水量显著增加,在萨赫勒、地中海、非洲南部和亚洲南部部分地区已观测到降水量减少。降水的时空变化很大。在其他大的区域尚未观测到长期趋势(IPCC,2007)。

虽然全球许多地区的降水增加,但干旱面积也增加。干旱持续时间延长,旱情强度也增大。自 20 世纪 70 年代以来,干旱变得更加寻常,尤其是在热带和亚热带地区。在澳大利亚和欧洲,通过最近伴随干旱出现的高温和热浪极值,推断这与全球变暖有直接的联系。预计大陆温度的升高将导致更多的蒸发和干旱。

1.2.3.2 中国降水变化

从全国平均来看,近 47 年来年降水量呈现小幅增加趋势。但是,降水量变化对计算所取的时间区段比较敏感,如果取 1951—2000 年,全国平均降水量几乎没有趋势性变化。在 1956—2002 年期间,降水最多的年份是 1998 年,最少的年份是 1986 年。1990 年以来,大部分年份的降水量均高于常年,而 20 世纪 60 年代多数年份则低于常年值。

近 50 年来中国东北东部、华北中南部的黄淮海平原和山东半岛、四川盆地以及青藏高原部分地区年降水变化出现不同程度的下降趋势,其中山东半岛的负趋势最显著。黄河、海河、辽河和淮河流域平均年降水量 1956—2002 年约减少了 50~120 mm。在全国的其余地区,包括西部地区的大部分、东北北部、西南西部、长江下游和东南丘陵地区,年降水量均呈现不同程度的增加,其中长江下游、华南沿海和西北地区的增加比较显著。长江中下游和东南地区年降水量 1956—2002 年平均增加了 60~130 mm,西部大部分地区的年降水量从相对意义上看也有比较明显的增加,东北北部和内蒙古大部分的降水有一定程度增加。可见,20 世纪 90 年来以来黄河中下游流域和华北平原的持久干旱及长江中下游地区的频繁洪水均有其长期降水气候变化背景。年平均降水变化具有明显的区域差异,特别是 20 世纪 80 年代以来,由于东亚夏季风较弱,中国降水分布呈典型的南涝北旱现象(丁一汇,2007)。

1.3 气候变化原因

气候变化有两种:气候的自然变化和人类活动引起的变化。前者是气候系统中五大圈层(大气圈、水圈、冰雪圈、岩石圈、生物圈)相互作用和其他外部因子(如太阳辐射、地球轨道等)作用的结果;后者则与人类的工业、农业活动密切相关。气候变化是二者的叠加,并具有多时空尺度的特征。气候变化过程有渐变和突变之分,在适当的条件下,气候可发生不连续的"跳跃",即突变。气候变化在全球范围内深刻地影响着自然环境和社会环境,对资源和工业的影响重大而深远。

大气中温室气体和气溶胶含量的变化、太阳辐射变化以及地表特性的变化,都会改变气候系统的能量平衡。这些变化用"辐射强迫"一词表述,它被用于比较各种人为和自然驱动因子对全球气候的变暖或降冷作用。

本书在自然变化中主要讨论太阳和火山活动,在人类活动中主要讨论温室气体和气溶胶。目前人类活动无疑已成为主导因素。温室气体排放的增加是人类活动对气候变化最主要的贡献。

1.3.1 自然变化

1.3.1.1 太阳活动

太阳辐射能是气候变化的最原始动力。气候系统中能量基本上都直接或间接来源于太阳。太阳辐射的直接贡献,保证了人类生存环境的适应温度,生物化石和植物燃料蕴涵的化学能是太阳能通过光合作用转化的,水势能则是太阳能通过加热蒸发地表水到大气后再降落时转化的势能,风能是太阳辐射产生的热能分布不均匀转化成的动能。

关于总的太阳辐照度的连续监测到现在已经有 28 年了。资料表明,太阳辐照度有一确定的 11 年周期,从周期的最小值到最大值,太阳辐照度存在 0.08% 的变化,其长期趋势不显著。关于辐照度变化的基本原因是太阳黑子的太阳圆盘(主要表现为紧密的、黑暗的特征,这里辐射局地被消耗)和太阳光球上的光斑(主要表现大范围的发亮特征,这里太阳辐射被局地增强)

的存在。估算的从 1750 年以来由于太阳输出量的变化造成的直接辐射强迫为 +0.12 (+0.06~+0.3)W·m^{-2},由于缺少直接的观测和对长时间尺度上太阳变率机制的不全面认识,还存在很大的不确定性(IPCC,2007)。

太阳活动对气候的影响是确定的。太阳活动有十分明显的 11 年左右周期性变化,王绍武(2005)曾分析了北半球的气温与太阳黑子 11 年周期的关系。发现在 $(m+2)$ 年及 $(M+2)$ 年气温较低,而在 $(m-1)$ 年及 $(M-1)$ 年气温较高。另外在 $(m-1)$ 年及 $(M-1)$ 年北京的夏季降水少,而在 $(m+1)$ 年及 $(M+1)$ 年降水多。这些均反映在一个 11 年周期内气候出现两个波动的情况。

大量研究发现气候要素普遍存在 22~23 年左右的周期,这种周期的长度是 11 年周期的两倍。中国地区的夏季降水有 22~23 年周期,并且中国的旱涝与北美大平原的旱涝变化相反。主高年(即主高周的 M 年)中国涝、美国旱。次高年(次高周的 M 年)中国旱、美国涝。类似的研究还有不少。这表明 22~23 年周期是地球气候振动的一个比较主要的周期。有人把 22~23 年周期称为太阳黑子的磁周期即"海尔周期"。但是现在还不清楚黑子磁场的变化对太阳辐射有什么影响。

太阳活动的 80~90 年周期称为世纪周期或格莱斯堡周期(Gleissberg),18 世纪末,19 世纪中和 20 世纪中 11 年周期的峰值均较强,而在 19 世纪初和 20 世纪初则 11 年周期的峰值均较弱。太阳活动的世纪周期对我国大范围的降水有一定影响。根据 500 年旱涝等级资料,当太阳活动世纪周期的高峰之后,我国自北向南会进入多雨期。当太阳活动世纪周期增强时,长江流域梅雨开始日期推迟,梅雨期缩短,长江最高水位上升,黄河流量增大,西太平洋台风数目减少。

英国天文学家蒙德尔于 1893 年发现 1645—1715 年这 70 余年的时间太阳活动十分平静,称为"蒙德尔极小期"(The Maunder Minimum)。在蒙德尔极小期时,欧洲正处于小冰期时期(Little Ice Age),当时欧洲出现了严寒记录,如英国泰晤士河历史上的 3 次封冻(1684 年、1694 年和 1709 年)就都发生在这个时期。清朝顺治到康熙年间是近 500 年来我国最寒冷的时期,也发生在这个时期。大量证据表明小冰期是一个全球尺度的气候寒冷事件,而很多科学家认为在小冰期的形成中,太阳活动的减弱可能是一个重要的原因。

百年或更长时间尺度太阳活动对气候变迁的影响也是存在的。近 5000 年的太阳活动与气候变化趋势基本一致。但是,要定量分析太阳活动对气候变迁的影响还需要详细的诊断分析和数值模拟研究(王绍武等,2005)。

1.3.1.2　火山活动

当发生大规模的火山爆发时,爆发物被喷入大气中非常高的地方,这就会使气溶胶反射的太阳光量发生十分显著的变化。这些气溶胶会在影响了气候 1~2 年之后,才会降至对流层,然后由降水将其输送回地表。因此,大规模的火山爆发能够让全球表面平均气温下降约 0.5℃,并且持续数月甚至数年的时间。所以火山爆发对气候的影响也称为"阳伞效应"(IPCC,2007)。

就全球平均来看,在强火山爆发之后 3~5 个月降温比较明显,低温可持续 10~15 个月。但主要是 1~2 年内影响较显著,大约经过 4~5 年如果没有新的火山爆发,则逐渐恢复正常。但是火山活动影响有明显的地区和季节差别。首先,不同半球的火山喷发影响是不同的。根据西尔(Sear)等的研究,北半球的喷发往往使全球气温在 3 个月之后即产生最大降温,而南半球的喷发则要迟到 19~20 个月之后降温才达到最大。不过北半球喷发影响的时间短，南半球喷发影响时间长。其次，从季节上看，火山喷发后受到影响最大的是夏季气温。如日本气候学家认为日本夏季低温与火山活动有密切关系，日本历史上著名的四大冷害年（1695 年、1755 年、1783 年和 1837 年）均与强火山爆发有关。

在气候的长期变化中，火山活动至少是和太阳活动变化、温室效应影响等具有相同量级的强迫因子，对气候的长期变化有十分重要的影响。历史上强火山活动对我国气候影响的例子也是很多的。有史以来最强火山喷发，即坦波拉火山 1815 年 4 月的喷发，其影响遍及全球，中国也不例外。据历史文献记载，其对中国气候的影响在喷发之后两年即 1817 显现，这年夏季中国很多地区出现异常严寒。近百年长江下游的气温分析和近 70 年我国的气温等级图资料，也说明在大的火山爆发后两年内，我国夏季和秋季大范围气温的确明显偏低，同时盛夏我国东部的季风雨带也趋向于南移，容易导致北旱南涝的现象（王绍武等，2005）。

1.3.2 人类活动

人为引起的气候变化主要是由于大气中温室气体含量的变化造成的，此外大气中微粒（气溶胶）的变化及土地使用的变化等也是气候变化的原因。

1.3.2.1 温室气体

由于自 1750 年以来的人类活动影响，全球大气二氧化碳、甲烷和氧化亚氮浓度已明显增加，目前已经远远超出了根据冰芯记录得到的工业化前几千年中的浓度值。全球大气二氧化碳浓度的增加，主要由于化石燃料的使用和土地利用变化，而甲烷和氧化亚氮浓度的变化则主要是由于农业。

全球大气中甲烷浓度值已从工业化前约 715ppb*，增加到 20 世纪 90 年代初期的 1732ppb，并在 2005 年达到 1774ppb。2005 年大气甲烷浓度值已远远超出了根据冰芯记录得到的 65 万年以来浓度的自然变化范围（320~790ppb）。自 20 世纪 90 年代以来，其增长速率已下降，这与此期间内甲烷总排放量（人为与自然排放源的总和）几乎趋于稳定相一致。

全球大气中氧化亚氮浓度值已从工业化前约 270ppb，增加到 2005 年的 319ppb。其增长速率自 1980 年以来已大致稳定。

二氧化碳、甲烷和氧化亚氮增加所产生的辐射强迫总和为 2.30 W·m^{-2}（2.07~2.53 W·m^{-2}），工业化时代的辐射强迫增长率很可能在过去一万多年里是空前的。二氧化碳的辐射强迫在 1995—2005 年间增长了 20%，至少在近 200 年中，它是其间任何一个十年的最大变化。

1.3.2.2 气溶胶

大气气溶胶是悬浮于空气中固态和液态质点组成的一种复杂的化学混合物，它们的大小从几纳米的超细颗粒到几个微米直径以上的粗颗粒。大气气溶胶的典型尺度为 0.001~10 μm，其在大气中的居留期至少为几小时，平均可达几天、一周到数周，甚至到数年（如平流层气溶胶）。

大气气溶胶作为大气水圈循环中的一个有机部分，主要影响云和降水的微物理过程，同时

---

* 1 ppb=10^{-9}。

也影响大气稳定度和云的反照率。大气气溶胶的分布常表现为大气棕色云的形成。大气棕色云对亚洲季风的影响,主要表现在两个方面。

(1) 亚洲季风减弱

在政府间气候变化专门委员会(IPCC)的第二次评估报告(1995年)中,根据气候模式的预测,在温室气体强迫作用中,如包含硫化物气溶胶的冷却作用。则在21世纪中叶将使印度和中国部分地区的季风减弱,季风降水将减少,其值达10%。主要原因是气溶胶的霾云减小了驱动季风的海陆温差,从而减弱季风强度,同时较冷的陆面使蒸发量减少,这也使大气中水汽含量减少。这个结果表明,如果气候模式只考虑温室气体的作用,则预报结果是亚洲夏季风区的降水和土壤湿度增加,但如果另外包含气溶胶的作用,季风降水则减弱,并且气溶胶的时空分布大大影响区域预测。

气溶胶对亚洲季风的总体气候效应主要是减弱夏季风环流和降水,黑碳和沙尘气溶胶虽然可能会使对流与季风降水增强,但只限于局部地区。

(2) 对干旱和暴雨的影响

最近20多年,东亚夏季风持续偏弱,江淮流域和华南多雨,经常出现暴雨洪涝,而华北持续干旱,尤其从1978年以后。近年华南和沿海地区工业经济迅速发展引起了硫酸盐气溶胶增加是导致我国夏季风雨带南移的一个可能原因。硫酸盐气溶胶明显削弱到达地面的太阳辐射,而使地表降冷,从而减小了夏季海陆热力差异,造成东亚夏季风环流减弱,西太平洋副热带高压脊线南移,季风雨带偏南。另外,也有研究指出,黑碳气溶胶也可能是造成我国雨带南移和长江流域对流性暴雨发生频繁的一种可能机制。

进一步分析表明,黑碳气溶胶加入后。通过大气吸收太阳辐射,使大气柱加热,从而改变气柱的垂直温度廓线,蒸发、潜热通量、大气稳定度等物理特性,使得加入黑碳气溶胶的地区上升运动加强,如果水汽供应充分,有利于对流活动和暴雨发生。局地对流的加强反过来又引发更大尺度大气环流产生相应的适应性调整,结果在上升运动区南北两侧诱导出下沉气流,抑制华北和华南降水的发生。

我国的地形云降水是许多地区水资源的主要来源,尤其是在干旱和半干旱地区这种降水更为重要。但近年的研究表明,自1954年以来,当山区山顶的能见度小于8 km时,由于气溶胶的影响。地形云降水可能减少30%~50%,这表明由气溶胶造成的空气污染可明显减少山区水资源,干旱条件更易发生。

总之,大气气溶胶对水资源的影响主要是通过改变水循环实现的。大气气溶胶的气候效应之一是影响亚洲或东亚季风的强度以及云系的降水特征,从而改变降水的时空分布和降水强度(丁一汇,2009)。

数据相关性和模式模拟结果均表明,在工业化时代开始前的一百万年中,太阳变化和火山活动有可能是导致气候变异的首要原因。在1950年以前的至少7个世纪中,该时段内北半球年代际温度变率重建结果中的相当部分,很可能归因于火山爆发和太阳活动变化。

近百年的现代气候变化由自然的气候波动与人类活动共同造成,而近50年的全球变暖主要是由人类活动造成——虽然对这个结论有不同的声音和争论,但总体上在科学界达成了共识。

怎样使我们的人类社会科学、和谐、可持续地发展是全世界共同关心的重大问题,也是人类生存与自然的基本矛盾,更是地球科学家所面临的严重挑战。随着"气候系统"和"地球系统"概念的提出和发展,科学家们才普遍认识到,地球上的许多现象必须在"地球系统"或"气候系统"思想的指导下才能被完整地理解,气候突变现象更是如此。这两个概念的提出对地球科学研究的方向及方法论的改变有决定性的影响,大大拓展了人类认识地球的视野,提高了人类认识地球的能力。所以,只有在系统思想的指导下,通过学科交叉,才能更深刻地理解气候突变的原因,推动地球科学的发展,为人类更美好的明天服务。这是我们应该努力的方向。

1.4 西北干旱气候系统

西北干旱气候系统是由该区域内的大气、岩石、土壤、冰雪、生物、湖泊和河流等子系统有机组成的,它是一个相对稳定、独立的系统。但它包含了一些可被人类活动和宇宙因子触发的潜在不稳定因素。与其他区域气候系统相比,西北干旱气候系统更脆弱,它对人类活动的响应也更敏感。它的变化包含了气候、环境和人类活动之间的互动(例如,人类活动能引起气候变暖,气候变暖将使冰川退缩,而冰川退缩既通过对地表反射率等因子的改变影响气候,又通过对河流水资源流量改变对人类活动产生作用)。当代西北区域气候系统最显著的特点之一就是人类活动对气候变化的影响比以往任何时候都重要(张强,2000)。

1.4.1 西北干旱气候的形成理论

由于地球自转和太阳随纬度不均匀加热,在副热带纬圈上(即哈得来环流与费雷尔环流之间)必定出现大规模下沉气流,这一动力特征不利于在副热带产生降水。且副热带天气晴朗,日照时间较长,太阳辐射强度也较大(与纬度有关),使地面蒸发力也较强。所以形成了在副热带附近广泛分布的干旱气候带。海陆热力差异、洋流和大地形作用则造成这一干旱气候带不规则分布和强度空间分布不均匀。

西北干旱气候区则偏离副热带干旱气候带,处在中低纬度地区,它形成的大气环流背景为:冬季,在高空东亚大槽后部和地面蒙古高压控制之下,盛行下沉气流;在夏季,为青藏高压向北辐散形成的下沉气流控制。这种环流特征是大尺度运动规律和西北地区区域因素非线性叠加的结果。西北干旱气候系统形成的区域因素概括起来有:(1)西北干旱气候区位于中亚大陆腹地,海洋湿空气不易到达;(2)青藏高原的地形动力作用使西北干旱气候区向北偏离副热带至中低纬度地区;(3)青藏高原的热力作用使位于青藏高原北部的西北干旱区反气旋环流盛行,形成了不利于降水发生的下沉气流区;(4)干旱区给自由大气输送的水分极少,由此造成的潜热释放也极少,使干旱区自由大气表现为"热汇"和"湿汇",会加强不利于降水发生的自由大气下沉趋势;(5)干旱区大气沙尘严重,使大气稳定度增强,抑制了降水条件(上升运动)的发展;(6)西北干旱区的沙漠或戈壁下垫面对太阳加热响应迅速,使得地面的蒸发力也很强,加重了干旱化的程度。同时,干旱气候还与形成干旱气候的后三个因素之间存在正反馈关系。所有这些地区性因素不仅造成西北干旱区偏离全球干旱气候带,而且面积更广大、旱情更重(张强,2000)。

1.4.2 西北干旱气候变化及预测理论

气候变化主要由自然因子和人类活动控制,气候变化率也可以分离成自然变率和人为变率。大约在工业革命前气候变化主要受自然因素影响,因此应以自然变率为主。然而,在当代,人类活动在气候变化中已显得越来越重要,因此,应同时考虑自然变率和人为变率。

我们知道,西北地区气候并非一直如此干旱,过去也曾有过相对湿润的时期。已有研究表明,西北气候变化具有振荡的特性,即成周期性波动。在18000～15000年前该地区是异常干旱的,当时的沙漠面积比现在一倍。9000～5000年前西北地区却变得相当湿润,现在的腾格里沙漠、毛乌素沙地和乌兰布和沙漠当时都并不存在,沙漠区退至甘肃张掖附近。现在西北地区又逐渐变得干燥起来,但还未达到18000～15000年前的水平。这在更大程度上反映的是西北气候的自然变化趋势。人类活动引起的气候变化的研究方兴未艾,虽有不少研究认为会使西北地区未来进一步干旱,但至今还没有令人确信的资料来表明这一点。

气候自然变化的因素可以分成两类,一类是气候系统的外部因子对气候系统的强迫,主要指天文因子和地核(如火山爆发);另一类是气候系统各个成员的非线性相互作用,包括海—气、陆—气、冰—气等相互作用。外部因子是气候变化的驱动力,内部各成员的相互作用是系统内部自调过程,也是对外部因子驱动的气候变化的扩缩因素。

火山爆发是地核能量释放的结果,它是突发性的,在气候变化中很难预测,但预测已爆发火山对未来气候变化的影响是基本可以做到的。天文强迫因子包括地球公转半径变化、太阳黑子活动(如11年准周期的太阳黑子活动高峰)、地球自转变化等,它们引起的气候变化是有一定规律的,可以大致看成不同时间周期的波动。如果能对其规律把握得较好,它引起的气候变化是基本上可以预测的。气候系统内部各成员之间的相互作用是非常复杂的,是非线性的,包含物理、化学和生物等一系列过程。它对气候变化的贡献只有通过复杂的与陆面过程耦合的大气数值模式来预测。

人类活动是气候变化的新驱动力。与气候变化有关的人类活动有:工业排放对大气成分(主要为二氧化碳和臭氧)的改变;森林砍伐和城市化对地貌特征的改变;过度开垦和放牧使草地退化和沙漠面积扩大。这些因素都会引起区域甚至全球性气候变化。人类活动对气候的影响是通过气候系统内部各成员对其影响的响应而实现的。

人类活动引起的气候变化是很难预测的。它受社会生产、经济活动,甚至政治生活的控制,人们只能根据未来的人口增长规模、工农业生产方式、经济发展速度、科学技术发展水平等大体估计这些因子的变化程度以及由此引起的气候变化,很显然它是一个非客观因子,不确定性很强。但它并不完全受人的意志左右,社会发展本身也有其客观规律,例如,从工业化开始,二氧化碳排放急剧增加,但随着社会的进一步发展和信息与生物工程技术的进步,二氧化碳排放必然将会得到有效控制,这就是社会规律。

天文因子主要影响十年以上时间尺度的气候变化,它的变率一般在短期内很小,在十年以内的气候变化中是可以忽略不计的。火山活动影响的气候变化时间尺度不会太长,在几年以内考虑这种变化。气候系统内各成员之间的相互作用影响气候变化的时间尺度相对更短,大约在年或年际尺度的范围内。人类活动影响气候变化的时间尺度较广,可以是几年,也可以是几十年甚至几百年,它的累计效应对气候可能会有深刻影响。

天文因子对气候的影响在全球具有普遍的规律,它在西北区域气候系统也是适用的。火山活动很少直接影响西北区域气候系统,但可以通过全球变化来带动。西北区域气候系统的内部成员主要有沙漠(或戈壁)、绿洲、草地、雪山和冰川、青藏高原、湖泊、河流及其区域大气。它们的演变及其相互作用具有很强的区域特性,对西北气候变化有明显影响。人类活动对西北气候有间接影响也有直接影响,人类排放的二氧化碳通过影响全球气候变化来间接带动西北区域气候变化,而植被改变和沙漠化既直接影响西北气候又参与全球变化。同时,西北干旱气候系统是整个地球气候系统的一个组成部分,它不仅受全球气候变化的影响,而且也反馈并参与全球气候变化。西北地区还有一个特殊的影响因子即大规模移民和灌溉工程,这不仅会引起局地小气候变化,也会影响西北区域气候变化(张强,2000)。

第 2 章　西北地区气候变化基本特征

2.1　温度变化

2.1.1　气温的空间基本特征

冬、春、夏、秋四个季节平均气温和年平均气温的分布情况表明:西北地区的季、年平均气温的分布除受纬度制约外,地形的影响作用也很大。105°E 以东地区,地势较低,地形变化较为平缓,气温随纬度升高而降低。105°E 以西,则主要由大地形决定等温线分布。就年平均气温而言,西北地区东南端的安康站 15.6℃,为区域内最高;青海高原的台站气温明显偏低,在 4℃ 以下,其中伍道梁站达-5.5℃,为区域内最低;南疆的塔里木盆地气温高于区域内同纬度地区,10℃ 等温线刚好沿其边缘闭合;吐鲁番盆地 14.1℃,为 104°E 以西地区最高;北疆则在 5℃ 以下(陶健红,2009)。

2.1.2　年平均气温变化特征

2.1.2.1　西北四省(区)

西北四省(区)包括陕西、甘肃、宁夏和青海,其年平均气温为 8.3℃。由图 2.1 可见,西北地区的年平均气温自 1961 年以来呈持续上升趋势,每 10 年增温达到 0.27℃,近半个世纪以来气温升高了 1.3℃,气温与时间的相关系数达到了 0.46,显著性水平超过了 0.001。2006 年是西北地区近 48 年来最暖的年份,平均气温为 9.7℃,比常年偏高 1.4℃;1967 年是近 48 年来最冷的年份,平均气温为 7.4℃,比常年偏低 1.0℃。明显看出西北地区气温从 1987 年后其上升幅度也逐渐加大,这说明西北地区从 1987 年开始进入暖期,温度升高异常显著,呈现明显的上升趋势,特别是 1996 年以后,年均气温呈快速上升趋势,比 30 年的气温平均值高出 0.4~1.4℃,增温幅度之大是近半个世纪来没有过的。1997—2008 年是近 48 年最暖的 12 年。

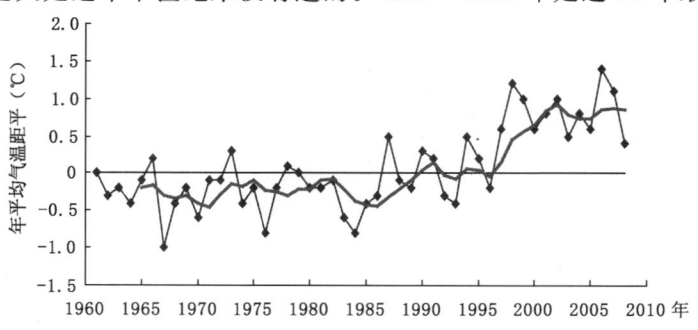

图 2.1　西北四省(区)年平均气温距平变化曲线(1961—2008 年)

西北地区年平均气温表现为全区一致的增加趋势(图 2.2),全区气候倾向率均为正值。

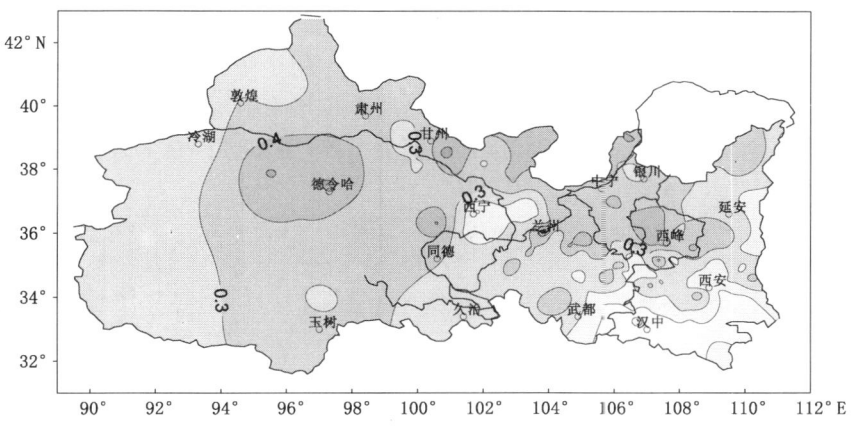

图 2.2 西北四省(区)年平均气温气候倾向率分布(1961—2008 年)

年平均气温的气候倾向率大于 0.3℃·(10 a)$^{-1}$ 的区域位于青海、甘肃河西走廊、陇中北部、陇东和宁夏。西北地区其他地方气温的气候倾向率在 0.1~0.3℃·(10 a)$^{-1}$ 之间变化。

从 20 世纪 60 年代至 21 世纪,西北四省(区)平均气温上升幅度逐渐加大,尤其是进入 90 年代后,上升速率明显增大。21 世纪和 20 世纪 90 年代比 70 年代和 80 年代分别上升了 1.0℃和0.5℃;比 60 年代分别上升了 1.1℃和0.6℃。也就是说自 1961 年以来,西北区经历了由冷期向暖期转变的过程。1961—1985 年为冷期,1985 年后为暖期,与全球和中国增温期基本一致(表 2.1)。

表 2.1 西北四省(区)平均气温的年代际变化(1961—2008 年)

时间	1961—1970 年	1971—1980 年	1981—1990 年	1991—2000 年	2001—2008 年
平均气温(℃)	8.0	8.1	8.1	8.6	9.1

由图 2.3 的 UF 曲线可以看见,自 20 世纪 80 年代以来,西北四省(区)年平均气温有一明显的增暖趋势。2000 年以后这种增暖趋势大大超过显著性水平 0.05 临界线,甚至超过 0.001 显著性水平($u_{0.001}=\pm 2.56$),表明西北区气温的上升趋势是十分显著的。根据 UF 和 UB 曲线交点的位置,可以确定西北区年平均气温 20 世纪 90 年代的增暖是一突变现象,突变发生在 1996 年(图 2.3)。

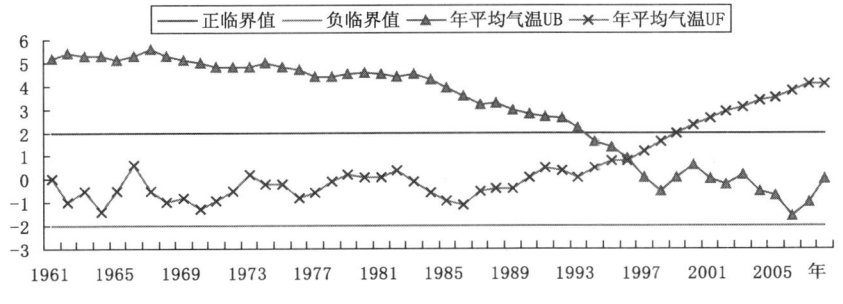

图 2.3 西北四省(区)年平均气温序列 Mann-Kendall 统计量曲线

西北四省(区)季节气温近半个世纪来也呈现出一致的上升趋势,但是上升幅度有所不同。西北区域的冬季气温自 1961 年以来呈明显上升趋势(图 2.4),每 10 年增温达到 0.40℃,

远远高于其他季节的增温幅度,近半个世纪以来气温升高了 1.9℃,气温与时间的相关系数达到了 0.34,显著性水平超过了 0.02。1964 年和 1977 年的冬季是西北区近 48 年来最寒冷的冬季,气温比常年同期偏低 1.7℃;1999 年冬季是近 48 年来最温暖的冬季,比常年同期偏高 2.0℃。西北区冬季的气温呈现直线上升趋势,但上升速率趋势更快,上升幅度更大,冬季变暖的趋势非常显著。

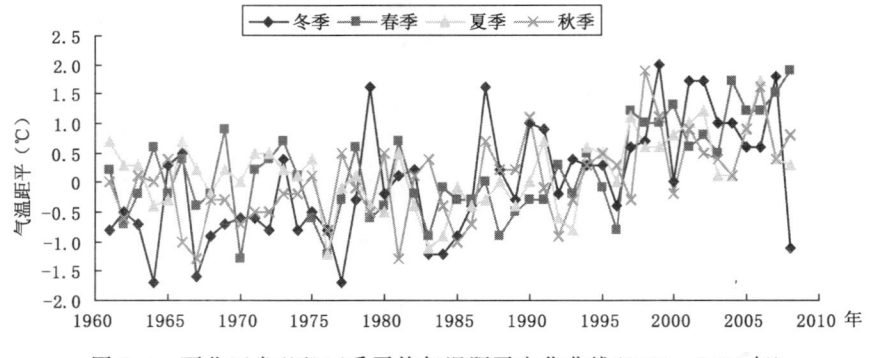

图 2.4 西北四省(区)四季平均气温距平变化曲线(1961—2008 年)

西北区春季平均气温自 1961 年以来也呈持续上升趋势(图 2.4),每 10 年增温达到 0.28℃,近半个世纪以来气温升高了 1.4℃。2008 年的春季是西北区近 48 年来最暖的春季,比常年同期偏高 1.9℃;1970 年春季是近 48 年来最冷的春季,比常年同期偏低 1.3℃。

西北区夏季平均气温自 1961 年以来亦呈明显上升趋势(图 2.4),每 10 年增温达到 0.13℃,近半个世纪以来气温升高了 0.6℃。2006 年的夏季是西北区近 48 年来最炎热的夏季,常年同期偏高 1.6℃;1976 年夏季是近 48 年来最凉快的夏季,比常年同期偏低 1.2℃。

西北区秋季平均气温自 1961 年以来同样呈持续上升趋势(图 2.4),每 10 年增温达到 0.27℃,近半个世纪以来气温升高了 1.3℃。1998 年的秋季是西北区近 48 年来最热的秋季,比常年同期偏高 1.9℃;1967 年和 1981 年秋季是近 48 年来最凉的秋季,比常年同期偏低 1.3℃。

西北区域近 50 年来各季节气温均呈现出一致的增温趋势,西北区冬季气温的升幅明显高于其他三个季节。冬季西北地区气温的变化表现为全区一致增加趋势,1961—2008 年气温每 10 年增加 0.10~0.65℃。而青海西部、甘肃河西部分地方和陕北北部冬季气温增幅略高于西北区的其他地方。四个季节中,夏季气温的增幅略小于其他几个季节,而且在夏季陕南的部分地方气温还略有降低。

2.1.2.2 新疆

新疆与全国的气温变化较为一致,主要表现在年际、季节、年代际和空间四个方面。

(1)新疆近 50 年来气温呈上升趋势,平均增长率为 0.27℃·(10 a)$^{-1}$,最低气温上升明显,而最高气温的变化具有区域差异:奇台县呈下降趋势,哈密、吐鲁番和博州呈升高趋势,但升高幅度相对于最低气温较小。1987 年以后,新疆地区年平均气温较 1986 年以前有明显升高,1980 年是新疆气温的突变点。

(2)各季平均气温的变幅以冬季为最大,夏季最小,但总体上均呈上升趋势,增温现象主要出现在冬季,这与近几十年来,全国乃至北半球的增温主要出现在冬季相一致。但哈密地区夏季气温增幅最大。

(3)新疆气温平均增幅较大的地区是北疆西部、北部和东疆,且呈现出山区高、平原低的特征,北疆变暖最明显,增长率为 0.36~0.37℃·(10 a)$^{-1}$,其中阿勒泰地区为 0.38℃·(10 a)$^{-1}$ (贺晋云,2011)。

2.1.3 年平均最高气温变化特征

由图 2.5 可见,西北地区的年最高气温自 1961 年以来呈持续上升趋势,每 10 年增温达到 0.26℃,近半个世纪以来气温升高了 1.3℃,气温与时间的相关系数达到了 0.36,显著性水平超过了 0.02。2006 年是西北地区近 48 年来平均最高气温最高的年份,平均最高气温为 16.5℃,比常年偏高 1.4℃;1967 年和 1984 年是近 48 年来最冷的年份,平均最高气温为 14.0℃,比常年偏低 1.0℃。明显可以看出西北地区平均最高气温从 1987 年后其上升幅度也逐渐加大,这说明西北地区从 1987 年开始进入暖期,温度升高异常显著,呈现出明显的上升趋势,特别是 1997 年以后,平均最高气温呈快速上升趋势。

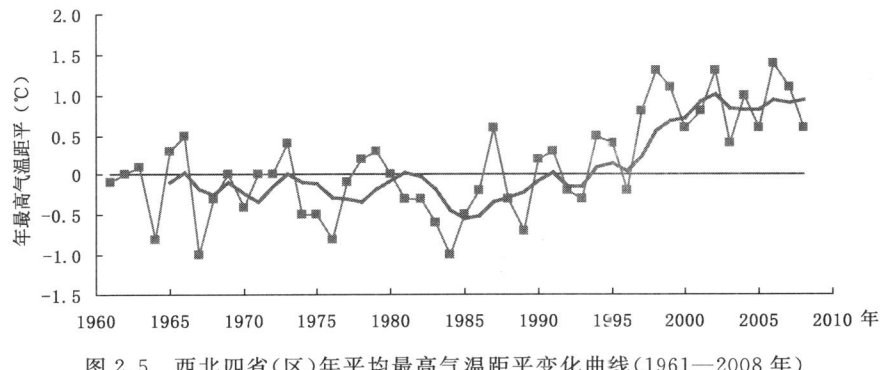

图 2.5 西北四省(区)年平均最高气温距平变化曲线(1961—2008 年)

西北地区年平均最高气温表现为全区的一致地增加趋势,全区气候倾向率均为正值。年平均最高气温的气候倾向率大于 0.3℃·(10 a)$^{-1}$ 的区域位于青海、甘肃河西走廊、陇中北部、陇东和陕北。西北地区其他地方最高气温的气候倾向率在 0.1~0.3℃·(10 a)$^{-1}$ 范围内变化。

2.1.4 年平均最低气温变化特征

由图 2.6 可见,西北地区的年最低气温自 1961 年以来呈持续上升趋势,每 10 年增温达到 0.31℃,近半个世纪以来气温升高了 1.5℃,气温与时间的相关系数达到了 0.68,显著性水平超过了 0.001。2006 年是西北地区近 48 年来平均最低气温最高的年份,平均最高气温为 4.2℃,比常年偏高 1.4℃;1962 年、1967 年和 1970 年是近 48 年来最冷的年份,平均最低气温为 2.1℃,比常年偏低 0.7℃。

西北地区年平均最低气温表现为全区一致的增加趋势,而且最低气温的气候倾向率明显大于年平均气温和平均最高气温。年平均最低气温的气候倾向率大于 0.4℃·(10 a)$^{-1}$ 的区域位于青海海西、甘肃河西走廊西部,陕南最低气温上升的幅度较小。西北地区其他地方平均最低气温的气候倾向率在 0.1~0.3℃·(10 a)$^{-1}$ 之间变化。

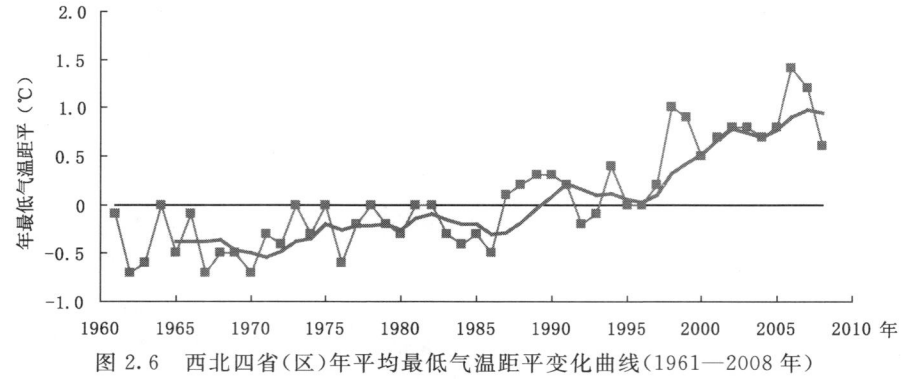

图 2.6　西北四省(区)年平均最低气温距平变化曲线(1961—2008 年)

2.1.5　积温

2.1.5.1　日平均气温≥0℃和≥10℃期间积温的变化

西北地区日平均气温≥0℃期间的积温 1987—2003 年比 1961—1986 年的平均增加了 112℃·d,大部分地方农耕期的热量资源是显著增加的,81%和 60%地方增加幅度分别为 50～720℃·d 和 100～720℃·d,只有小部分(13%)地方是减少的。新疆大部热量资源增加幅度为 100～250℃·d,少部减少了 50～100℃·d;青海增加了 100～150℃·d;甘肃、宁夏、陕西北部均增加了 100～200℃·d;陕西中南部增加 150～500℃·d,是热量资源增加幅度最大的地方(图 2.7)。

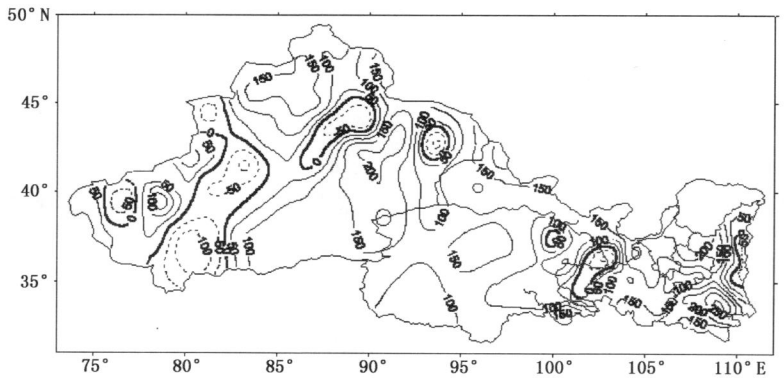

图 2.7　西北地区 1987—2003 年与 1961—1986 年日平均气温≥0℃的积温之差(单位:℃·d)

西北地区日平均气温≥10℃期间的积温 1987—2003 年比 1961—1986 年的平均增加了 107℃·d,74%和 64%地方分别增加 50～710℃·d 和 100～710℃·d,15%地方减少了 70～180℃·d(图略)。新疆大部增加了 70～150℃·d,而天山和南疆的小部分地方减少了 70～150℃·d;西北地区东部大部分地方增加了 70～180℃·d,其中陕西东南部和青海东部的小部分地方分别减少了 70～180℃·d 和 70℃·d 左右(刘德祥,2005)。

2.1.5.2　日平均气温＜0℃期间负积温的变化

日平均气温＜0℃期间负积温是评价作物越冬条件的综合温度指标。由于气候变暖,西北地区 1987—2003 年的平均负积温绝对值比 1961—1986 年减少 137℃·d,89%和 79%的站负积温绝对值分别减少 50～340℃·d 和 100～340℃·d,只有甘肃的陇南和陕西的南部减少不到 50℃·d(图 2.8)。另外,西北地区<0℃期间负积温绝对值呈持续减少趋势,20 世纪 60 年代平均为−874℃·d、70 年代为−823℃·d、80 年代为−776℃·d、90 年代为−723℃·d,我们以其绝对值作比较,每个年代平均减少了 50℃·d,90 年代比 60 年代减少了 151℃·d。

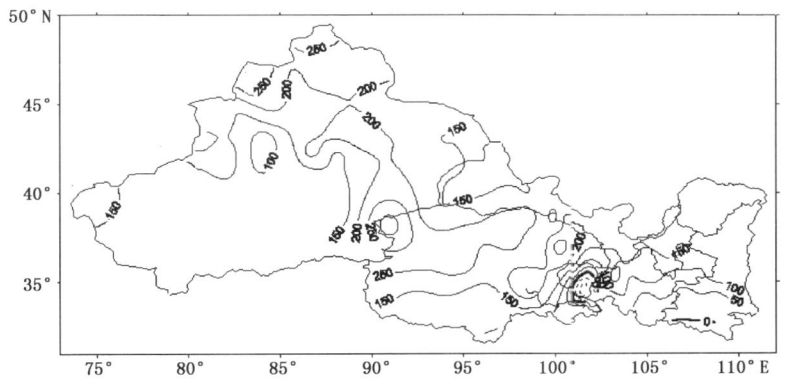

图 2.8　西北地区 1987—2003 年与 1961—1986 年日平均气温<0℃负积温之差(单位:℃·d)

西北地区负积温减少,农耕期积温增多,热量资源增加,有利于越冬作物种植北界向北扩展,多熟制向北推移,喜温作物面积扩大,复种指数提高。

2.2　降水变化

2.2.1　年降水量的空间分布

西北地区年降水量为 15～910 mm(图 2.9),吐鲁番年降水量仅为 15.6 mm,陕西南部的佛坪年降水量为 906.8 mm,两地相差 891.2 mm,大多数地方年降水量在 300 mm 以下。新疆大部、青海西北部、甘肃河西、宁夏北部年降水量为 15～300 mm,是全国降水量最少的地区,为干旱和极干旱气候,属灌溉农业。青海东南部、甘肃河东大部、宁夏南部及陕北年降水量为

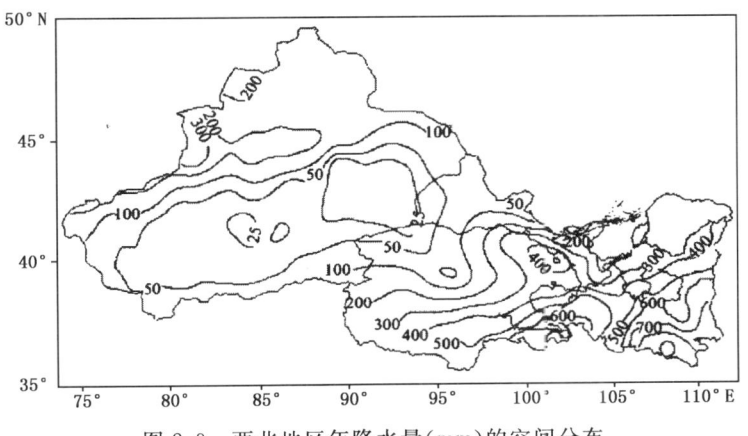

图 2.9　西北地区年降水量(mm)的空间分布

300~600 mm，大部为半干旱和半湿润气候。甘肃陇南东南部、陕西中南部年降水量为600~900 mm，气候比较湿润。西北地区境内有青藏高原、蒙古高原和黄土高原。东部属气候变化的敏感区和生态脆弱带，也是生产条件严酷带，基本气候特征是干旱和变异性大，在西北东部即使到了雨季，也还存在明显的春末夏初和伏期两个相对少雨段。大部地区可利用降水资源十分紧缺，自然降水年变率大，是限制农业可持续发展的瓶颈。

2.2.2 年季降水量的时间演变

2.2.2.1 西北四省(区)

降水量的年代际变化十分显著，20世纪60年代和80年代降水偏多，70年代和90年代明显减少，21世纪以来呈增加趋势。1987—2008年年平均降水量比1961—1986年年平均降水量差值103°E以东自北向南增加，青海、甘肃河西年降水量呈现出微弱的增多趋势，其中青海的海西、甘肃河西中部1987—2008年年平均降水量比1961—1986年年平均降水量增加20~40 mm；甘肃的河东、宁夏、陕西年降水量呈减少20~40 mm，关中、陇南以南偏少40 mm以上，陕南西部、陇南东南部偏少80~130 mm(图2.10和图2.11)。

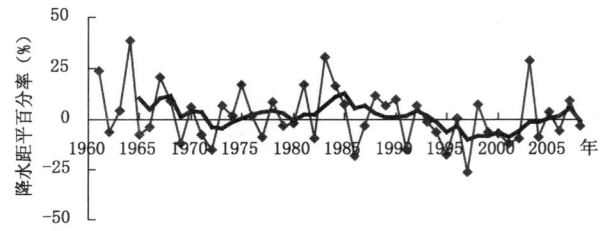

图2.10　西北四省区年降水距平百分率历年变化

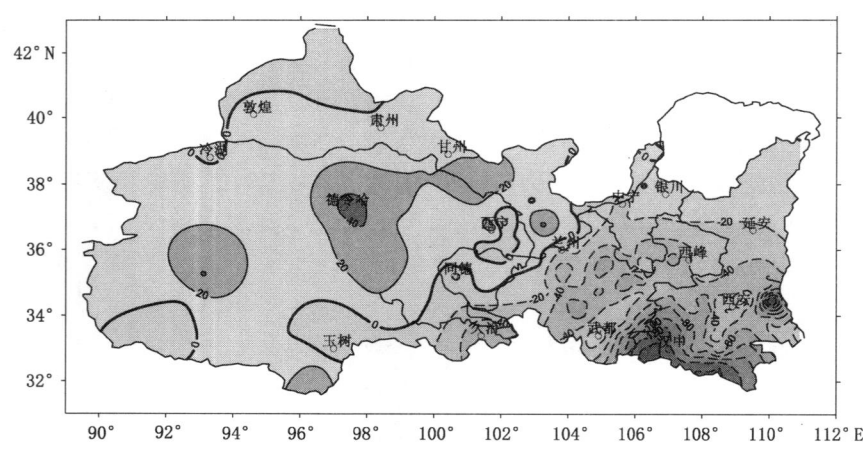

图2.11　西北四省区1987—2008年年平均降水量与1961—1986年年平均降水量差值(mm)

西北四省区降水量的区域性变化差异较大。以黄河沿线为界，黄河以西降水量呈增多的趋势，黄河以东呈减少趋势，并且减少的幅度明显高于增加的幅度；每10年增加变率在10 mm以上的主要在青海中部、甘肃河西中部，最大中心在青海的德令哈，每10年增加变率为22.1 mm；而黄河以东减少的变率在10 mm以上，陕南达到40 mm，减少变率最大中心在陕西南部的宁强,达 66.7 mm。

冬季降水总体呈增加趋势,每 10 年增加 9.1%。1962—1988 年间,除 1964 年、1972 年和 1976 年偏多外,冬季降水偏少或正常;1989 年和 1990 年猛增至历史最高和次高,降水偏多一倍以上,1990 年以后阶梯式持续下跌,1999 年下降至历史最低,降水偏少 73%,2000 年和 2001 年上升明显,此后平稳缓慢上升。

冬季降水量在区域上表现整体呈偏多趋势,偏多的幅度在 0.5~2.5 mm。青海南部、关中、陕南变化幅度相对较大,1.5~3.5 mm。

春季降水总体呈减少趋势,每 10 年减少 5.4%。20 世纪 60 年代前期变化幅度大,1964 年猛增至历史最高,此后开始下降,1968—1978 年下降幅度小,主要在平均值附近波动,1984—1994 年降水处于偏多的态势。1994 年以后除了个别年份 1998 年和 2001 年降水偏多外,降水呈偏少态势,1995 年偏少 50%与 1962 年持平。

春季降水在区域上表现整体变化趋势不一致,以黄河为界,黄河以西降水增多,黄河以东降水减少,减少的幅度明显比增加的幅度大一倍以上。降水增加比较多的地方在青海南部,一般在 3~9 mm。降水减少大部分在 3~20 mm,其中关中减少的幅度最大在 15 mm 以上。

夏季降水总体略偏多,每 10 年增加 0.5%。20 世纪 60 年代至 70 年代中期降水偏少,70 年代后期至 90 年代前期降水基本呈偏多趋势,1994 年后除 1998 年、2003 年和 2007 年外年降水处于偏多的态势。1994 年以后除了个别年份 1998 年和 2001 年降水偏多外,降水呈偏少态势,1997 年为历史最少,偏少 33%。

夏季降水整体变化趋势不一致,以黄河为第一分界线,黄河以西总体降水增多,但黄河源头、河东、河套降水减少,关中、陕南降水增多,增加和减少的幅度相当,大部在 5~20 mm。

秋季降水总体偏少,每 10 年偏少 6.8%。20 世纪 60 年代至 70 年代中期、80 年代前期、2003 年至今降水偏多;70 年代后期降水偏少,80 年代中期至 90 年代末降水基本呈偏少趋势。

秋季降水整体变化趋势不一致,但与春季降水的变化趋势分布一致。以黄河为界,黄河以西降水增多,黄河以东降水减少,减少的幅度明显比增加的幅度大得多。降水增加一般在 1~3 mm;降水减少大部分在 5~30 mm,其中陕南减少的幅度最大在 15~30 mm。

2.2.2.2 新疆

新疆的降水变化主要表现在年际、季节、年代际和空间 4 个方面。

(1) 近 50 年来新疆年降水量总体呈增加的变化趋势平均增幅为 0.67 mm·a^{-1},其中天山山区增幅最大,石河子增加率为 1.06 mm·a^{-1},轮台增加率为 1.07 mm·a^{-1}。从 20 世纪 80 年代开始,新疆降水量明显增加,1987 年为新疆降水突变的转折点。

(2) 新疆气候变湿在季节上存在明显差异,尤以夏季降水量变化最为显著,如奇台县。而在不同地区也存在差异,阿克苏地区降水量就以冬季增加为主。

(3) 新疆降水的年际变化较为复杂,20 世纪上半叶降水较多,以 1946 年降水量最大,20 世纪50—60 年代下降趋势非常明显,60 年代中期至 80 年代末期,降水比平均值偏少,90 年代以后,降水持续增加。

(4) 新疆降水量变化在地区分布上各有差异,南疆降水量增加最多,增加的幅度大于北疆。降水量呈减少趋势的地区集中在北疆,并以阿尔泰山西部减少趋势最为明显,减少速率为 1.5~2 mm·a^{-1},吐鲁番地区冬、春、夏季降水均呈减少趋势,年降水量的变化趋势不明显(贺晋云,2011)。

2.2.3 主要作物生育期降水量变化

2.2.3.1 越冬作物生育期降水量变化

越冬作物生育期降水量 1987—2003 年与 1961—1986 年相比,只有甘肃陇东和宁夏南部增加了 10 mm 左右,其余地方减少 5~50 mm,其中关中东部和陕南减少 30~50 mm,是减少最多的地方。越冬作物播种前后的秋季降水量减少 10~100 mm,冬季增加 2~10 mm,春季降水量减少 5~80 mm(刘德祥,2005)。

2.2.3.2 春小麦生育期降水量变化

春小麦生育期降水量 1987—2003 年与 1961—1986 年相比,西部呈增多趋势,东部呈减少趋势。新疆天山区增加 10~60 mm,是增加最多的地方;南疆和北疆、青海中北部、甘肃河西和陇东、宁夏大部增加 5~30 mm,这里大部分地方是灌溉农业区。而旱作农业区的青海东南部、甘肃河东的中南部减少 5~50 mm(图 2.12)。6 月大部分地区降水增加 2~30 mm。7 月西部灌溉区增加 5~35 mm;东部旱作区减少 5~47 mm。

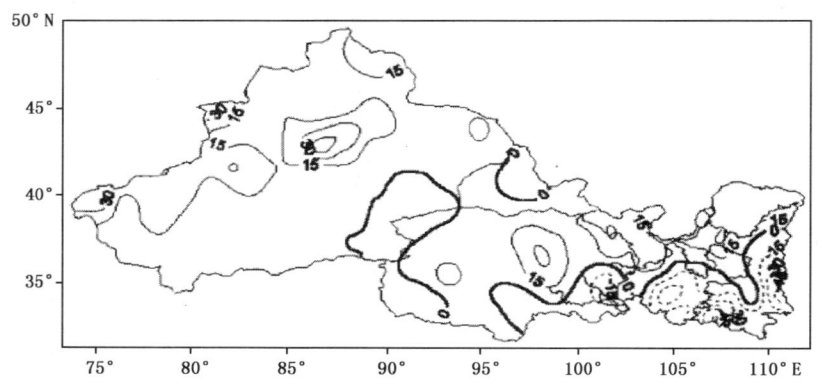

图 2.12　西北地区 1987—2003 年与 1961—1986 年春小麦生育期降水量之差(mm)
(实线是增加,虚线是减少)

2.2.3.3 秋作物生育期降水量变化

秋作物生育期降水量 1987—2003 年与 1961—1986 年相比,西部呈增多趋势,东部呈减少趋势。西部灌溉农业区的新疆增多 5~70 mm;青海北部、甘肃河西中东部增多 5~30 mm。东部旱作农业的青海西南部减少 5~20 mm;青海东南部、甘肃河东、宁夏南部、陕西减少 20~160 mm(图 2.13)。

综上所述,在越冬作物生育期、春小麦生育期和秋作物生育期的年降水量,西北地区西部增多、东部减少,分界线与黄河走向基本一致。降水增加区 1—7 月和 12 月各月水量是增加的,而 8—11 月是减少的。降水减少区只有 1—3 月和 6 月降水量是增加的,而 4—5 月和 7—12 月是减少的。

西北地区西部降水增多区,虽然各季的降水都是增多,但由于绝大部分地区是干旱和极干旱气候,蒸发量比降水量多几倍到几十倍,降水增多量远小于蒸发量,对干旱气候的影响作用不明显。西北地区东部降水减少区,春、夏、秋三季中,以夏季降水减少范围最小,秋季降水减

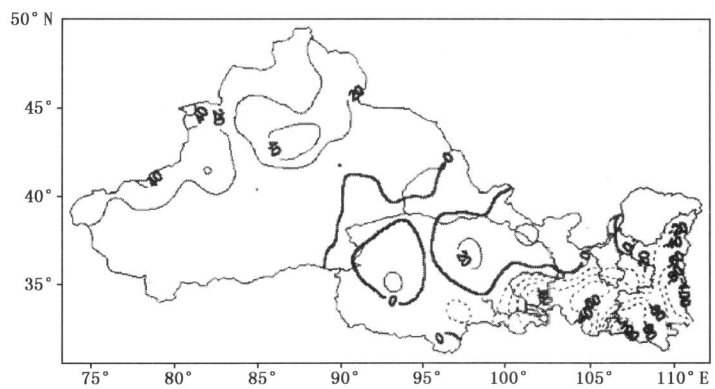

图 2.13 西北地区 1987—2003 年与 1961—1986 年秋作物生育期降水量之差（mm）
（实线是增加，虚线是减少）

少范围大于春季，由于大部分地区是半湿润和半干旱气候，是旱作农业区，在农作物生长期降水减少，加重了水资源的紧缺程度。

西北地区西部降水增多区，可利用水资源略有增加，洪水事件频数增多，对农业的正面影响增大，有利于农业可持续发展。东部降水减少，可利用水资源减少显著，干旱频繁发生，尤其是极端干旱事件频数增多，对农业的负面影响增大，严重影响农业可持续发展。

西北地区冬季降水普遍增多，对土壤保墒和作物安全越冬有利，但牧区雪灾增多，影响牲畜安全越冬。

2.3 日照变化

2.3.1 年日照时数时空特征

2.3.1.1 年平均日照时数空间分布

对 135 个站点日照时数逐站求年平均，绘制多年平均日照时数分布图（图 2.14），从图中可见，西北地区年日照时数的地理分布和云量的分布相反，东南少西北多，从东南向西北增加，呈"两边少中间多"的特征。年日照最多的台站是青海的冷湖，高达 3435.2 h，平均每天 9.4 h 日照。年日照最少的台站是陕西的略阳，仅为 1551.1 h，平均每天 4.2 h。

西北地区年平均日照时数大约在 1500~3400 h。陇南—陕南气候湿润，云雨较多，年日照时数为 1500~2000 h，是西北地区日照时数最少的地区。青海高原南部（玉树、果洛）—甘南高原—陇中南部—陇东—宁南—陕西中北部日照时数 2000~2500 h，新疆东部—青海北部—甘肃西部—宁夏北部是西北地区日照时数最多的地区，一般在 3000~3400 h，最多中心在甘青新交界区。其余的新疆西部—青海中部—甘肃中部—宁夏中部—陕北的日照在 2500~3000 h，在天山、祁连山区和南疆西部相对周边地区日照较少，新疆日照时数的分布与刘佳等人的分析一致（刘佳，2008）。另外西北地区东部的日照时数等值线密集，表明东部日照时数的南北变化大，是其空间分布的又一重要特征。日照时数的这种空间分布格局与云量的分布完全相反，云量多的地方日照少，云量少的地方日照多（陈少勇，2005，2006）。说明云量是影响

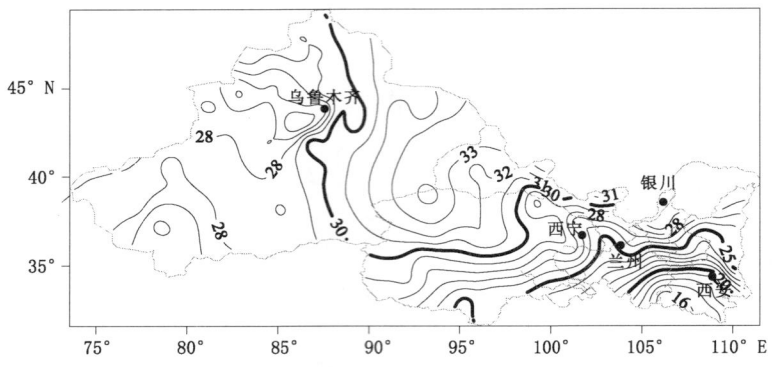

图 2.14　中国西北地区年平均总日照时数空间分布(单位:10^2 h)

日照的主要因素。

2.3.1.2　日照时数变化趋势

用 135 个站的空间平均,建立西北平均年日照时数序列,分析其年际变化特征(图 2.15a),从图中可见,在 47 年尺度上,西北地区日照以 19.92 h·(10 a)$^{-1}$ 的速率递减,气候趋势极显著($r=0.3937$,通过 0.01 的 Monte Carlo 显著性水平检验),大致有两个阶段:1961—1989 年为明显下降阶段;1990—2007 年为缓慢上升阶段。

从 M-K 曲线图(图 2.15b)来看,日照时数出现明显的减少趋势,从 1961 年开始,UF 缓慢下降,UB 上升,1980 年是突变点,其后是日照时数的显著减少时期。

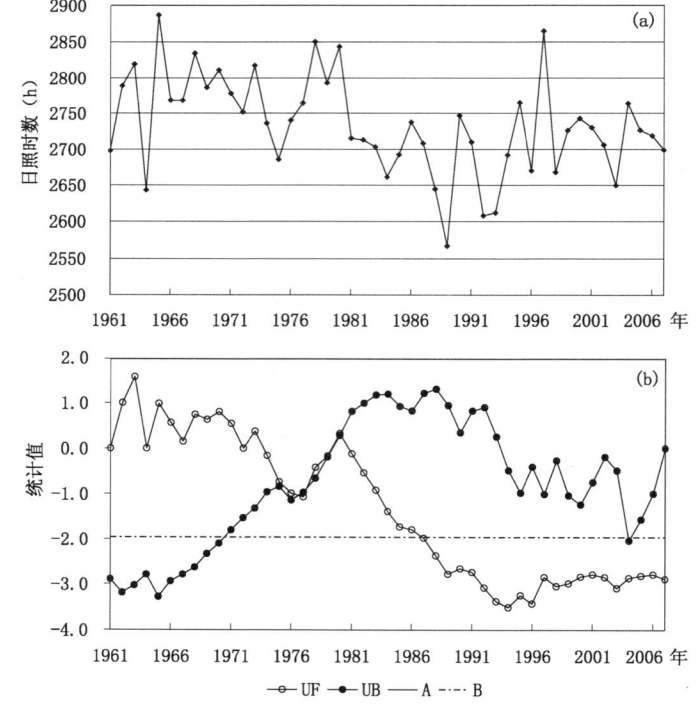

图 2.15　中国西北地区年平均总日照时数年际变化(a)和 M-K 检验曲线(b)
((b)中 UF、UB 为正、逆序列统计量,A、B 为显著水平 $\alpha=0.05$ 的临界值)

图 2.16 给出了西北地区 135 站各站年日照时数的气候变化趋势,从中看出,南疆西南部和青海南部日照有明显增多趋势,甘南—陇中—宁南—陇东—关中日照不显著增多,其余大部分地方日照显著减少。与云量的变化相比,总云量变化趋势中,北疆增多,其余大部分地方减少。低云量的变化趋势中,西北地区东部(青海高原南部、东部—甘肃东部—宁夏—陕西)减少,西北地区西部(甘肃西部—青海西部—新疆)增加。低云量对日照时数影响较大,低云量增多(减少)的区域与日照时数的减少(增多)区域大体相吻合。

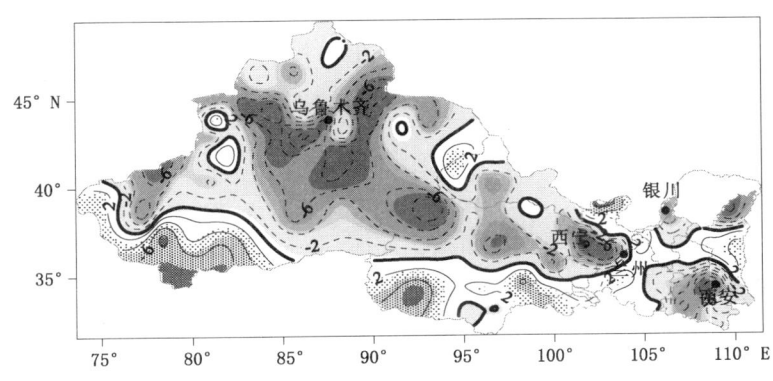

图 2.16　中国西北地区年日照时数线性趋势空间分布图

(单位:h·(10 a)$^{-1}$,阴影区表示 Monte Carlo 显著性水平分别超过 0.1、0.05、0.01、0.001)

2.3.1.3　年平均日照时数的气候分区

西北地区地形复杂,日照时数差异很大,其变化也不尽一致。REOF 能方便地分析不同区域之间要素异常的相互关系和变化响应的敏感区域。为进一步分析西北地区日照异常分区细节,为该区的气候分区提供客观依据,在 EOF 分析的基础上,对其前 12 个载荷向量(累计方差贡献率 80%)进行了方差极大正交旋转(REOF)。前 7 个旋转载荷向量场累计方差贡献率 62%,代表了西北地区日照的主要空间特征,得出日照时数的 7 个主要空间异常区域(图 2.17)。取各区中绝对值最大载荷向量对应的站点作为各分区的代表站,它们依序是陕西的镇安、新疆的库尔勒、新疆的皮山、青海的德令哈、门源、囊谦和甘肃的永昌,取这 7 个站的日照时数序列分别代表西北地区东部、新疆中北部、新疆西南部、青海高原西北部—新疆东南部(简称海西北高原)、祁连山区、青南高原和甘肃河西 7 个区域,并分析各区日照时数的时间变化特征。

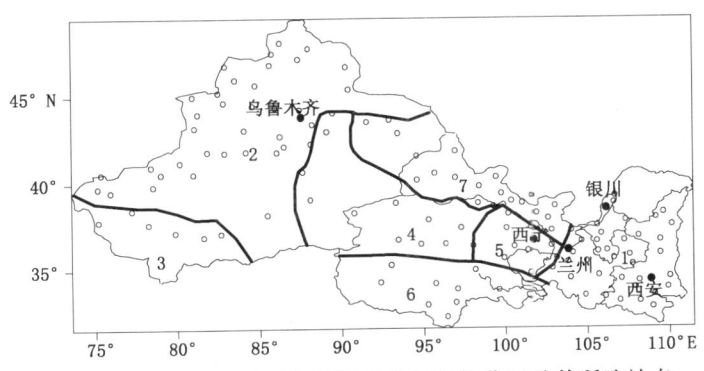

图 2.17　中国西北地区年日照时数的气候分区及其所选站点

2.3.1.4 年平均日照时数时间变化

西北地区的日照时数大多数呈下降趋势。西北地区东部日照时数年际变化曲线略呈上升趋势,基本经历了三个阶段:1961—1979 年偏多,但 1972 年开始突变减少,1980—1993 年是一个偏少阶段,之后迅速上升,1994—2007 年为偏多阶段;新疆中北部日照总趋势显著下降,有三个阶段:1961—1983 年偏多,1984 年突变,1984—2003 年为偏少阶段,2000 年以后开始上升,2004—2007 年为偏多阶段;新疆西南部日照总趋势显著上升,1961—1992 年是一个偏少期,1974 年达到了谷值,1992 年以后日照开始增多,1993—2007 年是日照偏多期,其中 1998 年是突变点;海西北高原日照总趋势显著下降,1961—1997 年以偏多为主,1998 年发生突变,以后是一个偏少期,2002 年达到了谷值;祁连山区日照总趋势显著下降,1961—1986 年以偏多为主,突变点在 1974 年,1987 年以后以偏少为主;青南高原日照略呈上升趋势,1961—1966 年是日照最少期,1965 年发生突变,1967—1988 年是偏多期,其后日照下降,是一个偏少期;甘肃河西日照总趋势显著上升,1961—1983 年是偏少阶段,1984 年发生突变,以后是偏多阶段。

2.3.2 四季日照时数的时空特征

2.3.2.1 季日照时数的空间分布

各季日照时数分布的状态与年分布基本一致,天山、祁连山区和南疆西部是相对少日照区。一年四季中,冬季日照最少,夏季最多,春季多于秋季。

冬季日照时数最少,全区 270~720 h,等值线稀疏,表明西北地区冬季日照的空间变化小。陇东南—陕南和新疆天山地区为 300~550 h,其余大部在 550~650 h。

夏季日照时数最多,全区 520~1010 h,南疆西南部和祁连山两个相对低值区日照时数在 650~750 h,天山低值区为 800 h 左右。西北地区东南部日照的南北锐减现象消失。高值中心移至北疆东部的哈巴河。

春季日照时数次于夏季,全区 440~920 h,南疆西南部、祁连山和天山相对低值区日照时数与夏季相当。陇东南—陕南为 450~650 h,其余大部在 650~900 h。

秋季日照时数全区 280~840 h,除东南部的小部分区域外,其他大部分地方的日照接近冬季。陇东南—陕南为 300~600 h,其余大部分地方的日照在 650~800 h。

2.3.2.2 季日照时数的年际变化

春、夏、秋、冬四季日照的年际变化趋势分布基本与年日照相同,冬、夏季日照显著减少的范围较大,春、秋季显著减少的范围较小,特别是春季减少的范围更小,只有零散的几个站点有显著减少趋势。而南疆西南部和青海南部的日照除夏季变化不明显,其余季节都有显著增多趋势。这种分布表明,在中国西北地区日照减少的变化中,冬季和夏季的贡献最大,秋季较小,春季最小。以下我们以全区平均序列分析季日照的年代际变化特征。春季日照无明显变化变化趋势,1961—1982 年偏多为主,1983—1993 年偏少期,1994 年以后日照增多,以偏多为主;夏季日照的减少趋势极显著,1961—1980 年偏多期,1981 年急剧下降至 1989 年为偏少期,1990 年又恢复正距平,其后是一个缓慢下降阶段;秋季日照无明显变化变化趋势,1961—1980 年偏多,1981—2007 年以偏少为主;冬季日照的减少趋势极显著,1961—1983 年、1996—2000 年是相对偏多期,1984—1995 年、1996—2007 年是相对偏少期。

2.4 辐射变化

2.4.1 年太阳总辐射时空特征

2.4.1.1 年平均太阳总辐射空间分布

绘制 28 个站点多年平均太阳总辐射分布图(图 2.18),从中可见,西北地区年太阳总辐射的地理分布,从东南和西北向中部增加,呈"两头少中间多"的特征。年辐射的高值区在青海高原,最多的台站是青海的格尔木,高达 7036.4 MJ·$(m^2·a)^{-1}$,平均每天 19.2 MJ·m^{-2}。年辐射最少的台站是陕西的安康,仅为 4301.0 MJ·$(m^2·a)^{-1}$,平均每天 11.8 MJ·m^{-2}。

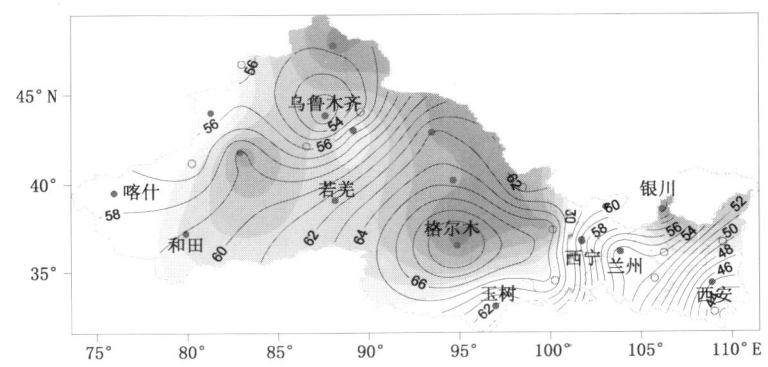

图 2.18 西北地区年平均地面太阳总辐射(单位:10^2 MJ·m^{-2})及其均方差(MJ·m^{-2})空间分布

西北地区年平均太阳总辐射大约在 4300~7000 MJ·$(m^2·a)^{-1}$ 之间。陕西中南部为 4300~5000 MJ·$(m^2·a)^{-1}$,是西北地区太阳总辐射最少的地区。青海高原东部—甘肃中东部—宁夏—陕北太阳总辐射 5000~6000 MJ·$(m^2·a)^{-1}$,新疆东南部—青海—甘肃西部是西北地区太阳总辐射最多的地区,一般在 6000~7000 MJ·$(m^2·a)^{-1}$,最多中心在青海高原北部。新疆西北部的总辐射在 5200~6000 MJ·$(m^2·a)^{-1}$,乌鲁木齐是一个相对低值中心。另外西北地区东部的太阳总辐射等值线密集,表明东部太阳总辐射的南北变化大,是其空间分布的又一重要特征。太阳总辐射空间分布与云量的分布有相反的格局(陈少勇,2005,2006),云量多的地方总辐射少,云量少的地方总辐射多。但云量的低值区与总辐射的高值区不完全对应。塔里木盆地—河西走廊西部是西北地区的少云区,而总辐射的高值区在青海高原中北部。这是因为高原海拔高度高,空气稀薄洁净,太阳辐射强,塔里木盆地—河西走廊西部虽然云量少,但沙尘天气多(王旭,2003;邱新法,2001),削弱了到达地面的太阳辐射。说明云量和大气透明度都是影响太阳总辐射地理分布的因素。

西北地区年总辐射的均方差在 215~513 MJ·$(m^2·a)^{-1}$(图 2.18),区域平均为 340 MJ·$(m^2·a)^{-1}$,占年总辐射的 5.8%,说明西北地区年总辐射还是相对稳定的。其中均方差<340 MJ·$(m^2·a)^{-1}$ 的区域是新疆除过西部、青海除过南部、宁北和陕北地区,说明稳定性最好的地区正好是总辐射最多的地区,表现出"愈多愈稳"的分布特征。

2.4.1.2 太阳总辐射年际变化

用 17 个站的空间平均,建立西北平均年太阳总辐射序列,分析其年际变化特征

(图2.19a),从图中可见,在过去的43年中,中国西北地区总辐射以92.07 MJ·$(m^2·10 a)^{-1}$的速率递减,气候趋势极显著(相关系数 $r=0.63$,通过0.01的Monte Carlo显著性水平检验),大致经历了两个阶段:1961—1989年为明显下降阶段;1990—2003年为缓慢上升阶段。

从M-K曲线图(图2.19b)来看太阳总辐射出现明显的减少趋势,从1961年开始,UF缓慢下降,UB上升,1973年是突变点,其后是太阳总辐射的显著减少时期,1990年以后又开始增多。西北地区总辐射的这种演变趋势与全国的趋势一致(文小航,2008),也与全球的趋势一致,Wild等研究表明近十几年来地球表面已经从过去的"变暗(Dimming)"开始"变亮(Brightening)",也就是说近十几年到达地球表面的太阳辐射值在增加。

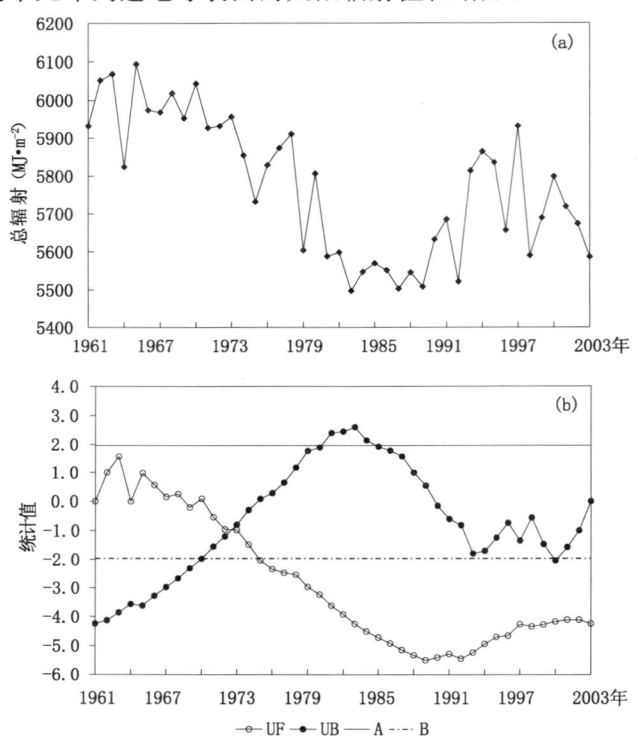

图2.19　西北地区年平均总辐射年际变化(a)和M-K检验曲线图(b)
((b)中UF、UB为正、逆序列统计量,A、B为显著水平 $\alpha=0.05$ 的临界值)

从图2.20看出,西北大部分地方总辐射显著减少。北疆和西北地区东部的减少率最大,绝对值都在100 MJ·$(m^2·10 a)^{-1}$以上,减少中心在吐鲁番和西宁,分别为196.97 MJ·$(m^2·10 a)^{-1}$和243.18 MJ·$(m^2·10 a)^{-1}$;仅仅在甘肃民勤站总辐射以99.15 MJ·$(m^2·10 a)^{-1}$的速率较显著地增多(相关系数 $r=0.26$,通过0.1的Monte Carlo显著性水平检验),新疆东南部若羌的总辐射以25.02 MJ·$(m^2·10 a)^{-1}$的速率不显著地减少趋势。与云量的变化相比,总云量变化趋势中,北疆云量增多,其余大部分地方云量减少。低云量的变化趋势中,西北地区东部(青海高原南部、东部—甘肃东部—宁夏—陕西)减少,西北地区西部(甘肃西部—青海西部—新疆)增加,由此分析,云量对西北地区总辐射减少趋势的影响不大;中国北方沙尘天气趋于减少,沙尘天气日数变化对总辐射的影响基本可以排除;但霾天气的总体趋势为波动增多,造成这种变化的重要原因很可能是大气浑浊度的增加,说明了这些地方的大气质量的恶化程度可能较严重。大气气溶胶含量的增加,造成大气透明度减小,可能是造成总辐射减少的因素。

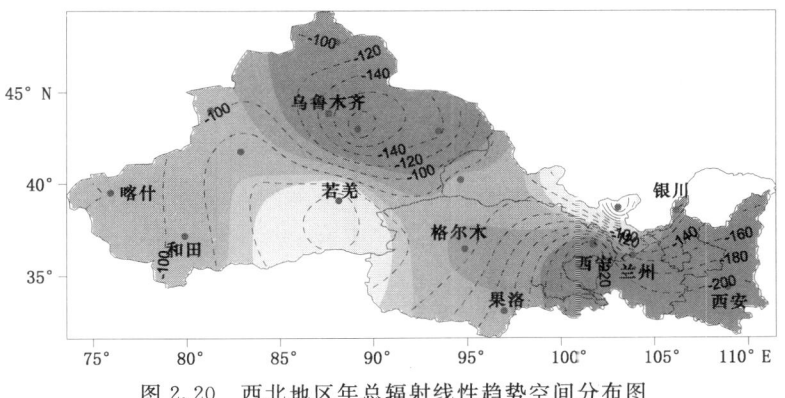

图 2.20 西北地区年总辐射线性趋势空间分布图

(单位:MJ·(m²·10 a)⁻¹,阴影区表示 Monte Carlo 显著性水平分别超过 0.1、0.05、0.01、0.001)

2.4.1.3 太阳总辐射年代际变化

20 世纪 60—70 年代西北地区的太阳总辐射偏多,80 年代达到最小值,90 年代以后总辐射有所增加但仍以偏少为主(表 2.2)。其中 60 年代 17 个测站全部为正距平,乌鲁木齐、西宁、西安等 8 个站异常偏多 1s 以上,70 年代有 76.5% 的站为正距平,仅有 4 站为负距平。20 世纪 80 年代总辐射最少,除民勤 1 站为正距平,其余各站皆为负距平。90 年代仍以偏少为主,有 70.5% 的站为负距平,但相对 80 年代总辐射有所增多。21 世纪初总辐射又有所减少,88% 的站为负距平。

表 2.2 西北地区各站不同年代的平均年太阳总辐射距平 (MJ·(m²·10 a)⁻¹)

	1961—1970 年	1971—1980 年	1981—1990 年	1991—2000 年	2001—2003 年
阿勒泰	0.97	0.19	−0.64	−0.34	−0.62
伊宁	0.33	0.63	−0.64	−0.20	−0.40
乌鲁木齐	1.25	0.07	−0.79	−0.49	−0.16
吐鲁番	1.25	0.16	−0.62	−0.55	−0.80
库车	1.02	−0.23	−1.12	0.34	−0.03
喀什	0.51	0.33	−0.81	−0.01	−0.06
若羌	0.23	0.32	−0.57	0.33	−1.04
和田	1.01	−0.07	−0.92	0.14	−0.53
哈密	1.03	0.28	−0.30	−0.49	−1.73
敦煌	1.01	−0.54	−0.03	−0.44	0.02
民勤	0.26	−1.01	0.04	0.54	0.58
格尔木	0.38	0.75	−0.53	−0.26	−1.10
西宁	1.00	0.63	−1.24	−0.30	−0.26
兰州	0.59	0.79	−0.63	−0.62	−0.43
银川	0.86	0.23	−0.26	−0.43	−1.35
玉树	0.53	0.63	−1.12	0.01	−0.20
西安	1.03	0.44	−0.97	−0.25	−0.81
区域平均	0.78	0.21	−0.66	−0.18	−0.52

2.4.2 四季太阳总辐射分布时空特征

2.4.2.1 季节太阳总辐射空间分布

各季太阳总辐射分布的状态与年分布基本一致,从东南和西北向中部增加,青海高原总辐射高值区。一年四季中,冬季总辐射最少,夏季最多,春季多于秋季。

冬季太阳总辐射最少,全区 $185\sim400$ MJ·m^{-2},高原东侧的陕西、甘肃东部和新疆地区为 $185\sim300$ MJ·m^{-2},青海高原、河西走廊和宁夏在 $300\sim400$ MJ·m^{-2}。高值中心在青海高原东部。

春季太阳总辐射次于夏季,全区 $400\sim685$ MJ·m^{-2},陕西中南部在 500 MJ·m^{-2} 以下,青海高原东部—甘肃东部、宁夏、陕北和新疆大部在 $500\sim600$ MJ·m^{-2} 之间,新疆东部、青海高原和河西走廊在 $600\sim685$ MJ·m^{-2}。高值中心在青海高原中部的格尔木。

夏季太阳总辐射最多,全区 $540\sim750$ MJ·m^{-2},陇东南、宁南、陕西在 600 MJ·m^{-2} 以下,青海高原东部、甘肃中部和宁夏大部在 $600\sim650$ MJ·m^{-2},新疆和青海高原大部在 $650\sim750$ MJ·m^{-2},高值中心在青海高原中部的格尔木。

秋季太阳总辐射全区 $290\sim530$ MJ·m^{-2},高原东侧的陕西、甘肃东部、宁夏和北疆地区为 $290\sim400$ MJ·m^{-2},南疆、青海高原和河西走廊在 $400\sim530$ MJ·m^{-2}。高值中心在青海高原中部的格尔木。

2.4.2.2 季太阳总辐射时间变化

春、夏、秋、冬四季总辐射的年际变化趋势分布基本与年太阳总辐射相同,北疆和西北地区东部的减少率最大。秋、冬季太阳总辐射显著减少的范围较大,春、夏季显著减少的范围较小。而南疆—青海高原西部的太阳总辐射四季变化都不明显,秋、冬季不显著减少,春、夏不显著增多。这种分布表明,在中国西北地区太阳总辐射减少的变化中,四季都在减少,减少范围秋、冬季略大于春、夏季。各季度的年代际变化基本相似,大致经历了两个阶段:1961—1989 年为明显下降阶段;1990—2003 年为缓慢上升阶段。20 世纪 60—70 年代西北地区的太阳总辐射偏多,80 年代达到最小值,90 年代以后总辐射有所增加但仍以偏少为主。

2.4.3 太阳总辐射月际变化

统计各站太阳总辐射的月平均值,可以看出,西北地区大多数地方的太阳总辐射为单峰型,5—7 月为峰值,12 月至翌年 1 月为谷值。新疆的峰值在 $700\sim750$ MJ·m^{-2},其中天山地区的峰值出现在 7 月约 700 MJ·m^{-2} 左右,其余南、北疆大多数地方的峰值出现在 6 月,北疆 750 MJ·m^{-2},南疆 $700\sim750$ MJ·m^{-2};从新疆东部的哈密—河西走廊太阳总辐射的峰值出现在 5 月,自西向东峰值由哈密的 780 MJ·m^{-2} 减少到民勤的 690 MJ·m^{-2},甘肃中东部、宁夏、陕北的峰值出现在 5—6 月,银川的峰值为 708 MJ·m^{-2},其他地方约 620 MJ·m^{-2} 左右;陕西中南部的峰值出现在 7 月约 500 MJ·m^{-2};而青海高原的太阳总辐射呈双峰型分布,5 月和 7 月为峰值,南北变化在 $650\sim780$ MJ·m^{-2},1—2 月和 6 月为谷值,这与高原 6 月云量最多有关。

第3章 典型区域气候变化基本特征

地处北半球中纬度的我国西北干旱半干旱区是一个不同于世界上其他干旱区的独特地带,在全球环境系统中占有极为重要的地位,其气候、生态和环境问题一直是国内外科学家和政府关注的科学热点。西北干旱半干旱区不但是全球气候变化响应最敏感的地带,也是生态环境变化最脆弱的地区,生态环境的变化对局地气候和全球气候也会产生重大影响。随着全球变暖,这一地区的水资源日益短缺,天然植被退化,土地荒漠化,气象灾害增多,生态环境不断恶化。大量研究表明,虽然部分地区出现了暖湿迹象,但总体干旱化趋势已经在中、小时空尺度可以清楚地识别到。掌握中国西北干旱气候变化对农业生态环境的影响,对于应对气候变化,促进农业发展,改善自然生态与环境具有十分重要的意义。

3.1 祁连山区及河西走廊云水变化基本特征

祁连山位于青藏高原东北部,山体呈西北—东南走向,平均海拔4000~4500 m,许多地方终年积雪,发育着现代冰川。祁连山是河西石羊河、黑河、疏勒河3大水系的发源地,河西地区是全国的商品粮基地之一,该地区气候干燥,降水稀少,农业用水主要依靠祁连山内陆河来灌溉,而内陆河流量一部分来自冰川融水,大部分则来自祁连山区自然降水补给。在西部大开发中,随着工农业生产的发展和人们日常生活的需要,水资源的短缺愈来愈严重,必将严重制约着经济建设和生态建设的持续发展,如何开发空中水、地下水和径流水,增加水资源,已越来越受到人们的重视。人工增雨就是通过开发空中水资源,增加区域降水量,解决这一问题的一个有效途径。要提高人工增雨的效益,就要深入了解云状况的区域特征。

3.1.1 云量变化

云在一定的气候条件下形成,反映了当时的气候状况。云量作为辐射强迫和反馈因子,是全球气候研究的重要参数。

3.1.1.1 云量分布的基本时空特征

本书按春(3—5月)、夏(6—8月)、秋(9—11月)、冬(12月至翌年2月)四个季度分别统计总、低云量(云覆盖天空的百分率)的40年平均值,分祁连山、柴达木盆地和河西走廊三个区,分别选择几个代表站分析云量季度分布的基本状况(表3.1和表3.2)。

表3.1 祁连山区总云量40年季度平均值(%)

季度	祁连山主区						柴达木盆地区				河西走廊区				平均
	托勒	野牛沟	祁连	门源	刚察	平均	格尔木	冷湖	都兰	平均	敦煌	民勤	张掖	平均	
春季	64	62	65	67	64	64	66	58	68	64	53	58	57	56	62
夏季	61	65	66	67	67	65	60	50	57	56	46	54	54	51	59
秋季	39	41	44	49	44	43	44	35	46	42	32	38	37	36	41
冬季	41	37	38	41	39	39	53	43	50	49	39	36	37	37	41

表 3.2　祁连山区低云量 40 年季度平均值(%)

季度	祁连山主区						柴达木盆地区				河西走廊区				平均
	托勒	野牛沟	祁连	门源	刚察	平均	格尔木	冷湖	都兰	平均	敦煌	民勤	张掖	平均	
春季	21	30	26	27	24	26	10	2	7	6	1	3	3	2	14
夏季	34	46	40	43	45	42	20	7	18	15	5	8	7	7	25
秋季	13	21	20	24	21	20	8	1	6	5	1	3	2	2	11
冬季	10	12	9	7	5	9	5	0	2	2	0	1	1	1	5

从表 3.1 可以看出，总云量春、夏季多，秋、冬季少。祁连山区大多数测站总云量春、夏季 60%～68%，秋、冬季 40%～50%，祁连山区主体部分的大多数测站春季和夏季的总云量基本相当，而周围的柴达木盆地和河西走廊地区春季总云量高于夏季 5%～8%左右。

从表 3.2 可以看出，低云量以夏季最多，春季次之，再次秋季、冬季。祁连山及其周围地区大多数测站低云量夏季 20%～45%，春季 10%～30%，秋季 5%～20%，冬季不足 10%，祁连山区主体部分的大多数测站低云量夏季比春季多 16%左右。夏季，祁连山区主体部分的总云量比周围地区多 8%左右，而低云量要比周围地区多 20%左右，从表 3.1 和表 3.2 中也可以看到这一点。因此，高度重视山区云水资源的开发，实施人工增雨(雪)作业，具有一定的可行性，尤其在春、夏季是有效的举措。

总云量春、夏之差幅度较小，低云量夏季明显高于春季，总云量中包含高云(卷云、卷积云、卷层云)、中云(高积云、高层云)和低云(积云、积雨云、层积云、层云、雨层云)，并且中云中的高层云是西风带的主要降水云层之一，它的云量未包含在低云量之中。又祁连山区地处中国西北地区的内陆腹地，降水主要集中在夏季。所以本章着重讨论夏季总云量的时空异常特征。

3.1.1.2　夏季总云量变化的空间异常特征

对祁连山区附近 34 个测站 40 年(1961—2000 年)夏季总云量的标准化值($N_{zi}=(N_i-N)/S$，其中 N_{zi} 为标准化值，N_i 是每年的云量，N 为平均值，S 为均方差)进行 EOF 展开，得到了总云量异常的三种主要空间分布特征(陈少勇，2005)。

第一载荷向量场给出祁连山区附近区域为一致的正值区，变化在 0.45～0.89 之间，以祁连山中段为中心，最大值 0.89 出现在野牛沟站，向西北和东南减小。这一空间分布特征占总体方差的 60%。描述了祁连山区总云量变化的主要特征，即主体一致性。这一异常类型的形成可能是由于在西风带中，大尺度天气系统中的云系范围较广，特别是卷层云、高层云、雨层云等层状云在东移南下的过程中，往往能够覆盖整个祁连山区和河西走廊区。另外从祁连山区产生的对流云系，受高空偏西风的引导，一边发展，一边向河西走廊区移动。因此 RLV1 的区域较大，即祁连山区夏季总云量变化的一致性较高。

第二载荷向量场给出祁连山区东南部为正值区，最大值 0.75 出现在永登站，西北部为负值区，最小值 −0.48 出现在高台站，零线位于祁连山中部。这种"东南正、西北负"的空间分布特征占总体方差的 11%，说明了祁连山区夏季总云量有东南、西北相反变化的差异，该异常类型的出现可能是由于夏季东南季风的影响所致。我国东南季风区的西北边界在河西走廊中部，祁连山区东南部属东南季风的边缘地带，一般认为，与气候区内部相比，在气候区的边缘地带，气候变化更敏感、更显著。

第三载荷向量场给出东北区为正值区,西南高原为负值区,最大值0.65出现在民勤站,零线与祁连山主峰走向基本一致。这种空间分布特征占总体方差的7%。反映了祁连山区(含高原区)与河西走廊总云量变化的不一致性。这一异常类型的出现可能是由于高原的热力作用和动力作用的综合结果。高原的热力作用使祁连山区盛行热力上升气流,河西走廊盛行热力下沉气流;祁连山的地形影响使气流自西向东移动时,受侧边界摩擦作用,容易形成地形性反气旋,有利于下沉气流,或高原西风气流越过祁连山或偏南气流越过乌鞘岭在背风坡产生下沉气流所致。

由于祁连山区的地理环境极其复杂,不同区域之间的气候差异也十分明显,用REOF便可较好地揭示出这种气候上的差异性。因为REOF的前五个主成分(PC)的累积方差贡献率达到85.14%,PC5之后的主成分其单个贡献率不足2%,因此在6—8月总云量EOF基础上再对前五个主成分进行旋转,分析祁连山区夏季总云量分布的局部特征。总云量旋转前后PC和RPC对总方差的贡献率及累积贡献率(表3.3),取前三个或荷向量场分析,其旋转主成分的累积方差达到近74%,得出祁连山区夏季总云量异常的主要区域。

表3.3 总云量旋转前后前五个主成分占总方差的百分比(%)

主成分	1	2	3	4	5
PC贡献率	59.98	10.68	6.97	5.19	2.32
PC累积贡献率	59.98	70.66	77.63	82.82	85.14
RPC贡献率	56.88	10.17	6.62	6.29	3.68
RPC累积贡献率	56.88	67.05	73.67	79.96	83.64

第一载荷向量场RLV1的载荷最大值区(≥0.70)包含了祁连山区的绝大部分及高原地区,中心值在野牛沟(38°25′N,99°35′E),RLV值为0.92。因比把这一异常区称之为"祁连高原区"。

第二载荷向量场RLV2呈"西北负、东南正"分布,零线通过祁连山中部,最大值出现在永登站(36°45′N,103°15′E),RLV值为0.73。这一异常区称之为"祁连东南区"。

第三载荷向量场RLV3正值出现在走廊区,最大值出现在河西走廊东部的民勤站(38°38′N,103°05′E),RLV值为0.64。负值在祁连高原区。把这一异常区称之为"走廊东部区"。

3.1.1.3 夏季总云量异常的时间演变特征

(1)年际变化趋势

祁连山区夏季总云量经REOF分解后,前三个旋转载荷向量反映了占祁连山区总云量变化总方差74%的最主要的三个局地特点。因为RPC反映了所对应的RLV空间异常性的时间变化,RLV的高值表示出RPC与该站原总云量序列的相关性,故从每个型中选取旋转载荷向量绝对值最大的点作为该型总云量变化的代表站。不同气候区夏季总云量的异常变化具有不同的演变特征。

祁连高原区:1962—1965年、1978—1980年、1994—2000年夏季总云量偏少,1966—1968年、1971—1977年、1987—1989年夏季总云量以偏多为主,1978—1993年呈波动状态。总体演变趋势:20世纪80年代中期及以前趋势不明显,80年代中期以后略有下降。

祁连东南区:夏季总云量具有下降后再上升的趋势。1980年是一个转折点,1980年以前总云量呈下降趋势,1980年以后呈上升趋势。1968—1980年夏季总云量明显偏少,1961—

1967年、1981—2000年夏季总云量明显偏多。

走廊东部区:夏季总云量的历史演变呈单调上升趋势。20世纪60年代以偏少为主,70年代及以后呈"一升一降"的波动上升趋势。

通过分析比较以上三个区域夏季总云量异常的时间变化,可以明显地看出,祁连高原区的总云量比其他两个区域多而且稳定性好(均方差:野牛沟3.9%,民勤4.5%,永登4.5%)。这是由于夏季祁连山区受高原季风和东亚季风的影响,大气中的水分含量达到全年最大值,为云的形成准备了必要条件,是祁连山区云量偏多的主要原因之一。山区的地形云尺度是比较小的。说明祁连山区云的形成可能与地形条件有关,祁连山是由好几条呈西北-东南走向的平行山岭和谷地组成,西风气流遇山脉阻挡强迫抬升,暖湿的偏南气流可以顺山谷通道向北输送,另外还与山区冰川、积雪等潮湿下垫面的蒸发有关,这是长期维持祁连山区云量多而稳定的又一主要原因。因此,在祁连山区长期开展人工降水,具有一定的地理优势。

(2)周期特征

对三个代表站的夏季总云量序列使用谱分析检测周期变化,取最大后延$M=N/4=10$年,显著水平$α=0.01$,三个异常区具有相同的20年和10年周期,不同区域具有各自不同的演变周期。祁连东南区有四个明显的周期:20年、10年、7年和3年。河西走廊东部区有五个最明显的周期:20年、10年、7年、5年和4年的周期。祁连高原区有两个明显的周期:10年和4年,其次还有20年和2~3年的周期。

3.1.1.4 总云量变化及其对气温的响应

随着全球变暖的日益显著,在全球变暖的大背景下,以气候变暖为代表的全球性环境问题已越来越受到科学界、社会公众和各国政府的关注。利用祁连山年平均气温进行对比分析,1961—2000年平均气温0.5℃,1987—2000年的年平均气温1.0℃比1961—1986年平均气温0.2℃升高0.8℃,1961—2000年祁连山增温1.2℃,平均增温率0.031℃·a^{-1},1986—2000年增温率0.06℃·a^{-1}(图3.1a)。可以看出祁连山区的增温幅度高于20世纪后期全国年平均增温幅度为0.035℃的平均水平(陈少勇,2006)。

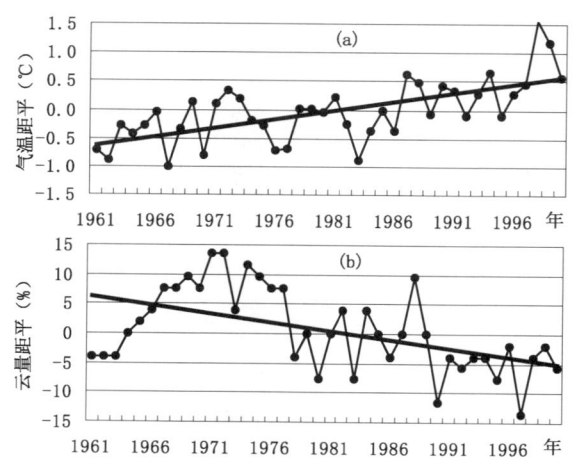

图3.1 祁连站年平均气温(a)和总云量距平(b)年际变化

(1) 年总云量的变化及其对气温的响应

为了增加分析的比较性,我们选择了祁连山及其周围地区的 34 个气象站,计算了每站逐年的平均总云量,分析其年际演变趋势。结果表明,1961—2000 年总云量大多数站有显著减少趋势,40 年减少 3%～10%。图 3.1b 只给出位于祁连山主区的祁连站(38°11′N,100°15′E)的总云量变化。与图 3.1a 相比较,祁连山总云量与气温有相反变化的趋势。

为了探讨祁连山云量对全球变暖的可能响应,我们利用空间平均的祁连山年平均气温序列和祁连山区各站总云量资料,进行了最近 40 年年平均总云量距平百分率对平均气温的线性回归分析。在平均气温升高 1℃的情况下,祁连山及其周围大多数地区总云量减少 1%～3%,其中祁连山东南部减少最多达 7%,而河西走廊、柴达木盆地中西部增加 1%～3%,祁连山主区云量与气温的回归效果是显著的。为了更直观地显示气候冷暖与云量多少的对应关系,我们选择了最近 40 年所有气温距平>0.5℃的最热的 5 年(1987 年、1994 年、1998 年、1999 年和 2000 年)和所有气温距平<0.5℃的最冷的 7 年(1961 年、1962 年、1967 年、1970 年、1976 年、1977 年和 1983 年)做合成分析。结果发现,暖年平均与冷年平均总云量距平百分率的差值分布形式与线性回归分析的结果非常相似,在祁连山主区 5 个暖年比 7 个冷年平均总云量减少 3%～10%。可见,在全球变暖情况下,祁连山的云量可能减少。

(2) 季总云量的变化及其对气温的响应

取 1 月、4 月、7 月和 10 月(分别代表冬、春、夏、秋季)的气温和总云量资料,用上述同样的方法分析祁连山区各个季节总云量对气温的响应。

冬季:气温有显著的线性上升趋势,40 年增温 1.5℃,1982 年和 1972 年达历史最高和次高,1978 年达历史最低值;总云量略有下降而趋势不显著,与气温变化相比,总云量偏多、偏少既出现在暖冬也出现在冷冬,表明冬季云量的年际波动并非是由于冬季气温年际波动所引起。

春季:气温无明显线性趋势,基本呈一降一升的二阶趋势。1983 年达最低值,20 世纪 90 年代增温 0.6℃,其中 1998 年气温创历史最高。总云量略有线性下降趋势,40 年减少 7%左右,通过云量与气温的回归分析,春季总云量与气温皆呈负相关,其中相关显著的区域在祁连山中南部,平均气温升高 1℃,该地区总云量减少 2%～3%。

夏季:气温无明显线性趋势,基本呈一降一升的二阶趋势。1976 年达最低值,1987 年以后增温 0.6℃,其中 2000 年气温创历史最高;总云量略有显著的线性下降趋势,40 年减少 7%左右,一升一降的二阶趋势更显著,与气温变化呈反位相特征,20 世纪 80 年代中期以后夏季总云量剧烈减少。通过云量与气温的回归分析,夏季总云量距平百分率与气温皆呈显著的负相关,平均气温升高 1℃,祁连山总云量减少 2%～5%,河西地区减少 2%～4%,柴达木盆地减少 1%～2%。

秋季:气温有不显著的上升趋势,40 年增温 0.6℃。总云量略有不显著的下降趋势,40 年云量减少 8%左右,与气温变化无明显关系,总云量对气温变化不敏感。

(3) 气候变暖条件下祁连山区总云量变化的可能成因

祁连山处于青藏高原东北部,该区域气候要受到西风带、东亚季风和高原季风的共同影响。我们以 1957—2001 年共 540 个月的西太平洋副热带高压(以下简称西太副高)面积指数距平和亚洲区纬向环流指数距平代表东亚季风和西风带的环流特征,以及祁连站的总云量距平资料,分别计算其在 2～270 个月各月的功率谱密度,结果如下:在 1 波(270 个月,22.5 年)上都有一个主要的峰值(通过 α=0.01 的显著水平检验),另外西太副高面积指数在 6 波(38.6

个月,3.2年)上有一个次大峰值,通过 $\alpha=0.05$ 的显著水平检验,祁连站总云量在 2 波(135 个月,11.25 年)上有一个次大峰值,通过 $\alpha=0.05$ 的显著水平检验。在准 3~6 个月的短周期上,西太副高面积、祁连山云量、亚洲区纬向环流都有显著的功率谱值。祁连山云量的准 11 年周期与太阳活动的周期一致,说明太阳活动影响祁连山区热量收支,使高原热力环流发生变化,进而影响到云量的变化。由此可以认为祁连山云量是受到西太副高、中纬度纬向环流和太阳变动影响的。

以下仅选择西太副高面积指数和亚洲区纬向环流指数,分析前述祁连山所有最热的 5 年(1987 年、1994 年、1998 年、1999 年和 2000 年)和所有最冷的 7 年(1961 年、1962 年、1967 年、1970 年、1976 年、1977 年和 1983 年)1—12 月环流指数距平(表 3.4)。不难发现冷、暖年的西太副高和纬向环流存在明显的差异。暖年各月西太副高面积指数距平都为正值,冷年则以负距平为主,因而暖年比冷年副高明显范围大。从亚洲区纬向环流指数分析,暖(冷)年各月以正(负)距平为主,说明暖(冷)年西风强(弱)。

表 3.4 祁连山冷、暖年 1—12 月平均西太平洋副热带高压面积指数和亚洲区纬向环流指数距平

月		1	2	3	4	5	6	7	8	9	10	11	12	年平均
西太副高面积指数	暖年	1.9	5.5	4.9	6.3	3.9	3.6	3.9	7.6	2.1	7.3	4.3	6.6	4.8
	冷年	−0.5	0.0	0.1	−1.7	−0.9	−1.3	−1.6	3.5	−0.7	−0.6	−2.3	−2.9	−0.74
亚洲纬向环流指数	暖年	−1	20	−15	19	7	7	−1	7	21	−7	−1	8	5
	冷年	−8	4	−14	0	1	−6	−5	6	−3	−6	−9	−1	−3

暖年西太副高面积增大,向北扩展,中纬度纬向环流强,阻止偏南季风北上、冷空气南下到祁连山区,造成祁连山区云量偏少。冷年的情况相反。这一结果与前面获得的该地区云量随气候变暖而减少的分析相符合。

3.1.2 降水变化

祁连山区降水是抚育河西走廊及柴达木盆地绿洲的主要水资源。本节主要介绍祁连山区地形降水的气候特征。

3.1.2.1 降水量与海拔高度

祁连山系地处亚洲内陆腹地,青藏高原季风区的西北缘。降水过程的水汽来自孟加拉湾,经四川盆地后由柴达木热低压前的东南气流接力输送到祁连山系东南缘后,沿坡爬升形成地形云与南下的冷锋云系结合使降水加大。由于祁连山区地形复杂,有七条大致平行的西北—东南走向的高山和河谷组成。其中西端的阿尔金山和东端的毛毛山与拉脊山呈东西走向,冷空气南下时与这些山脉有较大交角,当冷空气翻越当金山口,乌鞘岭垭口和民和西沟时,在山脉迎风坡造成较大降水。尤其是祁连山区东南部,冷空气沿兰州小高压底部的偏东气流溯湟水大通河谷爬升,在大坂山口南坡 3834 m 的十道班造成年降水量 830 mm 的极值,冷龙岭北坡最大 697 mm,大通河谷中上游雨峰处年降水量也达 525 mm(李国昌,2005)。

(1)山顶与山麓降水对比

对祁连山区自西北到东南八个山顶与山麓站实测的年、月降水量分析,看出多数山顶站降水量多于其南、北麓。唯独走廊南山和冷龙岭南麓年降水量大于山顶。就山顶与山麓站降水量对比分析,降水的垂直梯度以阿尔金山南坡最大,为 149 mm·(100 m)$^{-1}$。这里气候极其

干旱,水汽在迎风坡因降水已消耗殆尽,加之气流过山的焚风效应,使背风面的苏干湖年降水量仅 19.5 mm。其次是达坂山口因山顶年降水量高达 830.7 mm,致使其北坡降水的垂直梯度达 38.6 mm·$(100\text{ m})^{-1}$。走廊南山和冷龙岭南坡由于山麓降水量大于山顶,使年、月降水的垂直梯度为负值。其他地区山麓至山顶年降水量的垂直梯度为 7~23 mm·$(100\text{ m})^{-1}$,同一山脉 7 月最大,1 月最小。但各山脉降水量的垂直梯度有很大差异,就祁连山区各山脉山麓至最大降水高度层的年降水量垂直梯度而言,大致由东南向西北减小。拉脊山东端的西沟最大为 64.3 mm·$(100\text{ m})^{-1}$,与湖南衡山相当。其次是冷龙岭东端的黄羊河为 55.4 mm·$(100\text{ m})^{-1}$,至西部的疏勒河由于水汽少降到 6 mm·$(100\text{ m})^{-1}$,青海湖的布哈河负值最大为 -12.2 mm·$(100\text{ m})^{-1}$。

对四个山顶和山麓站各级年平均降水日数对比,看出,就年雨日和小雨日数而言,山顶均多于山麓。但中、大雨日数山顶少于山腰雨峰附近的站,如乌鞘岭与古浪,木里与门源,张掖平顶山与西武当相减均为负值,而一般的山麓站则小于山顶。可见山顶的雨峰主要由小雨较多形成。天气分析表明,冷气团内凝结高度较高,午后谷风与冰川风辐合产生的地形积云常在山顶形成小雨,可能造成高山降水极大带。而天气尺度系统(如冷锋)降水由于水汽充沛凝结高度低,故迎风坡山腰大雨较山顶多。祁连山区 3000 m 以上的山顶站未出现≥50 mm 的暴雨日,乌鞘岭 50 年的资料得到证明。此乃海拔增高大气柱变薄,可降水量减少。

(2)年降水量随高度变化廊线

根据祁连山区 34 个流域沿河谷或山坡各测站年降水量与海拔高度拟合出的廊线,一般低于雪线的山脉,与其正交的短河沟廊线为线性递增型,多见于祁连山中西部,如山丹河、北川河和柴达木盆地北缘的一些短河沟。祁连山东部凝结高度较低多呈抛物线型,如古浪河、黄羊河和湟水南坡的一些河沟。发源于雪线以上的河流,由于冰川上往往出现第二雨峰,故为双峰或 S 型,如金塔西营河、东大河、黑河上游、大通河等。有关祁连山区第二最大降水高度成因,将在后面讨论。如前所述布哈河和冷龙岭南坡的一些短河沟廊线呈线性递减,此乃冷空气越过高山后的背风坡效应,布哈河则与其注入的青海湖水汽较多,致使下游降水大于上游。由祁连山区 31 条河沟的廊线类型和递增率看出(表 3.5),线性递增型最多约占总数的 42%。祁连山区最多见的年降水量高度廊线类型是 1 型和 2 型,占总数的 71%。1 型的最大递增率出现在阿尔金山南坡为 149 mm·$(100\text{ m})^{-1}$,由于未参加统计故未列入表 3.5 中。表中最大值是青海湖东北的哈尔盖河,因记录年代短故加括号,其次是湟水的沙塘川为 34.5 mm·$(100\text{ m})^{-1}$,1 型的最小递增率在疏勒河,仅为 6.0 mm·$(100\text{ m})^{-1}$。2 型最大值出现在湟水东南民和县的西沟,雨峰下的递增率是 64.3 mm·$(100\text{ m})^{-1}$,2 型最小递增率出现在疏勒河水系的石油河为 8.9 mm·$(100\text{ m})^{-1}$。如山顶有记录 S 型可能变为双峰型,它们无本质区别,故将 3a 和 3b 合并统计。也有研究认为祁连山区年降水量随高度变化的廊线均属 S 型。本节用较多的流域和较长的资料证明,S 型加上双峰型仅占 19%。3 型按统计的 6 条河来看,其下段的递增率均大于上段,3 型最大值在石羊河水系的金塔西营河,最小值在党河。4 型递减率最大在布哈河。总的看来祁连山区各主要河流年降水量随高度的递增率由东南向西北减小,这主要由于降水量减少,其次与地形坡度有关,如黄羊河地形坡度最大为 68 m·km^{-1},年降水量递增率高达 55.4 mm·$(100\text{ m})^{-1}$,略小于西沟。坡度最小是布哈河,为 4 m·km^{-1},如前所述,其降水量随高度递减率最大。

表 3.5　祁连山区 31 条河沟的年降水量随高度变化的廓线类型和递增率

型号	名称	次数	百分率(%)	递增率(mm·(100 m)$^{-1}$)		
				平均	最大	最小
1	线性递增型	13	41.9	21.9	(46.8)	6
2	抛物线型	9	29	35	64.3	8.9
3a	三次曲线 S 型	6	19.3	下段 25.1	34.4	8.9
3b	四次曲线双峰型			上段 17.6	24.1	8.1
4	线性递减型	3	9.6	−7.9	−12.2	−2.8

(3) 各季降水量随高度变化廓线

取 1 月、4 月、7 月和 10 月分别代表冬、春、夏、秋四季,某些流域如祁连山北坡的流域各季降水量随高度变化廓线有明显差异。冬半年各月降水量小,为清晰起见取对数坐标。如图 3.2 所示黑河上游冬、秋季呈明显的双峰,峰值在 2200 m 和 3500 m 以上的山顶附近,春季单峰在 3000 m 附近,夏季随高度准线性递增至最高的俄博站(3442 m)为 111 mm,达最大。西部的讨赖河冬、春季呈双峰,峰值在 2297 m 的冰沟和 4626 m 的七一冰川上。夏、秋季线性递增。东端的古浪河 1 月、4 月和 10 月均为单峰与年降水量廓线相似,峰值在北坡 2700~2495 m 而 7 月峰值在山顶(3040 m 的乌鞘岭)。此乃河西走廊冬半年相对湿度大,凝结高度较低。1 月的平均降水量祁连山区外围降水较山内大(图 3.2)。

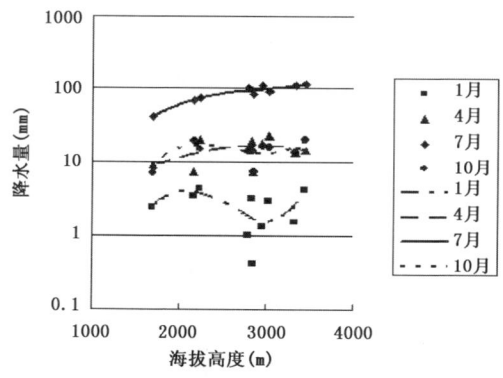

图 3.2　黑河上游各季降水量随高度变化廓线

(4) 最大降水高度及第二最大降水高度

冰川学界一直认为,一座高山可以出现两个最大降水高度带,而且上面一个最大降水高度上的降水量还可能很大,冰川主要靠它维持。为此中国科学院原兰州冰川冻土沙漠所 1959 年 6—8 月在天山中段南北坡设置 8 个点的雨量观测资料,在北坡似乎存在两个最大降水高度,一个在 1850 m,另一个在 3539 m。而气象界多数认为一个山脉只能有一个最大降水高度,因在最大降水带以上,气流虽继续上升,但因水汽含量迅速减少,因此降水量一般不可能再重新增加。李江风分析了天山北坡 1958—1967 年平均的探空相对湿度随高度变化,指出夏季最大相对湿度带在 4000 m 左右,与最大降水在 3539 m 的天山云雾站对应,1850 m 处没有相对湿度极大值出现,据此他否定 1850 m 处雨峰的存在。本节统计了祁连山区四周的西宁等七个探空站 1971—2000 年 1 月、4 月、7 月和 10 月各月和年平均相对湿度随高度变化,发现祁连山区东南部（西宁）相对湿度极大值在 2500 m 附近，与湟水河谷的平均雨峰高度 2776 m 接近。祁连山区四周除 1 月相对湿度极大值在近地面外，其余时段河西走廊中段最大相对湿度在 500 hPa，柴达木盆地东北缘 7 月在 500 hPa，其余在 400 hPa，走廊西段和柴达木盆地西北缘上升至 300 hPa，均高于相应的祁连山区雨峰高度。它反映山外干旱地区多高云的特征，可惜祁连山区无探空资料，想必与山外差异很大。表 3.6 统计了祁连山区 31 个流域年雨量的雨峰高度和峰值雨量，2 型和 3 型下段可测得较准确的雨峰高度，分别平均为 2778 m 和 2530 m，自东南向西北升高。2 型最低在湟水东南的西沟凉坪高度 2466 m 峰值雨量达 773.3 mm，3 型在庄浪河高度 1800 m。最高分别在丰乐河和党河雨峰高度分别为 3734 m 和 2852 m。1 型和 3 型上段的雨峰高度受测站设置高度限制，只能取最高站的记录，不一定是真实的值，但仍能看出雨峰高度最低在东南部的湟水引胜沟和庄浪河分别为 2675 m 和 2970 m，最大峰值雨量在湟水北川源头的十道班。最高雨峰高度在西北部的疏勒河和党河为 4700 m，峰值雨量仅 261.6 mm（老虎沟冰川）。

祁连山区第二最大降水高度带的可能成因有两个。1）气流两次爬坡可以形成两个最大降水高度，如金塔西营河和黑河上游属于此类。金塔河源头海拔 4847 m 的高山形成第一次抬升在雨量分布图上对应 2700～2900 m 附近有与此山脉平行的多雨带，年雨量在 400 mm 以上。第二个多雨带在冷龙岭主峰北坡海拔 3850 m 的水管河 4 号冰川下面，1958 年有短期观测，经与门源订正后累年平均雨量约为 588 mm，这是气流第二次爬升形成的高山最大降水带。黑河上游第一台阶为海拔 4500 m 以上的走廊南山，从雨量图上可看出多雨带在此山脉北坡海拔 2500～3500 m 附近，其东南段年雨量在 400～500 mm，西北段降至 250～359 mm，此山脉南坡的黄藏寺降至 294 mm。黑河源头的八宝河和西支位于走廊南山和讨赖山之间，溯八宝河谷而上在其源头 3442 m 的俄博年雨量达 433.8 mm，西支在 3000 m 附近出现雨峰，年雨量 446 mm（扎马什克）。在太行山区也存在此情况。2）夏季冷气团内部的近地面气压场，河谷为高压，山顶出低压，从而增强谷风辐合，可能造成高山降水极大带。如前所说，祁连山区山顶测站降水日数多于山腰和山麓，但≥10 mm 的降水日数山顶少于迎风坡山腰雨峰附近的台站，海拔 4088 m 的木里气象站与门源同期资料对比（表 3.6），表明山顶降水极大带是由小雨日数多所造成。冷气团内部凝结高度高、水汽少，因而在高山地区的定常辐合带上多降小雨。

表 3.6 祁连山区各类廓线雨峰高度和峰值雨量及其出现地点

型号	雨峰高度(m)			峰值雨量(mm)		
	平均	最高	最低	平均	最大	最小
1 型	3515	4700	2675	438.4	830.7	146.1
	出现流域	疏勒河	湟水引胜沟	出现地点	十道班	哈尔腾
2 型	2778	3734	2466	519.6	773.3	192.7
	出现流域	丰乐河	湟水西沟	出现地点	西沟凉坪	天生桥
3 型下段	2530	2852	1800	365.5	524.5	186.7
	出现流域	党河	庄浪河	出现地点	门源	阿克塞
3 型上段	3817	4700	2970	477.0	588.6	261.6
	出现流域	党河	庄浪河	出现地点	冷龙岭	老虎沟冰川
4 型	2804	3192	2317	455.6	524.5	358.8

3.1.2.2 坡向、地形与降水

如前所述,气流在山脉迎风坡抬升水汽不断凝结而降水,使雨量随海拔升高而增加,因而常在迎风坡上出现最大降水高度。气流越过山脊后,由于水汽比迎风坡减少,因而凝结高度抬高。自凝结高度以下气流绝热压缩增温,降低了空气的相对湿度,因而祁连山区各山脉背风坡雨量均小于迎风坡。尤其东、西两端的毛毛山和阿尔金山是一条孤立的东西走向山脉,南下的冷空气以越流为主,使其南坡降水远小于北坡。以下自东向西选取气象站较密且山顶附近有观测的六座山自北向南作剖面,列表说明之(李国昌,2005)。

(1)毛毛山

毛毛山位于祁连山区最东端,北是腾格里沙漠,南为半干旱黄土高原,沿 103°E 附近气象站密度大,山顶有 50 年完整资料的乌鞘岭气象站。除 7 月雨峰在山顶外,其余均在山坡上,北坡雨峰高度低于南坡。北坡雨峰 1 月和 4 月在 2700 m 的安远,10 月和年雨量在 2495 m 的龙沟。南坡则在近 3000 m 的石家滩,南坡中部雨量明显小于北坡同高度处的雨量(见如图 3.3),与 Lauscher(1976)列举的奥地利东阿尔卑斯山的图例相似,虽然两地气候差异很大,前者为干旱气候,后者是湿润的地中海气候,但山脉造成的地形雨扰动则相似。毛毛山南坡 1800 m 附近的次雨峰,可能与气流越山后的重力波有关,也许是因资料年代不同产生的误差。

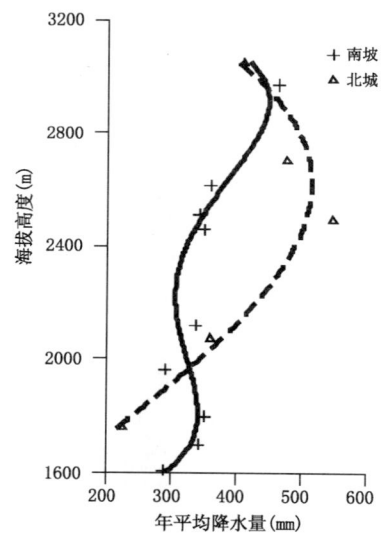

图 3.3 毛毛山南北坡年平均降水量随高度变化廓线的对比

(2)冷龙岭

沿 102°E 附近穿过冷龙岭主峰的经向剖面。水管河 4 号冰川 1962—1963 年,1975—1977 年在 4420~4450 m 有 4 年冰川物质平衡观测,据此推算年降水量,并按门源气象站长序列资料作延长订正。按九条岭各月降水量占年总量的比估算冰川站的月降水量。北坡第一雨峰 1 月和 10 月在 2000 m 的武威南营,4 月升到 2070 m,7 月和年雨量在 2716 m 的旦马;第二雨峰均在 3850 m 的冷龙岭冰川下部。有趣的是南坡雨峰各月和年雨量都在大通河谷中。此乃冷龙岭高 5254 m,冷空气难以越过,常以绕流方式由民和峡口逆流而上,至门源(2854 m)形成雨峰,故比其北侧海拔 3473 m 的老虎沟的雨量大。

(3) 大坂山

大坂山是祁连山系东段的第二条山脉,位于冷龙岭南,大通河穿行这两条山脉间。大坂山的独特处是南坡雨量大于北坡,除 1 月雨峰在南坡 3037 m 的他畦外,其余均在大坂山口的十道班。此乃大坂山南坡为迎风坡。西风气流绕过青藏高原北侧后,在其东北方 700 hPa 形成尾流小高压,湟水河谷处于此高压底部的偏东气流中。冷空气经乌鞘岭南下至兰州后,溯湟水河谷注入大坂山和日月山组成的向东南开口的喇叭口地形内强烈抬升,形成祁连山区的最大降水量。

(4) 祁连山主峰

祁连山主峰位于走廊南山西段海拔 5564 m,根据其北坡羊龙河 5 号冰川 1976—1979 年和其西北侧的七一冰川 1974—1977 年,1983—1985 年冰川物质平衡观测推算的冰川积累区年降水量分别为 333.1 mm 和 410.7 mm,与新地和冰沟订正后累年平均降水量为 347.9 mm 和 414.6 mm。据此沿 98°E 通过山顶作雨量剖面,北坡 1 月和 4 月呈双峰第一雨峰在 2000 m,主要雨峰在 4700 m 的羊龙河 5 号冰川上。7 月和 10 月和年雨量的峰值在 4626 m 的七一冰川。背风坡的朱龙关雨量略小于北坡,南坡地势升高雨峰在讨赖河上游的托勒。

(5) 大雪山

大雪山是祁连山系西北缘的高山,主峰 5468 m,根据其北坡老虎沟冰川 1975—1976 年冰川物质平衡观测推算的该年度雨量为 460 mm,对照其北侧大雪山站 1958—1961 年的气象观测,并与昌马堡水文站作延长序列订正的累年平均降水量约为 261.6 mm。沿 96°E 通过大雪山顶的雨量剖面,可看出北坡第一雨峰在 1700~2100 m 附近,第二雨峰为主在 4700 m 的老虎沟冰川上,南坡的花儿地与北坡同高度年雨量接近。此乃以绕流为主,背风坡无焚风效应。

(6) 阿尔金山

阿尔金山是祁连山系西端一条东西走向狭窄的山脉,它分隔塔里木和柴达木两个盆地。沿 94°E 穿过当金山口南北剖面雨量,可看出 2700 m 处南坡雨量远小于北坡,苏干湖年雨量不足 20 mm,而北坡的阿克塞接近 190 mm。

祁连山系绝大多数山脉北坡雨量大于南坡,故冰川多发育于雪线以上的高山北坡。就上述六条山脉而言,唯有大坂山例外,南坡雨量大于北坡,此乃其南坡为迎风坡。祁连山系东西两端的毛毛山和阿尔金山北坡雨量明显大于南坡。其中毛毛山北坡龙沟的年雨量比南坡同高度(2500 m)的岔口驿多 205 mm,为祁连山区的极值,此乃这两条山脉呈东西走向,与产生降水的冷空气主要路径,偏北气流接近正交,且系孤立的山脉。当冷空气南下时常越过其垭口,如乌鞘岭和当金山口。背风坡的焚风现象显著,故南坡雨量远小于北坡。而祁连山系北缘西起大雪山东至冷龙岭呈西北—东南走向且其南面有多条并行的高大山脉,地势逐渐隆起,冷空气南下以绕流为主,故南、北坡年雨量差异较小,一般小于 50 mm。

3.1.2.3 祁连山区降水的分布特征

根据祁连山区及其邻近地区 293 个气象、水文和冰川站近 50 年的年和 1 月、4 月、7 月和 10 月平均降水量资料,用克里格(Kriging)插值方法,分辨率取 0.05×0.05 经纬度网格,绘制祁连山区年和各季降水量分布图(李国昌,2005)。

(1) 年降水量分布

年降水量分布由东南向西北递减,在大坂山口和拉脊山东段的西沟均大于 770 mm,祁连山区东段的冷龙岭、大坂山和拉脊山年降水量 550~750 mm。北面第一条高山自冷龙岭东端的黄娘娘台 644 mm 至西端的阿克塞降为 187 mm。最小在西北部小于 150 mm。西南端的三排高山(党河南山、土尔根大坂、柴达木山)降水量相近,为 100～170 mm。疏勒南山是祁连山系的最高处,降水应比南面的哈拉湖多些。疏勒南山东侧年降水量自东向西迅速递减,由木里 525 mm(99°E)降至 200 mm(97.5°E)(图 3.4)。这表明高原夏季风(东南气流)不能逾越祁连山区的最高处托赖掌,只能到达其东侧。

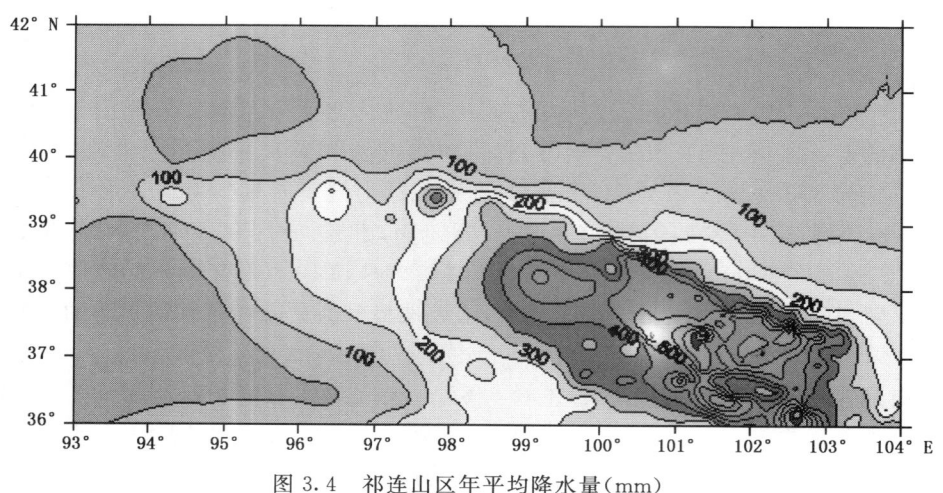

图 3.4 祁连山区年平均降水量(mm)

(2) 各季降水量的分布

如前所述,1 月祁连山区四周七个探空站的最大相对湿度均在近地面,故凝结高度低,月降水量峰值高度在 1700～3500 m。冬季祁连山区外围降雪多于山内,西和北缘最明显,这是高原冬季风的作用使它成为迎风坡。最大值大于 7 mm 的中心在山丹县白石崖、大通县他畦和天祝县安远,最小在青海湖流域≤1 mm。

4 月祁连山内降水明显增加,中心在冷龙岭东端的黄娘娘台为 53 mm,其次是拉脊山北坡民和县凉坪 49 mm 和大坂山口的十道班 47 mm。东西方向递减最大在日月山,其东坡湟水上游为 40 mm 至青海湖降为 10 mm,>20 mm 的区域向西扩展到大通河源及走廊南山西端的镜铁山。这表明春季高原夏季风已能到达日月山东侧。

7 月祁连山区中西部降水量达全年最大,分布形势与年降水量基本相似。中心略有差异,最大在日月山东坡湟中县上新庄 170 mm,其次是大通县十道班 159 mm。>120 mm 的降水区向西北推进到祁连山区最高峰东侧的木里。8 月祁连山区东南部雨量为全年之冠,极值在十道班 232 mm,其次是上新庄 185 mm。

10 月随着夏季风的撤退祁连山区降水明显减少,>30 mm 的降水局限于日月山以东的大坂山、拉脊山和冷龙岭东端,极值在十道班为 60 mm。

3.1.3 空中水汽

3.1.3.1 空中水汽特征量分析

为了研究祁连山地区的水汽状况,图 3.5 给出了在该地区水汽随高度的分布状况,从图中可以看出,水汽随高度呈 e 指数规律递减,减小很快,大气中的绝大部分水汽都集中在 300 hPa

层以下,所以下面的内容主要讨论该层以下的状况(张良,2007)。

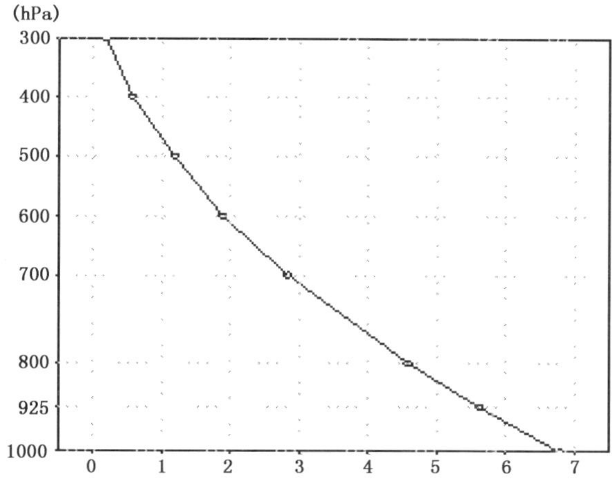

图 3.5　祁连山地区多年平均比湿垂直廓线（单位:g·(kg)$^{-1}$）

在研究祁连山地区的水汽含量时,选取 1 月、4 月、7 月和 10 月作为各季节的代表月份。看出,北半球大气水汽含量等值线大致沿纬向分布,从冬季到夏季,水汽含量逐渐增加,从夏季到秋季大气中的水汽含量又逐渐减少,夏季水汽含量最大,冬季水汽含量最小,祁连山地区与全国其他地区相比,常年水汽含量值较小,这是由于其深居内陆、远离海洋,处于西北干旱半干旱地区的缘故。

由各月水汽通量来看,由于祁连山地处中高纬度,并且西部没有高大山脉的阻挡,各季节都受到西风带的影响,但是途经黑海、里海,距离较远,所以到达祁连山时水汽含量较少,从水汽通量图上可以看出其值较小。从 7 月水汽通量图中可以看出,夏季由于西南季风的影响,孟加拉湾有较强的水汽向北输送,而且夏季是祁连山地区降水最多的季节,为了更清楚地分析其水汽输送,下面研究 7 月份经向和纬向的水汽输送及 500 hPa 风场。

夏季在经向和纬向图上(图略),孟加拉湾都有一水汽通量高值区,结合下面 500 hPa 风场可以看出,西南季风气流携带丰富水汽北上,在高原东南部分为两支,一支汇入高原切变线,另一支在 30°～35°N 折向东输送而无法到达祁连山地区。从经向水汽通量图中还可以看出,在副高的西南侧,有一水汽输送高值区,这与印度低压有一定联系。

3.1.3.2　水汽收支

水汽收支指一地区某一段时间内水汽流入与流出的差值,反映该地区的空中水汽降落到地面的量。下面计算了 1987 年前后两个时期祁连山地区的水汽收支状况。

由表 3.7 可以看出,1987 年前后两个时期比较,后期的经向与纬向水汽收支和净收支都在减小,在所选范围内,年水汽收支约为 809 亿 m^3·a^{-1}。又由经、纬向水汽收支可以看出,经向水汽收支为正值,纬向水汽收支为负值,即在祁连山地区,水汽收支主要来自经向输送,纬向对其贡献为负。根据这个结论,可以看出,西风带带来的水汽对于增加祁连山地区的降水作用很小,甚至可以说将祁连山的一部分水汽由西风输出该区域。

表 3.7　各时期水汽收支(范围:36°30′~39°30′N,95°30′~103°E;单位:亿 m³·a⁻¹)

时期	纬向收支	经向收支	净收支
1970—1986 年	−2469	3491	1022
1988—1997 年	−1872	2468	596
平均	2171	2980	809

由前面可以看出,祁连山地区 1987 年之后的水汽净收支量减小了,但是该地区的降水量却是增加了,经过计算得知,该地区全年的水汽辐合主要集中在 600 hPa 以下层,以上为水汽辐散区域,又由水汽通量图可以看出,该地区上空常年盛行西风,那么是否是由于在 1987 年之后辐合层的水汽净收支增加的原因呢？经过分析(表略)可以看出,1987 年之后辐合与辐散层的水汽净收支量与表 3.8 一致,都呈减小的趋势。可以推测,该地区的降水效率提高了(表 3.8)。

表 3.8　祁连山地区 1987 年前后降水效率比较

时期	可降水量(mm)	降雨量(mm)	平均风速(m·s⁻¹)	降水效率
1970—1986 年	5.22 mm	290.8 mm	4.1	0.27
1988—1997 年	5.22 mm	302.0 mm	3.2	0.36

从表 3.8 可以看出,祁连山地区的可降水量在 1987 年之后没有变化,但降雨量增大了,所以该地区的降水效率提高了。此外,还可以看出,平均风速有所减小,结合前面年平均水汽净收支减少的结果,根据水汽通量是由比湿(可以理解为可降水量)与风速决定,在可降水量没有变化的情况下,可以推断出祁连山地区的水汽净收支在 1987 年之后减少的原因之一是由于该地区的平均风速减小。平均风速的减小可能与大气环流的变化有一定的关系。

3.1.4　积雪面积和雪线高度变化

祁连山深居欧亚大陆腹地,山麓周围被高原、戈壁、沙漠、绿洲等环抱,山区降水丰富,发育有现代冰川,每年有 7216×10^8 m³ 的出山径流通过石羊河、黑河、疏勒河三大内陆河水系和 56 条内陆河流浇灌着 70×10^4 hm² 耕地,养育着 400 万人民。随着社会经济的发展,水资源的合理开发利用等一系列问题逐步受到重视,尤其是内陆河流域的径流、山区积雪、冰川变化等问题更受到关注。本节利用 NOAA/AVHRR 资料和 EOS/MODIS 资料,分析了 1997—2004 年祁连山区雪线高度变化及积雪面积变化与人工增雨雪工程的关系。

准确识别云雪是进行积雪研究的基础工作。本书用 NOAA/AVHRR 资料检测积雪。MODIS 有 36 个波段,在可见光到部分中红外波段的分辨率分别为 250 m 和 500 m,提高了光谱分辨率,所以监测积雪的面积相对较准确。雪/云判别技术是建立在云和雪/冰反射率及辐射率的基础上,云在可见光和近红外部分一般有高的反射率,而雪的反射率在短波红外部分明显降低,所以利用这一特征可以进行云、雪检测。基于这一方法,建立了归一化差分积雪指数,雪冰的遥感判识基本可以实现(张杰,2005)。

3.1.4.1　5—8 月雪冰面积变化特征

一年中积雪面积变化一般分为三个阶段,9 月到次年 4 月为冰雪积累期,5 月基本为过渡期,6—8 月为相对稳定的冰雪消融期,所以 5—8 月这个时期内主要以冰川为主。为了尽量减少降雪过程对面积测量的影响,选用 5—8 月的资料代表性比较好,利用 1997 年以来 5—8 月的逐旬资料,对流域的雪冰面积变化进行分析,结果见图 3.6。1997—2004 年祁连山西、中、东部雪冰面积的年变化和月变化有一定差异。5 月西部疏勒河流域雪冰面积有比较小幅度的增加趋势,而中部黑河流域和东部石羊河流域为明显增加趋势;6—8 月除了中部黑河流域有增加趋势外,其余时间都为减少的趋势,随时间变化,在距平图上基本为负距平变化,并且有些时段<-0.5,所以面积减小的幅度是很大的;7 月积雪面积基本为减少趋势。结果说明,在 5 月略有增加,6—8 月基本为减少趋势,目前祁连山的冰川面积呈现出严重的萎缩状态。

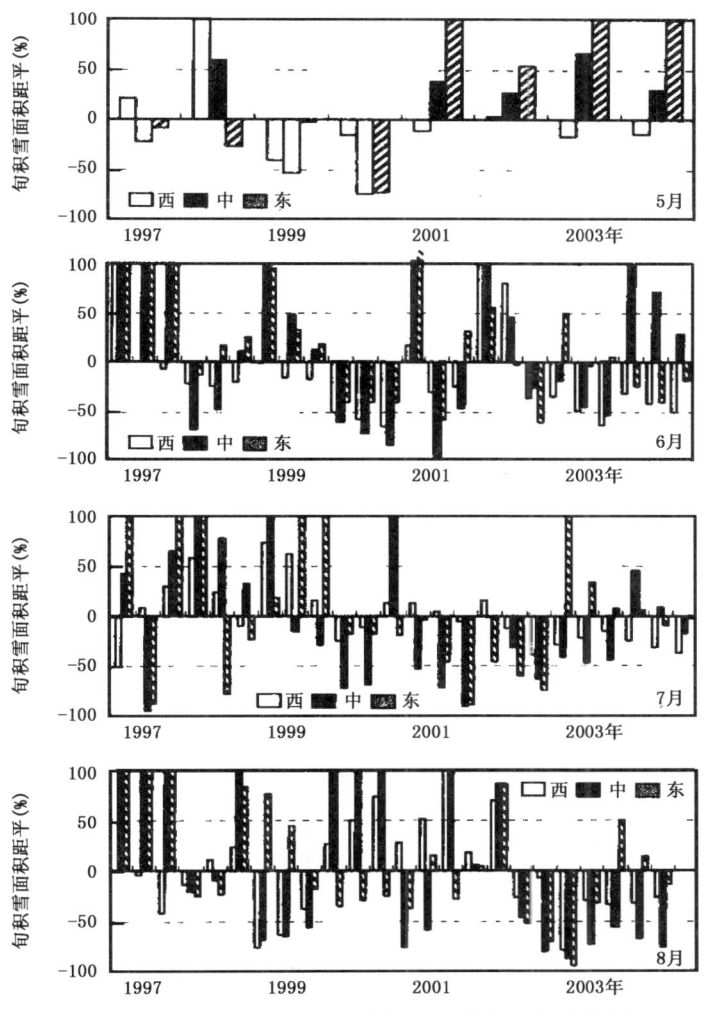

图 3.6 1997—2004 年 5—8 月祁连山积雪面积变化距平

冰雪面积的年际变化是十分复杂的,由于夏季的冰雪在海拔 3000 m 以上的高山地区,受人类直接的、负面的影响较小,产生这种复杂特征的原因主要是气候变化。

3.1.4.2 气候特征

(1)雪线高度处的气温变化

积雪面积的变化导致了雪线高度的变化,在5—8月如果不受降水过程的影响,祁连山区雪线高度基本在海拔 4000 m 以上。对于祁连山西、中部区的酒泉和张掖站,5—8月 600 hPa 的平均高度基本在海拔 4300 m 左右,因而 600 hPa 气温与雪线高度的温度十分接近。由于祁连山东段没有高空站,主要分析祁连山西、中段的情况。从图 3.7 可知,5 月祁连山西、中部 600 hPa 高度的旬平均气温基本为负值,并且呈减小的变化趋势,并且西部气温较中部低。说明 5 月份雪线高度处的气温为负值,不利于积雪的消融,可以认为积雪仍属于积累阶段。气温随年际的变化呈下降趋势,也说明祁连山区西部和中部的 0℃层高度在降低,雪线高度在降低;6月 600 hPa 高度的气温逐渐向平均值接近,并趋于平缓,高温值降低,低温值升高;8 月 600 hPa 高度的气温在波动中略有上升,7 月 600 hPa 高度的气温在波动中上升最快,但 2001—2002 年的变化十分平缓。从 5—8月的 600 hPa 高度的气温变化来看,冰雪消融量在 7 月最强,8 月次之,最后是 6 月,5 月仍为积雪积累期;从 6—7月的温度差来看,1999 年以前温度差相对较小,而之后有所增加,说明 6—7 月冰雪消融量急剧增加,并且雪线高度上升最大。

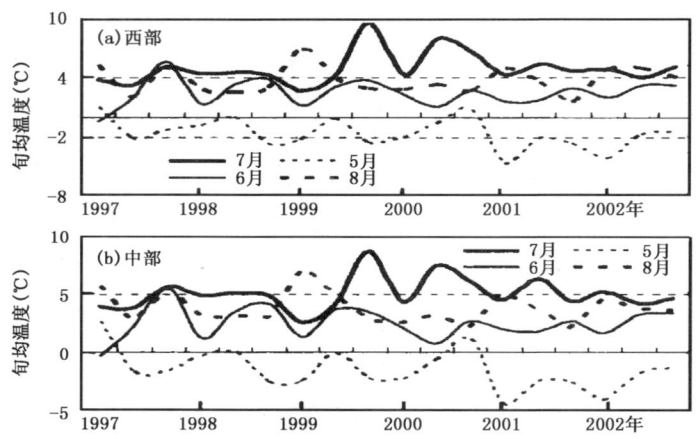

图 3.7　1997—2002 年 5—8 月祁连山西、中部代表站 600 hPa 高度温度特征

(2)祁连山区积雪区域降水的变化特征

根据祁连山西、中、东部积雪高度的特征,选取与其高度最接近的托勒、祁连、门源站的降水资料,用以分析积雪区域的降水量变化情况。因为 9 月到次年 4 月为积雪累积期,所以在分析 5—8 月降水与冰雪面积变化关系时,应该考虑累积期降水的影响。本研究用累计降水量来分析,也就是 5 月累计降水量为本月降水量与前一年 9 月到该月降水量的累加来表示。1997—2003 年 5—8 月祁连山积雪区累计降水距平结果表明,5 月祁连山西部和中部累计降水距平变化出现年际波动,但总变化趋势是增加的;而东部,累计降水量距平基本为一致的增加趋势,并且在 2001 年之后基本都呈正距平的变化;6 月累计降水距平与 5 月相似;7 月和 8 月累计降水距平在 1999 年以前为减少趋势,而 1999 年之后,祁连山西、中、东部基本表现为一致的增加趋势,并且在 2001 年之后基本都为正距平的变化特征。说明在积雪的累计期,祁连山区降水基本为增加的趋势,并且在 1999 年之后变化趋势最为显著。原因可能与 2000 年以来在祁连山及周边地区大力投资实施人工增雨、增雪作业有关。

分析表明,祁连山区气温和降水的变化与积雪面积变化关系密切,温度增加促进了雪线高度上升、面积降低，而降水的增加又抑制了这种变化。为了能够进一步分析和预测未来气候变化对祁连山面积变化的响应，下面将建立冰雪零平衡线对气候波动的响应模型。

(3) 积雪面积、雪线高度变化对气候变化的响应

在全球气候变暖的背景下，区域气候变化不仅直接体现在温度的变化，而且温度变化将会导致环流场的变化，所以降水的空间分布也会有所改变。上述结果表明，温度和降水量的变化与积雪面积变化基本一致。

祁连山区降水(c)、气温(Ta)和雪线的关系总体为：年平均气温升降1℃可使雪线在西、中部分别升降27.92 m和31.9 m；降水量增减100 mm，可使雪线在西、中部分别升降30 m和34.8 m。根据面积变化和高度变化的关系，祁连山区西、中部雪线对气候波动的响应模型为：

$$\delta h = 27192\delta Ta - 0.35c (西部) \quad (3.1)$$
$$\delta h = 31.9\delta Ta - 0.3485c (中部) \quad (3.2)$$

积雪面积对气候波动的响应为：

$$\delta S = (\pi/\sin2\theta) \times (27.92\delta Ta - 0.35c)2 (西部) \quad (3.3)$$
$$\delta S = (\pi/\sin2\theta)(31.9\delta Ta - 0.3485c)2 (中部) \quad (3.4)$$

基于上式的计算，就可以根据气候的变化特征来推测雪线高度变化和积雪面积变化的特征。

3.2 黄土高原气候变化基本特征

中国黄土高原位于黄河中上游和海河上游地区，东起太行山，西至日月山，南界秦岭，北抵鄂尔多斯高原，总面积51.7万 km²，承载人口约1亿。黄土高原是中华民族的摇篮地之一。秦、汉、唐等兴盛的朝代都建都在黄土高原，据考证，汉唐时代这里林草茂密、环境优美，水土流失轻微。但由于人类活动和不合理的开发导致环境逐渐恶化，气候干旱，降水变率大，植被破坏，黄土裸露，灾害频繁、水土流失、土地贫瘠化和土壤荒漠化问题日益突出(姚玉璧，2005)。

黄土高原是温和半湿润气候区向温和半干旱、温和干旱气候区的过渡带，这里既是气候变化敏感区，又是生态环境脆弱带，还是黄河中上游水土保持重点区域。该区域是雨养农业区，农牧林业生产和生态环境对气候条件的依赖性极强，气候变暖与干旱环境变化对黄土高原经济影响重大。为此，分析黄土高原气候及气候异常导致气候变率不稳定的时空分布特征及其对生态环境的影响，对生态环境保护及社会经济发展具有重要意义。

3.2.1 温度变化

3.2.1.1 气温

(1) 气温的空间分布

中国黄土高原51个代表站1961—2000年40年逐年平均气温场EOF分解的第一特征向量(占总方差的77.7%)的空间分布均为正值，表明年平均气温变化的空间分布是相当一致的，黄土高原腹地的振幅较大，向西北和东北周边逐渐减小。第一特征向量对应的时间系数二阶主值函数曲线呈抛物线型，1984年后明显上升，时间系数变化二阶主值函数为：$y=0.0057x^2-0.154x-0.694$ (y为第一特征向量对应的时间系数，x为年代序列，起始值为1，下同)，其线性化后的复相关系数$R=0.7$，通过$\alpha=0.01$的显著性检验(姚玉璧，2005)。

夏季 6—8 月平均气温场 EOF 分解第一特征向量占总方差的 62.1%,其空间分布也均为正值,介于 0.5~0.9 之间(图略),腹地振幅较大,周边逐渐减小。说明夏季气温变化 62% 是同位相分布。第一特征向量对应的时间系数二阶主值函数曲线亦呈抛物线型,其方程为:$y=0.003x^2-0.124x+0.726$,其线性化后的复相关系数 $R=0.528$,也通过 $\alpha=0.01$ 的显著水平检验。当 $y'=0$ 时,则求得 1980 年为最低值点,之后时间系数持续上升。

冬季 12 月至翌年 2 月平均气温场 EOF 分解第一特征向量占总方差的 81.0%,其空间分布仍为正值,介于 0.56~0.97 之间(图略),除个别站点振幅在 0.8 以下外,大部分地区振幅较大,在 0.8 以上。表明冬季气温变化 80% 呈同相位分布。第一特征向量对应的时间系数变化二阶主值函数曲线呈抛物线型,其方程为:$y=0.007x^2-0.154x-0.694$,其线性化后的复相关系数 $R=0.548$,同样通过 $\alpha=0.01$ 的显著性检验。1964 年后时间系数则持续上升。

(2)气温的年际变化

由图 3.8 可知,中国黄土高原年平均气温呈明显的上升趋势,40 年气温距平变化曲线线性拟合斜率为 0.026,即年平均气温以每年 0.026℃ 的速度上升,大于近 40 年来全国的增温速度(0.004℃·a^{-1})。且冬季升温最快,达 0.051℃·a^{-1},夏季升温最慢,为 0.007℃·a^{-1}。

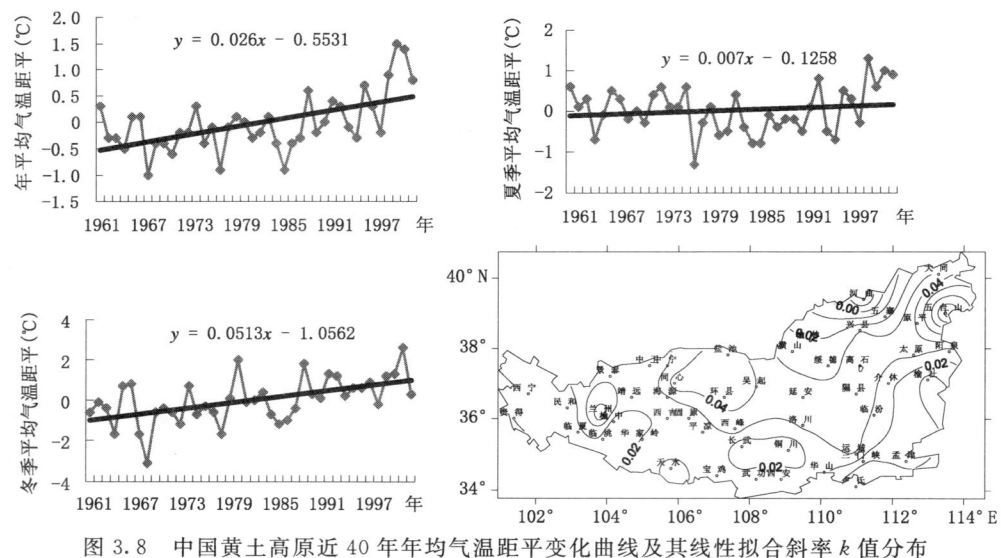

图 3.8 中国黄土高原近 40 年年均气温距平变化曲线及其线性拟合斜率 k 值分布

由图 3.8 年平均气温距平变化曲线线性拟合斜率 k 分布图可见,黄土高原年平均气温近 40 年增温速度值介于 0.007~0.057℃·a^{-1} 之间,均大于近 40 年来全国的增温速度,其中,黄土高原西部边缘的青海大部及甘肃西南部的部分区域年平均增温速度较小,其值介于 0.01~0.02℃·a^{-1} 之间,山西北部、河南西北部、甘肃中南部和陕西中部年平均增温速度介于 0.02~0.03℃·a^{-1} 之间,年平均增温速度最快的是黄土高原中部以陕北为中心的陕、甘、宁、晋接壤区域,年平均增温速度达 0.03~0.04℃·a^{-1} 之间,总体地域分布呈黄土高原腹地较大,边缘较小的特征,表明黄土高原近 40 年增温明显,且腹地增温较快,边缘增温较慢。

中国黄土高原 40 年年平均气温 8.8℃,20 世纪 60 年代平均气温 8.5℃,70 年代和 80 年代年平均气温为 8.6℃ 和 8.7℃,90 年代年平均气温为 9.3℃,其年代际变化与全国同步,年平均气温高值年均出现在 20 世纪 90 年代最后几年,1997—2000 年年平均气温分别达 9.7℃、

10.3℃、10.2℃、9.6℃。

3.2.1.2 积温变化

(1) 积温区域响应

1) 积温响应敏感区

对黄土高原区域的逐年正负积温指数进行 EOF、CEOF 分解，正、负积温第一特征向量方差贡献率分别为 71.34%、75.62%，概括了场 70% 以上信息。

正、负积温 EOF1（第一特征向量）空间分布（图略），其主要特征是空间分布均为正值，反映了积温变化趋势的区域一致性的特点。大数值区是积温变化的敏感区，是年际变化幅度最大的地区。正积温 EOF1 空间分布大数值区分布比较零散，主要集中在高原中东部；负积温大数值区域划一，覆盖了高原腹地。可见负积温区域一致性程度高于正积温，区域间振幅差小于正积温。高原腹地是旱涝变化的敏感区，现在分析表明也是积温变化的敏感区。

2) 积温的空间演变

EEOF 分解充分利用时间上的联系，可以分析要素场移动性的特征，揭示场的空间结构和时间相关的特征，具有从要素场的时间变化中识别空间尺度行波的特点。对正、负积温进行 EEOF 分解，分析第一特征向量滞后时次空间演变。

说明正积温的变化从大值区向周围扩展，大值区数值加大，振幅加大，大值区的数值下降早于周围，说明正积温变幅在减弱，从大值区向四周扩散，在周边存在滞后情况。2 年内完成了 1/2 以上周期振荡，但不足 1 个周期，也反映出了正积温变化的 2~4 年振荡特点。在整个空间演变中大值区维持在洛川一带，这里是正积温振荡的敏感区。

3) 积温与海温场的关系

取同时段（1961—2005 年）赤道北太平洋（10°S~50°N，120°E~110°W）月海温异常正积温的敏感区在空间的移动明显程度小于负积温，负积温的振荡周期却长于正积温。EOF 分解第一特征向量时间系数，与积温的 EOF1 时间系数计算相关。结果是，正积温与海温相关不显著；负积温与 8 月和 9 月海温呈显著负相关（通过 0.01 显著水平检验）。表明正积温对赤道北太平洋地区海温异常变化响应不敏感，而负积温响应敏感。8—9 月海温异常暖的时期，年度负积温量是减少的，反之负积温量是增加的。

(2) 积温时间演变

1) 积温的演变趋势

正负积温 EOF1 时间系数及其 6 阶主值函数曲线（图略）明显的演变特征是：正积温在 1985 年之前多波动，增减趋势不明显，之后转为明显上升，1993 年以后递增十分突出。负积温年总量在 1967 年之前呈上升趋势，1967 年以后呈递减趋势，1982 年后更加突出（王毅荣，2007）。

正积温 EOF1 时间系数的 9 年滑动平均曲线及其 3 阶主值函数曲线（图略），3 阶主值函数曲线与滑动序列变化基本一致。其变化的主要特点是：在 1970 年之前存在上升趋势，1970—1982 年间有缓慢下降趋势，1986 年之后上升趋势明显，特别 1993 年之后急剧攀升。负积温 9 年滑动平均曲线及其线性趋势线（图略）序列间显著相关（通过 0.01 显著水平检验），可见负积温年总量存在明显减少的线性变化。

2) 积温突变

利用小波分析序列时间演变中的突变，1986 年前后数值符号截然不同，1986 年之前以负值为主,之后转为正值。可见正积温演变的年代际尺度上在 1986 年附近的存在明显转折,45 年中以 1986 年为界的前后两段用 t 检验,结果表明通过了 0.002 显著水平检验,说明 1986 年前后是明显的两个阶段,正积温在 1986 年出现突变。

在 10 年尺度上(年代际)0 等值线基本在 1982 年附近,1982 年前数值为负,之后为正。表明负积温在 1982 年附近年代际演变趋势存在明显转变,1982 年为界的前后两段的 t 检验表明是明显的两个阶段(通过 0.003 显著水平检验),负积温变化在 1982 年存在突变。突变前负积温量基本保持正距平,突变后处于连续负距平。负积温年代际变化与我国最大冻土深度变化趋势更为接近。

3)积温的振荡特点

用小波分析方法对黄土高原积温振荡特征进行分析。在 45 年的变化中,正积温存在 2~4 年、6 年左右的年际振荡,2~4 年年际振荡周期在 95% 的信度水平上是显著的;20 世纪 70 年代中期之前振幅较小,80 年代中期和 90 年代后期振幅最大;突变(1985/1986 年)后 2 年周期消逝,4 年周期衰减,3 年周期突出。负积温存在 3~4 年、7 年的年际振荡,3~4 年振荡周期在 95% 的信度水平上是显著的;60 年代末和 80 年代中期振幅较大;突变(1982 年)后 3 年周期加强。

3.2.2 降水变化

3.2.2.1 区域降水特征

黄土高原是中国东部季风区向西部干旱区过渡的地带。黄土高原区域年平均降水为 464.1 mm。降水量从东南向西北依次递减,在黄土高原东南部的宝鸡—洛川—孟津一带年平均降水在 600 mm 以上,阳泉—榆社—三门峡—西峰一线在 550 mm 左右,高原中部的临洮—固原—吴旗—绥德—太原一带在 450 mm 左右,西宁—民和—榆中—同心一带大约在 350 mm,靖远—海源—盐池一带大约在 250 mm,景泰—中卫—中宁一带<200 mm(图 3.9)。年平均降水最大的地方在华山 836 mm、次多是五台山 778.5 mm,最少的是中卫 182.1 mm,次少的是景泰 184.9 mm(王毅荣,2004)。

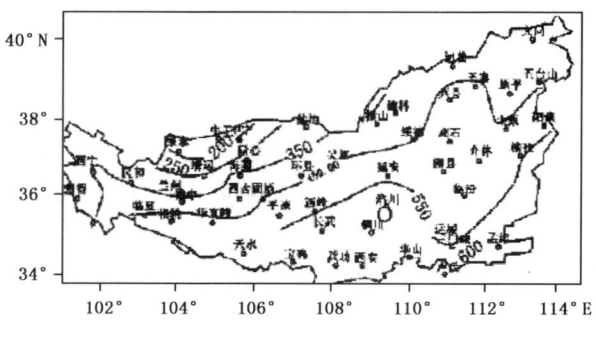

图 3.9 1961—2000 年年均降水(mm)分布

降水的季节性十分明显。总体夏季(6—8 月)最多,占年降水的 54.8%,年降水少的地方夏季降水所占的比例高达 55%~60%,年降水多的地方,夏季降水占 45% 左右;秋季(8—11 月)占年降水的 25.8%,春季(3—5 月)占 7.7%;冬季(12 月至翌年 2 月)最少仅占 0.06%

左右。可见黄土高原降水主要集中在夏季,冬季降水微乎其微,秋季多于春季。

降水变化趋势,由线性拟合斜率(降水序列与拟合函数值之间的相关系数通过0.05显著水平检验)描述。斜率分布中看出高原降水呈减少趋势,平均每年减少2.5 mm·a^{-1}左右,下降速度高原东部明显快于西部,山西高原一带最大,以>4 mm·a^{-1}的速度下降,陇东高原一带以<1.5 mm·a^{-1}的速度下降,青海境内降水呈现增加的趋势。作物生长期(4—10月)降水量递减率在-2 mm·a^{-1}左右,冬季降雪量呈上升趋势,递增率在0.04 mm·a^{-1}左右。由年降水的EOF分解的第1特征向量(方差贡献为44.64%)时间系数反映出,高原降水量最多的年份是1964年,次多的是1967年,1961年居第3位;最少的是1997年,次少的是1965年,1972年居第3位。

由作物生长期(4—10月)降水的EOF分解的第1特征向量(方差贡献为46.61%)时间系数反映出,作物生长期降水量最多的是1964年,次多的是1961年,1967年居第3位;最少的是1997年,次少的是1972年,1965居第3位。由冬季降水的EOF分解的第1特征向量(方差贡献为54.47%)时间系数反映出,冬季降水最多的是1991年,次多的是1990年,1977年居第3位;最少的是2000年,次少的是1964年,1969年居第3位。

黄土高原区域内各地域年降水差异较大,根据高原区域年降水量之间相关程度的高低,把相关程度高的区域规划到一起。利用REOF分解,将前四个空间模(累计方差贡献为72.30%)的分布图叠放在一起,发现空间模态等值区基本重合于0.65的等值线(表征相关程度)处,0.65的等值线将黄土高原分成五个空间型(图3.10)。黄土高原北部为1区,山西高原地带为2区,渭河平原地带为3区,陇中盆地为4区,六盘山地带为5区。对1~5区降水进行单因素方差分析,通过0.001的显著水平检验,表明各区都存在显著差异。

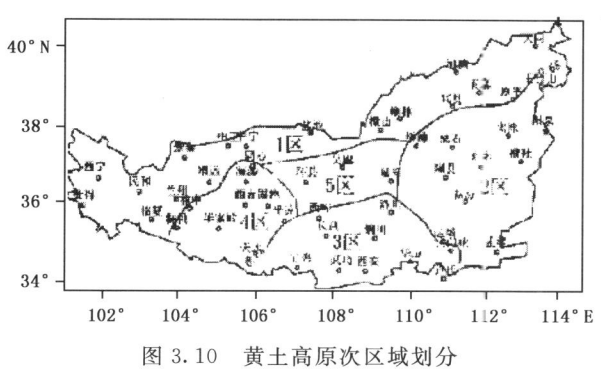

图3.10 黄土高原次区域划分

总之,黄土高原降水量具有很明显的地域和季节性,降水年际变率大,时间变化上降水呈减少趋势,平均每年减少2.5 mm左右,下降速度高原东部明显快于西部,年降水存在2—4年左右的年际振荡。

3.2.2.2 汛期降水基本特征

从黄土高原地区汛期降水的空间分布(图3.11a)看,降水量整体上自西北向东南逐渐增多。在五台山、华山有局地地形抬升造成的大降水中心。黄土高原约16%的地方降水量小于250 mm,60%的地方在450 mm以下,10%的地方降水量大于500 mm。高原40年平均降水量388.9 mm。

从降水的时间趋势分布(图3.11b)看到,整个高原降水呈减少趋势,平均每年减少

2.5 mm左右,山西高原一带以大于3 mm·a^{-1}的速度下降,陇东高原一带以小于1.5 mm·a^{-1}的速度下降,地域分布呈现中东部较快,西部较慢的特征。

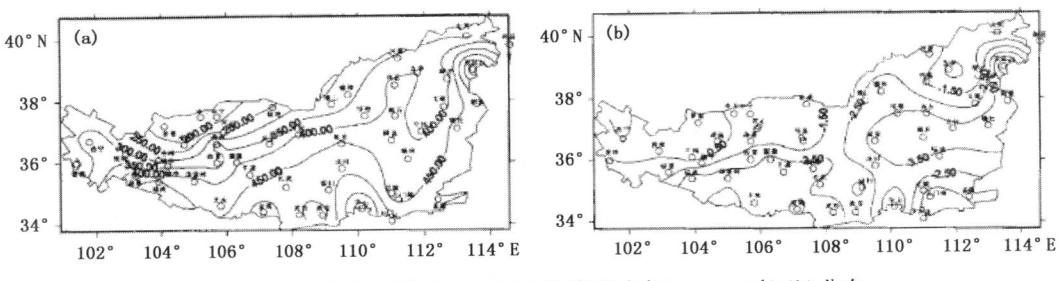

图3.11　40年汛期降水(mm)(a)及其递减率(mm·a^{-1})(b)分布

从年代变化看,20世纪60年代约2/3的地区降水在400 mm以上,1/5的地区在500 mm以上,高原平均降水量420.2 mm;70年代有所下降,有1/2的地区在400 mm以上,在500 mm以上不足1/10,小于200 mm的范围有所扩大,高原平均降水为383.9 mm;80年代多于70年代,少于60年代,平均为399.1 mm;90年代最少,平均降水为352.1 mm,主要是以前400 mm以上的地区降水明显下降,大于450 mm的地区基本消失,在200 mm以下的范围变化不大。

3.2.2.3　春季第一场透雨时空分布特征

甘肃黄土高原以雨养农业为主,4—5月,正值冬小麦起身、拔节,春小麦和大秋作物播种的农业生产关键时期,对水分的要求较高,此时若出现干旱,对农业生产影响较大。第一场透雨对干旱的抑制作用,如果春季第一场透雨适时,即使出现干旱,对农业生产的危害也轻,有时甚至没有危害。因此分析甘肃黄土高原春季第一场透雨出现日期的时空变化规律,可为党政部门安排农业生产提供依据。

(1)春季第一场透雨日期变化特征

甘肃黄土高原春季第一场透雨的标准如下:按甘肃省气象局的业务规定,当4—5月中某日的降雨量(20—20时)≥10 mm时就记为春季第一场透雨。根据上述标准建立1971—2000年甘肃黄土高原56站透雨日期时间序列,求出平均分布,最迟的是景泰站,为5月26日,最早的是康县站,为4月16日,从北到南、从西到东,透雨依次提前。这是因为甘肃黄土高原的北部和西安更深居内陆,远离海洋,降水稀少,雨季来得迟,所以透雨也就来得迟。

若规定透雨日期距平:$\Delta d_{i,j}=d_{i,j}-D_j$,其中$d_{i,j}$为透雨日期,$D_j$为多年平均值,$\Delta d_{i,j} \geq 5$为透风雨偏迟年,$\Delta d_{i,j} \leq -5$为透雨偏早年,其余为正常年。经统计1971—2000年各级频率可见,透雨偏早有两个高值区,一个在庆阳地区的中南部,最大值在西峰,频率为0.57;另一个在平凉地区的中西部和天水北部,最大值在平凉市,频率为0.57;甘肃黄土高原西北部的兰州到景泰频率最低,透雨正常有两个高值区,一个在平凉地区的东部,另一个在陇南地区的东南部;透雨偏迟亦有两个高值区,一个在庆阳地区的北部,最大值在环县,频率为0.50;另一个在兰州、白银到景泰一带,最大值在景泰,频率为0.77。

(2)透雨日期的分区

用EOF和REOF方法对甘肃黄土高原1971—2000年56站的透雨日期进行了分解,由各方贡献看,旋转前收敛较快,前两个累计方差贡献40.8%,旋转后收敛较慢,前两个累计方差贡献为 22.9%,说明各站的透雨日期有明显的差异(表略)。

由 EOF 的第一特征向量看,甘肃黄土高原正值区,最大值在武山为 0.18(图略),故其可作甘肃黄土高原的代表站。第二特征向量(图略),秦安以南为一致的正值区,最大值在徽县为 0.23,其余为负值区,最小值在靖远为 -0.23,反映了甘肃黄土高原透雨日期的南北差异。通过 REOF 前五个载荷向量的分析(图略),用 0.4 的等线依次划分,可得出甘肃黄土高原透雨日期的候分区图(图 3.12),由图可见,共分为五个区。

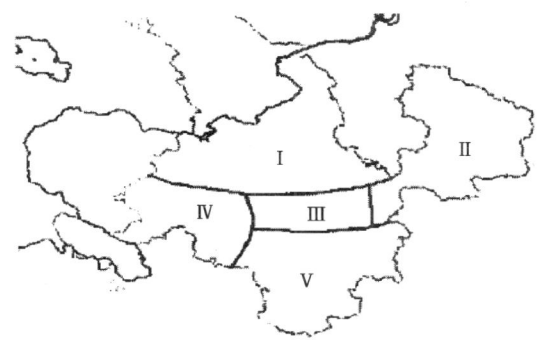

图 3.12　甘肃黄土高原透雨日期气候分区图

第一区(临夏区)为甘肃黄土高原中西部的干旱气候区,包括景泰、永登、白银、皋兰、靖远、兰州、永靖、榆中、临夏、东乡、和政、广河、康乐、临洮、渭源、定西、会宁、华家岭、通渭、静宁 20 个县(市),临夏为代表站。

第二区(西峰区)为陇东和天水东部的半干旱半湿润气候区,包括环县、华池、庆阳、合水、西峰、镇原、宁县、正宁、平凉、泾川、灵台、崇信、华亭、庄浪、张家川、清水、北道、天水 18 个县(市),西峰为代表站。

第三区(武山区)为甘肃黄土高原中部的干旱半干旱过渡气候区,包括陇西、漳县、武山、甘谷、秦安、宕昌、礼县 7 县(市),武山为代表站。

第四区(合作区)为甘肃黄土高原的高寒气候区,包括合作、夏河、岷县、玛曲 4 县,合作为代表站。

第五区(康县区)为甘肃黄土高原南部湿润气候区,包括西和、成县、两当、徽县、武都、康县、文县 7 个县,康县为代表站。

(3)春季透雨日期的变化规律

由 1971—2000 年甘肃黄土高原透雨日期 EOF 分解的第一时间系数演变曲线(图略)可见,其年际间变化振幅十分明显,呈明显的七峰七谷型,最高值出现在 1979 年为 31.99,最低值出现在 1983 年为 -29.37。用方差分析计算其周期知,具有 4 年、6~7 年、10 年和 14 年的周期。

由各代表站 1971—2000 年各年代的透雨均日期(表略)可见,20 世纪 70 年代透雨日期康县偏早,其他站偏迟,80 年代透雨日期合作偏迟,其他偏早,90 年代透雨日期合作偏早,其他站偏迟总体趋势是 70 年代透雨日期偏迟,80 年代日期偏早,90 年代以来偏迟。

由各代表站 1971—2000 年透雨日期距平春季降水距平百分率演变曲线(图略)可见,透雨日期距平和春季降水距平百分率呈反位相,即透雨日期偏迟时,春季降水量偏少,透雨日期偏早时,春季降水量偏多。这种气候事实可能是透雨早,雨季来得早,春季降水就偏多;透雨迟,雨季来得迟,春季降水就偏少。

第4章 气候变化背景下的气象灾害特征

4.1 气候灾害与全球变化

气候灾害是指大范围、长时间的气候异常所造成的灾害,如长时间气温偏高、偏低,或降水量偏多、偏少,风力偏强等,这些气候异常会带来干旱、洪涝、低温、冷害和沙尘暴等灾害。这些气候灾害对农业、工业、牧业、水利、交通等产生巨大影响,从而造成巨大经济损失。一般而言,气象灾害造成的损失可占到国民经济生产总值的3%~6%,在异常年份,气象灾害造成的经济损失更加严重,而气候灾害可占到气象灾害(包括气候和天气灾害)造成经济损失的70%~80%。近年来,气候异常给我国带来了严重气候灾害,尤其是旱涝等重大气候灾害每年约造成200亿kg的粮食损失和2000亿元以上的经济损失,因此,气候灾害发生的特征、规律、成因及其预测已成为我国大气科学的前沿研究课题(黄荣辉,2003)。

由于我国气候灾害的严重性,我国大气科学界一直重视我国气候灾害的研究。最近在"我国重点基础研究发展规划"中把"我国重大气候灾害的形成机理和预测理论研究"作为一个重点研究内容。此外,为了提高对气候灾害的预测能力,"我国短期气候预测系统的研究"作为国家"九五"期间的重点科技攻关项目。这些项目的实施,大大加深了对我国气候灾害形成机理和过程的认识,提高了我国气候预测的水平。

4.1.1 中国气候灾害成因

由于中国地处东亚季风区,东亚夏季风的年际变异将导致中国旱涝等重大气候灾害的发生,而冬季风的变异将导致中国严重雪灾、寒害和沙尘暴的发生,因此,中国气候灾害的种类很多。根据黄荣辉等的研究,对我国工农业和经济造成严重损失的重大气候灾害主要有以下四种:干旱、雨涝、沙尘暴和夏季低温。除上述主要气候灾害外,还有霜冻、低温阴雨、寒害、雪灾、登陆台风的增多等。这些气候灾害从其发生机理看,可分为三种类型:一是降水异常所造成,如干旱、雨涝、雪灾;二是气温异常所造成,如夏季低温、霜冻、寒害、春季低温连阴雨等;三是风异常所造成,如沙尘暴。中国气候灾害中以干旱和雨涝两种气候灾害最为严重,约占气象灾害造成的经济总损失的78%(黄荣辉,2003)。

中国气候灾害的发生主要是由于东亚气候系统变化所引起。东亚气候系统的变化与异常可以引起中国气候的季节内、年际和年代际变化与异常,从而引起中国重大气候灾害。东亚气候系统各成员的年际变化与异常对东亚地区水汽输送和中国重大气候引起中国重大气候灾害发生的物理因子初步归纳如下。

4.1.1.1 厄尔尼诺和南方涛动(ENSO)

热带太平洋海表热力异常是引起全球大气环流和水分循环异常的重要原因,也是引起东亚季风水汽输送异常和旱涝发生的重要原因。

黄荣辉和吴仪芳从观测资料分析指出,厄尔尼诺(El Nino)—南方涛动(ENSO)循环的不同阶段对我国夏季风异常和旱涝分布有着不同影响。当厄尔尼诺—南方涛动(ENSO)事件处于发展阶段,即当赤道东太平洋海温处于上升阶段时,该年夏季我国江淮流域降水将会偏多,可能发生洪涝,而黄河流域、华北地区的降水往往偏少,易发生干旱,我国东北往往发生低温;相反,在厄尔尼诺—南方涛动(ENSO)事件处于衰减阶段或拉尼娜(La Nina)事件的发展阶段时,也就是赤道中、东太平洋海温处于下降阶段,在此阶段的夏季,我国淮河流域的降水往往偏少,并可能发生干旱;并且,由于在此阶段亚洲夏季风水汽输送在江南北部、洞庭湖和鄱阳湖流域辐合,因此,长江流域、江南地区的降水可能偏多,我国长江流域严重洪涝均发生在此阶段。

张人禾等的研究表明:在El Nino盛期,弱印度夏季风减弱了与其相伴随的水汽输送,从而减弱了从孟加拉湾输向华北地区的水汽,使得华北地区上空大气中可降水汽含量显著减弱。

因此,厄尔尼诺—南方涛动(ENSO)事件的发生可以作为我国旱涝气候灾害预测的前期重要信号之一,这已在多年的旱涝气候灾害预测实践中得到验证。

4.1.1.2 西太平洋暖池海水热力异常

热带西太平洋是全球海洋温度最高的海域,全球大约90%暖海水集中在这里,因此,此海域称为暖池(warm pool)。西太平洋暖池的海温和热容变化将对全球水分循环和气候异常有很大的影响,特别是对东亚夏季风水汽输送和旱涝等气候异常会产生严重影响。一些学者的研究结果都表明:当西太平洋暖池的海温高时,从菲律宾周围经南海到中印半岛的对流活动强,长江中、下游地区和淮河流域的降水往往偏少;相反,当西太平洋暖池的海温偏低时,菲律宾周围的对流活动较弱,在这种状态下,从孟加拉湾、南海和热带西太平洋输送来的水汽在江淮流域和长江中下游地区辐合,长江中下游地区和淮河流域的降水往往偏多。经过多年汛期旱涝灾害预测的实践,证明暖池的热状态与菲律宾周围对流活动的强弱可以作为我国夏季旱涝预测的前期重要信号之一。

4.1.1.3 青藏高原上空的热源异常

青藏高原陆面热状况对东亚气候异常有着重要影响,特别是青藏高原的雪盖面积大,积雪深,不仅本身是气候灾害之一,而且它对我国旱涝气候灾害的发生也有重要作用。观测资料分析和数值模拟的结果都表明了青藏高原冬、春雪盖与我国长江流域南部的汛期降水有明显的正相关,即青藏高原冬、春雪盖面积大,夏季洞庭湖、鄱阳湖和江南地区的梅雨强。

4.1.1.4 亚洲季风环流异常

我国地处东亚,南亚和东亚同处于亚洲季风系统所控制的区域,亚洲季风环流的变化与异常直接影响到我国的气候变化与异常,因此,季风气候是东亚气候系统最突出的特征。然而,根据陶诗言和陈隆勋的研究,东亚夏季风系统是一个与印度季风环流系统既有联系又相对独立的环流系统。黄荣辉、张振洲和黄刚的研究表明:夏季东亚季风区的水汽输送特征与印度季风区有很大差别,在东亚季风区产生降水的水汽辐合辐散主要是由于季风引起的湿度平流所造成,并且,东亚季风区夏季水汽经向输送分量很大。因此,季风从孟加拉湾、南海和热带西太平洋到东亚地区的水汽输送直接受季风气流的强弱所控制。

由于东亚季风的年际变率直接影响到我国东部、韩国和日本干旱和洪涝等气候灾害的发生,因此,早在60年前,东亚季风的特征与变化已成为东亚诸国重要的科学研究问题。我国著名气象学家竺可桢首先提出了东亚夏季风和中国降水的可能关系,之后,涂长望和黄仕松又研究了东亚夏季风的进退。这些研究开辟了关于东亚夏季风变化及其对东亚夏季气候影响的研究之路。继他们研究之后,中国气候研究者对于东亚气候系统及其对气候灾害的影响做了大量研究,取得很大进展。许多研究表明了东亚夏季风降水有明显的准两年周期振荡,特别在江淮流域,这种周期的振荡更加明显。黄荣辉等研究表明夏季风经向水汽输送通量还存在着显著的年代际变化,这种变化已严重影响到我国华北地区的夏季降水,并引起华北地区的干旱。陈文等的研究表明了东亚冬季风不仅严重地影响我国的沙尘暴和雪灾、寒害等重大气候灾害的发生,而且还影响我国夏季的旱涝灾害。

4.1.1.5 西太平洋副热带高压异常

西太平洋副热带高压对东亚夏季季风雨带的变化与异常有很大影响。研究表明:我国夏季在夏季风环流背景下,在青藏高原的影响下,西南季风从孟加拉湾携带的大量水汽和东南季风从热带西太平洋携带的大量水汽在西太平洋副热带高压的西北侧汇合,因此,在副热带高压的西侧与北侧季风暴雨具有突发性与多发性,从而引起洪涝。叶笃正等首先发现东亚夏季风环流和西太平洋副热带高压在6月上、中旬存在着突变,并指出了正是这种行星尺度环流的突变才导致东亚夏季风的爆发。黄荣辉等的研究也表明:西太平洋副高异常北跳、东亚夏季风环流的突变与菲律宾附近的对流活动密切相关。在菲律宾附近对流活动强的夏季,西太平洋副热带高压在6月上、中旬突然北跳明显;相反,在菲律宾附近对流活动弱的夏季,西太平洋副热带高压突跳往往不明显。最近,陆日宇等的研究表明了西太平洋副热带高压的西伸与变化也与西太平洋暖池的对流活动有直接关系。

东亚地区的夏季风水汽输送与西太平洋副热带高压密切相关。西太平洋副热带高压又与西太平洋暖池热状态及菲律宾周围对流活动紧密相关。新田、黄荣辉和李维京指出了北半球夏季环流异常存在着一遥相关型,即东亚/太平洋型遥相关型(也称EAP型)。这个遥相关型表明了行星尺度扰动波列在北半球夏季能够从东南亚通过东亚向北美西部沿岸传播。它严重地影响着西太平洋副热带高压与旱涝发生。这个遥相关型已被广泛用于中国汛期旱涝的预测。然而,必须指出,发生在我国的气候灾害的机理是很复杂的,可以说目前还没有清楚认识。要搞清这些气候灾害发生的规律与成因,就必须通过大量的观测事实把全球气候系统特别是东亚气候系统各子系统的相互作用搞清楚;并且,还应利用数学、物理学的最新成就,把气候系统的各圈层相互作用的物理、化学、水文和生物的过程用数值模式表示出来,再利用巨型计算机来模拟气候系统的季度、年际、年代际变化,以便能够利用这样的数值模式来模拟这种变化。因此,要搞清楚中国重大气候灾害的形成机理还需漫长而大量的研究。

4.1.2 气候灾害与全球变化

全球变化科学是从20世纪80年代发展起来的一个新兴的科学领域。其研究对象是气候系统(包括岩石圈、大气圈、水圈、冰冻圈和生物圈)、各子系统内部以及各子系统之间的相互作用。它的科学目标是描述和理解人类赖以生存的气候系统运行的机制、变化规律,以及人类活动在其中所起的作用与影响,从而提高对未来环境变化及其对人类社会发展影响的预测和评估能力。

气候变化是全球变化研究的核心问题和重要内容。近百年来,地球气候正经历一次以全球变暖为主要特征的显著变化。近50年的气候变暖主要是人类使用矿物燃料排放的大量二氧化碳等温室气体的增温效应造成的。现有的预测表明,未来50~100年全球的气候将继续向变暖的方向发展。这一增温对全球气候灾害已经产生并将继续产生重大而深刻的影响,气候灾害类型、频率和强度将随着地球气候的变化而变化,从而使人类的生存和发展面临巨大挑战(高庆华,2003)。

4.1.2.1 旱涝

由于气候变化直接影响改变了降水的量级、强度、频率和类型。变暖使地表变干加速,增加了干旱发生的可能性和强度,这在世界很多地方都已观测到。干旱由于持续时间长,因此比较容易衡量。虽然有许多种干旱指标和标准,但许多研究都采用月总降水量和温度平均值,并将它们综合成一种被称为帕尔默干旱强度指数(PDSI)的衡量方法。从20世纪中期开始计算的PDSI显示,许多北半球陆地区域从20世纪50年代中期以来存在很大的少雨趋势,欧亚大陆南部的多数区域、非洲北部、加拿大和阿拉斯加都普遍少雨,旨于陆地降水有所减少,同时由于偏暖的条件造成蒸发增加,因此受干旱影响的区域也有所扩大。

然而,气温的上升将使水汽增加。在20世纪,基于海洋表面温度的变化可以估算出海洋上空的大气中的水汽约增加了5%。气候模式模拟结果以及主观证据都证实由于水汽增加造成的偏暖的气候导致了更多的强降水事件,甚至在总年降水量略有减少的情况下也是如此,而且预计在总降水量增加时甚至会发生更强的降水事件。因此,偏暖的气候增加了干旱的风险(无雨的地方)和洪水的风险(下雨的地方),但会发生在不同的时间和地点。例如,2002年夏天欧洲普遍发生洪涝,但随后一年即2003年发生了破纪录的热浪和干旱。洪水和干旱的分布和时间在很大程度上受到厄尔尼诺事件周期的影响,特别是在热带和中纬度环太平洋的多数国家。

极端事件变化的一个主要迹象是观测到过去50年中纬度地区强降水事件增多,甚至在平均总降水量没有增加的地方。关于特大降水事件,也报告有日益增多的趋势,但可提供结果的地区不多。

与极端强降水事件增加的结果相呼应的是,即便未来气候中风暴的强度不变,极端降雨的强度也可能增加。尤其是在北半球陆地,由于风暴事件中强降水的增加,预估在中部和北部欧洲的大部分地区出现异常潮湿冬季的可能性会增加,这预示着,由于较强的降雨和降雪产生较多的径流,在欧洲和其他中纬度地区发生洪水的机会也将增大。类似的结果同样适用于夏季降水,可以推断出在亚洲的季风区和其他热带地区将发生更多的洪水。在未来偏暖的气候中,许多主要江河流域洪水风险的增大与河流流量的增加有关,这增大了与未来强风暴有关的降水事件和洪水的风险。上述变化中的一部分可能是目前发展趋势的延伸。

而北美和南美东部则呈现相反的趋势。在南半球,陆地表面在20世纪70年代潮湿,在60年代和90年代相对少雨,1974—1998年存在少雨的趋势。欧洲在整个20世纪较长时间的记录没有显示出显著的趋势。虽然过去20~30年大幅地表变暖也有可能造成少雨,但20世纪50年代以来陆地降水的减少有可能是少雨的原因。有一项研究表明,全球非常干旱的陆地地区(定义为PDSI低于-3.0的地区)自20世纪70年代以来其面积翻了一番之多,同时,厄尔尼诺—南方涛动造成一开始的降水减少,而随后主要由于地表变暖而造成降水增多(IPCC,2007)。

4.1.2.2 热浪和低温

1950年以来,热浪数量增加,热夜的数量也普遍增多。在过去50年的陆地采样区,每年发生冷夜的天数显著减少,而每年发生热夜的天数却大幅增加。虽然冷夜发生的减少和热天的增多很普遍,但总体上不太明显。最低和最高气温的分布不但转向更高的值,与整体变暖一致,而且过去50年极端寒冷值的升温幅度要大于极端高温的升温幅度。更多的极端高温意味着热浪发生的频率增加。

更多的迹象包括观测到霜冻天数趋少以及伴随的绝大多数中纬度地区平均气温升高。在未来偏暖的气候中,出现更强烈、更频繁和更持久的热浪的风险可能增加。2003年的欧洲热浪就是一个持续数天至一周以上的这类极端热事件的实例,它很可能在未来偏暖的气候中变得更加普遍。温度极端事件的一个相关方面是大部分地区的日较差(昼夜温度较差)可能减小。未来偏暖的气候还可能只有很少的霜日(即温度骤降至冰点以下的夜晚)。生长季节的长短与霜日数有关,预计它将随着气候的变暖而增加。北半球大部分地区冬季冷空气爆发的频率(即持续数天至一周以上的极端寒冷的周期)可能减少。一些地区会出现例外,如在北美洲西部、北大西洋、南部欧洲和亚洲,由于大气环流的变化,极端寒冷事件的减少幅度却很小(IPCC,2007)。

4.2 干旱

干旱对全球变暖的响应表现更为突出和敏感,已成为气候变化研究中的重点和热点问题之一。干旱对人类生存、社会活动、经济发展、工农业生产、水资源、生态环境造成严重威胁。当前,如何应对气候变化及其影响,应对极端气候事件趋强趋多,实现人类与自然和谐相处,促进经济社会可持续发展,是世界各国面临的共同挑战。

4.2.1 危害特点

干旱是指某一地域范围在某一具体时段内的降水量比多年平均降水量显著偏少,导致该地域的经济活动(尤其是农业生产)和人类生活受到较大危害的现象。它是一种气候灾害,也是一种持续性的气象灾害。

干旱具有发生频率高、持续时间长、影响范围广、严重程度重、后延影响大等特点。它决定了解决干旱问题的复杂性和艰巨性。它涉及人类生活和国民经济各部门。尤其对农林牧业生产影响最大。干旱是最严重的气象灾害,也是重大自然灾害之一,是世界上广为分布的自然灾害,全世界有120多个国家受到不同程度的干旱威胁。特大干旱可夺走难以计数的生命,是导致自然生态和环境恶化的罪魁祸首,是社会经济特别是农业可持续发展的重大障碍。历史上发生的每一次大旱都给中华民族带来深重灾难。干旱造成粮食损失占所有气象灾害造成粮食损失的60%左右,造成的经济损失达58%以上。干旱还会对水资源、生态环境、经济社会发展等产生深远的不利影响(张书余,2008)。

4.2.2 标准与类型

美国气象学会在总结各种干旱定义的基础上将干旱分为四种类型:气象干旱、农业干旱、水文干旱和社会经济干旱。

4.2.2.1 气象干旱

气象干旱也称大气干旱。根据中华人民共和国国家标准,气象干旱是指某时段内,由于蒸发量和降水量的收支不平衡,水分支出大于收入而造成的水分短缺现象。常见单要素有降水量指数、降水标准差指数、降水 Z 指数、标准化降水指数等。常见多要素指数有干燥度、湿润度、德马顿干旱指数、降水温度均一化指数、帕默尔干旱指数等。

4.2.2.2 农业干旱

农业干旱是指作物生长过程中因水分不足而阻碍作物正常生长而发生的水量供需不平衡现象,可分为土壤干旱和作物干旱。常用指标有降水量、土壤含水量、作物旱情指数和综合性旱情指数四种(张书余,2008)。

4.2.2.3 水文干旱

水文干旱是指由降水量和地表水或地下水收支不平衡造成的异常水分短缺现象。利用年(月)径流量、河流日流量、水位等要素作为指标。常用有水文干湿指数、最大供需比指数、水资源总量短缺指数等作指标。

4.2.2.4 社会经济干旱

社会经济干旱是指自然系统与人类经济系统中,水资源供需不平衡而造成的水资源短缺现象。通常使用损失系数法、水分供需平衡模式等来作指标。

4.2.3 气候特征

4.2.3.1 地理分布

纬度、海陆位置和地形是影响干旱地理分布的三种主要因素。从气候类型分为热带干旱与半干旱气候区;副热带干旱与半干旱气候区;温带干旱与半干旱气候区三种类型。从范围分为五大干旱中心,黄淮海干旱区、华南沿海干旱区、西南干旱区、东北干旱区、西北干旱区。

4.2.3.2 季节强度变化

干旱强度一般以干旱发生次数或频率和持续时间以及干旱影响范围大小来表示。干旱发生频率高、范围广、持续时间长,干旱就愈严重,危害也愈大。从干旱发生的季节划分,有春旱、夏旱、秋旱、冬旱以及持续时间跨 2~3 个季节的季节连旱等(宋连春,2003)。

4.2.4 形成原因和产生机制

大气环流异常是干旱形成的直接原因。另外,还有下垫面尤其青藏高原以及洋流和气候系统外部因素强迫作用等共同影响造成的。

4.2.4.1 西北地区干旱环流主要特征

中国大陆东岸大槽加深,新疆脊加强,东亚中纬度北风加强。夏季干旱发生与 500 hPa 西太平洋副热带高压和 100 hPa 南亚高压脊的位置有密切关系,当脊线偏南,则西北降水偏少,产生干旱。在 7 月下半月至 8 月上半月,副热带高压北抬西伸,可造成陕南、关中、陇南、陇东的伏旱。

4.2.4.2 东部地区干旱环流主要特征

西太平洋高压脊比常年偏强偏西,中国大陆低压也比常年偏强,东南沿海一带气压梯度增大,夏季风强盛并过早地跃进到华北地区形成的干旱天气。王绍武指出,当 7 月份太平洋高压偏西时,长江中游、淮河流域、华北和东北易发生干旱;偏东时,华西和东南易发生干旱;偏南时,华南和长江中下游易发生干旱。当大陆低压偏东时,东北、华北和西南易发生干旱;

偏西时，华北和华南易发生干旱；偏北时，华北和东北易发生干旱；偏南时，东南和河套以北地区易发生干旱。近年研究表明，东部地区的干旱与 100 hPa 青藏高原高压位置反常有关，当位置愈向东北伸，东部地区干旱愈严重。

干旱是一种气候现象。当大气环流发生异常时，在一个较长的时段内，降水量比多年平均降水量显著偏少，在干旱季节高温天气频繁发生，高温天气日数增多，促使平均气温上升，导致地表蒸发量增加，土壤水分迅速下降，夏季高温酷暑天气伴随着大气干旱和土壤干旱同时发生，使干旱危害严重程度加大（邓振镛，2009）。

4.2.5 对全球气候变暖的响应

4.2.5.1 东北干旱的响应

当全球平均温度上升 1℃ 时，东北地区 25 个站的春季、夏季和秋季大气干旱指数分别上升 0.08～0.40、0.00～0.40 和 0.15～0.55，上升幅度分别达到 4%～16%、0～17% 和 7%～22%。温度上升、气候变暖是导致大气干旱的重要原因（马柱国，2001）。

4.2.5.2 华北干旱的响应

华北地区降水在 1965 年前后发生一次气候跃变，1965 年以后华北地区降水量明显减少，20 世纪 80 年代比 50 年代降水量约减少 20% 左右，平均年降水量比 50 年代约减少了 1/3 左右，出现了干旱化趋势，这种趋势一直延续到 90 年代（卫捷，2003）。

4.2.5.3 西北干旱的响应

1986 年是西北地区气候变化明显转折的年份，西北地区年降水量 1987—2003 年与 1961—1986 年相比，西部呈增多趋势，东部呈减少趋势，增多区与减少区的分界线（差值的 0 mm 等值线）与黄河走向基本平行。年降水量增多区包括新疆、青海北部和甘肃河西的中东部，其中新疆的北疆和南疆年降水量增加 5～30 mm、天山山区增加 30～90 mm，是增加最多的地方；青海北部增多 5～40 mm；甘肃河西的中东部增加 10 mm 左右。年降水量减少区域包括青海南部、甘肃的河东、宁夏和陕西，其中青海南部减少 5～38 mm；甘肃河西西部和南疆的罗布泊地区减少 10 mm 左右；甘肃的河东、宁夏和陕西分别减少 10～82 mm、10～50 mm 和 50～177 mm，其中陕南减少 70～177 mm，是降水量减少最多的地方。西北地区西部呈暖湿趋势，东部呈暖干趋势。东部降水持续偏少，土壤水分亏缺增加，干旱大面积频繁发生（邓振镛，2009）。

4.2.6 监测技术与方法

4.2.6.1 地面监测

由于干旱地面监测目标和对象涉及大气圈、水圈、生物圈、冰冻圈和岩石圈五大圈层中水的各种形态变化及与之密切相关的各种生物和物理过程。因此，监测内容必然包括 SPAC 系统中各种过程的机理、相互关系及过程所对应的每一个对象和各界面过程。监测项目和内容包括空气温度、湿度和降水等基本气象要素观测；空中水、地下水和地表水监测；土壤水分和降水渗透深度测定；水面蒸发量和土壤蒸散量观测；作物生理及长势监测，它包括叶温或冠层温度、茎秆直径、叶水势、茎水势、叶片含水量、叶片气孔阻力、叶绿素、作物光谱反射率、生长量（叶面积和干物重）、作物生育期、产量要素和产量。还有干旱灾害调查。

4.2.6.2 遥感监测

卫星遥感技术迅速发展和完善,为宏观、快速、动态、大范围、多时相地监测干旱,尤其土壤水分和作物长势提供了可能。目前采用的方法有:基于土壤热惯量模型的干旱监测方法;基于植被指数的干旱监测方法,基于土地表面温度的干旱监测方法;集成植被指数与土地表面温度的干旱监测方法;基于微波遥数据的土壤水分反演;地表蒸散定量遥感监测等。

4.2.7 预测与预警技术和方法

干旱短期气候预测方法有经验统计、数理统计、物理统计、动力数值和动力数值与物理统计相结合的预测方法。数理统计方法的定性预测,大致有利用相关、相似和韵律关系等方法;定量预测大致概括有几大类:时间序列模型、动态系统模型、多元回归模型、变量场方法和神经网络等。

物理统计方法的基本思路是通过对影响因子的具体分析,建立具有一定物理意义和天气气候系统概念比较清楚的预报概念模型。目前,干旱短期气候预测技术正向物理统计与动力数值方法相结合的新阶段发展。20世纪90年代以来,通过研究、业务试验和推广应用的全球气候模式和区域气候模式已成为一个新兴的研究领域和预测工具,它代表了未来发展方向。集成预报方法可获得优于单个预报的效果,近年来受到重视,数值模式产品与统计预测的集成是一种新趋势。

建立干旱气候预测系统。20世纪80年代末以后,相继建立了以物理统计方法为主的业务系统,它集资料库、因子库、方法库、图形库及资料加工处理、相关集成预报、统计分析预报、专家系统预报、动力模式预报以及预报评分检验等多个子系统于一体,形成了一个完整的客观化、自动化的业务流程,使干旱短期气候预测向现代化迈进了一大步,基本结束了短期气候预测制作过程的手工和半手工操作的局面。

4.2.8 减灾技术及应对策略

首先,要加强干旱灾害生态环境动态监测预测工作,为决策部门合理开发、建设规划提供宏观决策科学依据。第二,要加强干旱灾害风险评估。包括评估技术方法、评估模型、评估指标、风险水平等级分布及分区等,以便得出危害程度及今后防御措施办法。第三,提高水资源利用效率。(1)开发土壤水库,增加土壤水库库容。采用深耕多蓄雨水;早秋耕蓄纳秋雨;耙耱保墒提高持水能力等措施。(2)实施集雨节灌农业。在年降水量400～700 mm的半干旱半湿润地区,修建雨水流集场和蓄水窖,将流失的雨水收集利用。(3)积极推广节水灌溉技术。在工程节水、农艺节水和科学用水管理等方面做文章。(4)大力推广旱作地膜覆盖技术。它是集增温保墒、集水调水、边行优势等生态效应于一体的高效综合生产栽培技术。(5)发展设施农业。温室和塑料大棚在北方不但有增加热量的功能,在抗旱中也发挥了明显的作用(邓振镛,2007)。

4.3 高温热浪

在全球气候变暖的背景下,近百年来,中国年平均气温升高了0.5～0.8℃,近50年,变暖尤其明显,中国大部分地区呈增温趋势,以北方增暖最为明显。高温对全球变暖的响应表现更为突出和敏感，已成为气候变化研究中的重点和热点问题之一。高温热浪对人类生存、社会活动、经济发展、工农业生产、水资源、生态环境造成严重威胁。当前，如何应对气候变化及其影响，应对极端气候事件趋强趋多，实现人类与自然和谐相处，促进经济社会可持续发展，是世界各国面临的共同挑战。

4.3.1 危害特点

高温热浪是指大气温度高，而且高温持续时间较长，引起人、动物以及植物不能适应环境的一种天气灾害。

2007年6月下旬至7月下旬我国江南、华南气温破纪录，自6月30日起，福州连续26 d最高＞35℃，打破了自1961年以来＞35℃高温持续24 d的记录。其中7月21日为最热一天，福州达到39.8℃，厦门则以39.2℃打破了历史同期记录。上海自6月27日至7月底持续高温天气，其中7月18日为38.6℃，7月30日为39.6℃。广东自7月8日至24日持续高温炎热天气。江西全省89个县、市＞35℃以上高温日数普遍为11～21 d，其中永丰县7月21日为39.8℃，黎川县7月23日为39.9℃。江南、华南等地的高温引发的干旱对农业生产带来了不同程度的影响，部分早稻灌浆受到影响，出现高温逼熟现象，籽粒重下降；持续高温少雨导致农田蒸散剧烈，干旱迅速发展，致使部分旱地作物受旱，湖库水位锐减，对晚稻适时移栽非常不利。

高温热浪的危害是多方面的。高温热浪危害人体健康，使人体不能适应环境，超过人体的耐受极限，从而导致疾病的发生或加重，甚至死亡。影响人的正常生产和生活，造成城市用水、用电紧张，引发人们心情烦躁，降低工作效率，导致交通安全等事故率上升。使运动员的成绩大失水准，严重时还会发生事故造成伤亡。对农林牧业生产的危害特别严重，高温往往和干旱相伴出现，持续高温少雨，极易造成干旱，可影响植物生长发育，使农林牧业的产量和品质下降，极易引发森林或草原火灾。还造成水资源及能源供给紧张，影响了经济发展。持续高温天气可引发大面积蓝藻发生，导致水源污染。对军事活动有很大影响，由于酷暑导致失败的战例也不少（张书余，2008）。

当高温天气频繁发生，大气降水量就会明显减少，高温还加快了土壤水分蒸发速度，使土壤水分迅速下降，夏季高温酷暑天气伴随着大气干旱和土壤干旱同时发生，从而造成严重干旱的发生或加重干旱的严重程度，使农作物严重受损。

4.3.2 标准与类型

4.3.2.1 标准

目前国际上还没有一个统一而明确的高温热浪标准。世界气象组织（WMO）建议日最高温度＞32℃，且持续3 d以上的天气过程称为高温热浪；荷兰皇家气象研究所则定为最高气温＞25℃，且持续5 d以上，其中至少3 d最高气温＞30℃的天气过程。美国、加拿大、以色列等国家气象部门都依据综合考虑了温度和相对湿度影响的热指数（也称显温）发布高温警报。其标准是：当白天热指数连续2 d有3 h气温＞40.5℃或者预计热指数在任意时间气温＞46.5℃就发布高温警报。

中国气象局规定日最高温度≥35℃为高温日，连续3 d以上的高温天气称为高温热浪。由于中国幅员辽阔，气候差异很大，中国气象局同时还规定，各省区市可以根据本地天气气候特征规定界限温度值。例如甘肃省气象局规定，河西地区日最高气温≥34℃，河东地区最高气温≥32℃即定为一个高温日。

4.3.2.2 类型

高温热浪分为干热型高温和闷热型高温两种类型。

(1) 干热型高温

一般出现在我国华北、东北和西北地区的夏季。表现为日最高气温高、日最低气温较高、昼夜温差小、太阳辐射强、相对湿度较小的高温天气。

(2) 闷热型高温

一般出现在我国沿海和长江中下游，以及华南等地区。由于夏季水汽丰富，相对湿度大，加上日最高气温高、日最低气温高、昼夜温差小，人们感觉闷热(谭建国,2008)。

4.3.3 气候特征

4.3.3.1 地理分布

根据高温出现的特点，分为四大高温热浪区域：华北高温区，属典型大陆季风气候，高温天气过程有明显的地域性；西北高温区，属典型温带大陆性气候；长江中下游高温区，属亚热带湿润季风性气候；华南高温区，属热带季风气候，高温天气过程具有明显的地域性。

4.3.3.2 时间变化

华北地区高温热浪天气主要集中出现在6—8月，以6月和7月最多，占高温天气的90%左右。华东地区高温热浪主要集中在7月、8月，以7月中旬出现频率最大。华中、华南和西南地区主要集中在7月和8月，占高温天气总频数分别为85%、78%和80%。近35年来华北地区高温和闷热天气时间有增多趋势，年平均分别增多0.25次和0.34次。华东地区近55年来≥35℃的高温日数年平均为10.9 d，从20世纪80年代后期开始，高温日数有明显增多趋势，尤其近5年(2001—2006年)平均高温日数达27 d，2003年为40 d。近35年来华中地区高温天气在1993年以前年平均在20 d以下，从1994年以后年平均维持在24 d以上。近50年来华南地区高温天气在20世纪90年代以前大多在9.4 d的平均值以下，在90年代以后有明显增多趋势，多数年份高于平均值。西南地区高温天气在20世纪50年代末到70年代中期为多发时期，70—80年代有所下降，90年代又有回升，但较60年代和70年代偏少(邓振镛,2009)。

4.3.4 形成原因

大气环流异常是高温热浪形成的重要原因。西太平洋副高持续稳定且加强，季风低压偏弱、偏西，7—8月极涡强度、西风环流指数都小于历史平均值等，是引发高温热浪出现的有利环流形势。西太平洋副高与我国华北、长江中下游、华南等地区高温天气的关系密切。当副高西伸至100°E、脊线北抬至34°N附近，且稳定少动，则华北地区就出现高温天气；当副高脊线在28°~32°N，强度中心在长江口附近，且稳定少动，则长江中下游地区就出现高温天气；当副高西伸至110°E以西，脊线在28°N以南时，且稳定少动，华南大部分地区就出现高温天气。

赵庆云等在分析甘肃省异常高温天气时指出,500 hPa高度场(图4.1左上)，欧亚范围内为强经向环流,西太平洋副热带高压发展强盛并向西伸,中国大陆西北部为586 dagpm闭合高压单体控制,中心大约在100°E,35°N附近,同时在里海附近,大约50°E附近高压脊发展强盛,有590 dagpm闭合高压中心。温度场上(图4.1右上),暖中心与高度中心相匹配,中心值>27℃。这种波长较长的高压中心位置分布及与温度场的配置,有利于天气系统的持续和稳定。300 hPa高度场(图4.1左中)与500 hPa高度场的环流形势相似,但高压位置偏南。温度场上(图4.1右中),从东南亚至中国大陆西部为一个大的暖中心,中心值>24℃。100 hPa高度场上(图4.1左下),南亚高压控制了亚洲上空,中心大约在90°E,34°N附近,为南亚高压西部型,这种流型预示着西北地区晴热少雨天气。分析高温的典型个例,发现当100 hPa南亚高压、300 hPa暖中心、500 hPa副热带高压闭合单体控制西北地区上空,对流层上、下层暖高压中心相对应,位置基本一致,即当大气由斜压状态调整为正压状态时,会造成大范围、持续性的异常高温天气(赵庆云,2007)。

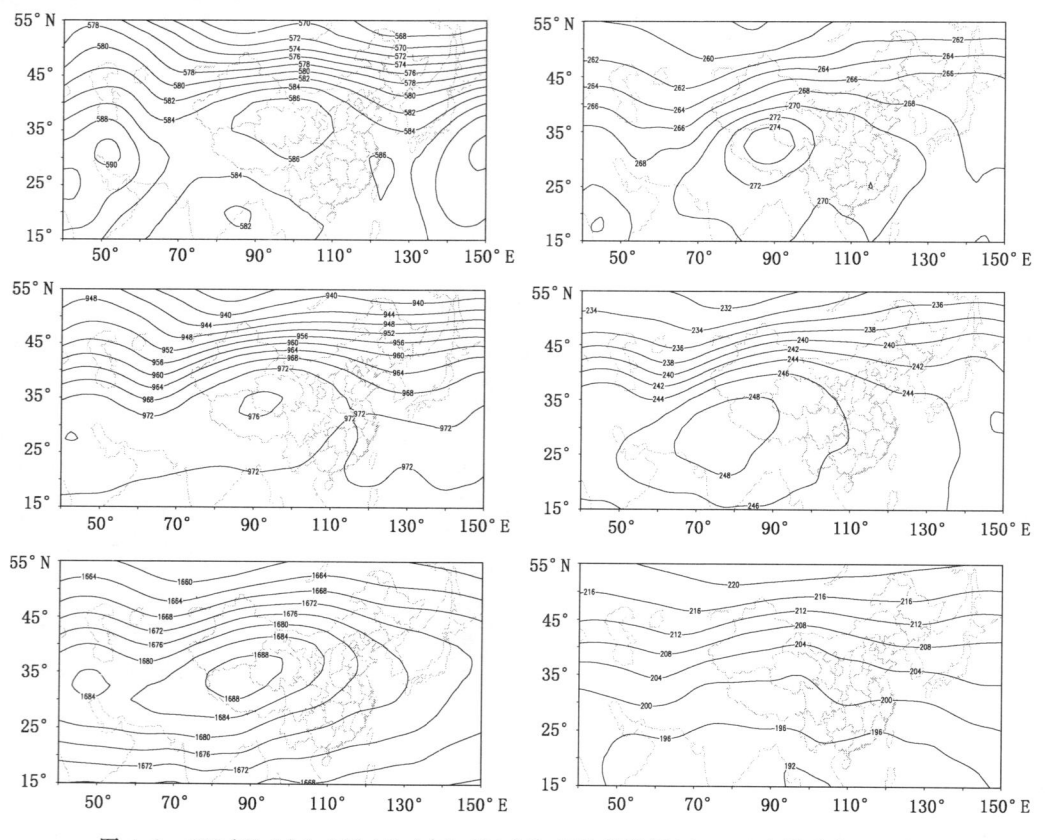

图4.1　500 hPa(上)、300 hPa(中)、100 hPa(下)高度场(dagpm)和温度场(0.1℃)

4.3.5　对全球气候变暖的响应

气候变暖,温度升高已是不争的事实。IPCC第4次评估报告指出,自20世纪70年代以来在更大范围内观测到了更强、持续时间更长的干旱,近50年来已观测到了极端温度大范围的变化。冷昼、冷夜和霜冻已变得稀少,而热昼、热浪事件的发生频率持续上升。

全球气候变暖使平均温度升高,也包括最低和最高温度升高,其明显的特点就是极端气温显著升高。研究表明,东北和华北的增温幅度最大,其次是西北地区,均高于全国水平;区域增暖的极端最低气温远比极端最高气温的贡献大,相关系数比最高气温的大(表4.1);20世纪90年代初东北地区最高气温的天数有明显增多趋势,华北和西北地区基本上都在90年代中后期。我国北方白天温度极端偏高的日数平均以每10年增多0.8 d的趋势增加。20世纪50年代初,每年只有10 d左右白天温度极端偏高,80年代中期以后,增加的趋势异常明显,1998年有25 d出现了极端偏高的情况,几乎是50年代的1.5倍。

表4.1 1951—2000年中国北方增温幅度,以及极端温度变化与增温的相关系数

	全国	东北	华北	西北东部	西北西部
平均气温增温幅度	0.87℃·(50 a)$^{-1}$	1.55℃·(50 a)$^{-1}$	1.44℃·(50 a)$^{-1}$	0.98℃·(50 a)$^{-1}$	0.91℃·(50 a)$^{-1}$
极端最高增温幅度	0.37℃·(50 a)$^{-1}$	0.64℃·(50 a)$^{-1}$	0.25℃·(50 a)$^{-1}$	0.61℃·(50 a)$^{-1}$	0.69℃·(50 a)$^{-1}$
极端最高	0.47	0.31	0.25	0.45	0.12
极端最低	−0.67	−0.66	−0.69	−0.57	−0.72

4.3.6 监测技术与方法

高温热浪地面常规基本气象要素观测有空气温湿度观测,包括极端最低、极端最高、平均温度、相对湿度和风向风速以及云量、云状观测;24 h连续温度、湿度和风向、风速观测。特殊项目观测有室内温、湿度观测和体温以及皮肤温度观测。高温热浪容易引发森林和草场火险,要加强卫星遥感森林和草场的火险监测工作。

4.3.7 预测方法与预测技术

高温热浪短期气候预测,即高温季节预测。主要有三类:定性概念模型、定量统计方法和定量数值模式方法。建立定性概念模型,常通过气候特征、环流场特征、海温场特征、亚洲季风特征、OLR特征等方面的综合分析而建立的概念模型。定量统计方法,在高温季节时段内,定义的高温指数,多采用多元分析、时间序列分析等方法来预测高温指数。定量数值模式方法,是通过数学物理原理的分析,组建预测方程组来预测高温指数。

高温天气预报多采用天气系统分析法、统计预报法、中尺度数值模式以及预报模型等方法。

4.3.8 减灾技术及应对策略

首先,要建立高温热浪应急体系。(1)加强高温热浪的预测和预警的发布;(2)建立高温热浪监测、评估和报告制度;(3)建立统一指挥系统和相关部门的协同应急预案。

第二,加强高温热浪的立法工作。

第三,积极做好高温热浪对人体健康的保护。(1)加强人体对高温的适应性和耐热锻炼;(2)做好高温热浪季节的各项保健工作和应对措施;(3)重点防范高温中暑和相关疾病的自我救助。

第四,减缓城市热岛效应,缓解高温热浪。(1)搞好城市规划与建设布局;(2)增加城市绿化;(3)减少人为散热,开发利用清洁新能源。

4.4 干热风

气候变暖对中国经济面临四大严峻挑战,其中挑战之首是极端气候事件趋强趋多。干热风气象灾害对全球变暖的响应表现更为突出和敏感,已成为气候变化研究中的重点和热点问题之一。干热风对农业安全生产造成严重威胁。当前,如何应对气候变化及其影响,应对极端气候事件趋强趋多,实现人类与自然和谐相处,促进经济社会可持续发展,是世界各国面临的共同挑战。

4.4.1 危害特点

干热风是一种高温、低湿,并伴有一定风力,具有干、热、风三个气象要素特征的农业气象灾害性天气。干热风危害的实质是高温、低湿引起农作物生理干旱,风只是加重了危害的程度。

干热风是北方农业生产的主要气象灾害之一。主要危害小麦,有些地方还会危害棉花、玉米、水稻等作物。危害小麦的主要时段是开花灌浆期。小麦开花遇干热风,则使花药破裂,不能进行正常授粉,造成不实小穗数增多;灌浆乳热期遇干热风,使灌浆速度减慢,甚至停止灌浆,严重影响淀粉粒形成,造成籽粒瘦秕,产量下降;黄熟期遇干热风,使小麦出现"早熟"现象。受弱干热风危害的小麦千粒重比平均值下降 1~3 g,受中等干热风危害的小麦千粒重下降约 5 g。干热风危害轻的年份一般减产 5%~10%,危害重的年份减产 10%~20% 以上。据研究,当小麦灌浆期温度超过 30℃时,温度升高,总淀粉含量下降,达 40℃时,总淀粉含量最低。小麦淀粉的形成以花后第 25~27 d 高温胁迫影响最大。40℃高温胁迫下,小麦淀粉粒受到伤害,呈扁圆形,并出现裂纹。

4.4.2 类型与指标

4.4.2.1 类型

根据干热风气象要素组合对小麦的影响和危害的不同,我国小麦干热风主要有三种类型。

(1)高温低湿型

在小麦开花灌浆过程均可发生,是北方麦区干热风的主要类型。其特点是高温低湿,干热风发生时温度猛升,空气湿度剧降,最高气温可达 32℃以上,甚至可达 37~38℃,相对湿度可降至 25%~35% 以下,风力在 3~4 m·s^{-1} 以上,有的地区可能是静风,风向各地不一。另一特点是,气象要素值昼夜变化不大,白天干热难忍,夜间继续维持干热。这种高温低湿天气使小麦芒尖干枯炸芒,颖壳呈灰白色或青灰色,叶片卷曲凋萎。这类干热风发生的区域广,能造成小麦大面积干枯逼熟死亡,对小麦产量威胁很大。

(2)雨后热枯型

雨后热枯型又称雨后青枯型或雨后枯熟型。一般发生于乳熟后期,即小麦成熟前 10 d 左右。其特点是雨后出现高温低湿天气,即在高温季节,先有一次阵性降水过程,雨后猛晴,温度骤升,湿度剧降;有时是长期连阴雨后,出现上述高温低湿天气,造成小麦青枯死亡。这类干热风发生区域虽不及高温低湿型广泛,但所造成的危害却比前者更加严重,一般可使千粒重下降 4~5 g 以上,减产 10%~20% 以上(邓振镛,2009)。

(3) 旱风型

旱风型又称热风型。其特点是风速大,与一定的高温低湿组合,对小麦的危害除了与高温低湿型相同外,大风还加强了大气干燥程度,促进农田蒸散,使叶卷缩呈绳状,叶片撕裂破碎。主要发生在新疆地区和西北黄土高原的多风地带,在干旱年份出现较多。

4.4.2.2 指标

根据小麦受干热风危害情况,选用温、湿、风三要素组合确定干热风危害指标,提出日最高气温≥30℃,相对湿度≤30%,风速≥3 m·s^{-1}的所谓"三个三"干热风指标。甘肃省武威农业气象试验站提出河西走廊干热风危害指标:在6—7月连续2 d或其以上具备日最高气温≥30℃,其正距平≥2℃,干热风天气过程≥8℃;每天14 h相对湿度≤30%,过程14 h平均≤25%;有东风或静风。

4.4.3 气候特征

4.4.3.1 时间变化

干热风天气从4—8月均可能出现,对小麦有危害的是5—7月的干热风,这时正值冬春小麦进入开花至乳熟期。冬麦区的徐淮地区和华北平原,一般在5月中下旬到6月上中旬;西北春麦区,一般为6月中下旬到7月上旬,在这期间出现的干热风对小麦影响最大。从小麦生长期间干热风出现的时间分布来看,自南往北逐渐推迟,华东的徐淮地区集中在5月26日至6月5日,出现频率约36%;冀中在5月末和6月中旬干热风最多,平均每年可出现11 d,最多年份可达17～18 d,最少年份也有4～5 d。而且一次干热风过程以持续1～3 d居多,最长可持续8～9 d。春麦区的河套地区是6月中下旬干热风出现频率高,大致平均每两年发生一次;河西走廊是6月中下旬最多,出现几率约47%。新疆的托克逊、若羌地区几乎年年发生重干热风。

4.4.3.2 地理分布

我国干热风发生的地域,粗略地可以划分为两大区。一是华北平原干热风区。大致北自长城以南,西至黄土高原,南自秦岭、淮河以北,东至海滨,这是我国冬小麦集中发生区。境内以太行山、伏牛山纵贯南北,东侧是华北平原,西侧为关中平原和汾河盆地。由于地形、山脉的抬升,空气增温,加之低洼盐碱地的影响,使冀、鲁、豫形成干热风危害严重地区,由此向沿海和淮河流域逐渐减轻;黄淮平原西部多于东部;苏北、皖北一带干热风的危害也比较频繁。二是西北干热风区。主要包括河套平原、河西走廊及新疆的盆地,是我国春小麦主要发生区。该区由于距离海洋遥远,气候干燥,加之沙漠、地势影响,干热风一般是盆地重于山区。吐鲁番盆地是我国干热风最重的地区之一;河套平原因贺兰山的屏障作用,东南部地区干热风较多;河西走廊的干热风呈西多东少、北强南弱、高轻低重的特点。

据研究,我国北方以高温低湿型为主的小麦干热风气候区划,将干热风危害区划分为重区、次重区和轻区。重区包括冀中、南,豫北、东、中,鲁西、西北,以及晋南、中盆地;甘肃河西走廊的安敦盆地;新疆的吐鲁番、鄯善盆地,塔里木盆地东部铁干里克、若羌一带。次重区包括冀北南部,鲁北、中、西南,豫东南、南、西,关中平原东部,晋中、西、东南,徐州、宿县西北部等地;甘肃河西走廊中、东部;新疆的哈密、库尔勒、和田、石河子、乌苏等地。轻区包括冀北、天津、晋西、晋东太行山地,江苏徐淮地区,安徽淮北地区,山东南部、东部地区,陕西渭北塬区和关中西部;内蒙古的河套、土默川及宁夏平原;新疆的喀什、阿克苏、塔城等地。

4.4.4 形成原因

干热风形成的直接和重要原因是大气环流异常造成的。我国北方麦区地域辽阔,境内地形复杂,地势相差悬殊,小麦开花灌浆期在时间上差异甚大,因而,发生干热风的季节与环流主要特征及影响系统也不尽相同。

4.4.4.1 黄淮海冬麦区干热风环流主要特征

每年5月中下旬至6月上中旬,是黄淮海冬小麦干热风发生和危害的时期。该时期黄淮海地区处在高空槽后脊前的西北气流控制中,低空和地面处在两条锋带之间的反气旋区内,天气晴朗,气温高,空气干燥,这就构成了干热风天气环流背景。黄淮海地区干热风天气高空系统为西北气流型、高压脊型、高压后部型三种,干热风的地面系统有北低南高型、高压后部型两种类型。

4.4.4.2 蒙、甘、宁春麦区干热风环流主要特征

内蒙古河套春麦区干热风发生在6月下旬至7月下旬,700 hPa环流形势可分为乌拉尔山高脊型、蒙古暖脊型和贝加尔湖阻高型三种类型。其共同特点是:河套西北侧有小高压,并有强暖中心与之配合,受影响地区中、低层气柱维持下沉气流,天气晴朗,且不断有暖平流输送,导致产生干热风天气。河西走廊和宁夏平原形成干热风的天气系统,主要是500 hPa在新疆东部至河西走廊有强暖高压脊停留或加强。其次是青藏高原原地有暖高压脊发展北抬的影响,多数情况是上述两类系统的叠加,导致干热风天气的产生。在地面图上,内蒙古、河套及以东一带受弱高压控制,南疆有热低压形成发展,然后东移控制河西走廊,形成西低东高的气压场形势。在上述高空、地面天气系统影响控制下,河西地区天气晴朗,午后刮热东风,加上河西广阔的戈壁沙漠,强烈的增温减湿效应,即出现干热风天气。

4.4.4.3 新疆冬春麦区干热风环流主要特征

新疆小麦受干热风危害期较长,南疆自5月中旬至7月中旬,北疆集中在6月中旬至7月。形成新疆地区干热风天气的500 hPa形势有五种类型,即北大西洋东部及西南欧长槽型、欧洲脊东移与青藏高压脊叠加型、沙特—伊朗副高与青藏高压结合北抬型、青藏—新疆长脊型、沙特—伊朗副高和北支锋区脊在中亚叠加型。其共同特点是:必须受暖高压脊控制,否则不足以形成干热风天气。

4.4.5 对全球气候变暖的响应

甘肃省近46年来6—7月干热风次数与同期平均气温、最高气温≥30℃、≥32℃、≥35℃日数、平均最高气温、平均最低气温、蒸发量(标准化值BZH)随时间变化趋势基本一致(图4.2)。1961—1994年呈减少趋势,1995—2006年呈增加趋势,为显著的正相关,相关系数为0.366~0.692,显著性水平均超过0.02的检验。干热风次数与同期相对湿度、降水量、降水日数随时间的变化趋势呈相反,相关系数在0.417~0.598,显著性水平均超过0.01的检验。气候暖干时期表现为干热风强度强、次数多、危害重;气候凉湿时期干热风强度弱、次数少、危害轻(图4.3)(刘德祥,2008)。干热风对气候变化的响应十分敏感。经研究,由于气候变暖,使宁夏灌区小麦发育期有所提早,造成干热风影响时段也相应提前;小麦干热风次数呈

增加趋势,干热风发生区域呈扩大趋势;一次干热风天气过程中,气温逐年上升,干热风发生程度也加重。柴达木盆地干热风对气候变化的响应也有相同结果。

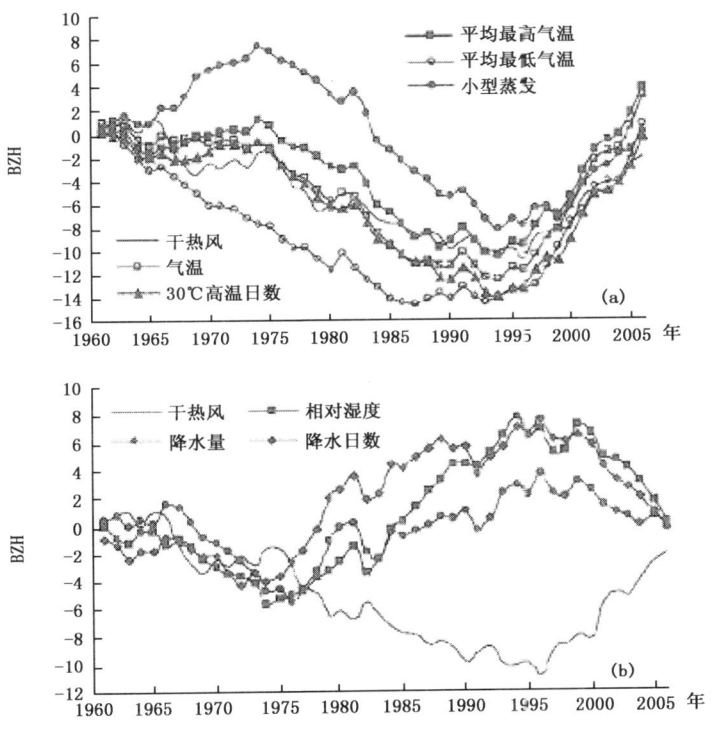

图 4.2 甘肃省干热风次数与其他气候要素标准化累加值的历年变化

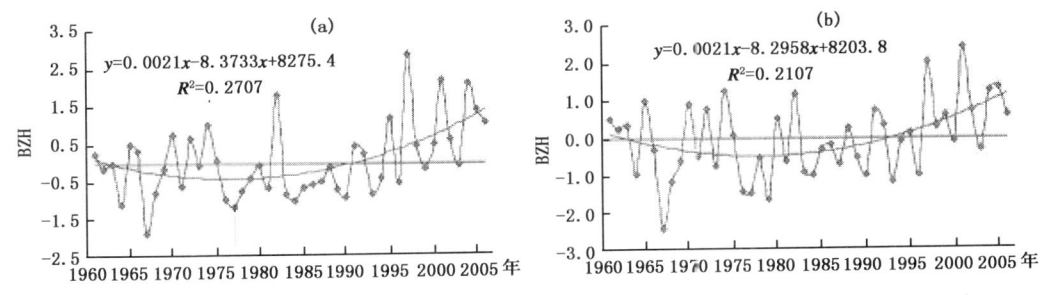

图 4.3 甘肃省 6—7 月干热风次数的年代际变化
(a)全省;(b)河西

小麦对气候变化的敏感性和脆弱性研究表明,未来雨养和灌溉小麦有三个大的负敏感区:东北地区、长江中下游地区、黄土高原地区,灌溉小麦比雨养小麦程度有所减轻。东北和西北地区是灌溉小麦的强度负敏感区,长江中下游及其南部沿海和西南地区为负敏感区。大部分地区雨养小麦并不脆弱,出现增产现象。灌溉小麦的脆弱区面积较大,约占全国灌溉小麦生产面积的 2/3。强度脆弱区分布在东北和西北地区,中度和轻微脆弱区主要分布在长江中下游及云南、贵州等地(孙芳,2005)。

4.4.6 防御技术与应对策略

采用综合技术防御干热风的措施归纳为"躲"、"抗"、"防"、"改"。"躲"是指合理的作物和品种布局,调整作物播种期躲过(或避开)干热风的危害;"抗"是指选育抗干热风的优良品种,采取相应的农技措施增强小麦抗御干热风的能力;"防"是指干热风来临前采取灌水施肥等农技措施防御干热风的危害;"改"是指通过植树造林、改革种植方式和调整播种量以改变麦田小气候,改土治水以改善小麦生育的环境条件防止干热风的危害等。

营造防护林、实行林粮间作如桐麦间作是防御干热风的重要生物措施之一。防御干热风最重要的常用农业技术措施有:选育抗干热风能力强的小麦品种;适时适量灌溉;耕作改制中的合理调整作物或品种布局、掌握小麦适宜播种期、采取适当的间作套种形式、改善土壤理化性状合理施肥等。在干热风化学防御方面,采用氯化钙、复方阿司匹林闷种或浸种;石油助长剂、磷酸二氢钾、草木灰、硼等化学药剂进行叶面喷洒。

4.5 霜冻

霜冻是指在春、秋农作物生长季节里,温度骤然降到 0℃以下,致使因作物受到危害甚至死亡的农业气象现象。霜冻发生时,由于温度过低,植物细胞间隙的水分结冰,这些冰不断地从邻近细胞中夺取水分从而导致原生质胶体物质的凝固,细胞死亡。最有害的是霜冻后植物受到阳光直接辐射,温度迅速升高,蒸发加强,受冻细胞来不及从根系吸水导致受凉部位枯萎、死亡。农作物遭受霜冻危害程度取决于霜冻发生时间、作物生长期、品种及种类等。每年秋季第一次出现的霜冻叫初霜冻,翌年春季最后一次出现的霜冻叫终霜冻,初、终霜冻对农作物的影响都较大。

在气候变暖的背景下,霜冻灾害也时有发生。受西伯利亚强冷空气影响,2004 年 5 月 3—5 日清晨,甘肃省 62 个县(市、区)遭受不同程度的霜冻灾害,这是自 1981 年以来甘肃省霜冻强度最强的一次,也是近 50 年以来受害范围最大的一次。据不完全统计,全省受灾农作物面积达 989400 hm^2,占农作物播种面积的 41.6%,因霜灾造成的经济损失达 13.37 亿元。

4.5.1 霜冻气候特征

4.5.1.1 初霜和终霜的时间分布

西北地区初霜开始时间(图 4.4a)由高原逐渐到周边地区开始。最早 6 月青海高原就出现霜冻;7 月在青海高原其他地方、甘南高原、北疆东部和南疆西部的帕米尔高原;8 月在新疆的其他地方、甘肃河西走廊地区、陇中的部分地方、宁夏南部和北部、陕北北部;9 月在南疆盆地、陇中大部、陇东、陇南北部、陕北南部和关中;最后是陇南南部和陕南,10 月才开始。

西北地区终霜结束时间(图 4.4b)与初霜开始时间的分布基本相反,又略有不同,基本有四个时段由东南到西北、最后到高原逐渐结束。最早 3 月下旬陇南南部和陕南的霜冻结束;4 月在南疆大部、陇南北部、陕北南部和关中结束;最迟是青海高原、甘南高原、北疆西部和南疆东部的帕米尔高原,6 月才结束;西北地区其他地方基本在 5 月陆续结束(林纾,2007)。

4.5.1.2 西北地区霜冻的分区

对中国西北五省(区)145 个站初、终霜冻资料利用 EOF 和 REOF 方法,分析其载荷向量

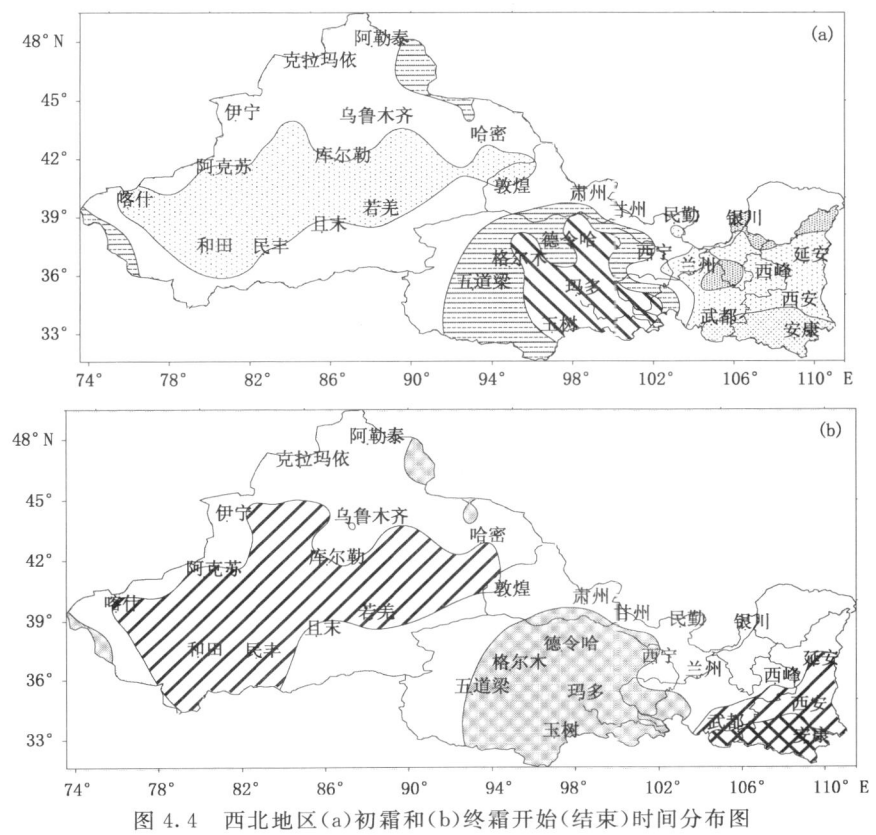

图 4.4 西北地区(a)初霜和(b)终霜开始(结束)时间分布图

和旋转载荷向量,能够较好地反映初、终霜冻的空间异常特征。

首先给出初霜冻 EOF 分解的前两个载荷向量场的空间分布,它反映出西北地区初霜冻两种主要的大范围异常的分布特征。第一载荷向量场全区一致为正,反映了五省(区)初霜冻整体异常的特征,其中载荷量大值(0.6 以上)区域在陇中北部、陇东和宁夏,说明这里是西北地区初霜冻最易出现异常的地区。第二载荷向量场表现为西西南+(一)东东北一(+)的反向变化的空间分布特征,其中西西南部主要包含新疆、青海、甘肃河西,中心在青海湖西北部;东东北部主要涵盖了陇中、陇南北部、陇东、宁夏、陕北、关中、陕南部分地方,中心在陇东。这种分布突出反映了初霜冻基本以黄河为界东西方向特征的截然不同,这种类型的分布与冷空气的活动路径密切相关,冷空气路径偏东时,东部初霜冻偏早,西部初霜冻偏晚,反之亦然。

这两个载荷向量对方差的贡献为 30.8%,其中第一载荷向量的方差贡献就达到 22.3%,说明大范围初霜冻开始时间趋势的一致性是西北地区初霜冻的主要特征。

再给出终霜冻 EOF 分解的前两个载荷向量场的空间分布,它反映出西北地区终霜冻两种主要的大范围异常的分布特征。与初霜冻 EOF 分解的前两个载荷向量场的空间分布相似,第一载荷向量场全区一致为正,反映了五省(区)终霜冻整体异常的特征,其中载荷量大值(0.6 以上)的区域仅在陇东北部和宁夏中北部,说明最易出现异常地区的范围,终霜冻比初霜冻小。第二载荷向量场基本仍表现为以黄河为界西一(+)东+(一)的反向变化的空间分布特征,与初霜冻第二载荷向量场的分布非常相似。这里是西北地区典型的雨养农业区,霜冻对农业生产的影响十分巨大。这一异常型称为西北地区东部型。

这两个载荷向量对方差的贡献为 24.5%,比初霜冻前两个载荷向量的方差贡献小约 8%,其中第一载荷向量的方差贡献为 17.4%,比初霜冻第一载荷向量的方差贡献小近 7%,主要小在第一载荷向量的方差贡献,说明大范围终霜冻结束时间趋势的一致性虽然仍是西北地区终霜冻的主要特征,但终霜冻结束时间比初霜冻开始时间的分布状况要复杂。

为突出西北地区不同区域在初、终霜冻气候特征上的差异,分别对前十个载荷量进行旋转,由前四个旋转载荷量场得到中国西北地区初、终霜冻的主要空间异常气候区(图略)。

初霜冻 RLV1 大值区在西北地区东部,中心旋转载荷量值达 -0.86(秦安),方差贡献 20.6%。这里是西北地区典型的雨养农业区,霜冻对农业生产的影响十分巨大。这一异常型称为西北地区东部型。

初霜冻 RLV2 大值区在青海高原北部—甘肃河西走廊一带,中心旋转载荷向量值为 -0.64(门源),方差贡献 18.1%,基本反映祁连山南北坡的异常,这一异常型称为高原北部—河西走廊型。

初霜冻 RLV3 大值区在新疆,中心旋转载荷量值为 -0.63(福海),方差贡献 13.6%。新疆属典型的大陆性干旱气候带,位于我国西风带的最上游,是冷空气最先影响到的地区,这一异常型称为西北地区西部型。

初霜冻 RLV4 大值区在青海南部,中心旋转载荷量值为 -0.96(外斯),方差贡献 10.8%,青海南部平均海拔在 4000 m 以上,这里无霜日较短,这一异常型称为青南高原型。

终霜冻 RLV1—4 大值区的分布与初霜冻类似,在此不再赘述。RLV1—4 的方差贡献分别为 17.2%、16.2%、14.6%、7.4%。旋转后的载荷向量大值中心分别在乌鲁木齐(-0.81)、门源(0.81)、玛多(0.95)和商洛(0.91)。

综合上述分析,西北地区初、终霜冻的分区基本一致,可分为西北地区东部型(Ⅰ区)、高原北部—河西走廊型(Ⅱ区)、青南高原型(Ⅲ区)、西北地区西部型(Ⅳ区)(见图 4.5)。

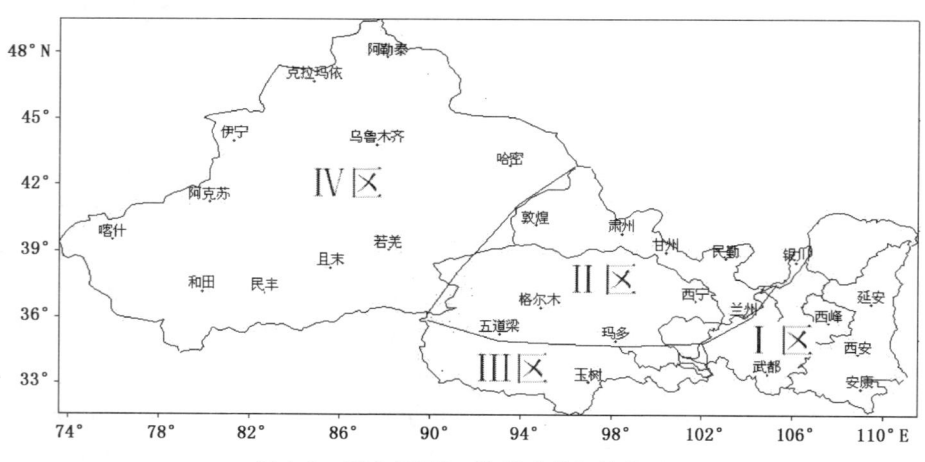

图 4.5 西北地区初、终霜冻的气候分区

4.5.2 西北地区霜冻的气候变化

4.5.2.1 各区霜冻的演变特征

根据前面的分区,下面继续分析各区初、终霜冻的演变特征,各区域的代表站为上述中心旋转载荷向量值最大的站。

在各区代表站的历史演变看到,初霜冻的开始时间仅高原北部—河西走廊地区显著偏晚,即每 10 年约推迟 5 d,可通过 0.05 的显著水平检验,西北其他区域初霜冻开始时间没有明显变化。终霜冻结束时间西北地区西部显著偏迟,每 10 年约推迟 3 d,可通过 0.05 的显著水平检验;青南高原有略偏迟的趋势,高原北部—河西走廊和西北地区东部地区终霜冻结束时间是略偏早的趋势,但均未通过显著性检验。

不论是初霜冻还是终霜冻,年际变率都较大,仅能在西北地区西部终霜冻的历史演变中看到 20 世纪 70 年代末到 90 年代中期是一个霜冻结束时间偏迟的时期,随后转为偏早。其他区域基本无明显的年代际特征,各区域的历史演变变化明显不如平均气温在 80 年代以后处在平稳地上升通道里,这也是霜冻的特点,它不是平均态的反映,而由初秋或春末强冷空气的影响决定。

4.5.2.2 初(终)霜冻的异常分析

异常初、终霜冻日的标准如下:小于 -1.65σ(σ 为标准差)或大于 1.65σ 分别称为特早(迟)初(终)霜冻年。

在代表站中选出了表 4.2 中的异常年份。初霜冻的异常年份中,特早的年份占了 76.2%,从 20 世纪 60 年代到新世纪每个年代均出现过,70 年代居多。同样,终霜冻特迟年份的比例还高,占了 81.8%,也是每个年代际都发生过,多出现在 60 年代和 90 年代。由此可见,历史上初霜冻特早和终霜冻特迟的年份占异常年份 75% 以上,而这种霜冻的危害性极大,应引起足够的重视(林纾,2007)。

表 4.2 西北地区初(终)霜异常年

区域名	初霜异常年	终霜异常年
高原东北	1973 年、1977 年、1978 年、1986 年(一)	1963 年、1988 年(+)
西北东部东北	1963 年、1972 年、1982 年、1997 年(一);1975 年、1988 年(+)	1968 年、1979 年、1995 年、1996 年(+);1969 年、1999 年(一)
西北东部东南	1963 年、1994 年(+);1972 年、1973 年、1986 年(一)	1962 年、1962 年、1965 年、1988 年、1991 年(+)
北疆	1969 年、1978 年(一)	1961 年、1971 年、1985 年、1996 年(+);1967 年、1978 年(一)
南疆	1973 年、1978 年、1968 年(一);2005 年(+)	1966 年、1983 年、1993 年(+)

4.5.3 减轻霜冻危害的对策

4.5.3.1 掌握霜冻的气候规律

根据当地平均初、终霜冻和最早、最晚霜冻出现日期,收听当地气象部门发布的霜冻预报和群众预测霜冻的经验,积极采取防御措施。

4.5.3.2 根据不同地形合理布局作物

不同的地形其霜冻出现的时间和危害程度是不同的。在山区晚上由于辐射冷却,山顶的冷空气沿山坡滑向山脚或山谷地里,抬升较暖的空气在山腰某一高度处形成逆温层,该逆温层可使作物免受霜冻或减轻霜冻。因此,应将喜温怕凉作物种植在向阳坡地上或山腰的逆温层高度内。另外,根据当地霜冻发生规律,调整播种期,栽培抗寒能力强或生育期较短品种,如霜冻前播种,晚霜冻后出苗,适期早播或移栽,提前成熟期,避开早霜冻危害。

4.5.3.3 提高农业技术

根据各地霜冻出现的规律和农作物生长发育的特性,通过不同的农业技术措施,如合理配置各种农作物的比例,选农作物最适宜的播种期及大田移栽期,尽量防止作物发育期内发生霜冻危害。如北方农民播种棉花时有"霜前播种,霜后出苗"的经验,使棉花幼苗错过霜冻低温危害。有些地方进行"火炕营养钵育苗",等晚霜冻过后才把棉苗移栽到大田。

加强田间管理,采取促进早熟的各项措施。对秋田作物要注意后期肥水不宜过多,以防植株贪青徒长;灌水或下雨后抓紧中耕、培土、锄草等。提高地温,促进早发育早成熟。棉花后期应及时整枝、打顶、去老叶,促进早吐絮。根据试验证明,棉花霜前15 d左右打叶可增加17%的霜前花。

还有采用"逼熟"的方法。根据霜冻预报,在霜冻出现前3~5 d进行棉株断根可以促进早吐絮,增加霜前花。断根的棉株比不断根的可提高13%的霜前花。采用催熟法防御早霜冻对春小麦和青稞的危害。即在小麦乳熟中期喷上化学药剂,如二氯丙酸或氯酸镁、氨三唑,可提早8~10 d左右成熟,粒重虽有所下降,但不超过10%,对种子后代基本无影响。这是高寒地区防御早霜冻的一种新途径。

另外,要选用抗霜品种。高度重视激素在诱导植物抗寒力方面的研究应用。随着分子生物学的迅猛发展,应用基因工程手段提高植物抗霜力。人们努力的目标是把抗霜品种的抗霜基因导入性状优良的品种,提高其抗霜性。

4.5.3.4 改善农田小气候,提高土壤和农作物的环境温度,防御霜冻的危害

(1)熏烟法

霜冻来临之前,用燃烧发烟物体使其形成烟雾以达到防霜的目的。烟雾由许多微粒组成,微粒可以吸湿,空气中的水汽在微粒上凝结时放出潜热,同时发烟物体燃烧可直接放出热量。熏烟一般能达到增温0.5~3℃的效果。

(2)灌溉法

适时合理的灌溉能增大土壤的热容和导热率,使土壤和近地层气温下降速度减缓,从而相对提高了土壤和近地层温度。另外,灌溉以后使土壤和近地层空气的湿度增大,水汽增多,增强了大气逆辐射,使夜间地面辐射冷却减弱。采用此法时,应在霜冻前一天下午进行灌溉,这样效果较好,使农作物的叶面温度在夜间比不灌溉的高1~2℃。

(3)覆盖法

这种方法适用于小面积防霜。用草帘、席子、草灰等覆盖在作物上,可以减少地面热辐射损失,使被覆盖保护的作物与外界冷空气隔绝,不受冷空气直接侵袭,本身温度不致降低太多,从而起到保温作用。对于经济价值高的植物和苗床,常采用塑料薄膜覆盖等进行防霜冻。覆盖物可以在发生霜冻前3~4 h盖上。除草木灰外,其他覆盖物应于早晨日出后去掉。

4.6 沙尘暴

沙尘天气往往引起大范围的环境污染,其中沙尘暴天气甚至会造成人畜伤亡,导致严重的经济损失。由沙尘天气所引发的环境问题已成为目前世界面临的主要环境问题之一。我国西北地区是亚洲中部干旱区的重要组成部分,又是世界上沙尘天气的高发区之一,其特殊的地形地貌,以及气候和人文环境,对沙尘天气的形成和发展有着重要的作用。河西走廊又是西北地区中沙尘天气的高发区,沙尘天气对生态环境的影响已经引起了社会和政府的高度重视。因此关注西北地区和河西走廊的沙尘天气的发生发展及其造成的影响,是当前科学研究的热点。

4.6.1 沙尘暴成因及气候特征

4.6.1.1 沙尘暴成因

沙尘暴形成的基本条件:一是大风,二是地面上裸露的沙尘物质,三是不稳定的气层。三者加在一起,方能产生风沙尘暴。三因素中强风是卷扬沙尘的动力,丰富的沙尘源是形成沙尘暴的物质基础,而不稳定的气层,即气压差造成空气上下对流,将沙尘卷入高空,乃非常重要的热力条件。因此,可以说沙尘暴是特定的气象和地理条件相结合的产物。沙尘暴形成过程中,大风、丰富的沙尘源是主要因素。大风和不稳定大气是由大气运动状态决定的,是沙尘暴形成的驱动因子,主要决定了沙尘暴的强度、移动路径和持续时间;而沙尘源则为沙尘暴形成提供了丰富的沙粒和尘埃,主要决定了沙尘暴源地空间分布。

除此之外,人为因素也是重要的因素之一。人为因素主要表现在与人为破坏地面植被,扰动地面土层结构,工业废弃物堆放有着密切关系。人为破坏植被,包括过度开垦、放牧、樵采,过度利用水资源,资源开发不注意保护植被等。西北地区的开垦始于汉,历史上有过三次开垦期(汉、唐、清)。新中国成立之后又大规模进行过三次。正如农牧民总结教训所说:"毁草开荒、农牧两伤,开一亩沙化三亩,头年开垦当年有利,第二年有害无利,第三年变成流沙地"。为风沙尘暴的形成提供了丰富的物质基础(夏训诚,1994)。

4.6.1.2 年沙尘日数时空分布

(1)年平均沙尘日数空间分布

除北疆北部外,西北地区大部分地方年平均沙尘天气日数在 5 d 以上,沙尘天气日数 25 d 以上的地方主要在南疆、青海西部、甘肃河西及中部地区,以及宁夏、内蒙古中西部和陕北一带,而 50 d 以上沙尘天气高频区主要集中在塔克拉玛干沙漠周边地区以及巴丹吉林沙漠、腾格里沙漠和毛乌素沙地一带,前者出现的频率更高,部分地区可达 150 d 以上,局部地区在 200 d 以上,如南疆和田近 46 年平均日数达 213 d 之多。图 4.6 和图 4.7 分别为近 46 年平均沙尘暴日数、扬沙日数分布,总体来说,扬沙和沙尘暴日数的高频分布中心基本一致,几大沙漠区域是扬沙和沙尘暴频繁出现的地方,反映了下垫面特征和沙尘源分布状况对沙尘天气形成的重要作用。从图也可看出扬沙天气的次数明显多于沙尘暴次数。典型的沙尘暴高频站如新疆的民丰,沙尘暴日数 34 d,甘肃的民勤 27 d、拐子湖 29 d、宁夏盐池 21 d,而扬沙日数分别为民丰 75 d,民勤 67 d、盐池 92 d。浮尘分布与沙尘暴、扬沙相比,主体位置差异不大,三个多发区的地理位置基本一致,频发中心北部的北疆年平均浮尘日数不到 1 d,西南部的青海南部浮尘也相对较少,仅为1~5 d,而处于沙尘天气频发中心西北风下风方且海拔较低的甘肃南部、陕西中南部浮尘日数明显较多,达10~20 d。浮尘的这种分布与沙尘天气的移动路径有关(陶建红,2007)。

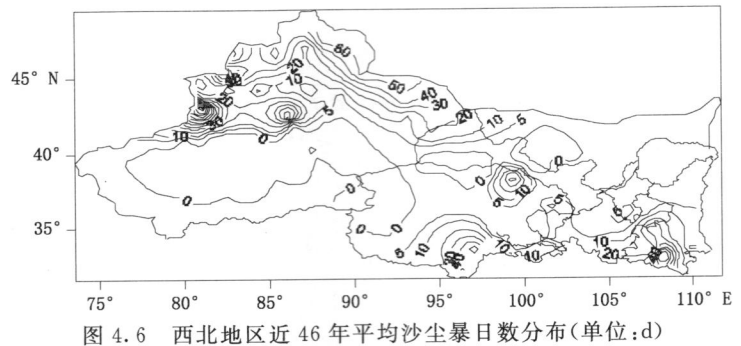

图4.6 西北地区近46年平均沙尘暴日数分布(单位:d)

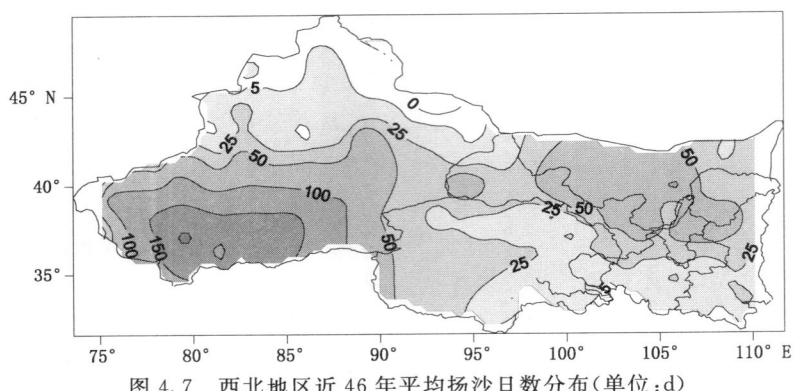

图4.7 西北地区近46年平均扬沙日数分布(单位:d)

(2)年沙尘日数相对变率

平均相对变率($\overline{Va}$)的大小表征了沙尘日数的稳定性,变率越小年沙尘日数越稳定少变。分析表明,年平均沙尘日数相对变率等值线走向与沙尘日数基本一致,但高低中心相反,即多沙尘日数地区$\overline{Va}$较小,沙尘日数少的地方$\overline{Va}$较大(图略)。沙尘天气高发区相对变率不到5%,沙尘日数较少的北疆、陕南一带相对变率均大于40%。

(3)沙尘日数月分布

计算各站月平均沙尘次数,将各站月平均沙尘次数相加除以总站数得到区域平均沙尘次数,从整体上看(图4.8),整个西北地区沙尘日数呈单锋型分布,锋值出现在4月,月平均次数达到6.7 d,谷值出现在10月,月平均次数仅为1.5 d,相应的年内变化情况为:10月到次年4月为沙尘日数的增加期,4月达到顶峰。4—10月,沙尘日数逐渐减少,10月为沙尘日数的最少期。从沙尘日数的季节分布来看,春季(3—5月)沙尘日数最多,达到17.7 d,占全年的46.8%,秋季(9—11月)最少,为4.9 d,仅占年总沙尘日数的13.1%,夏季(6—8月)的沙尘日数为9.0 d,占全年的23.8%,冬季沙尘日数为6.2 d,占全年的16.4%。

西北地区沙尘日数的这种分布与西北地区特定的地理条件和环流背景有关。一般来说,影响西北地区的大型环流系统不仅有北部的西风带长波系统,也有副热带系统。大型环流系统有明显的季节性变化和调整。春季,是大气环流由冬季向夏季的过渡季节,此时高空急流逐

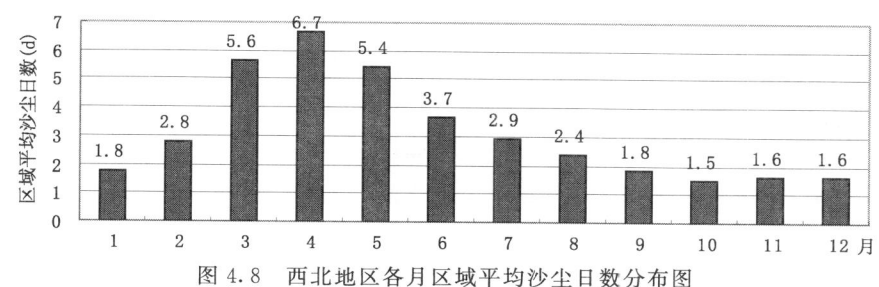

图 4.8 西北地区各月区域平均沙尘日数分布图

渐减弱、北撤,中纬度由冬季盛行的三波向夏季盛行的四波过渡,环流形势不稳定,西风带移动性槽、脊明显增多,导致冷空气活动频繁,加之地面经历寒冷干燥的冬季后,开始解冻,地表植被覆盖差,西北地区到处是沙尘源,有风就可能起尘,因此春季沙尘天气明显多于其他季节。夏季沙尘日数,特别是6—7月也较多,分析原因:一是初夏时节,西北地区降水变率大,常常发生初夏旱,降水少、蒸发大使得黄土高原区出现干土层,当有对流天气发生时,大风使得尘土飞扬,出现沙尘天气。秋季沙尘日数少的原因是,西北地区在经历了雨季的洗礼后,地表湿润,植被覆盖好,环流型也保留着夏季的基本特征,时常发生的连阴雨天气一定程度上抑制了沙尘天气的发生。冬季西北地区一般处于新疆暖脊控制之下,且环流型相对稳定,大风日数相对较少,沙尘日数也相对较少。

(4)沙尘暴日变化规律

沙尘暴也具有明显的日变化特征,对1994年4月上旬我国西北地区沙尘暴发生频率日变化的研究结果表明:沙尘暴主要发生在午后到傍晚时段内,占总数的65.4%;清晨到中午时段内,仅占34.6%。在甘肃河西走廊中部地区,黑风暴大都出现在中午12时至晚上22时的时段。

每天13—18时(北京时,下同)是沙尘暴天气易发高峰期。甘肃强沙尘暴天气日最早出现于14时,最晚为19时30分。榆林、吴旗、横山沙尘暴发生在上午占19%~25%,发生在下午占50%~63%,夜间占11%~26%。宁夏沙尘暴天气发生在上午占22.7%,下午占63.7%,夜间占13.6%。

强沙尘暴天气过程持续时间最长的是民勤为14小时57分(1959年4月27日),和田为8小时56分(1993年6月23—24日)。

4.6.2 沙尘暴对气候变化的响应

据对深海岩心和冰盖沉积物的测定,早在白垩纪末(距今7000万年),就有风沙尘暴出现。据地方志记载,公元351年甘肃武威一带就有强沙尘暴发生,造成房屋倒塌和人员与牲畜伤亡。在漫长的地质历史中沙尘暴显示出周期性变化,它与地质时期气候变化和地面沙尘物质的消长有关,遇气候暖湿时期,地面植被生长茂密,生态环境条件好,沙尘暴发生频率低;反之,在冷干气候时期,则沙尘暴发生频率高。现代沙尘暴的详细记录是从新中国成立以后开始的。在我国西北地区,近半个世纪以来的变化特点是:20世纪50—70年代西北干旱区区域性沙尘暴和强沙尘暴天气过程发生较多,80年代略有减少,区域性沙尘暴天气过程的年代平均仍高于多年平均次数,但强沙尘暴天气过程的年代平均已下降到多年平均次数以下,从90年代起,区域性沙尘暴和强沙尘暴天气过程显著减少(王式功,2000)。

4.6.2.1 年沙尘日数时间演变特征

西北地区近46年年沙尘日数趋势总体上呈下降趋势。沙尘天气高发区下降趋势尤为明显,大部分站能够通过0.01的显著性检验。造成沙尘天气呈下降趋势原因主要是位于贝加尔湖地区的蒙古气旋,以及与其相配合的500 hPa乌拉尔山高压脊。20世纪80年代以来,由于气候变暖,该地区气温显著升高,高压加强,阻挡了北方冷空气的南下,导致蒙古气旋减弱,使得中国北方沙尘暴减少。因此,蒙古气旋减弱,高压加强,北方冷空气活动减弱,是中国北方沙尘暴减少的最直接的天气原因。其次,西北地区气候由暖干向暖湿转型,降水增加,沙尘暴减少。由于全球变暖,副热带系统增强北上,西太平洋副热带高压西侧的偏南气流将热带暖湿气流向北输送,使得西北地区水汽增加。20世纪80—90年代在80°~120°E中纬度为一个高压维持,而在咸海—巴尔喀什湖为低槽维持,来自印度洋的水汽给新疆和西北地区带来降水。降水量的增加,特别是春季宝贵的降水量,使地表略微湿润或板结,可抑制起尘。其次,降水量的增加,也有利于植被的生长发育,从而减少沙尘暴。

4.6.2.2 季节时间演变情况

西北地区区域平均沙尘日数演变曲线在各个季节非常相似,四阶趋势线均表现为20世纪60年代到70年代中期为增加趋势,其后为减少趋势。60年代到80年代中期春季、夏季、冬季沙尘日数多于46年的平均值,而20世纪80年代到2005年沙尘日数少于平均值。秋季沙尘日数在1990年前均多于46年平均值,在最近的16年则少于平均值。从线性趋势来看,沙尘日数在四季均表现为明显减少趋势,相关系数均可通过0.01的显著性检验,从下降幅度来看,春季下降最为明显,达到 $3.4 \text{ d} \cdot (10 \text{ a})^{-1}$,其次夏季和冬季沙尘日数下降幅度也较大,为 $1.8 \text{ d} \cdot (10 \text{ a})^{-1}$,而秋季下降幅度最小,仅为 $1 \text{ d} \cdot (10 \text{ a})^{-1}$。

用M-K方法检验各个季节沙尘日数的突变情况,发现春季、夏季、秋季UF、UB曲线没有明显交点,表明春、夏、秋季沙尘日数以渐变为主,突变情况不明显。而冬季沙尘日数的UF、UB曲线在20世纪70年代中期相交,表明20世纪70年代中期前后冬季沙尘日数发生突变,由UF曲线的演变情况看,从20世纪80年代初期开始,UF曲线为明显的负方向变化,且这种负增长趋势稳定超过0.05的临界线,表明西北地区冬季沙尘日数由80年代前的较多期跃变为80年代后的较少期。

4.6.3 减轻沙尘暴危害的对策

防治沙尘暴是中国防灾减灾的重要课题,也是今后西部大开发中必须面对的环境问题。在沙尘暴的防治中应重视以下四个方面(王式功,2000;冯建英,2004)。

4.6.3.1 建立现代化的监测及预警系统

随着现代科学技术水平提高,人们不仅能够识别各种灾害,并且在某些形成机制、扩展路径、成灾程度等方面取得了重大的进展。对沙尘暴这种突发性灾害天气系统预防,需要依靠建立现代化的监测及预警系统。在现有气象台(站)基础上增加雷达、卫星遥感等现代化手段,改进气象灾害联防通信网络,提高预测预报水平。

4.6.3.2 利用科技手段治沙防暴

西北地区气候干旱、降水稀少,属典型的生态脆弱区生态环境。一旦遭到破坏,很难恢复。几百年来由于人们不合理地开发和乱砍滥伐,导致西北地区生态环境破坏,土地沙漠化面积不断扩大,这为沙尘暴的产生和发展提供了条件。因此,首先应以工程措施和化学防治为先导、生物措施为根本,适时适地封沙育草,保护天然植被,避免因盲目垦殖而加速沙丘移动或形成新的沙源地。在草原地带和沙漠边缘的绿洲,总是残存一些天然的乔木植被和灌丛植被等天然植物,利用这些地方较好的水土条件,通过自然下种或根蘖进行繁殖,经过3~5年之后,封育的植被可以降低风速,固定流沙,阻截近地面沙尘和增强地表抗风蚀能力。其次,大力营造防沙林带,以防止流沙入侵绿洲农田。绿洲的防护林网不仅可以防止或减轻沙尘暴对农田的危害,而且可以改善田间小气候,提高农业产量。

4.6.3.3 统一规划,齐抓共管,治理西北地区沙尘危害

改善西北地区生态环境,仅靠一个部门或地区是难以完成好这项艰巨任务的,必须在中央政府领导下,统一科学规划,统筹部署,避免一刀切或头痛医头、脚痛医脚的被动局面。各级行政管理部门要通过法律手段,科学、合理地选择好治沙路径,遵循宜林则林、宜草则草的原则,实施退耕还林还草工程。此外,根据我国西北地区水资源少,时空分布不均匀等特点,应加强对地表水和地下水的统一利用管理,合理分配用水比例,完善以水为中心的区域性总体产业布局规划,建立高效、稳定的流域人工生态系统。

4.6.3.4 加强环境承载力的研究,促进区域资源、人口、环境的协调发展

中国北方沙尘暴多发区是生态环境非常脆弱的地区,人口的增加、资源的过度开发,极易使生态平衡失调,导致环境进一步恶化,诱发和加剧沙尘暴的发生,也加重了其危害程度。在这些地区要积极开展环境承载力的研究,确定最适的人口分布容量和合理的人口分布格局,采取有效的措施,控制人口的增长,必要时可采取适度的环境移民,减轻人口对环境的压力。同时,合理调整农业结构,改变落后的生产方式,发展多种经营,促人们的行为符合当地的自然规律,促使环境恢复和好转。

由于沙尘暴天气对人类生存环境造成危害,以及对经济、社会活动带来负面影响,人类越来越清楚地认识到沙尘暴天气是不可忽视的大气和生态环境问题之一,也认识到重视对沙尘天气的研究,提高预测水平,减少沙尘天气的灾害程度是一项十分重要和迫切的工作。

4.7 冰雹

冰雹是西北地区的主要天气灾害之一,也是我国冰雹多发的地区之一。它虽然持续时间短,影响范围小,但由于其出现次数较多,来势猛,对农业、牧业、经济作物、林果、工业和人民生命财产具有很大的危害,严重的冰雹对农作物的影响是毁灭性的,尤其是夏季的冰雹常伴有暴风雨,容易引起洪涝、泥石流等其他灾害,如1998年6月13—16日新疆南部的伽狮县连续遭到特大冰雹和暴风雨的袭击,直接经济损失1亿多元。分析冰雹对气候变化的响应,一方面可以为冰雹的深入研究提供背景,另一方面可以为冰雹的预测提供理论依据,同时也可为党政部门指挥防灾减灾提供参考。

4.7.1 冰雹气候特征

4.7.1.1 冰雹空间分布特征

冰雹是西北地区夏季常见的气象灾害之一,冰雹降自强对流单体的特定部位,范围仅几千

米至几十千米,具有明显的局地性和分散性。冰雹日数的空间分布与海拔高度、地形和下垫面性质等有密切关系,总的分布特征是高原和高山多,河谷、盆地、沙漠和平川少。西北地区年平均冰雹日数在 0～20 d 之间(图 4.9)。青海省东南部、甘肃省甘南高原、祁连山东段为多冰雹区,年平均雹日 5～18 d,中心的曲麻莱为 19.6 d,这个多雹区是西藏高原中部的多冰雹区向东延伸的部分,是仅次于西藏高原世界罕见多雹区的全国第二个多雹区。这个多雹区处在夏季高原上 5000 m 高空的东西向辐合线平均位置地带,也是夏季切变线、低涡等天气系统活动频率最高的地区,加之这一带又是地形复杂的高原和海拔高的山区,所以冰雹特多。另一个多雹地区在新疆天山和南疆西部山区及阿尔泰山区、昆仑山等山区,一般为 1～11 d,个别地方(如昭苏)高达 22 d。甘肃的河东、宁夏、陕西中北部为 1～2 d。冰雹最少的地区是准噶尔盆地和塔里木盆地、柴达木盆地、甘肃的河西走廊、陕西的关中和陕南,平均不到 1 d。

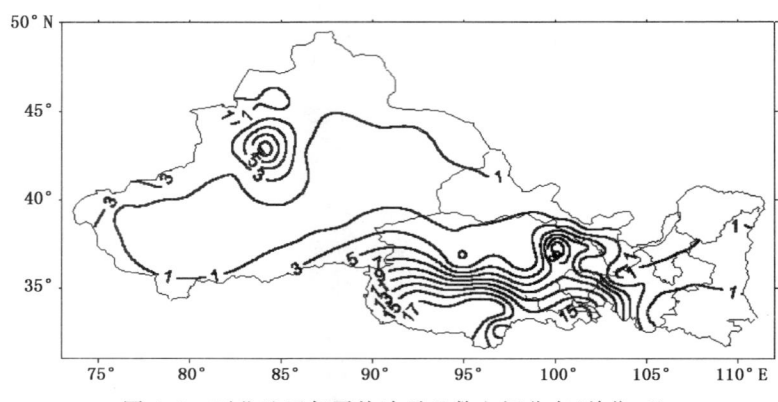

图 4.9 西北地区年平均冰雹日数空间分布(单位:d)

4.7.1.2 拔海高度对冰雹的影响

冰雹的空间分布受海拔高度的影响十分明显,多雹区都在高原和高山。从表 4.3 中看出,在同一纬度带上,年平均冰雹日数由东向西随拔海高度升高而增多。如西安地处关中平原,海拔高度最低,年雹日仅为 0.1 d;玛曲位于甘南高原,海拔较高,年冰雹日数比同纬度的西安明显增多,而海拔 4000 m 以上的高原地区则为 12～19 d,比平原地区高出 120～190 倍。从表 4.4

表 4.3 西北地区纬度相近冰雹平均日数与海拔高度的关系

站名	纬度(°N)	经度(°E)	海拔高度(m)	年冰雹日数(d)
伍道梁	35.2	93.0	4614.2	12.9
托托河	34.2	92.4	4534.3	17.9
曲麻莱	34.1	95.7	4176.4	19.6
清水河	33.8	97.1	4417.5	19.3
玛曲	34.0	102.1	3473.2	12.3
同德	35.2	100.6	3290.4	10.1
迭部	34.1	103.2	2401.4	3.9
岷县	34.4	104.0	2315.8	5.7
西和	34.0	105.3	1579.0	0.8
宝鸡	34.3	107.1	610.3	0.2
西安	34.3	108.9	398.0	0.1

中还看出,在同一经度带上,雹日由南向北随拔海高度降低而减少,海拔高度 4000 m 以上的高原地区则为 18 d 左右,而处于柴达木盆地的格尔木仅为 0.5 d,敦煌仅为 0.2 d。

表 4.4 西北地区经度相近冰雹平均日数与海拔高度的关系

站名	纬度(°N)	经度(°E)	海拔高度(m)	年冰雹日数(d)
伊吾	43.2	94.7	1729.5	1.9
敦煌	40.2	94.7	1139.6	0.2
格尔木	36.4	94.9	2809.2	0.5
大柴旦	37.8	95.3	3174.2	1.6
曲麻莱	34.1	95.7	4176.4	19.6
杂多	32.9	95.3	4068.5	18.2
和布克赛尔	46.7	85.7	1294.2	2.3
克拉玛依	45.6	84.8	428.4	0.0
巴音布鲁克	43.0	84.1	2458.9	11.3
且末	38.1	85.5	1248.4	0.4

在地势高、地形复杂的山区,一次冷空气过后,残余的冷空气堆积在山谷,形成高压区,山脊或向阳山坡白天由于加热快,形成相对低压区,于是就引起山谷风,气流向上辐合,容易发生对流,在水汽比较充足的条件下,故山区常在冷锋后降雹。世界上主要多雹区均与高大山脉的影响有关。我国的青藏高原、天山、祁连山、六盘山、贺兰山、五台山、大小兴安岭、长白山等多雹区均为海拔较高、地形复杂的山区。

4.7.1.3 不同坡向对冰雹的影响

冰雹的分布不但与海拔高度有关,还与山脉的走向及不同坡向有关。多雹中心一般位于东西向的山脉的南坡,南北向的山脉的东坡。新疆的天山、甘肃与青海交界的祁连山,其南坡的冰雹日数比北坡多,而秦岭西段北坡比南坡多,东段南坡比北坡多,由于秦岭西段北坡是西北气流的迎风坡,山脉对气流的抬升作用而容易造成降雹;秦岭的东段南坡是东南气流的迎风坡,因而南坡多于北坡。由北向南走向的六盘山,西坡的冰雹日数比东坡多。有些山脉受背风坡的影响,在山区生成的降雹系统随高空风向东移动,故山脉的东坡降雹频数往往较西坡大(李照荣,2004)。如甘肃陇东的子午岭(西坡的高庄 0.8 d,东坡的太白 1.9 d)、通渭县的华家岭南段(西坡的渭阳 2.2 d,东坡的什川 5.9 d)和六盘山南段(西坡的清水 1.0 d,东坡的华亭 2.2 d),东坡的冰雹日数均比西坡多。

另外,在分析西北地区地形对降雹的影响时还发现向东南开口的喇叭口盆地和谷地,其西北方均有较高的山峰,西边窄而高,东边低而开阔,由于谷地的辐射增温,产生强烈对流,再加以夏季西风气流的引导作用,特别有利于降雹系统的生成,也是多雹中心,并且降大雹的频率也比较大。如新疆的博乐谷地、托什干河谷冰雹比较多(3 d 左右),甘肃通渭县的华家岭(6.5 d)就是这种情况。

在甘肃省天祝县的毛毛山、通渭县的华家岭和六盘山等山脉的背风坡均有两条顺山脉走向的多雹带和少雹带交替出现。这可能与越山气流激发出的背风波有关,因此在波峰处促进对流活动,形成准定常的多雹带。祁连山系的冷龙岭、拉脊山和临夏县的太子山脉北坡自山脊至山麓降雹很少,而在其北侧约 25～30 km 处则有一条多雹带,其成因可能与近地面湿静力温度日变化的非绝热锋生有关。

4.7.1.4 冰雹年变化

西北地区的冰雹具有季节性强、雹日高度集中的特征。11月至翌年2月为无雹时段，3—10月为有雹时段，冰雹一般出现在4—10月，少数地方3月见初雹，大部分地区属于夏雹区，以5—9月雹日最多，而新疆雹日年变化比较复杂，一般分为五类：春季类（2—5月），多居于南疆南部和西部地区，如和田、莎车一带年平均雹日很少，在近30年中年均不足0～2 d；春夏类（3—7月），在伊犁河谷下游区，如察布查尔、伊宁等地；夏季类（6—8月），一般出现在干旱区，托克逊、康西瓦、托云等地；夏秋类（6—10月），这种类型的地方较少，如阿尔泰山山顶；四季类，除1月和12月外，其他月份均可出现，多出现在南疆地区，如喀什、叶城。西北地区大部分地方冰雹年变化大致有两种类型。多数分地方为单峰型，6月是雹日增长最快的月份，6月份较之5月份成10倍左右猛增，各地冰雹日数的高峰分别出现在5月、6月和7月，10月是减少最快的月份，10月以后冰雹很少出现。双峰型较少，4月和5月是雹日增长最快的月份，第一峰值出现在5月和6月，谷值出现在6月、7月和8月，第二峰值出现在7月、8月、9月和10月是减少最快的月份，10月以后冰雹很少出现。

4.7.1.5 冰雹日变化

冰雹是强对流性天气，具有明显的日变化。西北地区各月一日中12时以后冰雹频数迅速增加，14—18时达到高峰，20时以后又迅速减少，0—12时最少。降雹主要发生在12—20时，占总冰雹次数的75%～90%。尤其在午后至傍晚因地表受热对流最旺盛，所以降雹最多，14—18时的降雹占总冰雹次数的50%～70%。夜间和早晨很少降雹，仅占总冰雹次数的3%～10%。

4.7.1.6 降雹持续时间

根据西北地区85站1961—2001年每次降雹起讫时间的记录，统计每次连续降雹的持续时间，一日内如有几次降雹则分别统计。西北地区在一个雹日内一般可降雹1～2次冰雹，高原、高山降雹次数比较频繁，可降雹3～4次。如那曲1974年7月3日一天内降雹达4次；托托河1974年9月1日一天内降雹达5次之多。

降雹平均持续时间，高原比平川、盆地长，高山比河谷长。西北地区平均持续降雹时间为5～53 min，最长持续降雹时间为200～322 min。青海南部山区平均降雹持续时间最长，一般为30～41 min，中心的伍道梁达53 min。其次是新疆的天山西段、南疆的西部和南部、青海中部、祁连山东段的乌梢岭、甘肃的甘南高原，一般为20～30 min；最长持续降雹时间100～200 min。新疆大部、甘肃大部、宁夏和陕北为10～20 min，最长持续降雹时间50～100 min。北疆和南疆的东部、甘肃的河西走廊西段、陕西大部平均持续降雹时间在10 min以下；最长持续降雹时间在50 min以下，是持续降雹时间最短的地区。

4.7.1.7 冰雹直径

西北地区降大冰雹（直径>5 mm，下同）的频率一般在3%～40%，直径为15～45 mm。各地因地形、地势和地貌不同，降水量和水汽含量差异比较大。因而，降大冰雹的频率因地而异。新疆降大冰雹的频率为25%左右，重量一般为1～44 g。大冰雹多降在河谷地带，如新疆的博乐谷地上部山区的温泉、托什干河谷的阿合奇、乌什、英阿瓦堤等出现大冰雹比较多。这些地方位于自西向东的喇叭形谷地，西边窄而高，东边低而开阔。由于谷地的辐射增温，产生强烈对流，再加以夏季西风气流的引导作用，并且天山山区水汽比较充足，因此，使大冰雹容易在河谷里产生。青海降大冰雹的频率为 3%~13%,西宁为 31%。以降小冰雹为主,直径>30 mm 的较为少见,在一些强雹个例中也可以见到最大直径达 50 mm 以上的。造成严重雹灾的冰雹直径多在 10~30 mm,如 1981 年 6 月 30 日青海大通县新庄乡的一次降雹,最大直径 55 mm。不仅给农牧业生产造成极大的损失,还造成人畜伤亡。甘肃降大冰雹的频率为 9%~40%,最多可达 50%。冰雹最大直径达 9~55 mm,冰雹重量大多在 3 g 以下,合作 1977 年 8 月 4 日出现罕见重量 34.8 g。夏宁降大冰雹的频率为 20%~33%,冰雹最大直径达 3~28 mm。

从各站降大冰雹的频率来看,一般山区降大冰雹的频率比川区小,海拔高处比低处小,迎风坡比背风坡小。大冰雹均降在海拔 1000~1700 m 的山脉背风坡。降大冰雹的频率低于 5% 的测站都在高原上,如祁连山区海拔最高的木里(海拔 4092 m)为 3%,昆仑山的托托河(海拔 4533 m)为 5%。

4.7.1.8 主要冰雹产生源地和移动路径

李栋梁等研究指出山区的多雹中心一般位于东西走向山脉的南坡,南北走向山脉的东坡。西北地区处于西风带控制之下,西北较大的山脉多呈西北—东南和东西走向,地形复杂。另外这些山脉的融化的冰水和雪水是西北淡水主要来源,大山脉山区一般支流很多,地面水汽充足,在春、夏季,这些地区日照充分。所有这些决定了西北地区的冰雹产生源地无一例外地位于山区。统计分析气象资料表明,西北地区主要有五大冰雹产生源地:

(1)青海玉树藏族自治州称多县清水河和曲麻莱县冰雹源地,发源山脉巴颜喀拉山和阿尼玛卿山,影响区域青海南部;

(2)黄南藏族自治州和果洛藏族自治州东南久治冰雹源地,发源于阿尼玛卿山脉,影响区域甘肃西南和青海东南;

(3)新疆昭苏县和巴音布鲁克冰雹源地,发源于天上南脉的北端和天山山脉,影响区域新疆西部部分地区;

(4)青海藏北自治州刚察县冰雹源地,发源于祁连山,影响区域青海东北部和邻近的甘肃部分地区;

(5)宁夏南部的六盘山冰雹源地,发源于六盘山,影响区域宁夏南部,甘肃平凉和陕西宝鸡部分地区。

冰雹的移动路径一般有准定常性,原因在于冰雹的产生源地基本固定,冰雹的移动受到山脉走势和大气气流的影响,地域性很强,西北地区冰雹移动路径大都为西北—东南走向和从西向东移动,根据以上五个冰雹源地,可以找到冰雹大致移动方向。

4.7.2 冰雹异常时间演变趋势及特点

西北地区冰雹日数的空间分布特征是高原和高山多,河谷、盆地、沙漠和平川少。用年冰雹日数标准化序列资料经 EOF 展开后的前两个载荷向量分析西北地区年冰雹日数的主要空间异常特征。综合西北地区年冰雹日数异常分布特征,主要有北疆型、天山型、南疆型、高原东北侧型、柴达木尔盆地型、青藏高原东南部型、河套南部型和秦岭南部型八个型,为西北地区年冰雹日数异常的八个类型区。

用 RPC 表示经过旋转得到的主分量(时间系数),它反映了西北地区年冰雹日数异常各主要空间型的时间演变趋势。这里根据西北地区年冰雹日数异常分类区给出所对应的八个主分量(时间系数序列)和二阶时间趋势。

可以看出北疆地区近 41 年来年冰雹日数总体趋势呈多雹—少雹—多雹趋势,转折期在 1980 年左右,1970 年前为多雹期;1971—1990 年为少雹期;1990 年以后又转为多雹期,二阶时间趋势为抛物线型。而天山地区年雹日数的二阶时间趋势,总体呈减少趋势,转折期也在 1980 年左右,在 1980 年之前总体偏多,1980 年之后总体偏少得特别明显。南疆地区冰雹日数总体呈多雹—少雹—多雹趋势,变化趋势大致与北疆地区相同,但升降幅度比北疆地区大,转折期大约在 1983 年,1983 年以前总体为减少趋势,1970—1990 是相对少雹期;1983 年之后为增多趋势,二阶时间趋势为抛物线型。高原东北侧以前总体呈增多趋势,1970—1990 年冰雹相对比较多的时期,1980 年之后总体呈减少趋势。青藏高原东南部总体呈急剧减少趋势,1985 年以前总体偏多,以后急剧减少。河套南部总体呈减少趋势,转折期在 1985 年左右,在 1985 年以前总体偏多,减少趋势缓慢,1985 年以后总体偏少,减少趋势加剧。秦岭南部年冰雹日数总体呈多雹—少雹—多雹趋势,转折期在 1983 年左右,1983 年以前总体呈减少趋势;1970—1991 年冰雹减少得非常显著,1983 年以后总体呈增多趋势,二阶时间趋势为抛物线型,1990 年后略有增多。

总之西北地区年冰雹日数异常的八个分区中,北疆、南疆和秦岭南部年冰雹日数总体呈多雹—少雹—多雹趋势;柴达木尔盆地和青藏高原东北侧年冰雹日数总体呈少雹—多雹—少雹趋势;天山、青藏高原东南部、河套南部年冰雹日数总体呈减少趋势(刘德祥,2004)。

4.7.3 减轻冰雹危害对策

冰雹的防灾减灾应从人工防雹和提高农作物的抗灾能力入手。冰雹的防御对策主要有以下措施。

4.7.3.1 建立防雹作业指挥体系,提高监测预测综合能力

利用 EOS/MODIS、NOAA、FY-1 系列卫星提供的冰雹多发区高分辨率的、实时的下垫面土壤及植被等情况,结合闪电定位仪资料,探空资料,雷达网系统的监测资料等,找出雷达监测、判识雹云的综合动态参数。建立适合本省(区)用移动式车载测雨雷达现场雹云识别、作业指挥、效果评估为一体的人工防雹作业指挥体系,根据当地产生冰雹的天气形势及发生发展、出现时间、地理分布与移动路径等降雹主要规律,提供定时、定点、定位的冰雹监测、预警、信息传递服务,为各级领导正确决策和有关部门很好地组织群众进行防御抗灾斗争,有效地防御和减轻冰雹灾害对农业生产的危害。

4.7.3.2 采用先进的防雹技术,减轻冰雹危害

在冰雹活动路径上合理设置一定数量炮点和防雹火箭作业系统是人工防雹的基础,用三七高炮发射炮弹进行人工防雹作业是我国目前广泛采用的手段,而流动式发射火箭弹进行防雹作业即将成为主流,雷达是实时指挥人工高炮防雹作业最理想的工具。以联合防雹体系代替孤立防雹方式,在联防区建立雷达探测网、高炮火力网、电台通信网,天气预报网等"四网一体化的联合防雹作业体系",采用联防区统一指挥、统一布局、统一规划、统一行动的原则,指挥人工防雹作业,实现节约资源,防雹减灾效果显著的目的。

4.7.3.3 大力选种优良品种,提高作物抗逆性,躲避冰雹危害

对当地冰雹的发生情况进行调查统计分析,在查清冰雹主要发生危害时段和移动路径的

基础上,选用在冰雹主要危害时段前能灌浆成熟的生育期短的尽可能避开冰雹危害。把作物播种期错开,避免作物的灌浆成熟期过度集中,使作物的灌浆成熟期错开分散,以减少冰雹危害。适当增大不易遭受冰雹打击危害的地下块茎、块根作物播种面积,如马铃薯、红薯等作物,也是一种避开冰雹危害的有效方法。

在积极开展防雹作业的同时,应大力倡导在雹灾发生重点区域内着力推广种植具有籽粒紧、茎秆壮、抗逆性强的农作物,并根据冰雹的时空分布规律,合理调整种植结构和布局,提高对冰雹的抗御能力,降低冰雹的危害性,减少损失。

4.7.3.4 根据作物受灾程度,采取不同补救措施

摸清受灾作物品种、面积、灾情轻重程度,根据不同作物在不同生育期的抵抗雹灾能力采用不同办法。单子叶植物生育前期抗雹灾能力较强,生育后期较弱。因此小麦抽穗前砸断茎秆只留根茬的,仍能恢复生长,腋芽也能抽穗,并能获3~5成产量;扬花期以后砸断茎秆的只能形成蝇头小穗,无生产意义,这种情况应改种春播作物。玉米苗期受灾,只要残留根茬都能恢复生长产量损失轻;孕穗期受灾,砸坏叶片者也能结实,但产量损失较大;砸断雌穗或穗节者,不能恢复结穗,应毁种。高粱、谷子的抗雹灾能力很强,主要是因为这两种作物具有分蘖成穗的再生能力,只要受灾季节不太迟,即使茎秆被砸断,根茬都能恢复生长,抽穗结实,并获得一定产量。而双子叶植物一般是生育中后期抗雹灾能力强,灾后产量损失少,而苗期抗灾力弱。如豆类、棉花苗期被砸掉(或砸断)生长点或子叶节者、侧枝形成至团棵砸断茎基部韧皮组织者,均不能复生,必须毁种;只要茎基部韧皮组织完好,上部砸得少枝无叶也能生长,但这两种作物的产量损失不一样,豆类产量损失少,棉花损失大,严重时需要毁种;马铃薯再生能力强,抗灾能力也强。但播种后没有扎根的幼苗遭受雹灾袭击,常因灾后气温低,以及土表板结,会出现大量的烂种死苗现象,必须重新点播。

因降雹季节晚而不能保证替代品种正常成熟时,可改种其他作物。如小麦改种春播作物,棉花改种生育期短的糜谷、马铃薯等。在季节太晚的情况下可改种荞麦、豆类和秋季蔬菜等救灾作物。不需要毁种的,即使不能帮扶的作物,也应逐棵(苗)清理,清理时不要人为损伤茎叶或剪除破残茎叶,以免减少绿色面积影响作物的恢复性生长。

4.7.3.5 强化田间管理,增强作物恢复生长能力

降雹后及时排除田间积水,清除残枝落叶,抖掉枝叶泥土扶正植株,并借墒追施速效化肥,追肥数量应大于正常用量。对倒伏严重、茎叶断损严重的作物,应根据不同作物、不同生育期决定是否帮扶;要做好病虫害防治,遇旱及时浇水、修剪,积极搞好果园的清理工作,受灾后及时修剪被损坏的果枝,截短已折断或损伤过重的枝条,并把果园中的枝、叶、果进行集中处理,以防病菌的滋生蔓延,及时修剪、喷药、补肥,尽快恢复树势。适时中耕松土,一般情况下中耕两遍以上,破除土壤板结层,促进作物恢复性生长。雹灾后复生的作物,一般成熟期较晚,一方面在作物生长发育前期要多追施磷肥,或在后期利用催熟剂促进早熟,另一方面要分次收获,提高产量。

4.7.3.6 种草种树,改善植被条件

根据当地气候条件,宜草种草、宜林造林,绿化荒山秃岭,改善气候条件,茂密的森林通过蒸腾耗热,可减弱空气温度的急剧变化和强对流,抑制冰雹产生(孙旭映,2004)。

4.8 暴雨

暴雨是常见的一种灾害性的天气气候事件,对国民经济及人民生命财产造成巨大损失,暴雨因其突发性和毁灭性危害等特点而备受关注。对西北地区而言既有利又有弊,西北地区东部正是祁吕山字型构造弧前缘,地质构造运动使山体变陡、岩石破碎,一遇大降水就有洪水和泥石流。西北地区中西部,暴雨同时又是一种有利天气,往往要依靠拦蓄大、暴雨洪水灌溉农田,对解除农业干旱、水库蓄水发电极为有利。中国西北地区暴雨相对南方来说场次少、强度弱,但危害不亚于我国其他地区。1981 年 8 月汉中大水灾和 1983 年 7 月安康大水灾造成直接经济损失分别为 8 亿元以上和 11 亿元以上。因为少雨干旱地区,生产生活设施的防雨能力差,有些地区,不必说暴雨,有时一场大雨就可能造成严重影响。

4.8.1 大、暴雨的气候特征

4.8.1.1 年平均大、暴雨日数空间分布

对 138 个站点大、暴雨日数逐站求年平均,绘制多年平均大、暴雨日数分布图(图 4.10),从中可见,日雨量≥25 mm 的年平均日数≥1 d 的是青海东部、甘肃河东地区、宁夏和陕西,年大、暴雨最多的台站是陕南的佛坪,年平均 8.8 d,年大、暴雨最少的台站是新疆的吐鲁番、青海的茫涯、冷湖、小灶火、诺木洪,这些地方未出现过大、暴雨。

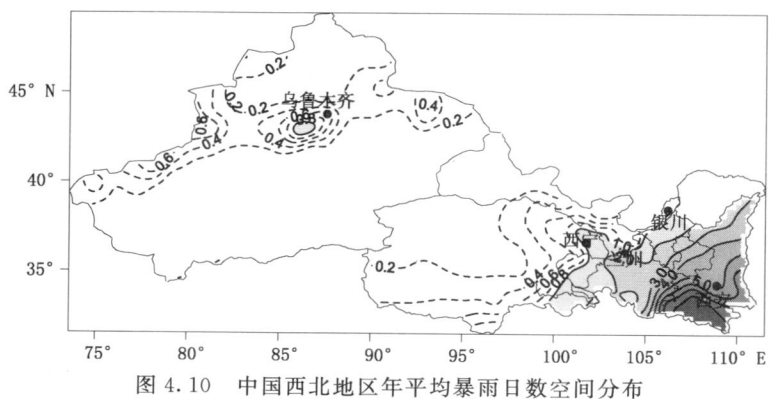

图 4.10　中国西北地区年平均暴雨日数空间分布

西北地区年大、暴雨日数的地理分布有如下特征。一是大、暴雨日数从东南向西北减少,河西、青海西北部和南疆是大、暴雨日数最少的地方。它反映了东亚夏季风的影响自东向西逐渐减少;二是从兰州到祁连山区有一条相对多大、暴雨地带。这条多雨带可能与高原季风有关,其垂直环流圈在高原边坡地区是上升气流,在高原季风外围是下沉气流。祁连山向东南延伸的相对多雨带正与边坡地带上升运动区对应,除此之外,可能还与地形有关,一方面高大山脉阻挡水平气流迫使其产生垂直运动,另外青藏高原东北侧对气流的侧边界动力作用,容易在甘肃中部形成强烈的负涡度不利于降水产生,这些因素的综合作用使得祁连山区凸显出相对多雨区;三是新疆天山大、暴雨日数相对较多,是高大地形的动力抬升和高原季风的共同作用的结果。

以同一日发生暴雨的站数＞3 站且 3 站的地理位置相邻,定义为一场区域性暴雨。西北

地区区域性暴雨平均每年发生 4.7 场,其中 1978 年是区域性暴雨最多的一年,发生了 11 场;1969 年和 1985 年是区域性暴雨最少的两年(各 1 场)。

第一场区域性暴雨平均日期为 7 月 2 日,最早发生在 2002 年 4 月 4 日,最迟发生在 1969 年 9 月 26 日;最后一场区域性暴雨平均结束日期在 8 月 31 日,最早于 1991 年 6 月 12 日结束,最迟在 2002 年 10 月 19 日结束。初场和末场相隔时间最短的是 1969 年 9 月,因为 9 月 26 日的区域性暴雨既是初场也是末场;相隔时间最长的是 2002 年,初场开始于 4 月 4 日,末场结束于 10 月 19 日(林纾,2008)。

4.8.1.2 大、暴雨日数季节分布

各季大、暴雨日数分布的格局与年分布基本一致。一年四季中,冬季大、暴雨很少,夏季最多,秋季多于春季。

冬季(12 月至翌年 2 月)大、暴雨日数最少,近 47 年,全区出现了 13 站次,占总站次数的 0.2%,其中在新疆的阿勒泰、塔城、阿拉山口、伊宁各出现 1 次,其余 9 次都出现在陕西中南部。

春季(3—5 月)大、暴雨日数,全区共出现了 969 站次,平均每年 21 站次,占总站次数的 11.3%,≥0.1 的等值线主要分布在黄河以东的甘肃东部、宁夏、陕西,另外在新疆的西部和天山地区也有较小的区域存在。在陕南有≥1 次的区域。

夏季(6—8 月)大、暴雨日数最多,全区共出现了 5878 站次,平均每年 125 站次,占总站次数的 68.3%。空间分布格局几乎与年大、暴雨日数相同,≥1 次的等值线主要分布在黄河以东的甘肃东部、宁夏、陕西,祁连山和天山出现了相对高值区,在陕南有≥4 次的区域。

秋季(9—11 月)大、暴雨日数全区共出现了 1747 站次,平均每年 37 站次,占总站次数的 20.3%,≥0.1 次的等值线主要分布在黄河以东、祁连山区,在陇东南、陕南有≥1 次的区域。

4.8.1.3 大、暴雨日数月际分布

统计全区及代表站各月大、暴雨日数占全年总数的百分比,即月频率,分析大、暴雨日数的平均月际变化特点。西北地区总体上大、暴雨日数为单峰型,7 月为峰值,5—9 月大、暴雨出现的站次占全年的 92%,其中 7 月最大为 29.1%,再依次是 8 月为 26.4%,9 月为 15.8%,6 月为 12.7%,5 月为 8.2%;陕东南大、暴雨 3—10 月出现,月际间分布比较均匀,特别是 6—9 月频率相差不大;陕西南大、暴雨主要出现在 4—10 月,7 月为峰值;陕北大、暴雨主要出现在 5—10 月,7—8 月为峰值;陇东大、暴雨与陕西南相差不大,主要出现在 4—10 月,7 月为峰值;陇南大、暴雨主要出现在 5—9 月,7 月为峰值;祁连山大、暴雨主要出现在 5—9 月,8 月为峰值;天山大、暴雨主要出现在 4—9 月,有两个峰值,分别出现在 5 月和 7 月。西北大、暴雨月际变化的区域特点反映了季风的影响,西北地区东南部受西南、东南季风影响早,持续时间长,因而夏季大暴雨月际变化小,开始时间早、结束时间迟,持续期长。受华西秋雨影响,西北地区东部初秋 9 月的大、暴雨比初夏 6 月高出 3%～12%。

4.8.1.4 暴雨强度

暴雨强度指单位时间降水量的大小。由于受资料限制,我们只分析日最大降水的时空变化。西北地区日最大降水量与暴雨日数的空间分布基本相同(图略),从东南向西北减少,在天山和青海北部各有一个高值中心。降水量在 12.8～203.3 mm,西北地区东部有两个大降水中心,一个在陕西西南部的佛坪,最大日降水量 203.3 mm,也是西北区的最大中心,另一个在

陇中的临洮,最大日降水量 143.8 mm,陇东南、宁夏东部、陕西的最大日降水量在 100 mm 以上,青海东部、河西走廊东部为 50~80 mm,青海北部的德令哈有一个相对高值中心,最大日降水量 84.0 mm,另外在天山也有一个相对高值中心,最大日降水量 50~80 mm,其中的巴仑台最大为 79.7 mm。河西走廊西部、青海西北部和南疆是西北区降水强度最小的区域,一般最大日降水量 20~40 mm。

就西北暴雨强度而言,与国内其他地区相比,半日或日平均强度较弱,但短历时暴雨强度相差不大。西北地区 24 h 雨量极值在 122~408 mm,1 h 极值为 40~80 mm,10 min 极值大致在 6~48 mm,约为全国极值的 49%~90%。1998 年 7 月 9 日晚至 10 日晨,陕西商洛地区丹凤县双槽乡宽坪村在历时 6~7 h 之内,降水量超过 1300 mm,超过了同历时降水量的世界最大值,成为新的暴雨之最。这种历时短、强度大的暴雨,在山间峡谷地带极易造成局地洪水和泥石流,是西北暴雨危害的主要形式。

4.8.2 大、暴雨日数气候变化

4.8.2.1 年大、暴雨日数年际变化

西北地区年平均大、暴雨 138 站次,相当于每年每站发生一次大、暴雨。用 138 个站的空间平均,建立西北平均年大、暴雨日数序列,分析其年际变化特征,在 47 年尺度上,中国西北地区大、暴雨日数略有增多,气候趋势不显著,大致经历了两下两上四个波动阶段:1961—1972 年、1984—1997 年为明显下降阶段;1973—1983 年、1998—2007 年为明显上升阶段。

用小波分析,西北大、暴雨有三个偏多期和两个偏少期,第一个偏少期是 20 世纪 60 年代中期至 70 年代中期,第二个偏少期是 80 年代中期至 20 世纪末,其余时段为偏多期,现在正处于大、暴雨偏多期。结合谱分析检测出西北地区的大、暴雨具有 22 年的明显周期,通过了 $\alpha=0.05$ 的显著性水平检验。这一周期与太阳活动的次周期一致,说明西北地区的大、暴雨可能受到太阳活动的影响。我们从太阳黑子相对数与大、暴雨日数的 6 阶趋势线上(图略)可以看出,两者的趋势都极其显著且振荡方向基本一致,两趋势线具有 22 年的显著周期,也可以证实太阳活动对西北大、暴雨的影响。

图 4.11 给出了西北地区年平均大、暴雨日数的气候变化趋势,从中看出,天山大、暴雨日数有明显增多趋势,如北塔山、乌苏、伊宁、昭苏、乌鲁木齐、巴仑台、巴音布鲁克等地方 $r \geq 0.29$,通过 0.05 的 Monte Carlo 显著性水平检验,另外,南疆的若羌、青海的托勒、兴海、清水河等局部地方也有显著增多趋势,西北地区有 59% 的站大、暴雨日数不减,其余一些地方,如甘肃东部、河西西部、宁夏、陕北、陕西西部、青海东南、青海西南、青海东北部和南疆中部大、暴雨日数有不显著的减少趋势,其站数占西部地区总站数的 41%。西北东部大、暴雨日数的减少可能与东亚夏季风发生明显变弱有关。

4.8.2.2 区域大、暴雨日数年际变化

从以上分析可知,西北地区大、暴雨的空间分布和时间变化趋势差异都较大,为了详细地了解西北地区不同区域大、暴雨的时间变化特征,我们选取安康、略阳、延安、平凉、武都、门源、昭苏分别代表西北地区东部的陕东南大、暴雨增加区、陕西西南、陕北、陇东、陇南大、暴雨减少区和祁连山、天山大、暴雨增加区。西北地区东部大、暴雨日数以不显著的减少趋势为主。陕西东南部大、暴雨日数年际变化曲线略呈上升趋势,20 世纪 70 年代中期至 80 年代大、暴雨偏

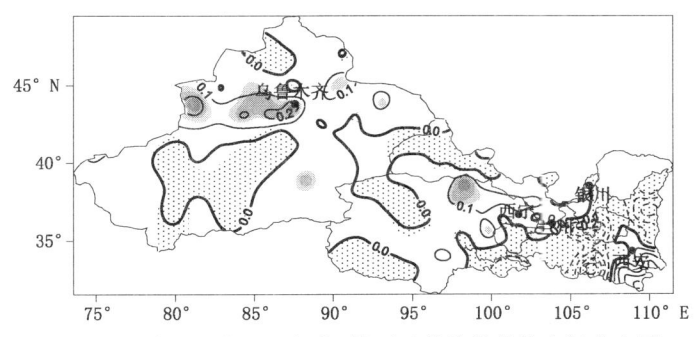

图 4.11 中国西北地区年大、暴雨日数线性趋势空间分布图

(单位:$h \cdot (10 a)^{-1}$,阴影区表示 Monte Carlo 显著性水平分别超过 0.1、0.05、0.01、0.001)

多,90 年代偏少,21 世纪又进入偏多阶段;陕西东南部和陕北大、暴雨日数年际变化曲线略呈下降趋势,20 世纪 60 年代初期偏多,之后迅速减少,70 年代中期至 80 年代大、暴雨偏多,之后减少处于偏少期;陇东大、暴雨总趋势略呈下降趋势,20 世纪 60 年代偏多,其后呈波动减少状态,1983 年出现了 10 d 大、暴雨,创历史最高值;陇南大、暴雨总趋势不显著下降,偏多期主要出现 20 世纪 70 年代后期至 90 年代初期,以后显著减少;祁连山区大、暴雨总趋势不显著上升,有显著突变现象,突变点在 1967 年,主要偏多期出现在 20 世纪 80 年代末期至 21 世纪;天山大、暴雨日数以 $0.24 d \cdot (10 a)^{-1}$ 的速率显著上升,主要偏多期在 20 世纪 90 年代以后。

4.8.2.3 季大、暴雨日数的年际变化

西北地区春、夏、秋季大、暴雨日数的年际变化趋势与年大、暴雨变化趋势有所不同,春季,陕西的大、暴雨有不显著的减少趋势,西北地区其余地方以不显著增加趋势为主,显著增加的区域在天山的一些地方;夏季,在甘肃东部、宁夏南部和陕北大、暴雨日数有减少趋势,西北地区其余地方以增加趋势为主,其中天山和陕南显著增加;秋季,西北地区东部,主要是青海东南部、甘肃东部、宁夏和陕西大、暴雨日数减少,其余区域大、暴雨日数增加,不过这种趋势都不显著,只有零散的几个站点有显著减少趋势。这种分布表明,在中国西北地区大、暴雨趋势的变化中,夏季的贡献最大,再依次是秋季较小,春季更小,冬季最小。以下我们以全区大、暴雨总站次序列分析季节大、暴雨日数的年代际变化特征。冬季大、暴雨较少,但 20 世纪 90 年代中期以来有所增多,这是否与气候变暖有关呢?有待于进一步论证。春季大、暴雨无明显变化趋势,1961—1967 年、1983—1991 年、1998 年以来以偏多为主,1968—1982 年、1992—1997 年以偏少为主;夏季大、暴雨略有增多趋势,主要偏多期在 1978—1996 年以及 2003 年以来;秋季大、暴雨略有减少趋势,1961—1975 年、1983—1985 年、2000 年以来偏多,主要偏少期在 1986—1999 年。

综上所述:西北地区的大、暴雨日数从东南向西北减少,祁连山和天山是相对多雨区。一年四季中,冬季大、暴雨日数最少,夏季最多,秋季多于春季。

西北地区大多数地方大、暴雨日数有不显著增多趋势,显著区在天山地区,但主要大、暴雨区西北东部略有减少趋势,全区大、暴雨日数存在 22 年周期,除过祁连山区 1967 年有突变现象,其余地方近 47 年未发生突变。

以全区大、暴雨总站次数序列分析,冬季大、暴雨较少,但 20 世纪 90 年代中期以来有所增多,春季大、暴雨无明显变化变化趋势,夏季大、暴雨略有增多趋势,主要偏多期在 1978—1996 年

及 2003 年以来；秋季大、暴雨略有减少趋势。

西北地区总体上大、暴雨日数为单峰型，7 月为峰值，大、暴雨集中出现在 5—9 月，其站次占全年的 92%；

以日降水量分析大、暴雨强度，西北地区最大日降水量从东南向西北减少，在天山和青海北部各有一个高值中心。全区最大日降水量在 12.8～203.3 mm 之间变化，西北东部有两个大降水中心，一个在陕西西南部的佛坪，另一个在陇中的临洮，另外在青海北部的德令哈和天山的巴仑台各有一个相对高值中心；西北地区年最大雨强度普遍有增加趋势，大多数地方不显著，天山是最显著的区域。

4.8.3 洪涝防灾减灾对策

大量的防洪救灾事实说明，洪涝灾害的防灾减灾对策应是在增强广大人民群众的水患意识，提高其对洪涝灾害的认识的基础上，依靠法律开展防洪救灾工作，大力加强重点防洪区域防洪体系建设，提高防洪设施的防洪标准，充分利用非工程措施建设和生态环境保护工程建设提高防洪能力，同时，还要不断提高暴雨、水情、汛情、灾情的监测、预测、评估水平，力求超前防范，将灾害可能带来的损失降低到最低限度。

4.8.3.1 提高暴雨、汛情监测、预警预测水平，力求超前防范

(1) 要按照科学化、现代化的标准，进一步建立和完善各省的洪涝灾害预警预报系统，提高对暴雨、水情、汛情及灾情的监测、预测水平，充分利用新闻媒体适时发布暴雨预警信息，力求超前防范洪涝灾害。

(2) 要组织气象、地质、水文、统计、电力等部门的协作攻关，加强对暴雨、洪涝灾害的多学科研究工作，进一步弄清暴雨、洪涝以及由其引发的泥石流、山体滑坡等自然灾害的形成机理，揭示面流域雨量分布、水位、流量之间的动态关系等基本课题，提高洪涝灾害的预测水平。

(3) 要进一步提高暴雨监测的现代化水平，积极引进先进的监测和通信技术，建立洪涝灾害监测系统。

(4) 要加强上下游联防，完善气象、水文等信息和灾情的传递手段，以利于防洪指挥调度、抢险支援和人员转移。

4.8.3.2 强化水患意识，动员全社会力量防洪抗灾

加大对洪涝灾害的宣传力度，使广大群众充分了解到本地降水相对集中、生态环境脆弱和抗灾能力相对较低的基本省情，将洪涝灾害上升到其是仅次于干旱、雪灾的心腹大患的高度上来认识，进一步增强水患意识和防洪减灾意识，立足于防大汛、抗大灾，克服麻痹思想和侥幸心理，全面做好防洪救灾的思想和物质准备工作。

4.8.3.3 认真贯彻落实《防洪法》，实现依法防洪救灾

依照《防洪法》，结合本省实情，尽快出台与之相配套的法规，建立规划保留区制度、规划同意书制度、洪水影响评价报告制度、蓄滞洪区分蓄洪补偿制度以及河道管理有关制度等，严格执法，坚决制止开垦荒山荒坡、侵占沟岔滩地、封堵江湖河道、乱采江河沙石等违法行为，彻底清除河道障碍，加强江河湖泊的管理，将防治洪涝灾害纳入到法制化的轨道，确保国民经济和社会的可持续发展。

4.8.3.4 加强防洪体系建设,提高防洪标准

突出黄河上游、湟水等主要河流流域和重点城市(镇)防洪设施的建设,尽快恢复水毁工程,完善重点病险水库的除险加固工作,加强河流防洪堤坝和城市(镇)的防洪泄洪工程建设。在普遍提高工程质量和防洪标准的同时,还应充分考虑到本地财力有限的实际,对于洪涝灾害频繁的重点防洪区域,根据其重要性、保护范围以及受灾后的损失的不同,制定不同的防洪标准,以便在遇到大洪水时能确保重点地区的防洪安全。

4.8.3.5 建立防洪基金制度,加强非工程防洪措施建设

在加大各级财政投入的同时,必须按照受益合理负担的原则,建立防洪基金制度,广泛吸引筹集社会资金,加大对防洪工程建设的投资力度,促进防洪救灾工作向良性循环的轨道发展。必须采取综合性的防洪措施,认真贯彻工程措施和非工程措施相结合的方针,将非工程防洪措施建设提到与防洪工程措施同样重要的地位加以认识,在加强防洪工程建设的同时,要积极开展包括建立和完善安全、可靠的通信手段和报警系统、推行防洪保险、调整产业结构和制定超标准洪水的处理预案等在内的非工程措施,全方位、多层次地进行防洪抗灾。

4.9 生态气象灾害

由于自然和人为双重作用,我国生态系统退化、环境污染严重等问题非常突出,已成为经济社会可持续发展和和谐社会建设最重要的制约因素。生态气象灾害对全球变暖的响应表现非常突出和敏感,已成为各级政府和社会关注的重点和热点问题之一。如黄土高原水土流失、长江大洪水、黄河断流、沙尘暴肆虐、湖泊蓝藻暴发、大兴安岭森林火灾、南方特大凝冻灾害、渤海结冰等不时为我们敲响警钟。生态气象灾害是一个新的研究领域。作为重要的生态要素之一,气象因子在生态环境问题的产生和发展过程中起着重要作用。特别全球气候变化,不仅对物种分布、生态系统的结构和功能产生了重要影响,而且也成为许多生态环境灾害的重要诱因或强化因素。

4.9.1 生态气象灾害的定义、类型与特点

4.9.1.1 生态气象灾害的定义

生态灾害是指自然生态系统在自然与人为因素影响下,发生恶化或承受破坏以后所出现与生态恶化过程紧密相关的各种继发性的灾害。

气象灾害是指由于气象因子的变化而对人类生命、生产资料、生态环境等造成的危害。

生态气象灾害是指因气象因子而引起生态系统退化所造成的生态功能衰退或损失,从而引发或加剧各种生态方面的灾害。它与生态系统和气象因子有密切联系,但有别于生态灾害和气象灾害。

4.9.1.2 生态气象灾害的类型

按生态要素可划分为三类。

(1)水土流失。在水力、风力、重力等外力以及人类活动作用下,水土资源和土地生产力遭受破坏和损失。按驱动力主要分为水力侵蚀和风力侵蚀两种水土流失。

(2)荒漠化。因气候变化、人类活动等种种因素致使极端干旱、干旱、半干旱和半湿润区的

土地退化,其结果使得雨养农田、草原和林地的生物经济生产力下降或丧失。按驱动力主要分为风蚀、水蚀、盐渍和冻融四种荒漠化类型。其中以风蚀引起的沙质荒漠化面积最大,分布最广,危害最重。

(3)生物入侵。由于气候变化、环境污染和生态环境破坏等原因,使外来有害生物从原来的分布地域扩展到新的地域,这些有害生物不仅可以生存、繁殖、而且更能适应新的环境。与生物入侵有关的物种可分为外来种和入侵种两类。

按生态系统可划分为三类。

(1)森林生态系统退化。因为气候暖干化和人为因素以及森林火灾等原因,致使森林成灾面积剧增,天然林遭破坏、成林缩减、蓄积量下降、林业用地减少、林地生产力下降、森林结构劣化、森林生态功能削弱等。最终林地退化加剧。

(2)草地生态系统退化。主要干旱的影响,造成草地水分缺乏,使草原植被稀疏,产草量下降,毒草害草、杂草滋生、鼠害加剧,水土流失,土壤盐碱化,土地沙漠化,最终使草场退化。从退化原因分为荒漠型退化、盐渍型退化、黑土滩退化和杂草型退化四种类型。

(3)湿地生态系统退化。湿地是水陆相互作用形成的特殊自然综合体,水是维持湿地生态功能的决定因素,没有水就没有湿地。由于气候暖干化,气温升高,蒸发加大,大气降水减少,造成湿地水分下降。在气象因子和人类活动的耦合作用下,湿地发生了结构性的变化和功能性的衰退(邓振镛,2010)。

4.9.1.3 生态气象灾害的特点

生态气象灾害从两个方面危害是非常突出的。其一,对生态系统健康的影响。它直接危害的灾体是生态系统,使生态系统严重恶化,从而对生态系统健康本身的影响是最直接和最显著的。其二,对社会经济可持续发展的影响。由于生态系统退化和生态环境恶化,直接危害到人类赖以生存的物质基础,最终必然会制约社会经济的可持续发展。

生态气象灾害具有两个重要的特点。

(1)累积性与长期性。生态气象灾害主要体现在对生态环境破坏要经过一个量变到质变的过程,有一个较为明显的潜伏期,灾情才会表现出来。生态气象灾害表现形式是渐进式的。是由有害物质的侵入和累积、物质和能量输入输出的持续不均衡所导致的生态系统本身功能衰退。生态气象灾害的长期性还表现在生态环境问题治理上,在时间和经济上都要很高的代价,它是一个漫长和复杂的系统工程。

(2)难恢复性和不可逆性。因为生态气象灾害涉及较长的时间和空间尺度的生物学过程和生态学过程,一旦发生便难于消除。生态环境的支撑能力是有一定限度的,一旦超过其自身修复的"阈值",往往就会造成不可逆的后果(李文华,2009)。

4.9.2 主要生态气象灾害的危害现状与特征

4.9.2.1 水土流失的危害现状与特征

我国水土流失分布非常广泛,是世界上水土流失最严重的国家之一。据20世纪90年代我国第二次水土流失遥感调查,全国水蚀和风蚀面积达356万km^2,占国土陆地面积的37%。其中水力侵蚀面积165万km^2,风力侵蚀面积191万km^2,全国每年流失的土壤约50亿t。近20年来,我国水土流失面积有所减少,侵蚀强度有所降低,局部治理效果明显,水土流失状况好转。

水力侵蚀主要分布在黄土高原区、东北黑土区、北方土石山区、南方红壤丘陵区和西南土石山区,侵蚀面积和强度总体上自东向西呈增加趋势。上述五个区域水蚀面积占全国水蚀总面积的67.4%。风力侵蚀主要分布在西部干旱风沙区和草原区,新疆、内蒙古、甘肃、青海、西藏五省区风蚀面积达183.62万 km^2,占全国风蚀总面积的96.3%。

严重的水土流失导致土地、河流、植被三大生态系统退化破坏,自然灾害加剧,区域生态环境恶化,给群众生产生活带来极大危害,严重制约着社会经济的可持续发展,直接威胁着国家生态安全、粮食安全和供水安全,已成为我国头号生态环境问题。主要危害有七个方面:(1)造成土地严重退化,制约山丘区农业生产;(2)水土流失加剧旱灾危害;(3)淤积江河湖库,加剧洪涝灾害;(4)加重面源污染,威胁饮水安全;(5)影响航运,破坏交通安全;(6)破坏自然景观,恶化人居环境;(7)加剧贫困。

4.9.2.2 土地荒漠化的危害现状与特征

我国是世界上土地荒漠化和沙化面积最大、分布最广、危害最重的国家之一。全国荒漠化土地总面积达263.6万 km^2,占国土陆地面积的27.5%。全国每年因土地荒漠化造成的直接经济损失高达640亿元以上。据2004年第三次全国土地荒漠化和沙化监测结果,全国荒漠化土地分布在18个省(自治区、市)的498个县(旗、市),其中新疆、内蒙古、西藏、青海、甘肃、陕西、宁夏七省(自治区)是土地荒漠化主要分布区,占全国荒漠化土地总面积的97.57%。我国严重荒漠化土地比例为38.68%,比全球所占的比例12.9%高出许多。

我国荒漠化和沙化状况总体上有了明显改善,已从20世纪90年代末的"破坏大于治理"转变到"治理与破坏相持",荒漠化和沙化整体扩展的趋势得到初步遏制,但局地仍在扩展。

土地荒漠化主要危害有四个方面:(1)土地退化影响农业生态环境;(2)导致自然灾害加剧,沙尘暴频率增大;(3)加剧了沙区人民贫困程度,扩大了地区间差距;(4)危及中华民族生存与发展根基。因此,防治土地荒漠化是保护、拓展中华民族生存与发展的需要。

4.9.2.3 石漠化的危害现状与特征

石漠化是在热带和亚热带湿润、半湿润气候条件和岩溶极其发育的自然背景下,受人为因素影响,地表植被遭受破坏,造成土壤侵蚀程度严重,基岩大面积裸露、土地退化的表现形式。因此,碳酸盐岩是构成岩溶生态系统的物质条件,是石漠化形成的基础。西南岩溶区石漠化是非常严重的地质生态灾害,重点严重地域依次为贵州、重庆、广西、湖南、云南、湖北、四川和广东八省(自治区、市)。石漠化面积为53.26万 km^2,占土地面积的27.36%,其中最严重的贵州、重庆、广西石漠化面积呈加剧趋势。从1987年到1999年,面积从9.09万 km^2 增加到11.34万 km^2,平均每年增长率为1.86%。

石漠化的主要危害有四个方面:(1)双层岩溶水文地质结构,水资源以地下水为主,但且难以利用;(2)碳酸盐岩成土物质先天不足,造成土壤资源短缺,且易流失;(3)富钙、偏碱的岩溶地球化学背景,使石灰土营养元素供给不均衡;(4)岩溶生态环境对人类活动敏感,引发环境恶化、人口贫困。

4.9.2.4 生物入侵的危害现状与特征

研究认为,外来物种入侵已经成为地球生命三大威胁之一。据不完全统计,我国外来杂草有107种,外来动物40余种,从脊椎动物到无脊椎动物,以及细菌、微生物、病毒中都能找到例证。我国34个省(自治区、市、特别行政区)无一没有外来物种,除了极少数位于青藏高原的保护区外,几乎或多或少都能找到外来杂草。

生物入侵的主要危害有三个方面。(1)造成了直接的经济损失严重。如森林入侵害虫严重发生和危害面积在我国每年达150万 km² 左右,每年由外来种造成农林经济损失达574亿元人民币。(2)影响到每个生态系统和各地生物区系,从而危害农业生产发展,尤其是岛屿最为明显。(3)有害生物入侵引发生物灾害和生物安全,已成为威胁地方生物多样性的重要因素之一。

4.9.2.5 森林生态系统退化的危害现状与特征

据第六次全国森林资源调查结果表明,我国森林退化已得到一定的遏制,实现了森林面积、蓄积量双增长,森林覆盖率得到一定的提高,特别是西部地区森林覆盖率也提高了5.68%。林分蓄积量从第一次调查时的86.56亿 m³ 增长到124.56亿 m³。但部分地方仍未得到改善,比较突出表现在以下几个方面:林木过伐引起林地流失,森林退化,生物多样性下降;森林生态系统结构劣变,局部质量下降;林地生物生产力下降,森林单位面积活立木蓄积量偏低;森林生态系统破碎化程度提高,健康程度下降;森林生态系统功能弱化。

森林生态系统退化主要危害有六个方面:(1)侵蚀土壤,毁坏农业生态条件;(2)引起农田荒漠化和沙化,使作物减产;(3)改善区域农田小气候的能力下降;(4)防止风灾危害能力下降;(5)控制农田生态灾害的能力下降;(6)保护野生物种资源多样性的功能下降。

4.9.2.6 草地生态系统退化的危害现状与特征

据卫星遥感技术调查统计,全国可利用草原以每年2%的速度退化。就全国而言,目前有90%以上的草地处于不同程度的退化状态。其中,中度退化草地面积达1.3亿 hm²。

草地退化主要危害有两个方面:(1)破坏了草原生态系统的服务功能;(2)衍生或加剧了洪涝、干旱、沙尘暴、虫害等危害的频繁发生,对生态系统健康和社会经济发展造成严重影响。

4.9.2.7 湿地生态系统退化的危害现状与特征

由于开垦与围垦等原因,使天然湿地大面积丧失。如全国围垦湖泊面积达130万 hm²,丧失湖泊调蓄容积350亿 m²,消失天然湖泊近1000个。湿地生态系统具有水陆过渡性、变异敏感性、脆弱性和功能多样性的特点,因此,受人类活动与自然因素的影响,极易造成湿地功能衰退。

湿地退化主要危害有四个方面:(1)加剧了洪涝与干旱灾害;(2)湿地污染加剧了水资源短缺,给工农业生产带来巨大损失;(3)湿地萎缩使渔业资源受损;(4)使土壤侵蚀和海岸侵蚀加剧(李文华,2009)。

4.9.3 气象因子对主要生态灾害的影响

4.9.3.1 气象因子对水土流失的影响

气象因子与土壤侵蚀关系极为密切。一般来说,大风、暴雨、重力等是造成土壤侵蚀的直接动力,而温度、湿度、日照等因子是间接影响土壤侵蚀的发生和发展过程。

大量研究结果表明,降雨强度是降雨因子中对土壤侵蚀影响最大因子。一般来说,暴雨以上(24 h降雨量超过50 mm或1 h降雨量超过16 mm)的降雨能造成严重水力侵蚀。暴雨强度越大,土壤侵蚀越严重。前期降雨充分是导致暴雨形成较大地表径流和产生严重冲刷的重要条件之一,在多雨季节土壤侵蚀量往往占到全年的三分之二以上。降雨量、强度、类型、雨滴大小都对土壤侵蚀量产生影响。一般情况下,1 h 降雨量小于 10~30 mm 不至于导致土壤侵蚀发生。降雪过程本身并不直接引起土壤侵蚀发生,但积雪融化过程产生地表径流也容易导致土壤侵蚀发生。

风是土壤风蚀和风沙流动的动力。一般认为,以 5 m/s 为标准定为起沙风速,随风速增大,风蚀的作用增强。另外,还与风作用的时间和合成风向等因素有关(邓振镛,2010)。

4.9.3.2 气象因子对荒漠化的影响

干旱是土地荒漠化形成过程一个重要自然条件。由于大气降水量减少,土壤蒸发加剧,土壤含水量下降,大气干旱和土壤干旱共同作用下,使植被退化后裸露土地荒漠化加速发展。在我国干旱区春季大风频率高,也是荒漠化发展主要动力因素。地表裸露面大,组成物质松散,生态用水不足,在风力作用下会加快荒漠化发展。我国北方气候暖干化,已成为加速荒漠化的一个重要因素。

4.9.3.3 气象因子对石漠化的影响

据研究,我国南方岩溶区的石漠化与年平均降水量、年平均气温、暴雨日数、日最大降水量等因子有显著关联,区域气候变化对石漠化的发展演变具有重要影响。充沛降水是形成石漠化的主要原因。由于丰富地表水和地下水通过水蚀的作用,加速了水土流失促进石漠化形成。

4.9.3.4 气象因子对生物入侵的影响

研究资料表明,光照、温度、湿度等气象因子都能影响生物入侵成功率。此外,全球气候变暖已成为生物入侵的有一个主要因素,因为全球气温持续升高改变了区域气候特征,使许多物种大大扩展了其生态范围。

4.9.3.5 气象因子对森林生态系统退化的影响

温度、湿度、风等气象因子不仅影响到森林系统的结构和功能,而且还因对森林火灾发生和强度的影响具有直接效应。气候变化还影响到森林分布区域的变化和山区林木线的变化。由于温度升高使主要病虫害传播范围扩大、程度加重,对森林生态系统产生不利影响。

4.9.3.6 气象因子对草地生态系统退化的影响

在引起草地退化的各种因素中,干旱影响最大。水分缺乏不仅影响到牧草正常生长和产量,而且引发草原病虫害和鼠害发生。气候暖干化,草地出现区域性衰退,有的草甸演化成荒漠,有的高寒沼泽化草场演化为高寒和高寒草甸化草场。

4.9.3.7 气象因子对湿地生态系统退化的影响

降水减少导致湿地因水位下降而退化。气温增高,蒸发量增大,湿地水分减少而退化是间接原因。全球气候变暖,引起海平面上升也将对沿海湿地产生重要影响。

4.9.4 生态气象灾害监测、预警与评估

4.9.4.1 生态气象灾害监测

选择对生态气象灾害影响较为突出的因子作为重点监测对象,进行定量、长期、系统监测。监测和调查内容包括气象、土壤、生物、水文、地形地貌、社会经济、人为七方面的因素。

监测方法主要采取立体监测,包括地基监测和天基监测两种。地基监测就是在地面围绕某一生态系统内容发生的生态气象灾害,开展气象、土壤、生物、水环境等方面的要素观测和调查。天基监测是运用遥感技术,利用卫星携带的各种探测器,对地气系统进行宏观连续监测。

建立监测网络是监测最重要最有效的手段。气象部门结合自身的特点和优势,按照综合观测、资源共享、突出重点的原则,2007 年国务院 3 号文件《国务院关于加快气象事业发展的若干意见》,明确提出建立和完善国家级、省级生态系统气象监测、预测和评估业务体系。中国科学院于 1988 年成立了中国生态系统研究网络,成立了农田、森林、草地、沙漠、沼泽、湖泊、海洋生态系统共 36 个野外定位观测站和五个分中心、一个综合研究中心。

4.9.4.2 生态气象灾害预警

首先,应该建立国家级生态气象灾害研究和预警机构,以便加强全国生态气象灾害预警工作。第二,建立生态气象灾害预警系统。该系统应该具备两个方面的功能,一是对引起灾害有预测能力及对事件发生后的生态响应有评估能力;二是对未来气候变化所引起生态环境变化要有比较客观的评估。

4.9.4.3 生态气象灾害评估

评估内容包括发生强度、危害程度、灾害损失三个方面。

危害程度评估。就生态系统退化评估,采用单途径单因子诊断法。首先,筛选评价指标,建立指标体系;第二,进行数据标准化,确定指标权重;第三,构建评价指数,计算指数值;第四,根据结果,划分退化等级。

灾害损失评估。主要采取专业判断法、调查评价和费用—效益分析法。

4.9.5 生态气象灾害应急管理与防御措施和恢复重建

4.9.5.1 生态气象灾害应急管理

应急管理是指政府及其他公共机构在生态气象灾害突发事件的事前预防、事发应对、事中处置和善后管理过程中,通过建立必要的应对机制和应急管理预案,采取一系列必要措施,有效保护国家财产和人民群众生命安全而采取的有组织、有步骤的一系列保障管理活动。

应急管理包括预测预警、识别控制、紧急处置、善后管理四个阶段。建立应急管理系统,包括综合监测、信息管理、预警和评估四个系统。

制定应急管理预案。包括适用范围、工作原则、组织指挥体系、预警和预防机制、预警级别、应急响应、后期处置和保障措施八个方面的内容。

4.9.5.2 生态气象灾害防御措施

政策措施。建立健全生态环境保护各项法律法规;政府部门要制定《生态气象灾害防御条例》;建立长期稳定资金投入保障机制;加强科技投入,提高科学治理水平。

工程措施。因地制宜地制定和开展不同规模的国家主导和各级政府以及行业部门实施的重大建设工程项目,包括退耕还林草工程、天然林保护工程、三北防护林体系建设、京津风沙源治理工程等。

技术措施。优化资源配置,调整农业种植结构,发展生态农业;因地制宜,大力发展林草植被;改进农业耕作生产技术,提高抗水蚀、风蚀能力。

4.9.5.3 退化生态系统恢复与重建技术

退化生态系统重建技术：包括非生物或环境要素（包括土壤、水体、大气）恢复技术；生物因素（包括物种、种群和群落）恢复技术；生态系统（包括结构与功能）总体规划、设计与组装技术等。

在对受损生态系统进行恢复的同时，对恢复进程进行健康评估。健康评估方法主要有两种：指示物种法和指标体系法。

第二篇　中国西北干旱气候变化对农业的影响

　　气候变暖已经成为全球变化的主要趋势,全球变暖对农业安全、水安全、环境安全等构成重大影响,对人类生存环境与可持续发展构成严重威胁。因此,有关气候变化的影响研究已是目前国内的重点和热点科学问题。

　　西北地区具有沙漠戈壁、丘陵沟壑和山地型高原地貌特征,是受东亚季风、南亚季风和西风带气候系统影响的过渡区,其中陕西、宁夏、甘肃河东地区属季风气候区,新疆和甘肃河西地区属西风带气候区,青海和甘肃甘南地区属高原气候区,三种气候区对全球气候变暖有不同的响应。由于地貌和气候多重因素的影响,西北地区农作物种类和种植方式复杂多样。从农作物属性而言,有喜温、喜凉和越冬作物;从种植方式分,有雨养旱作农业、绿洲灌溉农业、半旱作半灌溉农业。西北地区的气候变化对全球气候变暖的响应更为敏感,变幅更大;对气候变化的适应能力更加脆弱,受气候变化的影响更加复杂;影响程度会更加严重,造成的损失也会更加巨大。

　　对于农业生产而言,由于强烈依赖于气候生态条件,受气候变化的影响更加显著。以往系统研究气候变化对农作物气候生态适应性影响较少,作物的热量指标和水分指标对现代气候变化响应特征的研究更不多见。篇中新的认识和新的观点对于农作物安全生产、趋利避害、减轻不利气候的影响和促进农业生产具有现实意义;为西北地区建立现代农业发展模式,旱作农业生产机制,提供了科学的指导意见。

第5章　气候变化影响农作物生长的机理

5.1　研究方法

　　自20世纪80年代以来,采用EPIC等模型、封闭式的日光温室和人工气候室、半封闭式的开顶式气室(OTC)及开放式的FACE试验等研究方法,在探讨全球气候变化对作物生长、作物耗水的影响,以及对未来作物系统可能影响的认识等方面发挥了重要作用(丑洁明等,2004;林而达等,2006)。针对气候变化对小麦、玉米、大豆等作物产量的气候变化响应研究,预测结果认为到2050年,由于温度升高和降雨量减少将影响作物产量的损失,可以通过大气CO_2浓度升高的施肥效应来补偿。但是,近几年采用FACE方法的研究结果表明,CO_2浓度升高对小麦、玉米、大豆等作物的产量的增加效应较Kimball,Cure,Allen等的模型研究结论低了50%。Long等在美国《Science》杂志对Kimball,Cure,Allen等采用的EPIC和DSSAT等模型的预测结论提出了质疑,已经引起"争论"(Tubiello等,2007)。研究方法不同所得到的研究结论还存在着一定的差异。

5.1.1 数学模型

利用模型进行气候变化对作物生长和产量影响的研究是一种常用的研究方法，它是在作物生长模型的基础上发展而来的。作物生长模型的建立始于20世纪60年代后期，主要作为理解作物生理过程、解释生长发育过程的一种研究手段。有从物理和化学观点出发，研制了以小时为模拟步长的作物模型，将植物生长表示为光合作用和呼吸作用的函数。其中光合速率、呼吸速率、光合累积速率和生长速率是光强和温度的函数，同时还引进四个不可测的参数，以使模型与试验结果相吻合。有的研制了玉米模型。该模型包括一系列过程，如植物发育、不同冠层的光合作用、叶、茎、根的生长、呼吸损耗、干物质积累以及净光合产物的分配等。这些过程目前仍是许多作物模型中的主要组成部分。有以叶片冠层光合作用理论为基础，研制了玉米模型。他们将叶片冠层分为几个不同的水平层，然后确定各水平层的光强，CO_2浓度，光合速率和干物质增加。此后又进一步将模型扩展，增加了一些更为详细的过程，如土壤湿度模拟，籽粒生长模拟等。还有的则根据植物生长过程中叶面积增长的指数形式，建立了作物模型。单位面积呼吸速率用指数函数形式表示，然后以温度和可获得的碳水化合物为自变量，分别估算昼和夜作物生长速率。20世纪90年代以来，我国在水稻生育期模拟模型的研究有了很大的发展，水稻生育期的预测水平也有了较大的提高。特别是提出的作物发育"钟模型"以及严美春提出的以生理发育时间为尺度预测作物发育进程的方法体系，进一步推动了我国作物生育生长和产量模拟与预测研究的发展。

1989—1992年，由美国环境保护署资助进行了题为"气候变化对国际农业的影响：全球粮食生产、贸易和脆弱地区"的项目研究，共有27个国家的科学家参加。研究目的主要是预测不同气候变化情景下，考虑CO_2浓度增加对作物的直接生理作用以及不同适应对策下将会对全球作物生产产生的影响，包括主要作物的产量估算、水分利用变化和管理措施变化等，研究结果很好地显示了不同增温幅度。同时，提出了是否考虑CO_2生理作用以及不同适应对策导致的全球产量增加或减少状况及其区域分异规律。EPIC模型（Environmental Policy-Integrated Climate Model），是美国研制的定量评价"气候—土壤—作物—管理"综合连续系统的动力学模型，能够以天为时间步长模拟农田水土资源和作物生产力的动态变化，可用来评价农田作物生产力。模型由气象模拟、水文学、侵蚀泥沙、营养循环、作物生长、土壤温度、土壤耕作和作物环境控制等模块组成。该模型是一个多作物通用模型，根据各种作物生理生态过程的共性研制而成模型的主体框架，再结合不同作物的生长参数分别进行各种作物的生长模拟，可进行几十年至上百年的作物生产力模拟试验研究（李军等，2004）。

5.1.2 CO_2浓度控制试验

近20年来，国内外关于CO_2浓度增加对小麦、玉米、水稻、大豆、高粱等作物生长发育的影响研究报道较多，采用的研究方法大多是在封闭式、半封闭式和开放式条件下进行的。封闭式条件主要采用的是日光温室、人工气候室；半封闭式条件主要采用的是开顶式气室（OTC）；开放式条件主要是指FACE（free-air CO_2 enrichment）试验方法，采用这种研究方法，作物生长的生长环境（温度、光照、辐射、湿度和风等）与自然状态最为接近，可以避免封闭半封闭式条件下研究所带来的不利影响（黄建晔，2004）。近几年，我国也开展了FACE的试验研究。比如，中国气象局兰州干旱气象研究所在甘肃定西试验基地，扬州大学与中国科学院南京土壤研究所在江苏省无锡市安镇镇年余农场建立 FACE 试验平台,利用计算机网络系统对 CO_2 浓度进行监测和控制。并根据大气中的 CO_2 浓度、风向、风速、作物冠层高度的 CO_2 浓度及昼夜等因素的变化,自动调节 CO_2 气体的释放速度及方向(刘娟,2007;杨连新,2007;黄建晔,2004)。

目前采用的日光温室有拱圆形的常规温室和联动日光温室。拱圆形温室一般长 30.0 m、宽 7.0 m、高 2.2 m,根据实验要求将日光温室分成 4~6 个小房间(Xiao,2007)。联动日光温室,一般设有 4~6 个小房间,在每个小房间内进行 CO_2 浓度升高不同处理研究。

开顶式气室一般采用钢制骨架,底面正六边形,直径为 4.0 m,高为 3.0 m,气室上部为向内倾斜的 45°斜面,以减少充入气体从顶部飘出。钢梁之间全部镶玻璃,玻璃表面保持清洁以达到较高的透光率。以环保型玻璃胶密封各处接缝,保持气室下部良好的气密性,防止气体散失。各气室之间的距离为 4.0 m,避免气室之间相互遮光。

开放式的 FACE 实验,一般小区为直径 12.0 m 的八角形,有 8 根释放 CO_2 气体的塑料管,每根长 5.5 m。塑料管在向小区内的侧面有很多呈锯齿状分布的小孔,直径约 0.5~0.8 mm。塑料管距作物冠层的高度,可以随作物生长高度的变化而进行调整,一般保持在作物冠层上方 50 cm 左右。在作物全生育期,根据大气中的 CO_2 浓度、风向、风速、作物冠层高度的 CO_2 浓度及昼夜等因素的变化,自动调节 CO_2 气体的释放速度及方向,能够达到控制 FACE 小区内 CO_2 浓度的要求。

5.1.3 增温控制试验

增温控制实验采用的研究方法主要有温室和开顶箱增温法、土壤表面和上方电阻线加热法、大田红外线辐射器增温法,这三种方法都有广泛的应用。

温室和开顶箱根据研究目的不同有很多种材料和样式,包括开顶式设计、园艺用钟形玻璃盖、圆顶式帐篷、屏风式、玻璃温室、塑料温室以及纤维板等。要注重对材料和结构式样的选择,因为不同材料的温室对于温度的升高幅度、光的衰减程度以及气体的透过率都是不同的。用温室和开顶箱作增温实验时,一般用同样材料制作的遮光板作为对照来模拟遮光效应。温室和开顶箱是最经济、简单易行的增温装置,维持费用也不高。尽管温室和开顶箱有很多优点并且被广泛应用于气候变化的研究中,但这种被动的增温方式也有很多缺点。在有些生态系统尤其是高寒地区,由于冬季恶劣的天气,用温室和开顶箱进行增温的可行性很低。冬季被认为是增温幅度最大的一个季节(IPCC,2007),这对于量化碳的年际收支和其他生物化学元素很关键。

温室不仅影响温度,还影响到湿度、气体组成、雪的覆盖度(由此产生的生长季节的变化)、光照(强度和光质)以及风速等。温室和开顶箱还可以阻挡雨雪、降低混合气体的扩散和湍流,这样就抑制了白天水蒸气的向上运动和晚上露水的形成。这些负面效应增加了观察生态系统对温度升高反应的难度,使我们不能全面而真实地理解全球变暖条件下微气候变化的综合效应。另外,温室或开顶箱还通过改变风速和阻挡动物活动而影响植物花粉、种子的传播和有性生殖。在作物全生育期,提高开顶箱中温度升高的均匀性是一个技术难点。在开顶式气室内,白天温度升温较夜间快,特别是中午温度变化较大。为此,根据实验设计要求,在开顶箱的顶部安装一个调温窗口,可以起到降低白天升温过快的作用。

采用大田红外线辐射器增温法,一般田间试验小区面积设计为 8 m² (2 m×4 m),在每个小区设有 2~3 个红外线辐射器增温管,红外线辐射器增温管距离地面高度 1.2~1.5 m。红外线辐射器增温管功率依据增温高低和当地气候情况确定。每个试验小区安装温度自动检测装置,利用传感器监测试验小区内距离地面0~60 cm的气温,土壤0~60 cm的温度,20 min记录1次,并自动输出储存于记录仪中。应用红外线辐射器从冠层上面加热能够在植被层保持自然的温度梯度。红外线灯管非破坏性地传递能量,而且不改变微环境,对于那些冬季积雪比较厚的地方进行全年增温控制实验也是可行的。但是由于辐射器并不直接加热空气,这种技术不能模拟全球变暖的对流加热效应,而且对于比较密集的植被层可能会削弱对土壤的增温。另外,由于该种加热装置所能覆盖的面积有限,因此在森林生态系统中的应用受到限制。

土壤电线加热的主要方法是在作物全生育期,在作物行间的地表面均匀布设发热线,同时在距离小区外围0.5 m处布设两层发热圈。发热线和发热圈均附设钢架。发热线距离地表面的高度约10 cm。发热圈设计为两层,第一层距离地表面的高度约10 cm,第二层可以随作物生长高度的变化而进行调整,一般保持距作物冠层下方20 cm左右。发热线与发热圈采用云母为绝缘材料,具有发热均匀、安全性能良好的特点。采用此方法不但可以解决计算机网络系统自动监控温度升高范围的要求,而且也可以准确地实现温度升高的实验设计的要求。土壤管道或电缆虽然能够保证加热样地的土壤温度增加2.5~10℃,但是这些装置在管道或电缆周围会引起土壤温度的梯度变化,并且很少影响到空气温度,除非它们与其他加热装置比如温室联合使用。单一土壤温度的增加只对植物和生态系统的地下部分和过程产生较大的影响,因而不能模拟在全球变暖条件下空气和土壤温度同时增加的真实情形。另外,相对恒定的增温不能真实地模拟全球变暖条件下增温幅度的季节和日波动。

5.1.4　降雨量模拟试验

降雨量模拟试验一般在人工气候室内进行。近几年,在日光温室和遮雨棚内应用降雨量模拟试验研究较为普遍。日光温室一般采用联动日光温室,降雨量便于利用计算机网络系统自动监控范围。采用遮雨棚进行降雨量模拟试验目前认为是较为理想的,采用这种研究方法,作物的生长环境(温度、光照、辐射、湿度和风等)与自然状态最为接近,可以避免人工气候室、日光温室研究所带来的不利影响。

5.2　对作物生理生态特征的影响

5.2.1　作物光合作用

植物的光合作用将无机物转化为有机物,固定太阳能,是植物碳积累、生长发育和生物量积累的重要源头(Gillon,2001)。在特定环境条件下,植物的形态结构和生理生化功能会发生相应的改变,而这种适应性改变往往是光合碳同化途径进化的前提和基础。C_3植物的C_4途径就是环境变化引起的光合途径由C_3途径向C_4途径的转变,是植物对逆境的适应性进化结果,也是植物增强生存能力和竞争能力的需要(Gong,2006)。

光合作用对CO_2浓度增加的反应由物种或基因型的最初遗传基因决定。物种或基因型对CO_2浓度增加的不同生理反应部分驱动着生态系统生产力水平的变化,可能会改变决定生态系统中总碳蓄积的地上部分和地下部分生物量的生产和分解。有人认为,C_4途径是大气CO_2浓度降低后植物所采用的光合作用方式。由于C_4植物维管束鞘细胞中苹果酸的脱羧反

应是一种浓缩 CO_2 的机制,使维管束鞘细胞中具有相对高的 CO_2 浓度,同时促进了 Rubisco 催化的羧化反应,降低了光呼吸,形成了 CO_2 的再固定。这种防止 CO_2 底物由光呼吸导致丢失的特性,有助于获得较高的产量(Hibberd,2002)。

C 是生命的基础元素,与大气环境及全球气候变化密切相关。在较近的地质时期,CO_2 的浓度降低和与其相关的 C_4 双子叶植物起源的发生,共同构成了未来千年内一个全新的能够根本改变生物圈自然状态的联合因素(Hibberd,2008)。晚新世 CO_2 浓度的突然降低拓宽了双子叶 C_4 家族的范围。在冰期,CO_2 浓度的进一步降低,使 C_3 植物面临生存的威胁。但是这种局面受到了人类频繁活动的干扰,特别是目前大气 CO_2 浓度的增加使得 C_3 植物的相对生长速率加快,如花期提前,花、果实和种子等生殖生物量增加(Huxman,2003)。大气 CO_2 浓度的增加却阻碍了 C_4 新种的形成,并有可能导致已知 C_4 种的消失(Edwards,2001)。另外一些全球变化因素如气候变暖却又有助于 C_4 物种的形成,原因是气候变暖加速了地表蒸散过程,潜在地加剧了水分的缺乏,由此造成土壤干层的发育。由此看来,全球气候变化是一把双刃剑,C_4 途径作为植物的一个功能型将不会受到目前大气 CO_2 浓度升高的威胁(Long,2006)。

大气 CO_2 浓度升高对农业生态系统最直接最重要的影响是其变化所引起的光合作用的变化。C_3 植物通常比 C_4 植物对大气 CO_2 浓度的增加更加敏感。C_4 植物适应高温下的低 CO_2 浓度环境,而 C_3 植物则喜欢低温下的高 CO_2 浓度环境(龚春梅,2009)。一般来讲,随 CO_2 浓度的升高,植物光合作用的最适温度会增加。高 CO_2 浓度环境会增加细胞内外 CO_2 浓度差,通常会增加光合速率,结果使水分利用率升高。有研究表明玉米等 C_4 植物的水分利用率随大气 CO_2 浓度的升高而上升(Remy,2003;刘天明,2008)。

一些植物的呼吸速率随 CO_2 浓度上升而升高,比如棉花叶的夜间呼吸速率在高 CO_2 浓度下增加。也有研究发现有些作物的呼吸作用随 CO_2 浓度的升高而下降,比如紫花苜蓿在 950 $\mu mol \cdot mol^{-1}$ CO_2 浓度下,暗呼吸下降了 10%,而且呼吸速率在根部下降的程度大于茎部。但是还有发现表明,一些植物的呼吸速率在 CO_2 浓度上升时不发生变化,比如大豆在高 CO_2 浓度下处理 50 天后其单位干物质的呼吸量似乎变化不大(方精云,2000)。

作物的气孔传导率因 CO_2 浓度增加而降低,因而农业生态系统土壤水分的有效性在高 CO_2 浓度下会有所增加。青藏高原高湿、高温和高 CO_2 浓度将加强高原植物的光合作用和呼吸作用,有利于植物生长。实验也发现,CO_2 浓度升高而 N 素供给不足时,尽管各器官生物量均增加,但增加的同化碳大量向根系分配,整个根系以及细根和粗根增加显著,根茎比增加(伏洋,2004)。随 CO_2 浓度升高根在数量及形态结构上的变化,有助于植物在环境胁迫下摄取更多的养分和水分,从而更好的适应高 CO_2 浓度的环境。大气 CO_2 浓度增加直接导致植物可利用的有效碳增加,但是相对植物 N 素供给受到限制。N 素的有效性在平衡较高的碳素有效性及其分配方面有重要的作用。小麦、玉米等作物在高 CO_2 浓度下,植物的碳氮比均有不同程度的升高。但若要充分利用高 CO_2 浓度,就必须投入足够的肥料来满足作物对其矿物质如 N 的需求(黄建晔,2004)。

温度影响作物的光合作用和蒸腾作用。一般情况下,温度升高有利于作物进行光合作用。但是,温度过高,影响作物的光合作用,进而影响作物生长发育。温度越高,作物蒸腾作用越明显。光合速率与蒸腾速率是评价作物进行光合作用和蒸腾作用的重要指标。从春小麦三叶期、拔节期、开花期和孕穗期的光合速率与蒸腾速率变化情况来看(图 5.1),增温 1.0~2.5℃,

春小麦三叶期蒸腾速率明显上升,但是光合速率明显下降。三叶期是春小麦穗分化和形成的重要时期,光合速率的下降直接影响到穗的形成和分化,进而影响到穗粒数。在拔节期、开花期,随着增温,光合速率与蒸腾速率明显上升。在孕穗期,增温0.5～2.5℃,出现光合速率明显下降的趋势。孕穗期是作物进行光合作用的重要时期,光合速率的下降直接影响干物质的累积,影响千粒重。研究表明,增温1.0～2.5℃,宁夏引黄灌区春小麦三叶期穗的分化和形成受到影响,进而影响到穗粒数;孕穗期干物质的累积受到影响,进而影响到千粒重,最终影响到产量(肖国举,2007)。

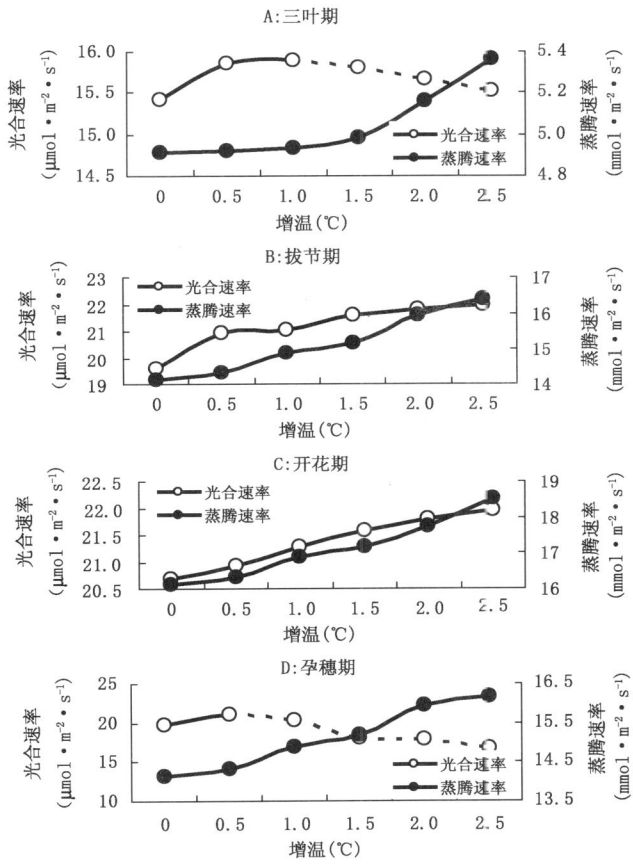

图 5.1 增温对春小麦光合速率与蒸腾速率的影响

在自然界中,植物会遭受强光、极端温度、盐渍化、水分亏缺和大气干旱等各种环境因子的胁迫。地球上一半左右的陆生植物群落经常受到干旱胁迫,C_4植物能生长在相对于C_3植物更为严酷的高温和干旱地区。气温升高使光合碳同化过程中羧化反应与加氧反应的比率降低,因而在温暖地区植物光呼吸会释放更多的能量。而C_4途径完成整个光合作用需要消耗额外的三磷酸腺苷(ATP),C_4途径的运行较C_3途径需要更多的能量。同时,高温会直接促进C_3植物的光呼吸和暗呼吸。当光呼吸消耗了30%以上的光合产物时,任何增强光呼吸的环境因子就会诱导C_4途径的出现(Gowik,2004)。因此,高温或为C_4途径进化的主要环境驱动力。

在高温和干旱的气候条件下,C_4植物的光合速率远高于C_3植物。尽管干旱并不是C_4植物在群落中占优势的前提条件,但高温使近地面的蒸散加强,间接导致了大气干旱和土壤干旱及盐渍化的发生。这样降低 CO_2 的环境因子却诱导了 C_4 途径的出现(Cornic, 2002)。但是, C_3 植物在干旱环境中由于气孔关闭,胞内 CO_2 浓度降低,刺激光呼吸作用(龚春梅等,2009), C_3 植物生长发育受到严重影响。

5.2.2 作物蒸腾作用

蒸腾作用是植物对水分吸收和运输的主要动力,特别是高大的植物,假如没有蒸腾作用,由蒸腾拉力引起的吸水过程便不能产生,植株较高部分也无法获得水分。太阳光照射到叶片上时,大部分光能转变为热能,如果叶子没有降温的本领,叶温过高,叶片会被灼伤。而在蒸腾过程中,液态水变为水蒸汽时需要吸收热量。因此,蒸腾作用能够降低叶片的温度。在植物幼小的时候,暴露在空气中的全部表面都能蒸腾。植物长大后,茎枝形成木栓,这时茎枝上的皮孔可以蒸腾,这种通过皮孔的蒸腾称为皮孔蒸腾(lenticular transpiration)。但是皮孔蒸腾量非常微小,约占全部蒸腾的 0.1%。植物的蒸腾作用绝大部分是在叶片上进行的。气孔蒸腾是植物蒸腾作用的最主要形式。

光照是影响气孔运动的主要因素,因为它促进糖、苹果酸的形成和 K^+、Cl^- 的积累。光合磷酸化产生的 ATP 为 ATP 质子泵使用。景天科植物等的气孔例外,白天关闭,晚上张开。温度影响气孔运动,不过没有光照那么明显。气孔开度一般随温度的上升而增大。在 30℃ 左右达到最大气孔开度,35℃ 以上的高温会使气孔开度变小。低温(如 10℃)下虽长时间光照,气孔仍不能很好张开。二氧化碳对气孔运动的影响显著。低浓度二氧化碳促进气孔张开;高浓度二氧化碳能使气孔迅速关闭,无论光照或黑暗均是如此。

蒸腾速率取决于水蒸气向外的扩散力和扩散途径的阻力。叶内(即气孔下腔)和外界之间的蒸汽压差(即蒸气压梯度,vapor pressure gradient)制约着蒸腾速率。蒸汽压差大时,水蒸气向外扩散力量大,蒸腾速率快,反之就慢。

5.2.3 作物需水量

作物需水量因作物种类而异:大豆和水稻的需水量较多,小麦和甘蔗次之,高粱和玉米最少,以生产等量干物质而言,需水量小的作物比需水量大的作物所需水分少;或者在水分较少时,尚能制造较多的干物质,因而受干旱影响较小。就利用等量水分所产生的干物质而言,C_4 植物比 C_3 植物多 1～2 倍。同一作物在不同生长发育时期对水分的需要量也有很大的差别。作物的蒸腾面积不断增大,个体不断长大,需要水分就相对增多,同时,作物本身生理特征不断改变,对水分的需要量也有所不同。

随着人们对气候变化和水资源短缺问题的高度关注,目前对作物蒸发需水量的研究较为广泛。20 世纪 90 年代以后,国内外有关蒸发变化的研究主要集中在变化趋势与变化原因两个方面。全球气温升高将导致潜在蒸发(PET)增加。但全球大部地区潜在蒸发和蒸发皿观测的蒸发量都呈减少趋势,而引起减少的原因则各不相同。有指出云量增加(即辐射减少)造成美国和前苏联蒸发量下降。认为相对湿度增加和辐射减少是印度蒸发皿蒸发和潜在蒸发减少的主要因素。发现澳大利亚 1970—2002 年和新西兰自 20 世纪 70 年代以来的蒸发皿蒸发量变化与北半球相似,即总体呈下降趋势,并认为过去 50 年蒸发皿蒸发量下降是由于大范围云量和气溶胶浓度增加而造成的。有发现以色列 1964—1998 年的实际蒸发是增加的,而且出现在干燥的夏半年,但参考作物蒸散没有明显的变化,其原因是影响蒸发的动力因素的变化,即水汽压差和风速增加(林忠辉,2003)。

联合国粮农组织推荐的 Penman-Monteith 公式是最具权威且应用最为普遍的计算方法之一,得到了广泛的应用。Thomas 利用 65 个台站的月气象资料(1954—1993 年)研究我国潜在蒸发的时空变化趋势,结果表明总体上全国潜在蒸发一年四季均为下降趋势,不同地区有所差异,其中东北与西南地区呈增加趋势,但西北和东南则为显著下降。其原因为 35°N 以南地区主要受辐射影响,而西北、中部和东北则分别是风、相对湿度和最高温度的影响(李军,2004)。谢贤群(2007)分析了我国北方近 50 年潜在蒸发的变化,发现潜在蒸散和蒸发皿蒸发呈波动下降趋势,日照百分率、风速下降和湿度增加影响了蒸发的变化。并从能量观点分析,太阳总辐射下降是潜在蒸散和蒸发皿蒸发下降的主要原因之一。我国北方旱区主要农作物水分供需水量存在明显的生长季节差异。气候类型不同,旱作农田的需水量存在一定的差别,南北向的变化明显大于东西向,基本为由北向南递减。农作物需水量与种植区气候类型关系十分密切(张强,2005),作物需水量随气候变化的响应比较明显,在干旱、半干旱地区表现尤为突出。

根据甘肃省近 80 个气象站 1961—2000 年的常规气象观测资料以及夏秋主要粮食作物平均生育期资料研究表明,农作物需水量与种植区的气候类型关系十分密切,从干旱—半干旱—半湿润—湿润地区需水量呈现减小的趋势,越是干旱的地区作物需水量越大,越是湿润的地区作物需水量越小。作物需水量随气候变化的响应比较明显,在干旱、半干旱地区表现尤为突出(马鹏里,2006)。河北省参考作物蒸散量的时空分布变化及其与气候变化的关系表明,河北省春、夏、秋、冬四季和年的参考蒸散量序列变化呈现下降趋势,并达到显著水平($\alpha=0.01$)。其中,春季下降最快,夏季次之,秋季较慢,冬季下降最慢;年参考蒸散量减少速率达 43.58 mm·(10 a)$^{-1}$。河南省柳园口灌区作物蒸散量的长期变化趋势及其与气候变化的关系表明,在过去的 20 多年中,蒸散量呈极显著的下降趋势,其下降幅度约为 50 mm·(10 a)$^{-1}$。导致蒸散量下降的主要原因是日照时数下降,其次是风速的下降,气温升高并不足以抵消日照时数和风速的下降而使蒸散量上升。利用增量情景法和大气环流模型(GCMs)模拟气候情景,研究未来气候变化对张掖地区主要农作物需水量的影响,结果表明,作物的需水量与升温幅度呈线性正比例关系,未来气温每升高 1℃,作物需水量将增加 4.0%~4.5%,其中春小麦相对增幅最大,而夏玉米的绝对增幅最大。冬小麦的需水量范围在 436.1~446.0 mm,表现出由轻旱—干旱—重旱区域作物需水量逐渐增加的趋势。以抽穗—灌浆期需水强度最大,冬前分蘖期和春季的拔节—灌浆期需水最为关键。生态缺水量平均为 260 mm,缺水率在 60% 以上。各生育期返青—拔节期缺水率最大。

5.2.3.1 不同作物需水量对气候变化的响应差异

图 5.2 为三种作物在生长期内温度分别增加 1~4℃ 时,需水量相应增加的百分数。图 5.2 中 4 个站点的结果一致表明,随温度上升,三种作物的需水量随之增加。其中气候变暖对冬小麦需水量的影响最大,春小麦次之,对玉米需水量的影响相对较小。

在给定温度情景下,张掖、定西、天水和成县四个站点冬小麦的需水量将依次增加 3.25%~12.84%、3.46%~12.9%、3.17%~11.85%、3.05%~11.54%;春小麦需水量将依次增加 3.11%~11.33%、3.10%~11.69%、2.80%~10.37%、2.74%~10.25%;玉米需水量依次增加 2.8%~10.27%、2.91%~10.8%、2.55%~9.57%、2.49%~9.45%。将所有站

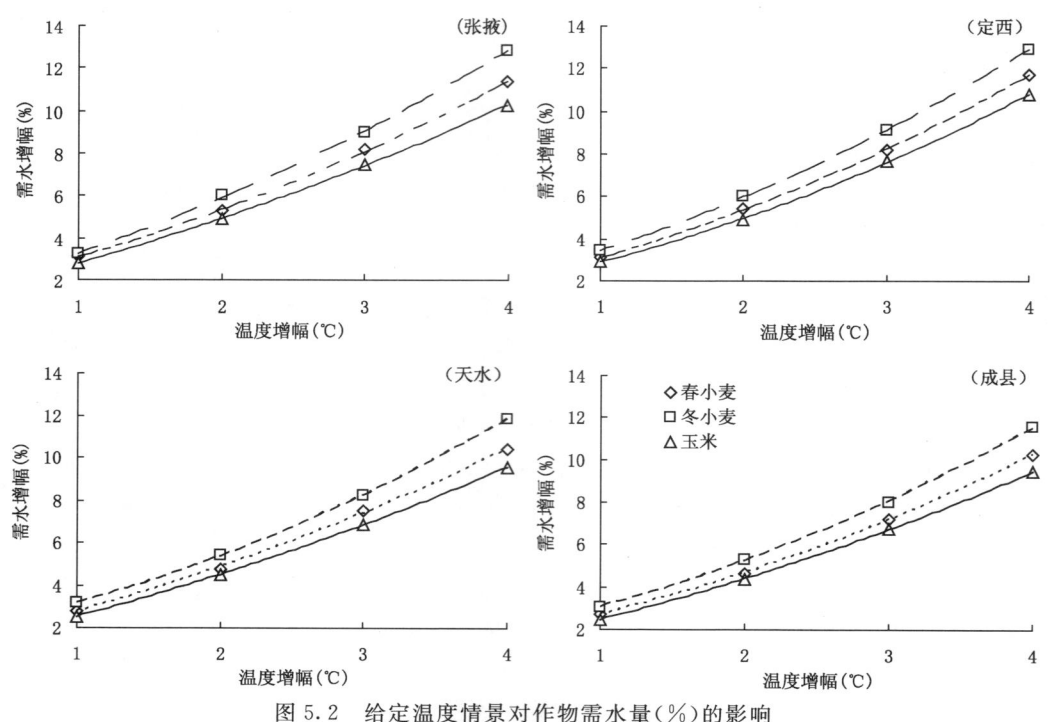

图 5.2 给定温度情景对作物需水量(%)的影响

点的结果综合来看,当温度上升 1~4℃时,黄土高原干旱、半干旱、半湿润和湿润区冬小麦、春小麦和玉米的需水量将分别增加 3.05%~12.9%、2.74%~11.69%和 2.49%~10.8%。

由于冬小麦、玉米和春小麦三种作物有各自的生长发育特点,故其需水特性有很大差异。仅从需水增加的百分数只能了解气候变暖影响的一个侧面。例如,对于不同作物,在需水增加百分数相同的情况下,对应的绝对需水增加量会不同,故有必要从绝对增加量上进一步分析气候变化的影响。图 5.3 是给定温度情景下三种作物需水量绝对数量的变化情况。

图 5.3 与图 5.2 的趋势完全相同,但气候变暖对玉米和棉花需水量影响的差异在图 5.3 中表现得更为一致。图 5.3 显示气候变暖对冬小麦需水量的影响最大,对玉米需水量的影响次之,对春小麦需水量的影响最小。当温度上升 1℃时,冬小麦、玉米、春小麦需水量将分别增加 13.2~22.7 mm、10.0~16.6 mm、6.7~11.0 mm;当温度上升 2℃,三种作物的需水量依次增加 23.1~38.0 mm、17.7~29.0 mm、11.4~18.8 mm;当温度上升 3℃时,三种作物的需水量依次增加 34.8~56.8 mm、27~44 mm、17.6~29 mm;当温度上升 4℃时,三种作物的需水量依次增加 50.2~81.2 mm、38~60.6 mm、25~40 mm。

5.2.3.2 作物需水量对气候变化响应的区域差异

根据图 5.3,在给定温度情景下,张掖冬小麦、玉米和春小麦的需水量将分别增加 20.7~81.2 mm、16.7~60.6 mm、11~40 mm;定西相应三种作物的需水量将分别增加 18.1~67.3 mm、13.7~50.6 mm、8.9~33 mm;天水相应三种作物的需水量将分别增加 15.4~57.3 mm、11.3~42 mm、7.4~27.4 mm。成县相应三种作物的需水量将分别增加 13.2~50.2 mm、9.9~38 mm、6.7~25.0 mm。可见,不同地区同一种作物对气候变暖的响应存在差异。

不论冬小麦、玉米还是春小麦,不同区域的作物需水量随着温度的增加出现了显著差异,

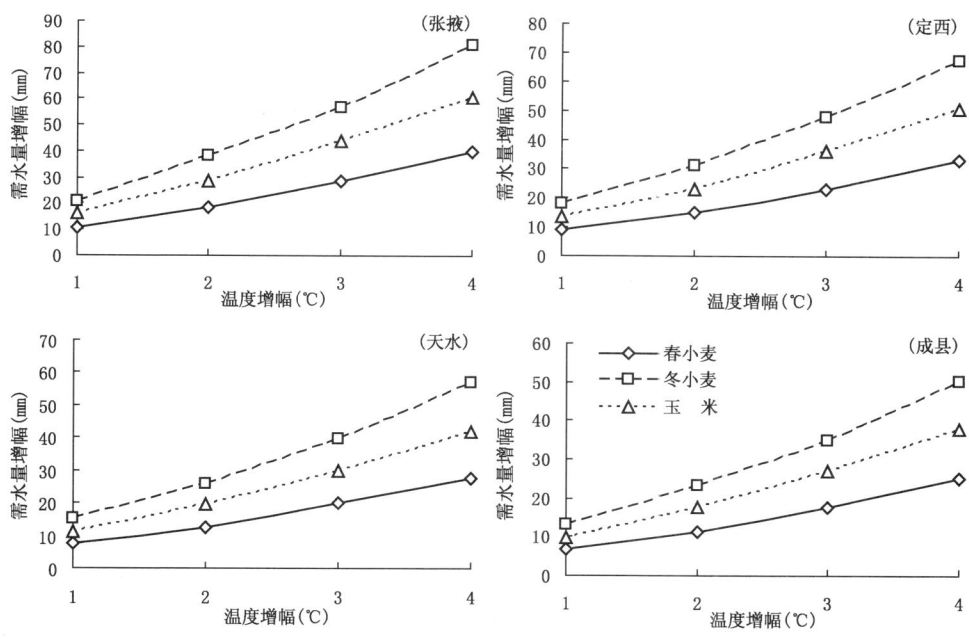

图 5.3 给定温度情景对作物需水量绝对值的影响

以气候变化对张掖的作物需水量影响最大。当温度增加 1℃ 时,冬小麦、玉米和春小麦的需水量将依次增加 20.7 mm、16.6 mm、11 mm;当温度增加 2℃ 时,三种作物需水量分别是 38 mm、29 mm、18.8 mm。当温度增加 3℃ 时,三种作物需水量将依次增加 56.8 mm、44 mm、28.8 mm,当温度增加 4℃ 时,三种作物的需水量将依次增加 81.2 mm、60.6 mm、40 mm。以气候变化对成县的作物需水量影响最小,当温度增加 1℃ 时,冬小麦、玉米、春小麦需水量将依次增加 13.2 mm、9.9 mm、6.7 mm;当温度增加 2℃ 时,三种作物需水量依次增加 23.1 mm、17.7 mm、11.4 mm;当温度增加 3℃ 时,三种作物需水量依次增加 34.8 mm、27 mm、17.6 mm;当温度增加 4℃ 时,三种作物需水量依次增加 50.2 mm、38 mm、25 mm。

5.2.3.3 气候变化对灌溉需水量的影响

目前,西北地区作物生长所需水分主要来自天然降水和灌溉补充。因此,灌溉需水量可以认为是作物需水量与天然降水之差,即:

$$IR = ET_m - P \tag{5.1}$$

式中,IR 为灌溉需水量(mm);ET_m 为作物需水量;P 为降水量(mm)。

根据公式(5.1),计算出各站点净灌溉需水量(表 5.1)。气候变暖仍然对冬小麦的灌溉需水量影响最大。张掖将由目前 571 mm 上升到 591~652 mm,定西将由目前的 316 mm 上升到 334~383.5 mm,天水将由目前 194 mm 上升到 209.4~251.3 mm,成县将由目前的 104 mm 上升到 117.3~154.3 mm;对玉米来说,张掖将由目前的 481 mm 上升到 497.3~541.3 mm,定西将由目前的 146 mm 上升到 160~196.6 mm。对春小麦来说,张掖将由目前的 298 mm 上升到 309~338 mm,定西将由目前的 111 mm 上升到 120~144 mm。气候变暖使各地冬小麦的缺水形势进一步加剧。

表 5.1　气候变暖对甘肃主要作物灌溉需水量的影响

作物	温度增幅(℃)	灌溉需水量(mm)			
		张掖	定西	天水	成县
春小麦	0	298.0	111.1	47.9	−13.9
	1	309.0	119.9	55.3	−7.2
	2	316.8	126.3	60.6	−2.5
	3	326.8	134.2	67.8	3.6
	4	338.0	144.1	75.4	11.1
冬小麦	0	570.7	316.2	194.0	104.1
	1	591.3	334.3	209.4	117.3
	2	608.7	347.5	220.0	127.2
	3	627.5	363.8	233.7	138.9
	4	651.9	383.5	251.3	154.3
玉米	0	480.7	146.0	36.5	−90.8
	1	497.3	159.7	47.8	−80.9
	2	509.7	169.1	56.4	−73.2
	3	524.7	182.0	66.6	−63.8
	4	541.3	196.6	78.5	−52.8

由于半湿润区和湿润区春小麦和玉米生长与雨季同步,气候变暖对两种作物灌溉需水量的影响相对较小。其中对成县地区春玉米灌溉需水量的影响最小,说明湿润地区春小麦和玉米抵御未来气候变暖不利影响的能力较强。

根据甘肃省目前的种植结构,冬小麦、玉米和春小麦的播种面积依次为 500 千 hm^2、480 千 hm^2、340 千 hm^2。据此估算,当温度上升 1~4℃时,将使甘肃冬小麦的灌溉需水量增加 12.43 亿 m^3、13.02 亿 m^3、13.74 亿 m^3、14.65 亿 m^3;玉米的灌溉需水量增加 7.94 亿 m^3、8.32 亿 m^3、8.78 亿 m^3、9.3 亿 m^3;春小麦的灌溉需水量增加 4.97 亿 m^3、5.16 亿 m^3、5.42 亿 m^3、5.76 亿 m^3(见表 5.2)。

表 5.2　气候变暖对甘肃主要作物新增灌溉量的影响(亿 m^3)

温度增幅(℃)	作物	新增灌溉需水量				
		干旱区	半干旱区	半湿润区	湿润区	合计
1	春小麦	2.96	1.62	0.39	/	4.97
	冬小麦	1.77	4.46	5.03	1.17	12.43
	玉米	5.18	2.12	0.64	/	7.94
2	春小麦	3.04	1.70	0.42	/	5.16
	冬小麦	1.83	4.64	5.28	1.27	13.02
	玉米	5.31	2.25	0.76	/	8.32
3	春小麦	3.13	1.81	0.47	0.01	5.42
	冬小麦	1.89	4.85	5.61	1.39	13.74
	玉米	5.46	2.42	0.90	/	8.78
4	春小麦	3.24	1.94	0.53	0.05	5.76
	冬小麦	1.96	5.12	6.03	1.54	14.65
	玉米	5.63	2.61	1.06	/	9.3

5.2.4 CO_2 浓度增加对作物产量的直接作用

一般来讲,就农作物而言,如小麦、水稻、棉花等在 CO_2 浓度升高的情况下产量将有不同程度的提高。美国农业部水土保持研究所提出,全球 CO_2 浓度加倍后,全球粮食产量将增加 10%～50%(Annette,2003)。野外环境控制试验及模型研究表明,随着 CO_2 浓度的增加,作物产量呈增加趋势,但 CO_2 浓度增加对不同类型作物产量的影响有明显差异,C_3 类作物增长率明显大于 C_4 类作物(Brown,2005)。在 CO_2 浓度为 550 $\mu mol \cdot mol^{-1}$ 时,C_3 和 C_4 类作物的产量将分别增加 10%～20% 和 5%～10%(Cornic,2002)。FACE(free-air CO_2 enrichment)实验研究表明,CO_2 浓度增加 200 $\mu mol \cdot mol^{-1}$ 使水稻产量增加 12.8%,CO_2 浓度加倍产量增加 30%,水稻产量的提高主要是因为穗数和结实率增加。除水稻外,小麦、棉花等农作物的产量在 CO_2 浓度升高情况下也有不同程度地提高。随着 CO_2 浓度升高,小麦的生物总量和经济产量均增加。CO_2 浓度增加 200 $\mu mol \cdot mol^{-1}$,冬小麦产量将提高 25%,春小麦产量提高 16%～21%。肖国举(2003)等通过对春小麦产量与升高 CO_2 浓度之间的关系分析表明(图5.4),春小麦产量(Y)与 CO_2 浓度(X)之间存在一个线性正相关($Y=2.29X-724.37,R^2=0.9444$),表明了升高 CO_2 浓度对春小麦产量的增加效应。Kimball 利用 FACE 实验表明,棉花产量将随 CO_2 加倍提高 50%(马红亮,2007)。借鉴陆地生态系统模型研究 CO_2 浓度增加对光合生产潜力的影响表明,1985—2007 年,CO_2 浓度的增加,使半干旱地区作物光合生产潜力增加了 5%(6 745.0 $kg \cdot hm^{-2}$),达到 141 645.0 $kg \cdot hm^{-2}$(严美春,2000)。

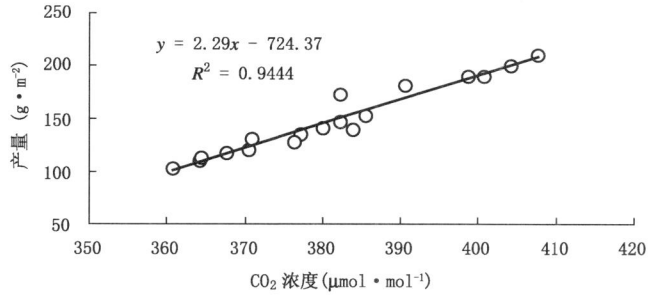

图 5.4 春小麦产量与 CO_2 浓度之间的关系

然而,也有观测数据并没有观测到 CO_2 浓度升高对作物产量的有益作用。例如,Amthor 经过长期的产量记录分析发现,CO_2 浓度升高对作物产量的影响并不十分明显。CO_2 浓度的影响随着温度的升高以及水分和氮素的多少而发生变化(徐国强,2002)。也有学者指出,模型预测的结果也许过高地估计了 CO_2 浓度升高对作物的影响。因为现实状况下存在着许多制约因素,例如虫害、杂草、营养状况、资源的竞争、土壤水分和空气质量等,从而抵消掉了 CO_2 浓度增加带来的正效应。因此,需要进一步开展在长期和大尺度上 CO_2 浓度增加对作物生长和产量所带来的影响研究,开展气候和 CO_2 浓度变化对作物生长和产量的共同影响研究。

5.2.5 CO_2 浓度增加对作物边缘效应的影响

升高 CO_2 浓度对作物边缘效应有显著的影响,作物种植密度越低,其影响越明显。如果以不同小区春小麦产量最高为目标,边缘效应面积可以确定为:从小区边行(第一行)依次向中间行递进,当春小麦产量达到显著性变化(显著差异)时的那一行,可以确定为边缘效应的内边界(图 5.5)。通过边缘效应的内外边界(按行数)来计算边缘效应面积。以春小麦为例,升高 CO_2 浓度与边缘效应面积的关系图 5.5 表明,升高 CO_2 浓度可以增加边缘效应面积(肖国举,2007)。

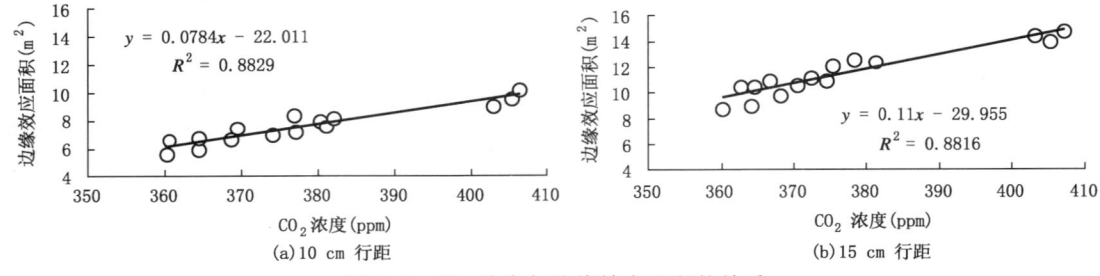

图 5.5　CO_2 浓度与边缘效应面积的关系

边缘效应指数是指小区的边缘效应面积与小区的实际面积之比。边缘效应指数可以反应边缘效应强弱。边缘效应指数越大,小区的边缘效果越好,边缘效应面积越大;同样,边缘效应指数越小,小区的边缘效应越弱,边缘效应面积相应越小。

$$Q = S_0/S \tag{5.2}$$

式中,Q 代表边缘效应指数,S_0 代表边缘效应面积(m^2),S 代表小区实际面积(m^2)。

Q 的取值范围为 $0 < Q \leqslant 1$。Q 越小,表示小区生态系统边缘效应越弱;Q 越大,表示小区生态系统边缘效应越明显;当 $Q=1$ 时,小区生态系统边缘效应面积等于小区实际面积。

边缘效应指数是度量边缘效应强弱的一个重要指标。图 5.6 表明,升高 CO_2 浓度可以提高边缘指数,且边缘效应指数(Y)与 CO_2 浓度成线性相关关系($Y=0.0082X-2.3178$,$R^2=0.847$)。面对全球气候变化,建议农业生产实际中适度提高春小麦播种量或叶面积指数,可以有效提高 CO_2 对春小麦产量的效应和干物质的累积;升高 CO_2 浓度环境的背景下,农作物进行间作、套种时,加强农作物全生育期补充灌溉和追施氮肥,可提高边缘效应面积和边缘效应指数,加强边缘效应。

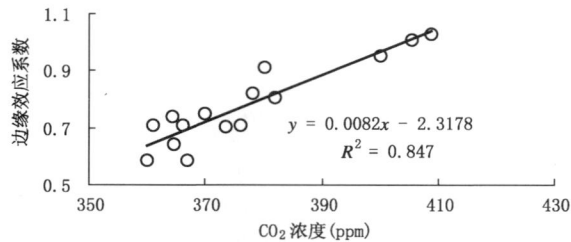

图 5.6　CO_2 浓度与边缘效应指数的关系

5.2.6　气候变化对不同海拔高度作物生长的影响

由于海拔高度不同,温度和降雨量变化情况不同,对作物生长发育的影响不同。在中温带半干旱区,利用通渭县 1981—2005 年的气象资料,研究了不同海拔高度下气候变化对冬小麦生长发育和产量的影响。研究表明气候变化对两个不同海拔高度区冬小麦产量的影响均表现为显著的增加,但增加的趋势不同。在 1981—1998 年,高海拔区小麦产量明显低于低海拔区,但是在 1998—2005 年,高海拔区的产量超过低海拔区。预测到 2030 年,高海拔区冬小麦产量增加(130.5 kg·hm^{-2})4.0%,低海拔区增加(108.9 kg·hm^{-2})3.1%(图 5.7)。从冬小麦穗粒数和千粒重对不同海拔高度的影响来看,在海拔 1798.2 m 区,穗粒数显著增加,而千粒重没有显著变化;而在海拔 2350.8 m 区,穗粒数和千粒重都有显著变化(图 5.8 和图 5.9)。

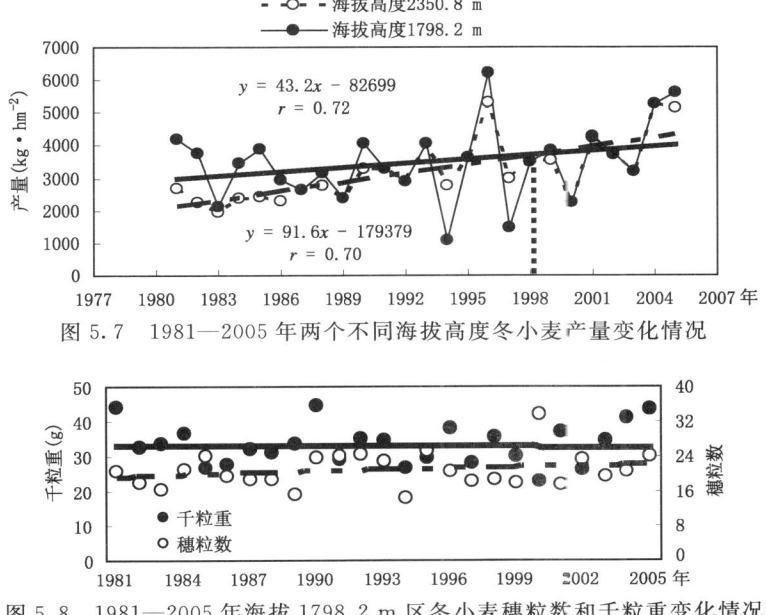

图 5.7　1981—2005 年两个不同海拔高度冬小麦产量变化情况

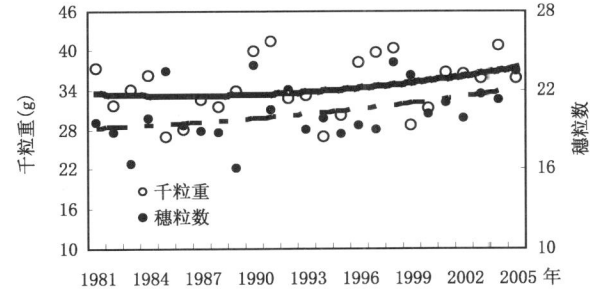

图 5.8　1981—2005 年海拔 1798.2 m 区冬小麦穗粒数和千粒重变化情况

图 5.9　1981—2005 年海拔 2350.8 m 区冬小麦穗粒数和千粒重变化情况

利用大田增加温度试验开展了气候变暖对不同海拔高度冬小麦生长发育和产量的影响。研究表明两个不同海拔高度区气候变化对冬小麦生长期和产量的影响有明显不同。在海拔高度 1798.2 m 区,温度增加 2.2℃,冬小麦生育期缩短 32 天,产量增加 2.6%;温度增加 1.4℃,冬小麦生育期缩短 13 天,产量增加 3.1%;但在海拔高度 2350.8 m 区,温度增加 2.2℃,冬小麦生育期缩短 21 天,产量增加 6.0%;温度增加 1.4℃,冬小麦生育期缩短 11 天,产量增加 3.6%(表 5.3 和表 5.4)。

表 5.3　温度升高对不同海拔高度冬小麦生育期的影响

海拔高度	温度升高 (℃)	苗期 (d)	返青期 (d)	拔节期 (d)	开花期 (d)	灌浆期 (d)	全生育期 (d)
1798.2 m	0	26 a	23 a	28 a	18 a	21 a	274 a
	0.6	25 a	22 a	26 a	17 a	20 a	268 a
	1.4	23 b	22 a	25 b	15 b	19 a	261 a
	2.2	20 b	21 a	23 b	12 b	14 b	242 b
2350.8 m	0	28 A	24 A	30 A	18 A	24 A	289 A
	0.6	26 A	23 A	28 A	16 A	22 A	285 A
	1.4	26 A	22 A	25 B	15 B	20 B	278 A
	2.2	24 B	21 B	23 B	14 B	19 B	268 A

注:a,A 表示达到显著性差异 $P<0.01$。"a"相对于"b"达到显著性差异;"A"相对于"B"达到显著性差异。

表 5.4　温度升高对不同海拔高度冬小麦产量的影响

海拔高度	温度升高(℃)	收获穗 ($10^6 hm^{-2}$)	穗粒数	千粒重 (g)	产量 ($kg \cdot hm^{-2}$)	增加 (%)
1798.2 m	0	6.74 a	28 a	42.3 a	3900 a	/
	0.6	6.76 a	27 a	43.1 a	3976 a	1.9
	1.4	6.76 a	29 a	43.5 a	4020 a	3.1
	2.2	6.75 a	28 a	42.8 a	4003 a	2.6
2350.8 m	0	6.75 A	27 A	41.8 A	3968 A	/
	0.6	6.76 A	28 A	41.8 A	3988 A	0.5
	1.4	6.88 A	29 A	42.8 A	4117 A	3.6
	2.2	6.85 A	29 A	43.6 A	4208 A	6.0

注:a,A 表示达到显著性差异 $P<0.01$。"a"相对于"b"达到显著性差异;"A"相对于"B"达到显著性差异。

5.2.7　气候变化对轮作系统作物生长的影响

针对中国半干旱地区豌豆—春小麦—马铃薯轮作方式,采用日光温室内计算机自动调控和监测温度的研究方法,进行气候变暖对轮作系统作物产量的影响研究。研究结果表明当日平均温度升高 1.2℃时,轮作系统作物全生育期缩短 23 d,作物减产 7.8%,水分利用效率下降 7.3%;当日平均温度升高 2.0℃时,作物全生育期缩短 42 d,作物减产 9.4%,水分利用效率下降 12.5%。但通过补充灌溉可以提高作物的产量。在豌豆—春小麦—马铃薯轮作方式的作物全生育期补充灌溉 130 mm,当日平均温度升高 0.5~2.0℃时,作物产量可提高 8.3%~12.7%(表 5.5)。

表 5.5　豌豆—春小麦—马铃薯轮作系统作物产量变化

温度升高 (℃)	豌豆 ($kg \cdot hm^{-2}$)	春小麦 ($kg \cdot hm^{-2}$)	马铃薯 ($kg \cdot hm^{-2}$)	轮作系统 产量($kg \cdot hm^{-2}$)	增加(%)
0	1232 a	2358 a	2277 a	5867 a	0
0.5	1154 b	2248 a	2279 a	5681 a	3.2

续表

温度升高 (℃)	豌豆 (kg·hm^{-2})	春小麦 (kg·hm^{-2})	马铃薯 (kg·hm^{-2})	轮作系统 产量(kg·hm^{-2})	增加(%)
1.2	1094b	2046b	2267 a	5407b	7.8
2.0	1018 c	2009b	2245 a	5212b	9.4
0	1332A	2449A	2574A	6355A	0
0.5	1235B	2304A	2571A	6110A	4.0
1.2	1185B	2136B	2597A	5918B	6.9
2.0	1148C	2117B	2608A	5873B	7.8

注：a，A 表示达到显著性差异 $P<0.01$。"a"相对于"b"达到显著性差异；"A"相对于"B"达到显著性差异。

5.3 对作物气候生产力的影响

5.3.1 作物气候生产力的估算方法

作物气候生产力是以气候条件来估算的农业作物生产潜力，即在当地自然的光、热、水等气候因素的作用下，假设作物品种、土壤肥力、耕作技术等作用得到充分发挥时，单位面积可能达到的最高产量。

中国西北气候资源不同地区间的分布存在不平衡，光照充足、温度高、水分充沛的地区，植物光合作用强，生长快，气候生产力大；反之，光照不足、温度低、水分缺乏的地区，植物光合作用弱，生长慢，气候生产力小。一个地区尽管农业气候资源整体上相当丰富，但只要其中有一个要素不足，都将限制其他资源的利用，从而导致农业气候生产力降低。例如，塔里木盆地光热资源都丰富，但降水太少气候生产力极小，只能在局部有水的地区发展灌溉农业，青藏高原光资源居全国之冠，但由于海拔高，温度低，农业气候生产力不大，除一些河谷地区可种植喜凉作物外，大部分地区只能发展畜牧业。

5.3.1.1 光合潜力的估算

20世纪60年代以来，很多国家对估算农业气候生产力做了大量工作。竺可桢用太阳辐射能利用率来估算粮食最高产量；随后黄秉维等用太阳辐射、光、温、水等多因子计算生产潜力。目前计算作物气候生产力的模型分气候统计模型，生态生理过程模型和基于RS、GIS技术的光能利用率模型三大类模型。

根据叶菲莫娃的公式

$$Q_{PAR} = 0.43S + 0.57D \tag{5.3}$$

式中，Q_{PAR}为生理辐射，S为直接辐射，D为散射辐射。1976年以后，光合生产潜力的研究工作进展很快。计算了我国的生理辐射，并考虑各界限温度的生物学意义，用不同的生理辐射利用系数(2%，5.1%，10%)，对各个(全年分别≥0℃，≥5℃，≥10℃)时期的光能生产潜力进行估算。

在假定空气中二氧化碳含量正常，其他环境因素都处于最适宜状态时，具备最适宜于接受和分配阳光的生物群体结构，高光合效能作物，提出了光合潜力的估算方法：

$$Y = A \times Q \tag{5.4}$$

式中，Y 为最大可能生物产量，A 为换算系数：

$$A = K \times \varepsilon \tag{5.5}$$

式中，K 为能量转换系数，ε 为光能利用率。

5.3.1.2 光温潜力的估算

温度对作物气候生产潜力的影响多用温度订正系数表示。光温生产潜力实际上是在光合生产潜力的基础上进行温度订正而成，即在水分、土壤条件和管理技术都适宜时由光照、温度所决定的作物产量。

Dirceu，T.C. 认为，喜温作物的 $f(T)$ 可用 Cehenbauer 公式表示：

$$f(T)\begin{cases} 0.027T - 0.162 & 6℃ \leqslant T < 21℃ \\ 0.086T - 1.41 & 21℃ \leqslant T < 28℃ \\ 1.00 & 28℃ \leqslant T < 32℃ \\ 1.00 & 28℃ \leqslant T < 32℃ \\ -0.083T + 3.67 & 32℃ \leqslant T < 44℃ \\ 0 & T < 6℃ \text{ 和 } T \geqslant 44℃ \end{cases} \tag{5.6}$$

式中，$f(T)$ 为喜温作物温度订正系数；T 为日平均温度。

温度与光合速率之间的关系不是线性关系，而是曲线关系，如玉米、小麦、水稻都可以用下式表示：

$$f(T) = 2.0 - 1/t_d - 0.92t_d + 0.49t_d^2 - 0.01192t_d^3 \tag{5.7}$$

式中，t_d 为白天平均温度。

5.3.1.3 光温水潜力的估算

在植物的光合作用过程中，水分的因素也是很重要的。光合作用生成的碳水化合物本身就含有水分，作物为维持其生理机能必须蒸散大量的水分。

水分对气候生产力影响多用水分订正系数表示：

$$f(W) = ET/ETm \tag{5.8}$$

式中，$f(W)$ 为水分订正系数；ET 为某一供水条件下实际农田蒸散量；ETm 为充分供水条件下的最大蒸散量。旱生作物和水生作物对水分的反应是不同的。旱生作物和水生作物当降水量少于某一低限值时，都不能进行光合作用，当超过低限值以后，随着降水量的增加产量也增加，在适宜降水量条件下的产量最高，当超过适宜降水量时旱生作物就会导致减产，随降水量的增加而呈线性减少。

5.3.1.4 作物气候生产力估算

经验模型即所谓简化模型或统计模型，主要采用以试验数据为基础的统计分析方法。是应用最为广泛的作物生产潜力研究方法，它是依据作物生产力形成的机理，考虑光、温、水、土等自然生态因子及施肥、灌溉、耕作、育种等农业技术因子，从作物截光特征和光合作用入手，依据作物能量转化及粮食生产形成过程，逐步"衰减"来估算粮食生产潜力，可用函数式表达如下：

$$YG = Q \cdot f(Q) \cdot f(T) \cdot f(W) \cdot f(S) \cdot f(M)$$

第5章 气候变化影响农作物生长的机理

$$\begin{aligned} &= YQ \cdot f(T) \cdot f(W) \cdot f(S) \cdot f(M) \\ &= YT \cdot f(W) \cdot f(S) \cdot f(M) \\ &= YW \cdot f(S) \cdot f(M) \\ &= YS \cdot f(M) \end{aligned} \quad (5.9)$$

式中,YG 为作物生产力;Q 为太阳总辐射;$f(Q)$ 为光合有效系数;YQ 为光合生产潜力;$f(T)$ 为温度有效系数;YT 为光温生产潜力;$f(W)$ 为水分有效系数;YW 为气候生产潜力;$f(S)$ 为土壤有效系数;YS 为土地生产潜力;$f(M)$ 为社会有效系数。

根据世界各地作物产量与年平均气温、年降水量之间的关系,提出了用实际蒸散量估算作物气候生产力的公式,即著名的 Thornthwaite-Memorial 模型:

$$P_V = 30000[1 - e^{-0.0009695(v-20)}] \quad (5.10)$$

式中 P_V 为作物气候生产力($kg \cdot hm^{-2} \cdot a^{-1}$);$v$ 为年实际蒸散量(mm);v 的计算公式为:

$$v = 1.05R/[1+(1.05R/L)^2]^{1/2} \quad (5.11)$$

式中,R 为年降水量(mm),L 为平均蒸发量(mm);L 的计算公式为:

$$L = 300 + 25t + 0.05t^3 \quad (5.12)$$

式中,t 是年平均气温(℃)。

模型中仅用气温估算年最大蒸散量显然局限性较大,为此,姚玉璧(2005,2011)等先采用 1998 年 FAO 推荐并修订的 Penman-Monteith(P-M)模型计算出最大蒸散量,再引入 Thornthwaite-Memorial 模型中,这样,经修订的实际蒸散量 v 计算模型为:

$$v = \frac{1.05P}{\sqrt{1+\left(1.05\sum_{i=1}^{12}P_i \Big/ \sum_{i=1}^{12}ET_{0i}\right)^2}} \quad (5.13)$$

式中,P_i 为月降水量(mm);ET_{0i} 为月最大蒸散量(mm);ET_0 的计算应用 1998 年 FAO 推荐并修订的 Penman-Monteith(P-M)模型:

$$ET_0 = \frac{0.408\Delta(R_n - G_i) + \gamma \dfrac{900}{T+273}U_2(e_s - e_a)}{\Delta + \gamma(1+0.34U_2)} \quad (5.14)$$

$$R_n = 0.77 \times \left(0.248 + 0.752\frac{n}{N}\right)R_{so} - \sigma\left(\frac{T_{max,k}^4 + T_{min,k}^4}{2}\right)(0.56 - 0.08\sqrt{e_a})\left(0.1 + 0.9\frac{n}{N}\right) \quad (5.15)$$

$$G_i = 0.14(T_i - T_{i-1}) \quad (5.16)$$

式中,R_n 为地表净辐射($MJ \cdot m^{-2} \cdot d^{-1}$);$G$ 为土壤热通量($MJ \cdot m^{-2} \cdot d^{-1}$);$\gamma$ 为干湿表常数($kPa \cdot ℃^{-1}$),Δ 为饱和水汽压曲线斜率($kPa \cdot ℃^{-1}$);T 为平均气温(℃),U_2 为 2 m 高度处风速($m \cdot s^{-1}$),此值由 10 m 高度处风速订正而来;e_s 为饱和水汽压(kPa);e_a 为实际水汽压(kPa);n 为实际日照时数(h);N 为可照时数(h);R_{so} 为晴天辐射($MJ \cdot m^{-2} \cdot d^{-1}$);$\sigma$ 为 Stefen-Boltzmann 常数($4.903 \times 10^{-9} MJ \cdot K^{-4} \cdot m^{-2} \cdot d^{-1}$);$T_{max,k}$、$T_{min,k}$ 分别为热力学温标的最高和最低气温(K);T_i、T_{i-1} 分别为本月和前一个月的平均气温。

5.3.2 作物气候生产力的变化特征

5.3.2.1 黄土高原区作物气候生产力的变化特征

(1)黄土高原区气候生产力空间分布特征

黄土高原气候生产力由东南向西北减少,其值介于 4167.2~10320.9 kg·hm^{-2}·a^{-1} 之间(图 5.10),大部分区域气候生产力在 7000~10000 kg·hm^{-2}·a^{-1},年气候生产力第一特征向量占总方差的 40.8%,呈一致的正位相分布,其值介于 0.2~0.8 之间,且中北部大部分地区在 0.7 左右,振幅较大(图 5.11)。

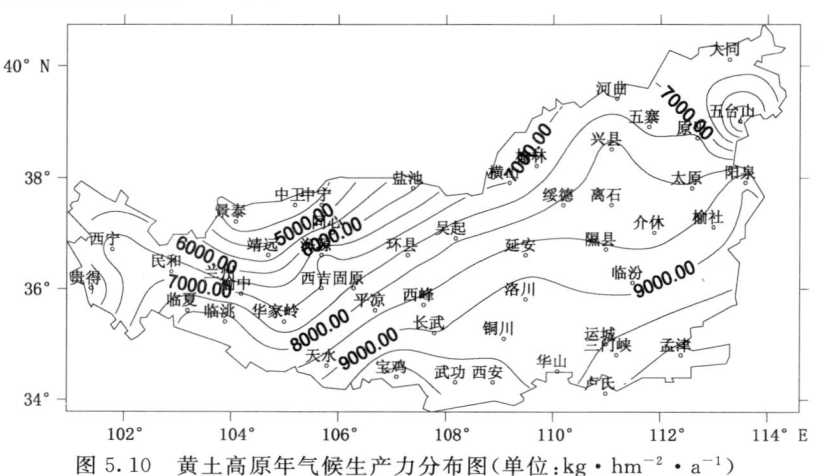

图 5.10　黄土高原年气候生产力分布图(单位:kg·hm^{-2}·a^{-1})

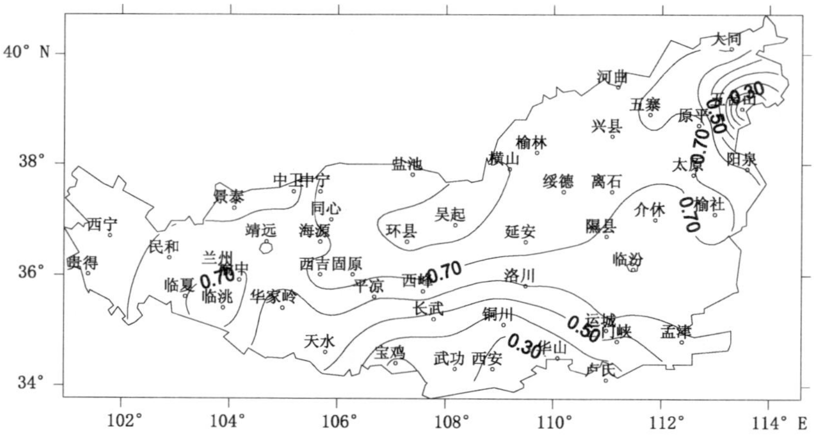

图 5.11　黄土高原年气候生产力第一特征向量分布图

(2)黄土高原区气候生产力年际变化特征

黄土高原气候生产力 1961—2000 年平均为 7762.1 kg·hm^{-2}·a^{-1},其中 20 世纪 60 年代最高为 7969.2 kg·hm^{-2}·a^{-1},90 年代最低为 7569.5 kg·hm^{-2}·a^{-1},70 年代和 80 年代介于两者之间,分别为 7721.8 kg·hm^{-2}·a^{-1}、7787.9 kg·hm^{-2}·a^{-1}(表 5.6)。黄土高原气候生产力呈下降趋势,线性拟合递减率为 −100.451 kg·hm^{-2}·(10 a)$^{-1}$(图 5.12)。

表5.6 中国黄土高原各年代气候要素及气候生产力平均值

要素	1961—1970年	1971—1980年	1981—1990年	1990—2000年	1961—2000年
年平均气温(℃)	8.5	8.6	8.7	9.3	8.8
夏季平均气温(℃)	21.0	20.8	20.6	21.3	20.9
冬季平均气温(℃)	−5.3	−4.8	−4.5	−3.7	−4.6
年降水量(mm)	503.7	461.1	468.0	428.7	465.4
夏季降水量(mm)	251.4	251.5	255.0	246.1	250.6
冬季降水量(mm)	10.0	13.8	11.5	13.0	12.1
4—10月降水量(mm)	462.5	419.4	429.6	394.5	425.5
气候生产力 kg·hm^{-2}·a^{-1}	7969.2	7721.8	7787.9	7569.5	7762.1

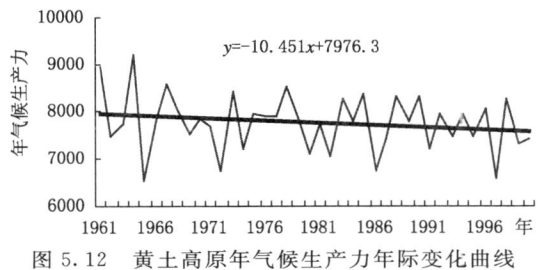

图5.12 黄土高原年气候生产力年际变化曲线

5.3.2.2 绿洲灌溉区作物气候生产力的变化特征

(1)绿洲灌溉区气候生产力空间分布特征

各地年气候生产力的多年平均值和各年代的变化趋势是一致的,在经度小于90°的地区,各地的年气候生产力多年平均值和各年代际的变化是随着纬度、经度的增加而增大。在经度大于90°的地区,各地年气候生产力多年平均值和各年代际的变化是随着纬度减小、经度的增大而增大。其极大中心有两个,分别是新疆南疆的阿合奇(78.45°E,40.93°N)和甘肃河西的山丹县(101.08°E,38.8°N);最小值的中心位于新疆南疆的和田、民丰一带(图5.13)。

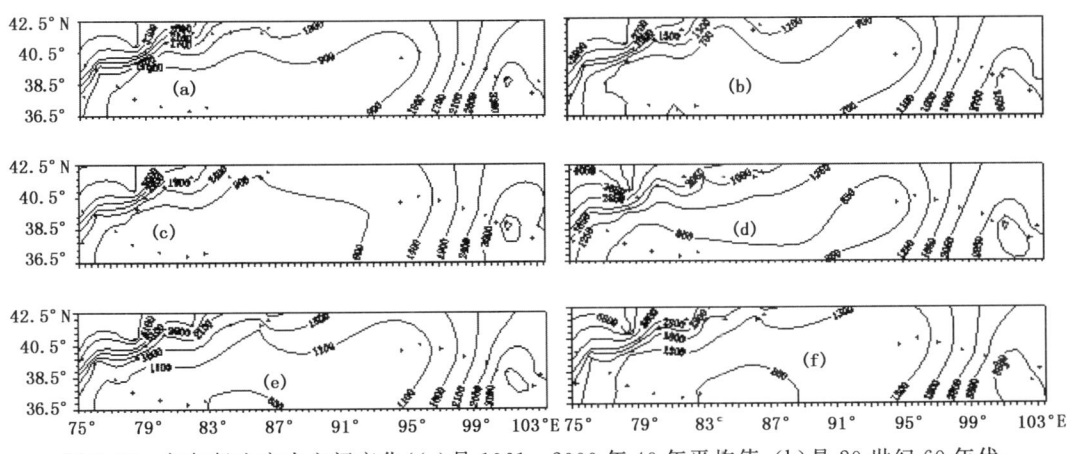

图5.13 年气候生产力空间变化((a)是1961—2000年40年平均值;(b)是20世纪60年代;(c)是70年代;(d)是80年代;(e)是90年代;(f)是2001—2008年平均值)

年气候生产力倾向率空间变化规律同年气候生产力变化基本一致,但经度越小,纬度越大,其增长速率越大,即增长较快的在新疆的南疆地区,增速最大的达 380 kg·hm^{-2}·(10 a)$^{-1}$以上,甘肃的河西走地区增长速率较慢,其增速最大值仅为 150 kg·hm^{-2}·(10 a)$^{-1}$以上(图 5.14)。

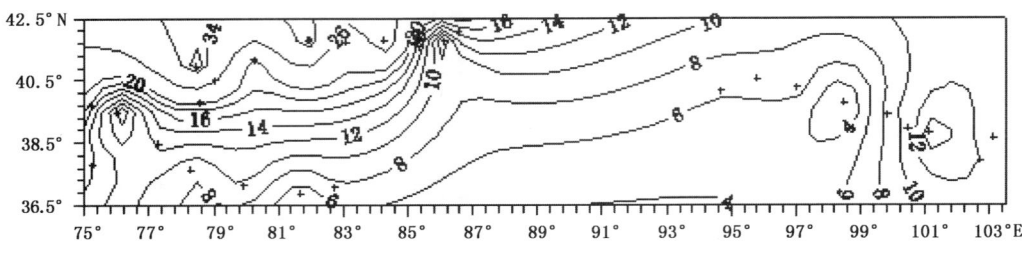

图 5.14 年气候生产力倾向率变化空间分布图(kg·hm^{-2}·(10 a)$^{-1}$)

(2)绿洲灌溉区气候生产力年际变化特征

西部绿洲地区的年气候生产力的线性拟合的倾向率(K 值)为正值,即逐年呈现增加趋势,递增的速率为 9.7～380.12 kg·hm^{-2}·(10 a)$^{-1}$。不同地区不同年代间的气候生产力不同(表 5.7)。甘肃河西走廊地区气候生产力的最高(或次高)值大都出现在 20 世纪 70 年代,为 942.53～4639.68 kg·hm^{-2}·a^{-1};最低值大都出现在 60 年代,为 300.99～4179.42 kg·hm^{-2}·a^{-1};只有武威最低值出现在 70 年代(为 3598.33 kg·hm^{-2}·a^{-1}),最高值出现在 2000 年以后(为 4243.71 kg·hm^{-2}·a^{-1})。而新疆南疆地区的气候生产力的最高(次高)值出现 2000 年以后,为 735.62～5638.12 kg·hm^{-2}·a^{-1} 最低(或次低)值出现在 60 年代,为 341.63～3914.89 kg·hm^{-2}·a^{-1}。

表 5.7 西部绿洲地区各年代气候生产力和倾向率(K 值) (kg·hm^{-2}·(10 a)$^{-1}$)

项目	甘肃河西地区								
	敦煌	安西	玉门镇	酒泉	高台	张掖	山丹	武威	民勤
1961—2000 年平均	583.13	875.84	1296.62	1889.48	2446.95	2922.95	4397.86	3884.00	2569.66
60 年代	300.99	486.75	1077.80	1758.12	2218.72	2656.08	4179.42	4006.71	2492.02
70 年代	942.53	1066.76	1561.63	2028.14	2608.62	3163.65	4639.68	3593.88	2843.49
80 年代	484.43	994.40	1341.77	2001.92	2397.79	2998.99	4267.70	3772.07	2246.13
90 年代	604.55	955.46	1205.28	1769.57	2562.66	2873.09	4504.62	4163.33	2697.01
2000 年以后	816.54	830.86	1583.68	1934.98	2613.67	3285.10	4968.71	4243.71	2985.24
倾向率(K 值)	6.13	6.84	6.94	0.97	9.34	9.61	16.00	12.29	9.80

续表 5.7

项目	新疆南疆地区								
	喀什	莎车	巴楚	塔什库尔干	和田	皮山	于田	民丰	阿克苏
1961—2000 年平均	1266.49	897.83	1024.22	1412.10	476.05	871.61	830.60	504.93	1462.17
60 年代	1203.06	655.01	477.12	1473.79	387.60	817.49	871.97	341.63	1117.81
70 年代	1323.78	736.21	867.81	1255.13	337.71	807.61	627.76	370.95	1433.98
80 年代	1364.92	1046.02	1287.00	1460.70	597.33	826.84	817.55	741.92	1320.62
90 年代	1174.20	1154.06	1464.95	1458.77	581.57	1034.51	1005.11	565.20	1976.26
2000 年以后	1703.26	1368.69	1328.58	2128.05	919.26	1304.02	1051.20	735.62	1928.00
倾向率(K 值)	4.42	13.29	19.09	14.86	10.36	7.81	3.96	7.79	17.91

续表 5.7

项目	新疆南疆地区							
	库车	拜城	柯坪	阿合奇	乌恰	库尔勒	轮台	焉耆
1961—2000 年平均	1429.07	2550.45	2008.77	4410.39	3874.58	1076.01	1266.01	1637.14
60 年代	918.18	1897.27	1397.36	3914.89	3882.58	955.02	515.17	1373.45
70 年代	1429.76	2225.29	1613.22	4176.30	3689.71	840.19	1030.99	1233.63
80 年代	1630.26	2843.69	2458.16	4346.65	3378.96	1413.83	1909.27	1770.94
90 年代	1738.08	3235.56	2566.33	5203.72	4547.09	1095.02	1608.59	2170.52
2000 年以后	1659.21	3362.63	2423.98	5638.12	4547.42	1075.26	1739.33	1798.98
倾向率（K 值）	19.14	37.85	26.61	38.12	18.70	5.04	30.69	17.81

5.3.2.3 高原牧区气候生产力空间分布特征

(1) 高原牧区气候生产力空间分布特征

高原牧区植被气候生产力最大值是东部的西宁、夏河、碌曲、玛曲等地及玉树达 1500～1950 kg·hm^{-2}·a^{-1}，地处柴达木盆地的冷湖最小，为 706.5 kg·hm^{-2}·a^{-1}；柴达木盆地及边缘的格尔木、大柴旦、五道梁等地在 1500～4500 kg·hm^{-2}·a^{-1}；其余各地在 4500～15000 kg·hm^{-2}·a^{-1}。

(2) 高原牧区气候生产力年际变化特征

以黄河源区的玛多、达日为例，近 50 年年植被气候生产力变化呈显著上升趋势，其中，玛多县年植被气候生产力变化曲线线性拟合倾向率为 190.72 kg·hm^{-2}·(10 a)$^{-1}$（图 5.15a）；达日县年植被气候生产力变化曲线线性拟合倾向率为 95.502 kg·hm^{-2}·(10 a)$^{-1}$（图 5.15b）；玛多县年植被气候生产力变化曲线线性拟合倾向率大于达日。

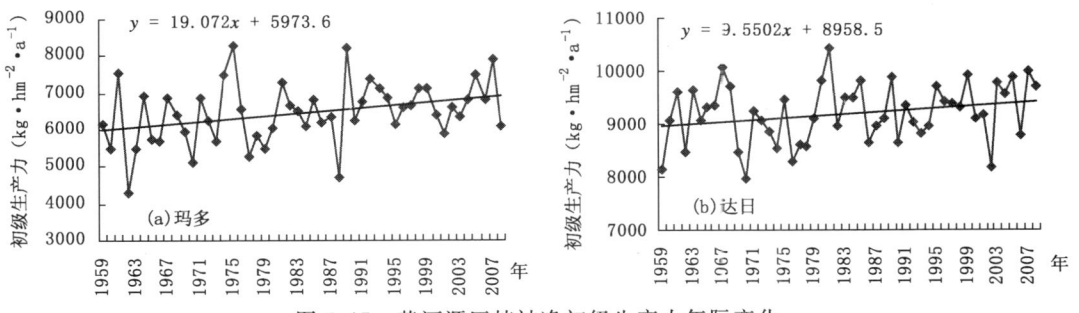

图 5.15 黄河源区植被净初级生产力年际变化

黄河源区年植被气候生产力 1959—2008 年平均在 6460.0～9202.1 kg·hm^{-2}·a^{-1}（表 5.8），玛多县年植被气候生产力 20 世纪 90 年代最高为 6831.5 kg·hm^{-2}·a^{-1}，60 年代最低为 6006.9 kg·hm^{-2}·a^{-1}，70 年代和 80 年代介于两者之间。达日县年植被气候生产力 2001—2008 年最高为 9393.8 kg·hm^{-2}·a^{-1}，20 世纪 70 年代最低为 8958.7 kg·hm^{-2}·a^{-1}，60 年代、80 年代、90 年代介于两者之间。

表 5.8 研究区各年代植被净初级生产力 (kg·hm^{-2}·a^{-1})

	1959—1960 年	1961—1970 年	1971—1980 年	1981—1990 年	1991—2000 年	2001—2008 年	1959—2008 年
玛多	5813.7	6006.9	6386.1	6509.4	6831.5	6753.9	6460.0
达日	8603.3	9166.4	8958.7	9346.9	9302.7	9393.8	9202.1

20世纪60年代玛多气温较多年平均偏低0.5℃,降水量较多年平均偏少19.6%,属"冷干型"气候,植被气候生产力较多年平均值偏少7.0%(图5.16a);达日气温较多年平均也偏低0.5℃,但降水量较多年平均偏多1.6%,属"冷湿型"气候,植被气候生产力较多年平均值偏少0.4%(图5.16b)。

20世纪70年代玛多气温偏低0.5℃,降水量偏少15.2%,植被气候生产力偏少1.1%;达日气温偏低0.3℃,降水量偏少3.5%,植被气候生产力偏少2.6%。均为"冷干型"气候特征。

20世纪80年代玛多气温偏低0.3℃,降水量偏多24.4%,属"冷湿型"气候,植被气候生产力偏多0.8%;达日气温偏高0.1℃,降水量偏多2.3%,植被气候生产力偏多1.6%。

20世纪90年代玛多气温偏高0.3℃,降水量偏多3.0%,属"暖湿型"气候,植被气候生产力偏多5.8%;达日气温偏高0.1℃,降水量偏少0.3%,植被气候生产力偏多1.1%。

2001—2008年玛多气温偏高1.0℃,降水量偏多13.7%,植被气候生产力偏多4.5%;达日气温偏高0.8℃,降水量偏多2.9%,植被气候生产力偏多2.1%。均为"暖湿型"气候特征。

可知,黄河源区植被气候生产力呈现上升趋势。20世纪90年代后植被气候生产力较高。20世纪70年代表现为一致的"冷干型"气候特征,植被气候生产力偏少1.1%~2.1%;2001—2008均为"暖湿型"气候特征,植被气候生产力偏多2.1%~4.5%。

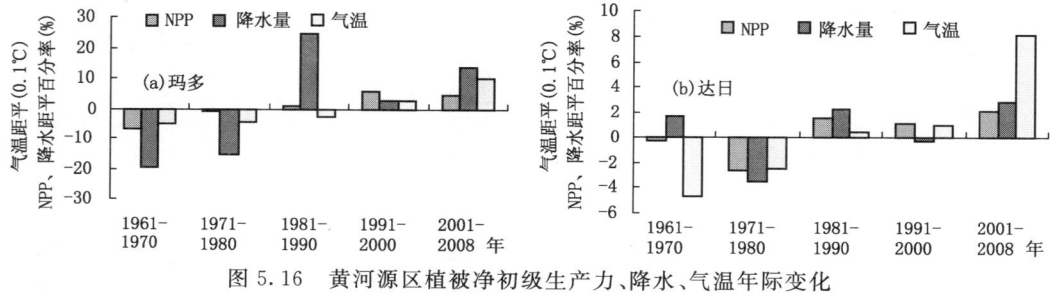

图5.16 黄河源区植被净初级生产力、降水、气温年际变化

5.3.3 气候变化对作物气候生产力的影响

5.3.3.1 黄土高原区气候变化对气候生产力的影响

假设未来气候变化的49种情景,即年平均气温变化-3℃、-2℃、-1℃、0℃、1℃、2℃、3℃,年降水量变化-30%、-20%、-10%、0%、10%、20%、30%,则黄土高原气候生产力 p_v 的变化百分率列于表5.9。

表5.9 黄土高原年平均气温和年降水量变化情景下气候生产力变化百分率(%)

	-30%	-20%	-10%	0%	10%	20%	30%
-3℃	-16.7	-18.0	-19.0	-19.7	-20.4	-20.9	-21.3
-2℃	-10.5	-11.4	-12.1	-12.7	-13.1	-13.5	-13.8
-1℃	-5.0	-5.4	-5.8	-6.1	-6.3	-6.5	-6.7
0℃	-18.0	-11.0	-5.0	0	4.3	7.9	11.1
1℃	4.4	4.9	5.3	5.6	5.9	6.1	6.3
2℃	8.4	9.3	10.1	10.8	11.4	11.9	12.3
3℃	11.9	13.3	15.6	15.6	17.2	17.2	17.8

气候生产力 P_V 随气温和降水量的增减而增减,当单一的气温升高时,P_V 递增幅度要比单一的降水量增加时大,当气温增加 1.0℃,降水量增加 10.0% 的"暖湿型"时 P_V 值增加 5.9%;当气温增加 1.0℃,降水量减少 10.0% 的"暖干型"时,P_V 值增加 5.3%;依此类推,"冷湿型"和"冷干型" P_V 值分别为 −6.3%、−5.8%。

由此可见,未来"暖湿型"气候对作物生产最有利,平均增产幅度为 5.9%,而"冷湿型"气候对作物生产最不利,平均减产幅度为 −6.3%。

根据秦大河、丁一汇等预测,未来 50 年我国北方可能呈"暖湿型"变化,气温若升高 1~2℃,降水量若增加 10%~20%,黄土高原作物气候生产力将增加 6%~12%。

5.3.3.2 绿洲灌溉区气候变化对气候生产力的影响

绿洲灌区年气候生产力随着年平均气温和年降水量的增加(减小)而增加(减小),在年降水和年平均气温同时变化时,形成了冷干型、冷湿型、暖干型、暖湿型的气候年型,其中以湿型气候(即无论是冷湿型还是暖湿型)年型对生产力有利,年气候生产力呈现出增长趋势,而干型气候则相反(表 5.10)。在气温不变的情况下由单一降水增加引起气候生产力增加幅度比由降水不变的情况下由气温增加引起气候生产力增加的幅度大。由此表明,在绿洲地区,水分仍是引起气候生产力变化的主要因子。

表 5.10　未来年平均气温和年降水量变化情况下气候生产力变化百分率(%)

气温距平(℃)	降水距平(%)						
	−30	−20	−10	0	10	20	30
−3	−29.9	−20.6	−12.0	−4.0	3.4	10.1	16.3
−2	−29.3	−19.7	−10.8	−2.5	5.2	12.3	18.9
−1	−28.7	−18.9	−9.8	−1.2	6.8	14.3	21.2
0	−28.2	−18.3	−8.8	0.0	8.3	16.0	23.3
1	−27.8	−17.6	−8.0	1.1	9.6	17.7	25.2
2	−27.4	−17.1	−7.3	2.0	10.8	19.1	26.9
3	−27.1	−16.6	−6.6	2.9	11.9	20.5	28.5

5.3.3.3 高原牧区气候变化对气候生产力的影响

假设未来气候变化的四种情景,即气温升高(降低)1℃、2℃,降水增加(减少)10%,分析植被气候生产力的响应。

(1) 植被气候生产力对"暖湿型"气候变化的响应

当气温升高 1℃,降水量增加 10% 时,玛多植被气候生产力增加 7.3%;达日植被气候生产力增加 5.5%。当气温升高 2℃,降水量增加 10% 时,玛多植被气候生产力增加 8.5%;达日植被气候生产力增加 6.8%。

可见,当气温升高 1~2℃、降水量增加 10% 的"暖湿型"气候情景下,黄河源区植被气候生产力增加 5.5%~8.5%,说明"暖湿型"气候有利于植被干物质的积累。

(2) 植被气候生产力对"暖干型"气候变化的响应

当气温升高 1℃,降水量减少 10% 时,玛多植被气候生产力减少 4.9%;达日植被气候生产力减少 2.9%。当气温升高 2℃,降水量减少 10% 时,玛多植被气候生产力减少 3.7%;达日植被气候生产力减少 1.6%。

当气温升高 1～2℃,降水量减少 10%的"暖干型"气候情景下,黄河源区植被气候生产力减少 1.6%～4.9%。"暖干型"气候加剧了土壤水分蒸散,导致植被生产力下降。

(3)植被气候生产力对"冷湿型"气候变化的响应

当气温降低 1℃,降水量增加 10%时,玛多植被气候生产力增加 4.9%;达日植被气候生产力增加 2.9%。当气温降低 2℃,降水量增加 10%时,玛多植被气候生产力增加 3.7%;达日植被气候生产力增加 1.6%。

当气温降低 1～2℃、降水量增加 10%的"冷湿型"气候情景下,黄河源区植被气候生产力增加 1.6%～4.9%;

(4)植被气候生产力对"冷干型"气候变化的响应

当气温降低 1℃,降水量减少 10%时,玛多植被气候生产力减少 7.3%;达日植被气候生产力减少 5.5%。当气温降低 2℃,降水量减少 10%时,玛多植被气候生产力减少 8.5%;达日植被气候生产力减少 6.8%。

当气温降低 1～2℃,降水量减少 10%的"冷干型"气候情景下,黄河源区植被气候生产力减少 5.5%～8.5%。

由此可见,"暖湿型"气候对植被净生产力增加最有利,而"冷干型"气候造成植被净生产力下降,其余气候类型的影响介于两者之间。

(5)未来气候情景下植被气候生产力预测

根据黄河源区未来气候变化预测,若只考虑温室气体增加情形时,2050 年研究区域的温度将升高 2～4℃,年平均降水为增加趋势,增加的范围为 2.5～10 mm·mon^{-1}。在此"暖湿型"气候情景下,计算黄河源区未来植被气候生产力的变化,植被气候生产力较多年平均值增加 7%～17%,黄河源区植被气候生产力将达到 6992.9～10566.2 kg·hm^{-2}·a^{-1}。

5.3.4 提高西北主要作物气候生产力的对策

5.3.4.1 提高春小麦作物气候生产力的对策

(1)根据春小麦生理和生态气候特点,选择适宜当地种植优良品种。甘肃能种植春小麦的地域辽阔,但从气候生态适应性综合分析,应将最适宜种植区,作为重点建设春小麦生产基地,发展高产高效种植区。甘肃河西热量条件好,光照充足,降水稀少,气候干燥,病虫危害较轻,灌溉条件优越,农业生产条件好。应选择千粒重大、光合效率高、经济系数大的中矮秆品种,可充分利用光热水资源,发挥幼穗分化期和灌浆期气温适宜、灌浆期长、穗大粒多、千粒重高的优势。甘肃中部许多地方主要靠自然降水供给小麦生长,由于降水不多且季节变幅大,受干旱危害几率较高,病虫危害比河西多,因此应选择抗旱性能好、抗病虫性能强的品种,才能发挥气候生态优势。据化验表明,春小麦蛋白质含量与海拔高度呈负相关,与≥0℃积温呈正相关;脂肪含量与海拔高度、≥0℃积温呈负相关;水分含量则随海拔增高、积温减少而增加。可见,在春小麦最适宜区应选择高淀粉含量的优良品种,发展面包型春小麦种植基地;在适宜区则应选择高蛋白高面筋的优良品种,发展面条型春小麦种植基地。总之,要依托气候生态资源优势,提高品质和产量,增加经济效益。

(2)增加农业科技投入,开发气候生态生产潜力,提高生产效率。甘肃春麦区跨越几个气候带,气候差异大,应根据不同地区气候生态特点,增加农业科技投入,大力推广优良品种,因地制宜推广地膜覆盖,合理密植,大力发展间作套种带田种植形式,提高农业总体效益和比较效益。积极开发气候生态生产潜力,把气候生态潜力尽快转化成生产力。在管理上,不同气候年型采用不同促控措施。主要使用浇水和施肥的迟早以及次数等"调节器"进行有机的促控。在正常气候年型,根据麦苗长势和当时气象条件,采取"壮前、控中、促后"的管理办法;在低温年则应采用"促前、稳中、控中"的管理办法,使之形成一个良好的农业种植生态环境。

(3)调节自然降水,提高水分利用效率。甘肃水资源十分匮乏,要合理利用有限的水资源,就必须人为调节。在旱作区,除充分发挥好旱农耕作蓄水保墒技术外,在年降水量为300~800 mm 的地域推广集雨节灌农业技术具有普遍意义,把无效降水调节到农作物需水关键期和关键地区,是一项提高产量和品质的有效途径。做到空中水、地下水、地表水三水齐抓,使有限的水资源用在农作物最需水关键季节。有灌溉条件的地区要大力发展滴灌、喷灌、渗灌和定量灌溉,最大限度发挥水资源效率。

(4)适时恰当早播,巧用气候规律,趋利避害。甘肃自然灾害频繁,春小麦生育期间,常遇到干旱、高温、干热风、低温、连阴雨等多种灾害,适时早播,能躲避灾害多发、重发时段。同时,使春小麦生长在自身需要的气候生态环境之中,如使穗分化期和灌浆期在适宜的温度范围内进行。据试验,春小麦适宜播种期在气温稳定通过 $0\sim2$℃,山区以能种即播,大约在3月下旬至4月上旬;平川区大约在3月上中旬。

5.3.4.2 提高冬小麦作物气候生产力的对策

(1)充分利用适宜气候生态区,建立良种培育基地。甘肃冬麦区地域广阔,气候复杂多样,生产潜力较大,在农业生产条件较好的陇东、陇南徽成盆地,要加大科技投入,积极引种经济、营养价值较高的硬质小麦,建立品种改良、培育及引种推广生产基地。根据不同气候区的特点及不同的气象灾害,选择不同生态型、抗性强、高产优质品种,冬性、半冬性、春性品种不能越区种植。在次适宜区内应适当压缩种植面积,扩大优势作物种植比例;在适宜种植区内应保持适当的夏秋作物种植比例,减少粮食作物种植风险程度,增加抗御灾害的综合能力。

(2)加强旱作农田蓄水保墒新技术的应用。冬麦区约70%面积是旱作田,干旱发生几率很大。应充分利用土壤贮水保墒能力,发挥土壤水库的调节作用,推广麦收后及早深耕、耕后耙耱、伏耕两次、施有机肥等蓄水保墒的农业技术措施,并不断研究试用抗旱剂等新技术,真正做到蓄足伏秋天上雨,保住冬春地中墒,为小麦增产提供充足的土壤水分。在年降水量 300~800 mm 的地域大力推广集雨节灌农业技术,在关键生育期补充灌水。在旱作农田大力推广垄种冬小麦沟盖玉米地膜带田技术,它是集增温保墒、节水调水、边行优势等农田小气候效应于一体的综合栽培技术,是一项高投入、多产出、高效益的农业生产措施。

(3)提高栽培管理技术,增强趋利避害能力。不同气候年型播种时间是不同的,适时播种是防冻防旱高产的关键措施,冬小麦适播温度为 $14\sim16$℃,冬前$\geqslant$0℃积温 $450\sim550$℃·d 最适宜。播种时间陇东一般在9月中下旬,渭河上游在9月下旬至10月上旬,陇南在10月上中旬。改进播种技术,采用沟播方式解决浅播壮苗与深播保苗的矛盾;合理运筹水肥和中耕调节群体等措施,培育冬前壮苗,提高抗冻能力。低温多阴雨气候年,要加强后期水肥管理,防治条锈病的发生发展。

5.3.4.3 提高玉米作物气候生产力的对策

(1)适时早播,躲避后期不利气候生态因素。因气候变暖,春季气温回升较快,玉米适播期提前,因此,各地应充分利用早春热量资源,适时早播。一方面可躲避抽雄吐丝期的高温干旱,减轻危害,增加结实粒数;另一方面,由于生育期提前,对后期灌浆期气温处于较适宜范围,有利于灌浆,提高千粒重和产量。

(2)积极推广地膜覆盖栽培,充分利用气候生态资源。地膜覆盖具有增温、保墒、促苗和防冻抗寒效应。据试验,通过地膜覆盖可使玉米出苗时间提前5 d左右,抽雄、吐丝期提前10 d,成熟期提前18~22 d,增产25.7%。争取到≥10℃积温270~300℃·d,使玉米种植高度提高200~250 m,目前通过地膜覆盖技术,在古浪、临夏、康乐、和政等海拔1900~2100 m地区成功种植。此外地膜覆盖使生育期提前,可躲避阴湿地区后期阴雨寡照天气的影响,利于玉米灌浆籽粒增重。

(3)积极推广间作套种,发挥带田增产作用。玉米与小麦、黄豆、马铃薯、蔬菜等矮秆作物组合,可以充分利用夏秋光、温匹配较好,降水利用率高等优势,提高资源转化率,躲避高温干旱危害,促使单位面积产量和经济效益提高。

(4)加快玉米种植基地建设,积极开展种植结构调整。气候变暖地区,适当加大玉米种植比例;气温偏高但降水又不够充足地区,可改种其他喜温作物或节水型经济作物。在提高玉米单产基础上,要注重品质的提高,大力发展高油、高赖氨酸优质玉米种植。在最适宜区和适宜区大力发展玉米生产基地和制种基地建设,扩大种植规模,促进玉米加工业的发展。

5.3.4.4 提高马铃薯作物气候生产力的对策

(1)合理利用气候资源,调整作物布局。马铃薯适应性较强,各地应根据气候特点,合理布局种植。最适宜种植区应充分利用气候冷凉,水分较充沛的有利条件,扩大种植面积,建立马铃薯生产、加工及无病留种繁殖基地;适宜种植区应建立比较集中、规模较大的菜用型、淀粉加工型、专用型马铃薯产业经济开发区;可种植区马铃薯生产不利气候因素较多,应辅以一定的农业技术保障措施。

(2)适当调整播种期,躲避气象灾害影响。马铃薯的气象灾害主要在幼苗期的春霜冻、块茎形成期的高温及伏期干旱等。在次适宜种植区和可种植区适当推迟播种期,既可减少幼苗春霜冻危害几率,又可躲避块茎膨大期高温危害,提高产量和品质。

(3)采取多种农业措施,扩大种植面积。马铃薯属耐阴作物,对光照要求不甚严格,热量条件较好的地区应扩大复种面积或采取与豆类、玉米、小麦间套带种等多种种植形式;海拔较高的寒冷山区应采取地膜覆盖的方法增加热量,扩大种植面积;陇南冬季气温比较高,采用地膜覆盖进行冬播,能提早到春季上市,提高经济效益。

5.3.4.5 提高棉花作物气候生产力的对策

(1)稳妥调整棉花种植结构,合理利用气候资源。近10年来气候变暖趋势明显,棉花种植面积迅速扩大,农民收入进一步提高。在气候变暖过程中也出现强降温的灾害性天气,2004年5月3—4日甘肃河西五市发生一次强霜冻天气,最低气温达-1~-11℃,凡在4月上旬播种的棉花均受到严重冻害,危害面积达到播种面积5.84万 hm^2 的70%左右,损失严重。因此,种植面积不能盲目扩大,应根据不同气候年型科学调整作物种植结构。在适宜种植区要稳妥地逐步适度扩大面积;在次适宜种植区要根据不同气候年型、水资源等综合情况科学调整种植面积;在可种植区应稳定现有面积,严格控制面积扩大。

(2)加大科技投入,提高管理水平。根据甘肃河西棉花主产区的气候特点,选育推广高产优质早熟和特早熟品种;适时早播,做到霜前播种霜后出苗;加大促前控后的综合性农业生产措施。采用地膜覆盖技术;合理密植,矮化植株,以密增桃;抓好"三早",即早施肥、早灌水、早管理;抓好"三适时",即适时打顶尖、适时脱裤腿、适时适量喷施调节剂、乙烯利等措施,促进棉株营养平衡,使棉铃及早成熟,夺取高产。

5.4 对作物气候生态适应性的影响

西北地区的气候变化对全球气候变暖的响应更为敏感,变幅更大;对气候变化的适应能力更加脆弱,受气候变化的影响更加复杂;影响程度会更加严重,造成的损失也会更加巨大。

5.4.1 对夏粮作物气候生态适应性的影响

5.4.1.1 冬小麦

冬小麦是耐寒性较强的作物。强冬性和冬性品种,全生育期需 270~290 d,需≥0℃积温 2000~2200℃·d;半冬性品种,全生育期 240~270 d,需≥0℃积温 1900~2000℃·d;春性品种,全生育期 220~240 d,需≥0℃积温 2100~2200℃·d,比变暖前有减少趋势。播种期推后 4~8 d,营养生长期提前 4~7 d,生殖生长期提前 5 d 左右,全生育期缩短 6~9 d。安全越冬的热量指标≤0℃负积温为 -400~-500℃·d,比变暖前≤0℃负积温 -450~-600℃·d,提高 50~100℃·d。冬季变暖,≤0℃负积温减少,越冬死亡率大大降低,种植北界向北扩展 50~100 km,不但西伸明显,而且从海拔高度 1800~1900 m 扩展,种植高度提高 200 m 左右,种植面积扩大 10%~20%(张强等,2008;蒲金涌,2007;邓振镛,2008)。

旱作地冬小麦全生育期需水量 350~400 mm,愈干旱的地区需水量越多。灌溉地冬小麦需水量 400~450 mm。全生育期需水量比变干前有增加趋势。由于气候变干,对旱作地冬小麦产量影响最大,气候暖干化后冬小麦气候产量下降 125.7%。

5.4.1.2 春小麦

春小麦是一种喜凉作物。早熟、中早熟和中晚熟品种全生育期分别为 100~110 d、110~120 d 和 120~135 d,需≥0℃积温分别为 1500~1650℃·d、1650~1800℃·d 和 1800~2000℃·d,比变暖前略有减少。生长前期需适宜的低温,当幼穗分化期在 9~12℃时,结实小穗数明显增多;中期需较多的热量条件,当拔节至抽穗期≥0℃积温偏多,则穗粒数增多;后期宜凉爽气候,当灌浆期在 16~19℃时有利于灌浆进程,使粒重明显增加。由于春季气温偏高,播种期提早 2~7 d,各发育期提前,营养生长期缩短 1~2 d,生殖生长期缩短 2 d 左右,全生育期缩短 3~4 d。灌溉区春小麦产量与≥0℃积温呈显著正相关,因此春小麦气候产量比变暖前增加 10%~79%。随海拔高度增加,气候产量有增加更多的趋势。适宜种植区海拔高度提高 100~200 m,在 2300~2700 mm 的冷凉气候带种植面积迅速扩大(王润元等,2007;赵鸿等,2007)。

灌溉地春小麦全生育期需水量 350~400 mm。旱作地需水量 300~350 mm,愈干旱的地方需水量愈多。全生育期需水量比变干前有增加趋势。旱作区春小麦产量与土壤水分相关密切,播种出苗期、拔节孕穗期、灌浆期的 100 cm 深土壤贮水量与气候产量的相关系数分别为 0.661、0.709、0.783,通过 0.05 和 0.01 的显著性水平检验,它们对气候产量的贡献具有重要作用。气候暖干化后,旱作区春小麦气候产量下降速度明显,达 5.59 kg·hm^{-2}。

5.4.2 对秋粮作物气候生态适应性的影响

5.4.2.1 玉米

玉米是喜温作物。灌溉区玉米中早熟、中晚熟和晚熟品种全生育期分别为 130～140 d、140～150 d 和 150～170 d,需≥10℃积温分别为 2500～2700℃·d、2700～2900℃·d 和 2900～3100℃·d;旱作区玉米不同熟性品种全生育期天数和≥10℃积温比灌溉区玉米分别多 5～10 d 和 50～100℃·d。春暖使玉米播种期提前 2 d 左右,灌溉区玉米营养生长期变化不大,但生殖生长期延长 6 d,全生育期延长 6 d 左右,全生育期需要≥10℃积温比变暖前增加 100～150℃·d;旱作区玉米受暖干气候共同作用,营养生长期提早 4～5 d,生殖生长期提早 6～7 d,全生育期缩短 6 d 左右,全生育期需≥10℃积温比变暖前有减少趋势。气候变暖,使玉米适宜种植区海拔高度提高 150 m 左右,种植面积尤其灌溉区迅速扩大。气候变暖,尤其对灌溉区玉米产量增加非常有利。据统计,灌溉区玉米气候产量与≥10℃积温呈极显著相关,显著性水平超过 0.01。气象因素对实际产量的贡献率达 52%～60%,超过社会因素的贡献率。1992—2005 年气候变暖后的气候产量比 1981—1991 年变暖前增加了 124%～301%(曹玲,2007;王润元等,2004)。

灌溉区玉米全生育期需水量 500～600 mm,比变干前略有减少趋势;旱作区玉米需水量 400～500 mm,比变干前增多趋势明显。旱作区玉米气候产量与干旱程度变化相一致,与全生育期和拔节至乳熟期需水量正相关分别为 0.80 和 0.79,显著性水平达到 0.001。降水量愈少,土壤贮水量愈少,愈干旱,玉米气候产量愈低,气候暖干化使旱作区玉米气候产量下降 20%～30%。

5.4.2.2 马铃薯

马铃薯是喜温凉气候的作物。全生育期天数和要求热量范围较宽,中熟品种全生育期 130～150 d,需≥10℃积温 2300～2500℃·d,复种马铃薯生育期 60～70 d,需≥10℃积温 1000～1200℃·d。春暖使播种期提前 5～10 d,出苗提早 13 d,开花期提前 8～10 d,停止生长期推迟,生长季延长半月。全生育期需≥10℃积温比变暖前略有增多。适应种植区海拔高度提高了 100～200 m,种植高度上限可达海拔 3000 m 左右,最适宜种植海拔高度为 2000～2500 m。结薯期最怕高温,气候产量与块茎膨大期温度呈显著性负相关,显著性水平达 0.01 的水平,温度愈高,减产幅度愈大。西北地区温凉半干旱半湿润气候区是马铃薯种植优势地带,目前种植面积迅速扩大(姚玉璧等,2006;蒲金涌等,2004)。

灌溉地马铃薯全生育期需水量 350～400 mm,旱作地为 300 mm 左右,比变干前需水量略有增多。据统计,气候产量与分枝至开花期降水量呈显著性正相关,显著性水平达到 0.01～0.05 的水平,这一时期对水分要求比较敏感,降水量愈少,减产幅度愈大。20 世纪 90 年代以后气候暖干化,使旱作区马铃薯气候产量呈下降趋势,而灌溉区降水量对产量影响就比较小。

5.4.2.3 谷子

谷子是喜温作物。早熟、中熟和晚熟品种全生育期分别需 80～120 d、120～150 d 和 150～170 d,分别需≥10℃积温 1700～2000℃·d、2000～2400℃·d 和 2400～2800℃·d。气候变暖使播种期提早,全生育期延长,需≥10℃积温比变暖前略有增多。适宜种植海拔高度从 2100 m 提高到 2250 m,提高了 150 m 左右。经积分回归分析,谷子从苗期开始气温对气候产量均为正效应,尤其灌浆期正效应非常明显,气温每增加 1℃,气候产量提高 52~72 kg·hm^{-2}。气候变暖为灌区谷子产量提高提供有利条件(马兴祥等,2004)。

灌溉地谷子全生育期需水量 350~400 mm,旱作地为 250~300 mm,比变干前需水量略有增多。经积分回归分析,谷子拔节至抽穗期正效应明显,降水量每增加 1 mm 气候产量增加 10~19 kg·hm^{-2},灌浆至完熟期为负效应,降水量每增加 1 mm,气候产量减少 11~13 kg·hm^{-2}。谷子是比较耐旱的作物,气候暖干化对旱作地谷子的生产比其他作物影响来得少。

5.4.2.4 糜子

糜子是喜温作物。特早熟、早熟、中早熟、中晚熟和晚熟品种全生育期天数分别为 <100 d、100~120 d、120~140 d、140~160 d 和 160~180 d,分别需≥10℃积温≤1800℃·d、1800~2000℃·d、2000~2400℃·d、2400~2600℃·d 和 2600~2900℃·d。复种糜子全生育期需 60~90 d,需≥10℃积温 1100~1800℃·d。气候变暖,播种期提早,全生育期延长,需≥10℃积温比 20 世纪 80 年代前有增多趋势。适宜种植海拔高度从 2200 m 提高到 2350 m,提高了 150 m 左右。经积分回归分析,各个生育阶段气温对气候产量的影响全为正效应,最大值出现在拔节至抽穗期,每升高 1℃,气候产量增加 5 kg·hm^{-2},热量对气候产量的影响并不明显。

糜子是禾谷类中最耐旱的作物之一,灌溉地全生育期需水量 300~350 mm,旱作地为 250 mm 左右,比变干前略增多。经积分回归分析,拔节以后的生育期降水量对气候产量的影响均为弱正效应,最大值出现在拔节至孕穗期,每增加 1 mm,气候产量增加 5 kg·hm^{-2}。气候暖干化,对气候产量的影响甚少。这与糜子抗旱耐旱性强的生理特点有关;另外糜子需水关键期正好又是降水相对比较集中的时期,基本可以满足需要,没有发生土壤干旱。

5.4.2.5 水稻

西北地区适宜栽培一熟单季早熟、中熟早粳稻,生长季为 110~180 d,平均气温 18~24℃,≥10℃积温 2000~2500℃·d。通常以日平均气温稳定通过 10℃初日的 80%保证率日期为安全播种期。抽穗开花期要求日平均气温稳定在 20℃以上,且不连续出现 3 d 以上低于 20℃的天气,为安全齐穗期的气候指标。齐穗后有 40 d 左右气温≥15℃的天气,即可达到安全成熟期。

水稻一生耗水量为 400~550 mm。水稻蒸腾系数(即每生产 1 g 干物质所需水量的克数)为 682,比棉花、小麦、玉米要大。水稻的灌溉方式为"干两头,保中间",即生长前期和后期需水量少,中期需水量多。

5.4.3 对经济作物气候生态适应性的影响

5.4.3.1 棉花

棉花是喜热作物。陆地棉特早熟、早熟、中熟和晚熟品种全生育期分别为 140~150 d、150~160 d、160~170 d 和 >170 d,需≥10℃积温分别为 3000~3300℃·d、3300~3500℃·d、3500~3900℃·d 和 3900~4400℃·d。甘肃省河西走廊以及新疆棉区主要以特早熟和早熟品种为主;陕西棉区以早熟和中熟品种较多。气候变暖,播种期提前 5~12 d,营养生长期提前,生育阶段缩短 1~2 d,如开花期提前 4~12 d,为生殖期争取更长季节和更多资源打下良好基础。停止生长期推迟 6~9 d,生殖生长期延长 6~12 d,全生育期延长 14~18 d,需≥

10℃积温比变暖前增多趋势明显。气候变暖,使适宜种植区海拔高度从 1300 m 提高到 1400 m,提高了 100 m 左右,种植面积迅速扩大。经积分回归分析,全生育期的≥10℃积温均呈正效应,最大值出现在裂铃至吐絮期,≥10℃积温每增加 100℃·d,气候产量增加 330~400 kg·hm^{-2}。气候变暖使产量增加品质提高,20 世纪 90 年代比 80 年代气候产量增加 81.5 kg·hm^{-2},增加了 54.3%,霜前花减少了 30%,衣分提高了两个百分点(邓振镛等,2008;王润元等,2006)。

全生育期需水量为 450~550 mm,比变干前略有减少趋势。棉花生长中后期,比其他作物更忌雨水,因此有灌溉条件的干旱区和特干旱区发展棉花生产更为有利。气候暖干化对喜热作物棉花来说,利远大于弊。

5.4.3.2 胡麻

胡麻是喜冷凉作物。灌溉地中熟种全生育期 110~120 d,需≥5℃积温 2100~2200℃·d;旱作地中熟种全生育期 115~125 d,需≥5℃积温 2000~2100℃·d;复种早熟种需 85~95 d,≥5℃积温 1750~1850℃·d。春播期平均提前 20 d 左右,出苗期提前,停止生长期推迟,全生育期延长 30 d 左右,需要≥5℃积温比变暖前略有增加趋势。适宜种植区海拔高度从 2400 m 提高到 2550 m 左右,提高了 100~200 m。冷凉半干旱气候区种植面积呈扩大趋势。经积分回归分析,籽粒期负效应非常明显,气温每升高 1℃,气候产量下降 38 kg·hm^{-2}。当降水量变化在适宜范围内,气候产量随温度升高而降低,气温每升高 1℃,旱作地气候产量下降 1.9%~2.6%,灌溉地下降 1.5%(姚玉璧等,2006)。

灌溉地胡麻全生育期需水量为 350~400 mm,旱作地需水量为 300 mm 左右,比变干前略有增加。经积分回归分析,旱作区降水量在现蕾开花期正效应非常突出,每增加 1 mm,气候产量增加 85 kg·hm^{-2}。当温度变化在适宜范围内,气候产量随降水量增加而增加,降水量增加 10%,气候产量增加 0.8%~1.0%。愈干旱地区增产幅度愈大,灌溉区降水量对产量影响很小。20 世纪 90 年代气候暖干化,使旱作区气候产量呈下降趋势。

5.4.3.3 冬油菜

冬油菜(白菜型)是耐寒性较强的作物。中熟种全生育期 280~300 d,需≥0℃积温 2000~2200℃·d;秋冬季气候偏暖,播种期推迟 7~13 d,停止生长期推迟,冬季停止生长期减少 16~24 d,返青后生育期提前 8~12 d,全生育期缩短 17~32 d。需≥0℃积温比变暖前有减少趋势。经计算,越冬成活率与 1 月平均最低气温呈显著性正相关,相关系数为 0.955,当 1 月平均最低气温为 −10℃时,存活率在 80% 以上,因此可定为适宜种植指标。冬暖越冬死亡率下降,种植带向北扩展约 100 km;向西北伸展,适生区种植海拔高度提高 150~200 m,面积扩大了 1 倍。气候产量与冬季平均气温相关极显著,相关系数为 0.774,通过 0.01 显著性水平。每升高 1℃,气候产量增加 172 kg·hm^{-2},含油率提高达 42%~44%。气候变暖,尤其冬暖使越冬冻害风险下降,丰产品种面积扩大,产量和品质大幅提升(蒲金涌等,2006;王鹤龄等,2007)。

全生育期需水量为 350~400 mm,比变干前需水量略增多。经计算,旱作区气候产量与苗期和全生育期降水量呈显著相关,说明底墒和全生育期降水量对产量提高至关重要。当气温在适宜范围内,但生育期内降水量减少,变干则容易造成产量下降。

5.4.3.4 春油菜

春油菜(白菜型)中早熟种 100~120 d,≥0℃积温 1250~1450℃·d;复种油菜 65~75 d,

≥0℃积温 1100~1200℃·d。春油菜旱作地为 350~400 mm。

春油菜（甘蓝型）温凉半干旱区中早熟种需要 130~140 d，≥0℃积温 1600~1700℃·d；温凉半湿润区旱作地为 140~150 d，≥0℃积温 1700~1850℃·d。日平均气温稳定通过 5℃日期为适宜播种期。苗期、花期和角果期生物学下限温度分别为 5~6℃、14℃ 和 12℃。灌溉地耗水量为 450~500 mm，旱作地为 400~450 mm。

5.4.3.5 甜菜

热量指标：温和干旱区中熟种需要 130~150 d，≥0℃积温≥2600℃·d；收成较好，则需要 170~190 d，≥0℃积温＞3000℃·d。

水分指标：灌溉地耗水量为 450~600 mm。

5.4.3.6 蚕豆

热量指标：温凉半湿润区早熟种需要 150 d 左右，≥0℃积温 2000℃·d 左右。气温稳定通过 0℃为适播指标。

水分指标：旱作地耗水量为 400 mm 左右。

5.4.4 特种作物气候生态适应性的水热指标

5.4.4.1 酿酒葡萄

灌溉地酿酒葡萄从萌芽至果实充分成熟期中早熟品种 145~150 d，需≥10℃积温 2800~2900℃·d；中晚熟品种 150~160 d，需≥10℃积温 2900~3000℃·d；晚熟品种 160~170 d，需≥10℃积温 3000~3100℃·d。幼果出现到成熟期需≥10℃积温 2150~2230℃·d。适生种植海拔高度范围为 1300~1800 m。经试验资料计算，含糖量积累与光、热因子均呈正相关，与水分因子呈负相关。当日照时间、气温日较差、光温积（气温与日照时数的乘积）分别增加 10 h、1℃、100℃·h 时，含糖量分别增加 0.56%~0.71%、0.24%~0.30% 和 0.24%~0.30%，三因子均通过 0.01 极显著水平检验。果实增长与≥10℃积温呈正相关，通过 0.01 极显著水平检验。经计算，果粒生长动态变化呈抛物线型增长，增长速度最快时的气温在 20~21℃，超过 21℃，对果实增大有抑制作用，增速明显变缓。气候变暖加上日照充足，对含糖量增加和果实增长极为有利（刘明春等，2007；马兴祥，2006）。

灌溉地全生育期需水量为 400~450 mm，盛花至成熟期需水量最多，为 260 mm，占全生育期 61%。

5.4.4.2 鲜食葡萄

热量指标：陇东南地区以产鲜食葡萄为主，在葡萄生长季要求冬季气温不能过低，以免进行覆盖保苗。较高的温度有利葡萄果浆的迅速形成及糖分积累。在葡萄种植区，芽开放至浆果成熟需 160~170 d，≥10℃积温为 2750~3100℃·d，其中开花至浆果成熟期≥10℃积温为 1930~2175℃·d。对浆果糖分、营养等积累十分有利。

水分指标：一般年份，陇东南地区葡萄生长水分条件是比较优越的，萌芽—浆果成熟期降水总量为 340~450 mm，其中开花至成熟期为 240~320 mm，占全生育期的 70% 左右。成熟期间降水日数多将使成熟的籽粒烂裂、脱落，对葡萄生产不利。

5.4.4.3 苹果

热量指标：芽开放至果实成熟期中熟种需要 160~175 d，≥10℃积温 2100~3200℃·d。

气温稳定 5℃ 开始芽开放,最冷月平均气温-10.5℃ 等温线是苹果分布北界,冬季-30℃ 是苹果树能忍耐低温的下限温度指标。

水分指标:温和半湿润区旱作地苹果适宜生长在年降水量 500~800 mm 区域。全生育期需水量 420 mm 左右,其中新梢旺长期和新梢二次生长期以及果实成熟期是耗水量最多三个时段,也是需水关键期。

5.4.4.4 桃

热量指标:温和半干旱区和半湿润区桃树芽开放至果实成熟中熟种需要 110~140 d,≥0℃ 积温 1700~2400℃·d。

水分指标:主产区生长期降水量为 250~300 mm。

5.4.4.5 大樱桃

热量指标:大樱桃适于凉爽而相对干燥的气候条件种植,最适宜种植区年平均气温为 10~12℃,萌芽至开花期需要 ≥10℃ 积温 280℃·d 以上,越冬休眠期的临界低温不得低于-20℃。发芽期适宜温度为 10℃,开花期适宜温度为 15℃,显蕾后抗寒力降低,花蕾期发生冻害临界温度是 1.1~1.7℃,开花和幼果发育期冻害临界温度为 1℃。

水分指标:最适宜种植区年降水量 600~900 mm,萌芽—浆果成熟期降水总量为 70~86 mm,其中开花至成熟期为 58~72 mm。相关分析表明,花期降水与气候产量负相关比较明显,降水偏多,会导致气温降低明显,带来的冻害危害远远大于降水偏少的干旱影响;果实增长期降水与产量正相关较为显著,此期降水偏少,对产量会造成一定影响;成熟期间降水与产量负相关较为显著,此期降水日数多将会使成熟的籽粒烂裂、脱落,对大樱桃生长不利。全年降水量与产量相关系数极为显著。

5.4.4.6 白兰瓜

热量指标:温和干旱区和半干旱区白兰瓜中熟种生长期需要 110~130 d,≥10℃ 积温 2100~2300℃·d。在 5 cm 地温通过 12~15℃ 时播种较适宜,地温-2℃ 以下发生瓜苗冻害。

水分指标:主产区兰州白兰瓜生长期降水量为 200~250 mm。

5.4.4.7 板栗

热量指标:温暖半湿润区栗树萌芽—果实成熟全生育期需要 190~210 d,≥0℃ 积温 3500~3900℃·d。

水分指标:栗树喜欢生长在年降水量为 580~860 mm,主产区年降水量 670~800 mm。

5.4.4.8 油橄榄

热量指标:北亚热半干旱区油橄榄从春芽萌动到果实成熟全生长期 210~220 d,≥10℃ 积温 3800~4500℃·d。日平均气温稳定通过 12℃ 时春芽萌动,日平均气温稳定下降到 8~10℃ 以下时进入冬眠期。

水分指标:主产区白龙江沿岸适宜生长的年降水量为 410~440 mm。

5.4.4.9 花椒

热量指标:温暖半干旱和半湿润区花椒全生育期 150~160 d,≥5℃ 积温 2000~2600℃·d。发育期随海拔升高而推迟,全生育期天数和 ≥5℃ 积温均随海拔升高而减小和下降。每升高 100 m,全生育期天数减少 4 d,≥5℃ 积温下降 106℃·d。

水分指标:主产区全生育期降水量在200~250 mm,果实膨大期气温在19~20℃,相对湿度在60%左右,果实重量明显增大。

5.4.4.10 百合

热量指标:温和半干旱区百合生育期适宜平均气温6~8℃,≥0℃积温2350~3000℃·d。地下茎在-8℃时能安全越冬。

水分指标:主产区兰州百合年降水量在450 mm左右,就能满足要求。需水关键期在花期至鳞茎膨大期,需水量在200~300 mm,生育期内土壤湿度不宜过大,12%~15%较适宜。

5.4.4.11 黄花菜

热量指标:温和半湿润区黄花菜从春苗生长至休眠期为200 d左右,需要≥0℃积温为3100~3400℃·d。

水分指标:主产区陇东黄花菜春苗生长至休眠整个生长期降水量为400~600 mm,抽蕾至采蕾期是需水关键期,降水量为110 mm,50 cm土层土壤含水量达104 mm,土壤湿度为16%~18%较适宜。

5.4.4.12 啤酒大麦

热量指标:温凉半干旱区啤酒大麦全生育期120~130 d,需要≥0℃积温1600℃·d左右。产量形成的两个主要关键时段分蘖—拔节和灌浆期对气温有较严格要求。幼穗分化期适宜温度为9~12℃;灌浆期适宜温度为16~19℃。

水分指标:全生育期需水为300 mm。灌水三次,分别在三叶一心、挑旗或抽穗期、灌浆期。前两次灌水定额为900 $m^3 \cdot hm^{-2}$,第三次为600 $m^3 \cdot hm^{-2}$,总定额为2400 $m^3 \cdot hm^{-2}$。

5.4.4.13 啤酒花

热量指标:温和干旱区啤酒花全生育期需要160~170 d,≥5℃积温2700~3000℃·d。幼苗适宜气温9~14℃;现蕾开花期适宜气温16~21℃;花体成熟适宜气温21~15℃。

水分指标:主产区河西走廊沙漠边缘地带,具有典型内陆干燥气候特征,适宜生长在全生育期降水量65~120 mm有灌溉的地区。

5.4.4.14 甘草

热量指标:温和干旱区甘草返青至种子成熟期需要≥15℃积温2200~2300℃·d。气温稳定通过10℃初日为适播期指标。播种至出苗需有效积温70.1℃·d,生物学下限温度11.0℃。

水分指标:主产区要求年降水量400 mm以下,最佳100~300 mm。

5.4.4.15 当归

热量指标:温凉半湿润区旱作地当归移栽至采挖需要200 d左右,≥0℃积温2500℃·d左右。叶生长期最快为14~16℃;根迅速膨大生长为14~10℃。

水分指标:年降水量600~700 mm为丰产年;500~600 mm为正常年;小于500 mm为歉收年。适宜土壤湿度在18%~25%。

5.4.4.16 党参

热量指标:温和半干旱区和半湿润区党参返青至枯萎全生长期需要150~190 d,≥10℃积温2000~2800℃·d。气温稳定通过10℃时移栽。

水分指标：正常年景产量需年降水量 500～600 mm。参根膨大期是需水关键期，降水量小于 150 mm 时，产量下降 20% 以上；降水量 150～250 mm，产量达正常年景；降水量大于 250 mm，产量增加 20% 以上。

5.4.4.17 黄芪

热量指标：温凉半干旱区和半湿润区黄芪移栽返青至停止生长需要 200 d 左右，≥10℃ 积温 2300～2800℃·d。

水分指标：要求年降水量 450～500 mm，全生育期降水量 400 mm 左右，土壤湿度在 17%～20% 最适宜。

5.4.5 对作物气候生态适应性的认识

5.4.5.1 气候变暖对作物热量生态适应性的影响非常显著

气候变暖使作物全生长期延长，对同一熟性品种而言，需要热量指标比变暖前有提高趋势。愈喜温作物或全生长期延长的作物，热量指标有提高愈多的趋势。喜凉作物全生长期缩短，需要热量指标呈下降趋势。同一种作物旱作地玉米由于受暖干气候共同作用下，全生育期缩短，需热量指标呈下降趋势；而灌溉地玉米全生育期延长，需热量指标反而有提高趋势。气候变暖使作物适生种植高度、适生种植区域和种植面积均发生了重大改变，对农作物产量和品质产生了重大的影响。

5.4.5.2 气候变干对作物水分生态适应性的影响非常敏感

20 世纪 90 年代以后气候暖干化使作物需水量比变化前有增多趋势。愈喜水作物或旱作地作物或全生育期缩短愈少的作物，水分生态适应性对气候暖干化的响应愈敏感，需水量指标增加也愈多。同一种作物旱作地比灌溉地作物水分生态适应性要敏感，旱作地玉米需水量指标增多，而灌溉地玉米反而略有减少；同是旱作地秋粮作物，需水量指标高的喜水作物比需水量指标低的耐旱作物要敏感。

5.4.5.3 气候暖干化对作物气候生态适应性的影响是多方面的、复杂的、且利弊并重

对灌溉区作物而言，总体来说利多弊少。气候变暖，温度升高，光照充足，又有灌溉条件，极有利于发挥作物气候生态适应性的强项，更有利于发展喜温的具有特色的价格比高的优质作物种植，可充分利用气候变暖带来的发展机遇，创建干旱区现代农业的发展模式。对于雨养旱作区作物而言，总体来说弊远大于利，气候暖干化，蒸发量加大，土壤水分不足，进一步降低了作物气候生态适应性的弱项，对作物生产带来了一系列不利的影响，为此迫切需要建立一整套旱作农业生产机制来适应气候变化。

5.4.5.4 作物气候生态适宜发展种植区域

在分析气候变化对作物的影响以及气象条件与作物生长发育和产量之间关系的基础上，提出不同气候区域适宜发展的作物。谷子和糜子适宜在温和半干旱半湿润气候区旱作地发展；玉米适宜在温暖半湿润或湿润气候区旱作地和温暖干旱或半干旱气候区灌溉地发展；水稻是温暖或温热半湿润气候区和温和半干旱气候区灌溉地的优势作物；马铃薯是冷凉半干旱半湿润气候区旱作地的优势作物；冬小麦和冬油菜是温和半湿润或湿润气候区旱作地的优势作物；春小麦是温凉半湿润或湿润气候区旱作地和温凉干旱或半干旱气候区灌溉地的优势作物；

棉花适宜在温暖干旱气候区灌溉地发展;胡麻适宜在温凉半干旱半湿润旱作地或温凉干旱灌溉地发展;酿酒葡萄适宜在温和干旱区灌溉地发展。

5.4.5.5 作物气候生态适宜度是气候暖干化对作物产生重大影响的重要原因

越冬死亡率高低是越冬作物生产的关键,暖冬使越冬作物越冬期气候生态适宜度更好,可大大减轻死亡率,产量大幅增加。喜温作物和高寒阴湿区喜凉作物的最大限制因素是热量不足,由于春季增温速度加快,秋季降温速度减缓,生长期热量资源得到较大补偿,光温水匹配更协调,光合速率增强,不良气候生态条件降到最低,与作物生理需求指标更接近,气候生态适宜度得到基本满足,从而产量增加、品质提高。雨养旱作区作物最大限制因素是水分不足,全生育期和关键生育期大气干旱和土壤干旱共同作用,土壤贮水量严重不足,并得不到应有的补偿,远远低于作物生理需水量指标,气候生态适宜度下降,作物得不到土壤水分的基本满足,作物各部位细胞发生损伤,从而产生凋萎甚至死亡,使产量和品质大幅下降。

第6章 气候变化对主要粮食作物的影响

气候变暖已经成为全球变化的必然趋势。由此引发极端气候事件趋强趋多、农业生产不稳定性增加、水资源短缺、重大工程安全运行风险加大,在全球变暖的环境下,我国经济面临严峻挑战。我国北方气候暖干化明显,降水减少和温度升高是形成当前我国北方大部分地区显著干旱化的主要原因。对于农业生产而言,由于强烈依赖于气候生态条件,其受气候变化的影响更加显著,气候暖干化对粮食安全生产已构成了重大影响。为应对气候变化及其影响,应对极端气候事件趋强趋多,本章较系统地介绍了冬小麦、春小麦、玉米、马铃薯、谷子和糜子六种西北地区主要农作物受气候变化影响特征和规律,对农作物安全生产、结构调整、趋利避害、减轻不利影响,促进农业生产活动具有现实意义。

6.1 冬小麦

6.1.1 冬小麦生育期间农业气候资源的变化

冬小麦生长期间气温升高热量增加是气候资源最显著的变化之一。西北冬小麦种植区气温升高的转折点出现在1987年。1961—1987年气温呈缓慢下降趋势,1987—2003年为持续迅速上升趋势。1987—2003年与1961—1986年相比,甘肃北部冬小麦区升高0.5~1.4℃,陇南南部冬麦区升高了0.1~0.4℃。陕西全省升高了1.0℃,其中陕北升高了1.2~2.0℃,关中升高了1.0~1.4℃,陕南升高0.4~1.0℃。全年以冬季气温升幅最大,为1.3℃;秋季次之,为0.7℃;夏季和春季分别为0.5℃和0.4℃。年平均最高气温和年平均最低气温分别升高0.7℃和0.8℃,夜间增温比白天增温明显,平均气温的升高主要是最低气温升高所致。冬麦区≥0℃积温1987—2003年比1961—1986年平均增加150~160℃·d,平均≤0℃负积温绝对值1987—2003年比1961—1986年减少50~150℃·d。热量增加明显,限制冬小麦种植的主要热量指标负积温明显减少。

20世纪50年代以来,西北冬麦区降水量呈减少趋势。降水量的减少集中在夏秋降雨季节,并且≥50 mm的暴雨明显增多,降雨日数减少。对冬小麦的水分充分利用不利。同时气温升高加剧了土壤水分的蒸发散,90年代较50年代土壤水分蒸发散增加了35~45 mm,90年代降水供给作物的水分较60年代平均减少了100 mm。甘肃冬麦区9—6月降水量1987—2003年与1961—1986年相比,只有陇东增加10 mm左右,其余地方减少5~50 mm。陕北北部年降水量大部分地区减少了25~50 mm,陕北南部、关中、陕南东南部减少了50~75 mm,陕南大部分减少了75~150 mm。

热量资源增加,水分资源减少是西北冬麦区气候的变化特点。预计未来降水的总趋势仍将减少,冬小麦生长水资源问题凸显。

6.1.2 气候变化对冬小麦生长发育的影响

生长发育速度的变化是冬小麦受气候变暖影响最为明显的结果之一。受气候变化影响，西北地区冬小麦全生育期20世纪70年代比21世纪初减少6%~8%。秋季播种期推迟，返青期及返青后各生育期普遍提前，抽穗期—乳熟期显著延长，乳熟期—成熟期显著缩短等生长发育受气候变化影响的最明显的结果。

甘肃省天水农业气象试验站及西峰农业气象试验站的多年观测记录显示（表6.1），21世纪初，甘肃省冬小麦的全生育天数比20世纪70年代减少了14~20 d。冬小麦的冬性决定了分蘖后需要经过冬眠春化阶段，要继续进入起身、拔节生长，需要较高的温度环境，而气候变暖的幅度不足以使分蘖后的冬小麦连续进入下一个生长发育阶段，个别年份冬前气温特高，导致个别播种明显偏早地块出现冬前旺长现象。据西峰农业气象试验站连续观测，在气候变暖，暖冬持续的大气候背景下，冬小麦冬前生长阶段没有明显变化。返青后各发育阶段对积温有比较稳定的要求，冬春气温升高，发育期整体提前，但间隔日数变化不大。返青期以 $0.57 \text{ d} \cdot \text{a}^{-1}$（$R=0.3058, P<0.01$）的线性趋势提前，20世纪80年代初至21世纪初，返青期提前了21 d。拔节期以 $0.42 \text{ d} \cdot \text{a}^{-1}$（$R=0.3034, P<0.01$）的线性趋势提前，成熟期以 $0.48 \text{ d} \cdot \text{a}^{-1}$（$R=0.2942, P<0.01$）的线性趋势提前。整个生育天数的缩短和冬季停止生长的天数基本一致，说明在冬小麦的整个生长季中，其生长天数的变化实际上是冬季停止生长天数缩伸的结果，除去冬季停止生长的天数外，冬小麦实际生长天数并未发生较大改变。秋末气温降低速度较慢，初春气温升高速度较快致使冬季停止生长后延，春季返青开始生长提前，冬季停止生长缩短。

表6.1 甘肃省天水及西峰各年代冬小麦生育期天数

地点	天数	20世纪70年代		1981—1990年		1991—2000年		2001—2003年	
		全生育期	越冬	全生育期	越冬	全生育期	越冬	全生育期	越冬
西峰	总天数(d)	292	112	292	113	284	104	278	99
	距平(d)	6	5	6	6	−2	−3	−8	−8
天水	总天数(d)	271	84	256	70	255	68	248	65
	距平(d)	13	12	−2	−2	−3	−4	−10	−7

6.1.3 气候变化对冬小麦安全越冬及旺长现象的影响

西北地区冬小麦种植区有一部分地区位于冬小麦和春小麦的过渡区域，这些地方以变暖为主的气候变化增加了热量的补充，有利于冬小麦的生长发育。

越冬死亡是西北地区20世纪70年代冬小麦种植的主要农业气象问题。甘肃陇东地区冬季<0℃负积温变化与冬小麦的越冬死亡率变化有着较好的一致性（图6.1），两者相关关系明显（$R^2=-0.5227, n=23$，通过 $\alpha=0.01$ 显著性水平检验）。20世纪80年代以来，<0℃负积温逐渐减少，平均每10年减少74℃·d。冬小麦越冬死亡率也逐年降低，平均每10年降低2.4%。自1993年以后，<0℃负积温降至400℃·d以下，冬小麦越冬死亡率下降至2%以下，进入21世纪初，基本上达到了越冬零死亡。保证了冬小麦来年可能丰产的基本苗数。另外，冬季气温升高，还使得拔节期—开花期的间隔日数增加，花前营养时间增加，结实率升高。

冬小麦冬前"旺长"是在越冬开始生育期前，由于气温不正常偏高，冬小麦生长速度高出平

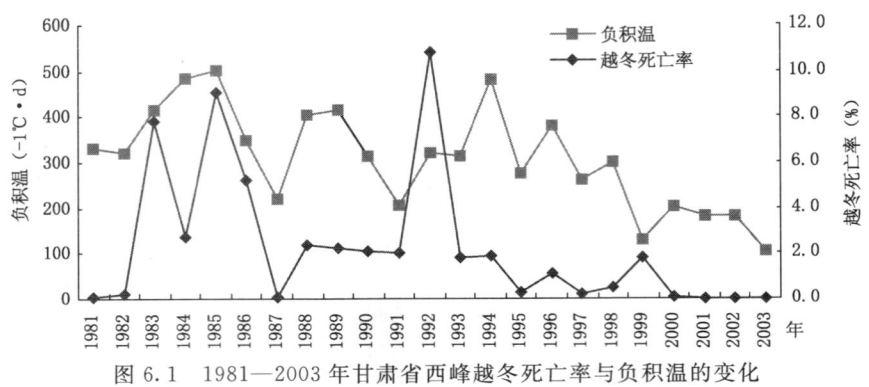

图 6.1　1981—2003 年甘肃省西峰越冬死亡率与负积温的变化

均很多,物候期达到或接近拔节生长期,对后期生长造成比较严重影响的现象。

近 20 年来,气温偏高尤其是冬小麦冬前生长期间温度偏高,对冬小麦生长影响较大。秋季气温升高,使作为秋季冬小麦越冬前生长阶段所需要的基本热量≥0℃积温与反映冬小麦正常持续生长发育的≥5℃积温均表现为增加趋势,秋季冬小麦适宜生长的温度和热量条件均逐年远离下限指标,而逐渐靠近上限指标。使得冬小麦冬前生长阶段热量资源向强势方向变化,增加冬小麦营养物质的无效消耗。以甘肃的陇东地区为例,自 20 世纪 80 年代以来,有 60%以上的年份存在着冬小麦冬前旺长现象,冬前旺长从干物质方面分析,平均损耗占标准生物量的 2.09 倍,最高可达 4.59 倍(2006 年)。从水资源损耗的角度分析,平均浪费占标准耗水量的 64%,最高可达 88%(2001 年)。另一方面,由于冬小麦生育进程推进,作为冬小麦的冬性生理优势明显减弱,越冬前抗寒锻炼不足,可导致越冬期间抗极端低温能力下降。持续"暖冬"现象将对冬小麦的正常发育生长造成比较严重的影响。

6.1.4　气候变化对冬小麦种植区域的影响

自 20 世纪 70 年代以来,西北地区冬季气温增高比较明显。甘肃陇东地区负积温以每年 6.23℃·d 的线性趋势减少。与 21 世纪初相比负积温减少了约 120℃·d。负积温减少,气温升高主要影响冬小麦为冬小麦安全越冬提供了条件。大量研究表明,作物种植的界限影响因素最主要是温度。越冬期负积温-500℃的等值线构成了冬小麦种植北界和海拔高度上界。按照这一标准,21 世纪初比 20 世纪 60 年代可向北扩展 50～200 km,20 世纪 60 年代西北地区东部北界在陕西的延安(-483℃·d)、甘肃的庆阳(-458℃·d)、庄浪(-446℃·d)、陇西(-448℃·d)一带,20 世纪末已北扩到陕西的绥德(-418℃·d)、宁夏的中卫(-429℃·d)、甘肃的景泰(-445℃·d)一带。在冬小麦种植区的海拔高度高度上限从 1800～1900 m 向 2000～2100 m 扩展,可种植高度抬升了 200 m 左右。甘肃省的种植面积扩大了 10%～20%。据刘晓光等研究,陕西省西部平均向北移动 47 km;宁夏平均向北移动 200 km;甘肃西扩 20 km;青海西扩 120 km。冬小麦种植北界的空间地理位移比较明显(图 6.2)(蒲金涌等,2007)。

6.1.5　气候变化对冬小麦生产的利弊综述

气候变暖对冬小麦的生产产生了较大正面和负面影响。首先冬季气温升高,使西北大部分地区冬小麦越冬死亡率降低,种植风险减少;同时,冬小麦全生育期缩短,延长了复种作物的

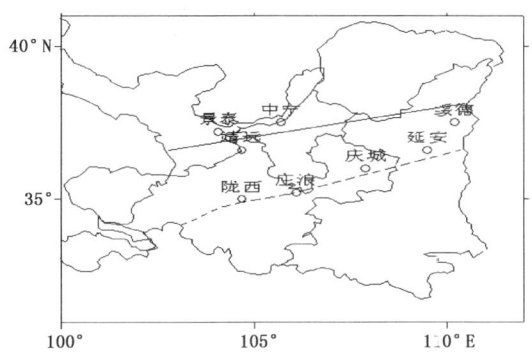

图 6.2 西北地区东部冬小麦北界变化（——20 世纪 90 年代；- - - 20 世纪 60 年代）

生长期,气候资源得到充分利用;而开花期延长,使其得到了充分的花前营养生长时间,对冬小麦的生产产生了一定的积极作用。

但是,气候变化对西北地区的冬小麦产量也带了不利影响,主要集中在两个方面,气温升高有利于麦田病、虫孢子越冬滋生,部分年份导致冬小麦春化不彻底,小穗发育不良,不孕小穗增多。西北冬小麦种植区大部分为旱作地段,水分是冬小麦生长发育的主要限制因素。尤其是在气候异常年份,水分对冬小麦生产的影响远大于温度。气温升高加大了土壤蒸散速率,麦田水分无效消耗增加。加大了水分对冬小麦胁迫程度。气温偏高的同时出现了降水偏少,使得干旱频繁发生,土壤水分蒸发加剧,土壤含水量急剧减少,由于水分供应不足抑制了热量资源增加所发挥的作用,致使冬小麦产量变化幅度加大,稳定性变差。以甘肃陇东冬麦区为例,20 世纪 80 年代冬小麦的最高气候产量和最低气候产量之间的差值为 2093.10 kg·hm^{-2},90 年代已经达到 3068.30 kg·hm^{-2}。冬季气温升高增加了冬小麦生产中的不确定因素。冬季气候变暖,还使得冬小麦田间的越冬病菌孢子、害虫卵蛹死亡率降低,病害发生频率加大,害虫数量上升,增加了病虫害的防治难度。春暖有利于害虫的繁殖,温度偏高伴随阶段性的干旱条件下,病虫的种群世代数量呈上升趋势,繁殖数量倍增,往往造成病虫害的大发生,进入 21 世纪以来这种现象尤为突出,2001—2005 年甘肃陇南地区出现了锈病连年大流行,2002 年成为近 30 年来最为严重的特大流行年份,造成了冬小麦的严重减产。另外,气候变暖缩短了冬小麦的生长发育时间,肯定会影响到冬小麦的籽粒品质。目前比较一致的结论是,冬小麦气温升高利于冬小麦的产量的提高,但是在气候变化异常年份,降水不足严重影响了增温对产量的增加效用。

尽管全球气候变暖是总趋势,但气候变化背景下,极端气象事件发生频率亦相应增加,干旱、洪涝、高温和低温冷害等农业气象灾害的发生频率增大。气温升高增加了北方地区的热量资源,但季风雨带的南移可能加重那里的干旱危害,造成北方变干变热;气候的冷暖、干湿变率可能增大,特别是降水变率的不确定性,是种植制度界限变化必须考虑的因素之一。未来不断变暖的气候将加剧水分蒸发,干旱与半干旱地区干旱胁迫的程度可能会增大。在气候变暖、种植制度变化敏感带,加强农田基本建设非常必要。种植制度的改变同时需要与其相适应的作物新品种,以充分利用自然资源,趋利避害,保证作物产量的稳定性。

6.2 春小麦

春小麦在我国是仅次于水稻的主要粮食作物,主要分布在黑龙江、新疆、甘肃和内蒙古等地,生长区气温普遍较低,春小麦产量及其品质与气象条件关系密切,受各地气温、降水等的影响较大。

6.2.1 气温与降水变化对春小麦的影响

国内外气候持续增暖对大田作物生长发育和产量有很大的影响,将使中国未来农业生产不稳定性增加、产量波动大、种植熟制变化大。气候变化国别研究组报告显示气候变化会使中国农作物的平均生产力下降5%~10%左右,其中春小麦以减产为主(王馥棠,1996;林而达等,1997;Wang Futang,2001)。温度升高将导致宁夏永宁与固原冬春小麦生长期缩短,干物质积累和籽粒产量下降;春季增温使我国河西走廊绿洲春小麦的生长季均提前;气候变暖使河西绿洲春小麦的生长期缩短等。气候暖干化使黄土高原半干旱雨养农业区定西春小麦生长季提前、生长期缩短、产量下降,当地降水量对春小麦生长的影响程度高于温度,春小麦各阶段生长和产量对气候变化的响应不完全一致,出苗—拔节期、抽穗—乳熟期降水量减少对春小麦产量下降有显著的正效应,拔节—抽穗期的增温对产量有极显著的负影响。以下重点介绍两个区域。

6.2.1.1 黄土高原半干旱雨养农业区春小麦对气候变化的响应

春小麦对气候暖干化的响应表现在生长季提前、生长期缩短、产量下降。相关分析也显示,降水量对春小麦生长的影响程度要高于温度。在春小麦整个生长发育过程中,其阶段生长和产量对气候变化的响应不完全一致:气候变化使该地区春小麦出苗期、拔节期、抽穗期和成熟期的出现时间均提前,而乳熟期出现时间推迟,导致播种—出苗期的营养生长阶段缩短,出苗—拔节期的营养生长阶段延长,拔节—抽穗期的生殖生长阶段缩短,抽穗—乳熟期的生殖生长阶段延长,乳熟—成熟期的生殖生长阶段缩短,最终造成全生长期缩短。出苗—拔节期、抽穗—乳熟期降水量减少对春小麦产量下降有显著的正效应($P<0.05$),拔节—抽穗期的增温对产量有极显著的负影响($P<0.01$)(表6.2)。预计随着未来全球气候进一步的变暖和半干旱区降水量的减少,将会更加严重影响春小麦的生长发育(赵鸿,2007)。

表6.2 产量与生长期间降水量、气温的相关分析

生育阶段	降水量 (mm)	降水量变率 (mm/a)	相关系数 R	概率 P	气温 (℃)	气温变率 (℃/a)	相关系数 R	概率 P
播种—出苗	17.1	0.374	−0.089	0.716	5.8	0.127	−0.02	0.935
出苗—拔节	49.8	−1.394	0.468*	.043	9.2	0.082	0.061	0.805
拔节—抽穗	33.8	−1.207	0.399	0.09	15.8	0.112	−0.618**	0.005
抽穗—乳熟	47.7	−0.441	0.518*	0.023	17.5	0.074	−0.068	0.782
乳熟—成熟	25.0	−0.705	0.165	0.501	18.7	0.026	0.014	0.955
播种—成熟	173.5	−3.373	0.646**	0.003	12.9	0.067	0.086	0.727

注:* $P<0.05$,** $P<0.01$。

6.2.1.2 高寒阴湿雨养农业区春小麦对气候变化的响应

高寒阴湿雨养农业区春小麦生长期间日平均气温每升高 1℃,生长期缩短约 9.2 d,产量增加约 26.2%(表 6.3)。春小麦整个生长发育过程中,其阶段生长对气候变暖的响应不完全一致:气候变暖使该地区春小麦除播种、出苗期外的三叶、拔节、孕穗、抽穗、开花、乳熟、成熟期的出现时间不同程度的提前 1~8 d,其中拔节和成熟期提前最多。使得春小麦拔节以前的各营养生长阶段缩短,而拔节以后的拔节—孕穗期、开花—乳熟期的生殖生长阶段延长、抽穗—开花期、乳熟—成熟期的生殖生长阶段缩短,最终使得春小麦全生长期缩短。作物生长过程中各阶段变暖对产量及产量构成要素的影响也有差异,开花—乳熟期的日均温增加对产量和每穗籽粒数有极显著的正影响($P<0.01$),对不孕小穗率有极显著的负影响($P<0.01$)。整个生长期内的气温增加以及出苗—三叶期、三叶—拔节期、乳熟—成熟期的温度增加和拔节—孕穗期的温度减少,引起每穗籽粒数增加而不孕小穗率减少,最终导致产量增加(赵鸿,2008)。

表 6.3 春小麦各发育阶段的日均温变化及其与产量、产量构成因子的相关系数

发育阶段	日均温的变化率 (℃·(10 a)$^{-1}$)	每穗籽粒数(粒)	不孕小穗率(%)	千粒重 (g)	产量 (g·m^{-2})
播种—出苗	1.00	0.24	−0.40	0.22	0.14
出苗—三叶	1.24	0.08	−0.19	0.07	−0.02
三叶—拔节	1.19*	−0.05	−0.41	0.13	−0.01
拔节—孕穗	−0.55	−0.37	0.40	0.15	−0.30
孕穗—抽穗	0.66	0.12	−0.31	−0.24	0.16
抽穗—开花	0.15	0.32	−0.21	−0.14	0.47
开花—乳熟	0.93	0.79**	−0.68**	−0.25	0.63**
乳熟—成熟	1.58*	0.03	−0.56*	0.23	0.14
播种—成熟	0.8**	0.21	−0.74**	0.21	0.43

6.2.2 气候变化对春小麦生长和产量影响的区域差异

6.2.2.1 不同气候类型区气候变化对春小麦影响的区域差异

在西北不同的气候类型区,影响春小麦生长的主导因子不同:影响特干旱区(敦煌)、干旱(武威)、半干旱区(定西)、半湿润区(岷县)、湿润区(临夏)春小麦生长期天数和产量的主导气象因子分别为≥0℃积温、日均温、降水量(表 6.4)。

表 6.4 春小麦生长期间气候因子的变化与生长期、产量的相关分析

台站	气候因子	生长期(d)		产量(g·m^{-2})	
		相关系数(R)	概率(P)	相关系数(R)	概率(P)
敦煌	日均温(℃)	−0.34	0.10	0.24	0.25
	≥0℃积温(℃·d)	0.79**	0.00	0.67**	0.00
	降水量(mm)	0.30	0.15	0.24	0.27
	日照时数(h)	0.42*	0.04	0.46*	0.03
	最高日温度(℃)	−0.11	0.63	0.36	0.11
	最低日温度(℃)	−0.36	0.10	−0.18	0.44
	高于 30℃的天数(d)	0.37	0.07	0.33	0.11

续表

台站	气候因子	生长期（d）		产量（g·m^{-2}）	
		相关系数(R)	概率(P)	相关系数(R)	概率(P)
武威	日均温（℃）	−0.69**	0.00	−0.11	0.62
	≥0℃积温（℃·d）	0.08	0.70	−0.28	0.18
	降水量（mm）	0.26	0.25	−0.03	0.90
	日照时数（h）	0.18	0.40	−0.27	0.20
	最高日温度（℃）	−0.53*	0.011	−0.38	0.08
	最低日温度（℃）	0.04	0.88	−0.06	0.80
	高于30℃的天数(d)	0.11	0.62	−0.54**	0.009
定西	日均温（℃）	−0.25	0.29	0.09	0.73
	≥0℃积温（℃·d）	0.57	0.14	0.74*	0.04
	降水量（mm）	0.80**	0.00	0.64**	0.003
	日照时数（h）	0.34	0.41	0.51	0.20
	最高日温度（℃）	0.10	0.76	0.17	0.55
	最低日温度（℃）	0.15	0.60	−0.06	0.82
临夏	日均温（℃）	−0.54**	0.005	0.27	0.21
	≥0℃积温（℃·d）	0.33	0.10	0.12	0.58
	降水量（mm）	0.27	0.19	−0.44**	0.03
	日照时数（h）	−0.26	0.21	−0.25	0.25
	最高日温度（℃）	−0.37	0.17	0.56*	0.03
	最低日温度（℃）	−0.48	0.07	0.18	0.45
岷县	日均温（℃）	−0.73**	0.001	0.43	0.08
	≥0℃积温（℃·d）	0.58*	0.012	−0.04	0.89
	降水量（mm）	0.61**	0.007	−0.19	0.44
	日照时数（h）	−0.27	0.28	0.41	0.09
	最高日温度（℃）	−0.64**	0.008	0.04	0.89
	最低日温度（℃）	−0.08	0.78	−0.20	0.46

注：*，**分别表示变化趋势在 0.05，0.01 水平上显著。

同一气象因子对不同地区作物的影响程度、强度和方向都不同：降水量的变化明显影响雨养区（定西、岷县）作物的物候期和产量，对两地的生长期均为正效应，而对产量的影响却一正一负，且前者大于后者。温度的变化明显影响灌溉地（敦煌、武威、临夏）作物的物候期和产量，温度对各地春小麦生长期均呈现不同程度的负效应，即温度的增加使春小麦的生长期缩短，但也有地区差异，表现为负影响岷县＞临夏＞武威，温度每增加 1℃ 时，其生长期分别缩短 9.2 d、5.0 d、4.6 d，温度对不同地区春小麦产量既有正影响（敦煌、定西、临夏、岷县），也有负影响（武威）；≥0℃积温对春小麦的生长期和产量的正效应表现为敦煌＞定西＞临夏，对武威、岷县春小麦的生长期有正影响，且前者小于后者，而对产量有负影响。

气候变化最终导致干旱区（敦煌）、湿润区（临夏）、半湿润（岷县）春小麦的产量以每年 8.8 g·m^{-2}、6.2 g·m^{-2}、8.6 g·m^{-2} 的速率显著增加，有利于其生长（表6.5）。干旱（武威）、半干旱区（定西）春小麦产量分别以每年 0.3 g·m^{-2}、5.5 g·m^{-2} 的速率下降，气候变暖不利于其生长。

表 6.5　五个台站 1981—2005 年春小麦各发育期及产量的变化

台站	出苗期 (d·(10 a)$^{-1}$)	拔节期 (d·(10 a)$^{-1}$)	开花期 (d·(10 a)$^{-1}$)	成熟期 (d·(10 a)$^{-1}$)	整个生育期 (d·(10 a)$^{-1}$)	产量 (g·m^{-2}·(10 a)$^{-1}$)
敦煌	−3.45**	−9.62*	−19.97**	−1.36	2.09	87.55**
武威	0.20	−1.88	−4.13**	−3.41**	−3.70**	−3.03
定西	−0.47	3.92	0.20	−12.37	−1.95	−55.30
临夏	−4.41	−2.62	−3.15**	−10.84*	−3.89**	62.19*
岷县	41.92	−13.01	−29.70*	−16.06	−8.84**	86.25

注：*，**分别表示变化趋势在 0.05，0.01 水平上显著。

6.2.2.2　不同海拔高度地区气候变化对春小麦影响的区域差异

高海拔地区春小麦对气候变暖的响应表现在生育期缩短、产量增加、水分利用效率减小。而低海拔地区春小麦对气候变暖的响应表现在生育期缩短、产量下降、水分利用效率增大（表 6.6）。春小麦生长季内日平均气温每升高 1℃，高海拔地春小麦生育期缩短 8.3 d，而低海拔地缩短 3.8 d。海拔每升高 100 m，春小麦生育期缩短 0.6 d。在高海拔地民乐站存在临界温度 30.4℃，当春小麦生育期内最高气温低于该临界温度时，增温使春小麦生育期和产量小幅增加，当超过该临界温度时增温使生育期缩短、产量下降。可见，气候变暖有利于高海拔地区的春小麦生长。

表 6.6　1981—2006 年不同海拔高度春小麦播种期和生育时期的年际变化趋势

海拔高度(m)	站点	播种期	出苗期	三叶期	拔节期	孕穗期	抽穗期	开花期	乳熟期	成熟期	全生育期
					(d·a^{-1})						
1482.7	张掖	−0.05	−0.16	−0.13	−0.19*	−1.16	−0.81	−0.28	0.74	−0.16	−0.11
2271.0	民乐	−0.16	−1.04	−0.18	−1.46**	−0.74**	−3.62**	−1.14	−4.61**	−4.11**	−0.73**

6.3　玉米

玉米是喜光照、喜水肥、喜温作物，整个生育期要求较高的热量条件。西北地区气候比较干燥、昼夜温差大，病虫害较少，玉米产量潜力很高。但随着气候变暖和降水条件的改变，各玉米种植区气候生态发生了较明显的变化，对玉米生产产生了有利或不利影响。

由于西北地区地域广袤，气候差异明显，选取河西绿洲灌溉区的武威和半湿润的庆阳分别作为西北灌溉区和雨养区代表进行研究。这两地均地处黄土高原腹地，分别以灌溉农业和雨养旱作农业为主，玉米是当地仅次于小麦的主要粮食作物。

6.3.1　玉米产量与气象因子的相关分析

6.3.1.1　光、热条件

通过对庆阳玉米气候产量和不同发育时段≥10℃积温、光照时数等要素的相关分析发现，气候产量和拔节期—抽雄期≥10℃积温、光照时数均呈负相关关系，相关系数分别达−0.4715、−0.3894（$P<0.05$）；和吐丝期—乳熟期≥10℃积温也呈负相关关系，相关系数达0.4015（$P<0.05$），和其余发育时段≥10℃积温、光照时数均没有明显相关性，说明在西北雨养区玉米全生育期大部分生育时段光热资源比较充足，不是该区域玉米产量形成的限制因子。

分析武威玉米气候产量与不同发育期及全生育期内≥5℃积温、≥10℃积温、光照时数的相关关系,发现产量与拔节—抽雄期≥10℃积温、全生育期日照时数均呈显著正相关,相关系数分别达 0.4496、0.3898($P<0.05$);与出苗—拔节期≥10℃积温、全生育期≥5℃和≥10℃积温正相关达到了极显著水平,相关系数分别达 0.4973、0.5196、0.5247($P<0.01$);和其余发育时段≥5℃积温、≥10℃积温以及各发育时段光照时数均没有明显相关性,说明在河西走廊绿洲灌区热量条件是玉米产量形成的主要限制因子。

6.3.1.2 水分条件

西北雨养区玉米生育期耗水主要来源于生育期自然降水。实验显示,玉米作为高水肥作物,生育期降水量越多,生长耗水量越大,产量越高。分析庆阳玉米气候产量和全生育期降水量、耗水量以及各发育时段降水量、耗水量相关关系发现,庆阳玉米产量和水分的相关关系十分显著(表 6.7),说明在西北雨养区水分条件是影响玉米产量的主要因子。

表 6.7 气候产量与各时段水分相关关系

项目	全生育期降水量(mm)	播种—拔节期降水量(mm)	拔节—抽雄期降水量(mm)	吐丝—成熟期降水量(mm)	播种—拔节期耗水量(mm)	拔节—成熟期耗水量(mm)	全生育期耗水量(mm)
相关系数	0.5422**	0.5186**	0.4900**	0.3316*	0.4256*	0.4876**	0.5994***

注:*** 表示 $\alpha=0.001$;** 表示 $\alpha=0.01$;* 表示 $\alpha=0.10$。

分析武威玉米气候产量与全生育期以及各发育时段降水量相关关系发现,产量只与播种—出苗期、乳熟—成熟期降水量有正相关关系,相关系数分别为 0.4033、0.3315($P<0.10$)。说明在西北绿洲灌区,玉米生育期耗水主要由灌溉保障,降水不是玉米产量形成的主要影响因子。

6.3.2 气候变化对气象因子的影响

6.3.2.1 积温变化

通常将日平均气温≥10℃积温作为玉米生育期的热量指标。通过对庆阳和武威玉米生育期≥10℃积温累积距平分析发现(图 6.3),玉米生育期≥10℃积温突变庆阳发生在 1993 年,武威发生在 1996 年。1985 年至突变年逐年下降,突变年以后呈迅速升高的趋势。玉米生育期≥10℃积温线性增加趋势在两个区域均非常明显,线性倾向 b 值在庆阳和武威分别达到 8.26 和 17.05,r 值分别为 0.4483($P<0.02$)和 0.8629($P<0.001$),显著水平非常明显,约每 10 年分别增加 83℃和 171℃。

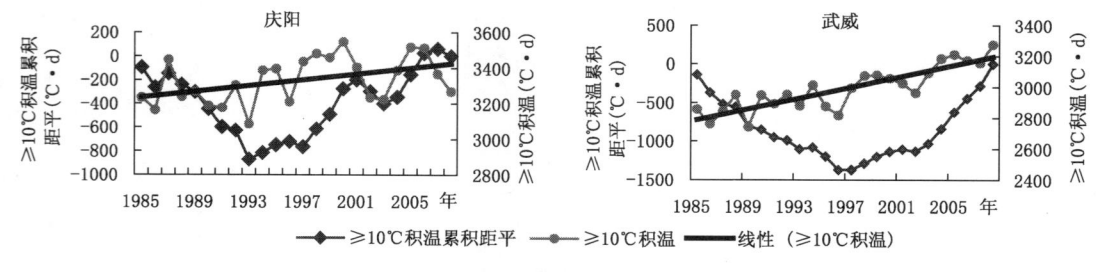

图 6.3 玉米生育期≥10℃积温变化

6.3.2.2 降水变化

由图 6.4 可以看出,两个区域玉米生育期降水量均以波动变化为主,其五阶多项式曲线基本上呈准正弦曲线变化。线性倾向变化不明显,均呈略增趋势,其 r 值均未通过 0.10 显著水平检验。

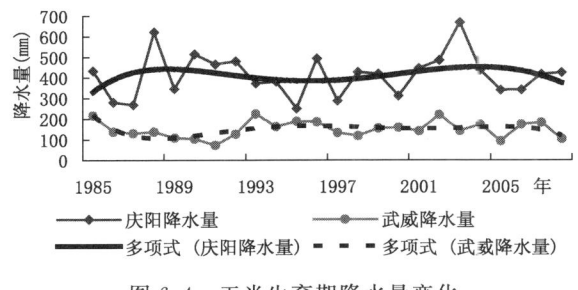

图 6.4 玉米生育期降水量变化

6.3.3 气候变化对玉米产量的影响

6.3.3.1 气候变化对玉米产量的贡献

通过计算产量气象波动指数可以分析各地玉米产量的波动特征。庆阳和武威的产量气象波动指数分别为 0.2136 和 0.1224,分别占实际产量变异系数的 61.5% 和 59.2%,说明在西北地区无论是雨养农业区还是绿洲灌区玉米产量的年际波动均主要受气象因素的影响。对两全区域玉米气候产量序列进行累积距平分析,可以确定河西走廊绿洲灌区突变年发生在1992 年,即 1985 年至突变年气候产量呈减少趋势,突变年至 2008 年气候产量呈增加趋势;气候产量突变的时间与≥10℃积温突变时间接近,说明河西走廊绿洲灌区玉米气候产量的增加与气候变暖的关系极为密切,1981 年至突变年气候产量平均增量为 -27.3 kg·hm^{-2},而突变年至 2005 年气候产量平均增量为 54.9 kg·hm^{-2},突变后比突变前气候产量分别增加了301%。说明在水分条件比较好的灌溉区,气候变暖,热量资源增加,对玉米产量的形成十分有利。而河东雨养区玉米气候产量突变不明显,与生育期≥10℃积温呈较显著负相关,说明在西北雨养区玉米全生育期大部分生育时段光热资源比较充足,尤其水分胁迫越严重的时期,光热资源越充分,干旱对产量形成威胁越严重(王润元等,2004;曹玲等,2008)。

6.3.3.2 不同地区玉米气候产量模式

由于在河东雨养区、河西走廊绿洲灌区玉米气候产量分别与生育期降水量、≥10℃积温的相关极为显著,分析其变化的一致性,发现二者曲线的波动在各区域均非常接近(图 6.5)。武威玉米气候产量与≥10℃积温在 24 年中只有 3 年是反位相变化,且基本出现在 1990 年以前,特别是在 1990 年之后两曲线相当吻合,变化趋势基本一致。说明在水分条件较好的河西走廊绿洲灌区,气候变暖和热量资源增加对玉米产量的形成十分有利。庆阳玉米气候产量与生育期降水量距平百分率波动变化非常一致,25 年中只有 2 年是反位相变化,说明在光热条件充足的河东雨养区,玉米产量主要与生育水分条件有关(图 6.6)。

将对产量起决定因素的生育期≥10℃活动积温(T_{10})、降水量距平(R)作为自变量,分别建立灌溉区和雨养区玉米气候产量(Y_W)模式方程,方差分析结果表明,回归系数均显著,其置显著水平均达到 0.05。各区域回归方程如下:

灌溉区:$Y_W = -442.44 + 0.158 T_{10}$

雨养区:$Y_W = -4.7749 + 0.6607 R$

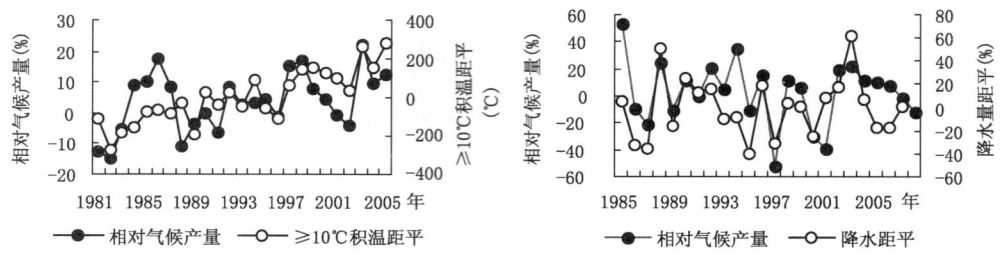

图 6.5　武威玉米相对气候产量与≥10℃　　图 6.6　庆阳玉米相对气候产量与降水距平
活动积温距平

6.3.3.3　气候变化对不同年型气候产量的影响

定义两区域玉米相对气候产量大于 4% 时为丰产年型，小于 -4% 为歉收年型，介于二者之间的为正常年型。从表 6.8 可以看出，玉米气候产量丰产年型在庆阳和武威分别有 10 年和 12 年，其中在 1991 年以后出现的分别占 80% 和 75%；玉米气候产量歉收年型在庆阳和武威都有 6 年，其中在 1991 年之前出现的分别占 50% 和 67%。可见不同年型不同气象条件的差异对玉米产量的影响是不同的，20 世纪 90 年代以来的气候增暖对玉米产量影响很大。

表 6.8　不同年型玉米气候产量和积温、降水量的差异

项目		丰产年型		歉收年型		正常年型	
		武威	庆阳	武威	庆阳	武威	庆阳
≥10℃积温距平(℃·d)		61.8	-20.2	-96.2	48.4	-22.4	-18.9
降水量距平百分率(%)		-5.1	17.4	-9.7	-85.9	8.6	-40.5
气候产量距平(kg·hm^{-2})		490.5	994.5	-778.5	-1023.0	-283.5	132.0
出现年份	1985—1990 年	3	2	4	3	1	3
	1991—2000 年	5	4	1	1	3	3
	2001—2008 年	4	4	1	2	2	2
出现频率(%)		50	42	25	25	25	33

6.3.4　气候变化对玉米发育和面积的影响

从表 6.9 看出，武威灌溉区玉米生长发育进程，20 世纪 90 年代播种期较 80 年代稍有提早，拔节以前的营养生长阶段变化不大，但生殖生长阶段延长，至成熟期推迟 4 d 左右，全生育期延长 6 d 左右。但雨养区天水玉米生育期受热量和降水共同作用，使得玉米各生育阶段提前，播种期提早 1~2 d，营养生长阶段提早 4~5 d，生殖生长阶段提早 6~7 d，愈往后期生长速率加快，全生育期缩短 6 d 左右。玉米适宜种植区海拔高度提高 150 m 左右。河西地区玉米面积迅速扩大，达 2.5 倍，旱作区玉米面积扩大 50% 至 1 倍。80 年代平均降水距平值增加 2.6%，而 90 年代减少 1.5%，1994—2000 年连续 7 年出现干旱，由于水分缺少，使得玉米生育阶段提早结束，全生育期缩短 6 d 左右(王宁珍等，2006)。

表 6.9　玉米生育期(日/月)

地点	年代	播种	出苗	拔节	抽雄	吐丝	乳熟	成熟	全生育期(d)
武威 (灌溉区)	20 世纪 80 年代	12/4	4/5	1/7	25/7	1/8	23/8	22/9	163
	20 世纪 90 年代	10/4	2/5	29/6	29/7	2/8	29/8	26/9	169
	20 世纪与 80 年代比(d)	−2	−2	−2	+4	+1	+6	+4	+6
天水 (旱作区)	20 世纪 80 年代	19/4	4/5	28/6	18/6	24/7	20/8	15/9	149
	20 世纪 90 年代	18/4	4/5	20/6	14/6	18/7	15/8	8/9	143
	与 80 年代比(d)	−1	0	−8	−4	−6	−5	−7	−6

6.3.5　气候变化对玉米生长要素的影响

6.3.5.1　对单株干物重的影响

(1) 单株干物重与≥10℃积温

玉米是喜温作物，但各个生长发育期对温度的要求不同。从表 6.10 看出，庆阳玉米单株干物重与拔节至抽雄和抽雄至乳熟≥10℃积温显著相关，相关系数达 0.6573、0.5962，通过了显著水平 0.05 相关检验。玉米拔节以后，进入旺盛生长期，对热量条件要求较高，热量充足，有利于光合作用和干物质积累。

表 6.10　不同发育期单株干物重与≥10℃积温(T)的相关系数

项目	播种—三叶	三叶—七叶	七叶—拔节	拔节—抽雄	抽雄—乳熟	乳熟—成熟
播种—三叶	−0.3273	−0.2318	−0.4649	−0.4708	−0.6232	−0.5153
三叶—七叶		−0.1182	−0.4973	−0.2071	−0.3961	−0.0351
七叶—拔节			−0.1154	−0.2532	−0.4918	−0.3561
拔节—抽雄				0.6573**	0.5962**	0.4734
抽雄—乳熟					−0.0632	−0.3826
乳熟—成熟						−0.0569

注：同表 6.7。

(2) 单株干物重与降水

玉米是一种需水较多的作物，雨养区全生育期耗水量约 350~400 mm。从降水总量而言，基本上可以满足要求，但由于降水时空分配不均，年际变化大，旱段明显，对干物重的积累产生较大影响。从表 6.11 看出，庆阳玉米单株干物重与七叶至拔节和拔节至抽雄期降水显著相关，相关系数达 0.6859 和 0.5525，通过显著水平 0.05 相关检验。七叶至抽雄是玉米叶片增大、茎节伸长等营养器官旺盛生长和雌雄穗等生殖器官强烈分化与形成期，这时期是玉米一生中生长发育最旺盛的时期，也是水分的临界期，对水分的要求达到它一生最高峰。

表 6.11　不同发育期单株干物重与降水(R)的相关系数

项目	播种—三叶	三叶—七叶	七叶—拔节	拔节—抽雄	抽雄—乳熟	乳熟—成熟
播种—三叶	−0.2723	−0.4488	−0.0562	−0.5123	−0.3922	−0.3420
三叶—七叶		−0.3631	−0.1704	−0.3873	−0.4940	−0.3213
七叶—拔节			−0.4312	−0.3799	−0.4436	−0.6859**
拔节—抽雄				0.4126	0.5184	0.5525**
抽雄—乳熟					−0.1571	−0.1763
乳熟—成熟						−0.1662

6.3.5.2 对叶面积指数的影响

(1)叶面积指数与积温

玉米从播种出苗到成熟的整个生长发育期间,对温度的要求不同,西北雨养区玉米全生育期处在春季升温、夏季高温和秋季迅速降温时期,这种温度变化趋势和玉米各生育期对温度的要求相一致。通过对庆阳玉米发育期叶面积指数(1994—2004 年平均值)与相应时段的积温(1994—2004 年平均值)相关分析(表 6.12),抽雄和乳熟期叶面积指数与播种到三叶期积温呈显著负相关,七叶期叶面积指数与三叶到七叶期积温、抽雄期叶面积指数与抽雄到开花期积温呈显著正相关,相关系数分别达 −0.6482、−0.6668、0.7582 和 0.6395,均通过显著水平 0.001 相关检验(王宁珍,2007)。

表 6.12　不同发育期叶面积指数与各发育期 $\geqslant 0℃$ 积温相关系数

发育期	三叶	七叶	拔节	抽雄	开花	吐丝	乳熟	成熟	全生育期
七叶叶面积指数	−0.2569	0.7582***	−0.2355	−0.1988	0.5203	0.2997	−0.4141	0.5871	0.5606*
拔节叶面积指数	−0.3937	0.1057	0.0690	−0.3517	0.5348	0.0708	−0.0062	−0.1398	−0.0857
抽雄叶面积指数	−0.6482**	0.2746	−0.1662	−0.0991	0.6395	−0.0189	−0.0914	0.0251	0.0107
乳熟叶面积指数	−0.6668**	0.2644	−0.3794	0.2625	0.4311	−0.3503	−0.0708	0.0222	−0.0722

注:***表示通过 $R_{0.01}$ 检验,**表示通过 $R_{0.05}$ 检验,*表示通过 $R_{0.1}$ 检验;$n=11$。

玉米幼苗期,温度适当偏低,可延长营养生长期,有利于"蹲苗",以促进根系深扎,增强根系从土壤深处吸取水分和营养的能力,抵御频发的春旱,有利于拔节以后叶面积的迅速增长,抑制抽雄后下部叶片早衰。三叶期以后,玉米逐渐进入旺盛生长期,对热量条件要求较高,但雨养区 5 月气温不稳定,常常会出现霜冻,对玉米生长造成较大影响,因此七叶期叶面积指数与三叶到七叶期积温、抽雄期叶面积指数与抽雄到开花期积温呈显著正相关。

(2)叶面积指数与降水

庆阳玉米各发育期叶面积指数(1994—2004 年平均值)与相应时段和全生育期降水量(1994—2004 年平均值)相关系数见表 6.13,玉米乳熟期叶面积指数与七叶到拔节、拔节到抽雄期和全生育期降水显著相关,相关系数分别达 0.6163、0.6489 和 0.6786,通过显著水平 0.01 相关检验。七叶到拔节和拔节到抽雄期是玉米叶片增大、茎节伸长等营养器官旺盛生长和雌雄穗等生殖器官强烈分化与形成期,这时期是玉米一生中生长发育最旺盛的阶段,是需水的关键期,降水充足,可促进中上部叶片增大,防止下部叶片早衰;若干旱缺水,会出现"卡脖旱",抑制叶片增长,促使下部叶片早衰,使叶面积指数下降。

表 6.13　不同发育期叶面积指数与各发育期降水相关系数

发育期	三叶	七叶	拔节	抽雄	开花	吐丝	乳熟	成熟	全生育期
七叶叶面积指数	−0.3863	−0.2589	−0.0404	−0.2929	0.5926**	0.0373	0.0402	0.2629	−0.1339
拔节叶面积指数	−0.3918	−0.3216	0.1953	0.0932	0.3158	−0.1089	0.2943	0.2655	0.1306
抽雄叶面积指数	−0.0866	0.0240	0.2153	0.3191	0.2367	−0.1246	0.3735	0.1767	0.3837
乳熟叶面积指数	0.2484	0.4239	0.6163**	0.6489**	0.0985	−0.0538	0.3639	−0.0260	0.6786**

注:***表示通过 $R_{0.01}$ 检验,**表示通过 $R_{0.05}$ 检验,*表示通过 $R_{0.1}$ 检验;$n=11$。

6.4　马铃薯

马铃薯又名土豆、山药、洋番薯等,它属粮、饲、菜兼用型作物,含丰富的维生素,由于营养成分齐全且营养价值较高,马铃薯已成为21世纪的人类健康食品。马铃薯在西北分布广泛。近年来,深加工种类不断增加,产业化开发市场前景广阔,是世界上仅次于水稻、小麦、玉米的第四大粮食作物。

6.4.1 物候特征

马铃薯一般在4月上旬至5月上旬播种,高海拔及甘肃西部播种较早,海拔较低的地区及东部播种较迟(表6.14)。播种至出苗时间较长为30 d左右,个别海拔、纬度较高的地方如河西的民乐,可达54 d。出苗以后生长较快,分枝—花序形成需15 d左右,花序形成—开花期需12 d左右;开花—可收期是块茎膨大、营养积累时期,需70~85 d,海拔及纬度高的地方时间较长。此时段越长,块茎积累越充分,淀粉含量愈高,品质愈好。同一地区,高海拔山区马铃薯品质优于低海拔的川区。

表6.14 甘肃省各地马铃薯物候期(旬/月)

地点	拔海高度(m)	播种	出苗	分枝	花序形成	开花	可收期	总天数(d)
古浪	2073	上/4	上/6	下/6	上/7	下/7	中/9	165
民乐	2271	上/4	上/6	下/6	上/7	下/7	中/9	161
榆中	1874	中/4	中/5	上/6	中/6	下/6	中/9	149
临夏	1917	中/4	中/5	上/6	上/7	下/7	下/9	165
通渭	1768	上/5	上/6	上/7	上/7	中/7	上/10	148
定西	1897	上/4	上/6	上/7	上/7	中/7	上/10	186
岷县	2315	中/4	下/5	上/6	下/6	上/7	中/9	162
北道	1084	中/4	中/5	上/6	中/6	上/7	中/9	143
平凉	1347	下/4	下/5	上/6	上/7	中/7	中/9	143
环县	1256	中/4	下/5	上/6	下/6	上/7	下/9	158

6.4.2 马铃薯生长发育状况变化及与气候变化的关系

6.4.2.1 发育期间隔日数与气候变化的关系

从图6.7可见,马铃薯播种—出苗期间隔日数呈逐年减小的趋势,线性拟合倾向率为$-1.208 \text{ d} \cdot (10 \text{ a})^{-1}$,即每10年缩短1~2 d,Cubic函数呈先升后降型,方程为$y=0.0064x^3-0.258x^2+2.8277x+22.124$,其线性化后的复相关系数$R=0.37(P<0.01)$。

播种—出苗期间隔日数与5—6月降水量呈负相关($r=-0.69, P<0.01$),即4—6月降水增加,播种—出苗期缩短;其与4月平均气温呈正相关,但未通过$\alpha=0.10$检验。

花序形成—可收期间隔日数逐年增加,线性拟合倾向率为$9.766 \text{ d} \cdot (10 \text{ a})^{-1}(r=0.40, P<0.10)$,即每10年延长9~10 d;Cubic函数呈先降后升型,方程为$y=-0.0078x^3+0.3113x^2-2.5337x+86.189$,其线性化后的复相关系数$R=0.67(P<0.01)$。

花序形成—可收期间隔日数与5—10月平均气温呈正相关($r=0.41, P<0.05$),即5—10月平均气温增高,花序形成—可收期延长;其与9月降水量也呈正相关($r=0.57, P<0.01$),即9月降水增加,花序形成—可收期延长。

播种—可收期间隔日数即全生育期逐年增加,线性拟合倾向率为$9.961 \text{ d} \cdot (10 \text{ a})^{-1}(r=0.42, P<0.05)$,即每10年延长9~10 d;Cubic函数呈波动变化,方程为$y=0.0044x^3-$

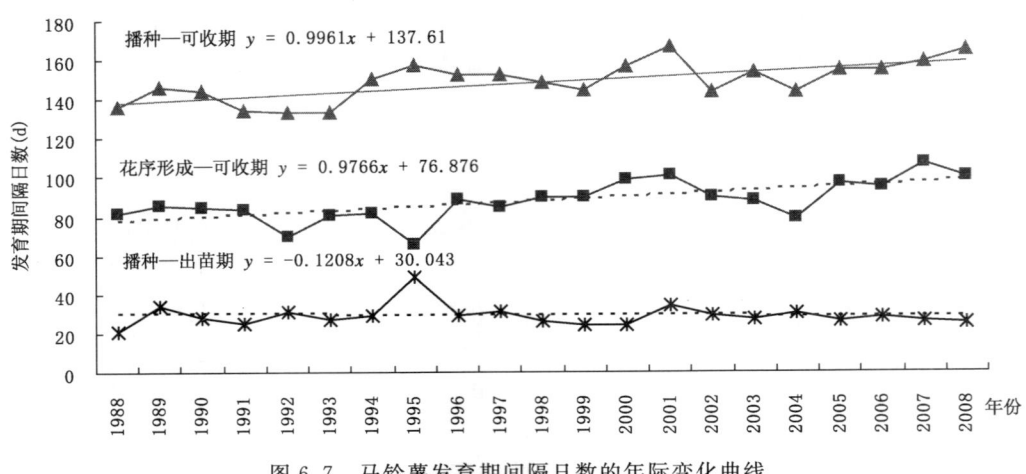

图 6.7 马铃薯发育期间隔日数的年际变化曲线

$0.1621x^2 + 2.6781x + 133.51$,其线性化后的复相关系数 $R=0.65(P<0.01)$。

全生育期与 5—10 月平均气温呈正相关($r=0.61, P<0.01$),即 5—10 月平均气温增高,全生育期延长;其与 5—6 月降水量呈负相关($r=0.48, P<0.05$),即 5—6 月降水减少,全生育期延长。

马铃薯出苗—分支期、分枝—花序形成期呈波动变化,线性拟合趋势未通过显著水平检验(图略)。

由此可见,影响马铃薯生长发育的主导气象因子是气温,气候变暖,气温增高,导致马铃薯生育前期的营养生长阶段缩短,而生殖生长阶段延长,全生育期延长。

6.4.2.2 块茎生长发育特征

马铃薯生物量在每一个生育期内的动态生长呈"缓慢生长—积极生长—缓慢生长"的生长过程。其特点是开始生长较为缓慢,以后随着时间的推移,在某一段时间内增长速度很快,当达到某一阶段后,生长速度又趋于缓慢,直至最后停止生长。图 6.8 是马铃薯块茎生长发育曲线,其变化符合 Logistic 生长曲线,可用 Logistic 生长曲线方程拟合,其方程如下:

$$y = \frac{2250.0}{1 + e^{(10.117 - 0.092x)}} \tag{6.1}$$

$$(F = 54.795.412, P < 0.01)$$

式中,y 为马铃薯鲜薯重;x 为播种后日数。

对块茎生长拟合函数求一阶导数,可得块茎生长速度函数为:

$$v = \frac{dy}{dx} = \frac{kbe^{a-bx}}{(1+e^{a-bx})^2} = \frac{470.42e^{(10.117-0.092x)}}{(1+e^{(10.117-0.092x)})^2} \tag{6.2}$$

式中,v 为生长速度;k、a、b 均为系数。对生长速度函数求一阶导数,令 $\frac{dv}{dx}=0$,可求得 $x=110$ d 时,块茎生长速度最大为:$v_{max}=51.7 \text{ g} \cdot \text{m}^{-2} \cdot \text{d}^{-1}$,即在播种后的第 110 d,块茎生长速度达最大($51.7 \text{ g} \cdot \text{m}^{-2} \cdot \text{d}^{-1}$)。

对块茎生长速度函数求二阶导数得:

$$\frac{d^2v}{dx^2} = \frac{d^3y}{dx^3} = kb^3 e^{a-bx} \frac{1 - 4e^{a-bx} + e^{2a-2bx}}{(1+e^{a-bx})^4} \tag{6.3}$$

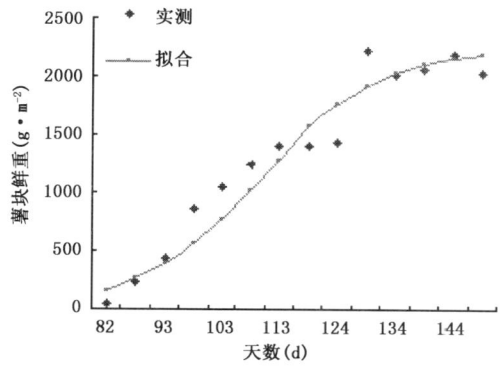

图 6.8 马铃薯块茎生长发育曲线

令 $\dfrac{\mathrm{d}^2 v}{\mathrm{d}x^2}=0$，求函数的两个特征点，解得：$x_1=\dfrac{a-\ln(2+\sqrt{3})}{b}=95.7\approx 96$ d，$x_2=\dfrac{a-\ln(2-\sqrt{3})}{b}=124.3\approx 124$ d。

其中，x_1 表示块茎由缓慢生长转为积极生长的转折时间，x_2 表示由积极生长转为缓慢生长的转折时间，即块茎生长从播种后 96 d 开始，由缓慢生长转为迅速生长阶段，从播种后 124 d 开始，其生长从迅速生长又转为缓慢生长。块茎迅速生长期为 28 d(姚玉璧，2010)。

图 6.8 还可看到，块茎迅速生长的中后期，即播种后 119 d 左右生长速度缓慢，其主要原因是期间的高温抑制了马铃薯块茎生长，高温结束后恢复快速生长。

6.4.2.3 产量与气候变化的关系

马铃薯产量年际变化曲线呈波动下降趋势，倾向率为 $-7\leqslant 1.54$ g·m^{-2}·(10 a)$^{-1}$($r=0.40$, $P<0.10$)，Cubic 函数呈波动下降，方程为 $y=-1.1302x^3+50.747x^2-705.95x+4727.3$，其线性化后的复相关系数 $R=0.59(P<0.01)$。

马铃薯产量与全生育期(5—10 月)月平均气温呈负相关($r=-0.45$, $P<0.05$)，与夏季 6—8 月气温相关系数绝对值更大($r=-0.50$, $P<0.05$)；其产量与 5—10 月降水量呈正相关($r=0.31$, $P<0.10$)，与 6 月降水量相关系数更大($r=0.46$, $P<0.05$)；其产量与年无霜期日数呈正相关($r=0.36$, $P<0.10$)。

统计分析表明产量波动主要受气象条件影响，其他干扰因素均未通过显著性检验。马铃薯生长季气候变暖，气温升高，降水减少，不利于研究区域马铃薯产量形成。

马铃薯生长季(5—10 月)平均气温、降水量、无霜期日数、夏季(6—8 月)气温、6 月降水量呈显著相关，为明确各气候因子分别对马铃薯产量的直接贡献大小并确定关键气候因子，将各气候因子与产量作通径分析，结果显示气候因子的作用由大到小依次为：6 月降水量＞夏季(6—8 月)气温＞生长季(5—10 月)平均气温＞无霜期日数＞生长季(5—10 月)降水量。其中 6 月降水量、夏季气温、生长季平均气温三项因子的直接通径系数远大于其他气候因子(表 6.15)。

表 6.15 不同气候因子影响马铃薯产量的相关系数与直接通径系数

气候要素	生长季气温 (℃)	生长季降水量 (mm)	夏季气温 (℃)	6月降水量 (mm)	无霜期 (d)
相关系数	−0.45	0.31	−0.50	0.46	0.36
直接通径系数	−0.239	−0.079	−0.264	0.344	0.175

可见,研究区域 6 月是马铃薯需水关键期,6 月降水量是关键影响因子;夏季高温是马铃薯生育及产量形成的主要限制因子。

6.4.3 气候生态适应性

选 1985—2000 年古浪(代表河西地区)、定西(代表陇中地区)、北道(代表陇东南地区)、平凉(代表陇东地区)四个地点的逐年单产及相应年份的旬平均气温、降水、日照时数资料进行积分回归,计算各气象因子不同时段对马铃薯产量影响的 $a(t)$ 值。同时对四地关键时段气温、降水资料与相应时段单产进行相关分析。

6.4.3.1 热量因子

马铃薯块茎在日平均气温达 4℃时开始萌动、发芽,7~8℃幼苗缓慢生长,幼芽生长最适气温为 10~12℃,茎叶生长最适气温为 18~21℃,块茎形成最适气温为 16~18℃。只要播种适时,各地温度都比较适宜幼苗及茎叶生长,但块茎形成及膨大期的气温却明显地影响产量形成。马铃薯淀粉含量主要决定于块茎膨大期(7 月中旬—9 月中旬)的气温日较差。据测定,淀粉含量与此期间气温日较差 Td 拟合方程为:$y=-1.288+1.274Td$,经检验非常显著。

相关分析表明(表 6.16),马铃薯产量与块茎形成膨大期(7 月)平均气温呈负相关。说明各地马铃薯产量均受高温影响。负相关显著程度河东大于河西,尤其陇东南的高温导致减产的可能性最大。这与积分回归分析结果一致(姚玉璧,2006)。

表 6.16 不同种植区马铃薯产量与块茎形成膨大期气温相关关系

地点	古浪	定西	平凉	北道
相关系数	−0.526*	−0.625**	−0.744**	−0.748**

注:* 表示达到 0.05 显著水平;** 表示达到 0.01 显著水平。

6.4.3.2 降水因子

相关计算表明(表 6.17),各地马铃薯产量与分枝—开花期(6—7 月)降水量呈正相关,尤其是半干旱区的定西相关性最大。6—7 月为马铃薯主要营养及生殖生长期,对水分要求比较敏感。块茎膨大后期(8 月以后),过多的降水反而会引起湿腐病,造成茎块腐烂而减产,北道 8—9 月降水量与产量呈显著负相关,这与积分回归结果一致。

表 6.17 不同种植区马铃薯产量与分枝至开花期降水量相关关系

地点	古浪	定西	平凉	北道
相关系数	0.439*	0.876**	0.641**	0.562**

注:* 表示达到 0.05 显著水平;** 表示达到 0.01 显著水平。

6.4.4 气候产量模式

根据积分回归及相关分析结果,马铃薯气候产量(y_w),与块茎形成膨大期(7月)气温T、分枝至开花期(6—7月)降水量建立马铃薯气候产量模式,经检验效果显著($F_{0.01}=6.70$)。

河西:　　$y_{w_w}=48.47-12.02T+1.603R$　　　　$F=148.6$　　　　(6.4)

陇中:　　$y_{w_w}=28.104-12.928T+1.681R$　　　$F=48.6$　　　　(6.5)

陇东:　　$y_{w_w}=38.95-13.6T+1.412R$　　　　$F=76.8$　　　　(6.6)

陇东南:$y_{w_w}=52.16-14.8T+1.473R$　　　　$F=105.6$　　　　(6.7)

从气候产量模式各因子系数的权重看出,7月气温对产量影响最大的是陇东南地区,水分影响最大是陇中半干旱区。这与前面分析结果以及实际情况相吻合。

6.4.5 气候变化对马铃薯的影响

根据气候产量模型,当气温分别平均升高 1℃、2℃、3℃及降水量分别平均增减 10%、20%、30%,计算甘肃各地马铃薯气候产量的变化率,可知陇东南产量波动最大,陇东次之,陇中较小。在降水量变化一定的条件下,马铃薯产量随温度的升高而降低,当气温平均升高 1℃,陇东南每公顷产量降低 0.12%,陇东每公顷产量降低 0.11%,陇中每公顷产量降低 0.1%。若由于其他原因减产,其减产幅度也随温度升高而缩小。在温度变化一定的条件下,马铃薯产量随降水的增加而增加,当降水量增加 10%,陇中每公顷产量增加 0.28%,陇东南每公顷产量增加 0.23%,陇东每公顷产量增加 0.22%,河西产量增加极小。陇中增幅最大,陇东南次之,河西属灌溉农业区降水量对作物产量影响很小。

6.5 谷子

谷子是我国西北地区传统的主要旱粮作物之一,具有耐旱、耐瘠薄、耐盐碱、生育期短的特性。在中国西北干旱、半干旱地区自然灾害频繁的情况下,具有扩大复种、以秋补夏、增加粮食产量的作用,已成为当地旱作农业中抗旱救灾的主要作物。由于西北地区是全球气候变化较为敏感的区域之一,因此,气候暖干化对该地区谷子产量的影响较大。

西北地区地域跨度大,气候差异明显,谷子生育期气候生态条件也不相同。以甘州、安定、西峰分别代表河西温和干旱绿洲灌溉区、陇中温和半干旱旱作区、陇东温和半湿润旱作区,研究气候变化对西北地区谷子产量的影响。

6.5.1 气象因子与谷子产量的相关分析

谷子在苗期非常耐旱,拔节前需水量极少;孕穗开花期喜水怕旱;灌浆成熟期喜光怕涝。根据谷子对气象条件的生理需求规律,计算各地谷子气候产量与生育期各界限积温、降水总量、平均气温以及发育关键期降水量、平均气温之间的相关系数见表6.18,可看出,西峰谷子产量与孕穗期降水量的相关性达到了极显著水平($P<0.01$),说明陇东地区上年秋冬季土壤水库储存的水分基本可以满足谷子生长前期需求,进入拔节到孕穗期随着叶面积的增大,加上此时正是高温少雨时段,植株蒸腾和土壤蒸发大,对水分需求多,降水多对谷子产量贡献大;与灌浆成熟期平均气温呈显著相关($P<0.05$),反映出这段时间该地区谷子对热量需求较多,

谷子生长到后期气候已进入秋季,气温逐渐下降,热量对灌浆比较敏感,气温高、热量多,天气晴朗、光照好,加快谷子灌浆速度,籽粒饱满,产量高。

表 6.18 谷子气候产量与气象因子的相关系数

地区	积温					生育期降水	孕穗期降水	出苗期气温	灌浆期气温
	≥0℃	≥5℃	≥10℃	≥15℃	≥20℃				
西峰	0.0058	0.0062	0.0497	0.0560	0.0348	0.2443	0.4899***	−0.1283	0.3928**
安定	−0.0727	−0.0711	0.0042	0.1085	−0.0799	0.4936***	0.1130	−0.2054	0.4012**
甘州	0.1790	0.1717	0.1201	0.1485	0.3289*	0.1490	−0.3419*	0.1490	0.4972***

注:*** 表示 $\alpha=0.01$,** 表示 $\alpha=0.05$,* 表示 $\alpha=0.10$。

安定谷子产量与生育期降水总量呈极显著相关($P<0.01$),与灌浆成熟期平均气温显著相关($P<0.05$)。安定是典型的半干旱雨养农业区,气候干旱是限制农作物生长的主要制约因素,谷子产量高低与全生育期降水多少关系密切,灌浆期对海拔较高地区热量需求较突出。

甘州谷子产量与灌浆期平均气温呈极显著相关($P<0.01$),与生育期≥20℃积温、孕穗期降水量呈显著相关($P<0.05$)。河西地区气候对谷子生长秋季热量影响较突出,表现在灌浆期与气温相关达极显著水平。

总之,在各区域谷子后期的生殖生长阶段气温不足对其产量影响均较大,尤其河西灌溉区的谷子影响最为显著;对旱作区而言降水量的影响也至关重要,而在河西走廊绿洲灌区,由于其灌溉能够基本保障,降水对谷子产量影响不大。

6.5.2 气象因子与谷子产量的变化分析

从上述的分析中得出,甘肃不同气候类型区谷子气候产量与谷子生育关键期气温和降水关系极为密切,根据各地与气温和降水不同的相关程度,分别分析西峰、安定谷子相对气候产量与发育关键期降水和气温变化的一致性,以及甘州谷子相对气候产量与发育关键期气温变化的一致性,发现它们的曲线波动在各区域均非常接近(图 6.9)。西峰 24 年中谷子相对气候产量分别与孕穗期降水和灌浆期平均气温只有 5 年和 3 年是反位相变化。甘州谷子相对气候产量与灌浆后期平均气温变化趋势有 4 年呈反位相变化。安定 24 年中谷子相对气候产量分别与生育期降水总量和灌浆期平均气温有 6 年和 8 年是反位相变化,变化趋势的一致性较其他两地区差。说明河西灌区谷子产量主要受气温变化制约,气候变暖和热量资源增加对谷子产量形成十分有利;陇东和陇中旱作区谷子产量受气温和降水的双重制约。

6.5.3 气候变化对谷子产量的影响

6.5.3.1 气候变化对谷子产量的贡献

通过计算产量气象波动指数可以分析各地谷子产量的波动特征。西峰、安定、甘州的产量气象波动指数分别为 0.1898、0.1892 和 0.1354,分别占实际产量变异系数的 73%、72% 和 54%。变暖突变前三个区域气象波动指数分别为 0.0843、0.1158 和 0.1323,分别占当地同期实际产量变异系数的 43%、78% 和 51%;变暖突变后三个区域气象波动指数分别为 0.1160、0.2428 和 0.1814,分别占当地同期的 72%、89% 和 68%,变暖后较变暖前所占百分比明显增大,说明甘肃谷子产量的年际波动主要受气象因素的影响,而且变暖后比变暖前气象因子对产量的贡献明显增大。

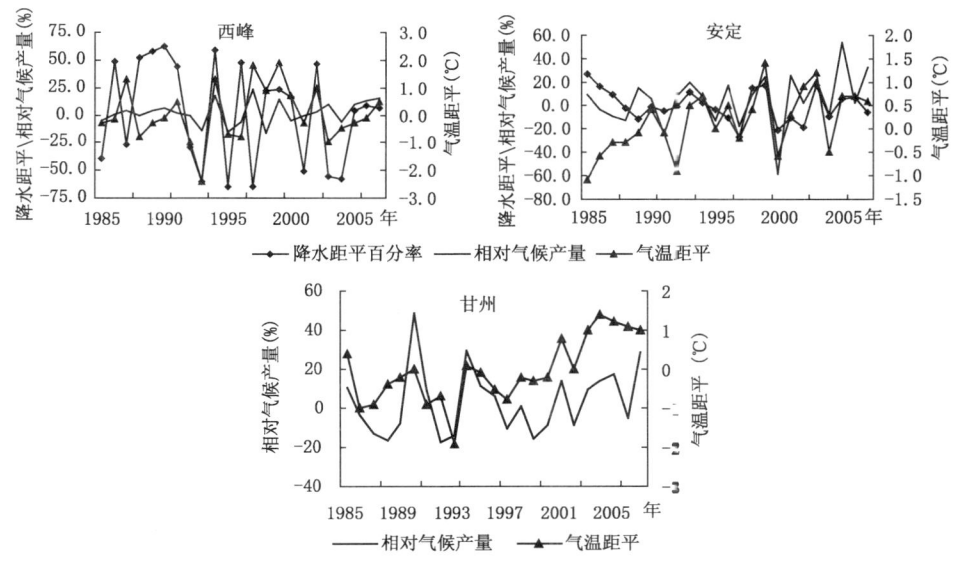

图 6.9　谷子相对气候产量与关键期气温、降水的年变化

对各地谷子气候产量序列进行累积距平分析,可以确定西峰突变年在 1997 年,安定在 1996 年,甘州在 1993 年(图略),即各地 1985 年至突变年气候产量呈减少趋势,突变年至 2008 年气候产量呈增加趋势。其中甘州气候产量突变的时间与气温突变时间非常接近,说明其产量的增加与气候变暖的关系极为密切;安定和西峰略迟 3~4 年左右,说明谷子气候产量一方面随气候变暖增加,另一方面又受到气候变干的制约。各地谷子气候产量是受变干和变暖双重影响还是主要受变暖影响,从各地谷子气候产量突变前后的变化亦可得到进一步证明:西峰、安定、甘州三地 1985 年至突变年平均气候产量分别为:-15.1 kg·hm^{-2}、-12.9 kg·hm^{-2} 和 -75.3 kg·hm^{-2},而突变年至 2008 年气候产量平均分别为 15.5 kg·hm^{-2}、30.2 kg·hm^{-2} 和 45.8 kg·hm^{-2},突变后比突变前气候产量每公顷分别增加了 30.6 kg、43.1 kg 和 121.1 kg,其中甘州增加幅度最大,安定次之,西峰最少。说明甘州谷子产量主要受气候变暖影响,安定和西峰受变暖和变干的共同影响,但西峰变干的影响程度更大一些(曹玲等,2010)。

6.5.3.2　气候暖干化对不同年型谷子气候产量的影响

定义西峰、安定和甘州 1985—2008 年谷子相对气候产量大于 10% 时为丰产年型,小于 -10% 为歉收年型,介于二者之间的为正常年型。分析表明(表 6.19),谷子气候产量丰产年型在西峰、安定和甘州分别有 7 年、9 年和 9 年,其中在 1993 年以后出现的分别占 100%、78%、78%;歉收年型在西峰、安定和甘州分别有 3 年、6 年和 6 年,其中在 1993 年之前出现的分别占 0%、50%、67%。可见不同年型不同气象条件的差异对谷子产量的影响是不同的。此外,西峰在 1993 年之前谷子相对气候产量波动不大,均为正常年型,1993 年后波动幅度明显增大,说明气候变化使该地区谷子产量的波动性影响均较其他两个地区大。就全省而言,20 世纪 90 年代以来的气候暖干化对谷子产量影响很大。

表 6.19　各地区不同年型谷子气候产量的差异

项目		丰产年型			歉收年型			正常年型		
		西峰	安定	甘州	西峰	安定	甘州	西峰	安定	甘州
出现次数	1985—1992年	0	2	2	0	3	4	8	3	2
	1993—2008年	7	7	7	3	3	2	6	6	7
增暖前出现频率(%)		0	22	22	0	50	67	57	33	22
增暖后出现频率(%)		100	78	78	100	50	33	43	67	78

6.5.3.3　不同地区谷子气候产量模式

选取各区域与谷子相关关系最密切、对产量起决定因素的气象因子作为自变量,建立各区域谷子气候产量(YW)模式方程,方差分析结果及相关系数见表 6.20。

陇东半湿润旱作区：　　$YW = -123.213 + 0.191X_1 + 5.224X_2$　　　　(6.8)

式中,X_1为孕穗期降水量,X_2为灌浆期平均气温；

陇中半干旱旱作区：　　$YW = -260.162 + 0.210X_1 + 511.933X_2$　　　　(6.9)

式中,X_1为生育期降水总量,X_2为灌浆期平均气温；

河西走廊绿洲灌区：　　$YW = -330.443 + 16.331X$　　　　(6.10)

式中,X_2为灌浆期平均气温。

表 6.20　各地谷子气候产量模式方程显著性检验值

项目 地名	复(单)相关系数		偏相关系数		方差检验	
	R值	显著水平 α	R值	显著水平 α	F值	显著水平 α
西峰	0.556	0.05	$R_T = 0.324$	0.10	4.473	0.05
			$R_R = 0.436$	0.05		
安定	0.613	0.01	$R_T = 0.528$	0.01	6.012	0.05
			$R_R = 0.544$	0.01		
甘州	0.498	0.05	—	—	—	—

注：R_T为控制降水、产量与气温的偏相关系数；R_R为控制气温、产量与降水的偏相关系数。

从表 6.20 中可看出,西峰产量模式方程的复相关及方差检验均达显著水平($P<0.05$),降水与产量的偏相关系数大于气温,说明陇东半湿润旱作区水分条件对产量的贡献比热量条件大。安定产量模式方程的复相关检验达极显著水平($P<0.01$),方差检验也达到 0.05 显著性水平。降水和气温与产量的偏相关系数均超过 0.01 的显著水平,说明在陇中半干旱旱作区热量和水分条件对谷子产量的影响同等重要。甘州产量模式方程的单相关检验超过 0.05 的显著水平,说明河西走廊绿洲灌区热量条件是影响谷子产量主要因素。

6.5.4　气候暖干化对谷子产量影响的对策

6.5.4.1　根据未来气候预测,扩大谷子种植面积

我国气象专家预测,21 世纪我国气候将明显继续变暖,尤以北方最为明显,2020 年最大增温区域在华北、西北和东北的北部,增温幅度为 0.6~2.1℃。气候变暖,无霜期延长,谷子可以大熟,产量既高且稳；同时,谷子是耐旱作物,在气候变暖、变干的过程中比起其他粮食作物

抗逆性较强,将起到调节作用,可减少粮食产量的波动。因此在北方尤其是旱作农业区以及干旱发生的年份,要合理调整种植结构,扩大谷子种植面积,增加谷子种植比例。此外,由于气候变暖,导致干旱发生频繁,应积极开展抗逆、节水、高产和耐土壤干旱特性谷子品种的研究和推广,提高谷子产量和质量。

6.5.4.2 针对不同气候区域采取不同种植措施

对于陇东半湿润旱作区,关键期降水对谷子产量起主要作用,可选种生育期较长的中晚熟品种,在夏末秋初集中降水时段使谷子遇到需水关键期,有利于谷子产量增加。陇中半干旱旱作区,谷子全生育期降水对产量起非常重要作用,因此要选种耐旱性强的品种种植;遇到干旱年份,有条件可进行适时节水补灌,确保高产稳产。河西走廊绿洲灌区谷子产量主要受灌浆期热量因素制约,因此可选种中秆中熟品种种植,以弥补生育后期热量不足对产量的影响。

6.5.4.3 根据不同气候年型调整谷子种植比例

虽然未来气候将呈持续变暖趋势,但在增暖的大背景下由于极端气候事件增加,仍有可能出现某些低温年份。不同气候年型对谷子产量影响较大,因此应根据不同气候年型适当调整谷子种植结构和种植比例,在低温年型降低谷子种植比例,增暖年型在原有基础上加大种植面积,确保谷子高产稳产,农民增产增收。

6.5.4.4 采取不同种植方式应对气候变化

因气候变暖,春季气温回升较快,谷子适播期提前,因此,应适时早播,充分利用早春热量资源,弥补生育后期热量不足,躲避早晚霜冻和灌浆期的低温危害,提高产量。不同海拔地区应选择不同熟性的品种,海拔较高的地区,选择早熟和中早熟品种种植。灌溉地区应适时灌溉,避免灌水过晚后期热量不足造成减产。

6.5.4.5 大力发展节水灌溉技术

河西绿洲灌溉区谷子生长需水主要由祁连山融雪和地下水灌溉保障,由于气候暖干化的影响,出山口来水量减少,地下水位下降,水资源短缺问题突出。因此,要大力发展以膜下滴灌、垄膜沟灌等为主的农田节水灌溉技术,能有效地减少水资源浪费,降低灌水成本,提高作物产量和品质。

6.6 糜子

6.6.1 生态气候特征

糜子是西北地区的主要小杂粮作物,由于其耐旱、耐贫瘠土壤,在西北各地都有种植。在播种时间上可分为正茬春播和夏播复种。春播糜子播种期为在 4 月中旬至 5 月下旬。夏播在冬小麦等越冬作物收获后。

陇东西峰及陇东南麦积出苗—拔节生长阶段时间较短(表 6.21),河西凉州及中部安定时间较长。各地拔节期以后各生育阶段时间差别较小。9 月中下旬达到成熟。全生育期为 123~153 d,陇东(西峰)生长天数较短,河西(凉州)较长。夏播糜子一般在小麦收获后的 6 月下旬至 7 月上旬播种,7 月上中旬出苗,7 月中下旬拔节,8 月上中旬抽穗开花,9 月中下旬成熟,全生育期为 80~90 d。

表 6.21　各地春、夏播糜子生育期(月一日)

播期	地点	播种	出苗	拔节	抽穗	开花	成熟	总天数(d)
春播	西峰	05—25	06—05	07—05	07—15	07—25	09—25	123
	麦积	04—25	05—15	06—15	07—05	07—15	09—15	143
	安定	05—05	05—15	07—05	07—15	07—25	09—25	143
	凉州	04—15	05—05	06—15	07—05	07—15	09—25	153
夏播	西峰	07—05	07—15	07—25	08—03	08—18	09—25	92
	麦积	06—25	07—05	07—15	08—05	08—15	09—15	82
	敦煌	07—15	07—25	08—05	08—03	08—18	09—25	82

6.6.2　气候变化对糜子生长发育的影响及复种界限

20世纪80年代以来,西北地区气候持续变暖。自1971年以来,年平均气温线性增加速度为 $0.54℃ \cdot (10 a)^{-1}$。春季气温的线性增温速度为 $0.350 \sim 0.598℃ \cdot (10 a)^{-1}$,夏季为 $0.131 \sim 0.323℃ \cdot (10 a)^{-1}$,秋季为 $0.341 \sim 0.508℃ \cdot (10 a)^{-1}$,冬季为 $0.610 \sim 0.893℃ \cdot (10 a)^{-1}$。甘肃的陇东南地区自1971年以来,年平均气温线性增加速度为 $0.26℃ \cdot (10 a)^{-1}$。春季气温的线性增温速度为 $0.8℃ \cdot (10 a)^{-1}$,夏季为 $0.6℃ \cdot (10 a)^{-1}$,秋季为 $0.341 \sim 0.508℃ \cdot (10 a)^{-1}$,冬季为 $0.62℃ \cdot (10 a)^{-1}$。$\geqslant 10℃$ 的积温分别以 $104℃ \cdot (10 a)^{-1}$ 及 $83℃ \cdot (10 a)^{-1}$ 的速度递增,20世纪80年代与20世纪末相比,$\geqslant 10℃$ 的积温陇东增加了 $183℃ \cdot d$,陇东南地区增加了约 $110℃$。

气温升高,$\geqslant 10℃$ 积温增加明显,使子生长期内热量丰富,增加了春播糜子的可种植区域,还给复种糜子提供了热量条件。以 $\geqslant 10℃$ 的积温增长 $150℃ \cdot d$ 计算,可使糜子的种植纬度北扩 100 km,种植海拔高度抬升 $100 \sim 200$ m。

6.6.3　气候要素对糜子生长及产量的影响

6.6.3.1　春播糜子的热量条件

糜子是喜温作物,气温对其生长发育影响较大。以甘肃为例,各地春播糜子全生育期 $\geqslant 10℃$ 积温 $2261 \sim 2282℃ \cdot d$(表6.22)。河西(凉州)热量条件较好,陇中(安定)热量条件较差。在开花—成熟阶段两地积温相差达 $300℃ \cdot d$。

表 6.22　糜子各生育阶段 $\geqslant 10℃$ 积温(℃·d)

地点	播种—出苗	出苗—拔节	拔节—抽穗	抽穗—开花	开花—成熟	全生育期
西峰	272	599	210	216	1018	2315
麦积	196	586	442	231	1262	2717
安定	128	815	188	194	936	2261
凉州	273	702	407	218	1282	2882

用积分回归以旬为单位,正茬春播糜子的生长周期从4月上旬开始到9月下旬结束,分析了各地糜子生长发育阶段旬平均气温对其气候产量贡献(图6.10)。结果表明,自糜子播种后,随着生育进程的推进,气温对产量的正影响愈来愈明显。$A(t)$ 值抽穗—开花期间达到最大。安定(7月上旬)达 $10.5 \text{ kg} \cdot \text{hm}^{-2} \cdot ℃^{-1}$;凉州(6月下旬)为 $9.0 \text{ kg} \cdot \text{hm}^{-2} \cdot ℃^{-1}$;西峰

(7月中旬)8.0 kg·hm^{-2}·℃$^{-1}$;麦积(7月上旬)为5.6 kg·hm^{-2}·℃$^{-1}$。8月上旬左右气温对麦积气候产量影响为负效应,$A(t)$为-3.0 kg·hm^{-2}·℃$^{-1}$(蒲金涌等,2010)。

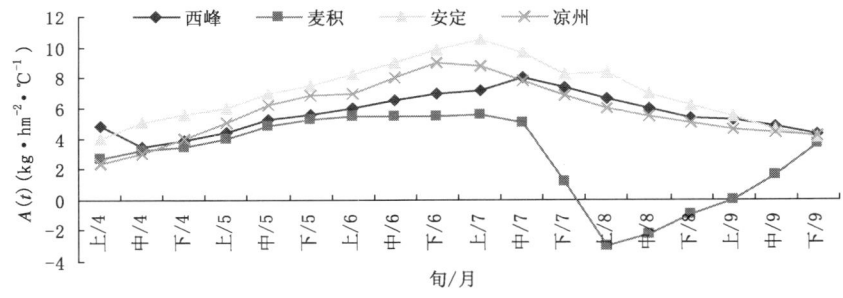

图6.10 旬平均气温与糜子单产积分回归曲线

6.6.3.2 复种糜子热量条件

复种糜子的主要限定条件是热量。据研究,敦煌≥10℃积温与复种糜子的单产相关性($R=0.62$,$P<0.02$)、临泽≥10℃积温与复种糜子的单产相关性($R=0.69$,$P<0.02$)及凉州≥10℃积温与复种糜子的单产相关性($R=0.84$,$P<0.01$)都比较显著。≥10℃积温达1100℃·d复种糜子即可成熟;当≥10℃积温为1400~1600℃·d时,产量达1000~1500 kg·hm^{-2},积温增加产量提高。各地冬、春小麦收获后到9月底积温多少决定复种糜子可利用的热量条件优劣,表6.23表明,陇东南(麦积)复种糜子热量条件最优;陇东(西峰)及河西(凉州、敦煌)海拔较低的地区热量条件较好;陇中(安定)复种热量严重不足。

表6.23 复种糜子热量条件

地点	播种(月—日)	成熟(月—日)	全生育期≥10℃积温(℃·d)
敦煌	07—16	09—28	1777
凉州	07—27	09—26	1376
安定	07—23	09—28	750
麦积	06—22	09—26	1848
西峰	07—05	09—25	1641

6.6.3.3 降水量对糜子产量的影响

糜子单株叶面积小,蒸腾系数为小麦的1/3,需水远小于其他作物。以甘肃为例,陇东南(麦积)和陇东(西峰)全生育期降水量基本上可以满足生长需要(表6.24);陇中(安定)略有欠缺,雨水较少的年份,水分条件不能满足糜子生长需要;河西(凉州)要依靠灌溉补充水分。分析表明,西峰6月份降水量与糜子单产相关性($R=0.4256$,$P<0.1$)及安定6月份降水量与糜子单产相关性($R=0.6324$,$P<0.05$)显著,而凉州7月份降水量与糜子单产的相关性($R=0.3124$,$P>0.1$)及麦积6月降水量与糜子单产的相关性($R=0.3243$,$P>0.1$)却不能通过假设检验。

表 6.24 甘肃糜子各生育阶段降水量(mm)

地点	播种—出苗	出苗—拔节	拔节—抽穗	抽穗—开花	开花—成熟	全生育期
西峰	14.8	82.7	36.2	40.8	194.6	393.9
麦积	34.3	60.4	65.8	26.1	172.6	370.5
安定	16.7	100.2	20.7	26.8	131.9	296.3
凉州	6.4	30.2	20.4	8.3	69.3	134.4

积分回归分析显示,各地播种—出苗期间的降水量对糜子产量起负作用(图 6.11)。其中陇东南(麦积)的 $A(t)$ 负值持续到 5 月中旬—5 月下旬,陇中(安定)负值持续到 5 月上旬—5 月中旬,陇东(西峰)负值持续至 4 月中旬。5 月下旬以后,各地降水量对糜子的产量形成都起正作用,其中陇中(安定)6 月中旬 $A(t)$ 值达 8 kg·hm^{-2}·mm^{-1},陇东(西峰)6 月下旬 $A(t)$ 值为 5.2 kg·hm^{-2}·mm^{-1},陇东南(麦积)7 月下旬 $A(t)$ 值为 5.2 kg·hm^{-2}·mm^{-1},河西(凉州)6 月中旬 $A(t)$ 值为 3.0 kg·hm^{-2}·mm^{-1}。

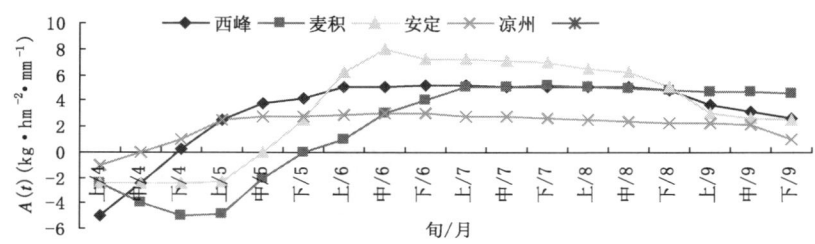

图 6.11 旬降水量与糜子单产积分回归曲线

6.6.4 气候变化对糜子种植区域的影响

甘肃省糜子主要分布在干旱少雨、无灌溉条件的陇东和中部地区,河西走廊和陇南地区也有一定分布,但面积较小。从县区来说,主要分布在庆阳市、平凉市、白银市、定西市、天水市五地市。庆阳市集中在镇原县、庆城县和西峰区,平凉市主要集中在崆峒区、泾川县、灵台县和静宁县,白银市主要集中在靖远县、平川区和会宁县,定西市主要集中在安定区和通渭县,天水市主要集中在清水县、秦安县和甘谷县。种植方式以春播和夏播复种为主,在甘肃省中部的白银、天水等市以春播为主,陇东地区的庆阳市、平凉市以冬小麦收后复种为主。

糜子抗旱耐瘠,丰产性好,适播期长,宜于补种救灾,在旱地粮食生产系统的平衡和甘肃省旱耕地开发与节水农业中起着重要作用,是甘肃省旱作农业区的主栽作物之一。1956 年至 20 世纪 60 年代初,甘肃省省糜子种植面积在 26.7×10^4 hm^2 以上,约占粮播面积的 10% 左右。60 年代后期至 80 年代初,由于兴修水利,大搞农田基本建设和发展小麦生产,致使糜子面积逐渐下降到 13.5×10^4 hm^2 左右。80 年代后期以来,由于气候变暖及夏播复种糜子良种的选育成功和大面积推广,使糜子单产有了显著的提高,特别在陇东麦后复种面积较大,使得全省糜子面积又上升到了 $13.5 \sim 20 \times 10^4$ hm^2。进入 21 世纪,由于退耕还林等农业政策变化,糜子面积被进一步压缩,现在常年统计面积在 10×10^4 hm^2 左右。复种面积大约 3.3×10^4 hm^2。

6.7 综述

6.7.1 对喜凉作物的影响

6.7.1.1 冬小麦

(1) 对生长发育和越冬期生长的影响

秋冬变暖,北方冬小麦播种期普遍推迟4~8 d,越冬期推迟,生长期提前4~7 d,全生育期缩短4~9 d。西北冬小麦越冬死亡率与≤0℃负积温呈显著负相关,≤0℃负积温逐渐减少,冬小麦越冬死亡率大大降低,种植风险减少,产量大幅提高。甘肃陇东冬小麦越冬死亡率每10年降低2.4%,从1994年以后基本上没有发生越冬死亡。华北秋冬气候变暖,冬小麦冬前旺长年份增多,程度加重,越冬期生长量过大,使幼穗分化进程处在不利的气候生态环境,最终影响产量。

(2) 对种植区域和面积的影响

气候变暖,东北冬小麦可种植区域由40°N左右向北推移至42.5°N,到辽宁的中北部。西北东部冬小麦种植适宜区域向北扩展50~120 km;甘肃冬小麦西伸明显,海拔高度从1900 m提高到2100 m,种植面积扩大20%~30%;宁夏冬小麦海拔高度上升600~800 m,种植面积迅速扩大;从1985年开始,陕西冬小麦种植界限呈向北移趋势,现在全省基本均能种冬小麦。

(3) 对产量的影响

甘肃旱作区冬小麦气候产量与土壤贮水量的相关系数达到显著性水平。20世纪90年代土壤贮水量明显下降,90年代比80年代气候产量下降了125.7%。河北冬小麦大多有灌溉条件,气候产量主要受气温的影响。气候变暖,气候产量呈下降趋势,平均每10年减少52.7 kg·hm^{-2},气温造成每年小麦气候产量波动幅度达到±300 kg·hm^{-2}。

6.7.1.2 春小麦

(1) 对生长发育的影响

由于春季回暖早,西北东部春小麦播种期提早5~10 d。生长季提前3~5 d,全生育期缩短1~2 d,籽粒形成期缩短较明显约3 d。内蒙古灌区春小麦播种期和出苗期略有提前,全生育期缩短3~5 d,尤其灌浆期和成熟期最多可提前9 d左右;旱作区春小麦因干旱使播种期明显推后近17 d,成熟期提前,致使全生期缩短24 d。经研究,春小麦生育速度对气候变暖响应较其他作物最不敏感。旱作区春小麦生长期与温度呈负相关,但与降水量呈极显著正相关,降水量每减少10 mm,生长期缩短约0.8 d,降水是主要影响因素,苗期和籽粒形成期的发育速度主要受温度影响最大,而营养生长期则主要受水分的影响。

(2) 对种植区域和面积的影响

气候变暖变干,西北春小麦适宜区域和面积减少。宁夏适宜种植区主要在引黄灌区银川以南等地,占全区总面积的24.95%;次适宜种植区主要分布在引黄灌区银川以北地区,占全区总面积的23.23%;宁夏北部非灌溉区域及中部干旱带为不适宜种植区,占全区总面积的51.82%,该区域面积进一步扩大。气候变暖使甘肃省春小麦适宜种植区海拔高度提高100~200 m,种植上限高度达2800 m,但气候暖干化,全省春小麦种植面积减少20%~30%,尤其中部旱作区减少较多。内蒙古的喜温作物种植面积逐渐扩大,降水量减少使春小麦产量下降,种植面积近5年平均(2002—2006年)与20世纪80年代相比减少了近二分之一。

(3)对产量的影响

甘肃河西灌区春小麦产量与≥0℃积温呈显著正相关,变暖后的1991—2000年气候产量比变暖前的1986—1990年增加10%~79%。旱作区春小麦产量与土壤贮水量正相关密切,对产量贡献具有重要作用;但拔节抽穗期增温对产量有极显著的负影响。因此,气候暖干化使气候产量下降明显,为 5.5 g·m^{-2}。宁夏引黄灌区气温突变前1961—1988年和突变后1989—2004年气温影响系数分别为 0.0269 和 0.0081,相应两个时段的气候产量分别为 84.8 kg·hm^{-2} 和 39.8 kg·hm^{-2},气候变暖对春小麦单产的贡献率为 -2.6%,气候变暖使春小麦气候产量下降。

6.7.1.3 马铃薯

(1)对生长发育和面积的影响

冬季降雪减少春季干旱,内蒙古马铃薯主要产区播种期并未因春季增温而提前,相反比20世纪80年代推迟12 d左右,出苗期推迟10 d左右。秋季因增温较多,可收期普遍推迟8 d左右,整个生育期缩短3~5 d。马铃薯是一种比较耐旱作物,气候变干对马铃薯生产尚未构成威胁。内蒙古20世纪90年代以来,种植面积逐年扩大,近5年平均(2002—2006年)与20世纪80年代相比种植面积扩大了1.3倍。春季气候变暖,使甘肃马铃薯播种期提前5~10 d,生长季延长半月。马铃薯适宜种植区海拔高度提高100~200 m,种植高度上限可达海拔3000 m左右,从80年代初24.58万hm^2,至今已经翻番,尤其陇中半干旱半湿润区面积迅速扩大。宁夏中部旱作区的南部和固原中南部以及彭阳大部属马铃薯适宜区和较适宜区,种植面积不断扩大。

(2)对产量的影响

对甘肃旱作区马铃薯产量气候变化敏感程度分析看出,马铃薯产量年际波动有随温度愈高地域波动愈大的趋势。产量年际变幅小,对气候变化的适应性较好;产量年际变幅大,对气候变化敏感。马铃薯气候产量与块茎膨大期气温呈显著负相关,温度愈高,减产幅度愈大。当降水量变化在适宜范围内,平均温度升高1℃,产量下降0.011%~0.12%,有温度愈高的地域气候产量下降愈大的趋势。现蕾至开花是马铃薯的营养和生殖生长关键期,这时期降水量与气候产量呈显著性正相关,对产量影响至关重要。当温度变化在适宜范围内,产量随降水量增加而增加,当降水量增加10%时,产量增加0.22%~0.28%。块茎膨大后期水分与产量达显著负相关,水分过多反而引起湿腐病,造成块茎腐烂而减产。20世纪90年代气候暖干化,使旱作区马铃薯气候产量呈下降趋势;河西灌区,降水量对产量影响很小。气候变暖,夏季气温偏高对气候产量非常不利。因此西北冷凉半干旱半湿润气候区是马铃薯种植优势地带。

6.7.2 对喜温作物的影响

6.7.2.1 玉米

(1)对生长发育的影响

经统计,播种前温度上升1℃,灌区玉米播种时间提前2.1 d。春暖使西北灌区玉米适播期提早5~10 d,对营养生长期速度改变不大,但生殖生长期延长,乳熟期最多达6 d,全生育期延长6 d左右。旱作区玉米生育期受热量和降水共同作用,播期提早1~2 d,营养生长期提早4~5 d,生殖生长期提早6~7 d,愈往后期生长速率加快,全生育期缩短6 d左右。内蒙古玉米播种期提前4~13 d,出苗期提前2~9 d,成熟期推迟3~9 d,全生育期延长10~22 d。气候变干,河南6—9月总降水量每10年减少33 mm,6—9月总降水量与玉米乳熟、成熟期呈显著负相关,干旱使生长减缓,发育期推迟,尤其生殖生长期延长趋势明显,每10年延长1~2 d,全生育期每10年延长2.1 d。

(2) 对种植区域、面积与品种的影响

气候变暖,玉米适宜种植区向北扩展,向海拔增高,向偏中晚熟高产品种发展。甘肃玉米适宜种植区高度提升150 m左右,种植上限高度达1900 m,最适高度为1200~1400 m。河西灌区玉米面积迅速扩大,达2.5倍,旱作区玉米面积扩大50%至1倍。陕西玉米全生育期≥10℃积温增加110℃·d,生育期平均减少4 d。延安、关中西部、商洛西部种植面积明显扩大。宁夏玉米播种期提早,生长季延长,南部山区在20世纪80年代玉米难以正常成熟,种植面积很少,随着气候变暖和地膜覆盖,全生育期热量已基本满足需求,种植面积进一步扩大;引黄灌区及彭阳东南部玉米高产区域明显扩大。东北不同熟性玉米品种可种植北界明显北移东延,早熟种逐渐被中、晚熟种取代,面积不断扩大。晚熟种北界从60年代的吉林省镇赉县(122°47′N,45°28′E),扩展到21世纪初黑龙江的甘南县(123°29′N,47°54′E);中熟种北界从60年代的黑龙江嘉荫县(130°00′N,48°56′E)向北延伸到呼玛县(126°36′N,51°43′E)。华北夏玉米灌浆期增加5 d左右,生长期延长,品种由原来的早熟种改为以中早熟和中熟种为主。1995年前内蒙古阴山北部丘陵区基本无玉米种植,现在种植北界扩展了100~150 km,近5年平均(2002—2006年)与20世纪80年代相比面积扩大了1.9倍左右。

(3) 对产量的影响

甘肃河西灌区玉米气候产量主要受≥10℃积温影响,两者相关显著水平超过0.01,气象因素对产量的贡献率达52%~60%,超过社会因素对产量的贡献率。1992—2005年气候突变后的气候产量比1981—1991年突变前增加了124%~301%。旱作区玉米气候产量与全生育期和拔节至乳熟期土壤贮水量正相关显著水平达到0.001。气候变干,土壤贮水量减少,玉米气候产量下降。宁夏灌区玉米产量与各生育期平均最高气温密切正相关,该区1994—2004年平均最高气温与1981—1993年相比,各发育期升高0.5~0.6℃,气温升高对玉米增产起正效应。1981—1993年和1994—2004年的气温影响系数分别为0.0329和0.0382,两个相应时段的气候产量分别为141.02 kg·hm^{-2}和260.94 kg·hm^{-2},气候变暖对玉米单产的贡献率为4.47%。

6.7.2.2 谷子

(1) 对生长发育和面积的影响

春暖使西北谷子适播期提前一星期,适生海拔高度提高150 m左右。种植上限达海拔2100 m,最适高度<1500 m。在半干旱和半湿润旱作区种植面积扩大10%~20%。

(2) 对产量的影响

甘肃谷子产量与气象因素相关性非常显著,旱作区谷子产量随着关键期内气温增高、降水增多而提高;河西灌区谷子产量与灌浆期平均气温相关达极显著水平,产量随气温增高而提高。气候暖干化对谷子产量影响非常突出,谷子产量年际气象波动指数占实际产量变异系数的54%~73%,变暖突变前气象波动指数占当地同期实际产量变异系数的43%~78%;变暖突变后气象波动指数占当地同期 68%~89%,变暖后较变暖前所占百分比明显增大。变暖后较变暖前谷子气候产量增加 30.6~121.1 kg·hm^{-2}。旱作区变暖的正效应大于变干的负效应。谷子气候产量丰产年型在增暖以后出现的频率为 77.8%~100%。谷子是比较耐旱的作物,气候暖干化对旱作地谷子的生产比其他作物影响来得少。

6.7.2.3 糜子

(1)对生长发育和面积的影响

气候变暖,西北糜子适播期提早,生育期延长,适生海拔高度提高 150 m 左右,种植上限达海拔 2200 m,最适高度 <1600 m。在半干旱和半湿润旱作区种植面积扩大 10%~20%。气候变暖,各地≥10℃积温增加 100~200℃·d,复种糜子适生高度达海拔 1700 m,复种指数增加,适生区域扩展,种植面积扩大,产量提高。

(2)对产量的影响

糜子是喜温作物,随着生育进程推进,气温对气候产量的正效应愈来愈明显,抽穗至开花期达到最大。甘肃半干旱旱作区为 10.5 kg·hm^{-2}·℃$^{-1}$;半湿润旱作区为 5.6~8.0 kg·hm^{-2}·℃$^{-1}$;河西灌区为 9.0 kg·hm^{-2}·℃$^{-1}$。有热量条件愈好影响愈小的趋势。气候变暖对提高糜子气候产量极有利。糜子拔节以后,降水量对糜子气候产量为正效应,到抽穗期达到最大,为 3.0~8.0 kg·hm^{-2}·mm^{-1}。半干旱旱作区影响最大,其次是半湿润旱作区,灌溉区影响最小,有随干旱程度愈大影响增大的趋势。气候暖干化,对较耐旱的糜子气候产量影响并不大。

6.7.3 气候变化对西北主要粮食作物影响的认识与讨论(邓振镛等,2010)

6.7.3.1 气候暖干化使作物生长发育速度发生明显的变化

春播作物提早播种,苗期生长发育速度加快,营养生长期提前,生殖生长期和全生育期延长。秋作物发育期推迟,尤其生殖生长期和全生长期延长。越冬作物推迟播种,冬前生长发育速度推迟;越冬死亡率降低,种植风险减少;春初提前返青,生殖生长期提早,全生育期缩短。

6.7.3.2 气候暖干化使作物适生区域和种植面积发生重大改变

喜温作物(玉米、谷子、糜子)、越冬作物(冬小麦)和喜凉作物(春小麦、马铃薯)种植海拔高度分别提高 100~150 m、150~200 m 和 100~200 m。水稻、玉米、冬小麦向更高纬度扩展。品种熟性向偏中晚熟高产品种发展。以受热量条件影响较大的喜温作物和越冬作物以及高原地区的冷凉气候区的作物种植面积迅速扩大;在旱作区,对不较耐旱的玉米、春小麦等作物种植面积受到制约。

6.7.3.3 气候暖干化对作物气候产量产生重大影响

从种植方式而言,对旱作区作物气候产量影响最严重,其次是半旱作半灌溉区,对灌溉区作物影响较少。从作物属性而言,对喜温作物水稻、玉米和越冬作物冬小麦有利于气候产量提高;对喜凉作物春小麦和马铃薯气候产量产生不利影响。从作物耐旱能力而言,对较耐旱作物谷子、糜子、马铃薯等影响较轻;但对不够耐旱作物玉米、小麦等有较大影响。

6.7.3.4 采取切合实际的适应政策与适应行动应对气候暖干化

从五个方面考虑应对、调整作物种植结构,确保粮食生产安全;根据不同气候年型调整各种作物种植比例；针对不同气候区域发展优势作物和配置作物种植格局；采取不同栽培技术和管理模式应对气候变化；采取综合配套技术提高抵御灾害能力。

6.7.3.5 气候变化对作物的影响研究有待深入探明的问题

气候变化对作物的影响研究时间并不长，影响的复杂程度已非常多，尤其对作物影响机理有待深入探明；应对气候暖干化的技术和措施有待进一步加强和应用；未来气候变化的预测水平和准确率还有待进一步提高等。

第7章 气候变化对主要经济作物的影响

为应对气候变化及其影响,应对极端气候事件趋强趋多,促使农作物安全生产、合理的结构调整、趋利避害、减轻不利影响,提高产量和品质具有现实意义。为此本章较系统地介绍了棉花、胡麻、冬油菜、春油菜(甘蓝型、白菜型)和甜菜六种西北地区主要经济作物受气候变化影响的特征和规律。

7.1 棉花

棉花是我国种植业大宗农产品之一,其田间生产过程长达 200~240 d,天气气候变化深刻地影响其产量和品质形成。我国已成为世界棉产大国,未来气候变化对棉花生产的影响,将成为牵动国民经济发展和国际棉花贸易的重要问题。

7.1.1 气候变化对棉花生长发育的影响

7.1.1.1 气候变化对棉花发育期的影响

棉花生产发生变化首先是因棉花生长发育期的变化,现以河西走廊棉花生产区——敦煌近 30 年的农业气象资料为例加以说明(表 7.1)。棉花播种期提前,20 世纪 80 年代平均日期在 4 月下旬,90 年代在 4 月中旬后期,2001—2006 年在 4 月中旬前期,比 90 年代提早 5 d,比 80 年代提早 12 d。营养生长阶段提前完成,如开花期比 90 年代提前 4 d,比 80 年代提前 12 d,为生殖生长争取更长的季节和更多的资源打下良好基础,从而使停止生长期从 10 月上旬推迟到 10 月中旬,比 80 年代延长 6 d,比 90 年代延长 9 d。全生育期比 90 年代和 80 年代延长 14 d 和 18 d。

表 7.1 敦煌棉花生育期(日/月)

年代	播种	出苗	现蕾	开花	吐絮	停止生长	全生育期(d)	霜后花(%)
20 世纪 80 年代	24/4	9/5	18/6	15/7	24/9	7/10	166	35
90 年代	17/4	30/4	10/6	7/7	11/9	4/10	170	14
2001—2006 年	12/4	29/4	7/6	3/7	10/9	13/10	184	5
90 年代与 80 年代相比(d)	−7	−9	−8	−8	−13	−3	4	−21
2001—2006 年与 90 年代相比(d)	−5	−1	−3	−4	−1	9	14	−9
2001—2006 年与 80 年代相比(d)	−12	−10	−11	−12	−14	6	18	−30

如图 7.1 所示棉花播种期提前 7.2 d·(10 a)$^{-1}$,播种期与 4 月平均最低气温显著负相关($R=-0.498, P=0.018$),可以判断 4 月平均最低气温每升高 1℃ 棉花播种期将提前 2.6 d;

现蕾期提前 5.3 d·(10 a)$^{-1}$且与 6 月最低($R=-0.546, P=0.009$)和最高($R=-0.690, P=0.000$)气温显著相关;开花期提前 7.6 d·(10 a)$^{-1}$,开花期与 7 月平均最低气温显著相关($R=-0.468, P=0.028$),7 月最低气温每升高 1℃ 开花期提前 3.0 d;吐絮期提前 8.8 d·(10 a)$^{-1}$,但和最低、最高气温均未达到显著水平。但棉花停止生长期推迟了 5.0 d·(10 a)$^{-1}$,与 10 月最低气温相关达极显著水平($R=0.709, P=0.000$),10 月最低气温每升高 1℃ 停止生长期将推迟 8.6 d。

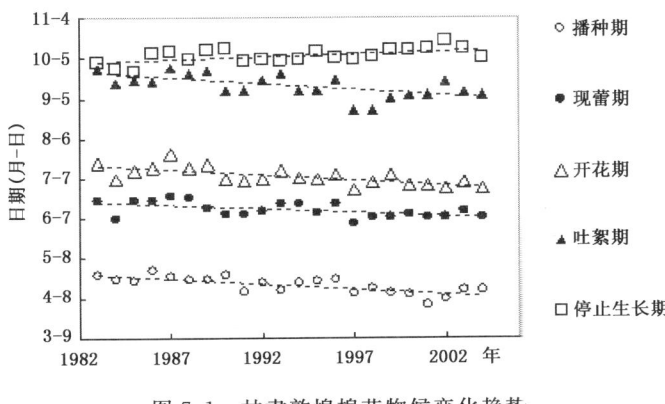

图 7.1 甘肃敦煌棉花物候变化趋势

无霜期的延长、界限温度 10℃ 初日的提早和终日的推迟及积温的增加,使得棉花生长期间热量条件趋好,适宜生长期延长,适播期提早。北疆棉区 20 世纪 80 年代后期普及地膜栽培,种植棉花品种一直为新陆早系列特早熟陆地棉,因此统一选取 1991—2007 年发育期资料。从 1991 年以来棉花生育期变化图(图 7.2)可以看出,除停止生长期略有推后外,从播种到裂铃吐絮的各发育期均随着时间的推移而有所提前(均通过了显著性检验),但不同发育期提前程度不同。播种和出苗期提前最为显著,分别为 -0.70 d·a^{-1} 和 -0.73 d·a^{-1},现蕾期、开花期、裂铃期变化率依次为 -0.22 d·a^{-1}、-0.36 d·a^{-1}、-0.39 d·a^{-1}。

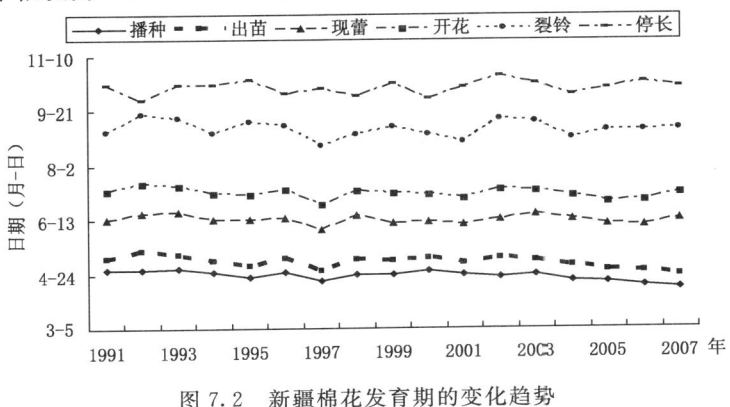

图 7.2 新疆棉花发育期的变化趋势

用 1991—1999 年和 2000—2007 年两个时段分析棉花发育期变化,后一时段与前一时段相比,播种、出苗、现蕾、开花、裂铃五个发育期分别提早 5 d、5 d、2 d、3 d 和 3 d,停止生长期推后 1 d。

各站从播种到停止生长各发育期的变化趋势见表 7.2。除精河现蕾期有推迟的趋势外,其余从播种到裂铃吐絮期均表现为一致的提前趋势,开花以前各发育期提前的程度从西向东逐渐增加。停止生长期各站的变化趋势不一致(王润元,2006)。

表7.2 北疆各棉区棉花各生育期变化趋势($d \cdot a^{-1}$)

年际	播种	出苗	现蕾	开花	裂铃	停止生长
精河	−0.40**	−0.14	0.46**	−0.17	−0.42**	−0.16
乌苏	−0.82**	−0.80**	−0.42**	−0.39**	−0.668**	0.39*
石河子	−0.84**	−1.09**	−1.10**	−0.63***	−0.40	0.00

注：同表6.7。

7.1.1.2 气候变化对棉花不同发育期持续时间的影响

统计分析棉花不同发育期持续天数的变化趋势,通过显著性的检验只有蕾期、苗期和裂铃吐絮期,其中蕾期(现蕾—开花)持续天数表现为减少的趋势,平均每10年减少1.4 d,苗期(出苗—现蕾)和裂铃吐絮期(裂铃—停止生长)则表现为增加的趋势,平均每10年增加5.1 d和4.2 d。同样分1991—1999年和2000—2007年两个时段分析棉花不同时段持续天数(表7.3),气候变暖使棉花生长发育进程加快,各发育期都提前,使得各发育阶段经历的天数变化不大,但吐絮期明显延长3 d,全生育期延长7 d,有利棉花霜前花和产量提高。但同时也看到,苗期后一时段比前一时段延长了3 d,对比气象资料,发现2000—2005年8年中有4年棉花播种出苗期间都出现了强霜冻和低温阴雨天气,造成棉花苗期生长迟缓。由此可以得出,虽然气候变暖使得热量条件趋好,有利棉花产量和品质的提高,但由于气温的波动性加大,尤其春季冷空气活动频繁,给棉花生产也带来一些不利影响。

表7.3 新疆棉花不同时段生育期持续日数比较(d)

时段	播种—出苗	出苗—现蕾	现蕾—开花	开花—裂铃	裂铃—停长	播种—停长
1991—1999年	12	38	25	59	36	169
2000—2007年	13	41	24	59	39	176

对甘肃敦煌棉花各个发育阶段对气温变暖的响应研究表明,播种期—五叶期缩短2.5 $d \cdot (10 a)^{-1}$,与期间最低气温显著相关;而五叶—现蕾延长4.4 $d \cdot (10 a)^{-1}$,与期间最低气温极显著相关($R=0.538, P=0.01$),期间最低气温每升高1℃将延长2.4 d;开花—吐絮期间日数基本没有变化;吐絮—停止生长期随10月最低气温的变暖而延长($R=0.474, P=0.026$),10月最低气温每升高1℃将延长12 d,这主要是因为停止生长期随10月最低气温的升高而推迟的缘故(图7.3);棉花整个生育期呈现延长的趋势,且与生育期间的平均最低气温显著相关($R=0.61, P=0.000$),最低气温每升高1℃将延长9 d(图7.4)。

最低气温是衡量棉花受低温和霜冻危害的生理指标。最高气温是衡量棉花受高温热害和干热风危害的生理指标。河西走廊最低气温1987—2003年比1961—1986年平均升高0.9℃,而最高气温升高0.8℃,最低比最高气温升幅高0.1℃,其中3—6月升幅最大,达0.5~0.6℃(表7.4),此时正值棉花播种和苗期生长期,能有效地减少春季低温和晚霜冻危害,对种子发芽和棉苗生长非常有利,打下良好的物质基础。7月下旬至8月上中旬发生强干热风可造成棉桃铃大量脱落,此时8月最高气温增幅只有0.4℃,比相邻的7月和9月增幅小,而且近10年来未发生过强干热风和高温造成的危害。

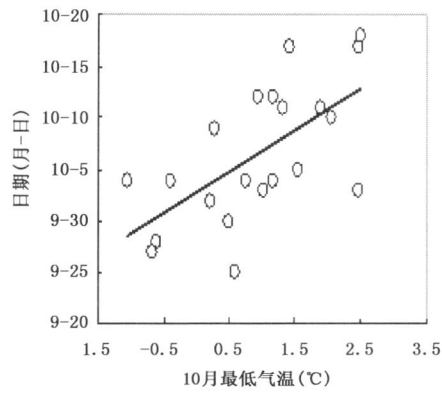 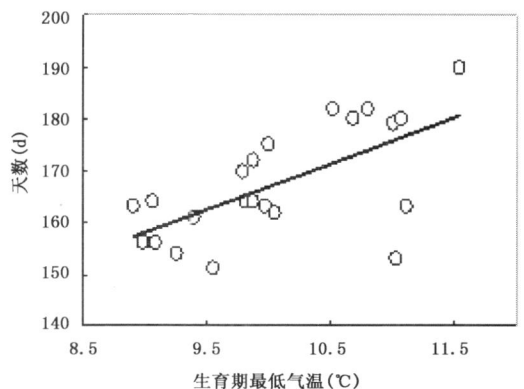

图 7.3 棉花停止生长期与 10 月最低气温的关系　图 7.4 棉花生育期与期间最低气温的关系

表 7.4 河西走廊最低气温和最高气温 1987—2003 年与 1961—1986 年的差值(℃)

月份	1	2	3	4	5	6	7	8	9	10	11	12	年
最高气温	1.0	1.8	0.4	0.2	−0.1	0.5	0.9	0.4	1.1	0.2	1.3	1.4	0.8
最低气温	1.2	2.0	1.0	0.8	0.4	1.0	1.0	0.5	0.7	0.5	1.0	1.6	0.9
最低与最高比	0.2	0.2	0.6	0.6	0.5	0.5	0.1	−0.1	−0.4	0.3	−0.3	0.2	0.1

从图 7.5 和图 7.6 看出,棉花生长期旬平均最低气温近 10 年(1996—2005 年)比气候转折前 10 年(1976—1985 年)明显升高。春季增温迅速,敦煌 3 月、4 月和 5 月每旬分别增温 2.1～2.5℃、1.2～1.6℃和 0.7～1.9℃。3 月下旬已回升到 0℃以上,达 0.8℃,土壤开始解冻,4 月上中旬达到 3～5℃,4 月中旬前达到播种温度指标,比前 10 年提早近半月。民勤 3 月、4 月和 5 月每旬分别增温 2.2～2.4℃、1.4～3.0℃和 0.9～2.5℃,比敦煌升幅更大。4 月上旬前期回升到 0℃以上,4 月中旬达 3.8℃,4 月中旬后期达到播种温度指标,比前 10 年也提前半月。提早耕作,提前播种,延长季节,有效地躲避后期低温和早霜冻危害。

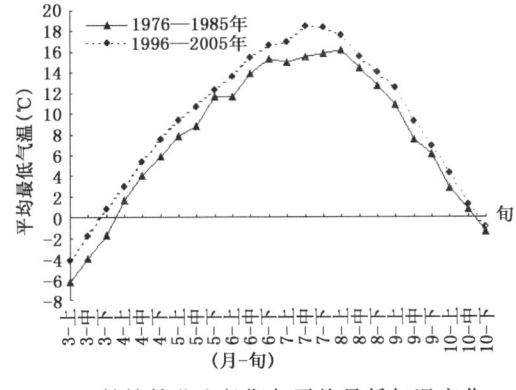 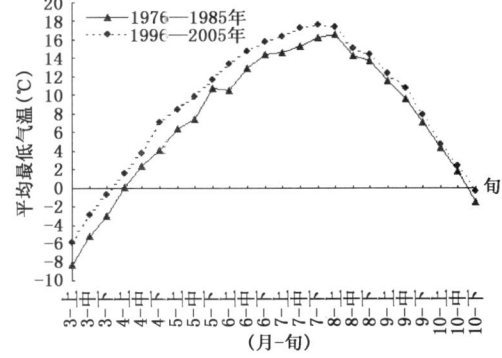

图 7.5 敦煌棉花生长期旬平均最低气温变化　图 7.6 民勤棉花生长期旬平均最低气温变化

两地秋季 9 月上旬至 10 月上旬降温速度明显减缓,敦煌增温幅度在 0.8～1.8℃,民勤在 0.4～1.2℃,至 10 月中旬增温幅度才减小,在 0.4℃左右,使停止生长期延后近 10 d,为延迟停止生长提供宝贵的时间和热量资源,使霜后花大大减少,2001—2006 年比 20 世纪 90 年代和 80 年代分别减少 9%和 30%(表 7.1),使单产大幅提高。

7.1.2 气候变化对棉花产量和品质的影响

从图 7.7 和图 7.8 看出,1990 年以前,两地单产基本上是负距平,此后大多年份是正距平,而两地单产距平值与≥10℃积温距平值变化趋势基本一致,尤其 1993 年以后变化趋势非常吻合。金塔≥10℃积温比敦煌少,积温对单产起的作用更显著,相关性曲线趋势一致性更好采用正交多项式统计方法,将河西走廊棉花产量分离成社会产量和气候产量,并对气候产量作图。从图 7.9 看出,气候产量变化在 1981—1983 年、1987—1989 年、2000 年以后的三个阶段波动较为平稳。20 世纪 80 年代气候产量振幅较小,最大与最小值之差为 449.7 kg·hm^{-2};90 年代气候产量变化振幅较大,最大与最小值之差为 575.1 kg·hm^{-2}。80 年代平均气候产量为 -52.5 kg·hm^{-2},而 90 年代平均气候产量为 29.0 kg·hm^{-2},90 年代比 80 年代气候产量增加 81.5 kg·hm^{-2},增大 54.3%。主要原因是 90 年代≥10℃积温较 80 年代明显增加,而且波动也较大(邓振镛,2008)。

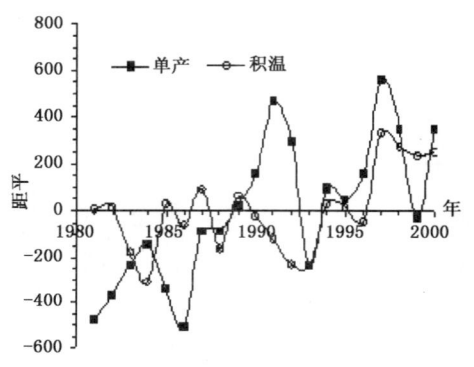

图 7.7 敦煌棉花单产距平(kg·hm^{-2})与≥10℃积温(℃·d)的年际变化　　图 7.8 金塔棉花单产距平(kg·hm^{-2})与≥10℃积温(℃·d)的年际变化

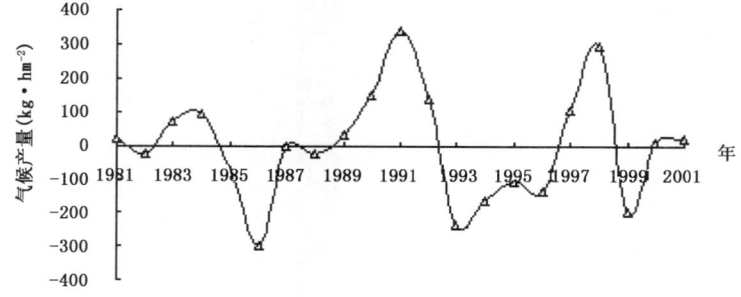

图 7.9 河西走廊棉花气候产量变化曲线图

对棉花产量和不同生育阶段极端气温的相关分析表明(表 7.5),棉花产量与开花以前的平均最低气温显著正相关,分析认为,春季最低气温的升高减少了迟霜冻对棉花的危害,有助于棉花的高产;10 月最低气温与产量显著正相关,在 10 月份棉花随第一次霜冻的出现而逐渐停止生长,而霜前花是棉花产量的主要组成部分,霜前花产量与 10 月最低气温显著相关。10 月最低气温的变暖使棉花停止生长期推迟,有效地增加了棉花的干物质积累,从而提高了霜前花的产量(图 7.10)。可见,在极端干旱的绿洲农业区,生育期间的增温特别是 10 月最低气温的变暖对本地区棉花的生产产生了积极的作用。

表 7.5 冬小麦和棉花主要生育阶段极端温度与产量的相关系数

棉花生育阶段	与产量的相关系数	
	最高气温	最低气温
播种期—五叶期	0.36	0.52*
五叶期—现蕾期	0.54*	0.48*
现蕾期—开花期	0.46	0.60**
开花期—吐絮期	0.19	0.41
吐絮期—停止生长期	0.11	0.49*
播种期—停止生长期	0.45	0.54*

注:*$P<0.05$,**$P<0.01$。

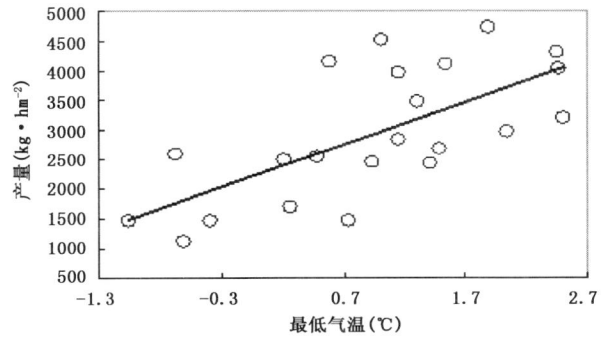

图 7.10 棉花霜前花产量与成熟期最低气温的关系

可见,作物对气候变暖的响应不仅仅体现在对大气平均气温变暖的动态响应,更重要的是要考虑极端气温升高对作物的影响,因为农作物生长对气温的适应有上限和下限的限制,极端气温的变化总是接近作物生长的上下限气温,往往越是接近上下限,作物的响应越发敏感。近年来,基于模型的气候变暖对作物影响的研究越来越多,所以在建立模型时要尽量考虑到极端气温变暖对作物生长的影响,从而预测响应的方向、程度和强度,这有待于进一步的资料积累和深入广泛的研究。

当棉花品种熟性不变时由于铃期气温增高,利于铃重增加,霜前花将增加 5%~10%。纤维强力和成熟度等亦有所提高。敦煌棉花的衣分与≥10℃ 积温距平变化趋势也非常相似。1993 年以前平均衣分为 36.1%,80%的年份为负距平;1994 年以后平均衣分为 38.1%,比 1993 年以前高两个百分点,有 70%的年份为正距平。

7.1.3 对种植界限和面积的影响

据研究,年平均气温升高 1℃,农业气候带可北移 100 km。我国棉区北缘将由现在的辽宁、冀北、晋中、陕北、河西和北疆地区,可能向北移出 200~400 km。西部棉区将与前苏联中亚棉区靠近,东部棉区将北伸到吉林省境内。同时,过去热量不足的低山浅丘也将可以部分植棉。生长季热量增加将可能导致各生态型品种种植边界的移动。部分棉区升温强度大,略加增温措施,棉花栽培品种将可能变更一个热级(约需增加≥10℃ 积温 300℃·d)。两熟复种和套种的棉花区域分别由长江流域和 38°N 以南北进到淮河和海河一线。

从图 7.11 看出,甘肃河西种植面积呈逐渐扩大趋势,1991 年以前呈曲线变化,在 0.5～1.0 万 hm² 徘徊;1992 年是一个转折年,至今呈直线上升,每年增加 0.466 万 hm²,尤其 2001 年增加最多,为 2.228 万 hm²,近几年呈稳定增加趋势。以往,民勤和高台因为热量资源不足,制约了棉花发展,从 1991 年开始种植,1992 年上了一个台阶,使适宜种植区域海拔从 1300 m 提升到 1400 m 左右,升高了 100 m 左右。

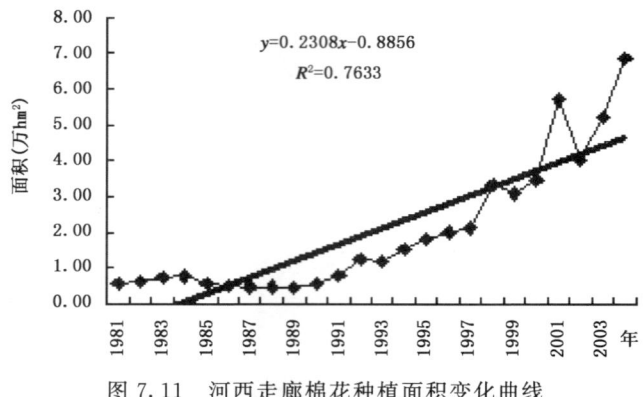

图 7.11　河西走廊棉花种植面积变化曲线

从图 7.12 看出,老棉区种植面积 1989 年是最少年份,以后逐年迅速扩大,1998—2001 年出现峰值。两地面积变化趋势基本一致,但面积差异较大,敦煌比金塔每年多 1000～2000 hm²,原因是敦煌比金塔海拔低 131 m,≥10℃积温平均高 300℃·d 左右,说明海拔愈低,积温愈多,种植面积愈大。

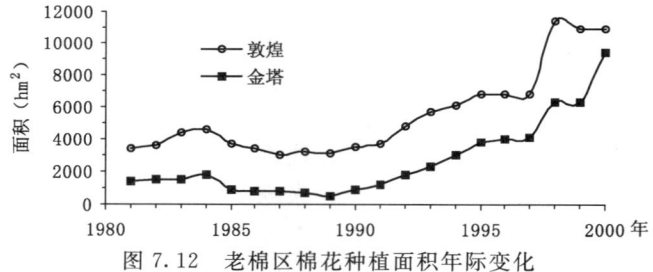

图 7.12　老棉区棉花种植面积年际变化

7.2　胡麻

胡麻具有耐瘠薄、喜凉爽、喜温差大、耐旱、耐寒、适应大陆性气候的特点,在内陆的甘肃种植有较大的气候资源优势及经济效益,发展前景较好。

胡麻是西北主要油料经济作物之一,胡麻籽粒含油量为 34%～40%,比油菜籽高出 8～12 个百分点,其油色亮、香正、味纯,商品价值比较高,市场销售好,其茎秆是纺织工业的原料。

7.2.1　生物特性

胡麻一般在 3 月中旬至 4 月上旬播种(表 7.6),4 月中旬出苗,从播种至出苗一般需要 10 d,现蕾大概在 5 月下旬到 6 月中旬,出苗至现蕾需时较长为 40～60 d,现蕾后 15 d 左右进入开花期,约在6月上下旬。开花后,产量开始形成,需45~70 d,是生育阶段最长的时段,一般在8月上中旬成熟。临近成熟时不耐旱,遇旱加快成熟,常伴有早熟或干热逼熟现象,如陇东、陇中地区若遇较严重伏旱,可提前10~15 d成熟。从播种—成熟需120~132 d。河西以中熟品种为主,河东以中晚熟品种为主。

表7.6 甘肃各地胡麻物候期(旬/月)

地点	纬度	海拔高度(m)	播种	出苗	现蕾	开花	成熟	全生育天数(d)
北道	34°33′N	1084	上/4	中/4	上/6	中/6	上/8	120
西峰	35°44′N	1421	上/4	中/4	下/5	上/6	中/8	132
定西	35°35′N	1897	中/3	中/4	中/6	下/6	上/8	132
凉州	37°55′N	1531	上/4	中/4	上/6	中/6	下/7	121

7.2.2 气候生态适应性

利用北道(代表陇东南地区)、西峰(代表陇东)、定西(代表陇中)、凉州(代表河西)4地1980—2000年胡麻逐年单产及相应年份旬平均气温、降水量及日照时数资料进行积分回归,计算各气象因子不同时段对产量影响的$a(t)$值。同时对四地胡麻生长关键时段的气温及降水因子与单产进行相关分析(蒲金涌等,2004)。

7.2.2.1 热量对产量的影响

种子发芽要求最低气温为1~3℃,当气温高于5℃时即可出苗,8~10℃为出苗最适气温。苗期不耐冻,最适气温为16℃。由于胡麻是无限花序,没有明显的积温界限,在最适温度期,相对低温会延长营养生长期,增加分茎数及蒴果数,最适气温为17~20℃。胡麻生性喜凉,从播种到出苗需要≥5℃积温95~135℃·d(表7.7);出苗至现蕾所需积温550~850℃·d,陇东最小,陇东南最大;现蕾至开花所需积温150~200℃·d,各地域差别较小;开花成熟期陇东及陇东南地区热量累积较多,河西及陇中地区较少。

表7.7 胡麻各生育时段≥5℃积温(℃·d)

地点	播种—出苗	出苗—现蕾	现蕾—开花	开花—成熟	全生育
北道	109	856	204	1046	2215
西峰	92	549	181	1432	2254
定西	136	751	153	821	1861
凉州	96	781	195	848	1920

从图7.13看出胡麻出苗后到现蕾开花期,大约90 d左右,气温为负效应,各地负效应持续时段有所不同,负效应最大值河东在5月上旬至6月中旬,河西在5月中旬至7月上旬。影响最大时,气温每升高1℃,产量下降37.8 kg·hm^{-2}。出苗后即进入光照阶段,若温度过高,光照阶段迅速结束进入生殖生长期,造成植株矮小,分茎数少,现蕾期提前,花果数少而减产。在现蕾期温度过高,会抑制茎的伸长、花芽分化及正常受粉,影响蒴果数和结实率。

从相关分析得出,各地胡麻产量与籽粒期(6—7月平均气温)负相关关系明显(表7.8)。气温升高,产量降低,这与积分回归结果完全一致。

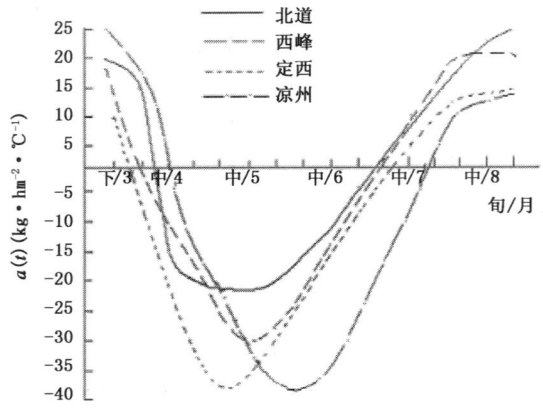

图 7.13 胡麻单产与平均气温积分回归曲线

表 7.8 胡麻产量与气象因子相关系数

项目	北道	西峰	定西	凉州
产量与籽粒期(6—7月)平均气温	−0.6063**	−0.5896*	−0.9700**	−0.6820**
产量与关键期(4—6月)降水量	0.5391*	0.8243**	0.6877**	0.2791

注：*表示达到0.05显著水平；**表示达到0.01显著水平。

7.2.2.2 降水对产量的影响

胡麻苗期需水较少，但种子萌发需较多水分，刚出土的幼苗抗旱能力很弱，遇旱死苗较多，分茎开花期是需水的临界期，需水量最大。河西有灌溉条件，所以积分回归的 $a(t)$ 曲线变化比较平缓(图7.14)。在4月中旬出苗前后，水分影响产量程度较小；正效应最大时段6月上旬至7月上旬的现蕾开花期，此时段水分充足，植株高大，分茎和蒴果数多，产量也高；反之，若遇干旱，植株矮小，分茎数和蒴果数少，产量降低。河东以旱作农业为主，降水量对产量影响很大。最大正效应在5月中下旬，此期正处于现蕾开花关键生育期，春旱对产量影响比较大(表7.9)，春旱发生频率>50%的地方，产量显著偏低。降水量每增加1 mm，产量增加85.2 kg·hm^{-2}。6月中下旬以后处在蒴果成熟期，过多的降水使胡麻贪青晚熟，不利油分积累，还易造成倒伏和引发病害，造成减产，该时段全为负效应。

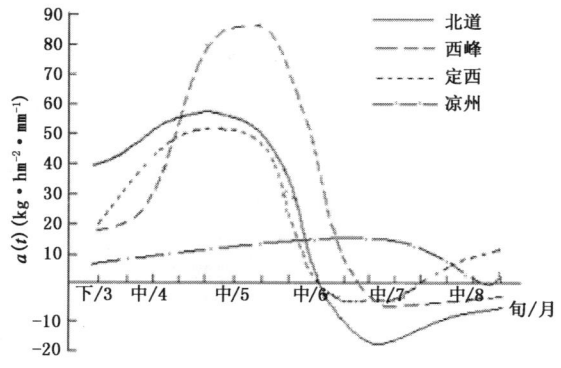

图 7.14 胡麻单产与旬降水量积分回归

表 7.9　陇东、陇东南胡麻产量及春旱发生频率

地名	环县	西峰	平凉	灵台	定西	秦安	北道
春旱频率(%)	63	16	30	41	55	16	40
产量(kg·hm^{-2})	359	601	675	675	540	750	580

相关计算表明：西峰、定西、北道、凉州四地胡麻关键生长期(4—6月)降水量与产量均为正相关。陇东及陇中的降水量与产量的相关关系最为密切,陇东南次之,说明这些地区降水较少,干旱对产量造成较大影响,河西靠灌溉供给,降水量与产量的相关性最差,不能通过假设检验,这与前面积分回归分析相吻合。

7.2.2.3　光照对产量的影响

胡麻是长日照作物,全生育期需日照 780～920 h,平均每天 7 h,才能满足生长需求。开花—成熟期对光照要求更为强烈。河西日照最丰富,为 1214 h;陇东和陇中为 1028 h 和 1077 h;陇东南最差只有 797 h。其中开花—成熟期,陇东南及陇中地区的日照时数只有 331～342 h,比河西 611 h 偏少 78%～85%,从而导致了不同地区产量及品质上的差异。

从图 7.15 看出,日照对河西胡麻产量的影响最小,$a(t)$曲线变化平缓,因为河西地区光照丰富,能够满足需求,而河东地区影响相对较大。日照对胡麻的影响有两个正效应区和一个负效应区。第一个正效应时段是的幼苗生长期,河西 4 月上旬至 6 月上旬;陇中 4 月上旬至下旬;陇东 4 月上旬至 5 月上旬;陇东南 4 月上旬至 5 月下旬。第二个正效应时段为开花至成熟期,光照充足利于含油率增加。河西 7 月上旬至 8 月下旬;河东 7 月中旬至 8 月下旬。负效应最大时段及影响程度略有差异,陇中负效应最大时段在 5 月中旬,为 12 kg·hm^{-2}·h^{-1};陇东南 6 月中下旬,为 10 kg·hm^{-2}·h^{-1};陇东 5 月下旬,为 7 kg·hm^{-2}·h^{-1}。充分印证了农谚"要吃胡麻油,伏里晒日头"。

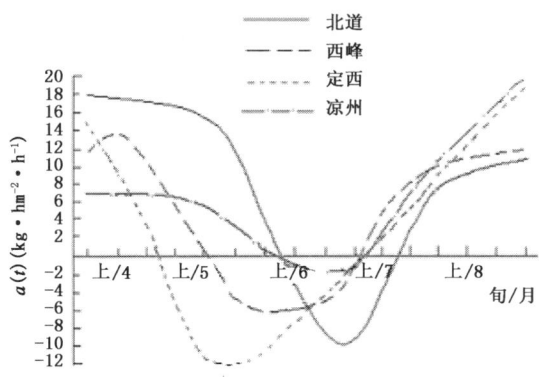

图 7.15　胡麻单产与日照时数积分回归曲线

7.2.3　气候产量模型

根据积分回归及相关分析,对四个代表地区气候产量(y_w),以籽粒形成期(6—7月)平均气温 T、关键生长期(4—6月)降水量 R 为主要因子,建立各地气候产量模型,经检验效果显著($F_{0.01}=6.01$)。

河西：　$y_w=550.9-27.12T+0.0036R$　　　　$F=238.4$　　　　(7.1)

陇中：$y_w = 227.1 - 16.1T + 0.3034R$　　　　　$F = 46.7$　　　　　(7.2)

陇东：$y_w = 371.6 - 20.9T + 0.2436R$　　　　　$F = 186.7$　　　　(7.3)

陇东南：$y_w = 243.4 - 11.2T + 0.1664R$　　　　$F = 28.7$　　　　 (7.4)

7.2.4 气候变化对胡麻的影响

当气温平均升高 1℃、2℃、3℃及降水量平均增减 10%、20%、30%，计算甘肃各地胡麻气候产量的变化率，可知陇中产量波动最大，陇东次之，河西最小。在降水量变化一定的条件下，胡麻产量随温度的升高而降低，当气温平均升高 1℃，陇中每公顷产量降低 2.6%，陇东每公顷产量降低 2.1%，陇东南每公顷产量降低 1.9%，河西每公顷产量降低 1.5%。若由于其他原因减产，其减产幅度也随温度升高而缩小。在温度变化一定的条件下，胡麻产量随降水的增加而增加，当降水量增加 10%，陇中每公顷产量增加 1.0%，陇东南每公顷产量增加 0.9%，陇东每公顷产量增加 0.8%，河西每公顷产量增加极小。陇中增幅最大，陇东南次之，河西属灌溉农业区降水量对作物产量影响很小（姚玉璧，2006）。

7.3　冬油菜

7.3.1　气候变化对冬油菜生长发育的影响

冬油菜与冬小麦同为越冬作物，四季气候变化对其生长发育均有影响。20 世纪 80 年代与 20 世纪末相比，冬前生长发育的物候期普遍推后，翌年返青后的物候期普遍提前。甘肃陇东西峰冬季停止生长的天数 20 世纪 90 年代比 80 年代减少了 16 d，占全生育期生长天数减少量的 94%；陇东南天水冬季生长天数 90 年代比 80 年代减少了 24 d，占全生育期生长天数减少量的 75%。整个生育期缩短了 17～32 d（表 7.10）。

表 7.10　甘肃省天水及西峰不同年代冬油菜生育期比较

	地点	播种	出苗	停止生长	返青	现蕾	抽薹	初花	终花	成熟	全生育期天数	全生育期≥0℃积温（℃·d）
西峰	20 世纪 80 年代	8.5	8.16	11.9	3.18	4.6	4.15	4.28	5.27	6.18	317	2934.2
	20 世纪 90 年代	8.12	8.25	11.15	3.8	3.28	4.7	4.16	5.16	6.8	300	3084.3
	差值	−7	−9	−6	10	9	8	12	11	10	17	150.3
天水	20 世纪 80 年代	8.11	8.21	11.8	3.6	3.21	3.27	4.6	5.8	6.9	302	3412.2
	20 世纪 90 年代	8.24	9.8	11.26	2.28	3.9	3.18	3.28	4.27	5.18	270	3551.9
	差值	−13	−18	−18	6	12	9	9	11	22	32	139.7

7.3.2　气候变化对冬油菜产量及品质的影响

冬油菜单产水平与冬季平均气温有着比较一致的变化趋势。这是因为秋播冬油菜存在着不同程度的全苗安全越冬问题。在一般情况下，冬季气温高，冬油菜越冬死亡率低，来年苗足、苗壮，发育旺盛，产量高，反之则苗不足、产量低。以甘肃东部的宁县为例，气候产量与冬季的相关系数为 0.774,通过 0.01 的显著水平检验。冬季平均气温每升高 1℃,可增加气候产量 172 kg·hm^{-2}。20 世纪 90 年代与 80 年代相比,甘肃省冬油菜单产水平普遍有所提高。除去生产水平提高等因素外,气候变暖是其重要原因。

在扩展区进行试验播种表明,除去冬油菜品种不同而含油率有所不同外(表 7.11),气候变化对冬油菜对各品种含油率的影响不大,均在 40% 以上,属于正常值范围。

表 7.11 不同白菜型冬油菜品种(系)在不同生态条件下的含油率(%)

实验地点	靖远	榆中	兰州	永登	武威	张掖	酒泉	平均
天油 2 号	41.40	42.00	41.70	42.40	/	/	/	42.35
延油 2 号	42.10	42.60	42.50	42.60	42.80	43.93	/	43.03
WYW-1	43.80	45.80	43.10	44.30	43.89	44.04	/	44.15
MXW-1	42.70	43.80	42.50	42.90	43.90	44.28	44.40	43.50
DQW-1	42.00	43.60	42.30	42.50	44.00	42.81	42.99	42.89
02C 杂 1	42.30	42.10	42.10	42.90	/	/	/	42.07
9852	42.00	41.90	42.10	42.70	/	/	/	41.79
9889	41.00	41.30	40.30	41.70	/	/	/	40.84

7.3.3 气候变化对产量及种植地带的影响

据研究,冬油菜安全越冬的温度指标为最冷月 1 月份的平均最低气温。当 1 月最低平均气温 ≥ -9.7℃ 时,冬油菜田间存活率在 80% 以上。1986 年以前甘肃河西地区 1 月平均最低气温 -10℃ 的等值线位于民勤—永昌—武威—古浪一线,1987—2005 年 1 月 -10℃ 等值线位于金塔—酒泉—玉门一线,较 1986 年向北扩展了 100 km,海拔由 1000 m 提高到 1500~2300 m。纬度由 35°30N 扩展到 39°46,在这一区域得到推广试验的验证。

由于气温连续升高,暖冬增多,冬油菜生长的不利气候出现频率减少,种植面积逐年扩大,20 世纪 80 年代到 90 年代甘肃冬油菜播种面积占油料作物的比例由 6.7% 上升到 13.2%,几乎增长了 1 倍。冬油菜总产量随时间呈线性上升,其占油料作物总产的比例明显增加。90 年代末,冬油菜产量占油料作物总产的比例已达 15.1%,成为甘肃省种植的主要油料作物之一(图 7.16)。

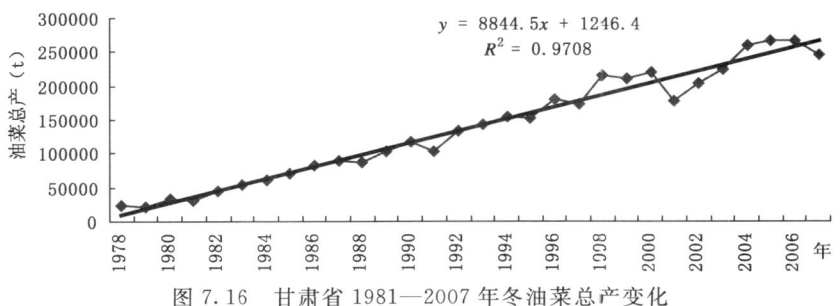

图 7.16 甘肃省 1981—2007 年冬油菜总产变化

强冬性冬油菜在甘肃安全越冬界限指标为冬季 <0℃ 的负积温绝对值 400℃·d。气候变暖,冬季冷空气活动次数减少,活动强度减弱,冬季气温大范围升高,冬油菜种植地带随之延伸扩展,20 世纪 80 年代以前尚不能种植冬油菜的环县(-497℃)、定西(-545℃)、临洮(-466℃)等地,90 年代冬油菜种植变成了现实(环县:-390℃,定西:-400℃,临洮:

−379℃)。90 年代比 80 年代冬油菜适宜种植区向北扩展了约 100 km,陇东从西峰北扩至环县,陇中从漳县北扩至定西以北,几近临夏(−408℃)。在同一地点冬油菜种植的海拔高度抬升了 100～200 m(图 7.17)(蒲金涌等,2006)。

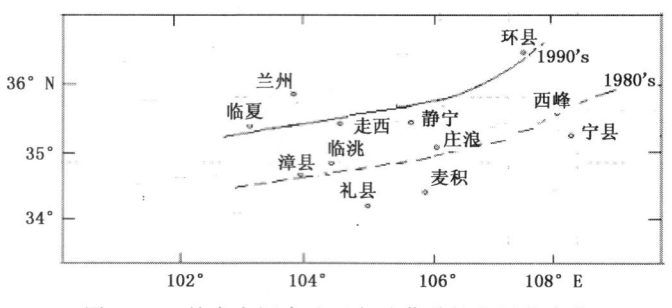

图 7.17 甘肃省河东地区冬油菜种植北界的变化

7.3.4 气候变化对冬油菜种植的利弊分析

气候变暖使冬油菜种植北界向北扩展,种植高度抬升,种植面积扩大;使冬油菜播种期推迟,返青期和收获期提前,全生育期缩短,使其气候产量增加。且改变了当地油料作物的种植结构,对发展一年两熟制、促进北方旱区冬油菜生产和农业的可持续发展具有重要意义。但也给当地作物种植结构提出了挑战。随着气候变暖,油菜越冬冻害的风险在一定程度上有所降低。由于油菜育种中丰产性与抗逆性往往难以两全,在气候变暖后,各地可以选用抗寒性或冬性比原推广品种稍弱,而丰产性状明显改善的品种,但抗寒性减弱的程度一般不宜超过冬季气温升高的幅度,否则会人为造成冻害。冬季气候变暖,给冬油菜田间的病、虫孢子越冬滋生提供了有利条件。同时也会加大土壤水分的蒸发、散失。不利于冬油菜的生长。

7.4 春油菜

7.4.1 甘蓝型油菜

甘蓝型油菜原产于欧洲,通称为洋油菜。株型中等,根系发达,生长势强,适应性广,增产潜力大。抗寒耐湿,喜水耐肥,抗旱性较差。含油率一般在 42% 左右,油质好。

7.4.1.1 气候生态适应性

甘蓝型油菜属春性品种,主要分布在河西沿山冷凉区和中部洮岷地区。河西一般在 4 月中下旬播种,8 月下旬至 9 月上旬成熟,生育期 130～140 d,≥0℃ 积温为 1600～1800℃·d;洮岷地区 3 月中下旬播种,8 月上旬成熟,生育期 135～145 d,≥0℃ 积温为 1700～1900℃·d(表 7.12)。幼苗具有较强的抗寒能力,可抗 −3～−5℃ 的低温。若遇较长时间 −5℃ 以下的低温、霜冻,子叶就会遭受冻害,影响正常的生长发育。据分期播种试验,日平均气温稳定通过 5℃ 日期为适宜播种期。苗期适宜温度 9～11℃,生物学下限温度 5～6℃,适当的低温,有利于苗期生长、花芽分化和有效分枝数增加。现蕾至抽薹期适宜温度 12～14℃,花期适宜温度 17～19℃,生物学下限温度 14℃。温度过高,花期缩短,结实率降低,产量下降。角果期是争取子粒饱满和提高含油率的关键期,适宜温度 19～21℃,生物学下限温度 12℃。分析产量与花期温度呈显著负相关,气温升高 1℃,单产下降 162.0 kg·hm^{-2};与角果期温度呈显著正相关,气温升高 1℃,单产增加 109.5 kg·hm^{-2}。通过对不同生育期温度与产量进行二级偏相关计算,结果以花期温度对产量影响最大,其次是角果期,苗期影响较小(邓振镛,2005)。

表 7.12　民乐、临洮(1990 年)、天祝(2009 年)甘蓝型油菜定位观测资料

地名 (年份)	海拔高度 (m)	项目	苗期 (出苗—现蕾)	薹花期 (现蕾—开花)	角果成熟期	全生育期
民乐 (1990)	2271	生育期(旬/月)	下/5—中/6	下/6—上/7	中/7—上/9	
		平均气温(℃)	11.5	14.3	15.4	13.7
		≥0℃积温(℃·d)	576.7	143.1	968.6	1688.4
		降水量(mm)	53.5	19.7	173.7	246.9
		日照时数(h)	460.8	85.3	554.6	1100.7
临洮 (1990)	1887	生育期(旬/月)	上/4—上/6	中/6—下/6	上/7—上/8	
		平均气温(℃)	9.7	15.0	18.2	13.4
		≥0℃积温(℃·d)	695.1	120.7	980.5	1796.3
		降水量(mm)	54.6	6.5	104.8	265.9
		日照时数(h)	467.7	72.0	397.7	937.4
天祝 (2009)	2734	生育期(旬/月)	中/5—下/6	上/7—中/7	下/7—下/9	
		平均气温(℃)	10.2	13.9	11.3	10.7
		≥0℃积温(℃·d)	516.4	277.1	819.1	1756.1
		降水量(mm)	92.7	29.9	189.3	321.8
		日照时数(h)	487.1	123.3	536.3	1317.8

据试验,甘蓝型油菜全生育期耗水量 450~500 mm。薹花期是需水临界期,日耗水量可达 3~4 mm,此期水分充足,花序延长,落花落角减少,可显著提高产量。分析薹花期降水量与产量呈显著正相关,相关系数为 0.8693,降水量每增加 10 mm,单产提高 40.0 kg·hm^{-2}。

甘蓝型油菜全生育期日照时数在 1000 h 左右,即可完成整个生育过程,正常成熟。分析民乐油菜产量与成熟期日照时数呈显著正相关,相关系数为 0.8503,日照每增加 10 h,单产提高 89.5 kg·hm^{-2}。成熟期日照充足,有利于角果发育和油分积累,产量和品质显著提高。

7.4.1.2　生育期间农业气候要素的变化

分析春油菜主产区生育期间(5—8 月)气象要素年代际变化(表 7.13),甘肃各油菜产区气温均呈逐年代增加趋势,气温倾向率在 0.27~0.60℃·(10 a)$^{-1}$,民乐最大,天祝次之,临洮最小。气温分布总体上 20 世纪 70 年代、80 年代基本接近,进入 90 年代和 21 世纪以来升温明显加快,90 年代和 70 年代相比,河西产区增幅在 0.4~1.0℃,2001—2008 年增幅在 0.9~1.7℃。其中以河西中部的民乐产地增幅最大。中部临洮产区 90 年代增幅在 0.5℃,2001—2008 年增幅在 0.7℃。

油菜生育期间 5—8 月降水各产区均呈减少趋势,降水倾向率在 4.9~17.5 mm·(10 a)$^{-1}$。河西的民乐、天祝 20 世纪 90 年代和 2001—2008 年较 70 年代减幅在 4~7 mm,临洮减幅较大,在 68~72 mm。

用干燥度公式 $k = c \cdot \sum_{\geqslant \text{℃}} / R$(式中 C 为系数,$\sum_{\geqslant \text{℃}}$ 为积温,R 为降水量)计算得到油菜生育期间 5—8 月干燥度,计算表明,河西的民乐干燥度较大,天祝山区和中部临洮较小。时间

演变上，民乐呈逐年代增大趋势，由20世纪70年代的3.6增大到2001—2008年的4.3，干旱化过程最为明显，天祝干燥度略有增大，临洮2001—2008年较90年代明显减小，干燥度由2.0减小为1.0，气候趋向湿润。

表7.13 河西春油菜产区生育期间主要气象要素变化

年代	临洮			民乐			天祝		
	$T(℃)$	$R(mm)$	k	$T(℃)$	$R(mm)$	k	$T(℃)$	$R(mm)$	k
1971—1980年	16.5	390	1.6	13.6	234	3.6	8.8	287	1.3
1981—1990年	16.4	330	1.9	13.7	237	3.5	8.9	296	1.2
1990—2000年	17.0	318	2.0	14.6	230	3.9	9.4	280	1.4
2001—2008年	17.2	322	1.0	15.3	230	4.3	9.6	282	1.4

从影响油菜产量的关键生育时段来看，现蕾—开花期（薹花期）平均气温不同产地增幅不同。地处河西沿山地区的民乐6—7月平均气温从20世纪50年代末开始呈下降趋势。从1983年开始逐年回升，2001—2008年为16.8℃，较70年代平均升高2℃，线性倾向值达$0.71℃ \cdot (10a)^{-1}$。中部洮岷地区的临洮6月中旬至下旬平均气温70年代以来呈波动式上升趋势，线性倾向值为$0.25℃ \cdot (10a)^{-1}$。

春油菜薹花期降水量民乐在20世纪60年代、70年代呈增加趋势，60年代、70年代分别为46 mm、62 mm。80年代初以来呈减少趋势，2001—2008年平均为36 mm，较70年代减少72%，线性倾向值为$-2.66 mm \cdot (10a)^{-1}$。临洮降水量从70年代以来各年代变化不大，平均降水量在47~51 mm，但年际间波动较大，很不稳定，相对平均变率达49%。

7.4.1.3 气候变化对生育和产量的影响

(1)对油菜生育进程的影响

播种、收获期的早晚不仅对各生育期进程产生影响，而且对能否有效防御后期低温霜冻危害和最终产量的高低影响至关重要。分析天祝产地历年适宜播种期（稳定通过5℃初日）变化，20世纪90年代（平均日期为5月22日）和2001—2008年（5月20日）较70年代（5月26日）分别提前4 d和6 d。收获期稳定通过5℃终日较70年代分别推后4 d、9 d。可见，气候变暖后油菜适播期可适当提前，后期低温影响几率也大大减小，有利于油菜籽粒灌浆完熟和形成高产，同时有利于品种改良，如发展高产晚熟品种等。

油菜各生育阶段日数从20世纪80年代中期以来也发生了明显变化，民乐县油菜播种—出苗间隔日数呈增加趋势，倾向率为$5.5 d \cdot (10a)^{-1}$。2001—2006年（平均为27.2 d）较20世纪80—90年代增加7.6 d，较历年平均值增加5.2 d；现蕾—开花期间隔日数呈减少趋势，倾向率为$-4.6 d \cdot (10a)^{-1}$。2001—2006年（平均为14.3 d）较80—90年代减少8.9 d，较历年平均值减小6.7 d；开花—绿熟期间隔日数明显缩短，倾向率达$-11.9 d \cdot (10a)^{-1}$。2001—2006年（平均为31.7 d）较80—90年代减小8.4 d，较历年平均值减小6.4 d。气候变暖的结果使民乐县播种—出苗期降水增加使出苗推迟外，其他时间使生育速度明显加快。

(2)对产量的影响

利用甘蓝型油菜主产区民乐1987—2006年油菜产量资料，用多项式处理后的气象产量与油菜播种—成熟共13个旬的气温、降水、日照进行积分回归，式中，Y_w为气候产量计算值（$kg \cdot hm^{-2}$），C为常数项，t为生育时段（旬）。

$$Y_w = C + \sum_{t=1}^{m} A(t) \cdot Xt_i$$

利用上式求算单位气象要素变化引起产量变化的回归敏感系数 $A(t)$。分析表明,在春季播种期和秋季成熟期,气温升高有利于及早播种和成熟收获,均有利于提高产量,二者均呈正效应,特别在成熟期气温的正效应明显,气温每升高 1℃,产量增加 171.4 kg·hm^{-2}·℃$^{-1}$(图 7.18)。其余生育时段气温均呈负效应,特别在灌浆期气温升高导致灌浆期缩短,粒重下降,不利于产量的增加。光照的作用和气温基本同步。降水则相反,播种期、成熟期降水增加影响正常播种和成熟收获,对提高产量不利,呈负效应。出苗—开花期间呈正效应,降水增多促进产量增加。特别是现蕾—开花期降水的正效应明显,降水每增加 10 mm,气候产量增加值在 110～132 kg·hm^{-2}。说明气候变暖对水分的需求更加敏感,干旱化趋势将导致油菜的生态气候环境进一步恶化,不利于持续稳产高产。

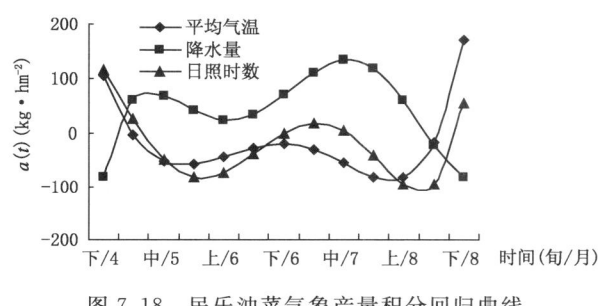

图 7.18 民乐油菜气象产量积分回归曲线

7.4.2 白菜型油菜

白菜型春油菜具有耐寒、耐阴湿、早熟、生育期短等特性,对高寒、无霜期短的高原气候具有独特的适应性。

7.4.2.1 气候生态适应性

白菜型春油菜主要分布在甘肃海拔 2300～2500 m 的高寒阴湿浅山地区。在山区一般于 4 月中下旬到 5 月上中旬播种,8 月中下旬到 9 月上旬成熟,生育期 100～120 d,≥0℃积温为 1250～1450℃·d。川区复种小油菜于 6 月下旬到 7 月上旬播种,9 月下旬到 10 月上旬收获,生育期 65～75 d,≥0℃积温为 1100～1250℃·d(表 7.14)。春油菜子叶可抗—7～—8℃的低温,花期抗—2～—3℃低温,灌浆期抗—6～—8℃低温。花期适宜温度 12～15℃,温度过高或过低对开花都有影响。据观测,花期气温低于 5～6℃时,花器官不能正常发育,高于 25℃时影响花的传粉和受精,且易脱落,花期缩短。角果期适宜温度 18～20℃,高于 30℃或低于 9℃都影响正常发育,产生秕粒。蕾薹期温度适当偏低可延长生长期,有效分枝增多,产量提高。计算得出,夏河油菜第一分枝数与薹花期气温呈显著负相关,气温升高 1℃,分枝数减少 0.6 枝;古浪油菜气候产量与蕾薹期温度呈显著负相关,气温升高 1℃,产量下降 69.0 kg·hm^{-2}。

春油菜全生育期耗水量 350～400 mm。计算各生育期降水量与产量的相关性,结果以蕾薹期降水量与产量正相关最显著,夏河县油菜蕾薹期降水量每增加 10 mm,单产提高 39.9 kg·hm^{-2},古浪和松山蕾薹期降水量每增加 10 mm,单产分别提高 43.5 kg·hm^{-2} 和 86.3 kg·hm^{-2}。因此,蕾薹期是需水关键期。

河西地区是日照高值区,光照条件能满足生长发育需要,但洮岷高寒山区,生长后期日照不足,含油率低,产量下降。夏河油菜产量与角果成熟期日照呈显著正相关,相关系数为0.8642,日照每增加 10 h,单产提高 86.1 kg·hm^{-2};岷县开花成熟期日照与产量正相关显著,每增加 10 h,单产提高 80.3 kg·hm^{-2}。

表 7.14　夏河县合作镇春油菜生育期与气象要素值

项目	苗期(出苗—现蕾)	蕾薹期(现蕾—抽薹)	角果成熟期	全生育期
生育期(旬/月)	中/5—中/6	中/6—下/6	中/7—上/9	129
平均气温(℃)	9.6	11.2	12.9	10.7
≥0℃积温(℃·d)	306.8	56.0	928.0	1378.0
降水量(mm)	117.8	66.9	211.0	297.1
日照时数(h)	270.8	122.8	395.8	894.8

7.4.2.2　生育期间农业气候要素的变化

(1)气温变化

甘南春油菜主产区夏河县关键生育期薹花期 6—7 月气温呈逐年代线性增加趋势。2001—2008 年平均气温在 11.4~13.4℃,平均 12.4℃,较 20 世纪 70 年代平均增加 1.1℃,线性倾向值为 0.38℃·(10 a)$^{-1}$,多数年份气温处于适宜范围。角果期气温较适宜温度偏低 5~6℃。河西产区古浪县油菜薹花期气温亦呈逐年代增加趋势,2001—2008 年平均气温在 15.2~19.6℃,平均 17.9℃,较 70 年代平均增加 1.5℃,倾向值为 0.39℃·(10 a)$^{-1}$。多数年份气温高出适宜温度 2~4℃。角果期气温基本适宜。

(2)降水变化

夏河县油菜蕾薹期 5—6 月多年平均降水量为 149 mm。20 世纪 70 年代以来降水量呈略增加趋势,但增幅较小,线性倾向值为 5.3 mm·(10 a)$^{-1}$。70 年代和 80 年代波动较大,90 年代以后除个别年份(1995 年)降水(只有 68.7 mm)较少以外,多数年份降水较多且变化较为稳定。河西古浪油菜蕾薹期多年平均降水量只有 89 mm。70 年代以来除个别年份(1985 年和 2002 年)降水较多外,其余年较少,无增加趋势。且降水年际间很不稳定,变率大,最多年(1985 年)是最少年(1995 年)的 7 倍。

计算夏河现蕾—开花期(5—7 月)历年干燥度变化,总体变化不明显,20 世纪 90 年代($k=1.2$)和 2001—2009 年($k=1.3$)较 70 年代($k=1.4$)略有下降。古浪 2001—2009 年干燥度增加明显,2001—2009 年为 3.6,较 70 年代、80 年代分别增加 0.8 和 1.0,干旱趋势明显。

7.4.2.3　气候变化对生育和产量的影响

(1)对生育期的影响

根据甘肃夏河县春油菜(品种:甘南 1 号)定位观测资料(表 7.15),气候变化对春油菜生育产生了较明显的影响,20 世纪 90 年代和 80 年代相比,各发育期均有不同程度的提前。其中播种期平均提前 2 d,现蕾期提前 4 d,盛花期提前 9 d,全生育期缩短 5 d。

表 7.15　甘肃省夏河县不同年代春油菜生育期

年代	播种	出苗	五真叶	现蕾	抽薹	始花	盛花	成熟	全生育期天数(d)	全生育期≥0℃积温(℃·d)
20世纪80年代（月.日）	4.23	5.14	6.5	6.17	6.22	6.28	7.15	8.28	127	1352
20世纪90年代（月.日）	4.21	5.11	5.30	6.13	6.19	6.26	7.6	8.22	122	1411
差值(d)	−2	−3	−6	−4	−3	−2	−9	−6	−5	59

(2)对产量的影响

白菜型春油菜对气候变暖的反应较甘蓝型油菜更为明显。特别是河西干旱地区油菜产区,在产量形成的关键生育期如蕾薹、薹花期、角果期,由于气温升幅较大,降水增加量较小或变化不大,干燥度增大,农田水分散失速度快,干旱胁迫进一步加剧,对正常生育和形成产量不利。甘南夏河产区关键期气温适当升高虽对分枝有一定不利影响,但由于降水同时也在增加,干燥度变化不大,有利于油菜现蕾开花结实,后期气温升高伴随日照时数增加对籽粒灌浆和提高产量有利。

运用积分回归方法计算了白菜型油菜产区夏河县历年气象产量与生育期间光温水因子关系表明,在气温升高情况下,多数生育时期气温与气象产量呈正效应,对增产有利。特别在生育前期(播种期)和后期(灌浆期)气温的单位变化量产量变化最为敏感,$a(t)$值分别达到 81.9 kg·hm^{-2}·℃$^{-1}$、67.5 kg·hm^{-2}·℃$^{-1}$。现蕾—开花期日照时数增加有利于授粉、受精,提高结实率,呈正效应。出苗期、灌浆初期降水呈正效应。出苗后—现蕾整个苗期几乎均呈负效应,表现为光、热条件不足,气温升高、日照增加有利于营养生长,提高植株群体光合作用效率。绿熟、成熟期间降水过多不利于完熟和收获。总体上气候变暖有利于油菜产量的提高(图 7.19 和图 7.20)。

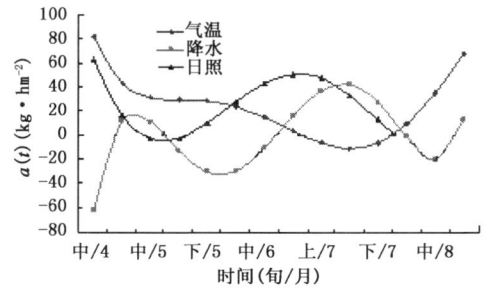

图 7.19　夏河油菜产量与气象要素积分回归曲线

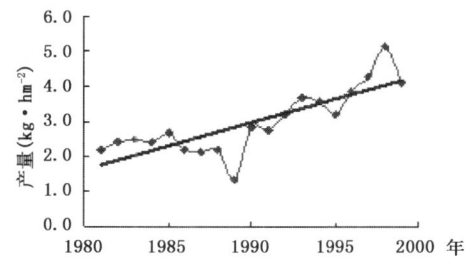

图 7.20　夏河县油菜产量历年变化

7.5　甜菜

甜菜是喜凉又较耐旱的长日照作物,适应性广,抗逆性强,是我国北方地区的主要糖料作物。西北深居内陆气候条件非常适宜甜菜种植,新疆、甘肃、内蒙古、宁夏均有大量种植。这里种植的甜菜产量高,含糖多,是制糖工业的主要原料。

7.5.1 发育进程和热量指标

北方地区的甜菜大多以春播为主,甘肃河西甜菜播种一般从气温稳定通过5℃(3月中、下旬)开始,4月中、下旬结束,播种到出苗需15 d左右,日平均气温在10℃左右,≥5℃的积温需要140℃·d左右。出苗到第三对真叶需20 d左右,日平均气温在13~16℃,需要积温750~830℃·d。5月甜菜进入子叶下轴膨大期(繁茂期),之后到收获(10月上、中旬)需150 d左右,全生育期170~190 d,日平均气温在17~20℃左右需≥5℃的积温在3000~3200℃·d(邓振镛,2005)。

7.5.2 气象条件与气候产量

甜菜产量形成期从子叶下轴膨大期开始,繁茂期茎叶生长迅速,块根逐渐生长。据邓振镛研究甘肃武威甜菜块根干物重的累积过程随时间的增长呈"S"形状,拟合方程为:

$$W_{根} = 192.75/1 + e^{(0.96-0.82t)} \tag{7.5}$$

上式经检验达极显著水平,式中,W 为某日甜菜块根干物重(g/株),t 为距子叶下轴膨大期的日数。

将上式求导可得到生产率(CGR)

$$CGR = 15.81 e^{(0.96-0.82t)}/(1+e^{(0.96-0.82t)}) \tag{7.6}$$

结果表明,块根最大生产力在子叶下轴膨大后63~93 d,即8月2日至9月1日。根据块根干物重增加进程,寻找影响其增长的主要气候因素。将1965—2008年凉州区统计局甜菜产量用三年滑动求取气候产量,普查气候产量与气候要素相关,由表7.16可见,在甜菜产量形成初期,平均气温、平均最高、平均最低气温、日照及累积距平均呈显著和极显著正相关,此后随生育进程后推相关系数有减小趋势,尤其平均气温、平均最低、平均最高气温表现突出,这种结果可能与气温年变化有关,春季气温低甜菜生长需要较高适宜气温,夏季气温高甜菜生长需要适宜温度满足程度有所提高,减小了其相关。生长后期气温虽然开始降低,但产量基本形成,影响也就变小。日照进入5月后相关不显著,说明当地日照充足,可满足生长需求。降水的相关不显著反映出灌溉区的水分能达到甜菜生长要求,自然降水占有补充量较小。从全生育期的热量看,≥0℃积温、≥5℃积温与甜菜气候产量相关极显著。说明气温高,热量条件好,有利甜菜产量积累和提高。

表7.16 凉州区甜菜气候产量与气候条件相关表

时段	4月	累积距平	5—7月中旬	累积距平	7月下旬—10月上旬	累积距平	8月	累积距平	ΣT_0	ΣT_5
T(℃)	0.672 a	0.660 a	0.606 a	0.488 b	0.446 c	0.363 c	0.412 c	0.511 b	0.623 a	0.615 a
S(h)	0.037 c	0.372 c	0.069	0.23	0.022	0.217	0.143	0.054		
R(mm)	0.037 c	0.03	0.069	0.23	0.022	0.217	0.143	0.054		
T_m(℃)	0.608 a	0.638 a	0.611 a	0.547 a	0.423 c	0.380 c	0.282	0.533 b		
T_M(℃)	0.675 a	0.621 a	0.546 a	0.449 b	0.443 c	0.357 c	0.313 c	0.554 b		

注:表中 T:平均气温(℃),S:日照时数(h),R:降水量(mm),T_M:平均最高气温(℃),T_m:平均最低气温(℃),ΣT_0:全生育期≥0℃积温(℃·d),ΣT_5:全生育期≥5℃积温,a、b、c 分别代表通过 P>0.01、0.05、0.10 的显著性水平检验。

分析累积距平与气候产量关系(图7.21),二者具有基本相同的变化趋势,8月、7月下旬至10月上旬累积距平也有大致相同的趋势(图略)。说明不同年份气温变化高低直接影响甜菜产量,凉州区20世纪70年代初期到90年代中期气温处在降温间断段,甜菜气候产量也同步下降,之后气温开始升高,甜菜产量也在不断增加,从变化趋势看生长季气温升高的年份对甜菜产量提高有利,反之不利。

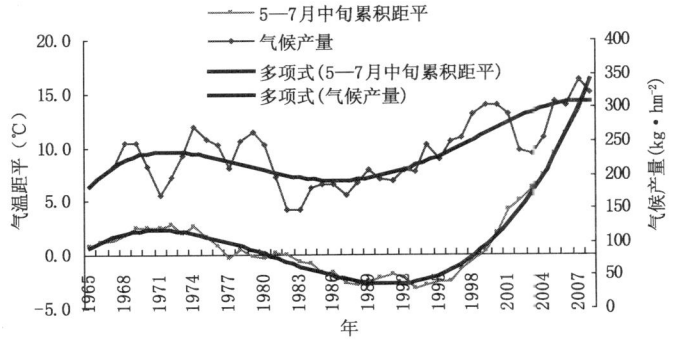

图7.21 凉州区甜菜气候产量与气温累积距平变化

为适应气候变化,合理开发和利用农业气候资源,依据相关普查和分析,选择有代表性的因子建立甜菜气候产量预测模型:

$$Y = -266.424 - 1.664X_1 + 0.156X_2 \tag{7.7}$$

式中,Y为气候产量(kg·hm^{-2}),X_1为7—10月上旬平均最高气温,X_2为全生育期≥5℃积温。对预测模型进行F检验,$F=11.407$,$F_{0.01}=5.15$,$F>F_{0.01}$回归效果显著。

7.5.3 气象条件与甜菜含糖量

甜菜生育前期光合同化物主要用于建造地上茎叶和地下的营养器官,少量转化成糖分贮藏起来,随着茎叶的不断生长,块根逐渐膨大,糖分不断积累。将甘肃武威甜菜含糖量的累积过程随时间的变化拟合方程为:

$$W_{糖} = 147.91/1 + e^{(7.52-0.85t)} \tag{7.8}$$

上式经检验达极显著水平,式中,W为某日甜菜蔗糖含量(g/株),t为距子叶下轴膨大期的日数。

将式(7.5)求导可得到生产率(CGR)

$$CGR = 15.81e^{(7.52-0.85t)}/(1+e^{(7.526-.85t)}) \tag{7.9}$$

结果表明,甘肃武威甜菜含糖量形成期比产量形成期最大期推后4d左右,含糖量最大生产力在子叶下轴膨大后67~97d,即8月6日至9月5日出现。根据糖分积累进程普查武威1965—1995年甜菜含糖量与对应年份气象要素相关表明(表7.17),6月中旬平均最低、中、下旬的平均最高、7月上旬平均气温、平均最低气温和8月降水有显著正相关。说明这些要素对甜菜含糖量影响较大。

分析武威多年甜菜含糖量与6—8月平均气温变化,从图7.22看气温在逐年升高,含糖量在逐渐下降。新疆巴州1969—1995年甜菜含糖量也呈下降趋势(图7.23),而含糖量主要积累阶段的气温20世纪70—80年代升高0.2℃,80年代到90年代中期升高0.8℃,说明气温升高,含糖量下降。近年张掖甜菜含糖量也呈下降趋势(图7.24)。造成这种变化原因可能是不

表 7.17 凉州区甜菜含糖量与气候条件相关表

项目	6月中旬	6月下旬	7月上旬	8月中旬	9月上旬
平均气温(℃)			0.349c		
降水(mm)					0.436 a
平均最高气温(℃)	0.392 a	0.373b			0.436 a
平均最低气温(℃)	0.457 a		0.502 a		
日较差(℃)	0.272 c				0.436 a
旬日照(h)				0.377b	0.372b

注：表中 a、b、c 分别代表通过 $P>0.01$、0.05、0.10 显著性水平检验。

断升高的温度加快了甜菜产量的生长和积累，但糖分积累的不适宜性却随之加大，积累消耗增加，从而引起含糖量下降。

为及时掌握甜菜含糖量动态变化，依据相关普查结果，选择相关系数较大的气象因子建立预测模型：

$$Y = 11.9 + 0.396X_1 + 0.022X_2 \tag{7.6}$$

式中，Y 为含糖量(%)，X_1 为 7 月上旬平均最低气温(℃)，X_2 为 8 月中旬降水量(mm)。对预测模型进行 F 检验，$F=10.477$，$F_{0.01}=4.57$，$F>F_{0.01}$ 回归效果显著。

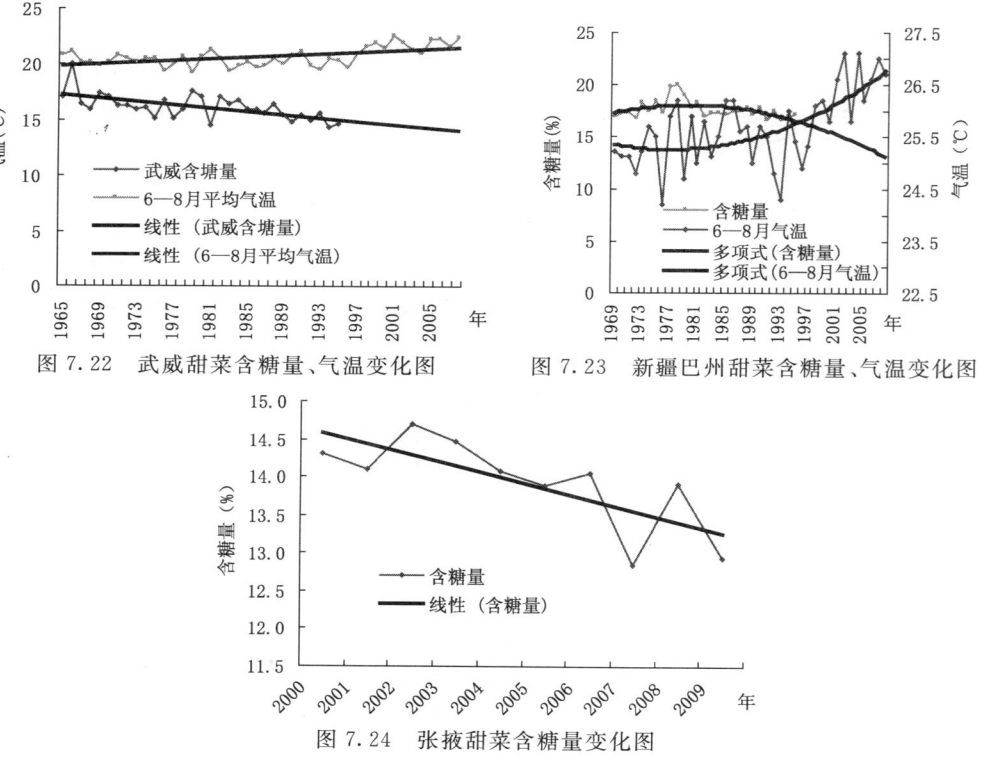

图 7.22 武威甜菜含糖量、气温变化图

图 7.23 新疆巴州甜菜含糖量、气温变化图

图 7.24 张掖甜菜含糖量变化图

7.5.4 种植对策

气候不断变暖，对甜菜产量增加和提高有利，但对含糖量积累不利。为应对这种变化，主要从品种和栽培措施方面入手减缓和弥补，如黑龙江红兴隆农场试验成功的一项可以增加甜

菜产量和含糖量种植的"缩垄增行"的新技术,通过缩小垄沟距离,增加土地松翻深度,实施根部施肥,使甜菜根部体积缩小30%,进而提高了含糖量。对平作区要选种高糖品种,种植时多施农家基肥,少施追肥。繁茂期多灌水,糖分累积高峰期适量少灌水,减少糖分累积消耗,达到提高含糖量目的。

选择气候生态优势种植带。甜菜适宜温凉气候类型,需要充足光照和日较差,且有较稳定的灌溉条件。种植甜菜应选择温凉气候类型的地区大面积种植即可得到较高产量又能提高含糖量。此外,选择适宜播种期也很重要,随着气候逐渐变暖,春霜冻提前结束,适当提前播种利于糖分积累,对增加经济收益有利。

7.6 综述

7.6.1 棉花

7.6.1.1 对发育和面积的影响

棉花播种期提前,20世纪80年代平均日期在4月下旬,90年代在4月中旬后期,2001—2006年在4月中旬前期,比90年代提早5 d,比80年代提早12 d。

营养生长阶段提前完成,如开花期比20世纪90年代提前4 d,比80年代提前12 d,为生殖生长争取更长季节和更多资源打下良好基础。从而使停止生长期从10月上旬推迟到10月中旬,比20世纪80年代延长6 d,比90年代延长9 d。全生育期比90年代和80年代延长14 d和18 d。在同一区域种植的春小麦、玉米、棉花的生长期速度对变暖响应的敏感性反应结果不同,棉花最敏感,其次为玉米,春小麦最不敏感。这可能与作物对热量的适应程度有密切关系。甘肃河西地区棉花主产区,种植面积从1992年至今呈直线上升,每年增加0.466万hm^2,使适宜种区域从1300 m提升到1400 m,升高了100 m左右。现在面积比以往面积扩大了7倍多。

7.6.1.2 对产量和品质的影响

由于主产区棉花生长期≥10℃积温升高131℃·d,裂铃至停止生长关键期增温30℃;最低气温升高0.9℃,春季增温加快,秋季降温减缓,使生长期热量资源得到较大补偿,气候生态适应性更适宜,与棉花生理需求指标更接近。从1993年以后主产区敦煌和金塔两地棉花单产距平值与≥10℃积温距平值变化趋势基本一致,积温对单产起的作用非常明显。20世纪90年代比80年代棉花气候产量增加81.5 kg·hm^{-2},增大54.3%。霜前花减少了30%,衣分提高了两个百分点。

7.6.2 胡麻

7.6.2.1 对发育和面积的影响

播种期平均提前20 d左右,全生育期延长30 d左右。适宜种植区高度提高100~200 m。甘肃河西地区种植面积呈波浪式直线缓慢下降,每10年面积减少0.713万hm^2;陇东和中部种植面积呈扩大趋势。

7.6.2.2 对产量的影响

胡麻气候产量与籽粒期(6—7月)平均气温负相关显著,气温升高,产量降低。与关键生育期(4—6月)降水量正相关密切。气候变化使中部产量波动最大,陇东次之,河西最小。当降水量变化在适宜范围内,产量随温度升高而降低。气温每升高1℃,中部、陇东、陇东南和河西每公顷产量分别下降2.6%、2.1%、1.9%和1.5%。当温度变化在适宜范围内,产量随降水量增加而增加,降水量增加10%,中部、陇东南和陇东每公顷产量分别增加1.0%、0.9%和0.8%。中部增幅最大,河西灌溉区,降水量对产量影响很小。20世纪90年代气候暖干化,使旱作区胡麻气候产量呈下降趋势。

7.6.3 冬油菜

7.6.3.1 对发育的影响

由于气候变暖,甘肃冬油菜20世纪90年代比80年代推迟播种7~13 d,停止生长期以前均推迟,冬季停止生长期减少16~24 d,返青后生育期提前8~12 d,全生育期缩短17~32 d。陕西冬油菜生育期间≥0℃积温年平均增加128℃·d,生育期平均减少4 d。积温增加明显的地区在延安、关中和商洛西部,平均增加150℃·d,陕北北部、陕南南部和商洛南部增加较少,在100℃·d以下。

7.6.3.2 对面积和产量的影响

由于气候变暖,越冬死亡率下降,冬油菜种植带向北扩展约100 km,种植高度提高150~200 m。冬油菜种植面积逐年扩大,20世纪80—90年代冬油菜播种面积占油料作物的比例由6.7%上升到13.2%,几乎增长了1倍。冬暖使越冬冻害风险下降,丰产品种面积扩大。气候产量与冬季平均气温相关密切,相关系数为0.774,通过0.01显著性水平。每升高1℃,气候产量增加172 kg·hm^{-2}。全省冬油菜总产量呈线性上升,冬油菜产量占油料作物总产的比例已达15.1%,成为甘肃省主要油料作物之一。

7.6.4 甘蓝型春油菜

7.6.4.1 对发育的影响

甘蓝型春油菜历年适宜播种期(稳定通过5℃初日),天祝20世纪90年代(平均日期为5月22日)和2001—2008年(5月20日)较70年代(5月26日)分别提前4 d和6 d。收获期稳定通过5℃终日较70年代分别推后4 d、9 d。可见,气候变暖后适播期适当提前,后期低温影响几率也大大减小,有利于油菜籽粒灌浆完熟和形成高产,同时有利于品种改良,如发展高产晚熟品种等。

油菜各生育阶段日数从20世纪世纪80年代中期以来也发生了明显变化,民乐县油菜播种—出苗间隔日数呈增加趋势,倾向率为5.5 d·(10 a)$^{-1}$。2001—2006年(平均为27.2 d)较80—90年代增加7.6 d,较历年平均值增加5.2 d;现蕾—开花期间隔日数呈减少趋势,倾向率为-4.6 d·(10 a)$^{-1}$。2001—2006年(平均为14.3 d)较80—90年代减少8.9 d,较历年平均值减小6.7 d;开花—绿熟期间隔日数明显缩短,倾向率达-11.9 d·(10 a)$^{-1}$。2001—2006年(平均为31.7 d)较80—90年代减小8.4 d,较历年平均值减小6.4 d。气候变暖播种—出苗期降水增加使出苗推迟,其他时间使生育速度明显加快。

7.6.4.2 对产量的影响

气温升高有利于早播种和成熟收获,均有利于提高产量,二者均呈正效应,特别在成熟期气温正效应明显,气温每升高 1℃,产量增加 171.4 kg·hm^{-2}·℃$^{-1}$。其余生育时段气温均呈负效应,特别在灌浆期气温升高导致灌浆期缩短,粒重下降,不利于产量的增加。降水则相反,播种期、成熟期降水增加影响正常播种和成熟收获,对提高产量不利,呈负效应。出苗—开花期间呈正效应,降水增多促进产量增加。特别是现蕾—开花期降水的正效应明显,降水每增加 10 mm,气候产量增加值在 110~132 kg·hm^{-2}。说明气候变暖对水分的需求更加敏感,干旱化趋势将导致油菜的生态气候环境进一步恶化,不利于持续稳产高产。

7.6.5 白菜型春油菜

7.6.5.1 对发育的影响

气候变化对夏河县春油菜生育产生了较明显的影响,20 世纪 90 年代和 80 年代相比,各发育期均有不同程度的提前。其中播种期平均提前 2 d,现蕾期提前 4 d,盛花期提前 9 d,全生育期缩短 5 d。

7.6.5.2 对产量的影响

运用积分回归方法计算了白菜型油菜产区夏河县历年气象产量与生育期间光温水因子关系表明,在气温升高情况下,多数生育时期气温与气象产量呈正效应,对增产有利。特别在生育前期(播种期)和后期(灌浆期)气温的单位变化量产量变化最为敏感,$a(t)$值分别达到 81.9 kg·hm^{-2}·℃$^{-1}$、67.5 kg·hm^{-2}·℃$^{-1}$。现蕾—开花期日照时数增加有利于授粉、受精,提高结实率,呈正效应。出苗期、灌浆初期降水呈正效应。出苗后—现蕾整个苗期几乎均呈负效应。

7.6.6 甜菜

7.6.6.1 对产量的影响

全生育期≥0℃积温、≥5℃积温与甜菜气候产量相关极显著。说明气温高,热量条件好,有利于甜菜产量增加。分析累积距平与气候产量关系,二者具有基本相同的变化趋势,说明不同年份气温变化高低直接影响甜菜产量。凉州区 20 世纪 70 年代初期到 90 年代中期气温处在降温阶段,甜菜气候产量也同步下降,之后气温开始升高,甜菜产量也在不断增加。气候变暖对甜菜产量提高非常有利。

7.6.6.2 对含糖量的影响

甘肃武威甜菜含糖量形成期比产量形成最大期推后 4 d 左右,含糖量最大生产力在子叶下轴膨大后 67~97 d,即 8 月 6 日至 9 月 5 日出现。武威多年甜菜含糖量与 6—8 月平均气温呈反相关,气温逐年升高,含糖量逐渐下降。新疆巴州甜菜含糖量也呈下降趋势。近年,张掖甜菜含糖量也呈下降趋势。造成这种变化原因是温度不断升高加快了甜菜产量的增加,但糖分积累消耗增加,从而引起含糖量下降。说明气候变暖对甜菜含糖量影响较大。

7.6.7 应对技术

7.6.7.1 根据未来气候预测，合理调整种植结构

我国气象专家预测，21世纪我国气候将明显继续变暖，尤以北方最为明显，2020年最大增温区域在华北、西北和东北的北部，增温幅度为0.6~2.1℃。气候变暖，对越冬作物冬油菜和喜热作物棉花要适当扩大种植面积；对于喜温凉作物胡麻、春油菜、甜菜应在最佳适宜种植的温凉气候区适当扩大种植面积。这样有利于提高品质、产量和效益。

7.6.7.2 根据不同气候年型调整各种作物种植比例

虽然未来气候将呈持续变暖趋势，但在增暖的大背景下必然会出现低温年份。不同气候年型对不同属性的作物产量和品质影响较大，应根据不同气候年型适当调整作物种植结构和种植比例，在低温气候年型应降低冬油菜和棉花种植比例，但喜温凉作物可根据降温幅度来调整不同适宜种植区域的不同种植比例；增暖气候年型正好相反。这样，才能确保各种作物平衡发展、高产稳产，农民增产增收。

7.6.7.3 针对不同气候区域采取不同种植措施

气候变干，半干旱和半湿润旱作区作物生长季的降水量对产量至关重要，应选种耐旱性较强的品种种植；遇到干旱年份，有条件可进行适时节水补灌，确保高产稳产。干旱和半干旱灌溉区应适时灌溉，避免缺水作物受旱而减产。湿润区和高寒阴湿区应防止生殖生长后期水分过多，热量不足而造成减产。

7.6.7.4 采取不同种植方式应对气候变化

气候变暖，春季气温回升较快，棉花、胡麻、春油菜、甜菜应适时早播，充分利用早春热量资源，弥补生育后期热量不足，躲避早晚霜冻和生殖生长后期的低温危害，提高产量。秋冬偏暖，冬油菜应适时推迟播种，防止冬前生长过旺。作物生长季积温提高，生长季延长，有利于种植熟性偏晚的品种，以提高产量。

7.6.7.5 加强气象灾害监测、评估、预警与防御工作

气候干暖化，使干旱和高温热害频发。西北地区旱作农业区作物种植面积占70%以上，农业干旱造成的损失是非常严重，因此要创建干旱区现代农业发展模式，建立一整套旱作农业生产机制来适应气候变化。对低海拔地区和平川区，应加强防范高温热害引发苹果坐率下降和果实灼伤。通过调整棉花播种期和适时灌溉等措施，减轻干热风对棉花的危害。

7.6.8 几点认识

7.6.8.1 气候暖干化使作物生长发育速度发生明显的变化

春播作物提早播种，苗期生长发育速度加快，全生育期延长。越冬作物推迟播种，冬前生长发育速度推迟；越冬死亡率降低，种植风险减少；春初提前返青，生殖生长阶段提早，全生育期缩短。使作物适生区域和种植面积发生重大改变。使喜温作物、越冬作物种植高度提高，向更高纬度扩展，种植面积迅速扩大。对作物气候产量产生重大影响。对雨养农业区的作物气候产量影响严重，其次是半旱作半灌溉农业区，对灌溉农业区的作物影响较少。对喜温作物有利于气候产量提高，对较耐旱作物影响较轻，对不够耐旱作物受到较大的影响。

7.6.8.2 气候暖干化对经济作物的影响是多方面的、复杂的、上利弊并重

对灌溉区作物而言,总体来说利多弊少。气候变暖,温度升高,光照充足,又有灌溉条件,极有利于发挥作物的强项,更有利于发展喜温的具有特色的价格比高的优质作物种植,可充分利用气候变暖带来的发展机遇。对于雨养旱作区作物而言,总体来说弊远大于利,气候暖干化,蒸发量加大,土壤水分不足,进一步降低了作物气候生态适应性的弱项,对作物生产带来了一系列不利的影响。

7.6.8.3 采取切合实际的措施和技术应对气候暖干化

根据未来气候预测,合理调整种植结构;根据不同气候年型调整各种作物种植比例;针对不同气候区域采取不同种植措施;采取不同种植方式应对气候变化;加强气象灾害监测、评估、预警与防御工作。

第8章　气候变化对主要特种作物的影响

为应对气候变化及其影响,应对极端气候事件趋强趋多,减轻不利影响,促使农作物安全生产,提高产量和品质,本章较系统地介绍了果类(酿酒葡萄、鲜食葡萄、苹果、桃、大樱桃);瓜类(白兰瓜、甜瓜);中药材类(甘草、当归、黄芪、党参、枸杞);其他类(啤酒大麦、啤酒花、板栗、黄花菜、百合、花椒、油橄榄)共19种西北地区主要特种作物受气候变化影响的特征和规律。

8.1　果类

8.1.1　酿酒葡萄

酿酒葡萄具有喜光、对光反应极为敏感;喜温、不太抗寒,喜温差大;喜干燥和雨量不太多,但要有灌溉条件;对土壤适应性较强,但喜沙性土壤生长等特点。因此,在西北地区的新疆吐鲁番、甘肃武威、宁夏银川等地广为种植,并已形成规模化生产,种植面积不断扩大,上述三地已跻身全国九大产地之列,也是我国酿酒葡萄栽培的最佳生态区。如甘肃河西走廊的武威产区,酿酒葡萄种植面积从1998年的0.01万hm^2发展到2009年的0.66万hm^2,已占全省种植面积的70%,占全国种植面积的12.5%。栽培品种主要以国内引进的世界名种如赤霞珠、黑比诺、霞多丽、品丽珠、梅鹿辄、贵人香、法国兰等为主。"莫高"和"皇台"干红是甘肃名牌产品和"陇货精品"。"莫高"葡萄酒被评为"中国驰名商标"。

8.1.1.1　气候生态适应性

西北产区酿酒葡萄生育期,银川地区早熟种(黑比诺)、中熟种(红玫瑰)一般在4月中旬萌芽,9月上、中旬成熟,生长期平均143~149 d;晚熟种(蛇龙珠)4月下旬初萌芽,9月下旬成熟,生长期平均156 d。河西武威产区早、中熟品种4月下旬萌芽,9月中下旬成熟,生长期平均155 d。据武威农业气象试验站观测试验(表8.1),武威酿酒葡萄梅鹿辄属中晚熟品种,一般在4月中旬出土上架,4月下旬日平均气温10℃左右开始萌芽期,芽能抵抗1~2℃的低温;5月上旬展叶期,适宜气温10~12℃,萌发后的嫩梢和叶片在−1~0℃开始受冻;5月新枝生长期,气温14~17℃;6月上旬开花期,气温19~22℃;6月中下旬幼果开始生长,气温20~21℃;8月中下旬果实着色期,气温22~23℃;9月中下旬成熟采收期,气温17~19℃,浆果在−5~3℃时受冻;10月中下旬进入落叶期,日平均气温下降至10℃以下;11月上中旬下架入土。全生育期150~160 d,需要≥10℃积温2900~3000℃·d,气温日较差生长前期11~14℃,后期13~17℃;日照时数1150~1250 h,降水量210~220 mm。

表 8.1 凉州酿酒葡萄梅鹿辄生育期与气象条件

年份	项目	萌芽期	展叶期	新枝生长		开花盛期	幼果出现期	果实着色期	成熟采收期	萌芽至收获
				始期	盛期					
2002年	生育期(日/月)	23/4	7/5	9/5	19/5	8/6	15/6	19/8	20/9	150 d
	≥10℃积温(℃·d)		165.0	30.2	168.9	355.8	145.7	1458.6	581.8	2906.0
	平均气温(℃)		12.4	15.1	16.9	19.0	20.8	22.4	18.2	17.8
	气温日较差(℃)		11.6	14.6	12.1	13.8	14.6	13.7	11.9	13.1
	日照时数(h)		78.3	15.6	73.7	137.7	77.0	549.0	207.3	1138.6
	降水量(mm)		22.3	1.2	9.5	42.0	3.5	81.3	59.6	219.4
2003年	生育期(日/月)	20/4	1/5	6/5	26/5	6/6	23/6	21/8	28/9	161 d
	≥10℃积温(℃·d)		106.4	59.5	270.7	242.3	334.7	1315.8	647.3	2976.7
	平均气温(℃)		9.7	11.9	13.5	22.0	19.7	22.3	17.0	17.8
	气温日较差(℃)		12.1	11.6	11.0	17.3	13.4	13.8	15.2	12.7
	日照时数(h)		73.8	16.1	123.8	106.1	128.1	517.8	268.7	1234.4
	降水量(mm)		9.8	12.6	29.1	0.0	40.0	68.6	59.6	219.7

8.1.1.2 酿酒葡萄生长发育动态

(1) 果实生长动态

果粒生长量变化呈抛物线增长(图 8.1),有两个明显的生长高峰期。第一高峰期出现在开花后数天,持续日数梅鹿辄为 30 d,生长率占总增长率的 77.7%;赤霞珠为 35 d,生长率占 64.2%。之后,于 t 为 52 d 和 51 d,对应日期分别为 8 月 18 日和 17 日,果粒生长极为缓慢或停止生长,约 15~20 d 后,出现第二个生长高峰,这段时间梅鹿辄生长率占 22.3%,赤霞珠占 35.8%。此后,浆果开始变软并出现弹性,叶绿素逐渐消失,胡萝卜素、叶黄素、花青素和含糖量逐渐增加,含酸量和水分逐渐减少,直至成熟收获(刘明春,2006)。

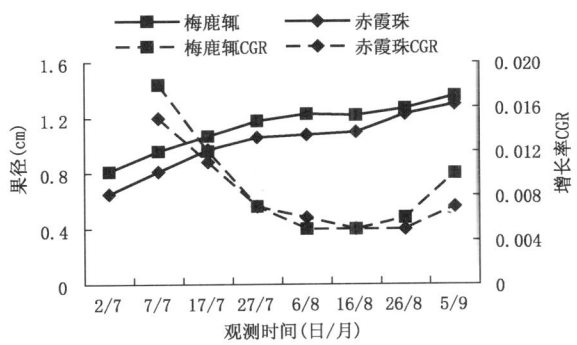

图 8.1 2002 年武威酿酒葡萄果径生长曲线

建立果粒生长模拟方程如下:

梅鹿辄:
$$W_1 = 0.728 + 0.0262t - 0.000465t^2 \tag{8.1}$$
(回归效果 $Q=0.004$,误差 $S_y=0.026$)

赤霞珠:
$$W_2 = 0.649 + 0.0203t - 0.000305t^2 \tag{8.2}$$
(回归效果 $Q=0.007$,误差 $S_y=0.033$)

式中,W 为果粒直径(cm),t 为生长天数(当 $t=1$ 时,对应日期为 6 月 27 日)。

对上两式求取一阶导数,即可得出果实增长速率(CGR)动态规律。从图8.1看出,果粒生长最快时期主要集中在7月上旬至8月上旬,是果粒生长关键期。这一时期适宜的气象条件、充足的水肥对果粒增大影响很大,对提高产量非常有利。

(2)含糖量累积动态

果粒含糖量8月上、中旬增长速度很慢,只有4%～6%。8月下旬累积速度加快,含糖量迅速增加,其后积累速度减慢,并呈现波动性。整个累积过程呈典型的"S"型曲线变化(图8.2)。

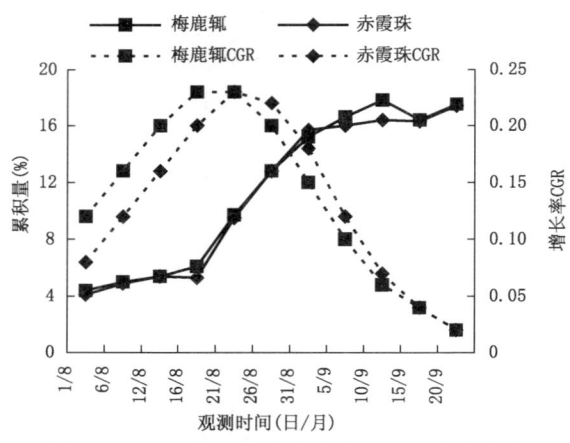

图8.2 2002年酿酒葡萄含糖量累积动态变化

建立含糖量累积模拟方程如下:

梅鹿辄:
$$W_1 = 18.0/(1+e^{1.9437-0.0429t}) \tag{8.3}$$
$$(Q=21.1, S_y=1.53)$$

赤霞珠:
$$W_2 = 17.5/(1+e^{1.6236-0.0229t}) \tag{8.4}$$
$$(Q=9.97, S_y=1.05)$$

利用上两式分别计算糖分累积速度最大值出现时间,梅鹿辄在8月21日,赤霞珠在8月14日,比梅鹿辄早7 d。两品种含糖量累积最快时段在8月中旬中期至下旬,这一时期日累积量梅鹿辄在0.48%～0.72%,赤霞珠在0.58%～0.84%。净累积量分别占累积总量的73.0%和77.0%。因此可以认为这一时段是果粒糖分积累关键期(刘明春,2007)。

8.1.1.3 酿酒葡萄品质形成气象条件

(1)光热条件

在一定范围内,含糖量越高,葡萄酒质量越好。在西北产区,含糖量高低是衡量葡萄酒品质好坏的主要指标之一。但是,最好的葡萄酒质量并不是出现在葡萄含糖量最高时,而是要求一定的糖酸比例,即最佳平衡点。未达到或超过这一平衡点,都会影响到产品的质量(李记明,1994)。在武威,法国兰最佳成熟度的含糖量是194 g·L^{-1},糖/酸是27.2;雷司令最佳成熟度的含糖量是199 g·L^{-1},糖/酸是26.5。因此,就同一产地而言,不同品种对气候条件的要求也有所不同。

西北葡萄产区和世界公认的葡萄酒著名产区——法国波尔多产区气候条件十分相似。根据欧美各国的经验,生产优质红葡萄酒的最佳气候条件见于温带较暖和的地区,而生产优质白葡萄酒的最佳气候条件见于温带较冷凉的地区。夏季暖和而不过热,最热月平均气温约为20℃,如甘肃武威最热月气温多年平均为21.5℃,低于国内其他葡萄产区,而与波尔多地区(21℃)十分接近。8—9月气温日较差较法国波尔多和我国东部葡萄产区相比偏高2～4℃。成熟期平均气温在15～22℃,和法国波尔多基本接近,较我国东部葡萄产区8月份低2.8～4.6℃,较9月份低4.4～6.5℃。并且从8月至9月气温下降迅速,幅度达5.5～5.7℃,有利于果实保持一定的酸度,积累足够的酚类物质(单宁)和形成良好的风味口感(刘明春,2004)。

武威葡萄产区各品种多年含糖量一般在19%～23%,其中早中熟品种法国兰、黑比诺、霞多丽等糖度在21%～23%,中晚熟品种如梅鹿辄、赤霞珠、贵人香等在19%～22%,均适宜酿制优质干红、干白葡萄酒。

分析武威梅鹿辄、赤霞珠果粒品质形成期每次测定期间含糖量净增量与期间气象要素求算简单相关,含糖量与光热因子均呈正相关,与水分因子呈负相关,表明在糖分累积期热量丰富、气温日较差大、日照充足、空气干燥有利于糖分累积(表8.2)。从不同品种比较,赤霞珠对光热条件要求较梅鹿辄高,对光热水要素反应极为敏感,反映了不同熟性品种对气候生态环境要求的差异。

表8.2 葡萄含糖量与气象因子的相关系数

品种	≥10℃积温	日平均气温	日照时数	降水量	气温日较差	最高气温	最低气温	相对湿度	光温积
梅鹿辄	0.479	0.562	0.718*	−0.236	0.735*	0.654*	0.209	−0.625	0.749*
赤霞珠	0.496	0.530	0.848**	−0.386	0.847**	0.659*	0.121	−0.736*	0.867**

注:*表示通过0.05显著性水平;**表示通过0.01显著性水平。

8月中下旬糖分累积关键期的气象要素指标值:适宜气温22～23℃,气温日较差16～18℃,光温积1200～1350℃·h。这一时期要求白天气温较高,光照充足,夜晚天气凉爽,有利于糖分累积。若降水过多,寡照低温,会严重影响含糖量的提高。选取与含糖量相关系数最大的光积温、气温日较差、日照时数、最高气温、相对湿度五个气象因子,采用主成分分析方法,最终筛选光积温、气温日较差是影响果实含糖量的主要气象因子,并建立果实含糖量积累速度气候模型:

梅鹿辄: $$Y_1 = -0.083 + 0.076\Delta T + 0.001\, T \cdot S \tag{8.5}$$
赤霞珠: $$Y_2 = 0.1193 + 0.070\Delta T + 0.002\, T \cdot S \tag{8.6}$$

其中式(8.5)复相关系数0.801,剩余标准差0.108,$F=4.81$,通过0.05显著水平检验。式(8.6)复相关系数0.869,剩余标准差0.086,$F=10.81$,通过0.01极显著水平检验。两回归方程均有意义。利用所建模型可计算出不同时期光温条件下果实含糖量的水平,以便生产上及时采取相应的管理措施,也可以根据不同酒类对糖分的需要而确定最佳适宜采收期。

(2)水分条件

西北葡萄产区年降水总量小,必须依靠灌溉才能发展葡萄生产。据在武威观测试验,依据土壤水分平衡方程估算,沙地葡萄园年生长期亩总耗水423.2 mm(4232 $m^3 \cdot hm^{-2}$)。在各生育阶段,萌芽到展叶期是耗水最小时期,平均耗水量为31.5 mm,占总耗水量的7.4%,最大耗水时期出现在盛花到成熟期,平均耗水量达260 mm,占总耗水量的61.4%,说明本地葡萄主要耗水期在盛花到成熟期。展叶到盛花期、成熟到落叶期大致相当,耗水量分别为66 mm、

65.7 mm,占总耗水量的 15.6% 和 15.5%(表 8.3)。

表 8.3　新地滩葡萄不同生育阶段耗水量(单位:mm)

年份	萌芽—展叶	展叶—盛花	盛花—成熟	成熟—落叶	萌芽—落叶
2002 年	32.0	82.5	285.0	63.2	462.7
2003 年	30.5	49.5	235.0	68.2	383.2
平均	31.5	66.0	260.0	65.7	423.2

8.1.1.4　气候变化对酿酒葡萄生产的影响

气候变暖后,春季稳定通过≥10℃界限日期初日提前,终日推后,持续日数增加(表 8.4)。初日由 20 世纪 70 年代的平均 4 月 27 日提前到 2001—2007 年的 4 月 23 日;终日由 10 月 3 日推后到 10 月 12 日,持续日数增加 13 d;无霜期延长,由 70 年代的平均 132 d 增加到 2001—2007 年的 170 d,增加了 38 d;热量条件也得到明显改善,≥10℃积温线性倾向增加值在 $99.0 \sim 115.8℃ \cdot (10 \text{ a})^{-1}$。2001—2007 年≥10℃积温平均为 3231℃·d,较 70 年代增加 352℃·d,相当于种植高度提高了 200 m;成熟期 8—9 月气温 2001—2007 年平均较 70 年代增加 1.1℃。热量条件的改善对酿酒葡萄生产布局、生长发育、产量和品质形成均产生十分积极的影响。

表 8.4　武威酿酒葡萄主产区农业气候资源年代际变化

年代	≥10℃初日 (月.日)	终日 (月.日)	≥10℃积温 (℃·d)	无霜期 (d)	8—9月平均 气温(℃)
20 世纪 70 年代	4.27	10.3	2879	132	17.5
20 世纪 80 年代	4.20	0.6	2956	152	17.7
20 世纪 90 年代	4.23	10.2	3000	148	17.8
2001—2007 年平均	4.23	10.12	3231	170	18.6

有利影响:一是生长发育速度明显加快,萌芽期、展叶期等发育期提前,能够迅速恢复树势,延长光合作用时间、促进叶芽、花芽的发育和提高产量;二是无霜期延长,生育后期受低温和早霜冻的不利影响减弱,品质形成期持续时间较长,有利于干物质的积累,促进葡萄果粒完熟,增加含糖量;三是葡萄气候适生区域扩大,使种植面积增加,有利于区域化种植、规模化发展;四是葡萄品种熟性发生明显变化。原来不能种植晚熟品种的地区,由于热量增加,中熟、中晚熟可改为晚熟品种,原来不能种植区变为可种植区,可栽种早熟品种。

不利影响:气候变暖后,葡萄果园小气候也将进一步向干热化趋势转化,各生育期间树体、土壤的蒸腾、蒸发耗水进一步加剧,对水分需求量将进一步增加,对干旱地区来讲,会加剧水需求矛盾;其次,果实生育期间气温升高,将超出果实膨大适宜温度范围,不利于葡萄果粒的增大,影响产量的提高;三是随着扩种面积的增加和品种熟性的改变,极端农业气象灾害对葡萄生产的威胁增大,早晚霜冻、寒潮、秋季低温连阴雨等灾害一旦发生,对坐果率、果实着色、含糖量积累影响明显,严重影响产量和品质及经济收益。

8.1.1.5　气候生态适生种植区域

通过以上分析,酿酒葡萄气候生态适生种植区划主要是品质和酿酒种类的气候生态区划。因此选取含糖量和≥10℃活动积温为主导指标,糖分累积期的日照时数和气温日较差为辅助指标,海拔高度为参考指标,确定为气候生态区划综合指标体系,将主产地河西走廊酿酒葡萄品质和种类气候生态适生种植划分为四个区域(表8.5)。

表 8.5   主产地酿酒葡萄品质和种类气候生态适生种植区划综合指标体系及种植分区

		Ⅰ酿制浓甜葡萄酒原料产区	Ⅱ酿制甜葡萄酒原料产区	Ⅲ酿制干红干白葡萄酒原料产区	Ⅳ不宜种植区
海拔高度(m)		1100～1200	1200～1500	1500～1800	>1800
含糖量(%)		31～28	28～23	23～18	<18
≥10℃积温(℃·d)		3800～3600	3600～3000	3000～2600	<2600
着色成熟期	日照时数(h)	1300～1200	1200～1050	1050～1000	<1000
	气温日较差(℃)	16.5～15.5	15.5～14.5	14.5～14.0	<14.0
地域范围		敦煌、安西西部	安西东部、玉门镇、金塔、高台、临泽、民勤等地的大部,肃州、甘州、凉州等地的部分乡镇	肃州、甘州、山丹、凉州、古浪等地沙漠沿线部分乡镇	除前三区以外地带
分区评述		属温暖特干旱气候类型。光热资源丰富,日照长温差大,空气特干燥。采收前天气温暖,成熟充分,含糖量最高	属温和干旱气候类型。光热资源较丰富。采收前天气较温暖,成熟较充分,含糖量较高	属温凉半干旱气候类型。光热资源较好,温差较大。成熟前降温快,天气凉爽,含适宜糖酸、单宁、色素和芳香物质,是有名的"莫高"葡萄酒原料基地,也是河西走廊酿制干红干白葡萄酒原料最优产区	热量条件已到达种植上限,光热条件较差,含糖量较低,含酸度和单宁较高,品质达不到酿制葡萄酒要求

8.1.1.6 提高气候生态资源利用的途径

(1)不同气候生态区栽培不同种类酿制葡萄酒品种。河西走廊气候生态资源差异较大,要提高气候生态资源利用率,克服不利因素影响,葡萄品种不宜越区栽培。Ⅰ区以栽培含糖量高的晚熟品种为主,主要用于制干和供酿制浓甜葡萄酒或鲜果食用;Ⅱ区以栽培含糖量较高的晚熟和中晚熟品种为主,用于酿制甜葡萄酒和鲜果食用;Ⅲ区以栽培含糖量适中的中晚熟品种为主,用于酿制干红干白葡萄酒。

(2)按果粒生长特点,实施科学管理。河西走廊酿酒葡萄果粒生长关键期在7月上旬至8月上旬,这时肥水条件的好坏对果粒增大影响较大。因此,在关键期出现前要加大肥水供应,满足需要。糖分积累关键期在8月中下旬,这时要适当控制灌水,加大对枝叶修剪,减小叶面积,改善通风透光条件,提高株体内腔温度,对提高糖分有积极作用。还要防止开花期和着色成熟期连阴雨天气的影响,前者使坐果率下降,后者造成裂果和烂果发生,采取减轻危害的一切措施办法。灌水原则要掌握主要灌水时期:头水在花序后至开花一周前,称"催穗水",是最重要的需水临界期;二水在浆果生长高峰期来临之时,也是灌水的重要临界期;三水在浆果开始着色,果粒转入迅速膨大的第二个高峰时,如果有旱象要浅灌一次。一般在开花期内不宜灌水,采收前 20 d 停止灌水。

8.1.2 鲜食葡萄

8.1.2.1 葡萄生长的生态气候条件

甘肃陇东南地区地处内陆,跨半干旱和半湿润气候带,温度日较差大,光照充沛,湿度适中,加之土壤透气性好等特点,是西北地区鲜食葡萄比较理想的栽培地点之一。

葡萄树液一般于 3 月上旬开始流动,3 月中下旬芽开放,5 月下旬进入开花期,8 月下旬浆果成熟,芽开放至浆果成熟大约需 160~170 d,比河西地区偏多 35~70 d,同一品种葡萄在开花至成熟期,陇东南地区比河西偏多 15 d 左右,光、热资源利用充分(表 8.6)。

表 8.6 陇东南地区葡萄物候期(旬/月)

发育期	芽开放	展叶	开花	成熟	叶变色	全生育期(d)
巨丰	中/3	上/4	下/5	下/8	下/10	183
玫瑰香	下/3	上/4	下/5	下/8	下/10	183

葡萄是多年生喜热植物,生长在干热条件下,需要日照充足的生态环境,耐寒性较差,越冬期气象条件对其生长发育和产量影响较大。

(1)温度条件

陇东南地区以产鲜食葡萄为主,在葡萄生长季要求冬季气温不能过低,以免进行覆盖保苗,浪费时工。较高的温度有利葡萄果浆的迅速形成及糖分积累。陇东南除关山地区最冷月平均气温<-5℃,葡萄不能无覆盖越冬外,其他地区均能较安全越冬(表 8.7)。在葡萄种植区,从北到南热量条件的优越程度递增,其中开花至浆果成熟期≥10℃积温为 1930~2175℃·d。占萌芽至成熟期热量的 60%~70%,对浆果糖分、营养等积累十分有利。

(2)水分条件

一般年份,陇东南地区葡萄生长的水分条件是比较优越的,除渭北地区因旱致使葡萄减产外,其余各地的降水供应完全满足葡萄生长的需求。葡萄生长季降水量在地域分布表现为南多北少,以徽成盆地降水量最多,萌芽—浆果成熟期降水总量为 341.7~456.2 mm,其中开花至成熟期为 238.6~319.3 mm,占全观测生育期的 70%左右,生殖生长期间降水最多,成熟期间降水日数多将会使成熟的籽粒烂裂、脱落,对葡萄生产反倒不利。

(3)光照条件

陇东南葡萄生长季的日照时数分布呈北多南少之势,渭北及渭河谷地为日照时数的相对高值区,而徽成盆地及白龙江流域日照时数却较少。全生育期日照时数为 949.5~1226.8 h,其中开花—成熟期间日照时数为 510.3~665.0 h,仅占全生育期的 50%左右,葡萄主要生长季日照优势不明显。

表 8.7　陇东南地区葡萄生长期气候条件

地点	气象因子	萌芽—开花	开花—成熟	全生育期
关山地区	≥10℃积温(℃·d)	411.0	165.4	576.4
	降水量(mm)	114.2	304.0	418.6
	日照时数(h)	548.0	600.3	1148.3
	最冷月平均气温(℃)			−6.0
渭河谷地	≥10℃积温(℃·d)	894.2	201.9	1096.1
	降水量(mm)	114.0	248.6	362.2
	日照时数(h)	561.8	665.0	1226.8
	最冷月平均气温(℃)			−2.2
渭北地区	≥10℃积温(℃·d)	743.0	202.5	594.5
	降水量(mm)	94.5	256.8	351.3
	日照时数(h)	592.2	679.5	1271.7
	最冷月平均气温(℃)			−3.4
徽成盆地	≥10℃积温(℃·d)	921.4	204.4	1125.8
	降水量(mm)	136.9	319.3	456.2
	日照时数(h)	457.1	536.3	993.4
	最冷月平均气温(℃)			−6.0
白龙江流域	≥10℃积温(℃·d)	140.0	217.7	357.5
	降水量(mm)	108.5	241.4	349.6
	日照时数(h)	485.4	540.0	1025.4
	最冷月平均气温(℃)			3.1

8.1.2.2　气象因子与鲜食葡萄生产的关系

鲜食葡萄的主要结果枝属当年发芽长枝,营养积累时间较短,环境气象问题较为突出。

(1)开花至成熟期日照时数

葡萄是喜光植物,对光照特别敏感,在光照充足的条件下,植物叶片厚而色浓,生长健壮,花芽分化良好。开花至成熟期,是葡萄的主要糖分积累期,日照对葡萄的着色、浆果的风味均有比较明显的影响。对天水市麦积区葡萄单产分析表明,葡萄单产量与浆果成熟期后期(8月)的日照时数呈较明显的相关关系,说明浆果成熟后期日照对葡萄的产量和质量都是至关重要的。

$$y = 36.7 + 56.13 \sum S \quad (R = 0.6526, n = 15) \tag{8.7}$$

(2)浆果成熟期的气温

葡萄是喜温作物,冬眠期不耐低温,苗期生长怕寒,各生育期特别是开花成熟期需要较高的气温及较大的日较差。研究表明,平均气温>15℃时可保证葡萄开花对热量的需求,成熟前一个月,平均气温>20℃时,果浆就会迅速成熟,28~32℃是果浆成熟的最适气温。陇东南各地在葡萄浆果成熟期间气温都能达到糖分迅速积累的指标,且平均日较差相差较大,达10℃左右;从地域分布来看,南部日较差较小,北部较大。日较差的不同,直接影响碳的同化速率,造成葡萄产量及品质上的差异,北部产区的葡萄含糖量高于南部(表8.8)(姚小英,2004)。

表 8.8　陇东南各地葡萄浆果成熟期平均气温及日较差

县名	平均气温(℃)	日较差(℃)	县名	平均气温(℃)	日较差(℃)
武都	24.2	10.1	秦城	21.9	11.1
文县	24.2	9.8	北道	22.0	11.2
康县	20.7	9.5	甘谷	20.9	10.9
成县	22.5	10.2	秦安	21.5	11.5
徽县	22.4	10.3	武山	20.5	10.5

(3) 葡萄生长期间的降水

葡萄比较耐旱,全年需水量较少,但在开花期及幼果膨大期,需水量较多,尤其是土壤含水量应保持在作物极限利用状态(70%～80%),否则会引起花后幼果的大量脱落及影响幼果膨大。陇东南地区降水比较充沛,而葡萄建园一般均在平坦的河谷及盆地之上,生产条件优越,干旱对葡萄产量影响不大。

8.1.2.3 种植风险决策

葡萄在陇东南地区种植有一定的气候优势,但也存在一定风险。春季低温及秋季连阴雨是影响葡萄生产的主要因子。前者在葡萄的展叶—开花期间,因气温猝然降低而使葡萄叶片、花芽受冻遇害,影响葡萄后期产量的形成。据调查,春季低温的低温冻害轻者可使葡萄减产2～3成,重者可达4成以上,例如2002年4月12日的寒潮天气使陇东南地区葡萄减产3成以上。后者由于较长时间的隐蔽少光天气,空气湿度大,降水多,成熟葡萄极容易破裂腐烂,从而减产。若发生持续降水日数≥5 d,日平均总云量≥8成,过程降水量15～50 mm 的轻度连阴雨,成熟葡萄将有30%破裂腐烂,减产1～2成,降水量≥50 mm 的重度连阴雨,成熟葡萄将有50%破裂腐烂,减产2～3成。

从陇东南葡萄适宜栽种区发生春季低温冷害天气及秋季连阴雨的概率以及春季低温冷害后又发生秋季连阴雨的条件概率可以看出(表 8.9),渭北地区种植葡萄的气象灾害大于渭河谷地及陇南地区。

表 8.9　陇东南地区春季低温冷害、秋季连阴雨气候频次(次/年)(建站:2000 年)

地区	春季低温冷害	秋季连阴雨	低温冷害与连阴雨共同影响
渭北地区	0.4	1.02	0.27
渭河谷地	0.3	1.08	0.19
徽成盆地	0	1.41	0
白龙江流域	0	1.32	0

根据春季低温冷害、秋季连阴雨及二者的共同影响对葡萄生产的危害程度,分别取影响产量的系数为 0.3、0.2 及 0.5,用 u(气候频率×影响系数)表示葡萄种植的风险程度,$f(=1-u)$ 表示葡萄种植的保险率,f 的大小可定量描述当地葡萄种植的气候优劣程度(表 8.10)。从表 8.10 中可以看出,陇东南地区白龙江流域及徽成盆地种植葡萄的气候条件最为优越,保险程度最高,风险性最小,渭河谷地次之,渭北地区则风险性最大。

表 8.10 陇东南地区葡萄种植保险率(%)

地区	渭北地区	渭河谷地	徽成盆地	白龙江流域
保险率	54.1	59.9	71.8	73.6

8.1.3 苹果

根据气候和生态适宜标准,西北黄土高原是我国最适苹果种植区,其中甘肃黄土高原位于黄土高原的腹地,由陇山分为陇西和陇东两部分,土层深厚,黄土层平均厚度超过 100 m,为世界上黄土层最深厚的地方,是我国苹果等果树栽培的适宜地方之一。素有"果王"之称的花牛苹果就生产于陇西黄土高原天水的花牛镇,第一个苹果类注册商标"平凉金果"生长在陇东黄土高原的平凉市。陕西苹果主要分布在渭北黄土高原区,也被列为中国苹果优势产业带。果业已成为陕西五大支柱产业之一,但陕西果区地形地貌复杂,大陆性季风气候特征明显,气候脆弱,加之气候变暖加剧,极端气候事件几率增加,导致气象灾害对陕西苹果产量、品质和商品率产生显著影响。

8.1.3.1 西北苹果产区气候变化特征

1951—2000 年,我国年平均气温整体的上升趋势非常明显,受气候变暖影响,最高和最低气温都呈上升趋势,冬季极冷期缩短,夏季的炎热期延长,极端高温、热浪、干旱等愈发频繁。西北地区甘肃黄土高原处于中国北方的半湿润气候向半干旱气候的过渡地带,决定了其对气候变化的敏感性。从 20 世纪 60 年代以来气候变暖的进程就没有停止过,1961—2005 年陇西黄土高原与陇东黄土高原的气温增高速度分别为 $0.37℃ \cdot (10 \text{ a})^{-1}$($P<0.01$)和 $0.41℃ \cdot (10 \text{ a})^{-1}$($P<0.01$)。在季节的分配上是,冬季增温强,夏季增温弱。陇西与陇东黄土高原冬季的温度升高速度分别达到 $0.57℃ \cdot (10 \text{ a})^{-1}$($P<0.01$)与 $0.63℃ \cdot (10 \text{ a})^{-1}$($P<0.01$),高于全国平均水平。

气候变暖使得各种界限的活动积温和有效积温增多。从 20 世纪 70 年代开始果树主要生长期(3—10 月)$\geqslant 10℃$积温呈现明显增多趋势,90 年代较 80 年代陇西黄土高原增加了 110 $℃ \cdot d$,陇东黄土高原增加了 183 $℃ \cdot d$。历年积温(1971—2005 年)随时间的变化为二次函数(陇西黄土高原(天水):$Y=0.556x_2-15.65x+3717, R=0.303, P<0.01$;陇东黄土高原(西峰):$Y=1.0009x_2-27.19x+2968.9, R=0.5115, P<0.01$)。

20 世纪 90 年代以来,甘肃黄土高原$\geqslant 30℃$及$\geqslant 35℃$高温日数明显增多,陇西黄土高原的天水 1997 年$\geqslant 30℃$日数达 66 d,$\geqslant 35℃$日数达 8 d,创造了气象极值记录。高温日数的增多及持续时间加长,加快了土壤水分蒸散速度,增多了伏旱的出现频数及加剧了其严重程度,会引起苹果生殖、生理上的较大变化(蒲金涌等,2009)。

果树主要生长期的年代际降水量值陇西、陇东黄土高原变化基本一致(表 8.11),最低值出现在 20 世纪的 90 年代,较大值出现在 20 世纪的 80 年代及 21 世纪初。1971—2005 年陇西黄土高原的变异系数为 24.5%,陇东为 23.0%。30 年的整编资料(1971—2000 年)平均值显示,陇东黄土高西峰比陇西黄土高原的天水偏多 5%。降水条件陇东黄土高原略好于陇西黄土高原。

表 8.11　3—10 月降水量年代际间的变化

地点	天水降水量(mm)	距平值(mm)	西峰降水量(mm)	距平值(mm)
1971—1980 年	464.8	−6.2	509.5	12.6
1981—1990 年	532.9	61.9	531.9	35.0
1991—2000 年	415.3	−55.7	449.4	−47.5
2001—2005 年	486.6	15.6	567.8	70.9

甘肃黄土高原果树主要生长期间的太阳辐射比较丰富且变化较小(陇西黄土高原的变异系数为 7.8%；陇东黄土高原 12.1%。)(表 8.12)。苹果主要生长期日照时数为 1400~1745 h，辐射量为 3121~3889 MJ·m^{-2}。自 20 世纪 70 年代以来，甘肃黄土高原的太阳辐射量经历了一个高—低—高的变化过程。即 20 世纪 70 年代是一个日照比较丰富的时段，80 年代进入相对较低的时期，90 年代直至 21 世纪初又进入了一个相对较高的时段，80 年代与 90 年代相差陇西黄土高原为 8.5%，陇东黄土高原为 5.4%。陇东黄土高原比陇西黄土高原高出 16.8%。

表 8.12　3—10 月太阳辐射的年代际变化

地点	天水日照时数(h)	辐射量(MJ·m^{-2})	西峰日照时数(h)	辐射量(MJ·m^{-2})
1971—1980 年	1482.7	3306.4	1740.8	3382.0
1981—1990 年	1399.6	3121.1	1655.5	3691.8
1991—2000 年	1518.6	3386.5	1744.1	3889.3
2001—2005 年	1498.0	3340.5	1739.8	3879.8

8.1.3.2　气候变化对苹果生长的影响

(1)对苹果发育期的影响

气候变暖，加快了苹果的生长发育速度及节奏，使得苹果成熟以前生育期随着时间普遍提前，成熟后叶变色及落叶时间普遍推后。甘肃陇东黄土高原 1984—2005 年苹果叶芽开放期平均线性提前趋势为 0.7 d·a^{-1}($P<0.01$)，展叶盛期 0.7 d·a^{-1}($P<0.01$)，开花盛期 0.7 d·a^{-1}($P<0.01$)，叶变色平均推后线趋势为 0.5 d·a^{-1}($P<0.1$)，落叶 0.5 d·a^{-1}($P<0.1$)。陇西黄土高原 20 世纪 90 年代以来，苹果生育期明显提前，叶芽开放、始花期、展叶及果实成熟平均日期分别出现在 3 月 29 日、4 月 23 日、4 月 24 日和 10 月 2 日，分别较 1981—2000 年平均日期提前 6 d、7 d、7 d 和 7 d。随着海拔高度的增加，生育期的提前愈明显。其中以海拔≥1300 m 天水关山区偏早最多，分别为 6 d、7 d、7 d 和 8 d；海拔在 1000~1300 m 的渭河河谷及其以北地区最少，为 5 d、6 d、6 d 和 6 d。据调查及有关文献显示，陕西果区苹果树的初花—盛花期，80 年代初主要出现在 4 月中、下旬，而 2001—2006 年物候观测资料显示，初花—盛花提前到 4 月上、中旬(表 8.13)，花期普遍提前 5~7 d，个别年份和局部地区甚至提前 7~10 d(姚晓红，2006)。

(2)对苹果坐果及品质的影响

据研究，黄土高原的苹果，当落花后 2 d 日平均最高气温 29.0℃以上，3 d 日平均最高气温 27.0℃以上或 4 d 日平均最高气温 26.0℃以上时，坐果率均低于 15%；盛花期 2 d、3 d 或 4 d 日平均最高气温 35.0℃、32.0℃或 30.0℃以上，均能使正处开花授粉受精的花粉发芽受阻，代谢失调萎缩失去受精能力，甚至灼伤致死而不能坐果。影响花粉发芽；3℃以下时，花药不能开

表 8.13 陇西黄土高原天水不同地区(1991—2004 年)苹果物候期(月.日)及距平

地点	海拔高度(m)	品种	叶芽开放	开花始期	开花盛期	开花末期	展叶	成熟
张川	1867	元帅系	4.5	5.2	5.7	5.11	5.3	10.5
清水	1378	元帅系	4.4	4.27	5.3	5.7	4.30	10.3
秦安	1223	元帅系	3.24	4.22	4.26	5.1	4.23	10.2
麦积	1085	元帅系	3.21	4.10	4.16	4.20	4.10	9.29
平均			3.29	4.23	4.28	5.3	4.24	10.2
1981—2000 年平均			4.4	4.23	4.28	5.3	4.24	10.2
距平(d)			6	7	5	4	7	7

裂,花粉发育受阻,或受精后的花粉母细胞不能坐果。气候变暖,高温天气增多,比较严重地影响了苹果的坐果率。20 世纪 90 年代较 80 年代偏低 7.1 个百分点。气温升高给苹果产业带来了负面影响。

气温的升高对苹果的生产的影响是多方面的。根据试验资料显示,自 1981 以来标志苹果品质的含糖(酸)量、硬度、果形指数、着色度等发生了变化。陇西黄土高原天水地区的优质苹果的含糖量指标为 14%～15%,含酸量 0.20%～0.25%,适中硬度 7.6～9.0 kg·cm^{-2}。20 世纪 80 年代各项指标平均值分别为 14.2%、0.22% 和 8.5 kg·cm^{-2},品质优良,可口性好;而 1991—2004 年各项指标分别为 14.7%、0.19% 和 7.6 kg·cm^{-2},与 80 年代相比含糖量增加 0.5 个百分点,线性上升速度为 0.023 kg·cm^{-2}·a^{-1}。含酸量下降了 0.3 个百分点,线性下降速度为 0.0019,硬度下降了 0.9 kg·cm^{-2},线性下降速度为 0.058 kg·cm^{-2}·a^{-1}(图 8.3)。硬度不足,口感棉软,不耐贮运,不利苹果产业的进一步拓展(姚小英,2008)。

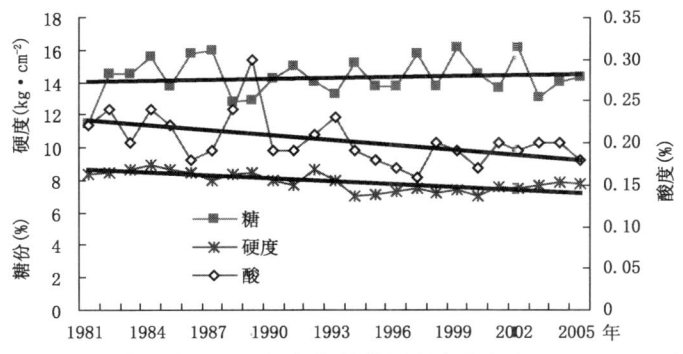

图 8.3 陇西黄土高原(天水)各年份苹果硬度的变化(1981—2005 年)

(3)对苹果花期冻害的影响

苹果花期冻害是影响西北地区苹果生长最主要的气象灾害之一。经调查发现,近年来,随着气候变暖加剧,苹果花期遭遇低温冻害的几率和强度明显增加,苹果生产风险进一步加大。根据陕西省经济作物气象台历次灾害实地调查及有关文献资料,苹果开花期受冻的临界温度为 -2℃,在 -2.0～0℃ 出现低温冻害,中心花受冻率达 30% 左右;冻死率 50% 的温度为 -4℃,出现明显低温冻害;温度低于 -4℃,出现严重低温冻害,中心花受冻高达 70%,对产量、品质、商品率产生严重影响。随着气候变暖,陇东苹果花期明显提前,花期基本出现在 4 月中下旬。此期正是该区晚霜冻多发时期,虽然20世纪80年代以后气候增暖,4月和5月发生霜冻的概率有所下降(表8.14),但4月中旬发生霜冻的概率却比较高,西峰站甚至比整个分析期的平均值还高。崆峒和西峰4月中旬的极端最低气温在90年代以后年际间波动较大,2001年4月中旬分别出现了-5.6℃和-3.4℃的极端最低气温,为20多年来的同期最低值;从历年晚霜冻结束时间看,崆峒和西峰的多年平均晚霜冻结束期均为4月30日,20世纪80年代以来平均晚霜冻结束期有所提前(表8.15),特别是90年代以后提前较明显,但个别年份晚霜冻结束期仍偏迟,如2004年两站均在5月16日结束,远大于平均日期,为分析期中最迟的一年。气候变暖导致的苹果花期提前,使苹果抗寒能力减弱,发生花期冻害的几率提高,增加了对苹果生产的不利影响,可能会加大防治冻害的投入。

表8.14 1961—2007年崆峒、西峰发生霜冻天气的概率(%)

	4月		5月		4月中旬		4月下旬		5月上旬	
	崆峒	西峰	崆峒	西峰	崆峒	西峰	崆峒	西峰	崆峒	西峰
1961—2007年	30.2	34.0	3.7	4.0	28.9	33.8	10.6	13.3	8.3	9.8
1961—1980年	33.2	37.2	4.2	5.6	29.4	32.1	11.0	15.3	9.5	12.6
1981—2007年	28.1	31.7	3.2	2.9	29.2	35.0	9.6	11.9	8.5	7.7

表8.15 1961—2007年崆峒、西峰晚霜冻结束日期(月—日)

	1961—1970年	1971—1980年	1981—1990年	1991—2000年	2001—2007年	1961—2007年
崆峒	4—29	5—4	4—30	4—27	4—25	4—30
西峰	5—5	5—6	4—29	4—26	4—25	4—30

(4)对苹果夏季高温热害的影响

高温热害是气候变暖所引发的突发气象灾害之一,高温热害对果树的危害主要是加速植株蒸腾,破坏树体水分代谢活动,与大气或土壤干旱结合,往往造成果树叶片干枯、脱落,树干局部灼伤,或果实灼伤萎缩、脱落及畸形果等。也有研究认为"温度过高会引起局部组织细胞新陈代谢活动异常,毒素积累而导致坏死"。随着气候变暖加剧,高温热害气象灾害对苹果的危害逐渐引起人们关注。陕西苹果高温热害主要发生在关中和渭北东部果区,并且20世纪90年代起有明显增加的趋势,对果品产量、品质及商品率的危害进一步加重。结合气温资料统计和生产实际调查,2001年以来关中和渭北东部果区发生高温热害的年份有4年(2002年、2003年、2005年和2006年),其中2002年和2005年危害严重。

暖干气候对天水花牛苹果影响表现为,以盛花期后4 d内日平均最高气温、10 d内大气平均相对湿度影响最为明显,当落花后2 d日平均最高气温29.0℃以上,3 d日平均最高气温27.0℃以上或4 d日平均最高气温26.0℃以上时,坐果率均低于15%;盛花期2 d、3 d或4 d日平均最高气温35.0℃、32.0℃或30.0℃以上,均能使正处开花授粉受精的花粉发芽受阻,代谢失调萎缩失去受精能力,甚至灼伤致死而不能坐果;盛花后10 d平均大气相对湿度小于等于56%,影响正常受精,坐果率不足15%。

8.1.3.3 气候变化对苹果产量变化的影响

近年来,随着对苹果产业的重视程度的提高以及科技进步、栽培措施的不断改进,西北地区苹果种植区产量增加十分明显。但由于暖干气候影响,不仅使苹果发育期提前,而且影响产量因素的主要气象要素和各要素的影响时段也发生了较大变化,苹果单产波动较大(图 8.4)。据杨小利对崆峒区苹果产量变化及生育期间各个不同时段的光、温、水资料与气候产量进行相关分析发现,影响崆峒区苹果气候产量的主要气象因子为 4 月份最低气温($r=0.6705$,$P<0.001$)、1 月上旬降水量($r=-0.848$,$P<0.001$)、6 月中旬的日照百分率($r=0.5540$,$P<0.01$)、7—8 月最低气温($r=0.5797$,$P<0.01$)(杨小利,2010)。

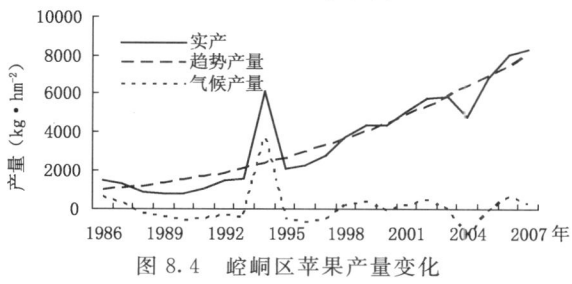

图 8.4 崆峒区苹果产量变化

由表 8.16 可见,20 世纪 80 年代以后,该区 4 月份的最低气温上升明显,1981—2007 年 4 月份的最低气温较 1961—1980 年升高了 2.2~2.4℃。春季冻害对苹果产量影响很大,4 月份是花期冻害高发时期,最低气温的上升,减少了冻害威胁,对苹果产量提高有利;1 月上旬降水量与苹果产量呈负相关关系,这是由于 1 月降水与冬季寒流侵袭关系密切,而冬季温度过低会使树体受冻,影响果树的花芽分化。40 多年来,1981—2007 年 1 月上旬降水量较 1961—1980 年增加了 0.8~0.9 mm,在一定程度上反映出冬季寒流发生愈加频繁,对苹果产量形成不利;6 月上旬苹果刚刚进入果实膨大期,对光照较为敏感,充足的光照利于果实膨大。1981—2007 年 6 月上旬日照时数较 1961—1980 年减少了 14~27 h,光合作用有所减缓,对苹果产量形成会有不利影响;7—8 月是苹果迅速膨大到果实成熟的时期,是光合积累最旺盛时期,较大的温度日较差有利于光合积累,也利于苹果糖分增加。7—8 月的最低气温与苹果产量正相关显著,能够反映出此阶段日较差对苹果产量的贡献。1981—2007 年 7—8 月最低气温较 1961—1980 年升高了 0.8~1.2℃,对苹果产量形成和品质都有不利影响。

表 8.16 崆峒区和西峰 1961—2007 年影响苹果产量的主要气象要素变化

	4 月最低气温(℃)		1 月上旬降水量(mm)		6 月上旬日照时数(h)		7—8 月最低气温(℃)	
	1961—1980 年	1981—2007 年	1961—1980 年	1981—2007 年	1961—1980 年	1981—2007 年	1961—1980 年	1981—2007 年
崆峒	−3.9	−1.5	0.2	1	91	78	9.3	10.1
西峰	−3.6	−1.4	0.4	1.3	95	81	10.4	11.6

8.1.3.4 合理利用气候资源对策

苹果产业不但面临国内的竞争,也必须接受国际的挑战,气候变化西北黄土高原苹果主要生长期的各种环境条件发生了较大的变化。比较严重地影响到苹果的生长发育。苹果叶芽开放、展叶、开花等成熟前的各物候相日期均有所提前,减少了苹果果实的生长时间,缩短了苹果营养量累积时段;苹果的叶变色、落叶等成熟后的各物候相均有所后延,延长了果树的生长季,缩短了休眠时间,加大了水、养分的无效消耗。坐果期的干热高温还使得苹果的坐果率趋低,含糖量、含酸量等品质指标也有所变化,同一品种硬度出现逐年下降的趋势,对苹果产业的持续发展不利。要根据各地不同的情况因地制宜加以应对。作为西北地区重要的支柱产业,要做大做强苹果生产,除了扩大种植面积,提高种植水平外,还要根据各地的气候条件合理布局,在苹果生产中,建园海拔高度应适当提高,以避免气候变暖增温对苹果正常生长发育的影响;同时进行科学合理的田间管理,应对气候变化所带来的影响,如在冻害、冰雹等气象灾害发生频率相对较小的地区扩大种植面积,早春采用喷洒化学药剂、给果园覆草、树体涂白等措施推迟苹果花期,在易发生晚霜冻的4月中下旬至5月上旬采取灌水、施肥、烟熏等方法减轻或避免冻害危害;采取剪枝、控枝等控制新梢旺盛生长,增加通风透光条件,培育或引进抗低温冻害、抗病虫害、坐果期耐高温干旱等抗逆性强的苹果新品种等,通过综合应用多种手段加以应对,可以做到趋利避害,促进该区域苹果产业的可持续发展。

8.1.4 桃

8.1.4.1 桃树生态气候特性

西北地区桃树在日平均气温≥0℃时树液开始流动。据天水农试站物候观测(1990—2000年),芽开放至开花盛期间隔21 d,期间≥0℃积温163℃·d,日照时数126 h,芽开放到展叶盛期间隔26 d,期间≥0℃积温215℃·d,日照时数144 h,展叶盛期至果实成熟期为桃果实累积的主要时段,其间隔日数常规品种113 d,≥0℃积温2151.2℃·d;而早熟品种仅为83 d,≥0℃积温1488.2℃·d。早熟品种因累积热量及光照偏少、果实糖分积累较少而品质逊于常规品种,但因早期上市经济效益较佳。

8.1.4.2 影响桃产量的主要气候因子

20世纪80年代以来,西北地区桃产量逐年提高,尤以甘肃黄土高原桃之乡——天水市秦安县最为显著。用滑动平均方法分离秦安县桃单产资料(1984—2005年)分析(图8.5),可以明显看到,气候产量变化较大,单产很不稳定,说明气候因子对桃产量影响较大。特别是90年代以来,气候产量波动加剧,1993年达到了1083.8 kg·hm^{-2}的最高值,2001年又达到—1793.9 kg·hm^{-2}的最低值。对桃各生育时段光、热、水因子与气候产量进行相关计算。计算结果表明,影响天水桃生长的主要气象因子为4月上、中旬最低气温、7—8月降水量及8月日照百分率(表8.17)。

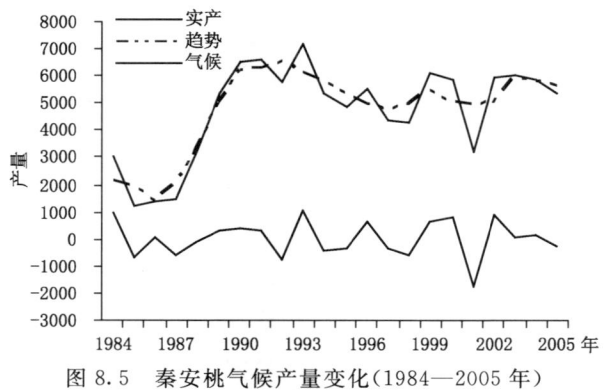

图8.5 秦安桃气候产量变化(1984—2005年)

表 8.17 桃树各生育期气候因子与产量相关系数

生育期	最低气温	日平均气温	降水量	日照
芽开放—开花期 (3月上旬—4月上旬)	0.6432	0.3024	0.2843	0.3854
开花始期—开花盛期 (4月上旬—4月中旬)	0.8246**	0.4652	0.3957	0.4123
果实增长期(7—8月)	0.2145	−0.3412	−0.6852**	0.8523
果实成熟期(8月)	−0.2413	−0.1428	−0.4123	0.8324**

注:** 表示通过显著水平为 0.01 的假设检验。

8.1.4.3 气候变化对桃生长的影响

(1) 温度变化特征及影响

研究得出,西北地区桃主要生产地秦安 20 世纪 60—80 年代年平均气温距平变幅不大,自 90 年代以来,年平均气温明显升高。21 世纪比 80 年代涨幅 1.1℃,四季气温中以冬、春季气温升高最为明显,21 世纪比 80 年代涨幅分别为 1.1℃ 和 1.7℃。冬、春季气温的升高,使桃树休眠期缩短,花芽萌动提前,生育期间隔缩短,整个物候期明显提前,特别是早熟品种表现尤甚。据天水农试站和果树研究所观测,早熟品种 1991—2000 年物候期较 1981—1990 年提前 5~7 d,2000 年以后较 80 年代提前 10 d 左右(表 8.18)(姚小英,2008)。

表 8.18 天水桃树物候期(月—日)

年份	品种	芽开放	花期 始期	花期 盛期	花期 末期	果实成熟期
1981—1990 年	春丰(早熟)	4—3	4—8	4—13	4—20	6—30
	处暑红(晚熟)	4—4	4—9	4—13	4—22	8—15
1991—2000 年	春丰(早熟)	3—25	4—2	4—6	4—13	6—25
	处暑红(晚熟)	4—3	4—9	4—12	4—28	8—13
2000—2005 年	春丰(早熟)	3—24	3—29	4—4	4—11	6—22
	处暑红(晚熟)	4—1	4—5	4—9	4—16	8—11

相关计算结果得出,4月上、中旬最低气温及极端最低气温是影响桃产量的主要因素。此时段,该地桃正处于开花盛期,极易受低温冻害而使花蕾凋落,从而造成大幅度减产。桃产量与此时段最低气温负相关显著。芽开放—开花盛期,就桃的生理需要而言,气温不宜迅速升高,这是由于小花分化时间愈长,所形成花蕾愈多,从而增坐果率,开花坐果以后,果实生长加快,果实糖分、营养积累与热量的供给充分与否有直接关系,对热量的要求比较敏感。

20 世纪 60 年代以来 4 月上旬最低气温总体呈明显上升趋势,2001—2005 年较 20 世纪 60 年代上升了 2.0℃,4 月中旬气温 70 年代以来亦呈上升趋势。该时段极端最低气温变幅却极不稳定,4 月上旬最低气温 1999 年达 80 年代以来的最高极值 7.4℃,2001 年又达 80 年代以来的最低极值 −3.8℃。3 月下旬到 4 月中旬,为桃树萌芽—开花期,因气候变暖,仲春气温的增高导致基础温度上升显著,寒潮、霜冻及强降温天气出现概率明显增多。据统计,3 月和 4 月寒潮 1990—2006 年出现的气候概率比 1961—1990 年分别增多 6.15% 和 12.2%;4 月和 5 月霜冻分别增多 33% 和 10.6%(表 8.19)。伴随寒潮,出现降雪、霜冻天气,因前期温度偏高,果树发育期提前,受冻能力明显减弱,2000年以后的冻害对桃树的危害更为严重。如 2001 年 4 月 8 日的冻害,据天水市农业部门调查,冻害使桃树花器褐变受冻,减产 80%;2006 年 4 月 12 日出现的寒潮,日平均气温下降 13.5℃,桃幼果冻裂,果品品质及产量遭受严重影响。

表 8.19　秦安寒潮、霜气气候频率统计(%)

	月份	3 月	4 月	5 月
		频率	频率	频率
1961—1990 年	霜冻		10.8	1.9
	寒潮	0.1	0.3	
1990—2006 年	霜冻		43.8	12.5
	寒潮	6.25	12.5	

(2)降水变化特征及影响

桃树根系比较发达,较为耐旱。相关计算结果表明,果实生长成熟期降水与产量负相关显著,说明该时段过多的降水会限制桃产量的提高。

分析秦安 1961—2006 年 7—8 月降水变化(图 8.6),总体呈减少趋势,有利于桃后期成熟生长。7—8 月降水(1961—2006 年)随时间的变化为二次函数:$Y=0.0078x^2-1.6537x+206.98$,$R=0.0903$,$P<0.01$。

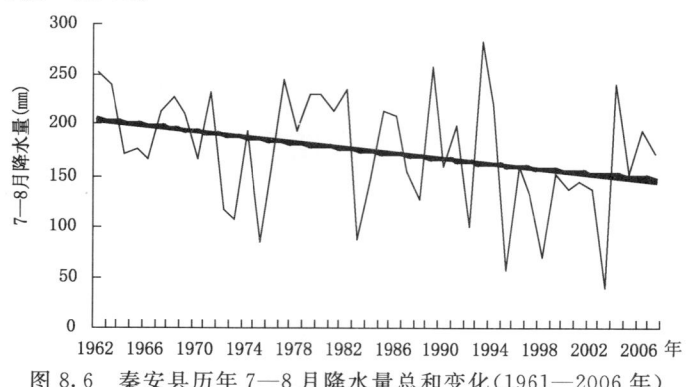

图 8.6　秦安县历年 7—8 月降水量总和变化(1961—2006 年)

(3)光照变化特征及影响

桃数开花期间,光照比较重要。因为荫蔽寡照天气不利于光合作用,花果营养供给不足,脱落现象严重,果实膨大期,对光照的要求比较敏感,光照充足利于果实膨大。从相关计算中可以看出,芽开发放—开花期该地日照显得充裕,果实成熟期光照不足,与产量正相关关系明显。8 月日照百分率自 20 世纪 60 年代以来呈缓慢下降趋势,线形下降速度为 0.2199 $h \cdot a^{-1}$,$P<0.01$。表明 60 年代以来 8 月份阴、昙天日数增多,桃果实成熟期日照不足,不利果实着色及糖分积累,影响桃品质。

8.1.5　大樱桃

大樱桃是西北地区春季上市的果品,其果实色泽鲜艳、营养丰富,被誉为"果中珍品",因其上市较其他水果更早,亦有"春果第一枝"之称。大樱桃果实生长发育时间短,生产成本低、结果早,经济效益较其他水果高。甘肃省天水市种植大樱桃有着地域、气候等优势,为西北地区适宜露地大面积发展大樱桃生产为数不多的地区之一,所产大樱桃果型、口感俱佳,在市场上极具竞争力。20 世纪 80 年代末期天水引进大樱桃至今,全市大樱桃种植面积已发展到 1300 多公顷。秦州"天翠"大樱桃已形成知名品牌,在果实色泽,品质等方面均优于山东烟台和辽宁大连等名产区。

8.1.5.1 大樱桃物候期

西北地区大樱桃栽植主栽品种为红灯。以天水市为例,大樱桃一般于 3 月中旬芽开放,4 月上旬进入开花期,5 月中下旬至 6 月初浆果成熟(表 8.20)。大樱桃最主要的生态条件是温度、水分和土壤,适于凉爽而相对干燥的气候条件种植,最适宜种植区的年平均气温为 10~12℃,年降水量 600~900 mm,萌芽至开花期需要≥10℃以上积温 280℃·d,越冬休眠期的临界低温不得低于-20℃。大樱桃发芽期适宜的温度为 10℃,开花期适宜温度为 15℃,显蕾后抗寒力降低,花蕾期发生冻害的临界温度为 1.1~1.7℃,开花和幼果发育期冻害的临界温度为 1℃。大樱桃需要日照充足的生态环境,耐寒性较差,春季气象条件对其生长发育和产量影响较大。如天水市热量条件从北到南递增,与主产区烟台、大连相比,关山区清水、张家川等地年平均气温偏低 2~4℃,热量条件不足,年极端最低气温偏低,特别是 4 月份大樱桃开花期气温偏低,易发生低温冻害而限制大樱桃生长;年降水量与主产区相比均偏少,特别是渭北甘谷、武山等地年降水尚嫌不足易发生干旱而影响大樱桃生长。光照条件各地均稍逊于主产区(表 8.21)(姚小英,2009)。

表 8.20 天水市大樱桃物候期(月—日)

地点	萌芽期	初花期	花期	落花期	果实膨大期	果实成熟期	落叶期
红灯	3—15	4—4	4—5	4—8	5—15	5—19	10—31
巨红	3—15	4—2	4—5	4—6	5—20	6—7	10—31

表 8.21 天水市各地气候要素值与大樱桃主生产区比较

地点	年平均气温(℃)	4月平均气温(℃)	年降水量(mm)	年日照时数(h)	年极端最低气温(℃)
秦州	11.0	12.6	491.6	1910.8	-17.4
麦积	11.1	12.6	496.5	2032.5	-17.6
秦安	10.6	12.2	448.8	2042.5	-18.9
甘谷	10.3	11.8	441.9	2113.2	-19.2
武山	9.7	11.1	431.7	2213.2	-17.5
清水	9.0	10.4	546.8	2052.9	-24.9
张家川	6.9	8.0	561.2	2031.4	-25.5
山东烟台	11.8	9.5	651.9	2698.4	-17.6
辽宁大连	10.5	9.7	950.0	2636.9	-21

8.1.5.2 影响大樱桃产量的主要气象因子

利用天水市果树研究所 1996—2008 年大樱桃产量资料及相应年份天水市观测站气象资料,用滑动平均方法分离大樱桃产量资料,分析趋势产量和气候产量变化(图 8.7)。

为了进一步分析影响大樱桃产量的气象因子,对各生育时段光、热、水共计 23 个因子与气

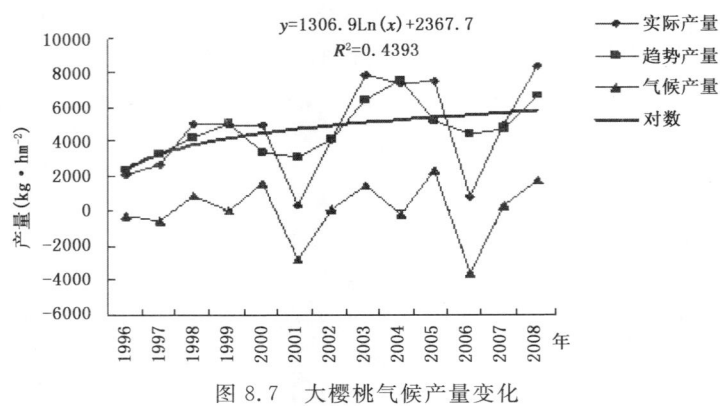

图 8.7 大樱桃气候产量变化

候产量进行了相关普查计算(表 8.22)。

表 8.22 大樱桃树各生育期气候因子与产量的相关系数

生育期	最低气温(℃)	日平均气温(℃)	≥10℃积温(℃·d)	极端最低气温(℃)	降水量(mm)	日照时数(h)
芽开放期(3月中旬—下旬)	0.5259*	0.503	0.3521	0.3421	0.3546	0.3211
开花始期—开花盛期(4月上旬—4月中旬)	0.6444**	0.2641	0.3789	0.804**	−0.5276*	0.4268
果实增长期(5月上旬—中旬)	0.4123	0.3412	0.4129	—	0.5426*	0.5132
果实成熟期(5月下旬)	0.2864	0.2214	0.2471	—	−0.5521*	0.5237*
全生育期					0.6333**	

注:**为通过 0.01 的显著性检验,*为通过 0.05 的显著性检验。

(1)气温的影响

相关计算结果表明,4月极端最低气温及4月上旬至中旬的平均最低气温为影响天水市大樱桃适宜种植区产量的主要热量因子,从图 8.8 中可以明显看到二者变化的一致性。此期正值大樱桃开花期,4月份的寒潮、霜冻导致的低温冻害使大樱桃花期缩短,受孕时间减少,同时叶片、花芽、茎不同程度、不同部位受冻,严重影响产量。相关普查结果表明其余时段温度及各生育时段 ≥10℃ 以上积温与产量相关系数较低,未通过检验,说明该区域热量条件充裕,不成为大樱桃产量的限制因子。

(2)降水的影响

大樱桃根系分布比较浅,抗旱能力差,叶片大,蒸腾作用强,所以需要较多的水分供应。一般年份,天水市地区大樱桃生长的水分条件是能够满足的,除渭北地区特别是武山等地因旱影响大樱桃正常生长外,其余各地的降水供应基本满足大樱桃生长的需求。大樱桃生长季降水量在地域分布表现为南多北少,萌芽—浆果成熟期降水总量为 69.5~85.9 mm,其中开花至成熟期为 58.3~72.0 mm。相关分析表明,花期降水与气候产量负相关比较明显,这是由于大樱桃花期虽对水分的需求较多,但降水偏多,会导致气温降低明显,由此带来的冻害危害远远

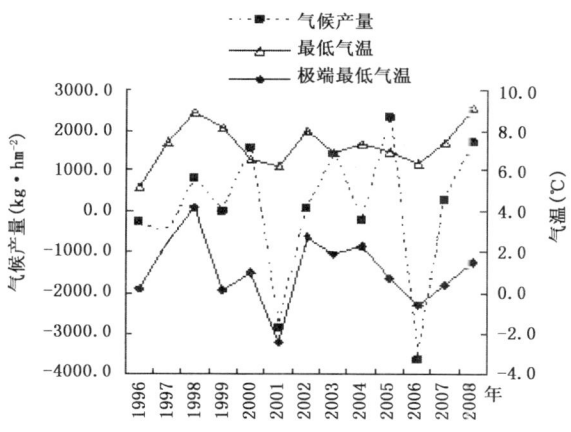

图 8.8 4月最低气温、极端最低气温与大樱桃气候产量变化

大于降水偏少的干旱影响;果实增长期降水与产量正相关较为显著,此期降水偏少,对产量会造成一定影响;成熟期间降水与产量负相关较为显著,此期降水日数多将会使成熟的籽粒烂裂、脱落,对大樱桃生长反倒不利。全年降水量与产量相关系数极为显著。分析1996—2007年降水量与大樱桃气候产量关系(图8.9),可以看出,除2001年及2006年因春季低温冻害导致大樱桃产量大幅度减产之外,其余年份全年降水量与大樱桃产量变化趋势呈正相关。

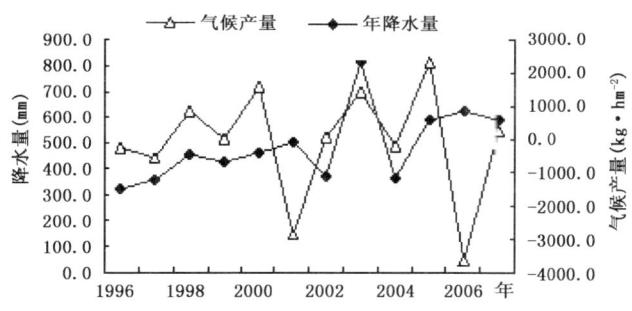

图 8.9 年降水量与大樱桃气候产量变化

(3)光照的影响

西北地区大樱桃主产区生长季日照时数分布呈北多南少之势。全生育期日照时数为1630~1890 h,其中开花—成熟期间日照时数为380~420 h,占全生育期的22%~23%左右。通过对天水大樱桃产量与日照时数相关计算分析,果实成熟期日照时数与产量正相关较为明显,此期日照充裕,浆果风味好,着色度优,其余各时段日照与气候产量相关均不显著,未通过检验(表8.22),说明天水市各地年日照时数虽逊于主产区,但在大樱桃主要生育阶段日照比较充裕,并不成为影响大樱桃生长的主要因素。

8.1.5.3 大樱桃种植的主要风险性

大樱桃在西北地区种植有一定的气候优势,但也存在一定风险。因寒潮、霜冻导致的春季低温冻害和春旱是影响大樱桃生产的主要因子。如天水市由于大樱桃开花早,始花期多在当地晚霜结束之前,花蕾耐低温能力差,因此春季低温冻害成为影响大樱桃生长的主要农业气象问题。据调查,春季低温冻害轻者可使樱桃减产 4~5 成,重者可致绝收。例如 2001 年 4 月 9—10 日的寒潮天气 24 小时平气温下降 12.4℃,11 日最低气温达到 −2.4℃,使该市果树所有大樱桃减产 8 成以上。

根据大樱桃多年产量受春季低温冻害及春旱影响程度,建立大樱桃产量影响系数,并以此作为评估大樱桃生长期主要气象灾害对产量影响定量描述的依据。根据计算得出,如果在大樱桃开花的关键发育期,有霜冻或寒潮发生,产量水平将降低 75%,如有春旱发生,产量降低 10%,霜冻、寒潮及春旱均发生,其产量平将降低 85%;这种估算与实际生产是基本吻合的。

根据春季低温冷害和春旱对各地大樱桃生产危害程度的不同,取霜冻、寒潮对产量的影响系数为 0.65~0.75,春旱影响系数为 0.10~0.20,用 U(4 月寒潮、霜冻及春旱气候频率(表 8.23)× 影响系数)表示大樱桃种植的风险程度,$F(=1−U)$ 表示大樱桃种植的保险率。F 的大小可定量描述当地大樱桃种植的气候优劣程度(表 8.24)。以天水市为例,可以看出,天水市地区渭河谷地种植大樱桃的气候条件最为优越,保险程度最高,风险性最小,渭北地区次之,关山区张川风险性最大(表 8.24)。

表 8.23　天水市各地 4 月寒潮、霜冻及春旱气候频率统计(%)(1970—2008 年)

项目	秦州	麦积	秦安	甘谷	武山	清水	张家川
霜冻	8.5	2.6	10.8	5.5	6.8	10.0	23.1
寒潮	0.3	0.2	0.3	0.2	0.4	0.2	0.5
春旱	33.3	32.7	42.2	40.1	43.7	31.7	33.3

表 8.24　寒潮、霜冻及春旱对大樱桃产量影响系数及生产保险率(F)

项目	秦州	麦积	秦安	甘谷	武山	清水	张家川
霜冻	0.75	0.75	0.65	0.65	0.65	0.75	0.75
寒潮	0.75	0.75	0.65	0.65	0.65	0.75	0.75
春旱	0.10	0.10	0.20	0.20	0.20	0.10	0.10
F	0.9007	0.9463	0.8434	0.8828	0.8658	0.8918	0.7897

大樱桃全生育期对水分要求较高,西北地区由于春旱发生频率较高,特别是渭北旱区年降水量不能完全满足大樱桃生长需求,4 月初因寒潮、霜冻、强降温造成的冻害加大了大樱桃种植的风险程度及不确定因素。应合理利用气候资源,在大樱桃适宜种植区进一步发展规模种植及品牌效应,引进先进的农技管理技术,科学管理,按时修剪,增加透风、透气和透光条件,及时喷施化学药剂,有条件的地方灌水施肥,提高果树抗旱抗冻能力。如在 4 月上、中旬冻害易发时段,采用灌水、熏烟等物理和生态法,推迟萌动期,防霜抗冻,减轻或避免冻害危害,果实生育期注意病虫防治,提高优质果品率,提高产量和品质,使大樱桃产业得以持续稳健发展。

8.2　瓜类

8.2.1　白兰瓜

白兰瓜属葫芦科厚皮系统非网纹类型甜瓜的白兰蜜露种群。它是厚皮甜瓜类的一个栽培变种产品,主产于中纬度地带的温热干旱气候区。其生物学特性是喜光、喜温、喜温差大、喜干燥、需水;怕低温冻害和阴雨寡照。在河西走廊和兰州种植历史悠久,为甘肃主要特产之一。目前种植面积为 2007 hm^2,总产 8220 万 kg。甘肃白兰瓜以其洁白匀称、白皮绿瓤、肉质细腻、香甜爽口、含糖量高而享誉国内外瓜果市场。

8.2.1.1 气候生态适应性

从表 8.25 看出,酒泉的播种期比兰州迟 10~20 d,成熟期晚半月以上,全生育期天数多 10 d 左右,≥10℃积温高 200~400℃·d,日照时数多 100 h 左右。在 5 cm 地温通过 12~15℃时播种较适宜,地温-2℃以下发生瓜苗冻害。播种至出苗适宜气温 15~17℃,出苗至开花 17~23℃,开花至坐瓜 23~26℃,坐瓜至成熟 25~22℃(尹东,2003)。

表 8.25 白兰瓜生育期与气候生态指标

地点	发育期(旬/月)					全生育期气候指标			
	播种期	出苗期	开花期	坐瓜期	成熟期	全生育期	≥10℃积温(℃·d)	日照时数(h)	干燥度
兰州	下/3—上/4	下/4	上/6	下/6	下/7—上/8	110~120	2100~2300	1000~1200	3~5
酒泉	中—下/4	上—中/5	中/6	中/7	中—下/8	120~130	2200~2800	1100~1300	3~7

8.2.1.2 品质与气象条件

白兰瓜的品质优劣主要以含糖量高低为标准。据研究(余优森,1989),白兰瓜的含糖量与生育期间的积温、日照时数、光积温(≥20℃积温与日照时数的乘积)和气温日较差具有较好的相关关系(表 8.26)。生育期间积温多、光照充足、气温日较差大,对糖分积累十分有利,含糖量高,品质优。

表 8.26 白兰瓜含糖量与气象因子的关系

气象因子	≥10℃积温	≥20℃积温	日照时数	光温积	日平均最高气温	气温日较差
全生育期	0.909**	0.960**	0.979**	0.953**	0.899**	
开花—坐瓜—成熟	0.897**	0.937**	0.939**	0.974**		0.907**

注:** 表示达到 0.001 显著性水平。

利用表 8.26 的结果,选用全生育期日照时数(S)和≥20℃积温($\sum T_{20}$)以及糖分累积期(开花—坐瓜—成熟期)气温日较差(T_D)与糖分累积量关系最为密切的三个气象因子进行多元回归拟合得出糖分累积气候指数(R)为:

$$R = -0.765 + 0.00189 \sum T_{20} + 0.00455 S + 0.3638 T_D \tag{8.8}$$

方程复相关系数 0.988,经 F 检验,$F=81.98 \geqslant F_{0.01}=9.78$,方程效果显著。由(8.8)式看出,糖分累积气候指数随积温、日照时数及气温日较差的增加而增大。计算三个因子的标准回归系数,$b_1=0.0629$;$b_2=0.0388$;$b_3=0.0304$。说明≥20℃积温贡献最大,其次是日照时数和气温日较差。

用式(8.8)计算不同产地的 R 值:敦煌 15.7%,民勤 13.3%,酒泉 12.8%,凉州 12.9%,兰州 12.5%。用气候指数计算结果与实际生产情况基本一致,较好地反映了白兰瓜品质随地域的分布特征,即大陆性气候愈显著的地带,白兰瓜糖分累积气候生态条件愈优越;也较好地反映了气候年型的变化,R 值愈大,品质愈好。

8.2.1.3 气候变化对白兰瓜生育的影响

河西白兰瓜主产区≥10℃积温呈逐年代增加趋势。敦煌≥10℃积温20世纪90年代较80年代平均增加128℃,线性倾向值为174℃·(10 a)$^{-1}$。民勤2001—2006年较70年代增加301℃,线性倾向值109℃·(10 a)$^{-1}$。日照时数也呈逐年增加趋势。民勤70年代、80年代、90年代日照时数分别为3005 h、3059 h、3156 h,2001—2006年平均为3257 h,较70年代平均增加了252 h。光热条件得到明显改善。使得河西灌溉农业区白兰瓜适生种植高度向南部川区海拔1300~1500 m地区扩展,范围扩大,种植面积增加。原种植区种植品种将向晚熟品种发展,从而使产量增加。成熟期低温不利影响程度减轻,有利于糖分积累和品质提高,商品品级提高。但与此同时,气候变暖引起的高温干旱几率增大,单位面积土地对水分的需求量也会相应增大。

8.2.1.4 气候生态适生种植区域

通过以上分析,白兰瓜气候生态适生种植区划主要是品质的气候生态区划。因此选取糖分累积气候指数为主导指标,生育期≥20℃积温、日照时数和糖分累积期气温日较差为辅助指标,含糖量和海拔高度为参考指标,确定为气候生态区划综合指标体系,将主产地河西走廊及相邻地区白兰瓜品质气候生态适生种植划分为五个区域(表8.27)。

表8.27 主产地白兰瓜品质气候生态适生种植区划综合指标体系及种植分区

		Ⅰ最适宜区	Ⅱ适宜区	Ⅲ次适宜区	Ⅳ可种植区	Ⅴ不宜种植区
海拔高度(m)		1100~1200	1200~1400	1400~1500	1500~1600	>1600
糖分累积气候指数(%)		16~17	14~16	13~14	12~13	<12
全生育期	≥20℃积温(℃·d)	2200~2000	2000~1500	1500~1200	1200~900	<900
	日照时数(h)	1300~1200	1200~1100	1100~1050	1050~1000	<1000
糖分累积期气温日较差(℃)		16.5~15.5	15.5~14.5	14.5~14.0	14.0~13.5	<13.5
含糖量(%)		15~16	14~15	12~14	11~12	<11
地域范围		敦煌、安西西部,金塔和高台的个别乡镇	安西东部、玉门的花海,金塔、高台和民勤的大部,肃州和靖远的少部,兰州的青白石和皋兰的什川等地黄河沿岸	玉门镇,肃州、临泽、甘州等地的大部,民勤、凉州、靖远、白银、皋兰等地的部分乡镇	甘州、凉州、靖远、景泰、皋兰、榆中等地的部分乡镇	除前四个区以外的乡镇
分区评述		属温暖特干旱气候类型。热量丰富,日照充足,气温日较差大,含糖量高,品质优	属温和干旱气候类型,热量较丰富,日照充足,气温日较差大,含糖量较高,品质较优	属温和干旱气候类型,热量、日照、气温日较差条件基本适宜,含糖量达一般水平	属温和半干旱气候类型,热量条件较差,日照和气温日较差一般,含糖量较低,品质较差。注意防御低温危害	热量到达种植上限,产量很低,品质很差

8.2.1.5 提高气候生态资源利用的途径

(1)建立优质商品瓜生产基地,提高气候生态资源利用率。在Ⅰ区建立外销型优质商品瓜生产基地,打入国际市场;Ⅱ区可发展以外销为主,兼顾国内市场的混合型基地;Ⅲ区建立以内部市场为主的内向型基地。各区应选择适宜栽培的优质品种种植,加大科技投入,创品牌商品瓜。

(2)改进栽培技术,减轻气象灾害。据研究,不同栽培方式可以提高生育期的热量条件和含糖量,如采用一层地膜加一层薄膜拱棚栽培方式;采取霜前棚内育苗,霜后移苗的措施;冬季采用温室栽培等技术。既可防御霜冻危害,又增加热量,而且使白兰瓜提早成熟上市,提高产量和品质,增加商品价值和经济效益。在河西采用旱塘栽培技术,使灌水次数减少而水量增加,可蓄水保墒抗旱,防盐碱和土壤板结,对根系生长有利;同时还能提高土壤温度和地表昼夜温差,提高产量和品质。优质商品瓜生产基地,要严禁使用化肥,多施用农家肥,提高品质。

8.2.2 甜瓜

甜瓜属葫芦科一年生蔓性草本植物,原产于热带,喜温,较耐旱;果实主要含糖类、蛋白质、脂肪、维生素B、维生素C、有机酸类、胡萝卜素、磷、钠等营养成分。根据生态学特性,可把甜瓜分为厚皮甜瓜和薄皮甜瓜两大生态型。薄皮甜瓜起源于印度和我国西南部地区,又称香瓜。喜温暖湿润气候,较耐湿抗病,适应性强。在我国东北、华北地区是薄皮甜瓜的主要产区。厚皮甜瓜起源于非洲、中亚(包括我国新疆)等大陆性气候地区,生长发育要求温暖干燥、昼夜温差大、日照充足等条件,因此多在我国西北的新疆、甘肃等地种植。果大、皮厚、肉厚,产量较高,一般单瓜重1～3 kg,可溶性固形物含量达10%～15%,果实肉质绵软,香气浓郁。地处河西的民勤县生产的"玉金香"甜瓜品种,在1998—2002年全国西甜瓜擂台赛上,连续五年囊括"中南海杯"金、银、铜奖,获黄河九省区新技术新品种金奖,2003年被农业部全国农技推广总站指定为重点推广品种;玉金香、红蜜宝、银帝、金冠、红壮元二号、航天玉金香等甜瓜品种获全国多个奖项。

8.2.2.1 气候生态适应性

据研究,甜瓜整个生育过程中需要高于15℃的有效积温最少在1800℃·d以上,最适宜的温度15～30℃,当温度低于13℃和高于40℃时都会影响生长或停滞生长(王献杰,2006;许昌乐,2004;张学文,2006)。西北地区广栽厚皮甜瓜播种后要求5 cm地温稳定在15℃以上(和春季日平均气温稳定通过10℃初日基本相当),土壤湿度适宜即可正常出苗。甜瓜播种后随地表温度的升高出苗速度加快。种子发芽的最适宜温度为25～33℃。适期早播,营养生长期较长,根系发达,雌花形成早,瓜成熟偏早,产量和品质较高。花期(雄花开放始期至坐瓜止)适宜温度为18～32℃,空气相对湿度40%以上。温度高于35℃对授粉受精不利,40℃的高温对授精极为不利。果实发育期(从坐瓜至成熟)因品种不同持续时间为25～70 d,此期以生殖生长为主,果内糖分不断增加。果实发育期要求较高的温度和较大日较差。昼夜最适温度18～35℃,在此范围内叶片光合速率随温度升高而增加。新疆吐鲁番地区覆膜瓜在3月下旬播种,裸地瓜在4月上旬播种,7月上、中旬成熟。甘肃河西地区覆膜瓜在4月下旬播种,8月中下旬成熟。

厚皮甜瓜为喜强光作物,对光照度要求严格,生育期间要求充足的光照,在弱光下生长发育不良。植株正常生长通常要求 10～12 h 的日照时数。植株进行光合作用的光饱和点为 55～60 klx,光补偿点为 4 klx。坐果期光照不足,则影响干物质积累和果实生长,使果实含糖量下降,品质差。

甜瓜要求空气干燥,适宜的空气相对湿度为 50%～60%,空气潮湿则长势弱,影响坐果,容易发生病害。

8.2.2.2 甜瓜生育与气象条件

分析表明,新疆吐鲁番地区甜瓜雌花开放期即 5 月下旬的平均气温日较差和平均最高温度与甜瓜气候产量的关系最密切,从甜瓜开始膨大至成熟期即 6 月份的平均最低温度≥35℃日数、平均温度和平均最高温度与甜瓜气候产量的关系最为密切。6 月份的平均温度每升高 1℃,每公顷甜瓜气候产量可增加 1600 kg。单瓜增重(y)与 6 月至 7 月上旬平均温度(x)呈正相关,其关系式为:$y=-2477.5+118.5x$(张志军,1992)。

甜瓜坐果后 10 d 左右,果实糖分开始明显增加。分析表明,甜瓜含糖量与气温多少呈明显的正相关,气温每增加 1℃,糖分约增高 1%。甜瓜含糖量主要与平均气温日较差呈正相关。当日较差大于 13～15℃时有利于果内糖分增加。同期,当地平均温度为 30～33℃、日较差达 16～18℃,对甜瓜高产优质非常有利。但与土壤湿度呈反相关(即灌水多,糖分低)。

在甜瓜果实形成过程中,日平均气温 25～28℃对甜瓜色泽的形成最为有利,能使金皇后甜瓜金色发亮且均匀。同时也要求一定的日照时间,以日平均日照时数在 10 h 以上为最佳,少于 8 h 瓜体就带青色,或个体不均,上下黄、青不一,群体差异也大,影响商品率(李新燕,1999)。

8.2.2.3 气候变化对甜瓜生产的影响

以甘肃河西厚皮甜瓜主产区民勤县为例,分析表明,从 1971 年以来,春季稳定通过≥10℃界限日期初日逐年代提前。20 世纪 70 年代平均日期为 4 月 22 日,80 年代为 4 月 19 日,90 年代为 4 月 14 日。90 年代较 70 年代提前了 8 d,使得甜瓜的播种期和其后的各发育期均提前。无霜期也逐年代延长,从 70 年代的 124 d 增加到 2001—2009 年的 165 d,90 年代较 70 年代增加 19 d,2001—2009 年增加了 40 d,线性倾向值为 11.7 d·(10 a)$^{-1}$。从甜瓜品质形成关键期 7—8 月光、热条件来看,7—8 月日照时数、≥15℃活动积温均呈逐年代增加趋势。日照时数线性倾向率为 16.9 h·(10 a)$^{-1}$。90 年代较 80 年代、70 年代分别增加 22.3 h、43.8 h。≥15℃活动积温线性倾向率为 93.4 h·(10 a)$^{-1}$。90 年代和 80 年代相比持平略多,较 70 年代增加 203℃·d。2001—2007 年增加明显,较 70 年代增加 283℃·d。光、热条件随时间变化趋势均有利于今后甜瓜生育、着色和含糖量的累积,促优良品质的形成。

大风是制约瓜类生产的主要气象灾害之一,一旦出现,可造成撕毁和刮走地膜、扭断瓜秧,损失严重。分析历年 4—8 月大风日数呈逐年代减少趋势。20 世纪 70 年代平均 20 d,80 年代 14 d,90 年代 11 d,2001—2007 年 7 d。特别是春季播种出苗期也是大风危害关键期,统计 4—5 月大风日数由 70 年代的平均 11 d 减少至 80 年代、90 年代的 8 d、6 d 和 2001—2007 年的 5 d,出现次数和危害几率大大减少。

但随着气候变暖,生产上为了提前上市提高种植收益,甜瓜播种期提前,一旦遇上晚霜冻、大风沙尘暴等气候极端事件,将使危害加重,损失增大。

8.3 中药材类

8.3.1 甘草

甘草(*Glycyrrhiza uralensis*)为多年生草本豆科植物,主要含三萜类和黄酮类化合物。其根及根茎是珍贵的药材和工业原料,茎叶是牲畜优质饲料。它具有喜光、喜温差大、耐寒、耐热、耐旱、耐盐碱、抗风沙、抗逆性强、适应性广的特性。由于根系发达,根深达 1.5 m 以下,茎部不定芽平伸四周成群落分布,形成很强的防风固沙能力。在河西走廊海拔 1500 m 以下的特干旱荒漠草原上野生甘草资源相当丰富,为保护生态环境,保护现有野生甘草资源,目前大力发展人工栽培。

8.3.1.1 气候生态适应性

从酒泉甘草分期播种试验资料统计得出,播种至出苗需有效积温 70.1℃·d,生物学下限温度 11.0℃,气温稳定通过 10℃初日为适播期指标。河西走廊在 4 月下旬至 5 月上旬播种。从表 8.28 看出,当年播种的甘草至少需要 3 年以上才能采挖。当气温达 10℃时芽开始萌动,15℃时进入返青期,需要 ≥10℃ 积温 250℃·d;返青至开花始期需要 35~40 d,≥15℃ 积温 700℃·d;开花始期至种子成熟期需 65~70 d,≥15 积温 1500~1600℃·d。返青至种子成熟期需要 ≥15℃ 积温 2200~2300℃·d。当气温稳定通过 5℃终日植株下部叶片开始枯黄,当气温稳定通过 0℃终日茎叶进入黄枯末期。当根在极端最低气温 -36.4℃ 的低温下也能安全越冬。统计播种至采挖 ≥15℃ 积温($\sum T_{15}$)与鲜根重 W(g·株$^{-1}$)相关关系,呈显著正相关($r=0.9978$),回归方程为:$W = 0.0148\sum T_{15} - 11.546$(邓振镛,2005)。

甘草要求年太阳总辐射量在 5000 MJ·m^{-2} 以上,5500~6300 MJ·m^{-2} 最佳,年日照时数在 2500 h 以上。要求年降水量在 400 mm 以下,最佳在 100~300 mm。而河西走廊海拔高度在 2000 m 以下地带年太阳总辐射量、日照时数和降水量均能满足要求,而且均处在最佳值范围内。

表 8.28 酒泉甘草物候期(日/月)与产量资料

年份	播种	出苗	根龄(a)	返青期	始花期	种子成熟始期	黄枯始期	黄枯末期	单株平均茎数	平均根粗(cm)	平均根鲜重(g·株$^{-1}$)	鲜根产量(kg·hm^{-2})
1998	5/8	13/8	42 d				25/10	16/11	1	0.43	1.8	
1999			1	6/5			28/10	14/11	2 3	1.1	40.0	
2000	30/4	12/5	2	3/5	10/6	20/8	10/10	6/11	2 5	1.6	79.1	24840
2000			1				10/10	6/11	1	0.98	24.5	
2001			2	6/5			30/10	25/11	2 6	1.3	62.9	
2002			3	14/5	20/6	24/8	18/10	1/11	2.8	1.5	96.2	33360

8.3.1.2 气候变化对甘草生育的影响

河西走廊是甘草种植的主要区域,随着气候变暖主产区气候条件也发生了很大的变化。酒泉市光热水资源分析结果,升温速度为 0.49℃·(10 a)$^{-1}$($R=0.650$),可以说光热条件足以满足甘草生长的需要。1980—2007 年年平均降水量 88 mm,年降水基本呈波动性变化,用六阶多项式模拟其变化($R=0.565$),在 20 世纪 90 年代中之前降水基本维持在多年平均值左右,1996—2004年降水比历年偏少18%,表现为持续性的干旱,2005—2007年降水增加明显,2007年降水达到最高值(157.3 mm),水分保障比较充裕。

主产区的年日照时数平均为252.3 h,六阶多项式分析显示($R=0.658$),20世纪90年代中之前的光照变化以1985年为转折点,前期寡照后期充裕,90年代中后期基本在平均值附近变化。≥15℃积温是甘草生长的重要气候指标,增暖使这一指数以219℃·(10 a)$^{-1}$($R=0.595$)速度增加;稳定通过10℃初日变化非常明显,80年代前期推迟而后期提前,90年代中前期推迟而后期提前,2002年推迟至5月23日,2007年提前到4月26日,这种变化多受冷空气活动的影响,当其出现时间晚时,往往伴随着强降温天气的出现,很容易出现霜冻和低温冻害,对苗期生长非常不利。

8.3.1.3 气候生态适生种植区域

通过以上分析,选取≥15℃积温为主导指标,海拔高度为辅助指标,投入产出比为参考指标,确定为气候生态区划综合指标体系,将主产地河西地区人工甘草气候生态种植区划分为五个区域(表8.29)。

表8.29 主产地甘草气候生态适生种植区划综合指标体系及种植分区

	Ⅰ最适宜种植区	Ⅱ适宜种植区	Ⅲ次适宜种植区	Ⅳ可种植区	Ⅴ不宜种植区
海拔高度(m)	<1200	1200~1500	1500~1800(西段) 1500~1700(东段)	1800~2000(西段) 1700~1800(东段)	>2000(西段) >1800(东段)
≥15℃积温(℃·d)	>3000	2300~3000	1800~2300	1500~1800	<1500
投入产出比	1:3.7	1:2.7~1:3.7	1:2.2~1:2.7	1:1.7~1:2.2	<1:1.7
地域范围	敦煌(除南湖乡),安西西半县	敦煌的南湖乡,安西东半县,金塔、张掖、临泽、民勤等县市	玉门、嘉峪关、酒泉、张掖、高台、临泽、武威等县市	玉门、酒泉、张掖、高台、山丹、永昌、武威等县市	玉门、民乐、山丹、肃南、永昌、武威、古浪、天祝等县市
分区评述	气候温热,热量丰富,光照充足,降水稀少,年降水量<50 mm。安全播种期4月中旬至8月上旬,根龄3年采挖,累积产鲜甘草37 t·hm^{-2}左右。种子成熟度好,产量高	气候温暖,热量富裕,光照充足,降水很少,年降水量50~150 mm。安全播种期4月下旬至7月下旬,根龄3年采挖,累积产鲜甘草27~37 t·hm^{-2}	气候温和,热量较好,光照充足,降水较少,年降水量70~190 mm。安全播种期5月上旬至7月中旬,大多年份种子不能成熟,根龄4年采挖,累积产鲜甘草28~37 t·hm^{-2}	气候温凉,热量稍差,年降水量80~220 mm。春播甘草以5月中旬为宜,根龄4年或其以上才能采挖,累积产鲜甘草23~28 t·hm^{-2}	气候冷凉,热量很差,是甘草种植上限,经济效益低,不宜种植

8.3.1.4 提高气候生态资源利用的途径

(1)建设甘草人工栽培基地,发展规模化产业化生产。在植被破坏严重、土地沙化的沿沙漠边缘地带种植甘草,不但具有投入少、产出高,是贫困地区脱贫致富奔小康的有效途径,而且还有防风固沙的生态效益。在最适宜区和适宜区是发展甘草栽培基地建设的理想地带。可选择在沙土地、潮地、盐碱地三类低产田连片种植,实行采挖加工销售产业化经营,能达到最大的经济效益和生态效益。在此适宜区和可种植区结合防风固沙、水土保持、生态重建、灌溉用水调剂,发展甘草饲草两用为目的的栽培模式。

(2) 充分合理利用生态资源,提高产量和品质。甘草属密集型植物,采用直播或移苗方式,移苗密度每公顷在 12~15 万株,苗小的可增大到 18 万株。甘草主要成分是甘草酸和甘草次酸,而甘草酸含量以春季最高,秋季稍低,夏季生长旺盛但含量最低,因此最佳采收期在春季解冻后发芽前进行。生长 3~4 年的甘草比 1~2 年的甘草酸含量要高,含量达 8% 以上,所以栽培 3 年以上采挖供药用最好。甘草有萌发力强的习性,采取分级采挖,将根粗不足 0.5 cm 的留下,春季可萌发新芽,形成新的植株。或将细根剪成有 2~3 个芽眼的小条,随即埋入土中,使它保持连续生长。如果细根比较多,可采取移栽方式。

(3) 加强野生甘草资源保护,解决保护与开发的矛盾。在绿洲外围,沿沙漠边缘、风沙严重地域应建设防风固沙、生态重建经营性甘草资源保护区。实施科学保护、抚育、采挖,禁止主采,以恢复植被。对野生甘草采挖实行许可证制度,严格管理。甘草再生力很强,适度采挖和利用能促进甘草的无性繁殖,挖后割下的根茎和细根就地掩埋,有利植株的萌发。为使野生甘草资源不致枯竭,建立有计划的分区域轮休采挖制度,每隔 4~5 年在春或秋季采挖一次,注意保留幼株。

8.3.2 当归

当归(Angelica sinensis)属伞形科多年生草本植物。据考证,早在 1500 年前就在岷县、岩昌一带驯为家种,据《本草纲目》记载,"当归生陇西川谷四阳",说明原产地在甘肃的洮岷山区。2003 年种植面积达 2.285 万 hm^2,单产为 2204 $kg \cdot hm^{-2}$,总产达 5035 万 kg,约占全国产量的 70%。以岷县产量较多,品质最佳,习称"岷当"。主要成分含挥发油 0.5%~0.7% 和以多糖为主的水溶性物质。这些成分含量比国内其他产地和日本的当归要高得多。因此"岷当"不仅畅销全国,而且在国际市场上享有很高声誉,可以说举世闻名。

8.3.2.1 气候生态适应性

当归具有喜冷凉阴湿,怕暑热高温的特点。要求阴雨日较多,雨量充足,光照较少;土壤质地疏松,有机质含量高的黑土类和褐土类。适宜在高寒阴湿区种植。因此洮岷山区有当归生长的得天独厚的自然生态气候条件。

表 8.30 岷县当归各发育时段气象条件与产量要素

	移栽返青期	叶生长期	根增长期	移栽至采挖	主根直径(cm)
日期(日/月)	5/4—28/4	28/4—26/7	26/7—2/11	5/4—2/11	3.4
间隔日数(d)	23	89	99	211	单株鲜重(g)
平均气温(℃)	6.5	11.5~15.5	15.5~10.9	11.8	83.8
≥0℃ 积温(℃·d)	149.7	1261.2	1083.5	2494.4	单株干重(g)
降水量(mm)	9.9	343.5	250.2	603.6	29.3
日照时数(h)	140.6	557.0	417.9	1115.5	干鲜比 0.35

当归是 3 年生植物。成药期生产普遍采用春栽,移栽期 3 月下旬至 4 月上旬,采挖期 10 月下旬至 11 月上旬。从 1988 年试验资料(表 8.30)看出,移栽至采挖全生长期需 200 d 左右,≥0℃ 积温 2500℃·d 左右,移栽至返青期适宜温度 5~8℃;叶生长期适宜温度 10~18℃,叶生长期最快为 14~16℃;根增长期适宜温度 17~7℃,根迅速膨大生长为 14~10℃。据分

期移栽试验得出,以4月8日气温为5℃时移栽,5月1日气温达9~10℃时返青的产量最高,其单株干重和单产分别比3月31日和4月15日移栽的提高8.5~11.3 g和1.9~3.3 kg·hm^{-2}。

对当归根重进行不同时间连续测定,根累积增重呈"S"型生长曲线变化,建立根累积增重模型:

$$W = 73.6/(1 + e^{4.668-0.039t}) \tag{8.9}$$

式中,W 为累积根重(g),t 为生长天数(当 $t=1$ 时,对应日期为5月1日,依此类推)。上式的相关系数为0.9577,经检验为极显著。对根增长速率(CGR)拟合方程:

$$W = 0.01 - 0.0451t + 0.0518t^2 \tag{8.10}$$

$R^2 = 0.934$,经检验达显著水平。

从图8.10看出,根增长速度前期缓慢,中期最快,后期平缓。根累积速度极大值出现在8月28日,最大生长率为0.72 g·d^{-1}。从8月14日至9月13日一月内累积最大生产率为21.6 g,占总根重30.1%。其中8月19日至9月5日增长速度最快,日增长量在0.70 g以上,是根增重关键期。统计根的增长量(W)与8—9月候平均气温(T)关系非常密切,建立回归方程:$W = 5.674 + 0.740T$,经检验,为极显著相关。当气温升高1℃时,根重可增加0.74 g。

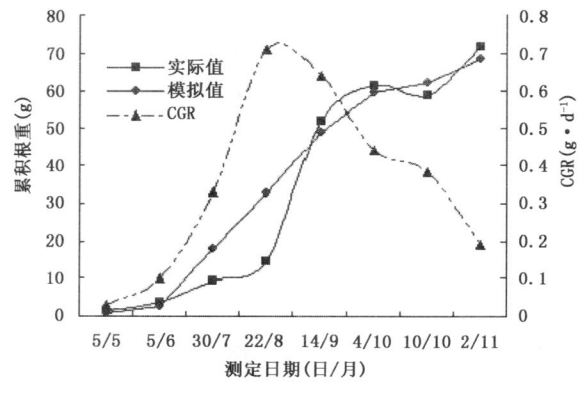

图8.10 岷县当归根增长变化曲线

8.3.2.2 气象条件对产量的影响

选用岷县1987—2003年当归单产资料,用多项式回归方法求得气候产量后,与相应年份当归生育期间4—10月的平均气温、降水、日照进行积分回归分析。从图8.11温度 $a(t)$ 曲线看出,5—6月为负效应,当地气温偏高,气温每升高1℃,减产50 kg·hm^{-2};7月、8月和9月三个月正负效应值较小,说明当地气温适宜;10月为正效应,当地气温不足,气温每升高1℃,增产50 kg·hm^{-2},这时正值归根膨大后期。降水 $a(t)$ 曲线基本为正效应,但 $a(t)$ 值不大,在5~30 kg·hm^{-2},说明当地降水略有欠缺,但仍在适宜范围内。日照 $a(t)$ 曲线表现为两峰一谷型,4月、5月和9月为峰值,每增加1 h,产量分别增加80 kg·hm^{-2} 和50 kg·hm^{-2},说明移栽返青期和根迅速膨大期这两个时段光照不足;6—8月为谷值,每增加1 h,产量最大减少75 kg·hm^{-2},说明叶生长期日照丰富(邓振镛,2005)。

水分对当归产量的高低起着决定性作用。统计岷县当归产量与年降水量、移栽至出苗(4月)降水量和成药期(7月中旬至8月中旬)降水量之间相关关系非常密切,经检验,分别为

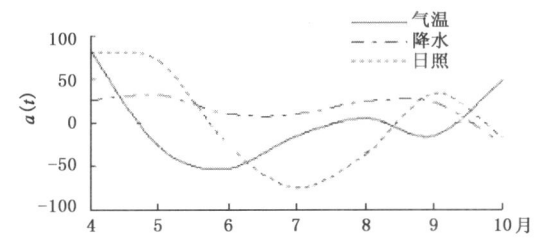

图 8.11 岷县当归气候产量与气象要素积分回归曲线

0.01、0.05 和 0.01 的显著性水平。建立回归方程:$W=71.920+0.708R_年$。当年降水量在 600~700 mm 为丰产年;500~600 mm 为正常年;小于 500 mm 为歉收年。适宜的土壤湿度在 18%~25%。

8.3.2.3 气候变化对当归生育的影响

岷县平均海拔 2500 m,年平均温度 5.7~6℃,年平均降水量 596.6 mm,无霜期 86~145 d,年平均日照时数 2229 h,历年冻土层 75 cm 左右,为当归生长提供了得天独厚的自然条件。在全球气候变暖背景之下,当归种植地对气候变化的响应非常积极,1980—2007 年年平均温度增幅 0.54℃·(10 a)$^{-1}$($R=0.8167$),其中 5—6 月升温 0.50℃·(10 a)$^{-1}$($R=0.7624$),7—9 月升温幅度 0.63℃·(10 a)$^{-1}$($R=0.6105$),升温幅度非常显著。在当归生育期间内降水波动性比较明显,20 世纪 80 年代降水比较充沛,90 年代年降水量减少明显,其中 1997 年降水最少,仅占多年平均值 64%,2000—2007 年降水呈波峰型,其中 2003 年降水最为充沛,为历年平均值的 124%,总体看 1983—1985 年、1988—1990 年、2003—2006 年为丰产年,而 1994—1997 年、2002 年为歉收年。日照时数在 6—8 月间增幅达到 37.9 h·(10 a)$^{-1}$ ($R=0.5171$),增幅比较显著。

年代际气候变化特征显示(表 8.31),20 世纪 80 年代温度普遍较低,尤其是 5—6 月偏冷,进入 90 年代以后该时段率先变暖,2000 年后温度普遍较高,10 月份升温比较明显;生育期间内降水在 80 年代充沛,90 年代普遍偏少,21 世纪 00 年代年降水虽然有所增加,但 4 月、7—8 月降水依旧偏少。稳定通过 10℃ 的累计日数逐渐增加,21 世纪 00 年代达到 116.6 d,说明气候变暖使当归生育时段延长。

表 8.31 当归主产区农业气候资源年代际变化

年代	$R_年$(%)	$R_{4月}$(%)	$R_{7-8月}$(%)	$T_{5-6月}$(℃)	$T_{10月}$(℃)	$S_{4-5月}$(%)	≥10℃日数(d)
20 世纪 80 年代	6.3	7.6	6.7	−0.40	−0.01	−4.1	103.6
20 世纪 90 年代	−8.0	−5.9	−4.5	−0.01	−0.27	−3.3	113.2
2001—2007 年	2.1	−2.3	−2.8	0.44	0.34	9.3	116.6

当归主产区气候变化特征对其生长、产量各有利弊,4—5 月日照明显增多,对移栽返青期的当归生长极为有利,但 6—8 月高温光照对叶根生长不利,因比当归产量主要取决于降水条件,从 2000 年以来主产区气候有向暖湿变化的趋势,只要合理有效的利用水资源,当归产量有望持平或提高。

值得一提的是,随着气候变暖极端天气事件发生的频率也在增加,统计资料显示 ≥5℃ 初日不断提前,冷害侵袭程度逐渐加重,如 1993 年 5 月 13—15 日、1999 年 4 月 25—27 日、

2005年4月9—14日均受冷空气影响,使当归茎叶根等器官遭受严重冻害;与此同时高温天气增多,2006年7—8月高温天气不仅降低了当归的生长速度,妨碍花粉正常发育,还损伤茎叶功能,引起落花落果等现象。

8.3.2.4 气候生态适生种植区域

通过以上分析,选取≥0℃积温和年降水量为主导指标,海拔高度为辅助指标,单产和成品率为参考指标,确定为气候生态区划综合指标体系,将主产地"岷当"气候生态适生种植划分为五个区域(表8.32)。

8.3.2.5 提高气候生态资源利用的途径

(1)充分利用优势气候生态种植带,建立稳定生产加工销售基地。在最适宜和适宜种植区内建立万亩主栽品种基地,重点抓好"当归村"和"专业户"等建设。这里有当归生产得天独厚的自然条件,确保"岷当"名牌产品信誉。加强药材批发交易市场建设,按照因地制宜,发挥优势,合理布局的原则,建立生产加工销售网络系统,指导生产,提高效益。

表8.32 主产地当归气候生态适生种植区划综合指标体系及种植分区

	Ⅰ最适宜种植区	Ⅱ适宜种植区		Ⅲ次适宜种植区		Ⅳ可种植区		Ⅴ不宜种植区	
海拔高度(m)	2200~2400	2100~2200	2400~2500	2000~2100	2500~2600	1900~2000	2600~2800	<1900	>2800
≥0℃积温(℃·d)	2700~2500	2800~2700	2500~2400	2900~2800	2400~2300	3100~2900	2300~2100	>3100	<2100
年降水量(mm)	570~630	530~620	550~630	530~550	550~570	450~550	520~550	<450	<520
单产(kg·hm^{-2})	3750~4000	3500~3750		3000~3500		2500~3000		<2500	
特等、一等归成品率(%)	80	70		60		50		<50	
地域范围	岷县、漳县及渭源的南部;宕昌、礼县的少部分	岷县、渭源及漳县的南部;临洮、宕昌、礼县等个别乡镇		岷县、漳县、渭源的南部;岷县沿洮河河坝区及陇西南部;漳县东部川区;临洮少部分		漳县东部及岷县沿洮河川区;漳县、岷县和渭源的南部;临洮和陇西局部地区		岷洮山区超出种植上限2800 m以及低于1800 m的川区	
分区评述	属洮岷半山区,气候冷凉阴湿,夏季凉爽。为黑土类或褐土类,土壤肥沃,质地疏松。产量高,品质佳,为重点产区	上半部为高寒阴湿山区,夏季凉爽,降水多,气候极湿润,但热量稍嫌不足。下半部属温凉湿润浅山区,热量和水分比较适宜,为主要产区		上半部寒冷湿润高山区,气温寒冷,热量不足,生长缓慢,归头小,品质差。下半部属温和半湿润河谷山坝区,成药期干旱及夏季高温是影响产量及品质的主要原因		上半部属寒冷阴湿高山区,气温过低,生长期短,归头太小,品质差,药用价值不高。下半部属温和半湿润川区,春旱及夏季高温干旱,易造成移栽难以成活及成药期抽薹开花使品质下降,药品价值不高			

(2)科学栽培,杜绝抽薹,确保质量。当归生产存在最突出的质量问题是提前抽薹,适时播种育苗是减少避免幼苗通过春化阶段而提早抽薹的关键技术。据试验,播种至出苗适宜旬气温为12~13℃,苗期生长的旬气温为13~16℃,从播种出苗至停止生长130 d左右,≥0℃积温1800℃·d。育苗地段要选择在气候冷凉阴湿、雨量充沛,光照较少的海拔2400 m左右的阴山南坡上。符合以上的气象指标,培养的幼苗就不会通过春化阶段,防止抽薹。当气温下降到5℃之前,幼苗停止生长时,要及时起苗贮藏,贮藏的温度要严格控制在-1~-10℃。选择苗龄90~110 d,根鲜重40~70 g的苗子适当早移栽。提前抽薹苗要及时拔除。

(3)加强深度系列开发,提高资源利用途径。在土壤封冻前要采挖完毕,摊放在干燥通风透光处晾晒,采用科学搭棚熏制烘烤。引进先进的科研成果和成熟的成套技术,开发保健类新产品,扩大外贸出口渠道,增大经济效益。

8.3.3 黄芪

黄芪(A. membranaceus)属豆科多年生草本植物。黄芪始载于东汉,《神农本草经》列为上品,为常用滋补中药材。主要成分含有活性较强的三萜皂苷黄酮类,多糖,氨基酸,微量元素及棕榈酸、羽扇豆醇、β-谷甾醇、甜菜碱等。具有提高免疫系统作用,加强心脑功能,增强造血功能,延长细胞寿命、扶正压邪、抑制肿瘤、抗衰老等功效。种植品种有内蒙古黄芪、甘肃红芪、膜荚黄芪等,其中红芪的根属于著名中药材、甘肃特产,久负盛名。2003年种植面积达2.08万hm^2,约占全国种植面积的30%。总产达6137万kg,单产为2951 kg·hm^{-2}。

8.3.3.1 气候生态适应性

黄芪具有耐寒、怕热、耐旱、忌水涝,喜温和温凉半干旱气候生态特点。要求土层深厚,有机质多,透水力强的沙质壤土,忌土壤黏重板结。

第一年育苗或移栽,3~4年采挖。一般在4月上中旬,当气温稳定通过10℃初日进入移栽至返青期,返青至现蕾期适宜气温12~18℃,现蕾至开花期16~20℃,开花至结果期19~17℃,10月中旬气温在10~11℃时采挖。从移栽返青至停止生长全生育期200 d左右,≥10℃积温2300~2800℃·d。开花结果和根生长期对热量要求比较严格,气温过高,光合物质消耗大,向主根输送转化积累减少,芪根疏松,品质下降;气温过低,生长期短,主根不能下扎,长相短矮,品质差。

黄芪要求年降水量450~500 mm,全生育期降水量400 mm左右,土壤湿度在17%~20%最适宜。经统计,芪根产量与生长关键期7—8月降水量呈负相关关系,当土壤水分过多,根不能往下生长,形成短而多分枝的直根系,降低药材质量(邓振镛,2005)。

8.3.3.2 气候变化对黄芪生育的影响

日平均气温在10℃左右时,是黄芪种子发芽的最佳时间。以"中国黄芪之乡"陇西为例,日平均温度稳定通过10℃的多年平均日期为5月11日,回归分析显示,该日期倾向率为-6.6 d·$(10 a)^{-1}$($R=0.457$),即随着气候变暖主产区春季回暖明显,稳定通过10℃时间提前,其中1998年提前到4月12日,也就是说黄芪适宜播种期在不断提前。

用六阶多项式模拟年降水量变化,发现20世纪80年代到90年代中后期降水量呈不断减少趋势,1997年降水量仅占历年平均值56%,2002年也仅有66%,可2003年却高达594.6 mm,超过历年平均值的40%而成为主产区最湿润的一年,2000—2007年降水量呈凸峰型,2003年为极大值,前后两个时段降水均较少。主产区7—8月正值黄芪现蕾—结果期,该时段降水平均占全年36%,其变化特征与年降水量变化相一致,可见降水的明显波动使黄芪生长具有不确定性。

黄芪生长的热量资源比较丰富,≥10℃积温平均值为2444℃·d,近30年增幅为167.4℃·$(10 a)^{-1}$,增加趋势明显。随着气候变暖趋势的不断加快,主产区热量资源也会大幅度增加,这将使主产区对有限降水的使用受到限制,虽然黄芪比较耐旱,但在生长关键期仍然要保障水分的供给,加强田间管理,增加灌溉,是提升黄芪产量与品质的主要措施。

8.3.3.3 气候生态适生种植区域

通过以上分析,选取≥10℃积温和年降水量为主导指标,海拔高度为辅助指标,单产和品质为参考指标,确定为气候生态区划综合指标体系,将主产地黄芪划分出气候生态适生种植区域。

最适宜种植区:≥10℃积温 2500~2700℃·d,茎叶生长期气温 8~16℃,开花结果气温 18~19℃;年降水量 450~500 mm,全生育期降水量 400 mm 左右。该区包括武都的安化米仓山一带,以及陇西和渭源等地海拔高度 1700~2000 m 的乡镇。这里属温凉半干旱气候类型,为半高山地带,由于热量和水分以及土壤等气候生态条件最优,所以产量最高,品质最好,单产干货达 3000~3750 kg·hm^{-2},特等品和一等品成品率占 80% 以上。

适宜种植区:又可分两个种植地带,一是海拔高度 1500~1700 m 的河谷沿岸的半山地带,属温和半湿润气候区,≥10℃积温 2700~2900℃·d,茎叶生长期气温 9~17℃,开花结果气温 18~20℃;年降水量 450~600 mm,全生育期降水量 400~500 mm。该地带生产主要问题是生育关键期气温偏高。另一地带是海拔高度 2000~2200 m 的二阴山地,属温凉湿润气候区,≥10℃积温为 2300~2500℃·d,茎叶生长期气温 7~15℃,开花结果气温 16~17℃;年降水量 550~650 mm,全生育期降水量 500~550 mm。该地带生产主要问题是关键生育期降水偏多。该区包括武都、西和、宕昌、渭源和陇西等乡镇,由于热量和水分等气候生态条件比较好,所以产量较高,品质较好,单产干货达 2500~3000 kg·hm^{-2},特等品和一等品成品率占 60%~70%。

8.3.3.4 提高气候生态资源利用的途径

(1)加快生产加工销售基地建设。在最适宜和适宜气候生态种植区内建立连片大规模的生产基地,同时要加强药材批发交易市场配套建设,实现生产加工销售系列服务体系。

(2)根据黄芪生理特点,充分利用气候生态资源。黄芪耐旱怕涝,过量施肥和过多水分,使根生长迅速,但有效成分降低,质量下降。因此,在根生长关键期,要看天看地看庄稼采取促控有机结合。适宜种植地应选择在通风向阳、地势较高、土层深厚、质地疏松、通气良好、排水渗水力强、地下水位低的砂质壤土地块。黄芪幼苗细弱,生长慢、怕强光,略有荫蔽容易成活。因此多采用与油菜、胡麻等作物混播进行,由于这些作物生长快,可以给苗遮荫蔽风。

(3)既要防旱又要防涝。黄芪主产地容易发生春末夏初干旱,因此春季育苗或移栽时最好在春季第一场好雨后,土壤墒情在 18%~20% 时进行。黄芪一般不浇水,但播种后和二年生以上植株返青期如遇连续干旱无雨,有条件的地方应及时灌水,以促进种子萌发出苗和春季早发。若雨季土壤湿度过大,烂根死苗严重,必须及时排水。

8.3.4 党参

党参(*Codonopsis pilosula*)属桔梗科多年生草本植物。以根入药,根含皂甙、挥发油、多糖、单糖、氨基酸、微量生物碱等多种成分。"白条党"、"纹党"具有根条粗直、肉实纹细、体质柔韧、断面微黄,呈菊花心,糖足味甜,药效显著而闻名全国,为甘肃传统名特产品。2003 年种植面积达 2.72 万 hm²,约占全国种植面积 60%。单产为 1818 kg·hm^{-2},总产达 4944 万 kg。

8.3.4.1 气候生态适应性

党参喜阴凉湿润气候和土层深厚、土质疏松的腐殖质土壤。第一年育苗,第二年移栽,移栽后生长 2~3 年采挖入药。从 1998—2000 年文县分期移栽试验分析可见,以 4 月中旬气温稳定通过 10℃ 时移栽的产量性状最好,产量最高(表 8.33),移栽至返青期适宜气温为 10~13℃,展叶期为 12~16℃,开花期为 15~20℃,根生长期为 20~16℃,10 月下旬气温低于 8℃

停止生长进入枯萎期。从返青至枯萎全生长期 150～190 d,≥10℃积温 2000～2800℃·d。统计参根生长量与≥10℃积温相关系数为 0.786,经检验为极显著相关。经参根生长量测定,当日平均温度升至 14℃以上时,参根进入生长期;日平均温度升至 16℃以上时,生长较快;日平均温度 18℃以上时,生长迅速,日长量周长平均在 0.2～0.3 cm,周长达 4.5～5.2 cm。因此,初步认为参根生长下限温度为 14℃,适宜温度为 16～20℃(邓振镛,2005)。

表 8.33 党参不同移栽期对生长发育及产量性状的影响

期次	1988年播期(日/月)	1999年移栽(日/月)	返青期(日/月)	展叶期(日/月)	开花期(日/月)	根长(cm)	周长(cm)	产量(g·条$^{-1}$)	产量(kg·hm^{-2})
1	20/9	26/4	15/5	4/6	20/7	13.3	2.8	17	2085
2	25/9	20/4	10/5	28/5	10/7	14.5	3.6	19	2115
3	30/9	15/4	28/4	25/5	28/6	15.0	5.5	25	2340
4	6/10	10/4	30/4	25/5	8/7	14.6	4.5	21	2220
5	12/10	5/4	18/5	28/5	24/6	14.8	4.9	24	2070
6	18/10	1/4	20/5	30/5	26/6	14.7	4.8	23	2100

从试验资料分析,获得正常年景产量,需年降水量 500～600 mm。据主产地渭源统计不同生育期降水量与产量相关关系得出,移栽至返青期 4 月中旬至 5 月中旬,要有一场≥10 mm以上好雨,有利于移苗成活。7—8 月是参根迅速膨大期,也是需水关键期,7—8 月降水量与产量相关系数为 0.9256,经检验为显著性相关。当 7—8 月降水量小于 150 mm 时,产量下降 20%以上;当降水量在 150～250 mm 时,产量达到正常年景;当降水量大于 250 mm 时,产量增加 20%以上。

8.3.4.2 气候变化对党参生育的影响

党参生长发育与气候环境密切相关,随着全球气候变暖,党参种植区的气候背景也发生了很大的变化。以"纹党"主产区为例,多年平均温度 15.1℃,年降水量 437 mm,气候变化使得 1980—2007 年降水量减少趋势显著,减幅为 54.2 mm·(10 a)$^{-1}$($R=0.547$),其中 2004 年最为干旱(290.9 mm),降水量仅为历年平均值的 67%,2006—2007 年降水明显减少;与此同时 7—8 月降水变化也非常显著,变幅为 50～270 mm,若以历年平均值 20%为干旱指数,则干旱年份接近 30%,其中有 4 年降水量少于 50%;降水是党参产量与品质的决定性因素,在需水关键期,干旱限制了党参对水分的敏感性要求。通过累计距平分析发现,主产区在 1995 年为降水突变年,1996—2007 年降水比 1980—1995 年偏少 20%,干旱特征明显。与此同时,播种—出苗期间的降水量也明显减少,减幅为 26 mm·(10 a)$^{-1}$($R=0.520$),水分胁迫严重。春季≥10 mm 降水平均出现在 5 月 4 日,21 世纪 00 年代以来降水出现时间提前约 8 d,说明春雨对党参出苗十分有利。

主产区升温非常明显,增幅为 0.65℃·(10 a)$^{-1}$($R=0.818$),突变点出现在 1996 年,其中后期比前期增暖 1.0℃,3—6 月增暖为 0.75℃·(10 a)$^{-1}$($R=0.823$),生育期≥10℃积温增幅为 245℃·(10 a)$^{-1}$($R=0.685$),稳定通过≥10℃日期在 1997—2007 年间平均为 3 月 26 日,比前期提前 9 d,党参移栽期提前,生长期延长,生育时段热量充裕。

8.3.4.3 气候生态适生种植区域

通过以上分析,选取≥0℃积温和年降水量为主导指标,海拔高度为辅助指标,单产为参考指标,确定为气候生态区划综合指标体系,将主产地党参划分出不同品种气候生态适生种植区域。

"白条党参"最适宜和适宜种植区域：≥0℃积温 2500～2900℃·d，年平均气温 5～6℃，年降水量 500～600 mm，7—8 月降水量 200～250 mm。该区包括临洮、渭源、陇西三县的大部分，漳县、通渭、定西县的少部分，海拔高度在 2000～2400 m 的乡镇，这里属温凉半湿润气候类型，为洮岷的浅山或半山地带。由于气温和降水适宜"白条党参"生长的气候生态条件，单产达到 2000～2500 kg·hm^{-2}。生产主要问题，少数年份有春末夏初旱和伏旱的危害。

"纹党"最适宜和适宜种植区域：≥0℃积温 2000～2800℃·d，年平均气温 6～8℃，年降水量 500～600 mm，7—8 月降水量 200～250 mm。该区包括文县、宕昌的大部分，礼县、西和、武都、成县的少部分，海拔高度在 1600～2000 m 的乡镇。这里属温和半湿润气候类型，为山地二阴区或河谷沿岸的半山地带。热量和水分条件适宜"纹党"生长的气候生态条件，单产达到 2000～2500 kg·hm^{-2}。这里育苗时间分春、秋两季，海拔较低的地方，秋播在 9 月下旬至 10 月中旬；海拔较高地方，春播在 4 月下旬至 5 月中旬，第一场好雨后进行。主要生产问题，海拔较低的地方常有干旱危害，影响较重。

8.3.4.4 提高气候生态资源利用的途径

（1）建立两个不同品系的生产基地。在临洮、渭源和陇西等地以及文县和宕昌等地的最适宜和适宜种植区域内分别建立"白条党"和"纹党"两个种植加工销售基地。充分发挥气候生态、地缘、市场等优势，提高党参的产量和品质，增大经济效益。

（2）科学栽培加工，提高产品质量。要提高一等品和特等品的产量必须扩大留床面积。要掌握播种和移栽的适宜时期，躲避干旱高发时段。育苗采取地膜覆盖办法，不但提高地温，还能保墒，大大提高出苗和壮苗率。生长关键期遇上干旱，有灌溉条件的地方要及时补充灌水。党参初加工应按不同等级分档加工晾晒，不宜烘烤，防止烟熏，注意防潮防霉防冻。

8.3.5 枸杞

8.3.5.1 对适宜种植区域的影响

宁夏从 20 世纪 60 年代中期以来，年平均气温呈连续上升趋势，1986 年之后增温速率加快，增温幅度高于全国平均值；同时，宁夏的年降水量 60 年代较多，在以后的 30 年持续下降，进入 21 世纪后降水量又开始增多（陈晓光等，2005）。宁夏银川以北地区贺兰山前阳坡地带及银川灌区、卫宁灌区东部地区热量条件好，枸杞夏秋果产量均较高，气象条件有利于枸杞产量的形成，是枸杞种植的适宜区，在有灌溉条件的情况下，应扩大枸杞种植面积，提高农业生产的经济效益；盐池大部、同心中东部、固原北部及彭阳的东部地区可适当种植枸杞，以优化农业产业结构，增加农民收；中卫南部的香山山区、固原南部、海原、西吉和隆德、泾源阴湿区及彭阳中西部地区光热条件较差，枸杞容易因夏秋多雨而发生黑果病，产量、品质年际间不稳定，不宜种植枸杞。因此，枸杞适宜区应向中部干旱带扩展。

8.3.5.2 对产量的影响

研究认为，枸杞全生育期最优≥10℃积温为 3450℃·d；≥10℃积温在 3200～3600℃·d 范围内，枸杞一般能获得正常产量；≥10℃积温在 3200℃·d 以下时，热量不足引起枸杞减产；灌溉条件下，枸杞全生育期降水量在 100～170 mm 以内，气象产量不受降水量的影响；降水量小于 100 mm，对枸杞产量有不利影响；当降水量达到 200～300 mm 或其以上，特别是夏果采摘期间，虽然生理上提高了鲜果产量，但因果实吸水膨胀，裂口，黑果病严重，坏果率高，丰产不丰收(刘静等,2004)。

8.4 其他类

8.4.1 啤酒大麦

啤酒大麦($H \cdot distichum$)也称二棱皮大麦是制造啤酒的主要原料,具有产量高、稳定性好、抗逆性强、消耗地力少的特点。它具有光泽好、籽粒大、皮薄、发芽势强、淀粉含量高而蛋白质含量适中、绝干浸出物高、糖化作用很强的特点,用它酿造的啤酒含淀粉、糖类、淀粉酶和18种氨基酸及大量维生素,营养价值很高,同时不易产生沉淀物质而混浊。2009年甘肃省种植面积为 9.3 万 hm^2,产量约 55000 万 kg,平均单产约 7000 kg·hm^{-2}。

8.4.1.1 气候生态适应性

河西走廊是干旱半干旱绿洲灌溉农业区,光照充足,气候凉爽,气温适中,相对湿度低,特别有利于啤酒大麦生长发育和优质籽粒形成。得天独厚的气候生态条件,使该区生产的啤酒大麦不仅产量高、经济效益显著,而且品质优于国内其他传统产区,甚至与进口的啤酒大麦相媲美。如永昌县 2003 年被列为国家级啤酒大麦标准化示范县,啤酒大麦年产量在 1.5 亿 kg 以上,约占全国啤酒麦芽产量的 12% 以上。

表 8.34 河西走廊啤酒大麦种植区物候期(日/月)

地点	海拔(m)	播种	出苗	分蘖	拔节	抽穗	成熟	全生育期(d)	资料年代
肃南	2312	10/4	1/5	24/5	7/6	24/6	14/8	126	1993—1999
永昌	1976	1/4	21/4	15/5	29/5	16/6	2/8	124	2005
古浪	2073	25/3	16/4	28/5	5/5	10/6	25/7	122	2005

从表 8.34 看出,河西啤酒大麦在3月下旬至4月上旬播种,7月下旬至8月上中旬成熟,全生育期 120~130 d,需要≥0℃积温 1600℃·d 左右。成熟期比春小麦早 10~15 d,需要≥0℃积温比春小麦少 200~300℃·d。据研究,0℃以上日数的日平均温度越高、日照时间越长,大麦生育期则越短。其日平均温度每升高 1℃,生育期平均缩短 1.6~4.5 d,平均日照时数增加 1 h,生育期平均缩短 0.3~3.2 d,海拔每升高 100 m,生育期则延长 3~4 d(王效宗等,2001)。

啤酒大麦产量形成的两个主要关键时段分蘖—拔节和灌浆期对气温有较严格要求。在幼穗分化期与春小麦比较,其不同点是穗分化起步早、进程快,其相似之处是在适温范围内要求偏低的气温,有利于幼穗分化期延长发育充分和形成较多小穗数,适宜温度为 9~12℃。在灌浆期气温偏低,灌浆期延长,有利于籽粒饱满、籽重增加,适宜温度为 16~19℃。

表 8.35 河西走廊啤酒大麦品质测定表

地点		民勤	甘州	永昌	黄羊镇	民乐
海拔高度(m)		1320	1420	1520	1783	2510
淀粉含量	平均值(%)	50.7	51.0	52.3	54.2	54.0
	变异系数	4.4	6.8	3.3	3.6	2.5
蛋白质含量	平均值(%)	10.4	10.6	9.6	9.4	9.6
	变异系数	10.3	16.1	7.0	8.1	5.1

河西啤酒大麦品质与气温有一定关系(表8.35)。随海拔高度增加,灌浆期气候凉爽、气温适宜,淀粉含量有增加趋势,变异系数变小;而蛋白质含量则正好相反。灌浆时间长,利于光合产物输送积累和增加,因而淀粉含量较高,蛋白质适中,品质优良。经金昌市质量技术监督检测所检验,永昌县啤酒大麦夹杂物含量≤1%,破损率≤0.5%,水分含量8.7%,千粒重(以绝干计)43 g,蛋白质含量10.2%,3 d和5 d发芽率均为99%,符合GB/T 7416—2008标准要求,达到了国家优质啤酒大麦质量标准(王正新,2009)。

据试验,啤酒大麦全生育期需水较少,约为300 mm。全生育期共灌水三次,分别在三叶一心、挑旗或抽穗期、灌浆期。前两次灌水定额为900 $m^3 \cdot hm^{-2}$,第三次为600 $m^3 \cdot hm^{-2}$,合计2400 $m^3 \cdot hm^{-2}$。

8.4.1.2 气候变化对生育的影响

河西啤酒大麦产区关键生育期平均气温呈逐年代上升趋势。分蘖—拔节平均气温线性倾向率永昌、肃南分别为0.272℃·(10 a)$^{-1}$、0.403℃·(10 a)$^{-1}$。开花—乳熟平均气温线性倾向率两地分别为0.475℃·(10 a)$^{-1}$、0.529℃·(10 a)$^{-1}$。增温幅度肃南大于永昌。增温幅度生育后期大于前期。1987—2008年和1971—1986年相比,分蘖—拔节平均增温幅度肃南0.6℃,永昌0.3℃,高于适宜温度4~5℃。由于气温过高,使生长发育进程加快,缩短了幼穗分化时间,对增加小穗数和形成高产不利。开花—乳熟期平均增温幅度肃南1.1℃,永昌0.8℃,虽目前平均气温大多数年份仍处在适宜温度范围,但永昌个别年份气温已高出适宜灌浆温度上限范围,对正常灌浆已产生负面影响。随着今后气温的进一步升高,对籽粒灌浆增重和品质的不利影响会进一步突显,致使灌浆期缩短,粒重和产量下降,淀粉含量减少等,进而影响到啤酒生产行业的良性健康发展。今后,随着气候的进一步变暖,河西啤酒大麦适生区将向海拔2000~2200 m冷凉区过渡转移,但由于这一地区处于祁连山浅山区,耕地面积有限,加之灌溉条件较差,将会影响啤酒生产基地的扩建乃至啤酒产业的健康发展。

8.4.1.3 气候生态适生种植区

通过以上分析和调研考察,选取年≥0℃积温、幼穗分化期(5月下旬—6月上旬)和灌浆期(6月下旬—7月中旬)平均气温作为主导指标,产量和品质作为辅助指标,确定为气候生态适生种植区划综合指标体系,根据气候相似原理和主导指标叠加结果,结合辅助指标将主产区河西地区划分为五个区域(表8.36)。通过实地调查考察,划区结果符合实际情况。

8.4.1.4 提高气候生态资源利用的途径

(1)建立最佳气候生态带创高产优质高效区。在最适宜和适宜种植区内,建设啤酒大麦原料生产基地,作为地方支柱产业发展规模生产。海拔高度2400 m以上的可种植区以早熟或中早熟种为主;其他区域以中晚熟种为主。

(2)适期播种是全苗壮苗的关键和趋利避害的有效措施。据试验,适播期以平均气温稳定在0~2℃,表土解冻到适宜播深时播种为宜,在最适宜和适宜种植区3月中下旬播种为宜。啤酒大麦生育期较短,出苗后气温回升较快,生殖生长速度加快,各生育阶段完成时间缩短。因此适期早播能延长播种至出苗时间,有利于根多根深,抗旱吸肥能力增强,使幼穗分化期处于适宜的低温范围内,利于延长时间和大穗形成,使成熟期提前,能躲避后期高温、干热风、连阴雨等灾害的影响。

表 8.36 啤酒大麦气候生态适生种植综合区划指标体系及种植分区

		Ⅰ最适宜种植区	Ⅱ适宜种植区	Ⅲ次适宜种植区	Ⅳ可种植区	Ⅴ不宜种植区
≥0℃积温(℃·d)		2600~3000	3000~3500	3500~3750	1700~2600	<1700
幼穗分化期平均气温(℃)		12.0~14.5	14.5~18.0	18.0~20.0	9.5~12.0	<9.5
灌浆期平均气温(℃)		15.5~17.5	17.5~21.5	21.5~23.0	13.0~15.5	<13.0
平均单产(kg·hm^{-2})		7500~8000	6500~7500	5000~6500	3000~5000	<3000
品质	淀粉(%)	52~55	52~55	50~52	47~50	<47
	蛋白质(%)	9.5~10.0	9.5~10.0	10.5~11.0	9.0~9.5	<9.0
海拔高度(m)		1900~2400	1500~1900	1100~1500	2400~2700	≥2800
地域范围		玉门、酒泉、肃南、张掖、山丹、民乐、永昌、武威、古浪、天祝等沿山和浅山地带	玉门、酒泉、张掖、山丹、永昌、武威等	敦煌、安西、嘉峪关、酒泉、金塔、高台、临泽、张掖、武威、民勤等	山丹、民乐、肃南、古浪、天祝等	祁连山区
分区评述		本区气候冷凉、热量适中,光温配合好。幼穗分化和灌浆期气温适宜,利于幼穗分化充分,小穗数多,灌浆期长,籽粒饱满,产量高、品质好	本区气候温和,热量条件好,光照充足。幼穗分化和灌浆期气温基本适宜,后期有轻微高温影响。产量较高,品质尚好	本区气候温暖,热量丰富,光照充足。幼穗分化和灌浆期气温略高,后期高温有一定危害,产量和品质一般	本区气候寒冷,气温偏低,光照不足。幼穗分化和灌浆期气温偏低,生育缓慢,后期低温连阴雨几率较多,产量和品质较差	本区处高寒山区,后期低温和早霜冻危害重,成熟度差,产量低、品质很差

(3)根据不同品种生育特点,采取合理密度。为达到个体健壮,群体合理,充分利用有效资源,提高光合生产能力,达到穗多、穗大、粒多、粒饱的高产优质目的,对二棱品种分蘖成穗率高、以穗多取胜的特点,保苗数以 300~375 万·hm^{-2}为宜。

(4)看天、看地、看庄稼,适时抓好田间管理。啤酒大麦具有生育期短、发苗快、分蘖早、幼穗分化开始早、进程快、抽穗后很快就开花等生育特点。加之当地光照充足、大气干旱等气候特征。因此,一切栽培管理技术措施均要抓一个"早"字,应在三叶一心时灌头水。除了施足基肥外,追肥要提前,并加大磷钾肥施量,促进早发壮苗。为使主穗与分蘖穗成熟度一致,收获时宁肯稍微过熟,也不能在未充分成熟时进行。在海拔较高的冷凉区种植,可采取地膜覆盖措施,提高热量状况。为度过休眠期,必须经过一段贮藏期,才能保持籽粒正常的生活力,尤其是发芽力。

8.4.2 啤酒花

啤酒花(*Humulus lupulus*)简称酒花,又称忽布、蛇麻花、唐草花,属桑科,为多年生缠绕草本植物。它是生产啤酒的重要原料之一,与麦芽一起被称为啤酒之魂。啤酒花为长日照作物,喜温凉干燥、昼夜温差大的气候生态条件。河西走廊具备啤酒花适宜生长的气候生态条件,产量高、品质优,经多次采样化验 α-酸含量在 7.5%~9.8%,最高达 11.5%,均超过部一级标准,被称为陇上特优产品,因此成为重要的生产基地。1980年引进种植,2009年种植面积为 0.4 万 hm^2,占全国种植面积的60%左右,种植面积居全国首位。总产达 8723 t。河西平均产量在 2400~3300 $kg \cdot hm^{-2}$,最高产量达 5761 $kg \cdot hm^{-2}$,与国内其他产区相比,不但产量高而且品质优。啤酒花已成为提高区域资源转化率、农业产业结构调整的重要作物之一。

8.4.2.1 生态气候特征

据多年资料分析,甘肃河西地区啤酒花3月下旬至4月初割芽,平均气温在5℃左右;4月下旬至5月上旬幼苗开始生长,气温在9~14℃;6月下旬至7月上旬现蕾开花期,气温在16~21℃;8月上旬至9月中旬花体成熟,气温在21~15℃。全生育期 160~170 d,≥5℃积温在 2700~3000℃·d。生长季日照充足在 1500~1800 h。(表8.37)。

表8.37 河西啤酒花不同生育期的热量条件(℃)

地点	海拔高度(m)	发育期 日期(旬/月)	出苗 下/4—上/5	开花 下/6—上/7	成熟 上/8—中/9	全生育期 下/4—中/9	≥5℃积温 (℃·d)
肃州	1477	平均气温	12.9	19.1	19.8	17.8	2950
		气温幅度	12~14	16~21	22~15	12~22	
玉门镇	1526	平均气温	11.1	20.1	16.7	15.9	2700
		气温幅度	8~15	19~21	20~14	8~21	
甘州	1483	平均气温	12.9	18.5	19.5	17.0	2890
		气温幅度	12~14	15~21	22~15	12~22	
凉州	1531	平均气温	13.3	19.0	19.7	17.3	2980
		气温幅度	12~14	16~22	22~15	12~22	
黄羊镇	1766	平均气温	11.7	19.1	19.7	16.8	2790
		气温幅度	9~15	18~20	19~14	9~20	

河西走廊地处巴丹吉林、腾格里沙漠边缘,具有典型的内陆干燥气候特征,降水稀少,全生育期降水量 65~120 mm;气温日较差非常明显,在 13~16℃之间;日照充足,生长季日照 1500~1800 h。因此啤酒花 α-酸、花色、花粉均能满足需求,啤酒花的色泽黄绿,"花粉"丰满,香味浓郁。

8.4.2.2 气候变化对啤酒花生长发育和产量的影响

利用甘肃酒泉市 1983—1990 年啤酒花产量与生育期间气象要素计算相关系数发现(表8.38),平均气温与产量相关系数较小,说明气温在整个生育时期基本适宜,只是在成熟期对温度条件要求较高。最高气温在营养生长中后期至现蕾前(5—6月)与产量呈负相关,最高温度过高导致过早开花和多次开花,花体成熟不一致,不利于产量提高,而出苗期(4月)最低气温呈正相关,最低气温高,土壤解冻早,根芽发育快,割芽期提前,有利于及早萌发生长。降水量与产量相关系数在幼苗生长期、现蕾开花期最大,均为正相关,降水多有利于萌发生长和盛夏旺长期对水分的需求。成熟期(8—9月)降水呈负相关,雨水过多枝叶徒长通风透光差,地面潮湿容易发生霜霉病,不利于产量和品质形成。日照时数与产量大多时期呈正相关,尤其在苗期和成熟期,前者需要充足的阳光进行光合作用有利于及早搭建丰产架型,后者有助于提高有效花枝和有效花率。8—9月是酒花甲酸含量和产量形成的关键时期,要求气温略高、日照充足、降水少,有利于形成高产和优良的品级。例如1998年玉门9月份平均气温(16.7℃)

为1960年以来玉门镇同期最高值,加之降水特少(0.6 mm),日照充足(277 h),啤酒花甲酸含量高达20%~25%,而其他年份甲酸含量仅在5%~7%之间。说明在啤酒花成熟采摘和晾晒期光热条件好,对啤酒花生产质量有显著影响,也因此避免了酒花因潮湿而发热变质。

表8.38 酒泉啤酒花产量与生育期间气象因子相关系数

要素	4月	5月	6月	7月	8月	9月	样本数
平均气温	0.118	−0.148	0.157	0.382	0.124	0.467	8
最高气温	0.035	−0.638*	−0.419	0.403	−0.182	0.540	8
最低气温	0.599	0.099	0.117	0.002	−0.141	0.307	8
降水量	0.608	0.196	0.355	0.569	−0.608	−0.405	8
日照时数	−0.105	0.649*	0.314	0.166	0.404	0.579	8

注:"*"为通过0.10显著水平检验。

酒花适宜采收十分重要。过早采收 α-酸含量低,达不到标准,花球不充实,影响产量;过晚采收,花球花粉散落,α-酸含量急剧下降,花球松散变黄,质量降低。据研究(乔惠同等,1994),当年生酒花甲酸含量累积高峰期开始与结束均迟于多年生酒芷。而当年生酒花的甲酸含量高峰期的持续时间却明显比多年生酒花长。所以采摘当年生酒芷的最佳期应比采摘多年生酒花提前为宜。

8.4.2.3 啤酒花生育期间农业气候资源的变化

甘肃啤酒花主产区生育期间主要气象要素各年代发生着明显的变化。7月份最高气温玉门、武威分别由20世纪70年代的31.2℃、28.4℃升至21世纪的33.2℃、29.9℃,倾向值分别为0.66℃·(10 a)$^{-1}$、0.33℃·(10 a)$^{-1}$;8—9月平均气温由70年代的17.6℃、17.5℃分别升至21世纪初的18.2℃、18.7℃,倾向值分别为0.21℃·(10 a)$^{-1}$、0.37℃·(10 a)$^{-1}$;5—9月日照时数各年代虽有波动但增减趋势不明显;≥5℃积温两地均有明显增加,分别由70年代的3289℃·d、3312℃·d增加至本世纪的3545℃·d、3620℃·d,倾向值分别为87.9℃·d(10 a)$^{-1}$、104.0℃·d(10 a)$^{-1}$;4—9月降水量玉门各年代在45.3~65.3 mm,倾向值为−4.9 mm·(10 a)$^{-1}$,武威降水条件较好,各年代在130~162.5 mm,且呈增加趋势,倾向值为12.0 mm·(10 a)$^{-1}$。以上诸要素中,两地日照时数基本维持不变,玉门降水量呈逐年减少趋势,武威呈增加趋势,热量两地均呈增加趋势。

8.4.2.4 主要气象灾害对啤酒花生产的影响

由于啤酒花属草本缠绕植物,体型高大,最易遭受大风危害,因此,大风是影响啤酒花生产的主要气象灾害。开花期(6月下旬)至成熟期(9月中旬)是河西啤酒花生育的关键期,此阶段最怕风,若遇8级以上大风且持续5 h以上,可造成枝条折断等机械损伤。如玉门1991年6月23日持续近9 h 8级以上大风,造成各场啤酒花受损严重,受损面积占总面积30%~40%。按当时受损情况测定,平均断枝0.9~13枝·株$^{-1}$,枝梢磨损减少花蕾数9%~20%,平均亩产受损11~16 kg。

统计河西地区历年(1951—2000年)大风日数年际变化(姚正毅等,2006),河西三个代表性站西部(安西)、中部(张掖)、东部(武威)大风日数呈逐年代减少趋势。1963—1976年是大风天气的频发期,之后呈波动式减少趋势,20世纪90年代是大风天气的低发期。从季节上划分,安西年内大风日数集中于春末夏初的3—6月,占全年大风日数的50.3%。张掖、武威的大风日数主要分布在4—7月,分别占全年的61.1%和65.2%。

除大风外,啤酒花成熟期间的连阴雨天气也是影响啤酒花质量的不利气象灾害。若遇连续3 d以上的降水且日雨量>3 mm,过程降雨量≥20 mm,可造成塌架,致使啤酒花枝叶、花蕾落地,对产量和质量影响较大。

8.4.2.5 气候生态适生种植区域

通过调查考察和资料分析,选取≥5℃积温和开花期气温日较差为主导指标,生长季日照时数和海拔高度为辅助指标,产量为参考指标,确定为气候生态区划综合指标体系,将河西地区啤酒花种植划分为五个区域(表8.39)。

表8.39 啤酒大麦气候生态适生种植综合区划指标体系及种植分区

	Ⅰ最适宜区	Ⅱ适宜区	Ⅲ次适宜区	Ⅳ可种植区	Ⅴ不宜种植区
海拔高度(m)	1450~1700	1100~1450	1700~1800	1800~1900	>1900
≥5℃积温(℃·d)	3400~2950	4000~3400	2950~2750	2750~2500	<2500
花期气温日较差(℃)	14~16	16~18	14~16	14~15	<14
生长季日照时数(h)	1600~1800	>1800	1500~1700	1400~1600	<1400
平均产量(kg·hm^{-2})	3000~3500	2600~3000	2400~2600	2000~2400	<2000
地域范围	玉门镇、肃州、甘州、凉州等地的大部;安西、嘉峪关、古浪、永昌等地的个别乡镇	敦煌、安西、金塔、临泽、高台、民勤等地的全部;玉门市、凉州等地个别乡镇	肃州、凉州、古浪等地的部分乡镇	民乐、山丹、古浪、凉州、永昌等地的部分乡镇	除前四个区域以外的地带
分区评述	属温和干旱气候类型。气温适中,气温日较差大,光照充足。灾害性天气较少。产量高品质优	属温暖和温和特干旱气候类型。热量丰富,气温日较差大,光照充足。干热风和大风发生几率较大,对产量和品质造成不利的影响	属温凉半干旱气候类型。气温基本适宜,气温日较差大,光照充足。与Ⅰ区、Ⅱ区相比,产量略低,品质一般	属温凉半干旱气候类型。热量、气温日较差和日照基本满足需求。易受霜冻危害,产量不高,品质较差	热量条件较差,超过种植上限,全生育期积温不能满足生长发育需要

8.4.2.6 提高气候生态资源利用的途径

河西走廊具有发展种植啤酒花的独特气候生态环境条件的优势,尤其Ⅰ区、Ⅱ区,不但产量高,而且品质优。因此,要进行商品生产基地建设,实行连片种植,尽可能使气候资源和生态效益配置趋于合理。啤酒花是多年生植物,定植连片后,土地不再耕翻,增加地表覆盖,特别冬、春季,可减少风沙危害,减轻沙漠侵蚀农田,起到减轻沙漠化的作用,达到经济效益和生态效益同步提高的目的。

在河西走廊发展啤酒花生产尤其要注意风灾,因可造成枝条折断等机械损伤。还要防御6—7月干热风天气,8月成熟期的连阴雨天气和海拔较高地带的低温和霜冻的危害等。

8.4.3 板栗

栗树为壳斗栗属植物。其果实营养价值丰富,淀粉含量为67%~70%,脂肪为2%~7%,蛋白质为7%左右,糖分3%~4%。主要分布在我国长江流域及黄河流域。西北地区东南部也有悠久的种植历史,目前已成为一些乡镇脱贫致富的产业之一。

8.4.3.1 气候适应性

(1)栗树生育阶段与积温

西北地区陇东南主要产栗区栗树一般于3月下旬萌芽,4月上旬展叶。萌芽—展叶期间≥0℃积温为127~187℃·d,5月上旬开花,展叶到开花期间≥0℃积温为504~660℃·d,9月中旬开始成熟直至10月上旬,萌芽—果实开始成熟期间≥0℃积温为3504~3896℃·d,全生育期为187~213 d(表8.40)。

表8.40 栗树物候期及各生育期积温

地点	物候期	萌芽	展叶	开花	果实成熟	萌芽—果实成熟	品种
陕西汉中	出现日期(旬/月)	下/3	上/4	上/5	中/9		柞红
	间隔天数(d)		10	30	133	213	
	≥0℃积温(℃·d)		187	504	3205	3896	
甘肃天水	出现日期(旬/月)	23/3	5/4	20/5	25/9		明捡
	间隔天数(d)		14	44	129	187	
	≥0℃积温(℃·d)		126.7	660	2717.3	3504	

(2)产栗区气候条件

西北产栗区主要分布在陕西的关中、陕南、甘肃天水麦积、秦城两区缘林区的东岔、党川、立远、娘娘坝等乡镇及陇南山区的康县等地。从表8.41看出,栗树喜欢凉爽和比较湿润的气候条件。年降水量为580~860 mm,年平均气温在11~15℃,4月平均气温为12~15℃,年日照时数大于1600 h。陇东南产栗区的年降水量在670~800 mm之间。

表8.41 主要产栗区气候要素值

地点	年降水量(mm)	年平均气温(℃)	4月份平均气温(℃)	年日照时数(h)
山东莒南县	860	12.7	13.2	2370
陕西汉中	800	12.0	12.0	1600
陕西长安县	576	15.3	14.9	1736
甘肃麦积立远	669	11.7	13.4	1726
甘肃康县	800	12.2	11.9	1630

8.4.3.2 气候因子对板栗产量的影响

(1)温度影响

相关计算结果表明(表8.42),热量对板栗产量的制约程度大于降水。萌芽—展叶期,气温不宜过高,否则萌芽偏早,易遇倒春寒低温冻害而影响后期生长,该地此期常因气温过高、萌芽过早而影响产量;展叶开花阶段,正值营养生长与生殖生长并进的关键时段,对热量的要求较为敏感,热量不足,直接影响花蕾形成及坐果率的提高;果实生长成熟期,适宜的温度利于果实内淀粉、糖分的积累及产量的提高,该地此时段热量供给也显得不足。

表 8.42　各生育期气候因素与板栗产量相关系数

生育期(日/月)	日平均气温(℃)	降水量(mm)
萌芽—展叶期(23/3—5/4)	−0.9148**	0.8274**
展叶—开花期(5/4—20/5)	0.6040*	0.2648
开花—果实成熟期(20/5—25/9)	0.4945	−0.5318

注:* 为相关显著,$r_{0.05}=0.5760$;** 为相关极显著,$r_{0.01}=0.7079$。

由积分回归分析,西北东南地区板栗产量受热量影响最大的有两个时段,即萌芽—展叶期的 3 月中旬前后及 4 月中旬—5 月中旬的展叶—开花期。

(2)降水影响

相关分析结果表明,栗树展叶期对水分要求比较敏感(表 8.42)。这是由于西北地区春季降水较少,遂使该时段的降水成为限制产量提高的主要因子。展叶—开花期降水量与产量相关关系不能通过假设检验,说明此时段的降水基本满足板栗生长发育的要求。开花—果实成熟期反因降水量偏多而影响产量的提高。

积分回归分析结果与上述结论是一致的。3 月各旬降水对产量的影响呈正效应,每增加 1 mm 降水量,亩产量增加 10 kg。6 月份降水对其产量的影响最小,7 月以后各旬降水对产量影响呈负效应,每增加 1 mm 降水量,亩产量反而下降 4~6 kg。

8.4.3.3　提高气候资源利用对策

(1)适地建园。20 世纪 90 年代以来,气候变暖明显,极端气候事件频发,早春花期冻害、干旱、暴雨、冰雹、连阴雨等是影响林果生长的主要气象灾害。果树建园时要选择受霜害较轻、排水良好又利于灌溉地方的地块。

(2)提高栽培管理技术,增强趋利避害能力。如近年来较普及的果品套袋技术,有效利用了气候资源,减免了病虫危害,极大提高了果品品质及产量。

(3)加强果园土肥水管理,引进先进的农技管理技术,以增强应对气候变化,科学防御灾害能力。春季适期灌水,减轻花前干旱影响,春季发生低温冻害时,及时喷施化学药剂,采用灌水、施肥、熏烟等物理和生态法,推迟萌动期,防霜抗冻,减轻或避免冻害危害;果实生育期注意病虫防治;在果实膨大期要积极采取有效保墒措施,秋季遇有连阴雨,应及时排水,以保证果品质量;越冬前要增施有机肥,灌足越冬水,树下覆草以利保温、保肥、保水,增强树体抵抗灾害的能力。

(4)根据各地光、热、水变化特征及果树生态气候综合指标,合理调整原有果树种植布局。发挥区域优势,形成特色果品,变资源优势为经济优势,在不同果品适宜种植区内建立优质果品商品基地。建立考虑综合加工等相关产业,形成规模效应。如在城郊川道区、浅山区海拔 1600 m 以下地区建立苹果生产基地;在城郊、川道地区建立大樱桃、葡萄生产基地;在浅山半干旱地区建立桃、梨生产基地;在 1700 m 以下半干旱地区建立核桃生产基地;在林区及林缘区建立板栗生产基地。其基本出发点:一是有利于保护和改善生态环境;二是有利于提高经济效益。

(5)积极培育或引进抗低温冻害、抗病虫害、坐果期耐高温干旱等适应气候变暖抗逆性强的果品新品种,通过综合应用多种手段加以应对,可以做到趋利避害,提高果品产量和品质,使林果产业得以持续稳健发展。

8.4.4 黄花菜

黄花菜(*Hemerocallis flava*)又名金针菜,属百合科,为多年生宿根性草本植物。黄花菜喜温凉气候,具有耐热性、耐寒性和抗旱性强的特点。是一种营养丰富、栽培管理方便、投入产出比高的传统经济作物,同时又是传统的出口商品。全省种植面积 3.33 万 hm^2,主产区在陇东地区。每年生产黄花菜 1630 万 kg,平均单产为 500 $kg \cdot hm^{-2}$ 左右,最高产量达 5250 $kg \cdot hm^{-2}$。

8.4.4.1 气候生态适应性

从试验资料分析,黄花菜在 4 月中旬进入春苗生长期,适宜温度为 10~15℃;6 月中旬开始抽薹现蕾,适宜温度为 12~18℃;7 月上旬进入开花期,适宜温度为 19~22℃,9 月上旬冬苗生长开始,10 月中下旬进入休眠。既能在炎热的夏季生蕾、开花、结实,也能在-20℃以下的低温条件安全越冬。从春苗生长至休眠整个生长期为 200 d 左右,需要≥0℃积温为 3100~3400℃ · d(表 8.43)。

表 8.43 西峰黄花菜各生育时段气象条件与产量要素

年份	春苗期				抽蕾至采蕾				春苗生长至休眠			采蕾天数(d)	株现蕾数(个)	株落蕾数(个)	落蕾率(%)	鲜产量($kg \cdot hm^{-2}$)
	光照(h)	≥0℃积温(℃·d)	降水(mm)	土壤含水量(mm)	光照(h)	≥0℃积温(℃·d)	降水(mm)	土壤含水量(mm)	光照(h)	≥0℃积温(℃·d)	降水(mm)					
1987	514.3	951.8	116.9	115.4	181.1	458.4	38.5	110.5	1616.8	3365.3	360.4	26	608	318	52.3	6786.0
1988	518.4	987.6	131.3	104.9	174.1	449.0	105.6	103.7	1219.0	3080.8	652.2	26	920	311	38.9	11706.0
1989	469.7	851.3	77.0	138.2	141.4	526.2	58.0	85.7	1323.1	3163.3	391.0	17	764	569	76.4	2535.0

庆阳市是黄花菜重点产地。对庆阳市 1985—2000 年黄花菜单产资料与春苗生长至开花末期(4—8月)≥0℃积温、降水量、采蕾期(6—7月)日照时数进行相关分析,其相关系数分别为 0.69(相关显著)、0.74(相关极显著)、0.69(相关显著)。看来黄花菜关键生育期有丰富热量、充足光照和水分,才能获得高额产量。

从表 8.43 看出,春苗生长至休眠整个生长期降水量为 360~650 mm,降水量多的 1988 年黄花菜产量明显大幅度增加,尤其抽蕾至采蕾期是需水关键期,降水量为 106 mm,测定 50 cm 土层土壤含水量达 104 mm,土壤湿度为 16%~18%。这时土壤含水量多,养分和水分输送畅通,则花芽分化好,现蕾数多,采摘时间延长,产量高;反之则大量落蕾,采摘时间缩短,产量下降。1989 年 5—7 月持续干旱,致使关键期 50 cm 土层含水量只有 86 mm,相当田间持水量的 50%左右,落蕾率达 76.4%,产量大幅度下降。陇东地区春末初夏干旱发生频率比较高,对黄花菜抽蕾、产蕾极为不利,是主要限制因子(蒲金涌,2002)。

8.4.4.2 气候变化对黄花菜生育的影响

近年来气候变化对黄花菜主产区影响有利有弊,从平均值看 4—8 月降水量应该占全年

70%才能满足关键生育期的需水量,但随着气候变暖,大气环流形势也在不断调整之中,该时段降水以 17 mm·(10 a)$^{-1}$ 的速度减少,2001 年和 2007 年降水仅占全年 50%和 55%,降水分布已远远不能保障关键时段的需求。如果指定≤历年平均值的 20%为干旱条件,春旱发生频率为 43%,2000 年以来春旱占 75%,严重制约了苗期生长。伏旱也是影响雨养农区的气象灾害,分析发现伏旱占 46%,2000 年该时段降水只有 41.6 mm,仅占正常值的 39%,在抽蕾—采蕾期,严重伏旱可以引起大量落蕾,产量下跌,对黄花菜生长极为不利。

在关键生育时段,主产地光照条件充裕,4—8 月累计积温 2700~3100℃·d,增幅为 66℃·(10 a)$^{-1}$,基本能保障黄花菜生长需求,因此在陇东旱作地带光热资源基本适宜黄花菜的生长发育,其品质与产量的提升主要依赖于生育期水分供给条件,尤其是现蕾到开花期的降水。

8.4.4.3 气候生态适生种植区

通过以上分析,选用黄花菜关键期 4—8 月上旬≥0℃积温、降水量、6—7 月日照时数作为主导指标和产量作为辅助指标,确定为气候生态区划综合指标体系,采用模糊聚类分析方法将主产地陇东地区黄花菜气候生态适生种植区划分为四个区域(表 8.44)。通过实地调查,划区结果与实际生产基本吻合。

表 8.44 黄花菜气候生态适生种植区划综合指标体系及种植分区

	Ⅰ 最适宜种植区	Ⅱ 适宜种植区	Ⅲ 次适宜种植区	Ⅳ 可种植区
4—8 月上旬≥0℃积温(℃·d)	2200~2450	2150~2200	2000~2150	≤2000
4—8 月上旬降水量(mm)	280~320	220~280	200~220	>320
6—7 月日照时数(h)	>500	480~500	460~480	<460
产量(kg·hm^{-2})	1000~1200	800~1000	600~800	500~600
海拔高度(m)	1000~1200	1200~1400	1400~1500	1500~1700
地域范围	环县的演武、曲子;华池的上里塬,合水的固城,宁县的早胜,正宁的宫河、西坡、三嘉,平凉的柳湖,崆峒山的麻武、曲麻,华亭的山寨、马峡、西华、上关,还有庆阳、镇原、西峰、泾川、灵台、崇信全部,共约 139 个乡镇,1809 km²	环县的三角城、环城、木钵,华池的桥川,东部沿子午岭林区的林镇、山庄、紫坊畔等。包括华池的乔河等。约 17 个乡镇,496 km²	环县的虎洞等,平凉地区的陇山山脉以西的通边、永宁、韩店,庄浪的柳梁等,静宁的全部。共 49 个乡镇,1013 km²	庆阳地区分布在子午岭西麓,平凉地区分布在陇山的东西坡。大约 11 个乡镇,482 km²
分区评述	该区为典型的黄土高原残塬区,土层深厚,山、川、塬并存,热量充沛,降水适中,气象因子匹配较好。该区产量高,质量上乘	该区热量条件好,光照充足,降水较多,气候条件优越,是较为理想的栽培区域	该区北部热量丰富,光照充足,在开花期常因干旱造成大量落蕾,产量较低。东部平凉境内,降水充足,只是热量稍逊,日照不足,影响质量	该区地势较高,土质黏潮,对黄花菜生长不利,较低气温及荫蔽寡照天气偏多是影响产量和品质的主要因素

8.4.4.4 提高气候生态资源利用的途径

(1) 大力发展商品基地建设。黄花菜在陇东种植有天时地利优势,在最适宜种植区内,建立育种、栽培示范基地,向生产、加工、销售规模化、规范化发展;在适宜种植区内选择地势较平坦、蓄墒透水性好的地块进行连片大面积栽培,大力发展商品种植基地。

(2) 不同气候年型采取不同管理措施。干旱年份有条件地方在需水关键期补灌 1~2 次,以减少落蕾数,提高产量和品质。黄花菜为多年生蔬菜,定植一次可多年采收,10~15 年才进行更新,可根据不同气候年型,加强田间管理,如施肥、中耕等农业技术措施。

(3) 利用有利天时及时采摘花蕾。采摘时间直接影响产量和品质,应充分利用有利天气条件,掌握在花蕾充分长大而又未开放时及时采摘,花蕾采后要及时蒸制。

8.4.5 百合

百合($Lilium\ lancifolium$)属百合科多年生宿根植物。具有喜温凉、昼夜温差大、光照充足、耐旱、适宜旱作栽培的特点。它是甘肃省传统名特优出口商品和宝贵生物资源,已有近 400 年种植历史。全省种植面积 7300 hm^2,年产量 3000 万 kg,产值达 2 亿元左右。70% 面积集中在兰州市,平均单产为 5000 $kg\cdot hm^{-2}$,最高达 30000 $kg\cdot hm^{-2}$。百合营养丰富,经济价值高。据测定鲜百合含蛋白质 3.36%、蔗糖 10.39%、还原糖 3%、粗纤维 0.86%、脂肪 0.18% 及磷、钙、维生素 B_1、B_2 等营养物质。

8.4.5.1 气候生态适应性

百合对热量要求并不太严格,适应性较广。经试验分析,生育期适宜平均气温为 6~8℃,≥0℃积温为 2350~3000℃·d,无霜期≥120 d;耕作层 15 cm 地温 5℃时发芽,14℃普遍出苗;5—6 月平均气温在 13~16℃时生长快,7 月花期适宜平均气温为 20℃左右,8—9 月鳞茎膨大期适宜平均气温 16~24℃,地下茎在 -8℃时能安全越冬。

经试验,百合需水关键期在花期至鳞茎膨大期,从 6 月中旬至 8 月上旬需水量在 200~300 mm,年降水量在 450 mm 左右,就能满足要求。在生育期内土壤湿度不宜过大,12%~15% 较适宜。如土壤有积水或湿度过大,易造成鳞茎腐烂。

8.4.5.2 气候变化对百合生育的影响

当春季温度达到 10℃时,百合顶芽开始活动,兰州地区稳定通过 10℃的平均日期为 4 月 29 日,如果指定超过平均日期 ±5 d 为春季异常气候,1980—2007 年有 8 年为暖春,10 年为冷春,其中 1982 年、1988 年、1993 年为 5 月 14 日,1992 年和 1998 年为 4 月 13 日。当春季回暖较早时受低温、霜冻的侵袭,百合幼苗生长会受到抑制,如 1993 年和 1999 年的霜冻过程。

随着气候变暖,兰州地区 ≥0℃ 积温增加趋势显著,倾向率为 182.5℃·(10 a)$^{-1}$($R=0.715$),热量资源足以满足百合生长所需。百合在生长前期和中期很喜光照,尤其是现蕾开花期,兰州地区 4—8 月平均日照时数为 1182 h,用六阶多项式模拟显示(图略),1985—2000 年日照时数增加趋势明显,1980—1985 年以及 2000—2007 年减少显著;同时极端最高气温在 20 世纪 90 年代中到 21 世纪 00 年代初期迅速增加,2000 年最高温度 39.8℃,持续高温将使百合茎叶枯黄死亡,尤其在 7—8 月生长旺盛期,高温会使其生育状态受到严重抑制(邓振镛等,2004)。

在 6—8 月水分保障的关键时段,20 世纪 90 年代中期之前主产区降水量基本持续增加,降水相对充裕,1994 年达到 268.6 mm,此后降水呈减少趋势,2006 年只有 50 mm,还不足历年平均值的 30%,严重制约了雨养农为主的百合生产,2007 年降水有所增加。在关键生育期内,降水减少和光照不足将对百合生长和品质带来不利影响,需要加强田间小气候环境的改善。

8.4.5.3 气候生态适生种植区

通过以上分析和调研考察,选取年≥0℃积温、无霜冻期和花期至鳞茎膨大期(6月中旬—8月上旬)降水量作为主导指标,平均产量作为辅助指标,确定百合气候生态适生种植区划综合指标体系,根据气候相似原理和主导指标叠加结果,结合辅助指标将主产区划分为五个区域(表 8.45)。划区结果与实地考察情况完全吻合。

表 8.45　百合气候生态适生种植区划综合指标体系及种植分区

	Ⅰ 最适宜种植区	Ⅱ 适宜种植区		Ⅲ 次适宜种植区		Ⅳ 可种植区		Ⅴ 不宜种植区	
≥0℃积温 (℃·d)	2550~2850	2850~3000	2350~2550	3000~3150	2050~2350	3150~3300	1900~2050	>3300	<1900
无霜期 (d)	120~130	130~135	110~120	135~140	100~110	140~145	90~100	>145	<90
关键期降水量(mm)	300~330	250~300	330~350	200~250	350~380	150~200	380~400	<150	>400
海拔高度 (m)	2000~2200	1900~2200	2200~2300	1800~1900	2300~2500	1700~1800 (阴坡)	2500~2600	<1700	>2600
产量 (kg·hm^{-2})	20000~25000	15000~20000		13000~15000		10000~13000		<10000	
地域范围	兰州的西果园、魏岭、黄峪、花寨子、湖滩;榆中的银山、兰山、兴隆山	兰州的西果园、魏岭、黄峪、花寨子、湖滩、阿干镇、金沟;榆中县的银山、兰山、兴隆山、上庄、新营、城关、小康营;临洮县的何家山、马家山		兰州的西果园、黄峪、阿干镇、彭家坪、金沟、新城、皋兰山;榆中县的三角城、中连、龙泉;永登县的连城、河桥、大有、民乐;临洮县的何家山、马家山		兰州的彭家坪、花寨子、金沟、新城;榆中县的三角城、中连、龙泉、连塔、和平、哈砚、来紫堡、梁坪、甘草、定远、贡井、夏官营、高崖;永登县的通远;皋兰县的西岔、黑石;临洮县的何家山、中铺、五户、上梁、改河、上营、云谷、峡口、站滩;定西县的称沟、符川;永靖县的关山、陈井		本区属高寒阴湿和温和半干旱、干旱高山、坪川地区,过冷、过热是百合不宜生长的主要因素	
分区评述	本区属山区二腰山坡地,气候冷凉湿润,土层肥厚疏松。关键期的花期(7月)、鳞茎膨大期(8—9月中旬)气温适宜,降水较多	本区由最适宜区上升或下降 100 m 的两层山坡地带,气候冷凉湿润和冷凉半湿润过渡,土层肥厚疏松。关键期气温、降水适宜		本区由适宜层带继续上升或下降 100~200 m。上层热量略欠、无霜期较短,下层温度略高、水分略欠,土质略差,产量和品质不稳定		本区属高山坡和浅山、沟壑、坪台地带,气候向寒阴湿和温和半干旱过渡。热量欠缺,冻害明显,百合鳞茎小,产量低;下层气温偏高,水分欠缺,土质差,品质差		本区属高寒阴湿和温和半干旱、干旱高山、坪川地区,过冷、过热是百合不宜生长的主要因素	

8.4.5.4 提高气候生态资源利用的途径

(1)加快百合种植基地建设。独特的气候生态环境造就了"兰州百合"独特的品质,在国内外市场享有很高声誉。在最适宜区和适宜区确定为发展百合种植基地,建立产、加、销经营模式。在海拔 1700~1900 m 黄河两侧坪台沟坝引黄提灌区,以及可种植区的浅山坪台地,由于春旱较重,可采取深耕土壤、改良土质,发挥科技优势,建立母籽繁殖基地,对发展山区经济、改变贫困面貌十分有利。

(2)选择适宜季节培育种球。用小鳞茎培育种球,在临冬和早春均可以播种,但该地区春旱经常发生而深秋雨水比较丰富,土壤墒情较好,因此多宜采用临冬播种,次年出苗早、生长快。

(3)根据百合生长特点提高栽培管理技术。百合是多年生鳞茎植物,从小鳞到成品一般需要 6 年左右。据观察,鳞茎生长至第 2 年为第 1 年的 4.5 倍,第 3 年为第 2 年的 9 倍,以后 3 年增重比例减小,但绝对值最高。由于周期长,要总结不同气候年型种植经验和栽培管理技术,如选择优质种球、合理密植、除草、及时打摘花蕾、防治病虫害等,结合高新技术推广,提高产量和品质。

8.4.6 花椒

花椒($Zanthoxylum\ bungeanum$)属芸香科,是一种调味佐料和药用的木本油料树种。其主要成分是挥发性芳香油、麻味素及各种醇类和脂肪酸。据分析,种子含油率 25%～30%,树皮含有芳香油 2%～9%。

我国著名的秦椒主产区就在甘肃省的陇东南地区,这里具有发展优质花椒得天独厚的资源优势和商品生产优势。"大红袍"、"贡椒"等品种具有香气浓郁,色泽鲜红,麻味重,有效成分含量高的特点。2003 年甘肃省种植面积 15.24 万 hm^2,年产 3.977 万 t,产值达 31319 万元。因此,种植花椒是发展山区经济、农民致富的重要手段。

8.4.6.1 气候生态适应性

(1)物候特征与热量条件

花椒是喜温热、喜光照、耐干旱、适应性强的树种。但不耐严寒,也不耐水湿。气候干热,光照充足产地的品质最佳。

据 1990—1991 年定位观测资料分析(表 8.46),一般在 3 月中旬至 4 月上旬,气温 7～8℃时花椒芽开放,时间 30 d 左右;气温 9～13℃时展叶,时间 15 d 左右;气温 10～14℃时现蕾,需要时间最短,为 5 d 左右;气温 11～13℃时开花,需要 13 d 左右;气温 16～17℃时着色,需要时间较长,为 60 d 左右;气温 20～23℃时成熟,需要 30～50 d 时间。全生育期 150～160 d,≥5℃积温为 2000～2600℃·d。从九个定位点物候期变化看出,发育期随海拔升高而推迟,全生育期天数和≥5℃积温均随海拔升高而减小和下降(表 8.47)。每升高 100 m,全生育期天数减少 4 d,≥5℃积温下降 106℃·d(余优森等,1994,1995)。

表 8.46 花椒物候期与热量条件

地名	海拔高度(m)	项目	芽开放	展叶	现蕾	开花	着色	成熟	全生育期
武都	1079	出现日期(日/月)	12/3	22/3	25/3	6/4	24/5	20/7	
		间隔日数(d)	34	10	3	12	48	57	164
		≥5℃积温(℃·d)	255.0	135.6	43.6	139.2	795.2	1332.0	2697.9
		平均气温(℃)	7.5	13.6	14.5	12.6	16.5	23.4	16.5
宕昌	1753	出现日期(日/月)	3/4	19/4	26/4	10/5	2/7	30/7	
		间隔日数(d)	25	16	7	14	53	28	143
		≥5℃积温(℃·d)	197.5	131.5	69.5	154.6	867.6	563.7	1984.4
		平均气温(℃)	7.9	8.2	9.9	11.0	16.4	20.1	13.9

表 8.47　花椒全生育期天数和积温

地点	文县 白衣坝	武都 城南	舟曲 城郊	成县 北关	两当 城关	康县 城郊	礼县 城郊	西和 城郊	宕昌 牛家乡
海拔高度(m)	1014	1079	1400	970	1040	1221	1404	1577	1753
全生育期(d)	128	164	130	130	128	129	119	117	118
≥5℃积温(℃·d)	2627	2698	2606	2417	2436	2249	2139	1964	1984

(2)产量与气象条件

从表 8.48 看出,花椒果实重量与气象条件关系非常密切。从气候生态区类型看,同一品种以北亚热带半干旱区和温暖半湿润或半干旱区的产量最高。从气象条件看,热量丰富,全生育期≥5℃积温为 2600℃·d 左右,降水量适中在 200～250 mm 之间;果实膨大期气温在 19～20℃之间,相对湿度在 60% 左右,降水量在 50～100 mm 之间,日照时数在 300～350 h 之间,果实重量明显增大。

表 8.48　花椒果实重量与气象条件

地点	气候生态区	全生育期			果实膨大生长期				果实重量(g·(200粒)$^{-1}$)		
		≥5℃积温(℃·d)	降水量(mm)	日照时数(h)	旬气温(℃)	降水量(mm)	相对湿度(%)	日照时数(h)	皮重	籽重	总重
武都城南	北亚热带半干旱	2698	220	854	19.1	54	59	317	1.79	1.93	3.72
文县白衣坝	北亚热带半干旱	2627	264	768	19.4	87	59	279	1.72	1.92	3.64
武都洛塘	温暖半湿润	2600	225	854	19.0	55	67	348	1.73	1.95	3.68
舟曲城郊	温暖半干旱	2606	218	908	19.3	103	61	374	1.74	1.91	3.65
礼县城郊	温和半湿润	2139	262	823	18.2	156	66	455	1.68	1.77	3.45
西和城郊	温和半湿润	1964	266	756	17.5	137	71	390	1.61	1.71	3.32
康县城郊	温暖湿润	2249	427	802	18.8	236	72	452	1.59	1.78	3.37
宕昌牛家乡	温凉湿润	1984	321	829	14.5	210	73	415	1.47	1.67	3.14

据观察,花椒开花后 20～25 d 结果实,一般在 4 月中下旬,气温 14～15℃时开始果实膨大生长;5 月份气温 18～19℃时,果实迅速生长达高峰期;6—7 月气温 20～23℃时为果实生长后期,增长较缓慢。果实生长期为 100 d 左右。

对花椒果实每隔 10 d 进行连续测定,果实重量累积增重呈"S"型生长曲线变化,建立果实累积增重模型:

文县:
$$W = 19.5/(1+e^{3.128-0.064t}) \tag{8.11}$$
(回归效果 $Q = 42.35$,误差 $S_y = 1.96$)

武都:
$$W = 15.8/(1+e^{1.865-0.052t}) \tag{8.12}$$
(回归效果 $Q = 26.1$,误差 $S_y = 1.54$)

式中,W 为 200 粒果实累积重量(g),t 为生长天数(当 $t=1$ 时,对应日期为 4 月 20 日,依此类推)。上述经回归效果检验是有意义的。对 200 粒果实增长速率(CGR)拟合方程:

文县:
$$W = 1.248e^{3.128-0.064t}/(1+e^{3.128-0.064t})^2 \tag{8.13}$$

武都:
$$W = 0.822e^{1.865-0.052t}/(1+e^{1.865-0.052t})^2 \tag{8.14}$$

从图 8.12 和图 8.13 看出,果实增长速度开始缓慢,中期急增,后期平缓。果实累积速度极大值文县出现在 5 月 29 日,最大生长率为 0.312 g·d^{-1};武都极大值出现在 5 月 16 日,最大生长率为 0.206 g·d^{-1}。文县从 5 月 14 日至 6 月 13 日一月内累积最大生产率为 8.70 g，占总重 45%。其中 5 月 22 日至 6 月 5 日增长速度最快，日增长量在 0.30 g 以上，是增重关键期。武都从 5 月 1—31 日一月内累积最大生长量为 5.87 g，占总重 37%。其中 5 月 10—22 日增长速度最快，日增长量在 0.20 g 以上，也是增重关键期。两地果实开始膨大日期基本一致，但文县大红袍花椒生长率明显大于武都七月椒，最大生长率出现时间比武都推迟 10~15 d。两地果实增长量的差异除品种以外，与降水关系密切，果实膨大期的 1991 年 6 月中旬至 7 月武都出现干旱，同期降水量比文县少 63.7 mm，使果实增长最快时段缩短，增长量下降。因此在果实增长关键期增加水肥投入，加强田间管理非常重要。

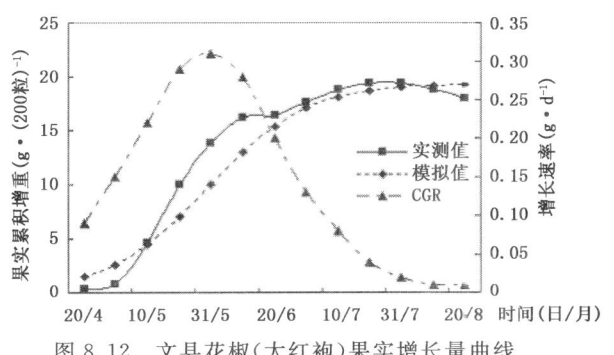

图 8.12　文县花椒（大红袍）果实增长量曲线

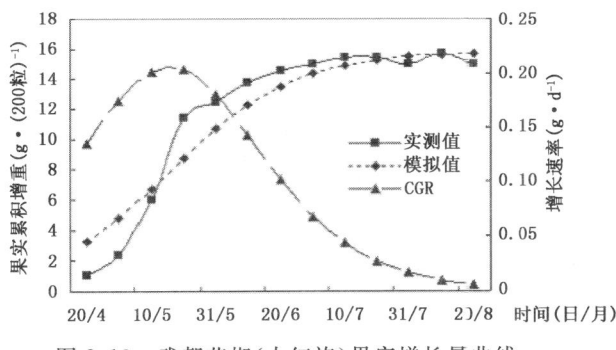

图 8.13　武都花椒（大红袍）果实增长量曲线

(3) 品质与气象条件

据观察，文县、武都花椒一般在 5 月下旬气温 16~17℃时，果实膨大生长后 25~30 d 开始着色；当气温 20~23℃时，果实进入普遍着色期，需 30~40 d。整个着色期大约 60 d 左右，随后进入成熟期。

同一品种不同地域着色成熟期气象条件不同，其品质有显著差异（表 8.49）。着色成熟期气温比较适宜且夜间温度较低，持续时间长，在 22~23℃；相对湿度较小，在 64%~70%；降水量适中，在 100~170 mm；日照较充足，在 300~350 h，多太阳散射光，有利于芳香油和麻味素的积累，椒皮鲜红、紫红，油腺多而密，颗粒匀细而大，香气浓郁，麻味重，品质最佳，总评分在 20 分以上。

表 8.49 花椒品质与气象条件

地点	着色成熟期				品质评定（5 分制）					
	旬气温（℃）	降水量（mm）	相对湿度（%）	日照时数（h）	外表皮	内表皮	油腺	颗粒	气味	总评分
武都城南	23.4	157	67	348	紫红 4	铜黄 4	多、明显 4	较匀 4	浓 4	20
文县白衣坝	23.4	171	67	330	紫红 4	铜黄 4	多、不匀 3	较匀 4	浓 4	19
武都洛塘	22.1	160	70	340	鲜红 5	金黄 5	多、密 5	细匀 5	浓香 5	25
舟曲城郊	22.7	102	64	303	紫红 4	铜黄 4	多、明显 4	较匀 4	浓 4	20
礼县城郊	21.3	49	72	162	棕红 3	浅黄 3	较多 2	匀 3	较浓 3	14
西和城郊	19.7	68	78	163	淡红 2	白黄 2	多、不匀 3	稍匀 2	略淡 2	11
康县城郊	21.6	136	79	194	淡红 2	灰黄 2	少、不显 1	稍匀 2	淡 1	7
宕昌牛家乡	16.7	46	80	155	褐红 1	灰黄 1	少、不显 1	不匀 1	淡 1	5

8.4.6.2 气候变化对花椒生育的影响

一般，当春季日平均气温≥0℃时花椒树液开始流动，≥5℃时开始发芽，≥8℃、≥10℃、≥13℃、≥18℃、≥20℃分别进入展叶期、现蕾期、开花期、着色期和着色成熟期。随着全球气候变化，花椒主产区气候资源分布格局也发生了较大的变化，以武都为例，稳定通过 5℃平均日期为 3 月 5 日，全年≥5℃平均日数为 303 d，六阶多项式模拟结果显示（$R=0.4285$）：21 世纪 00 年代年之前全年日数变化不大，2001—2007 年变幅较大，其中 2002 年延迟到 4 月 11 日，2007 年提前到 1 月 29 日，变暖趋势提前，花椒生育期也相应提前。在花椒主要生育期间，≥5℃积温平均为 2863℃·d，倾向率为 165℃·$(10 a)^{-1}$（$R=0.5310$），热量资源丰富，花椒生长期间气候资源比较充裕。

对 1980—2007 年武都冬季气温分析结果，温度增幅为 0.597℃·$(10 a)^{-1}$（$R=0.6725$），增加趋势显著，1984 年和 1987 年分别成为极端冷冬和极端暖冬年，20 世纪 80 年代中前期温度普遍较低，21 世纪 00 年代温度相对较高，近年来冬暖次数明显增多，导致花椒萌芽期提前，但抗寒能力却明显减弱。如果发生寒潮或低温冻害天气，则很容易造成产量下降甚至绝收。对 3—5 月冷空气影响程度统计表明，主产区 1980—1995 年低温冻害频次共 5 次，1996—2007 年却高达 8 次，且冻害程度明显加重，如 1998 年 3 月 19 日 24 h 降幅 13.3℃，接着在 4 月 12 日 48 h 降温 10.1℃，连续降温使花椒嫩芽遭受到严重冻害，其冻害部位主要在根茎、大枝杈、抽条、树干和花芽；2006 年 3 月 12 日 24 h 降温 10.1℃，最低温度为-2.7℃，冻害不仅会使产量受到严重影响，还会使各种病虫害乘虚而入，蔓延成灾。

在花椒成熟期，降水是影响其产量的重要因素，对主产区 7 月份降水量分析表明，降水呈波动性变化（$R=0.4306$），1980—2000 年降水不断减少，1993 年为 184 mm，占历年降水量 219%，1991 年、1997 年和 2000 年，该时段降水量还不足 30 mm，仅占历年平均值 30%左右，干旱特征明显。如果指定该时段降水量≥20%为干旱，≥50%为特旱，统计显示 1980—2007 年间干旱频率为 43%，特旱频率为 18%，且 2000 年后干旱频率明显增多。虽然花椒抗旱性强，但严重干旱仍然会使叶片枯萎、果实萎缩，对花椒产量及其品质造成不利影响。

8.4.6.3 气候生态适生种植区域

通过以上分析，适生种植区域划分不仅考虑产量，主要应考虑品质。因此，选取≥5℃积温和年干燥度为主要指标，着色成熟期平均气温和相对湿度为辅助指标，海拔高度和品质评定总分为参考指标,确定为气候生态区划综合指标体系,将主产地陇东南地区花椒种植划分为五个区域(表8.50)。

表8.50 主产地花椒气候生态适生种植区划综合指标体系及种植分区

		Ⅰ最适宜种植区	Ⅱ适宜种植区	Ⅲ次适宜种植区	Ⅳ可种植区	Ⅴ不宜种植区
海拔高度(m)		800~1200	1200~1500	1500~1800	1800~2000	≥2000
≥5℃积温(℃·d)		4000~6000	3500~4000	3000~3500	2700~3000	<2700
年干燥度		1.6~2.0	1.2~1.6	0.9~1.2	0.7~0.9	<0.7
着色成熟期	平均气温(℃)	21~24	19~21	17~19	15~17	<15
	相对湿度(%)	60~70	70~75	75~80	80~85	>85
品质评定总分		20~25	12~20	5~12	2~5	<2
地域范围		武都、文县、舟曲沿白龙江和白水江的河谷地带以及北道个别乡镇	武都、文县、礼县、西和、成县、康县的平洛等沿西汉水流域和宕昌的甘江头等浅山河坝地带以及北道个别乡镇	武都、文县、西和、成县、康县大部、礼县、两当、甘谷的部分乡镇	宕昌、礼县、西和、成县、徽县、两当、康县、北道、秦城、武山、甘谷、秦安、清水、张家川等地的大部;武都、文县个别乡镇	除前四区以外的地带
分区评述		属北亚热带半干旱干热河谷和温暖半湿润气候区。热量丰富,湿度适宜,水分适中,病虫害少,产量高品质优。个别年干旱造成落花落果而减产	属温暖半干旱和半湿润气候区。热量较丰富,湿度和水分较适宜。商品价值较高。花蕾期易受晚霜冻危害;水土流失严重,干旱时有发生	属温暖湿润和温湿润气候区。气温较适宜,湿度较大,降水较多,日照较少。生长中后期气象条件较不适宜,品质较差,商品价值较低	属温和或温凉的湿润或半湿润气候区。气温偏低,湿度大,降水偏多,日照不足。生长中后期气象条件不能满足要求,品质很差,商品价值很低	属温寒阴湿山区。气象条件不宜花椒生长,结果少,产量很低,无商品价值

8.4.6.4 提高气候生态资源利用的途径

(1)建立优质商品生产基地,合理布局花椒种植品种。在北亚热带和暖温带的半干旱和半湿润气候区是最适宜区和适宜区内建立优质花椒商品生产基地,选择距河坝相对高度100~600 m的浅山地带开辟椒园,种植优质花椒,开发深加工产品。在浅山河坝区(距河坝100 m以下)宜栽二红椒;距河坝100~300 m的逆温暖层和旱山腰的低山区宜栽种喜干热耐旱的大红袍;在距河坝300~600 m的暖温半湿润中山区宜栽梅花椒和秦椒;在温和、温凉的湿润区或半湿润区可选择八月椒品种。

(2)提高栽培管理技术,培育高产优质产品。一般选择土层疏松深厚的砂壤土或壤土于春季栽种,达到成活率高,生长健壮的目的。因地制宜选择不同栽植方式,新开发的荒山荒坡,要整修成台地和条田,建立大型花椒园栽植区;小块土地可实行粮椒或椒菜间作,实行立体种植,合理利用资源;在土地少的山区利用路边地埂、房前屋后实行"锁边"种植,既不与粮争地,又充分利用土地资源,减少水土流失,增加收益。花椒是一种喜光性树种,根据不同熟性品种整修不同树型结构,中早熟种的大红袍和六月椒最佳树形为多主枝丛状形,其优点是成形快、树冠大、结果早,通风透光好,单株产量高;晚熟种的秦椒和七月椒宜自然开心树形,其优点是树冠开心,光照条件好,结果主体化,可提高单株产量。采摘时间宜选择在晴天露水干后进行,摘后采用晾晒法干制,先摊晾一天,再移到太阳下晒干品质最佳。

8.4.7 油橄榄

油橄榄(olea europaea)又名齐墩果,是优良的木本油料和果用树种。果肉含有油脂称之为橄榄油,含油率为20%左右,其含量甘油10%,脂肪酸80%～90%,而脂肪酸中含油酸85%,被人体吸收消化率达95%,它几乎不含胆固醇,味道清香可口,营养极其丰富,医疗保健作用十分显著,被誉称为品质最佳的植物油。西方国家誉为"液体黄金"、"植物油皇后"。

油橄榄原产于地中海沿岸。从1975年在甘肃省武都白龙江沿岸引种试验,到2003年种植面积0.43万 hm^2,挂果面积0.20万 hm^2,总产100 t,单产4500 $kg \cdot hm^{-2}$。武都汉王镇橄榄园9年生的佛奥品种单株最高产量76.5 kg,平均单株44.4 kg,单产为9375 $kg \cdot hm^{-2}$,超过国内同树种的丰产标准,且品质上乘,优于原产地。因此,白龙江沿岸成为我国油橄榄的主要产区之一,也成为当地农民致富的重要产业。

8.4.7.1 气候生态适应性

油橄榄具有喜温、怕冻、喜干怕湿的气候特点。耐旱能力较强,耐高湿能力较弱,对水分适应性较强,但要达到高产还要有较充足的水分保证。

(1)物候特征与气象条件

1990—1992年在白龙江沿岸五个油橄榄园物候观测资料表明(表8.51),3月中旬日平均气温稳定通过12℃时春芽萌动;4月上旬适宜气温15～18℃时发芽;5月份适宜气温20～23℃时开花坐果,这时喜温怕冻;5月下旬至10月上旬幼果形成至果实着色,约需5个月左右时间,适宜气温23～25℃;10月上中旬气温14～18℃进入成熟期;秋季日平均气温稳定下降到8～10℃以下时进入冬眠期。在春、夏分别于4月中下旬气温16～18℃时和6月下旬23～26℃时有两次抽梢。

表8.51 白龙江沿岸五个点油橄榄物候期与温度指标

发育期	春芽萌动	发芽	春抽梢	开花	幼果形成	夏抽梢	果实膨大	成熟	全生育期
日期 (日/月)	15/3— 19/3	28/3— 4/4	16/4— 23/4	4/5— 13/5	24/5— 30/5	24/6— 30/6	10/8— 20/8	8/10— 20/10	15/3— 20/10
天数(d)	15	20	20	10	34	47	61	13	220
日平均气温(℃)	12～15	15～18	16～18	18～21	21～23	23～26	26～18	18～14	12～26
≥10℃积温(℃·d)	181.5	284.0	322.0	171.0	727.6	1120.0	1134.6	196.3	4137.0

从春芽萌动到果实成熟全生长期210～220 d,全生育期≥10℃积温3800～4500℃·d,无霜冻期220～280 d,日照时数1500～1900 h,相对湿度50%～65%,降水量410～440 mm。

(2)产量与气象条件

从表8.52看出,3月中旬栽种,气温在20℃左右的适宜范围内,生长期长,成熟率高,经济性状最好,产量最高;3月上旬前栽种,气温只有16～17℃,开花前受低温影响时间长,发芽率低;4月上旬后栽种,温度高于26℃,夏季营养生长期短,太嫩细,成熟率低,因而产量最低(邓振镛,2004)。

表 8.52 油橄榄不同栽种期气象条件及产量因素

栽种(日/月)	开花(日/月)	结果(日/月)	成熟(日/月)	生长期(d)	气温(℃)	相对湿度(%)	降水量(mm)	成熟率(%)	树高(m)	最大果重(g·个$^{-1}$)	产量(kg·株$^{-1}$)	产量(kg·hm^{-2})
5/3	17/5	24/5	22/10	210	16.7	59	375	84	2.1	5.0	5	2250
15/3	14/5	26/5	24/10	215	19.6	62	358	91	2.5	6.5	7	3150
25/3	18/5	22/5	20/10	220	23.4	63	347	88	2.3	5.1	6	2700
5/4	12/5	19/5	23/10	218	26.5	58	385	75	2.0	4.7	4	1800

世界油橄榄集中产区属地中海气候,其主要特点是夏季炎热干旱,冬季温暖湿润。而白龙江沿岸属北亚热带半湿润气候,四季温暖,雨热同季。两地气候最大相似点是:年平均相对湿度在60%左右和果实成熟的关键时段9—10月相对湿度在70%左右非常相近。相对湿度小,病虫害少,果实不容易腐烂,这是引种成败的关键。两地气候不同点是:白龙江沿岸夏季雨热同季,光温水匹配合理,与油橄榄生长高峰期同步,对生长发育、产量和品质的提高非常有利。另外,油橄榄生长量较地中海沿岸的大,主要是夏梢多,占60%~70%,而果枝有60%~70%产于夏梢,3年幼树就结果,而地中海沿岸油橄榄因夏季降水量稀少,在无灌溉的条件下,几乎处于休眠状态,新梢的生长量主要是春季,幼年树8~12年才能结果。因此,白龙江沿岸具有引种油橄榄比原产地早结果、产量高的独特气候生态优势。

从我国10省市17个引种点气候生态条件对比分析看出,白龙江沿岸的北亚热带边缘气候与南亚热带气候有三个方面的明显差异。

1)夏季雨型。前者年降水量450~500 mm,夏季月平均降水量只有80 mm左右,夏雨偏少,土壤不存在渍水问题;而后者年降水量在1000 mm以上,夏季月平均降水量150 mm以上,夏雨偏多。

2)相对湿度。前者年相对湿度在60%左右,后者年相对湿度较大,在74%~81%,比前者大15%~20%;特别是9—10月都在80%~90%,比前者大10%~20%。

3)夏季气温。6—9月是果实膨大至成熟期,前者在适宜气温22~25℃范围内,无日最高≥32℃的高温危害,积温有效性好,盛夏季节的热量条件对果实膨大成熟较为有利。

由于夏季雨水偏多和相对湿度偏大以及气温偏高等原因,使得我国南亚热带地区引种油橄榄的成功率较低。

(3)品质与气象条件

果实含油率和果肉率是品质的重要经济指标。佛奥和莱星两品种定植4年后果实的含油率达23.5%~25.3%,果肉率在80%以上(表8.53),基本上达到或超过原产地。

表 8.53 白龙江沿岸不同品种油橄榄经济性状比较

	果重(g)	含油率(%)	果肉率(%)
佛奥	6.7	25.3	80.1
莱星	6.1	23.5	82.3

从表8.54看出,白龙江沿岸果实的油酸含量要比其他地区的高,均超过油酸含量75%~80%的质量标准。

表 8.54　不同地点油橄榄品质比较

	佛奥				莱星		
	甘肃武都	甘肃文县	江西南昌	云南昆明	甘肃武都	甘肃文县	四川西昌
油酸(%)	81	80	79	78	81	80	65
亚油酸(%)	4.7	4.6	4.1	4.5	6.1	5.9	4.4
亚麻油酸(%)	0.3	0.4	0.2	0.1	0.4	0.3	0.2
总含量(%)	86.0	85.0	83.3	82.6	87.5	86.2	69.6

从 1995—1998 年不同采收时间果实含油率测定结果分析,当≥20℃积温增加时,含油率随之增加;当≥20℃积温大于 1100℃·d 后,含油率增加减缓。另外,当日平均气温下降到 8℃以下,含油率增加开始减缓,约 20 d 后开始下降。日平均气温与果实含油率相关系数为 0.95。看来,温度对果实品质有一定的影响,要根据气温变化来确定采摘时间。白龙江沿岸秋季降温较快,气温偏低,昼夜温差小,果实脂肪酸转化缓慢,成熟期延迟,品质下降。因此,要特别注意气温下降对品质的影响。

(4)生长发育与土壤条件

油橄榄是浅根植物,特别不耐水渍,对土壤物理性质要求比较严格。最怕生长在土壤黏重、排水性能较差的土壤中。经与原产地土壤对比分析,基本上达到适宜生长的土壤物理性状标准范围(表 8.55)。经测定,白龙江沿岸黏粒含量没有超过 11%,略高于低限标准,渗透性能比较好,pH 值在适应范围内,因此,是理想的土壤质地。

表 8.55　油橄榄适宜生长的土壤物理特性

	含量(%)			渗透性	pH 值
	沙粒	粉粒	黏粒	(mm·h^{-1})	
直径(mm)	2~0.02	0.02~0.002	0.002~0.001		
适宜标准	45~65	10~35	10~35	80~150	7~8
白龙江沿岸	48.8	40.3	10.9	150	7~8

8.4.7.2　气候变化对油橄榄生育的影响

作为甘肃油橄榄著名产地,武都属于北亚热带大陆性气候,海拔 667~3600 m,年平均气温 14.8℃,日照时数 1860 h,年降水量 463 mm,适宜油橄榄生长发育。分析 1980—2007 年冬季极端最低温度各月分布,发现 12 月份占 36%,1 月占 32%,2 月份占 24%,3 月份仅占 8%,也就是说 12 月至翌年 1 月是主产区最冷的时段。用六阶多项式模式极端最低温度出现时间的变化($R=0.716$),基本呈两峰两谷型,峰值点分别在 1980 年和 1990 年前后,也就是说该时段春季回暖较迟;谷值点则在 20 世纪 80 年代中和 21 世纪 00 年代中期,春季回暖较早。历史极端最低温度出现在 1992 年、1980 年,分别是-8.6℃和-7.8℃,从冬季平均温度分布看,20 世纪 80 年代初最冷,21 世纪 00 年代最暖,整个冬季表现为持续增温,倾向率为 0.597℃·(10 a)$^{-1}$,暖冬趋势明显。研究表明,油橄榄在冬季春化阶段尚需要一定的低温过程,低温积累对油橄榄花芽分化至关重要,理想低温-3.0~-4.0℃,从主产区油橄榄生长情况看,莱星、皮瓜尔、配多灵等品种能抗-8℃左右的低温,而佛奥的耐寒性稍差,因此暖冬有利于后者生长,适应性最好,油质最佳,便于广泛种植。

油橄榄生长最适宜温度≥10℃,分析结果,≥10℃积温增幅为256.9℃·(10 a)$^{-1}$($R=0.5523$),六阶多项式模拟显示,21世纪00年代初期积温达到4600℃·d以上,光照充足,热量资源丰富。值得一提的是,1992年≥10℃积温只有3100℃·d,主要原因是春季回暖较迟,对油橄榄生长有一定的制约。

油橄榄为耐旱树种,但并不是喜旱树种,尤其在生长季节对水分要求极为重要。1980—2007年主产地的降水量持续减少,减幅为52 mm·(10 a)$^{-1}$($R=0.4445$),降水最少时段为20世纪90年代中后期,1996年降水量只有262.6 mm,仅占平均降水量的56%;7月份正是油橄榄果实膨大时期,水分条件极其重要,统计结果显示该时段干旱年份占43%,特旱年份占18%,1991年偏少73%,1997年偏少67%,因此在干旱年份,当自然降水不能满足油橄榄正常的水分要求时,需要通过灌溉以保证水分供给,以弥补降水亏缺,提高产量与品质。

8.4.7.3 气候生态适生种植区域

通过以上分析,选取≥10℃积温和夏季6—8月相对湿度为主导指标,年日照时数和海拔高度为辅助指标,单产为参考指标,确定为气候生态区划综合指标体系,采用气候相似原理和叠加法,将主产地白龙江沿岸油橄榄气候生态适生种植划分为五个区域(表8.56),经调查考察,划区结果与实际生产相一致。

表8.56 白龙江沿岸油橄榄气候生态适生种植区划综合指标体系及种植分区

	Ⅰ最适宜种植区	Ⅱ适宜种植区	Ⅲ次适宜种植区	Ⅳ可种植区	Ⅴ不宜种植区
海拔高度(m)	800~1000	1000~1200	1200~1250	1250~1300	>1300
≥10℃积温(℃·d)	5000~4600	4600~4200	4200~4000	4000~3800	<3800
6—8月相对湿度(%)	50~61	61~65	65~70	70~75	>75
年日照时数(h)	1800~2000	1700~1800	1600~1700	1400~1600	<1400
单产(kg·hm^{-2})	6000~8000	5000~6000	4000~5000	3000~4000	<3000
地域范围	武都的两乡、城郊、汉王、东江等乡镇	武都的石门、柑橘、透防、三河、外纳、文县的临江、尖山等乡镇	武都的角弓;文县的桥头等乡镇	宕昌的沙湾乡	
分区评述	位于白龙江沿岸河谷、向阳山坡的窝地、谷地。属北亚热带半湿润区,四季温暖、雨热同季。土壤属侵蚀性褐土类,结构纹理垂直,土壤渗透性最好	位于白龙江沿岸河谷、山坡地。气候特点同Ⅰ区。土壤以沙壤土为主,渗透性良好	位于白龙江沿岸山谷地带。属于热干燥气候型。土层深厚,有侵蚀性黄土,土壤渗透性良好,在100~110 mm·h^{-1}	位于白龙江上游。属温热湿润区,热量不足,湿度较大。土壤黏粒含量33%左右,土壤渗透性较好,在90~100 mm·h^{-1}	位于白龙江和白水江的边界区,热量差,湿度大,日照不足,气候生态条件不宜种植

8.4.7.4 提高气候生态资源开发利用的途径

(1)充分利用优势气候生态资源,建立规模生产加工基地。发展种植,要遵循经济生态效益最佳原则,在最适宜和适宜种植区内适当集中建立连片主栽品种基地,实行集约化经营,以农林间作为主,纯林为辅。充分利用得天独厚的自然条件尤其开发非耕地资源,前景广阔。在Ⅲ区和Ⅳ区选择有利的地形和土壤条件好的地块进行种植,坚持稳定面积,提高单产的方针。同时注意采摘期低温危害和加强冬季防寒防冻保暖措施。

(2)根据生理特点,充分利用土地资源。选择地形开阔、背风向阳的缓坡地带,土壤疏松,排水性能良好的沙质壤土种植。不同品种要因地制宜,喜温怕冻品种宜种植在向阳的东坡北坡;喜凉怕高温的品种宜种植在南坡;喜干怕湿的品种宜在向阳窝地、谷地山坡种植。成林后形成较厚的覆盖层,能起到防洪固土,防止水土流失,涵养水源,保护自然生态环境的作用。

(3)科学采摘,提高品质。据试验,完全成熟后采摘出油率高,品质好。由于品种和气候生态条件差异,果实成熟时间有先有后,因此,采摘时间应根据成熟度来确定。为了保证果实的油质,一般采用人工采摘。果实采摘后先放在通风地方保存,鲜果在 2~4 d 送榨油厂。如一时来不及榨取,将鲜果浸入 7%~10% 食盐水中贮存 20 d 内榨油。

8.5 综述

8.5.1 苹果

8.5.1.1 对生长发育的影响

气候变暖,加快了苹果生长发育速度,使成熟以前的生育期普遍提前,成熟后叶变色及落叶时间普遍推后。甘肃陇东黄土高原 1984—2005 年苹果叶芽开放期平均线性提前趋势为 $0.7\ d \cdot a^{-1}$ ($P<0.01$),展叶盛期 $0.7\ d \cdot a^{-1}$ ($P<0.01$),开花盛期 $0.7\ d \cdot a^{-1}$ ($P<0.01$),叶变色平均推后线性趋势为 $0.5\ d \cdot a^{-1}$ ($P<0.1$),落叶 $0.5\ d \cdot a^{-1}$ ($P<0.1$)。陇西黄土高原 20 世纪 90 年代以来,苹果生育期明显提前,叶芽开放、始花期、展叶及果实成熟平均日期分别出现在 3 月 29 日、4 月 23 日、4 月 24 日和 10 月 2 日,分别较 1981—2000 年平均日期提前 6 d、7 d、7 d 和 7 d。随着海拔高度增加,生育期提前愈明显。其中以海拔>1300 m 天水关山区偏早最多,分别为 6 d、7 d、7 d 和 8 d;海拔在 1000~1300 m 的渭河河谷及其以北地区最少,为 5 d、6 d、6 d 和 6 d。

8.5.1.2 对坐果的影响

苹果落花后 2 d 日平均最高气温 29.0℃ 以上,3 d 日平均最高气温 27.0℃ 以上或 4 d 日平均最高气温 26.0℃ 以上时,坐果率均低于 15%;盛花期 2 d、3 d 或 4 d 日平均最高气温 35.0℃、32.0℃ 或 30.0℃ 以上,均能使正处开花授粉受精的花粉发芽受阻,代谢失调萎缩失去受精能力,甚至灼伤致死而不能坐果。气候变暖,高温天气增多,严重地影响了苹果的坐果率。20 世纪 90 年代较 80 年代偏低 7.1 个百分点。气温升高给苹果产业带来了负面影响。

8.5.1.3 对品质的影响

陇西黄土高原天水优质苹果的含糖量指标为 14%~15%,含酸量 0.20%~0.25%,适中硬度 7.6~9.0 kg·cm^{-2}。20 世纪 80 年代各项指标平均值分别为 14.2%、0.22% 和 8.5 kg·cm^{-2},品质优良,可口性好;但 90 年代以来 1991—2004 年各项指标分别为 14.7%、0.19% 和 7.6 kg·cm^{-2},与 80 年代相比含糖量增加 0.5 个百分点,含酸量和果实硬度分别下降 0.3 个百分点和 0.9 kg·cm^{-2}。从 1981 年开始苹果硬度逐年下降,线性下降速度为 0.064

kg·cm^{-2}·a^{-1}（$R_2=0.5504$，$P<0.01$）。硬度不足,口感绵软,不耐贮运,品质有所下降。

8.5.1.4 对产量的影响

气象条件是影响产量的主要因素。甘肃崆峒区苹果生育期间各个不同时段的光、温、水资料与苹果气候产量进行相关分析发现,与4月份最低气温（$R=0.6705$，$P<0.001$）、7—8月最低气温（$R=0.5797$，$P<0.01$）相关密切。20世纪80年代以后,该区4月份最低气温上升明显,1981—2007年4月份的最低气温较1961—1980年升高了2.2～2.4℃。春季冻害对苹果产量影响很大,4月份是花期冻害高发时期,最低气温上升,减少了冻害威胁,对产量提高有利；7—8月是苹果迅速膨大到果实成熟时期,是光合积累最旺盛时期,较大的温度日较差有利于光合积累,也利于苹果糖分增加,7—8月最低气温与苹果产量正相关显著,能够反映出此阶段日较差对苹果产量的贡献。1981—2007年7—8月最低气温较1961—1980年升高了0.8～1.2℃,对苹果产量形成和品质都有不利的影响。

8.5.1.5 对适宜种植区的影响

气候变化对陕西苹果种植结构产生了影响。对陕北苹果气候生态适应性进行评判的结果为:府谷、神木经榆林南端至横山一线为陕北苹果适宜栽培北界；自横山向东南沿海拔1300 m等高线,顺子洲县西界南下经子长至延河北,再西北绕安塞南下至甘泉,此线为陕北苹果适宜区分布西界。气候变暖加剧了果实膨大期高温热害对果树产量和品质的影响,高温热害重点发生区域为关中和渭北东部果区。20世纪90年代起高温热害有明显增加趋势,其中2002年和2005年危害严重,其中2002年7月9—21日关中和渭北东部果区出现了≥35℃的持续高温天气,最高气温≥35℃的日数达8～10 d,苹果灼伤率达5%～10%。冬季气候变暖引发果树开花期提前,增加果树开花期遭遇低温冻害的几率和强度,影响苹果冻害风险走势呈东南方向西北增加,其中2000年、2001年和2006年对陕西关中果区造成严重损害,造成大量畸形果,明显影响果实品质和产量。

8.5.2 酿酒葡萄

8.5.2.1 对生态气候特征的影响

河西地区主产区酿酒葡萄中早熟品种生长期为170～180 d,需要≥10℃积温3100～3400℃·d,幼果出现到成熟期需≥10℃积温2150～2230℃·c。生长期平均耗水量420 mm,盛花至成熟期耗水量达最大,为260 mm。枝条生长关键时段出现在5月,生长最快时间在5月20日前后。果实生长关键时段为7月上旬初至8月上旬初,枝条和果实生长期间≥10℃积温、地温和相对湿度是主要影响因素。果实含糖量增长关键时段出现在8月,含糖量累积阶段主要影响因素是≥10℃积温和累积日较差。气候变暖,积温增加,使生长速度加快,果品质量提高。

8.5.2.2 对生态气候类型的影响

应用试验资料,在筛选影响酿酒葡萄生育主要气象因子的基础上,建立了各因子适宜度隶属函数和气候适宜动态模型,并计算生态气候指数,采用模糊聚类统计方法,将河西地区分为四种类型,即西部海拔1100～1300 m温热型、中北部海拔1300～1500 m温和型、中南部海拔1500～1800 m温凉型和南部海拔大于1800 m温寒型。其中温和型和温凉型的地域是发展酿酒葡萄的主要生产基地,温寒型为不适宜种植区。气候变暖,种植高度提高50～100 m,适宜种植区域扩大。

8.5.3 大樱桃

8.5.3.1 对气象灾害和生态气候类型的影响

大樱桃在西北地区种植有一定的气候优势,但也存在一定风险。春季低温冻害和春旱是影响大樱桃生产的主要因子。春季低温冻害轻者可使樱桃减产4～5成,重者可致绝收。通过建立大樱桃产量影响定量评估系数计算得出,大樱桃开花关键发育期,有霜冻或寒潮发生,产量降低75%;有春旱发生,产量降低10%;霜冻、寒潮及春旱均发生,产量降低85%。根据春季低温冷害和春旱对各地大樱桃生产危害程度的不同,取霜冻、寒潮对产量的影响系数为0.65～0.75,春旱影响系数为0.10～0.20,表示大樱桃种植的风险程度得出,天水市渭河谷地种植大樱桃的气候条件最为优越,保险程度最高,风险性最小,渭北地区次之,关山区张川风险性最大。

8.5.3.2 对产量的影响

通过相关计算结果表明,4月极端最低气温及4月上至中旬的平均最低气温为影响大樱桃产量的主要热量因素。此期正值大樱桃开花期,4月份的寒潮、霜冻导致大樱桃花期缩短,受孕时间减少,同时叶片、花芽、茎不同程度、不同部位受冻,严重影响产量。花期降水与气候产量负相关比较明显,降水偏多,导致气温降低,由此带来冻害危害远远大于降水偏少的干旱影响;果实增长期降水与产量正相关较为显著,此期降水偏少,对产量会造成一定影响;成熟期间降水与产量负相关较为显著,此期降水日数多将使成熟的籽粒烂裂、脱落,对大樱桃生长反倒不利。全年降水量与产量相关系数极为显著。分析1996—2007年降水量与大樱桃气候产量关系得出,除2001年及2006年因春季低温冻害导致大樱桃产量大幅度减产之外,其余年份全年降水量与大樱桃产量变化趋势呈正相关。

8.5.4 白兰瓜

8.5.4.1 对生长发育和种植区域的影响

白兰瓜主产区≥10℃积温呈逐年代增加趋势。敦煌≥10℃积温20世纪90年代较80年代平均增加128℃·d,线性倾向值为174℃·(10 a)$^{-1}$。民勤2001—2006年较70年代增加301℃·d,线性倾向值109℃·(10 a)$^{-1}$。日照时数也呈逐年代增加趋势。民勤2001—2006年平均为3257 h,较70年代平均增加了252 h。光热条件得到明显改善。使得河西灌溉农业区白兰瓜适生种植高度向南部川区海拔1300～1500 m地区扩展,范围扩大,种植面积增加。原种植区种植品种将向晚熟品种发展,从而使产量增加。成熟期低温不利影响程度减轻,有利于糖分积累和品质提高,商品品级提高。但与此同时,气候变暖引起的高温干旱几率增大,单位面积土地对水分的需求量也会相应增大。

8.5.4.2 对品质和地域的影响

白兰瓜的品质优劣主要以含糖量高低为标准。白兰瓜含糖量用糖分累积气候指数表示,计算白兰瓜糖分累积气候指数结果表明,它随积温、日照时数及气温日较差的增加而增大。其中≥20℃积温贡献最大,其次是日照时数和气温日较差。敦煌糖分累积气候指数15.7%,民勤13.3%,酒泉12.8%,凉州12.9%,兰州12.5%。用气候指数计算结果与实际生产情况基本一致,较好地反映了白兰瓜品质随地域的分布特征,即大陆性气候愈显著的地带,白兰瓜糖分累积气候生态条件愈优越;也较好地反映了气候年型的变化。生育期间积温多、光照充足、气温日较差大,对糖分积累十分有利,含糖量高,品质优。

8.5.5 当归

8.5.5.1 对生长发育和生物量的影响

当归苗移栽至采挖全生长期需 200 d 左右,≥0℃积温 2500℃·d 左右,移栽至返青期适宜温度 5~8℃;叶生长期适宜温度 10~18℃,叶生长期最快为 14~16℃;根增长期适宜温度 17~7℃,根迅速膨大生长为 14~10℃。在全球气候变暖背景之下,当归种植地对气候变化的响应非常积极,主产区岷县 1980—2007 年年平均温度增幅 0.54℃·(10 a)$^{-1}$,升温幅度非常显著。进入 20 世纪 90 年代以后变暖明显,10 月份升温比较明显,稳定通过 10℃的累计日数逐渐增加。说明气候变暖使当归生育时段延长。

根累积速度极大值出现在 8 月底,最大生长率为 0.72 g·d^{-1}。从 8 月中旬至 9 中旬一个月内累积最大生产率为 21.6 g,占总根重 30.1%,是根增重关键期。统计根的增长量与 8—9 月候平均气温关系非常密切,经检验为极显著相关。当气温升高 1℃时,根重增加 0.74 g。气候变暖对根重增长非常有利。

8.5.5.2 对产量的影响

从积分回归分析得出,5—6 月气温为负效应,气温每升高 1℃,减产 50 kg·hm^{-2};7 月、8 月和 9 月三个月正负效应值较小,说明当地气温适宜;10 月为正效应,当地气温不足,气温每升高 1℃,增产 50 kg·hm^{-2},这时正值归根膨大后期。降水影响基本为正效应,但值不大,在 5~30 kg·hm^{-2} 之间,说明当地降水略有欠缺,但仍在适宜范围内。日照影响表现为两峰一谷型,4 月、5 月和 9 月为峰值,每增加 1 h,产量分别增加 80 kg·hm^{-2} 和 50 kg·hm^{-2},说明移栽返青期和根迅速膨大期这两个时段光照不足;6—8 月为谷值,每增加 1 h,产量最大减少 75 kg·hm^{-2},说明叶生长期日照丰富。水分对当归产量的高低起着决定性作用。统计岷县当归产量与年降水量、移栽至出苗(4 月)降水量和成药期(7 月中旬至 8 月中旬)降水量之间相关关系非常密切,经检验,分别为 0.01、0.05 和 0.01 的信度。当年降水量在 600~700 mm 为丰产年;500~600 mm 为正常年;小于 500 mm 为歉收年。适宜的土壤湿度在 18%~25%。在当归生育期间内降水波动性比较明显,20 世纪 80 年代降水比较充沛,90 年代年降水量减少明显,2000—2007 年降水呈波峰型,降水呈增多趋势,对产量增加有利。

第 9 章　气候变化对作物种植结构的影响及调整方案

9.1　农业种植结构影响因素及调整原则

9.1.1　影响农业种植结构的因素

影响一地农业种植结构的因素很多,从大的方面来说,有自然地理环境、农业生态资源、基本气候条件等诸多因素。具体来说,有气候变化、农业生产技术水平、经济效益、政策导向等方面因素。有时受单因素的影响,较多是多因素综合影响(邓振镛,2005)。

9.1.1.1　气候因素与农业种植结构调整

气候生态条件是影响农业种植结构调整的一个重要因素。甘肃省河东地区旱作区粮食作物播种面积主要受自然降水量的制约,不同时期的降水量的多少决定夏粮(冬小麦)与秋粮(玉米)播种面积的比例;河西走廊绿洲灌区农业种植结构中的夏粮(春小麦)与秋粮(玉米和谷子)、粮食作物与经济作物种植面积的比例主要受内陆河流量和水库存量的影响。而内陆河的来水量主要受祁连山区的降水量和春季气温变化的制约。

现代气候变化对农业种植结构调整的影响非常之大。气候变暖使喜热作物棉花的种植面积迅速扩大,种植高度上升 200 m,其主产区河西走廊的种植面积比 20 世纪 80 年代扩大了 10 倍,而且单产增加了 1 倍。喜温作物玉米、谷子等作物种植面积也有扩大,复种指数提高。多熟制区域向北、向高海拔推移,复种作物的高度提高 200~300 m。由于冬季气温增加明显,越冬作物冬小麦、冬油菜西伸北扩,冬小麦向北扩展 50~100 km,向西的种植海拔高度超越 2000 m,面积扩大 12.4%~42.5%。

气象灾害的种类、发生频率和周期对农业种植结构也产生重要影响。在年降水量 300~450 mm 的甘肃省中部半干旱地区,干旱灾害发生频率非常之高,小麦产量低而不稳,而耐旱作物糜、谷、马铃薯、胡麻、豆类等作物的种植面积迅速扩大,干旱年份尤其突出。在海拔较高的地区,低温冻害、霜冻发生较为频繁,喜温作物种植受到很大的限制。在干热风、沙尘暴和大风多发的河西走廊等地,选择作物种类和种植时间及种植方式都要考虑躲过和防御气象灾害危害最集中最严重的时段,使损失减到最低程度。

甘肃省由于特殊的地理位置和地形地貌特征,使得气候类型复杂多样,可供利用的农业气候资源非常丰富,适合种植一些地方特色作物,有些种植面积已有一定规模,成为地方经济发展的支柱产业,在农民经济收入中占了一定的比例,在农村经济发展中占到一定的比重。如陇东黄花菜主产区种植面积达 3.33 万 hm^2;"兰州百合"主产区种植面积为 0.73 万 hm^2;河西走廊种植啤酒大麦面积达 8 万 hm^2、种植啤酒花面积达 0.31 万 hm^2;武都白龙江沿岸种植油橄榄面积为 0.43 万 hm^2;陇东南种植花椒达 15.24 万 hm^2;洮岷山区"岷当"种植面积达 2.285 万 hm^2,党参面积达 2.72 万 hm^2,黄芪面积达 2.08 万 hm^2。这些地方特色作物虽然只适宜在局部地区的气候生态范围内种植,但为农业种植结构调整,农民致富奔小康发挥了重要作用。

9.1.1.2 农业生产技术水平与农业种植结构调整

农业生产技术水平的提高,为农作物增产提供了坚实的基础,也为农业种植结构调整提供了条件和保证。

将甘肃省夏粮产量通过 10 年、5 年滤波,剔除了短期气候产量,得到了趋势产量,其中包含了农业生产技术水平的提高。从图 9.1 看到,有两个趋势产量迅速增加的时段,1964—1976 年上升的原因主要得益于大兴水利建设和农田基本建设的成果开始发挥效益,同时采用优良品种等农业技术措施的结果;1981—1992 年趋势产量增加的主要原因是"联产承包"责任制的实施极大调动了农民的积极性,同时化肥、地膜、农业机械、间作套种带状种植技术普及、灌溉技术发展、抗旱高产优质品种大面积推广应用等的结果。进入 20 世纪 90 年代,由于农民种粮积极性受到影响,现有技术未有新的突破,增长呈波浪式发展(韩永翔,2003)。

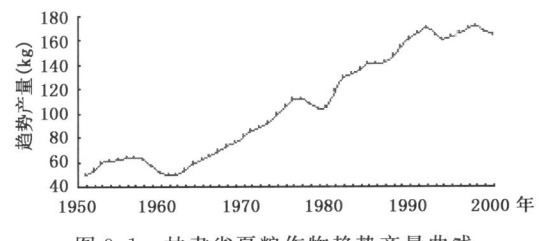

图 9.1 甘肃省夏粮作物趋势产量曲线

趋势产量的两个发展阶段和三个波动时期(1963 年以前、1977—1980 年、1993 年以后)给农业种植结构调整带来机遇和突破。每一项农业技术的应用和推广,必然带来农业种植结构的重大调整。如 1985 年开始推广地膜玉米,到目前地膜玉米面积已经占玉米总面积的 95% 以上,并由 1985 年的 21.8 万 hm² 上升到目前的 53.3 万 hm² 左右,单产由 3240 kg·hm^{-2} 提高到 4650 kg·hm^{-2} 左右。20 世纪 80 年代以后,在河西走廊绿洲灌区开始推广带状种植,到目前水带田种植面积已达 14 万 hm² 左右,单产在 11250~15000 kg·hm^{-2} 之间;20 世纪 90 年代以后,在河东旱作区开始推广带状种植,到目前旱带田种植面积达 5~7 万 hm²,单产在 9000 kg·hm^{-2} 左右。

9.1.1.3 经济效益与农业种植结构调整

随着改革开放的不断深入,市场经济已渗透到国民经济的各个领域,由于对经济效益的追求,农民种植作物种类和品种的选择更宽,因此农业种植结构发生的变化就更大。经济作物播种面积较改革开放前增加了 1 倍,在农作物播种面积中的比重由 6.45% 上升到 13.1%。河西走廊主产区的棉花面积迅速扩大,除了气候变暖的因素以外,更重要的是价格因素。由于气候适宜和价格优势,20 世纪 90 年代迅速发展的玉米制种、啤酒大麦、人工牧草已成为河西地区的重要产业。洮岷山区的当归、党参、黄芪的种植面积比 80 年代扩大 3 倍,全省中药材的种植面积比 80 年代扩大 7 倍。陇中马铃薯的种植面积扩大 1 倍。

发展"订单农业",建立作物种植基地或科技示范园区等措施带动农业种植结构调整。通过"公司+基地+农户"、"村企合一"、"大场带大户"、"合作社联农户"等产业化经营模式,带动了各地的重要产业项目发展。如天水市的以双孢菇为主的食用菌;武威市的酿酒葡萄;酒泉市的紫花苜蓿;定西市的马铃薯等。

我国加入 WTO 后,在价格杠杆作用下,市场对农作物结构调整的作用将更加明显。当前,我国小麦、玉米等主要大宗农产品的价格均远高于国际市场,而肉类价格却明显低于国际市场,入世后畜牧产品将占有更大的优势。地方特色作物如中药材、啤酒大麦、啤酒花等将具有更强的竞争力。

9.1.1.4 政策导向与农业种植结构调整

20世纪80年代后,"联产承包"责任制的实施极大地调动了农民的积极性,市场经济进一步建立,农民种植作物种类和品种的选择权和决策权进一步扩大,从而带来农业种植结构的不断更新和调整。2004年,中央和各省相继出台了一系列扶持粮食生产、促进农民增收的政策措施,农民得到了很多实惠,极大地调动了农民生产粮食的积极性,尤其优质粮食种植面积有所扩大,如甘肃省粮食种植面积比2003年扩大1.4%,单产增加0.7%,为以后进一步扩大优质粮食生产打下了基础。

9.1.2 农业种植结构调整的基本原则

种植业既是农业最重要最基本的基础性生产,也是国民经济的主要基础产业。种植业发展水平和供给能力,是满足国民经济发展需要和保持社会稳定的基本条件。农业种植结构调整是农村经济发展中的重大变革,不仅要解决当前农产品卖难和农民增收困难,而且要立足于农村经济的长远发展和加快农业现代化的建设步伐,要考虑融入世界农产品市场的问题。因此,农业种植结构调整要掌握如下原则(邓振镛,2005)。

9.1.2.1 统筹兼顾,合理安排

农业种植结构的调整,既要为工业部门供给充足的原料,又要满足人民食物结构、烧柴与饲草饲料等方面的需要。要按照"决不放松粮食生产,积极发展支柱产业"的战略方针,合理安排粮食、经济和饲草饲料作物的生产比例。同时还要考虑解决当前需求与长远利益的矛盾。

粮食生产在国民经济发展中具有重要的战略地位,是人类赖以生存和发展的最基本的产业。"民以食为天",吃饭是生活中的头等大事。粮食又是发展经济作物和多种经营的必要保证,是畜禽饲养业和水产养殖发展的必要条件。粮食还是稳定市场,稳定物价的重要商品,粮食生产和价格的稳定是市场稳定的主要标志,也关系着社会的安定。

9.1.2.2 科学规划,分类指导

甘肃地形复杂,气候多样,资源各异,基础条件不同,决定了种植业开发的广阔性和差异性。因此要根据气候资源特点、农业生态环境条件、土地资源分布、水资源状况等进行具体分析,因地制宜,发挥资源优势。对灌溉农业区与旱作农业区;川、山、台、塬、滩不同地域进行科学规划,分类指导,突出区域特色。

要发展区域特色种植业,改变小而全的自给型农业生产模式,充分发挥不同区域的优势和潜力,大力发展专业性特色农业。以区域经济为原则,集中布局;以优势产品为主导,集中发展;以农户经营为基础,分散生产;以市场为导向,统一经营。

9.1.2.3 以市场为导向,以效益为目的

农业种植结构要按照"资源优势、集约化、商品化"的原则和专业化生产的要求,建设好各种种植业生产基地。基地化布局是农业种植结构调整的前提和基础。将基地建成高新农业示范区,向具有中国特色的精准农业系统发展。基地要建成一个以土地为主要生产资料、规模合理、功能健全的独立生产经营单位。基地建设为实现规模化经营、提高种植业产业化水平和实

现农业现代化打下基础。

实现种植产业化经营,是把传统的种植业产业体系改造、提升为适应市场经济体制和科技进步要求的现代高产、优质、高效的种植业产业体系。要以市场为导向,以经济效益为目的,坚持科教兴农的方针,围绕粮食种植业、支柱性种植业及其主导产品,优化组合各种市场要素,实行区域化布局、专业化生产、企业化经营和社会化服务。

9.1.2.4 立足资源特点,实施区域发展战略

在一个地域,气候背景决定了当地的生态体系,而生态体系又决定了当地的农业种植结构。农业种植结构必须同气候背景相协调,才能合理利用自然资源,维持生态平衡,实现可持续发展。合理布局生产力是种植业地域之间协调发展的基础,也是全面合理开发利用区域内种植业各种资源、提高专业化生产水平和区域间协调发展水平、促进种植体系发育成长、改善生态环境条件的有力措施。

根据各地的气候生态条件、社会经济、生产基础现状、生产基本特征和耕作栽培水平的相对一致性,按各种不同作物种植的生态适应区域、发展前景、产业结构调整、主要增产途径的类似性,农业发展宏观控制和微观指导的基本相似性以及尽可能保持乡(镇)行政区域的完整性,因地制宜地区划出各有侧重、发挥资源优势、保持生态平衡的农业种植区。

9.2 对种植制度的影响

种植制度一方面要考虑当地的自然条件,另一方面还要考虑作物品种、生产水平等因素的改变和组合。改革开放以来,我国各地的农业生产发展很快,特别是农业科技的研究应用推广,给种植制度的改进提供了有利的条件,同时也带来了新的问题。因此,必需对当前我国主要农作物生产的发展现状有客观的了解,在此基础上讨论气候变化的影响,才是研究我国种植制度持续发展问题的正确途径。气候变化使我国农业生产地区的热量资源普遍增加,但水分资源的变化却不能令人乐观。

单从热量资源的角度出发,可以估算出我国北方的种植制度可能会产生两种变化,一是多熟制向北推移,复种指数有所提高,二是作物品种由早熟向中晚熟发展,作物单产有所增加。但是,随着气候变暖,未来各种天气系统的活动将可能更强烈、更频繁,干旱、洪涝、高温、冷冻害等气象灾害发生的频率也可能增加;另外,气温升高增加了北方地区的热量资源,但季风雨带的南移却可能加重那里的干旱危害,造成北方变干变热而南方变湿变冷的趋势;气候的冷暖、干湿变率可能增大,特别是降水变化的不确定性,使种植制度的上述两种变化受到了制约。因此,各地在涉及种植制度问题时一定要根据当地具体情况,经常关注有关的农业气象预报,因地因时制宜,制定科学可靠的种植制度。

9.2.1 气候变化对熟制的影响

气候变暖使我国各地的潜在生长季延长,积温增加,水分蒸散加大,这种变化在北方更为明显。根据 GCM(全球大气环流模式)模拟输出及随机天气发生器的计算可以得出未来我国气温的可能变化(表9.1)。

气温升高增加了各地的农业热量资源,使各地的潜在生长季有所延长,≥0℃积温有所增加,从而使当前的多熟种制的北界向北向西推移。熟制的跨越具有过渡性,气候变化后,原来

的过渡带可能成为稳定的熟制地区,使过渡带向北推移。这种变化有可能使一年两熟、一年三熟种植的面积扩大(图9.2)。

表9.1 未来我国气温的可能变化值(℃)

年份	冬	春	夏	秋	年平均
2000年	0.21	0.20	0.19	0.20	0.20
2010年	0.38	0.35	0.34	0.35	0.35
2020年	0.69	0.63	0.62	0.64	0.65
2030年	0.93	0.86	0.84	0.87	0.88
2040年	1.12	1.04	1.02	1.05	1.06
2050年	1.48	1.87	1.84	1.38	1.40

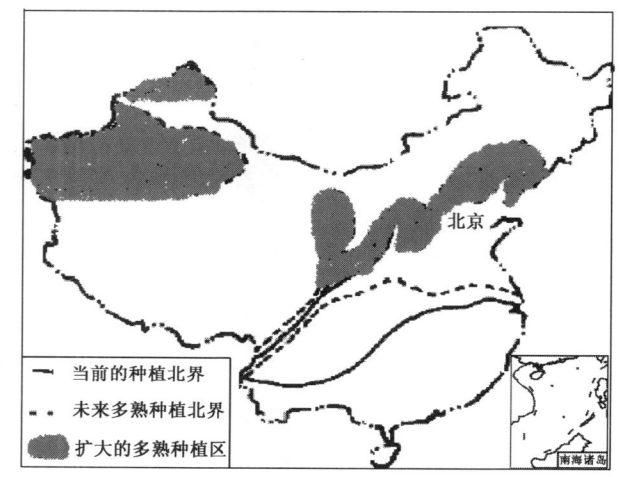

图9.2 二氧化碳增加一倍情景下我国多熟制北界变化示意图

若干典型研究站点在未来气候情景下各种熟制出现频率的模拟结果(表9.2)。在品种和生产水平不变的前提下,气候变化后我国多熟种制的面积可能产生如下变化:一熟种制由当前的63%下降为34%,二熟种制由24.2%增至24.9%,三熟种制由当前的13.5%提高到35.9%。值得注意的是,以上关于多熟种制范围变化的分析是在仅仅考虑热量条件的基础上进行的,但考虑气候变化对我国水分条件可能的不利影响,多熟种制范围的变化将受到很大的限制。

表9.2 典型研究站点各种熟制的出现频率(%)

研究点	BASE			GFDL			MPI			UKMOH		
	一熟	二熟	三熟	一熟	二熟	三熟	一熟	二熟	三熟	一熟	二熟	三熟
敦煌	62	38		9	91		4	96		8	82	
银川	100	0		62	38		29	71				
沈阳	94	6		41	59		12	88		40	60	
贵阳	31	69		3	97		0	100		1	99	
腾春	100	0		20	80		1	99		2	98	
南京	77	23		9	91		2	98		13	87	

注:BASE表示当前值;GFDL表示普林斯顿大学地球物理流体动力学实验室模型;MPI表示"德国麦克斯布兰克研究所模型;UKMOH表示英国气象局模型。

二氧化碳浓度倍增时,活动积温和生长期持续天数增加,将使我国种植界限向北推移和向高海拔上升。复种面积扩大,复种指数提高。东北地区目前以一年一熟为主,将来,其南部可一年两熟。其他地区可两年三熟和开展间套复种。中部广大地区目前以两年三熟和一年三熟为主,将来可向一年两熟至一年三熟过渡。而长江流域以南的广大地区,都将具备一年三熟或多熟的热量条件。从而作物的种植界限也将发生相应的变化。对于水稻,郑州和济南等地有可能种植双季稻,南昌、长沙等地都有可能种植三季稻。冬小麦种植界限亦将北移,目前种植春小麦的南缘地区,如沈阳、赤峰、张家口、包头等地,有可能种植冬小麦。对于玉米不仅可以提高复种指数,如一年一熟地区发展小麦玉米间作,"一季有余、两季不足"的地区变套种为复播等;而且表现在采用生育期较长、产量较高的品种,对提高产量是有利的。

温度升高对作物生长也会带来不利影响。30℃为喜凉作物的生育上限。未来温度升高,夏季大于生育上限的天数在大部分地区增加,高温胁迫有可能使作物受到伤害,降低温度利用的有效性,对夏播作物尤其不利,使增加温度所延长的生育期不能充分发挥作用。但是。决定种植区域需要水热条件的配合。在热量条件有保证的前提下,年降水量小于 600 mm 只能一年一熟或两年三熟;年降水量在 800 mm 以上,可以稻麦两熟;年降水量 1000 mm 以上,可以种植双季稻三熟制。否则,复种指数的提高受到影响,甚至不能实现。因而,我国未来降水可能增加的地区,使种植界限北移,是提高复种指数的主要地区,如东北和西北的部分地区、东南沿海地区及华南南部等。

气候变暖,冬季冷空气活动次数减少,活动强度减弱,冬季气温大范围升高,冬小麦和冬油菜种植地带随之延伸扩展。冬季日平均气温<0℃期间负积温是衡量冬作物能否安全越冬的重要指标。研究认为,越冬期负积温高于-500℃·d 的区域适宜冬小麦种植。因此,负积温为-500℃·d 等值线是甘肃冬小麦适宜种植区的北界和海拔高度的上界,等值线南部为冬小麦种植区,这条分界线随着气候的冷暖变化而南北变动。负积温-500℃·d 等值线 20 世纪 60 年代在庆城(-458℃·d)—庄浪(-446℃·d)—陇西(-448℃·d)一带;而 90 年代由于气候变暖,-500℃·d 等值线向西北扩展到白银(-433℃·d)—景泰(-435℃·d)一带(图 9.3)。甘肃省冬小麦适宜种植区北界 20 世纪 90 年代比 60 年代向西北扩展 100～200 km,适宜种植区的海拔比过去也升高了 300～400 m。

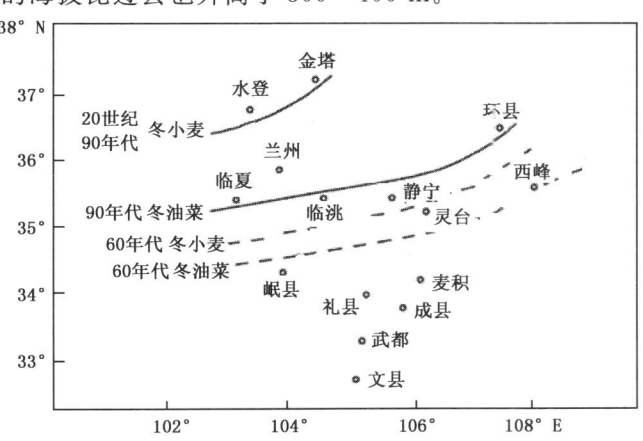

图 9.3　甘肃省冬小麦和冬油菜种植北界的变化

强冬性冬油菜在甘肃安全越冬界限指标为冬季<0℃的负积温－400℃·d。20世纪60年代以前尚不能种植冬油菜的环县(－513℃·d)、定西(－561℃·d)、临洮(－493℃·d)等地,90年代冬油菜种植变成了现实(环县:－390℃·d,定西:－400℃·d,临洮:－379℃·d)(图9.3)。90年代比60年代冬油菜适宜种植区向北扩展了约100 km,陇东从西峰北扩至环县,陇中从漳县北扩至定西以北,接近临夏(－408℃·d)。在同一地点冬油菜种植的海拔高度抬升了100～200 m(蒲金涌等,2006)。

9.2.2 对复种作物的影响

合理的复种能比单作提高作物的光能利用率,能增加作物产量。对作物生长发育和产量起主导作用的气候因素是光、热、水资源,以河西走廊为例,耐寒作物生长季≥0℃积温3400～4100℃·d。春小麦中熟品种一般需≥0℃积温1750～1850℃·d,黄熟收割在7月中下旬,农耕期7 d,以150 d计算,共需≥0℃积温1900～2000℃·d,余下≥0℃积温1400～2100℃·d,生长季100～110 d。喜温作物生长季≥10℃积温2900～3600℃·d,除春小麦占用的积温外,余下的≥10℃积温有1050～1250℃·d,生长季60～70 d,供复种作物用的生长季比较短,热量资源比较紧缺(表9.3)。因此复种能否成功,取决于热量条件。

表9.3 复种不同作物≥0℃积温指标(℃·d)和产量(kg·hm^{-2})

		绿肥	马铃薯	糜子	荞麦	谷子	春油菜
成熟指标		—	—	1100	1000	1600	1100
≥0℃积温与产量	≥0℃积温	1000～1200	<1050	1200	1100	1700～1800	1150
	产量	1500～2000	110	76	73	100～250	40
	≥0℃积温	1200～1400	1050～1200	1200～1400	1100～1300		1150～1200
	产量	2000～3000	110～185	76～136	73～110		40～60
	≥0℃积温	1400～1500	1200	1400～1600	1300～1500		1200
	产量	3000～4000	185	136～196	110～146		60

气候变暖,大部分地方农耕期的热量资源显著增加,更有利于复种。西北地区日平均气温≥0℃期间的积温1987—2003年比1961—1986年的平均增加了112℃·d,新疆大部热量资源增加幅度为100～250℃·d,少部减少了50～100℃·d;青海增加了100～150℃·d;甘肃、宁夏、陕西北部均增加了100～200℃·d;陕西中南部增加150～500℃·d,是热量资源增加幅度最大的地方。西北地区日平均气温≥10℃期间的积温1987—2003年比1961—1986年的平均增加了107℃·d,新疆大部地方增加了70～150℃·d,而天山和南疆的小部分地方减少了70～150℃·d;西北地区东部大部地方增加了70～180℃·d,其中陕西东南部和青海东部的小部分地方分别减少了70～180℃·d和70℃·d左右(刘德祥,2005)。

9.2.3 调整种植制度的对策

9.2.3.1 利用气候变化的有利契机,稳定和不断提高复种指数

我国人多耕地少,决定了提高耕地利用率与生产率、增加复种指数是我国农业的特点与方向。从气候变化分析表明,气候因素总体上对改革种植制度是有利的。因此,要充分利用气候变化这个契机,进一步适当发展复种和间套作。近期内,在南方要采取措施大力发展冬季农

业;在长江中下游地区适当恢复双季稻,杂交中稻推广蓄留再生稻;在北方冬小麦种植区大力发展麦田两熟;一熟地区发展玉米、小麦间作;南方丘陵山区旱作向多熟制发展,以进一步提高复种指数。据估计,到2030年前后,东北和西北地区的复种指数可提高3%左右,华北地区提高5%,长江中下游地区提高13%,西南地区提高9%,华南地区提高23%左右。这样,可使农作物播种面积在稳定于22亿亩*的基础上有所增长。在今后一段较长时期内,要根据气候变化情况,开辟新的途径,使种植制度改革在深度和广度上有突破性的进展。

9.2.3.2 深入了解作物和气象条件的关系

随着农业生产水平和复种指数的提高,作物对适宜气象条件的要求更加严格,对不利气象条件的反应更加敏感。研究表明,在高产水平下产量基本上随气象条件波动而波动。为此,在改革种植制度时要深刻了解作物和气象条件的关系。例如,北京地区过去实行适播冬小麦+早熟玉米一年两熟。玉米只能选择早熟和早中熟品种,必须在9月20日前收获。研究表明,玉米在18℃以上籽粒正常灌浆,16℃灌浆变慢,但千粒重仍能日增5~6 g,12℃以上灌浆还能进行。由于气候变暖,已具备这样的热量条件,9月下旬到10月上旬玉米都可以充分成熟,且可采用中熟紧凑型品种,产量大幅度提高。而冬小麦晚播带来的穗数和粒数减少、千粒重下降等问题,可采用通过增加播量、春季蹲苗等一整套晚播麦高产栽培技术,使冬小麦少减产或不减产。从而全年两茬的总产量上升。形成了与原有种植制度并存的晚播小麦+中熟玉米一年两熟种植制度。而近年来的气候变暖对此起了促进作用。

9.2.3.3 协调不同作物间的关系

以系统论的观点,可把种植制度看作一个系统,其内部存在反馈。负反馈产量波动小,有利于稳产;正反馈产量波动大。用上海市的产量资料进行分析,1965—1972年产量比较稳定,三麦产量波动的位相基本上与其他作物相反,存在负反馈,不同作物间有相互弥补作用;1972—1981年变成了正反馈,二麦产量波动与其他作物产量波动正相关,使整个系统的波动加大。因而,要协调系统内不同作物的关系。当然,我们不能追求低产水平下的负反馈,而要采取措施降低高产水平下的正反馈,使产量既高又稳。

9.2.3.4 建立不同地区防灾抗灾、稳产增产的种植制度和栽培技术体系

对不同地区,要因地制宜地建立不同的防灾、抗灾、稳产增产的种植制度和栽培技术体系。这个体系,既要有战略上的安排,又要有战术上的应变对策。要对当地的主要灾害进行研究,查明其发生规律和防御对策。一旦灾害出现,既能减少灾情,又可尽量弥补损失。例如,1972年华北大旱,北京地区第一场透雨未下,影响夏播,直到7月19日才下透雨,研究了雨后及时采取措施进行了补救。又如1991年江淮洪涝灾害,需要根据受灾情况,进行分类指导;要抓紧抢救受淹作物,改种重种,加强田间管理;要密切注意病虫害发生动态。总之,一次灾情就应有一套对策。其基本策略,不应等灾害发生了再研究,而要在灾害发生前在确定种植制度、作物布局时就有所安排。

9.2.3.5 考虑80%的保证率

在具体指导种植制度改革时,一般应考虑80%的保证率。这样,10中有8年能安全增产,有2年能基本稳产,就可以保证农业生产的持续稳定发展。如按常年平均安排,只有50%保

---

* 1亩=1/15公顷。

证率,不够稳妥。一些地方,为了提高产量,特别是为了增加经济效益,可能出现种植界限北移,选用高产优质但生育期长、抗灾能力弱的品种等不顾自然规律的倾向,应引起生产指挥部门的注意,以免造成不必要的重大损失。

9.2.3.6 坚持长期防灾、抗灾

分析 40 年来农业生产的天气气候条件,1951—1960 年,条件较好的有 3 年,一般的有 4 年,较差的有 3 年;1961—1970 年,较好的 3 年,一般的 5 年,较差的 2 年;1971—1980 年,较好的有 2 年,一般的 5 年,较差的 3 年;1981—1990 年,有 5 年较好,3 年一般,2 年一般偏差,是 40 年来平均条件最好的 10 年。20 世纪的最后 10 年,已经发生了 1991 年局部地区的严重洪涝灾害。未来气候变化不可能减缓波动,在进行种植制度改革时,不能回避这一现实。

9.3 对作物布局的影响

根据甘肃省 1980—2000 年的气候资料和 1980—2000 年小麦、玉米、棉花等主要粮食作物播种面积等统计资料,利用快速聚类分析方法分析气候变暖背景下甘肃省主要粮食作物的种植格局和种植界限演变情况。

9.3.1 河西地区作物种植格局的演变

1980—2000 年期间,甘肃河西地区主要粮食作物种植格局的演变分析。1985 年以前,除武威地区外,其他各地以春小麦种植为主,春小麦种植面积占种植总面积的 86% 以上;1990 年部分地区的种植格局发生变化,如玉门、张掖、武威地区的玉米面积增加,形成了以小麦玉米为主种植格局;到 1995 年,以小麦玉米为主种植格局扩大到民勤,同时山丹、永昌和天祝的春油菜种植面积迅速上升;至 2000 年,河西地区的种植格局发生了根本性的变化,以小麦为主的地区仅为肃南和古浪,基本趋势为棉花和玉米的种植面积增加,小麦面积缩小,而春油菜维持在 1990 年的水平,在敦煌、瓜州、玉门和金塔地区,棉花种植面积达 50 万亩,占种植总面积的 70% 以上。

$\geqslant 0℃$ 积温是春小麦生长发育的热量指标,在甘肃春小麦全生育期需要 $\geqslant 0℃$ 积温为 $1500\sim 2000℃ \cdot d$。分析表明:河西灌溉农业区 1985—2000 年春小麦种植面积随着 $\geqslant 0℃$ 积温的逐年增加而减少,二者呈负相关,显著性水平超过了 0.10。河西灌区各地春小麦种植面积 1996—2000 比 1986—1990 年减少了 12%～35%。$\geqslant 10℃$ 积温逐年增加,适宜种植喜温作物的范围扩大,尤其是经济效益明显的制种玉米种植面积扩大,导致春小麦种植面积减少。

日平均气温 $\geqslant 10℃$ 积温是玉米生长发育的重要热量指标,河西灌溉农业区玉米全生育期需要 $\geqslant 10℃$ 积温为 $2500\sim 2900℃ \cdot d$。河西灌溉农业区 1985—2000 玉米平均播种面积随着 $\geqslant 10℃$ 积温逐年增加而扩大,显著性水平超过了 0.05。河西的肃州、甘州和凉州玉米播种面积分别增加了 27%、40% 和 167%。

9.3.2 甘肃中东部作物种植格局的演变

对于甘肃中东部而言,种植结构较为复杂,在 1985—2000 年期间,以小麦为主的格局逐年缩小;杂粮是甘肃中部半干旱区的主要作物,在 20 世纪 90 年代有增加的趋势,但在 2000 年却有所下降。1985 年以前,甘肃中东部以小麦为主的种植格局,小麦面积占到总种植面积的

75%左右;90年代以后,玉米的种植比例逐年上升,形成了以小麦和玉米为主的种植格局。1996—2000年玉米平均播种面积比1985—1990年扩大了3%～19%,如安定、西峰、崆峒和张家川玉米播种面分别增加了19%、37%、119%和56%。1995年以来以兰州为中心形成了一个以小麦和经济作物为主的种植圈;同时在1990年以后甘肃中部的马铃薯种植逐渐形成规模,构成了以小麦和马铃薯为主的种植格局,1996—2000年马铃薯平均播种面积比1985—1990年扩大了7%～65%。

河东旱作农业区1985—2000年玉米平均播种面积随着热量逐年增加而扩大,区域平均玉米播种面积与≥10℃积温呈显著正相关,显著性水平超过0.001。陇中黄土高原过去只能在海拔较低和热量资源比较丰富的川区种植玉米,海拔较高的地方往往难以成熟。1987年以来气候变暖,≥10℃积温显著增加,尤其是9月平均气温和最低气温升高明显,对喜温作物成熟提供了有利的热量条件,玉米播种面积扩大了2～19倍,如海拔较高的安定(海拔1897 m)和会宁(海拔2013 m)分别增加了19倍和10倍。在经度接近的地方,纬度偏北的地方播种面积扩大更加迅速,如环县(36.58°N)扩大了6倍以上,灵台仅扩大了39%,天水市和陇南市扩大了3%～56%。

20世纪90年代与80年代比较,在陇中旱作农业区的榆中、渭源、临洮等地冬小麦增加了5倍以上;陇西、通渭、静宁、庄浪、秦安、甘谷、武山、漳县、岷县、环县、华池、庆城等地增加1～5倍。在这一地区冬小麦种植面积随冬季负积温提高而逐年扩大,越冬期<0℃负积温与冬小麦种植面积之间呈显著的正相关,相关系数为0.7547,显著性水平超过了0.001。气候变暖不但使冬小麦种植区向西北扩展,也向高海拔延伸,如渭源县海拔为2111 m,1985年以前由于越冬期负积温达不到冬小麦安全越冬条件,基本不种冬小麦,1986—1990年随着气候逐渐变暖,只有在海拔比较低、气候比较温暖的少数地方种植,平均种植面积也仅为0.2×10^3 hm^2;1996—2000年由于气候显著变暖,越冬期负积温增加迅速,平均种植面积扩大到18.4×10^3 hm^2。同时陇中旱作农业区的春小麦种植面积与<0℃负积温呈显著的负相关,这种负相关是由于冬季气候变暖,陇中适宜种植冬小麦的面积逐年扩大,春小麦种植面积逐年减少,冬春小麦种植结果发生改变所致。但是在崇信、华亭、灵台、张家川、秦城、北道、清水、礼县、西和、成县、康县、武都、文县等地区20世纪90年代较80年代冬小麦种植面积有所减少。分析认为,在这一地区主要是由于气候变暖,≥10℃积温逐年增加,适宜种植喜温作物的范围扩大,受经济利益的驱动,产量高、经济效益明显的作物种植面积扩大,冬小麦种植面积减少,夏秋作物种植结构调整所致。

对冬油菜而言,20世纪90年代均较80年代的种植面积均有所增加,但不同区域增加幅度不同,其中通渭、静宁、庄浪、张家川、清水县、秦安、甘谷、西和、临夏、环县等地90年代与80年代种植面积的比率为5倍以上;渭源、陇西、武山、两当、成县、文县、庆城、合水等地为2～5倍;而夏河、永靖、积石山、临洮、卓尼、迭部、岷县、漳县、礼县、武都、康县、华池、镇远、平凉、泾川、西峰、宁县等地则为1～2倍。表明在全球变暖的情况下,甘肃省冬油菜种植面积逐年增加,这对优化种植结构、增加收入都起到了积极的作用。

9.3.3 甘肃冬春小麦种植格局的变化

经研究表明,1987年是西北地区气候出现变暖变干转型的突变年,所以我们将1961—1986年作为气候突变前的时段,而将1987—2008年作为气候突变后的时段来研究冬春小麦种植格局的影响。变化特点变现为以下几点。

9.3.3.1 春小麦种植格局的变化

气候暖干化及其他原因使甘肃春小麦种植面积总体表现为大幅度减小。其中最适宜种植区面积减少最多,为20.8%;次适宜种植区面积减少次之,为16.2%;可种植区面积减少为13%,以上三种种植区面积减少50%以上。而不可种植区面积显著增加,达73%,影响范围几乎覆盖全省。不同种植区域表现不尽相同。

河西内陆河灌溉春小麦种植区:1961—1986年,春小麦最适宜区分布在大致包括玉门、酒泉、高台、肃南、张掖、山丹、民乐、永昌、武威、古浪、天祝等县(市)海拔1800～2300 m的沿山和浅山区。该带气候冷凉,热量适中,光温配合好,降水虽不多,但有灌溉条件。由于春小麦生长期长,各产量器官发育充分,籽粒饱满,千粒重高,增产潜力非常大,是两高一优地带;不可种植区主要分布在肃南、祁连山地和甘南高原、临夏州的少部分地区。但在1987—2008年这一时段,该区域春小麦的最适宜区几乎消失;不可种植区急剧扩大至敦煌、安西、玉门、金塔、民勤。

陇中黄土高原旱作春小麦种植区:两个时段相比较,景泰、靖远、白银、皋兰、永登等县(市)以及永靖县北部海拔1400～1800 m的地区的可种植区变为不适宜种植区,该区年降水量只有200～350 mm,大部分无灌溉条件,干旱是农业生产最突出的问题,因此控制春小麦种植面积,调整农业布局。兰州、会宁、定西、榆中等县(市)以及东乡、永靖的南部海拔1500～2450 m地区的适宜区变为次适宜种植区,本带热量条件较为适宜,春末夏初干旱最为突出,是影响产量低而不稳的关键因素。

陇东黄土高原旱作春小麦种植区:1961—1986年,该地区大部分属于可种植区,但在1987—2008年这一时段,包括灵台县、泾川县、庆城地区大部分、宁县、合水县成为不可种植区。

陇西黄土高原旱作春小麦种植区:包括静宁、通渭、陇西等县以及漳县的东北部地区。1987年前后相比,适宜区缩小,次适宜区扩大。该地区海拔高度1400～2300 m,年降水量440～480 mm,春末夏初干旱是影响小麦产量的重要因素。

高寒阴湿旱作春小麦种植区:该区域属陇西黄土高原的边缘地带,包括迭部、宕昌、岷县等县、漳县的西南部地区、积石山、临夏县、临夏市、和政、广河、康乐和渭源等县(市)的河谷、盆地相间的丘陵山地,海拔高度1900～2400 m。1987年前后相比,春小麦适宜区扩大,本带气候冷凉,对小麦幼穗分化期和灌浆期生长发育非常有利。

9.3.3.2 冬小麦种植格局的变化

气候暖干化及其他原因使甘肃冬小麦种植面积总体表现为大幅度扩大。

最适宜种植区面积缩小。1987年以前最适宜区为陇南的两当、徽县、成县、康县等县的山间盆地海拔高度为900～1500 m和山地海拔为1500～2000 m的地区,该区属温热湿润气候区,热量富裕,降水充沛,年降雨量为630～800 mm,种植品种以半冬性为主,生产条件较好,气象灾害较轻,单产水平较高,最适宜冬小麦生产;1987年以后除徽县以外其他地区均变为适宜区,表现为最适宜种植面积缩小的趋势。

适宜种植区急剧扩大。具体表现为适宜种植区整体北移,1987年以前的次适宜区在1987年以后均变为适宜种植区,该区域主要包括正宁、合水、庆阳、西峰、镇远、崇信、华亭、庄浪、通渭、临洮以及沿黄灌区。该区域属于温和半湿润气候区,气温适中,降水较丰富,年降水500—640 mm,土壤储水调节能力强,单产水平高,种植保险率高,以冬性品种为主,是甘肃冬小麦的主产区。

另外,适宜种植区保持不变的有渭河上游的甘谷、武山、秦城、北道、礼县、西和等县区及其清水县的大部地区,该区域属于温暖半湿润气候区,气温较高、降水较多,年降水量470～570 mm。以冬性和半冬性品种为主,冬小麦越冬保证率高,春末夏初干旱对生产有一定影响,个别年份有条锈病发生,种植沟壑纵横,农业生产条件不及陇东塬区。

在34°N以南,包括文县,武都、舟曲等县河谷的海拔高度为550～1400 m和山地为1400～2000 m的地区。该地区属于北亚热带半湿润气候区,热量丰富,降水较多,年降水量为440～500 mm,海拔高度跨度较大,连片种植面积较少,生产条件稍差,以半冬性或春性品种为主,生长周期较短,该区域属于南方冬麦区,是成熟最早的地区。

次适宜种植区扩大。两个时段相比适宜面积相应扩大,表现为次适宜种植区整体北移,包括环县及其华池的北部的大部地区1987年以前为可种植区,但1987年以后变为次适宜种植区;另外,景泰南部、靖远南部、白银、临夏、榆中、会宁南部、定西、静宁已发展成冬小麦的次适宜种植区,该区域属于温和半干旱气候区,气温较适宜,降水较少,年降水量350～450 mm,干旱频繁,冬季的冻害对小麦有一定影响,以冬性品种为主,产量水平较低。

可种植区急剧扩大。两个时段相比适宜区面积相应扩大,表现为可种植区东伸西扩的态势。比如在1987年以前不能越冬的区域现在可以越冬,诸如武威市、民勤南部、古浪县。

其次包括临夏市、积石山以及宕昌、岷县、迭部、漳县等县西南的部分浅山区。该区域属于温凉湿润气候区,热量欠缺,降水590～640 mm,由于气候变暖,热量增加,冬小麦可种植区面积增加。该区域是冬春小麦混播区,以冬性品种为主,冬小麦越冬条件差,种植风险较大。

不适宜种植区缩小。随着适宜区、可种植区的扩大,冬小麦不适宜种植区随之缩小。目前主要包括陇西、宕昌、岷县、迭部等县以西的广大区域,甘南和临夏两州、兰州、白银大部及河西五市的大部分地区,因冬季负积温小于600℃·d无法安全越冬。

9.3.4 宁夏作物种植格局的变化[*]

9.3.4.1 水稻适宜区域扩大

随着气候变暖,热量资源增加,冷害发生频率下降,水稻晚熟品种比例逐渐增大,旱直播稻也逐渐增多。根据水稻适宜生长的农业气象指标进行的区划显示,宁夏灌区各地均可种植水稻,卫宁平原西部地区由于紧临沙漠,昼夜温差大,水稻幼穗分化期受低温冷害危害的几率较大,属水稻次适宜种植区,占灌总面积的23.5%,其他地区均为水稻适宜种植区,产量高、品质优。

9.3.4.2 玉米适宜区明显扩大

玉米是喜温高产作物,随着气候变暖,热量资源增加,玉米高产区域明显扩大。宁夏玉米的适宜种植区为引黄灌区及彭阳东南部的零星区域,这里光、热资源丰富,玉米产量高而稳定,是宁夏玉米生产的主要区域。但随着气候变暖,宁夏中部干旱带地区水分条件变差,玉米全生

---

[*] 宁夏气候中心.宁夏气候变化监测评估报告.2010,12。

育期耗水量较多,决定该区域玉米适宜程度的主要因子是水分条件,热量条件不是限制因素。因此,中部干旱带目前除了有灌溉条件的杨黄灌区、库灌区适宜发展玉米外,旱地不适宜玉米生长,为不适宜区。虽然气候变暖,但南部山区的月亮山—南华山—六盘山沿线的高海拔山区及隆德、泾源阴湿地区热量资源不足,仍不适宜种植玉米。

9.3.4.3 春麦适宜区减小,冬麦适宜区扩大

宁夏大部分地区均可种植春小麦,随着气候变暖,春小麦适宜区域和面积有所减少。春小麦适宜种植区主要在引黄灌区的卫宁平原、银川平原银川以南地区以及海原南部至西吉北部的山区、固原的南部、隆德、泾源、彭阳等地,占全区总面积的24.95%。春小麦次适宜种植区主要分布在宁夏引黄灌区银川以北的地区及宁夏中南部的同心县东南部、盐池县南部小部分地区、海原南部、固原北部及西吉大部分地区,占全区总面积的23.23%。宁夏北部非灌溉区域及中部干旱带不适宜种植春小麦,占全区总面积的51.82%。因此,要因地制宜,在保证粮食安全的情况下,根据气候资源分布状况,大力发展特色产业。

宁夏冬小麦适宜种植区已经从南部山区扩展到包括宁夏引黄灌区及隆德、泾源、彭阳的大部分地区;次适宜种植区主要分布于惠农、平罗、陶乐、盐池北部、海原南部、西吉东部、固原北部等地;宁夏中部的大片地区及西吉西部为冬小麦不适宜种植区域,因此,可在保持南部地区现有冬小麦种植区域的同时,在引黄灌区扩种冬小麦,并相应改变灌溉制度,可获得小麦高产,并节省出热量资源发展麦后复种,提高热量资源利用率。但考虑到水分限制,在中部地区不宜盲目大面积种植。

9.3.4.4 马铃薯在山区适宜,灌区已不太适宜

随着气候变暖,中部干旱带南部土壤水分秋季会有所转好,虽然春夏季干旱趋于严重,但对耐旱的马铃薯来说,海原西南部、西吉仍属比较适宜区域。固原的中南部、隆德、泾源以及彭阳的大部分地区降水条件较好,气温适宜,有利于马铃薯淀粉的积累,也是马铃薯的适宜种植区。因此,这些地区可根据产业发展需求,科学调整种植业结构,适度加大马铃薯种植面积。但中部干旱带北部春夏干旱加重使播种难度加大,属于次适宜区。引黄灌区随着气候变暖,对喜凉的马铃薯开花结薯有不利影响,属于不适宜区。

9.3.4.5 枸杞适宜区向中部干旱带扩展

宁夏银川以北地区贺兰山前阳坡地带及银川灌区、卫宁灌区东部地区热量条件好,枸杞夏秋果产量均较高,气象条件有利于枸杞产量的形成,是枸杞种植的适宜地区,在有灌溉条件的情况下,应扩大枸杞种植面积,提高农业生产的经济效益;盐池大部、同心中东部、固原北部及彭阳的东部地区可适当种植枸杞,以优化农业产业结构,增加农民收;中卫南部的香山山区、固原南部、海原、西吉和隆德、泾源阴湿区及彭阳中西部地区光热条件较差,枸杞容易因夏秋多雨而发生黑果病,产量、品质年际间不稳定,不宜种植枸杞。

9.4 西北地区农业种植结构调整方案与政策措施

9.4.1 农业种植结构调整方案

通过调查考察,在分析不同农业区域生态环境资源基本特点和气候暖干化及其对农作物

影响基本特征的基础上,运用系统规划理论,采用气候生态相似原理,综合考虑气候变化、农业生产技术水平、经济效益、政策导向等农业种植结构调整基本原则,对西北四省(区)不同地域提出农业种植区的调整优化方案。

9.4.1.1 甘肃

(1)河西走廊区

该区属温热至冷凉、极干旱至半湿润气候区,海拔在1000～2600 m之间。大多是绿洲灌溉农业,粮食作物中减少春小麦、增加玉米面积,稳定马铃薯面积。在稳定粮食作物面积的前提下,适当扩大棉花、甜菜等经济作物面积。大力引进扩大啤酒大麦、啤酒花、酿酒葡萄、甘草、制种玉米等特种作物面积。种植业结构从二元结构向粮、经、饲三元方向转变,发展人工牧草,加快草食类畜牧的发展,提高畜牧业在农业中的比重。发展复合生态农业、"阳光农业"、高效农业,节水型、高科技型、加工主导型农业的沙草产业,建成我国优质商品粮和优质特种作物基地。

(2)陇中黄土高原区

该区大多属温和温凉、干旱半干旱气候区,以雨养农业为主,属农牧交错地带,其荒山、荒坡、荒沟要退耕还草,发展天然牧场;条件较好的地域可种植人工牧草,积极发展畜牧业,提高其产值的比重。南部要以发展林牧为突破口,压夏扩秋,压缩春小麦面积,扩大冬小麦以及马铃薯、谷子、糜子、胡麻等耐旱作物面积,大力发展百合、花椒、当归、党参、黄芪等地方特色作物,走农林牧综合发展的道路。

(3)陇东黄土高原区

该区大多属温和、半干旱半湿润气候区,以雨养农业为主,是甘肃重要产粮区。在粮食作物中稳定冬小麦面积,扩大玉米面积,发展豆类、马铃薯和糜、谷等抗旱性强的作物。扩大冬油菜、胡麻等经济作物种植面积,大力发展地方特色作物如黄花菜、烤烟等支柱性种植业。大力发展具有粮、油、果、菜、烟、药等各种产品优势的创利、创汇的新型种植农业。

(4)陇南山地丘陵区

该区属北亚热至温凉、半干旱至湿润气候区,以雨养农业为主,本区地形大体上可分为两大部分:秦岭以南白龙江、西汉水等长江流域为土石山区。该区应走农林牧综合发展的道路,增大林业、多种经营在整个农业中的比重。稳定冬小麦、扩大玉米和马铃薯面积,扩大蔬菜和茶叶、橘子、花椒、油橄榄、板栗、党参等地方特色作物面积。陇山、西秦岭之间的黄土丘陵沟壑区和河谷川坝区,该区以粮食为主,稳定冬小麦、扩大玉米和冬油菜面积,适当发展蔬菜和苹果、桃、大樱桃等经济林木;山区要农林牧并重,建立饲草基地,发展畜牧业,积极发展经济林木和地方特色作物。

9.4.1.2 陕西

(1)陕北黄土丘陵沟壑区

该区属温和半干旱气候区,以雨养农业为主。大力发展名优杂粮、白绒山羊、大红枣为主的区域特色农业。在长城沿线风沙区适当发展红枣和山杏、大扁杏等地方特色作物;发展春玉米种植,扩大马铃薯、谷子、糜子、豆类、荞麦等耐旱作物种植面积(张雄,2007)。

(2)渭北旱塬区

该区属暖温半湿润气候区,适宜发展以苹果、奶山羊、设施蔬菜为主的渭北农业。大力发展核桃、花椒、柿子和红枣等地方特色作物。随着气温升高和种植技术提高，苹果种植北界向北推移，要扩大苹果种植，提高产量和品质。该区是重要粮食生产基地，小麦和春玉米是两大主要粮食作物，推行压麦扩秋，发展产量高的地膜春玉米，压缩冬小麦种植面积（屈振江，2010）。

(3) 关中平原区

该区属暖温半湿润气候区，以奶畜、秦川牛、强筋小麦、特色蔬菜、猕猴桃为主的关中农业。扩大玉米、棉花种植面积；推广冬小麦与夏玉米一年两季生产的一体化高产集成配套技术，大力提升小麦、玉米产量水平。

(4) 陕南秦巴山区

该区属北亚热至温暖、湿润气候区。发展多种经营，建立中药材、茶叶、蚕桑、食用菌、"双低"油菜种植。大力发展丹参、山茱萸、天麻、绞股蓝、西洋参、黄姜、黄连、黄芩、桔梗等具有区域特色的中药材。建立以核桃、板栗、油桐为主的特色干杂果经济林产业基地。秦巴山区建立优质茶叶和蚕桑示范种植基地。陕南平坝推广水稻油菜一体化栽培技术；在山区压缩小麦面积，扩大马铃薯、玉米间套面积（屈振江，2010）。在汉中、安康主产区扩大水稻面积。

9.4.1.3　宁夏

(1) 北部引黄灌区

该区属温和干旱气候区，主攻以优质商品粮、设施温棚为主的现代农业。在稳定粮食生产的基础上，重点抓好枸杞、牛羊肉、奶牛、设施蔬菜、酿酒葡萄等优势特色产业。扩大玉米种植面积，减少春小麦面积，扩大冬小麦面积，发展麦后复种，实现一年两季生产。扩大水稻面积，增大水稻晚熟品种比例，增多旱直播稻。

(2) 中部干旱带

该区属温和干旱半干旱气候区，重点发展滩羊和抗旱性强的特色农产品，积极发展以小杂粮为主体的避灾农业。有灌溉条件的引黄灌区、库灌区扩大玉米种植。枸杞适宜区向中部干旱带扩展，适当扩大种植面积。扩大马铃薯、谷子、糜子、豆类等耐旱作物种植面积。

(3) 南部黄土高原与山地区

该区属温凉、冷凉半湿润气候区，重点发展草食畜牧业和马铃薯产业。适当压缩春小麦面积，扩大冬小麦面积。在黄土高原区发展玉米生产，南部山区的月亮山—南华山—六盘山沿线的高海拔山区及隆德、泾源阴湿地区热量资源不足，不宜发展种植玉米。扩大马铃薯、谷子、糜子、豆类等耐旱作物种植面积。

9.4.1.4　青海

(1) 东部农业区

该区属温凉半湿润气候区。在脑山和半浅半脑地区扩大油料种植面积，建立优质高产油菜基地；乐都、民和、贵德、循化等地扩大冬小麦面积，实施作物间套种和复种技术；利用温室、温棚大力发展反季节蔬菜规模生产；发展和壮大花卉种植业，如大通县等地发展繁殖郁金香种球；扩大特色经济作物的种植比重，如贵德长把梨、乐都杏、循化两椒、薄皮核桃等产品（杨芳，2006）。

(2) 全省

青海是一个畜牧业大省。要加快畜牧业优势产业结构化进程，增大畜牧业对农业经济增长率的拉动力；林业产值要快速增长，使退耕还林的生态效益得以体现。增大牧业和林业产值的比重，减少农业产值。扩大春油菜、马铃薯、蚕豆、药材、花卉、蔬菜等特色经济作物的种植。

减少粮食作物种植面积。扩大中藏药、特色果品、牛羊肉、绒毛等特色产业。柴达木盆地春小麦垦区扩大枸杞种植。

9.4.2 保障措施

9.4.2.1 农业重大工程建设和政策措施支持

为加快农业结构调整进程,甘肃省提出发展马铃薯产业、蔬菜产业、果品(重点苹果)产业、中药材(当归、党参、红黄芪、甘草)产业、制种(杂交玉米种子)产业、酿造原料(啤酒大麦)产业、草食畜牧业(牛、羊)七大特色优势产业发展(武文斌,2008)。

为加快农业结构调整和资源开发利用,陕西省制定五项工程建设,即粮食单产提高工程,突出抓好小麦、玉米、水稻、马铃薯四大作物;果业提质增效工程,适度扩大苹果、红枣、猕猴桃、柑橘等种植规模;百万亩设施蔬菜工程,以改扩建日光温室和大棚为主,实施工厂化育苗,推广标准化设施栽培技术,大力发展精细菜、特色菜等商品蔬菜;畜牧业收入倍增工程,依托资源禀赋,发挥区域优势,关中主要发展奶畜产业,渭北和陕南主要发展生猪产业,陕北主要发展羊产业,形成特色鲜明的优势畜牧业产业带;区域性特色产业发展工程,因地制宜加快发展中药材、茶叶、蚕桑、水产养殖、干杂果经济林等区域性特色产业。

宁夏自治区制定加快三项农业示范区建设,即加快北部引黄灌区现代农业示范区建设,主攻以优质商品粮、设施温棚为主的现代农业;加快中部干旱带旱作节水农业示范区建设,主攻旱作高效节水避灾农业;加快南部黄土丘陵区生态农业示范区建设,主攻培育壮大生态农业。

9.4.2.2 农业重大配套技术支撑

为加快发展优势产业,甘肃省农科部门提出确定农业"四个一千万亩工程"建设的配套技术支撑。在河东地区半干旱半湿润旱作区建设一千万亩全膜双垄沟播玉米工程;在陇中地区建设一千万亩马铃薯脱毒种薯种植工程;在河西灌溉区建设一千万亩高效节水农业工程;在全省重点区域建设一千万亩优质林果工程。

陕西省农科部门制定粮食单产提高工程中,提出相配套的具体技术支撑。小麦以关中灌区和渭北旱塬两个区域为重点,推广小麦、玉米一体化高产集成配套技术;渭北大力发展地膜玉米;陕北重点发展地膜玉米、马铃薯和特色小杂粮产业;水稻在汉中、安康主产区全面推广旱育抛秧等增产节水技术。陕南浅山丘陵区大力发展马铃薯、玉米间作套种高效农业。

宁夏农科部门制定加快三项农业示范区建设的同时,提出发展三个农业一百万亩,即设施农业一百万亩,扬黄补灌高效节水农业一百万亩,集雨补灌覆膜保墒农业一百万亩。

9.4.2.3 要与自然资源综合开发利用紧密结合

尤其要与气候资源、水资源、农林牧资源开发利用紧密结合。西北区由于地貌地形复杂,有沙漠戈壁、丘陵沟壑、平原、台地和山地;气候类型多样,热量资源从北亚热到高寒地带,水分资源从极干旱区到湿润区;水资源可利用方面,有内陆河绿洲灌溉农业、外流河灌溉农业、地下水灌溉农业、半旱作半灌溉农业、雨养旱作农业;受多重因素影响,使得农林牧业结构非常复杂,有纯牧区、天然林区、半牧半农区、半林半农区、半林半牧区、纯农业区;农作物种类和种植方式多种多样,有喜热、喜温、中性、喜凉和越冬作物。因此,农业结构调整方案必须因地制宜,要与自然资源综合开发利用紧密结合才有强大的生命力和可持续性。

依据青海高原农林牧业资源地域分布的规律性和垂直分异的复杂性,以发展加工和培育青藏高原特色农产品销售市场为手段,加强农业资源开发利用的多样化、多元化和立体化。逐步形成具有高原特色的名、特、优产品及特色优势农业。加强区域农业生态环境建设。黄河、湟水河谷地区与柴达木盆地地的农业生态环境开发,要在提高水利灌溉效率的基础上,促进粮食生产发展,增强粮食自给能力;环青海湖地区由于其特殊的生态环境,采取保护和综合治理荒漠化土地、草原退化治理与水土保持生态工程建设相结合,争取经济效益与生态效益目标相一致;"三江源"地区要重视畜牧业生态保护和治理,加强草场建设,积极推行实施农牧结合或农牧区结合共同发展的方针。对江河上游源头地区、高山陡坡地区及无人居住地区耕地草场保护,并采取强制性措施坚决制止扩大垦殖面积、草场破坏性经营及森林掠夺式开采。

9.4.2.4 要与精细化农业气候区划紧密结合

受气候变化的影响,制约农作物生长的光、温、水在时空分布上不断变化,因而出现农作物种植结构改变的现象,加之以往的农业气候区划比较粗,不能符合农业生产实际的需要,精细化农业气候区划是从农业生产需要出发,从农作物种植结构调整的实际出发,充分利用气候和自然资源优势,划分出每一"网格点"适合种植的农作物,具体区域可精细到一公里,每一个村落。气象部门已研究开发出"精细化农业气候区划产品制作系统",各地气象部门与农业部门要密切配合,进一步研发和推广符合当地实际应用的精细化农业气候区划产品制作系统,使农作物种植结构调整落到实处,充分发挥作用。

9.5 典型区域农业种植结构调整发展战略与优化方案

9.5.1 西北地区西部干旱区

9.5.1.1 春小麦和冬小麦种植面积呈减少趋势

1981—2000年新疆冬小麦和春小麦种植面积呈现出减少趋势(图9.4),冬小麦和春小麦种植面积随时间变化呈现出显著负相关,相关系数分别为-0.8588和-0.9576,显著性水平都超过了0.001。冬小麦和春小麦种植面随时间的线性趋势变化率分别为$-105\ hm^2 \cdot a^{-1}$和$-228\ hm^2 \cdot a^{-1}$,而且春小麦种植面积减少的幅度要比冬小麦更大。柴达木盆地和甘肃河西春小麦种植面积化呈现出减少趋势,呈显著性负相关,相关系数分别为-0.7414和-0.8760,显著性水平超过了0.001,春小麦种植面积线性趋势变化率分别为$-476\ hm^2 \cdot a^{-1}$和$-293\ hm^2 \cdot a^{-1}$。柴达木盆地和甘肃河西春小麦种植面积减少的幅度要比新疆更大。内蒙古西部春小麦种植面变化呈现出增加趋势,春小麦种植面积呈显著的正相关,相关系数为0.72648,显著性水平超过了0.001,春小麦种植面线性趋势变化率分别为$383\ hm^2 \cdot a^{-1}$。

9.5.1.2 气温变化对冬小麦和春小麦种植结构的影响

1981—2000年新疆年平均气温呈逐渐增加趋势,冬小麦和春小麦种植面积随着气温的增加呈现逐渐减少趋势(图9.5),新疆年平均气温与冬小麦和春小麦种植面积呈显著的负相关,相关系数分别为-0.5058和-0.4506,显著性水平分别超过了0.02和0.05。柴达木盆地和甘肃河西年平均气温与春小麦种植面积也呈负相关,相关系数分别为-0.5822和-0.4072,显著性水平分别超过了0.01和0.10。内蒙古西部年平均气温与春小麦种植面积呈显著的正相关,相关系数分别为0.5854,显著性水平分别超过了0.02。

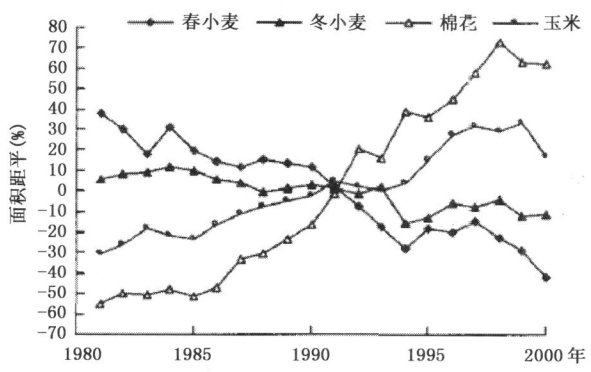

图 9.4 新疆 1981—2000 年春小麦、冬小麦、玉米、棉花种植面积距平百分率历年变化

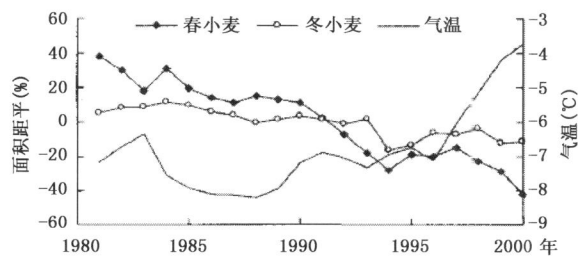

图 9.5 新疆冬小麦和春小麦种植面积距平百分率和年气温距平累积值的历年变化

新疆各地冬小麦种植面积呈减少趋势,1996—2000 年平均种植面积比 1986—1990 年减少了 9%～30%,哈巴河和库尔勒 1991 年后不种植冬小麦,海拔比较高的伊宁也减少了 20%。春小麦种植面积呈减少趋势,1996—2000 年春小麦平均种植面积比 1986—1990 年减少了 13%～56%。

小麦面积减少的原因,是由于气候变暖,适宜种植喜温作物的范围扩大,受经济利益的驱动,产量高、经济效益明显的玉米和棉花种植面积扩大所致,尤其是甘肃河西经济效益明显的玉米和棉花种植面积迅速扩大导致春小麦种植面积迅速减少。柴达木盆地主要是油菜种植面积迅速扩大所致。

9.5.1.3 棉花和玉米种植面积呈增加趋势

1981—2000 年新疆棉花和玉米的种植面积变化呈现出增加趋势(图 9.6),相关分析呈现出显著正相关,相关系数分别为 0.9544 和 0.9746,显著性水平超过了 0.001,玉米和棉花的种植面积线性趋势变化率为 95 hm^2 · a^{-1} 和 585 hm^2 · a^{-1},棉花种植面积增加率比玉米更大(宋艳玲等,2004)。甘肃河西玉米和棉花种植面积变化也呈现出增加趋势,相关分析也呈现出显著的正相关,相关系数分别为 0.9405 和 0.8628,显著性水平超过了 0.001,玉米和棉花种植面积线性趋势变化率为 262 hm^2 · a^{-1} 和 1679 hm^2 · a^{-1},棉花种植面积增加率比玉米更大。内蒙古西部玉米种植面积随时间变化也呈现出增加趋势,相关分析也呈现出显著的正相关,相关系数为 0.8878,显著性水平超过了 0.001,玉米种植面积线性趋势变化率为 628 hm^2 · a^{-1}。

西北干旱区绝大部分地方是灌溉农业,新疆依靠天山来水发展农业,甘肃河西依靠祁连山来水发展农业,盆地和走廊自然降水多寡对西北干旱区农业的影响并不明显。气候的冷暖变化则是影响农业发展的主要因素,尤其是秋季气温偏低明显的年份,喜温作物因热量不足而不能成熟。气候变暖,热量资源增加,使喜温作物面积扩大,喜凉作物面积减少。由于气候条件和市场经济的综合影响,导致冬小麦和春小麦种植面积减少,而经济效益显著、产量比较高的玉米和棉花的种植面积迅速增加,夏秋作物的种植结构发生了明显改变。

9.5.1.4 气温变化对棉花和玉米种植结构的影响

1981—2000 年西北干旱区年平均气温呈逐渐增加趋势,棉花和玉米种植面积随着年平均气温的增加而增加。新疆棉花和玉米种植面积随着年平均气温的增加而增加(图 9.6),相关分析显示出年平均气温与棉花和玉米种植面积呈现出显著正相关,相关系数分别为 0.5306 和 0.5659,显著性水平分别超过 0.02 和 0.01。甘肃河西年平均气温与棉花和玉米种植面积都显示出显著的正相关,相关系数为分别为 0.6281 和 0.5923,显著性水平都超过 0.001。内蒙古西部年平均气温与玉米种植面积显示出显著的正相关,相关系数为 0.69721,显著性水平超过了 0.001。

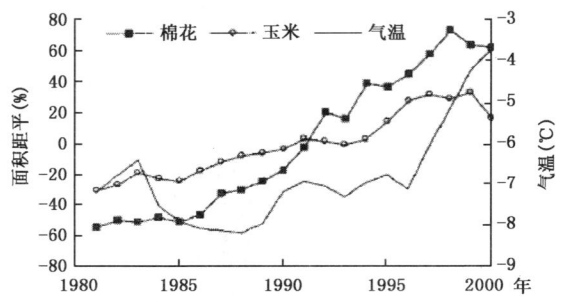

图 9.6 新疆棉花和玉米种植面积距平百分率和年气温距平累积值的历年变化

新疆各地玉米种植面积呈现出增加趋势,1996—2000 年平均种植面积比 1986—1990 年增加了 2~3 倍以上,巴里坤 1991 年以前不种植玉米,以后玉米种植面积迅速扩大。

西北干旱区各地棉花种植面积也呈现出增加趋势,1996—2000 年平均种植面积比 1986—1990 年增加了 43~71 倍。新疆的伊宁县,甘肃的甘州、高台、临泽、肃南、民勤等地,1991 年以前不种植棉花,以后棉花种植面积迅速扩大。

影响农业种植结构的因素很多,有农业生产技术水平、经济效益、政策导向等方面因素,但是气候变暖,气温升高,热量资源增加,对农作物生长提供了丰富的热量资源,适宜种植喜温作物的范围扩大,是影响农业种植结构调整的主要原因。使玉米、棉花这样一些经济效益显著、产量高的喜温作物种植面积迅速扩大,喜凉作物(春小麦和冬小麦)种植面积迅速减少,导致夏秋作物种植结构发生明显改变。

9.5.2 西北地区东部半干旱半湿润区

9.5.2.1 陇中黄土高原区

本区地形多为黄土梁峁沟壑。基本特点:
①气候类型多样,南北水热差异大,绝大部地区气候温和或温凉,降水量北部少,西南和东

部较多,年际变率大,季节分配很不均衡,春末初夏干旱严重;

②土地资源丰富,土层深厚,土质疏松肥沃。地形复杂,梁峁起伏,沟壑纵横,土地类型多样,农业地域差异大;

③由于立地条件差,荒山荒坡面积大,草地不多,林木缺乏,植被稀疏,复被率低;

④地方特色作物种类多,多种经营门路广,利于综合开发利用。

该区自然条件较差,发展农业生产难度大,要按照自然资源特点和规律进行农业种植结构性调整。北部年降水量不足 400 mm,属农牧交错地带,其荒山、荒坡、荒沟要退耕还草,发展天然牧场,条件较好的地域可种植人工牧草,积极发展畜牧业,提高其产值的比重。南部要以发展林牧为突破口,发展地方特色作物,走农林牧综合发展的道路(邓振镛,2008)。

(1)北部粮食、经作、畜牧区

本区包括景泰、靖远、白银、兰州、永登、皋兰、榆中、永靖、东乡、会宁、安定等县区。海拔高度 1200～2500 m。年降水量 200～400 mm,属温和半干旱气候类型。

该区黄河沿岸川谷地,一年一熟有余,两熟不足,热量条件较好,灌溉便利,重点发展蔬菜、瓜果、粮食、畜产品和农副产品,建立蔬菜、瓜果(白兰瓜、籽瓜、苹果、桃)和农副产品基地,农业生产具有显著的城郊型农业特点。旱作区要发挥耐旱作物的优势,秋粮以糜、谷、马铃薯为主,豆类以扁豆、豌豆为主,胡麻是本区优势作物,也是省内的主产区。建立地方特色作物"兰州百合"种植基地。充分利用草山、草滩发展养牛、养羊业,尤其大力发展毛肉兼用的裘皮羊(滩羊、沙毛山羊)产业。夏粮、秋粮、经济作物及饲草的种植比例为 3∶4∶2∶1。

(2)东部粮食、胡麻、畜牧区

本区包括庄浪、静宁、陇西、通渭等县,临洮和渭源县的大部分,漳县的东北部。海拔高度 1500～2500 m。年降水量 450～600 mm。属温和半湿润气候类型。

该区以旱作农业为主,一年一熟制。合理布局夏、秋比例,坚持夏、秋粮并重;小麦和豆类并重;秋粮以马铃薯、糜、谷为主;油料以胡麻为主,占绝对优势。要实行草田轮作,扩大紫花苜蓿等饲草面积。利用荒山陡坡退耕还草,大力发展畜牧业。在水分条件较好的山地、梁、峁、阴坡植树造林,发展经济林木。夏粮、秋粮、经济作物及饲草的种植比例为 3∶4∶2∶1。

(3)西南部二阴山地粮食、经作、畜牧区

本区包括临夏、康乐、和政、广河、积石山县,漳县、临潭、岷县大部,渭源、临洮县的南部,宕昌、礼县、卓尼县部分。海拔高度 1800～3000 m。年降水量 450～650 mm。属温凉半湿润气候类型。

该区为一年一熟制。优势粮食作物是春小麦、马铃薯,尤其是马铃薯的良种供应地和主产区,应扩大面积大力发展。同时要增大蚕豆、甘蓝型油菜优势作物的种植面积。发展地方特色作物"岷当"、党参、黄芪等中药材的种植。扩大人工牧草种植,充分利用草场资源,发展畜牧业。利用荒山荒坡荒沟发展用材林、薪炭林、水保林和经济林。分两片确定夏粮、秋粮、经济作物及饲草的种植比例,临夏州片为 4∶4∶1∶1;洮岷山区为 2∶4∶3.5∶0.5。

9.5.2.2 陇东黄土高原区

本区属黄土高原丘陵沟壑区,为黄土沟塬相间地形。土、水、热等条件比较好,是重要的产粮区,素有"粮仓"之称。基本特点:

①以温和半湿润气候类型为主,热量条件较好,日照较充足,大部分地区雨量较多,年降水量 400～650 mm,并由南向北逐渐减少,春末夏初干旱频繁,危害较大;

②川塬地面积大,地势平坦,土层深厚肥沃,保肥蓄水性能强,便于机耕,增产潜力大;

③以旱作农业为主,传统种植业占主导,农业技术发展水平和推广体系初具规模,但水土流失严重,农作物产量不高不稳,经济效益较低;

④林地面积大,林木资源较丰富,子午岭林区和关山林区是较大的天然次生林区,是重要的水土保持和防护林区;

⑤草场面积较大,利于发展畜牧业,干旱草场分布在北部丘陵沟壑区,森林草场分布在子午岭林区,畜牧业占有一定比重;

⑥有一定数量的地表和地下水资源,泾河及其支流年径流量在 2 亿 m^3 以上,便于开发利用,潜力甚大。

该区要按照"决不放松粮食生产,积极发展支柱产业"的战略方针,合理安排粮食、经作和饲草的种植比例,达到以经促粮、以粮养经、以草养畜、以畜增粮、农民增收的效果。在粮食作物中控制和稳定冬小麦面积,扩大玉米面积,发展豆类、马铃薯和糜、谷等抗逆性强的作物面积。扩大冬油菜、胡麻等经济作物种植面积,大力发展地方特色作物如黄花菜、烤烟等支柱性种植业。跨世纪的"陇东粮仓"要具有粮、油、果、菜、烟、药等各种产品优势的创利、创汇的新型种植农业。

(1) 中南部粮食、经作区

本区包括平凉、崇信、华亭、泾川、灵台、庆阳、西峰、镇原等县区,合水县南部、宁县和正宁县大部。海拔高度大多为 1100~1600 m。年降水量 500~650 mm。属温和半湿润气候类型。

该区是陇东的精华之地。作物一年一熟或两年三熟。应以发展粮食生产为主,兼种油、烟、黄花菜等经济作物,大力发展果品、蔬菜、黄花菜等支柱性产业,布局上做到粮食、经作和饲草兼顾。扩大玉米种植面积,以提高粮食产量,使该区逐步发展成商品化和市场化的"陇东粮仓"。夏粮、秋粮、经济作物及饲草的种植比例为 2.5∶4∶1.5∶1。

(2) 西北部杂粮、胡麻、畜牧区

本区包括环县,华池、镇原和庆阳县一部分。海拔高度在 1500 m 以上。年降水量 350~480 mm。干旱缺水,自然灾害频繁。属温凉半干旱气候类型。

该区作物一年一熟。应压缩冬小麦面积,扩大胡麻面积,扩大豆类、马铃薯、荞麦等生长期短又耐旱的作物。发展多年生牧草和适生放牧林的种植,利于发展畜牧业,以牧促农。夏粮、秋粮、经济作物及饲草的种植比例应为 3∶5∶1∶1。

(3) 子午岭林业、粮食、经作区

本区包括华池县大部,合水、正宁、宁县少部。海拔高度在 1400~1700 m。年降水量 500~700 mm,降水量较多,光热不足,属温凉湿润、半湿润气候类型。

该区属天然林区,以林地为主。其气候生态条件以水源涵养林为主,采伐与营造相结合,不断扩大林区范围,同时兼营农、牧、多种经营。作物一年一熟。在农作物生产布局上应坚持玉米、冬小麦、糜子、豆类、水稻各按其适宜范围种植。农业种植业结构性调整的重点应转移到多种经营方面,开发利用独具地方特色且有很大生产潜力的沙棘、木耳、香菇、白瓜子、中药材、核桃、大麻等产业和名优土特产。夏粮、秋粮、经济作物及饲草的种植比例应为 2.5∶5∶1.5∶1。

9.5.2.3 陇东南山地丘陵区

本区地形大体上可分为两大部分:秦岭以南白龙江、西汉水等长江流域为土石山区;介于陇山、西秦岭之间的黄土丘陵沟壑区。基本特点如下。

①水热资源丰富,冬季温暖,夏无酷暑。河川盆地温暖,半山温和,高山温寒;冬干夏湿,干湿季分明,夏雨较少,秋雨较多,年降水量 400～950 mm;光热水资源的水平与垂直变化大,构成了复杂多样的农业气候类型;自然灾害频繁,尤其干旱危害较大。

②山高坡陡,地形复杂,差异性大,农业生产条件随海拔、坡向不同,有明显的垂直变化,呈现"立体农业"的特点。

③生物资源丰富,适合发展用材林、经济林与珍贵动物,是省内发展用材林、经济林潜力最大的地域。林副产品资源丰富,发展多种经营潜力大。

④地跨长江、黄河两大水系,白龙江、西汉水、渭河等河流六部常年有水,地表水资源丰富。

该区应走农林牧综合发展的道路,增大林业、多种经营在整个农业中的比重,挖掘和开发利用山区资源,根据不同地域类型,分别确定农林牧业的比重。河谷川坝区以粮食为主,适当发展蔬菜和经济林木;山区要农林牧并重,建立饲草基地,发展畜牧业,积极发展经济林木和地方特色作物。

(1)岭南山地粮食、经作、林业区

本区位于秦岭以南,甘肃省最南端。包括舟曲、武都、文县、康县、宕昌县大部,徽县、两当县南部,成县少部分。由于地形起伏,气候垂直差异大,作物种类繁多,应发挥区内自然资源优势,建立多种地方特色作物生产基地和示范区。区内分为三种区域类型。

河谷川坝区:分布于白龙江和西汉水两岸,地势起伏大,海拔在 1000 m 以下,属北亚热带半湿润气候类型,四季温暖,雨热同季。是甘肃省唯一能生长热带植物的区域。农作物一年两熟或两年三熟。主要种植冬小麦、玉米、水稻、豆类、油菜等,还有棕榈、柑橘、板栗、花椒、核桃、柿子、枇杷、无花果、油橄榄、银杏、茶叶、蚕桑、中药材等地方特色作物。夏粮、秋粮、经济作物及饲草的种植比例应为 3.5∶5∶1∶0.5。

半山区:位于山坡地,通称为"腰地",海拔 1000～1800 m。属温热半湿润气候类型。作物多种在缓坡地带,一年一熟或两年三熟。坡地水土流失严重,二旱灾害经常发生。主要种植冬小麦、玉米、马铃薯、豆类、油菜等作物。还有花椒、板栗、油桐、杜仲、漆树、栓皮栎、果树等。夏粮、秋粮、经济作物及饲草的种植比例应为 3∶4.5∶2∶0.5。

高山区:海拔在 1800～3000 m 左右。气候温凉和温寒,湿润多雨,日照不足,无霜期短。作物一年一熟。主要种植大麦、马铃薯、蚕豆、油菜、中药材、牧草等作物。还有栓皮栎、漆树、板栗、核桃、杜仲和厚朴等经济林木。应保护草场发展畜牧业。抚育原始林,发展经济林。夏粮、秋粮、经济作物及饲草的种植比例应为 2∶4∶2∶2。

(2)徽成盆地粮食、蔬菜、经作区

本区包括徽县、成县大部,两当北部。徽成盆地是秦岭山区的山间盆地。海拔高度 700～1300 m。年降水量 600～750 mm,无霜期 210～230 d,土壤冻结期短,冬无严寒,属温热湿润气候类型。

该区作物生长期长,川区为一年两熟,山区为两年三熟或一年一熟。主要种植冬小麦、玉米、高粱、马铃薯、豆类、油菜等。山区林地面积较大,覆盖率达 40% 左右,自然条件优越,农业生产水平比较稳定,资源丰富,适于多种经济发展。蔬菜、果品、中药材、蚕桑均有广阔的发展前景。养殖业有良好的基础,应大力发展饲养业。夏粮、秋粮、经济作物及饲草的种植比例为 3∶4.5∶2∶0.5。

(3) 北部粮食、经作、蔬菜、林业区

本区包括秦城、北道、张家川、清水、秦安、甘谷、武山、西和、礼县、两当、徽县和成县的北部。区内分为黄土高原沟壑区和秦岭山地两种地域类型。

黄土高原沟壑区：海拔高度大部在1000～2200 m。该区水热条件较好，河川区气候温暖，浅山、坝区气候温和；雨量较多，年降水量450～600 mm，属半湿润气候类型。农作物两年三熟或一年一熟。主要有冬小麦、玉米、马铃薯、糜、谷、豆类、油菜、胡麻、蔬菜、果品、中药材等。应建立和扩大果品、蔬菜生产基地，大力发展苹果、桃、核桃、柿子等经济林木和冬季温室蔬菜生产。充分利用草山草地种植饲草，发展畜牧业。利用宜林荒山荒坡发展林业，增加植被。夏粮、秋粮、经济作物及饲草的种植比例为4：4：1.5：0.5。

秦岭山地：该区地势错综复杂，地形起伏，山势陡峻，人少地多，海拔高度大部在1600～2500 m。属温和温凉半湿润气候类型。绝大部分山地为天然次生林和灌丛，覆盖度大，低山坡地有利于发展桑树、核桃、板栗、花椒等经济林木。农作物基本一年一熟。主要有玉米、马铃薯、冬小麦、大麦、豆类，还有少量胡麻和油菜。夏粮、秋粮、经济作物及饲草的种植比例为4：4：1.5：0.5。

9.5.3 祁连山及其河西走廊

祁连山及其河西走廊地区农林牧业结构布局主要由农业气候生态资源等垂直分布所决定。通过调研考察，根据农业气候生态资源分布特征和作物气候生态适生种植区以及农林牧业结构布局特点，各区选出有代表性1～2个地点，运用系统规划理论的线性规划方法，采用气候生态相似原理，将河西地区大体分为5个农业牧业气候生态区，并对各区提出农林牧业产业结构比重和种植业比例（表9.4）（邓振镛，2008）。

表9.4 不同气候生态区农林牧产业结构比重和种植业比例

农林牧业气候生态区	Ⅰ 温暖特干旱沿沙漠绿洲棉花、粮食区	Ⅱ 温和干旱走廊绿洲粮食、经作区	Ⅲ 冷凉半干旱浅山粮食、油料、畜牧区	Ⅳ 寒冷半湿润祁连中低山农林牧业复合区	Ⅴ 高寒湿润祁连山高山区
海拔高度(m)	1000～1400	1400～1900	1900～2700	2700～3400	3400～5500
农林牧产业结构比重（种植业：林业：畜牧业）	7：1.5：1.5	6：1.5：2.5	5：1：4	2：2：6	少量畜牧业
种植业比例（夏粮：秋粮：经作：饲草）	2：2：5：1	3：3：2.5：1.5	5：2：2：1	2：2：4：2	无种植业

9.5.3.1 温暖特干旱沿沙漠绿洲棉花、粮食区（Ⅰ）

该区位于河西地区石羊河、黑河、疏勒河三大内陆河流域下游的沿沙漠边缘1000～1400 m地带。该区为一熟有余，两熟不足。玉米是优势作物，经济作物以棉花为主。

重点发展以"多采光、少用水、新技术、高效益"的阳光产业和沙草产业。要压缩农作物播种面积，积极发展草食畜牧业；推行集约型生产，大力发展节水高效农业，如日光温室建设，采用滴灌技术发展棉花等节水农作物。建立良好的农业生态系统，为国家提供优质粮食和棉花产品。发展地方优势特色作物，如人工栽培甘草、啤酒花、黑瓜子、白兰瓜等，建成瓜类生产基地。本区是"北锁黄龙"的重点地带，北部风沙线营造乔、灌、草相结合的防风固沙林带，促进沙生植被的保护，减少对农田的侵害。

本区农、林、牧业产业结构比重为 7:1.5:1.5。夏粮、秋粮、经作及饲草的种植比例为 2:2:5:1。

9.5.3.2 温和干旱走廊绿洲粮食、经作区（Ⅱ）

该区位于河西地区三大内陆河流域中游的走廊中部 1400～1900 m 的地带。该区一熟有余，两熟不足。春小麦是优势作物，其次是玉米，还有谷子。

粮食生产是河西走廊商品粮基地的核心地带，具有举足轻重的意义，要确保主体作物的重要地位。经济作物以油料、甜菜为主，是胡麻、甜菜的主产区。扩大制种、复种饲用甘蓝型油菜、酿酒葡萄、啤酒大麦、啤酒花、高原夏菜、林果等特色优势产业。建立全国最大的杂交玉米种子基地和全国重要的瓜菜、花卉制种基地。要大力调整农村经济结构，采取降低农业、种植业、粮食比重和提高非农产业、草畜业、非粮食作物比重的"三降三升"结构模式。积极发展节水型农业，以节水定产业、调结构、增总量、促发展。扩大以管灌、滴灌、渗灌、喷灌为主的高效节水灌溉面积。发展标准化、规范化的养殖小区，提高畜牧业产业化水平。林业重点实施以农田防护林、通道河道和庭院四旁植树为主的生态经济防护林。

本区农、林、牧产业结构比重为 6:1.5:2.5。夏粮、秋粮、经作及饲草的种植比例为 3:3:2.5:1.5。

9.5.3.3 冷凉半干旱浅山粮食、油料、畜牧区（Ⅲ）

该区位于三大内陆河流域中游的祁连山北坡浅山 1900～2700 m 地带。该区一年一熟喜凉作物。春小麦是优势作物，其次是马铃薯、蚕豆和豌豆。油料作物以甘蓝型油菜、胡麻为主。

积极扩大饲草种植，发展圈养畜牧业和养殖小区，提高畜牧业比重；发展地方特色作物啤酒大麦、无公害蔬菜、人参果、苹果梨等种植。要加快农业内部结构调整，压夏扩秋、压粮扩经和发展草畜产业等多种形式，提高经作和草畜业在农业中的效益比重，大力发展日光温室为主的阳光产业和设施农业。林业以水土保持林和薪炭林为主。

本区农、林、牧产业结构比重为 5:1:4。夏粮、秋粮、经作及饲草的种植比例为 5:2:2:1。

9.5.3.4 寒冷半湿润祁连中低山农牧业复合区（Ⅳ）

该区位于祁连山脉中低山地带 2700～3100 m，是三大内陆河的主要集水区和径流形成区。该区种植业占较大比重，大多是半农半牧经济，主要种植耐寒作物，优势作物是白菜型油菜，还有马铃薯、豌豆、青稞、燕麦、牧草等。

要发展无公害蔬菜、建日光温室和大棚种植人参果、红提葡萄、食用菌等特色作物。祁连山中东段北坡海拔 2500～3450 m 是森林、草甸草原复合带，其中阴坡为块状森林，阳坡和山间滩地为草甸草原。祁连山西段海拔 1600～3050 m 主要分布山地荒漠和半荒漠草场；海拔 3050 m 以上为高山灌丛草场。本区草场面积占总面积 70% 左右，畜牧业占重要地位，要实施围栏封育，按季节合理轮牧、休牧、使超载草场休养生息；大力发展舍饲暖棚养畜和饲草基地。本区是"南保青龙"的水源涵养林保护区，要积极造林和封山育林，不断扩大森林资源，提高水源涵养能力。

本区应以牧业为主，牧林农相结合，因地制宜，分类指导原则。农、林、牧业产业结构比重为 2:2:6。夏粮、秋粮、经作及饲草的种植比例为 2:2:4:2。

9.5.3.5 高寒湿润祁连山高山区（Ⅴ）

该区位于祁连山高山 3400～5500 m 地带，无种植业。祁连山中东段北坡海拔 3450～3600 m 以上是高山灌丛草甸；3600～4000 m 是高山草甸；4000～4200 m 是高山寒漠；4200 m 以上地区终年积雪，发育着现代冰川，是河西走廊天然的"高山水库"。祁连山西段为高山灌丛草场。在海拔 4000 m 以下地带可发展畜牧业生产。该区要因地制宜保护和恢复植被、冰雪等生态资源，促进生态资源休养生息。

第 10 章　气候变化对主要农业病虫害的影响

近年来,伴随着耕作制度的改革、生产技术水平的提高,加之气候变化带来的暖冬、干旱、低温冷害、大风沙尘等气象灾害的频繁发生,农作物病虫害进入了新的高发期,多种病虫害混发并重,使治理难度加大,特别是一些突发性、毁灭性病虫害,一旦发生损失巨大。

10.1　对主要农作物病害的影响

10.1.1　小麦条锈病

小麦条锈病是典型的远程气传病害,菌源主要来自外地,首先在冬麦区发生,进而开始向春麦区传播侵染。主要发生部位在叶片上,其次是叶鞘和茎秆,穗部、颖壳及芒上也有发生,通常在苗期染病。西北地区条锈病主要在陕西、甘肃、青海和宁夏冬、春麦区发生较重;甘肃在条锈病大流行年份小麦可减产20%～30%,中度流行年份可减产10%～20%。

10.1.1.1　小麦条锈病的流行区域

小麦条锈病划分为六个越夏区:(1)甘、青高原晚熟春麦及自生麦苗越夏区;(2)洮、岷及陇中晚熟春麦及自生麦苗越夏区;(3)渭河上游自生麦苗越夏区;(4)陇南南部自生麦苗及晚熟冬、春麦越夏区;(5)六盘山晚熟春麦及自生麦苗越夏区;(6)陇东高原自生麦苗越夏区。

陇东、陇南9月底10月初,陕西关中11月上中旬秋苗发病,但病株密度较轻,陕西汉中也不如关中等地重。影响秋苗发病的主要因素除秋播早晚外,如越夏区和早播麦田菌源量、秋雨多少及品种抗锈性等也有影响。

小麦条锈病越冬表现为最冷月(1月)平均气温低于-6～-7℃不能越冬,但有积雪覆盖时即使-10℃也能顺利越冬,河谷、阳坡的低湿田块和冬灌麦田利于锈菌越冬和进行再侵染,陇南、陕西和关中地区的秋苗发病和锈菌越冬率有显著相关性。陇东在海拔1400 m以下,陇南1600 m以下河谷、半山地带和陕西关中渭河沿岸潮湿滩地、秦岭北坡以及陕南汉中等地,是条锈菌在西北的主要越冬场所。

小麦条锈病春季流行主要取决于感病品种播种面积、越冬菌源量、3—5月特别是3—4月雨量、早春气温回升早晚;西北地区按照流行频率和强度可划分为七个流行区:(1)关中、晋南常发流行区,3月和4月上中旬的降雨量及降雨次数是主要因素;(2)汉中常发流行区,春雨;(3)陇南常发流行区,早春气温回升快慢和3—5月的雨量雨次;(4)泾河上游易发流行区,4—5月的降雨量;(5)陇东中部高原偶发流行区,春季菌源以外来菌源为主,有"越春现象",4月下旬—6月上旬的雨量;(6)洮岷、临夏地带易发流行区,5—6月雨量起主要作用,6月上旬后常爆发流行;(7)新疆流行区。普发期时间:陇南渭河流域多在4月中旬至5月上旬,陇东多在6月中、下旬,陕西关中一般在5月中、下旬,陕南地区多在4月中旬至5月初(肖志强,2008)。

10.1.1.2　小麦条锈病流行规律和发生指标

锈菌发生和流行指标:小麦锈菌是一种严格寄生菌,它的生长和繁殖必须在活的寄主体内进行,对湿度要求很高,必须和叶面上的水珠或水膜接触才能发芽侵入寄主,结露、降雾和下雨均有利于锈病发生,其中以结露和阴雨连绵最为有利。条锈菌在9℃以上才能造成危害。

越夏指标:在炎热的夏季,条锈病菌只能在比较凉爽的高海拔地区发生,即条锈病只能连续侵染高原、高山地区的晚熟冬麦、晚熟春麦和自省麦苗而越夏。限制小麦条锈病越夏的主要环境因素是温度,夏季最热一旬(7月上旬至8月中旬)旬平均气温在20℃以下地区,有感病寄主存在,均可顺利越夏;22~23℃地区,虽可越夏,但很勉强;23℃以上不能越夏。所以把22~23℃视为越夏上限。

秋苗发病条件:小麦条锈病菌越夏孢子气流传播到冬麦区,落到秋苗叶片上,遇到适宜的湿度、温度条件,便可侵染秋苗。秋苗发病程度与距离越夏区远近及播种早晚有密切关系,距离越夏区越近,播种越早,秋苗发病就越重。影响秋苗发病的主要因素除播期外,还有邻近越夏区和早播麦田提供的菌量,秋季雨露等因素。通常川地、塬坡的低洼潮湿的早播麦田秋苗发病比较严重。

越冬指标:平均气温降到1~2℃后,条锈病菌进入越冬阶段,条锈病菌主要以入侵后尚未显症的潜育菌丝在麦叶组织内越冬。只要麦叶未被冻死,条锈病菌就能越冬,但潜育期延长。气温降到6~7℃后,条锈病菌仍可侵入麦叶,但侵入后有效积温不能达到≥120℃·d,冬前不能显症,而以潜育病叶进入越冬。影响越冬的首要因素是温度,特别是1月份气温。最冷月(1月)平均气温低于-6~-7℃不能越冬,但有积雪覆盖时即使-10℃也能顺利越冬。

春季流指标:早春旬均温回升到2~3℃,旬平均最高气温回升到9℃以后,越冬病叶中的潜育菌丝开始复苏,并陆续显症,到旬均温回升到5℃后开始产孢,至此越冬方才完成,这一过程持续15~30 d。这时,若有春雨和结露,越冬病叶产生的孢子就能侵染返青后的新生叶片,条锈病逐渐向上部叶片和向周围扩展,引起春季流行。影响春季流行程度的主要因素有,越冬菌源量、早春气温回升早晚、春雨多少(李登科,2009;杜文军,2003)。

10.1.1.3 条锈病发生与气象条件

品种的抗病性、菌源量和气象条件是小麦条锈病流行的三大制约因子。其中菌源量的多少与条锈菌越夏关系密切。在我国,条锈菌越夏区分为西北越夏区和西南越夏区。其中西北越夏区主要包括甘肃、青海、宁夏、川西北等。气象条件中温度是限制小麦条锈病越夏的主要环境因素。据研究,每年气温最高的7月下旬和8月上旬是小麦条锈病能否越夏的关键时期。小麦条锈病越夏的旬平均气温以不超过20℃为宜,超过23℃小麦条锈病菌一般不能越夏。因此,将旬平均气温22~23℃定为小麦条锈病越夏的温度上限(王吉庆,1965;马占鸿,2004)。甘肃陇南地区位于甘肃省东南部,境内山高谷深,气候垂直差异大。在海拔1600~1650 m以上范围,小麦条锈病在该区既能越冬,又能越夏,周年循环,常发流行,也是我国小麦条锈病主要越夏区、新生理小种的策源地和品种抗性最易丧失的地区。也是甘肃周边地区和西部青海春麦区条锈菌主要策源地。

据研究,气温在不同时期对条锈病发展影响不同。甘肃陇南地区10月至次年3月平均气温与小麦条锈病流行程度呈正相关,说明该时段平均气温低于条锈菌正常生长温度,气温偏高有利于小麦条锈病发展;8月平均气温与小麦条锈病流行程度呈负相关,说明该时段平均气温高于条锈菌正常生长温度,气温高可抑制小麦条锈病发展;越冬期1月、初春3月温度偏高对条锈菌越冬成活有利。通常月平均气温不低于-7℃时条锈病菌源就可以安全越冬,而到了2~3℃菌源就开始复苏、显病,旬平均气温超过9℃时,锈病开始扩展。条锈病发病的适宜温度为13～16℃。

条锈菌好阴凉喜湿，怕高温干旱，因此，降水量及其分布对条锈病的流行有重要影响，甘肃陇南地区的武都、徽县、礼县逐月降水量与小麦条锈病流行程度相关系数基本上呈正相关，说明降水量多有利于小麦条锈病发展，越夏期8—9月降水量对来年小麦条锈病的流行影响较大。甘肃河西走廊的武威逐月降水量与小麦条锈病病情指数相关分析亦表明，降水量多有利于小麦条锈病发展，年际间暴发成灾主要取决于降水量的多少。尤其5—7月的降水量大时，冬麦区有较多越冬菌源且在翌春普发的情况下，小麦条锈病极易发生流行。分析确定河西条锈病不同发生等级指标是：5—7月降水量达到180 mm以上，相对湿度大于55%时，可重度发生；降水量在140～180 mm，48%～55%中度发生；降水量小于120 mm，相对湿度小于45%轻度发生。

不同时期气象条件的组合条锈病发生程度也不同。据研究（严进瑞，1997），条锈病不同发生程度（重、中、轻度）与发生前期及发生期间气象要素的量值及间隔时间上的差异有关，经1985—1993年间82次条锈病危害资料统计，在表10.1所列的气象条件下发生了75次，几率达90%以上。

表10.1　小麦条锈病发生的农业气象指标

锈病程度	时段	间隔时间（d）	平均气温（℃）	相对湿度（%）	总降水量（mm）
重度	发生前期	7	15～10	65～85	30～40
	发 生 期	3	12～17	65～55	1～2
中度	发生前期	4	15～10	50～80	10～20
	发生期	7	10～16	65～45	2
轻度	发生前期	5	15～7	50～80	10～15
	发生期	10	11～17	70～40	1～2

10.1.1.4　气候变化对条锈病发生的影响

条锈病的发生发展对气候变暖的反应主要取决于条锈菌越冬、越夏气象条件是否适宜。甘肃条锈病发源地武都地区越冬期（10月至次年3月）气温呈逐年升高趋势，气温倾向率为 $0.35℃ \cdot (10 \text{ a})^{-1}$。这将有利于条锈病菌的安全越冬，使越冬基数增大和次年大面积暴发。特别是1999年以来，随着气候偏暖趋势越趋明显，越冬菌量逐年增长，早春病田率全市平均在42.4%～82.6%，而在1991—1998年早春病田率仅在12.2%～37.2%，可见，气候偏暖，特别是冬温显著偏高，霜期缩短，冬小麦种植高界上升，种植面积扩大，条锈病越冬菌量显著增大，从而导致气候持续偏暖年份条锈病发病提前，并且连年出现大流行，1999—2005年发病初始日期大多在2月中下旬，并且春季小麦条锈病盛发期普遍率达35%～100%，而此前的大部分年份发病初始日期大多在3月中旬，并且春季小麦条锈病盛发期普遍率<10%。

武都地区条锈病越夏期（8月）的气温亦呈升高趋势，气温倾向率为 $0.15℃ \cdot (10 \text{ a})^{-1}$，且在海拔1600m以下地区多数年份气温大于23℃，高于越夏温度界限。越夏期降水除20世纪80年代较多外，90年代以来呈略减少趋势，倾向率为 $-3.9 \text{ mm} \cdot (10 \text{ a})^{-1}$，降水条件也不利于条锈菌的安全越夏，这将促使条锈菌向海拔1600m以上地区迁移越夏。而在河西走廊的川区，由于气候暖干化明显，加之农业种植结构调整使小麦种植面积逐年缩减，不利于条锈菌的发生发展，也不利于越夏。在海拔1800 m以上地区由于降水量较多，加之小麦种植上线上移和种植面积的扩大,对小麦条锈病发生发展提供了适宜的生存环境,是小麦条锈病的重发区,也是条锈菌的安全越夏区。

10.1.2 小麦白粉病

小麦白粉病是一种世界性病害,在各地小麦产区均有分布为害。被害麦田一般减产10%左右,严重地块损失高达20%～30%,个别地方甚至达到50%以上。

10.1.2.1 发生特点

小麦白粉病在苗期至成熟期均可为害。主要为害叶片,严重时也可为害叶鞘、茎秆和穗部。病部初产生黄色小点,而后逐渐扩大为圆形或椭圆形的病斑,表面生出一层白粉状霉层,这些粉状物就是该菌的菌丝体和分生孢子,霉层以后逐渐变为灰白色,最后变为浅褐色,其上生有许多黑色小点(闭囊壳)。一般叶片正面病斑比反面多,下部叶片多于上部叶片。病斑多时可愈合成片,并导致叶片发黄枯死。茎和叶鞘受害后,植株易倒伏。发病严重时植株矮小细弱,穗小粒少,千粒重明显下降,严重影响产量(肖志强,2008)。

小麦白粉病的越夏方式有两种:一是以分生孢子阶段在夏季气温较低地区的自生麦苗或夏播小麦上继续侵染繁殖或以潜伏状态度过夏季,另一种是以病残体上的闭囊壳在低温、干燥的条件下越夏。在病菌以分生孢子越夏的地区,秋苗发病较早、较重。病菌越冬的方式有两种:一是以分生孢子的形态越冬,二是以菌丝体潜伏在病叶组织内越冬。病菌的分生孢子和子囊孢子可借助气流进行传播。

10.1.2.2 小麦白粉病发生与气象条件

影响小麦白粉病流行的主要因素有品种、菌源量和气象(温度、湿度)及栽培条件。小麦白粉病菌在大于0℃,小于25℃的温度范围内均可发育,其最适温度为10～25℃,春季降雨多且均匀,利于该病发生为害。其中饱和湿度下,温度在11～17℃时分生孢子萌发率最高,大于31℃时不萌发,一般气温上升到10℃以上,具有充足的湿度,病害发展很快;特别是在温度较高、雨量多、湿度大、风多风大的情况下,更有利于病菌侵染和繁殖。但风小雨大和阴雨天不利于孢子的产生和传播,干旱对病菌虽有一定的影响,但干旱也使小麦生长不良,降低抗病力,因而病害也重。

(1)气温

小麦白粉病菌源量不但与小麦品种的抗病性水平有着极其密切的内在关系,同时也受气象条件的制约。甘肃陇南市上年7月、10月和当年5月平均气温与春季小麦白粉病流行程度相关显著,其相关系数分别为−0.498、0.501、和−0.517,通过0.05水平显著性检验。9月到次年3月平均气温与小麦白粉病流行程度呈正相关,说明该时段平均气温低于白粉病正常生长温度,气温偏高有利于小麦白粉病发展,4—8月平均气温与小麦白粉病流行程度呈负相关,说明该时段平均气温高于白粉病正常生长温度,气温偏高不利于小麦白粉病发展,特别是发病高峰期5月和上年越夏期7月及中秋10月气温对今后小麦白粉病的流行影响最大。

(2)降水

小麦白粉病对湿度适应范围很广,一般气温上升到10℃以上,具有充足的湿度,病害发展很快;特别是在温度高、雨量多、湿度大、风多风大的情况下,更有利于病菌侵染和繁殖。但风小雨大和阴雨天不利于孢子的产生和传播,干旱对病菌虽有一定的影响,但干旱也使小麦生长不良,降低抗病力,因而病害也重。统计计算甘肃陇南市代表县武都、徽县、礼县逐月降水量与小麦白粉病流行程度相关系数,4—8月呈显著的正相关,说明该时段降水量多有利于小麦白粉病发展,少雨干旱则不利于小麦白粉病发展,而9月到次年3月呈反相关,说明气温在10℃以下偏低于小麦白粉病菌正常生长温度时,降水量与小麦白粉病流行程度呈不太显著的反相关,因此,该时段雨雪过多对小麦白粉病流行稍有不利的影响,特别是4月、7月、8月、11月降水量与小麦白粉病流行程度等级相关显著,其相关系数分别达到0.585、0.576、0.515、—0.502,通过0.05显著水平检验。

(3)气候变化对小麦白粉病发生的影响

分析武都小麦白粉病主要发生期4—8月平均气温历年变化,从20世纪80年代以来呈逐年显著上升趋势,线性倾向率达0.734℃·(10 a)$^{-1}$。特别从1997年以来的12 a当中,4—8月平均气温超过22℃的年份达10年,较常年平均气温偏高0.6~2.1℃,不利于白粉病的发生和发展。

分析武都小麦白粉病主要发生期4—8月降水历年变化,从20世纪80年代中期以来呈减少趋势,线性倾向率为—56.42 mm·(10 a)$^{-1}$。90年代较80年代平均减少60 mm,2001—2008年较80年代平均减少76.7 mm。从1991年以来的18年当中,4—8月降水量少于常年的出现13年,平均偏少19%,偏少最多达51%(1997年),只有5年多于常年。干旱少雨天气不利于白粉病的发生发展。

由于小麦白粉病发生期间气温偏高、降水偏少趋势明显,气候暖干化程度加剧,总体上不利于白粉病的发生和流行,对寄主作物危害将大大减轻,有利于作物高产。资料分析表明,武都地区2000年以来白粉病当年发病流行程度较轻,感病品种面积在8.4~9.6 hm^2,均低于20世纪90年代(1990—1999年)的10.14~10.74 hm^2,流行等级(均为3级)也低于90年代(多为4级,1999年为5级)。

10.1.3 马铃薯晚疫病

随着近年来气候变暖和马铃薯栽培种植区域化和规模化的发展,马铃薯晚疫病普遍发生,危害呈上升趋势,已严重影响着马铃薯产量、品质和商品率,成为发展马铃薯产业的一大制约因素。

10.1.3.1 发生特点与病理特征

晚疫病又称疫病,是一种毁灭性病害。凡种植马铃薯的地区都有发生,其损失程度由气候条件而定。在多雨、气候冷湿适于疫病发生和流行的地区和年份,受害马铃薯提前枯死,对马铃薯危害极大。晚疫病可危害叶片、叶柄、茎和块茎。在相对湿度100%,温度21℃时,最适宜晚疫病病原菌产生孢子囊。种薯带菌、重茬严重、品种的抗病性、地块选择、栽培管理和气象条件。气象条件是马铃薯晚疫病发生和流行的决定因素,晚疫病的流行与气候条件,尤其是与降雨日数密切相关,在阴雨、多雾、空气潮湿、相对湿度85%以上、温度10~20℃的条件下易发病流行。

马铃薯晚疫病病菌主要以菌丝体在块茎中越冬,次年播种后,带菌种薯是病害侵染的主要来源。病薯播种后,多数病薯失去发芽能力或出土前腐烂,少数病薯的越冬菌丝随幼芽生长,侵入茎叶,并在病部产生孢子囊。孢子囊借气流传播进行再侵染,形成发病中心。病菌孢子囊还可随雨水或浇水渗入土中侵染薯块,产生病薯,作为下一季的主要侵染源。日暖夜凉,空气潮湿有利发病;冷凉高湿或叶面积水有利于游动孢子形成;植株表面结水,有利于孢子囊直接产生芽管形成侵染。

10.1.3.2 晚疫病促病气象条件

影响马铃薯晚疫病流行的因素很多,如晚疫病菌的变异性和对抗病基因的适应性、品种的抗病性、种薯带菌程度、重茬种植、地块选择、栽培管理等,当这些影响因素条件一定时,气象条件便成为马铃薯晚疫病发生发展的最主要因素。晚疫病发生要求高湿、凉爽的气候条件,昼暖夜凉,阴雨连绵或多雾露的条件,均有利于病害发生。

(1)温度与晚疫病流行

据研究(雷崇艺,2007),晚疫病发生要求高湿凉爽的气候条件。晚疫病菌丝在13~30℃均能生长,以20~23℃最适;形成孢子囊的温度范围为7~25℃,最适宜温度为19~22.5℃。产生游动孢子的最适温度为10~13℃,孢子囊直接萌发的温度范围为4~30℃,最适温度为21℃。Hyae研究表明,低于7.2℃或高于22.5℃对晚疫病的流行不利。

温度不仅影响孢子囊萌发与侵入,还直接影响菌丝在植株体内的生长发育速度。温度在10~13℃时,孢子囊可产生多个游动孢子,3~5 h即可侵入,温度高于15℃时则直接产生一条芽管,5~10 h才能侵入。病害的潜育期也与温度有关,一般20~23℃时,潜育期最短,所以一般白天不超过24℃,晚间不低于10℃,最有利于晚疫病的流行,如果温度超过30℃,可抑制病菌在田间的生长,但不能杀死它们,病害发生慢且轻。

根据甘肃省马铃薯主产区晚疫病发病特征及其气象资料对比分析,列出甘肃省马铃薯主产区晚疫病促病气象条件(表10.2)(姚玉璧,2009)。

表10.2 甘肃省马铃薯主产区晚疫病促病气象条件

地区	感染期				流行期			
	温度(℃)	湿度(%)	持续天数(d)	结果	温度(℃)	湿度(%)	持续天数(d)	结果
陇东地区	16~20	≥85	3~5	出现中心病株	19~23	≥80	10~20	迅速蔓延流行
陇南地区	18~20	≥90	5~8		20~24	≥85	15~25	
陇中大部	15~18	≥85	3~5		18~22	≥80	10~20	
临夏及陇中二阴山区	14~16	≥90	5~8		16~20	≥85	15~25	

(2)湿度、降水与晚疫病流行

湿度是病害流行的先决条件,病菌孢子囊梗的形成,要求空气相对湿度不低于85%,孢子囊形成要求湿度在90%以上。而且只有当叶片上有水膜水滴时,孢子囊才能萌发侵入,一般要求水膜要保持3 h以上。

湿度对晚疫病流行的影响主要集中在晚疫病生活史的两个关键阶段,即孢子囊的产生和萌发,二者都需要高湿的条件。如孢子囊的形成要求相对湿度$RH \geqslant 90\%$,孢子囊萌发要求叶片上有水膜或水滴。马铃薯晚疫病易发病流行要求相对湿度75%以上。

降水对晚疫病流行的影响主要有两个方面,一是补充和维持空气较高的相对湿度,有利于孢子囊的形成;二是直接在叶片上产生水膜、水滴,为孢子囊的萌发创造条件。降水对晚疫病的影响又主要决定于降水持续时间的长短,而不在于降水强度的大小。叶片表面的水层最低得保持才能造成侵染,否则,孢子囊一旦干燥再重新给予水分后也不能萌发。

统计定西市6—10月马铃薯生长季月平均相对湿度与马铃薯晚疫病发病率呈正相关,相关系数为0.4438,通过$\alpha = 0.10$显著水平检验。相对湿度增大有利于晚疫病发生发展。与

6—10月逐月降水量亦呈显著正相关,相关系数为0.529,通过$\alpha=0.05$显著水平检验。降水量增加马铃薯晚疫病发病率也增大。此外,日照和风速也对晚疫病的发生有一定影响,均呈负相关,天气晴朗、日照充足,风速增大,不利于晚疫病的发生。

(3)马铃薯晚疫病发病面积比例气候模型

为了寻找不同产区影响马铃薯晚疫病主要气象影响因子,在因子普查基础上,建立了定西地区不同海拔高度马铃薯晚疫病发病面积比例气候模型(姚玉璧,2010)。

海拔2000 m以下半干旱区马铃薯晚疫病发病面积比例气候模型

$$Y = -84.094 + 7.934T_9 + 0.254R_6, R = 0.51, F = 6.23 > F_{0.05} = 3.89 \quad (10.1)$$

式中,Y为安定马铃薯晚疫病发病面积比例(%);T_9为安定9月平均气温(℃);R_6为安定6月降水量(mm)。

海拔2000 m以上半湿润区马铃薯晚疫病发病面积比例气候模型

$$Y = 59.448 + 0.403R_6 - 0.262S_9, R = 0.38, F = 3.67 > F_{0.01} = 2.81 \quad (10.2)$$

式中,Y为岷县马铃薯晚疫病发病面积比例(%);R_6为岷县6月降水量(mm);S_9为岷县9月日照时数(h)。

根据气候模型,当9月气温平均升(降)1℃、2℃、3℃,海拔2000 m以下半干旱区马铃薯晚疫病发病面积比例分别增(减)7.93%、15.87%、23.79%。当6月降水量平均增(减)10%、20%、30%,海拔2000 m以下半干旱区马铃薯晚疫病发病面积比例分别增(减)1.27%、2.54%、3.81%。

当6月降水量平均增(减)10%、20%、30%,海拔2000 m以上半湿润区马铃薯晚疫病发病面积比例分别增(减)2.02%、4.03%、6.05%。当9月日照时数平均增(减)10%、20%、30%,海拔2000 m以上半湿润区马铃薯晚疫病发病面积比例分别减(增)3.03%、6.06%、9.09%。

(4)气候变化对马铃薯晚疫病发生的影响

在全球气候变暖背景下,地处干旱半干旱的甘肃定西地区马铃薯主产区气候也发生明显变暖,马铃薯主要生长季6—10月气温呈逐年上升趋势,线性倾向率为$0.265℃ \cdot (10 a)^{-1}$,特别是20世纪90年代以来,气温增幅明显,有利于马铃薯晚疫病的发生和发展。历年6—10月降水量呈略减少趋势,线性倾向率为$14.14 mm \cdot (10 a)^{-1}$,从降水总量看虽不利于马铃薯晚疫病的发生和发展,但遇到多雨年份,由于气温较高,马铃薯晚疫病就会发生大流行。再加上冬季温度增幅更大,田间病菌安全越冬率加大,在马铃薯生长发育期间一旦遇到连续的阴雨天气,晚疫病便迅速蔓延和流行。如2003年、2004年、2007年和2008年6—10月降水量在407.5~479.5 mm,较常年偏多5%~22%,晚疫病发生程度重,对马铃薯正常生育和产量影响很大。

10.2 对主要农作物虫害的影响

10.2.1 麦蚜

10.2.1.1 发生特点

麦蚜分为麦二叉蚜、麦长管蚜和禾谷缢管蚜三种。甘肃陇南麦区,在海拔1100~1400 m

高度的向阳数量最大。旱地集中在小麦上,水地集中在向阳梗边冰草茎部或土隙嫩叶上。越冬麦蚜于冬小麦返青后即活动为害,从3月底至4月中下旬开始发生,在小麦成熟收获前,5月大量出现有翅蚜,小麦开始收获时,麦蚜全部转入夏寄主高粱、玉米、谷及自生麦苗上越夏。河西走廊的武威市川区一般于4月下旬至5月上旬首先在当地冬小麦分蘖—拔节时开始出现并取食危害,6月上旬末至下旬前期(灌浆乳熟期)达到危害高峰期。当春小麦进入拔节—抽穗时,于5月中、下旬迁入春小麦开始危害,6月中、下旬灌浆—乳熟期时达到危害高峰期。之后转入南部浅山1900~2200 m冷凉地区越夏。

据在武威凉州观测,麦蚜在冬、春小麦田发生程度可用蚜株率和平均百株蚜虫来反映,其种群数量随时间变化基本呈"S"型增长规律(表10.3),其周年消长可划分为三个时期,即4月下旬至5月中旬为开始增长期,种群密度较小。5月下旬至6月下旬为加速增长期,是蚜虫种群繁殖增长的关键期,对农作物危害最大,也是生产上重点防治时期。7月上至中旬为减速增长期,随着小麦收获和向外地迁移,密度减少(刘明春,2009)。

表10.3 凉州区蚜虫蚜株率(y)、平均百株蚜虫(w)随时间的变化

作物	模拟方程式	样本数(n)	标准差(SY)	拐点 t_1	特征点 t_2	特征点 t_3
冬小麦	$y=98.0/(1+e^{5.933-1.022t})$	7	4.4	4.8	3.7	4.6
春小麦	$y=109.5/(1+e^{5.715-1.194t})$	9	11.1	5.8	4.5	7.1
冬小麦	$w=520.8/(1+e^{4.267-0.855t})$	7	47.2	5.0	3.5	6.5
春小麦	$w=620.5/(1+e^{5.729-1.027t})$	9	69.0	5.6	4.3	6.9

在地形复杂的陇南山区,随着地形、地势的变化,麦蚜的迁移变化也比较大。越冬与早春以海拔1300~1400 m的向阳山腰地带密度最大,3月份开始出现有翅蚜初峰期,随即向上向下迁移,6月下旬(秋作)达第一次主峰,8月下旬至9月上旬(杂草、自生苗)为第二次,10月上中旬(麦田、自生麦苗)为第三次,12月中旬(麦田)为第四次。

10.2.1.2 麦蚜发生与气象条件

(1)陇东冬麦区麦蚜发生量与气象因子的关系

20年来,陇东冬麦区小麦蚜虫的发生面积由1980年的14.55万 hm²,上升到1999年的49.93万 hm²,总体呈上升趋势。从气候的角度来看,该地区3月、4月、5月和6月的气温在逐渐升高;而3月、5月和6月的降水在逐渐减少。1999年麦蚜的发生量为该地区20年来最严重的一年,当年5月和6月,小麦生长盛期,其平均温度为15.8℃、19.8℃,月降水量极少,分别为75.48 mm、55.3 mm,属典型的干旱期,此时的温湿度都极有利于麦蚜的发展和流行。另外,其他的几次发生高峰1986年、1992年和1997年,这几年5月、6月的气温都约在16~21℃,且月降水量均在100 mm以下,这些环境因子都非常有利于麦蚜的发育,从而造成大面积发生和流行(赵鸿,2005)。

对陇东冬麦区麦蚜每年的发生量与当年3月、4月、5月和6月的平均气温和降水进行线性回归

分析发现:麦蚜发生量与3—6月气温、降水均呈线性函数关系,并且与温度呈显著正相关,说明随着温度升高麦蚜发生量增大;与降水呈显著负相关(4月份除外),说明随着降水减少,麦蚜发生量增多。由相关分析可知蚜量的发生与6月温度关系最明显,3月、5月次之;与

5月降水关系最明显,其他月份次之。与4月降水几乎无关。

(2)陇中春麦区麦蚜发生量与气象因子的关系

20年来,陇中春麦区小麦蚜虫的发生面积由1980年的4.95万 hm^2,上升到2000年的15.5万 hm^2,总体呈上升趋势。期间经历了几次发生高峰,分别在1990年、1995年和1999年。从气候的角度来看,该地区3月、4月、5月和6月的气温在逐渐升高;而降水逐渐减少。1995年为该地区20年来发生最严重的一年,当年5月和6月,小麦生长盛期,其平均温度为16.3℃、20.1℃,月降水量非常少,分别为10.22 mm、23.84 mm,气候极度干旱,此时的温湿度都极有利于麦蚜的发育和流行。另外,在1990年、1999年,6月的气温分别为18.9℃、19.3℃,且月降水量最多只有62.3 mm,这些环境因子都非常有利于麦蚜的繁殖,从而造成大发生。

对陇中春麦区麦蚜发生量与相应年份3月、4月、5月和6月的平均气温和降水进行线性回归分析发现:陇中春麦区麦蚜发生量与3—6月气温、降水均呈线性函数关系,并且与温度呈显著正相关,说明随着温度的升高麦蚜发生量增大;与降水呈显著负相关,说明随着降水的减少,麦蚜发生量增多。由相关分析可知蚜量与6月温度关系最密切,5月和3月次之;与4月降水关系最明显,其他次之。

(3)陇南冬麦区麦蚜发生量与气象因子的关系

20年来,陇南冬麦区小麦蚜虫的发生面积由1980年的5.67万 hm^2,上升到2000年的8.8万 hm^2,总体呈上升趋势,但上升幅度不太大。期间经历了几次发生高峰,分别在1982年、1992年、1994年、1996年和1999年。从气候的角度来看,该地区3月、4月、5月和6月的气温在逐渐升高;而降水逐渐减少趋势。1996年发生最严重,5月和6月的平均温度分别为17.2℃、21℃,且月降水量很少,分别为47.91 mm、64.24 mm,气候干旱,为麦蚜生长和繁殖的最佳环境,极有利于麦蚜大发生。另外,在1994年5月和6月的气温分别为18.8℃、20.1℃,1999年5月和6月的气温分别为17.4℃、20.5℃,且月降水量最多只有64.45 mm,这些都为麦蚜的发展和流行创造了非常有利的环境条件,从而造成大发生。

对陇南冬麦区麦蚜的发生量与相应年份3月、4月、5月和6月的平均气温和降水进行线性回归通过线性回归分析发现:陇南冬麦区麦蚜发生量与3—6月气温、降水均呈线性函数关系,并且与温度呈显著正相关,说明随着温度的升高麦蚜发生量增大;与降水呈显著负相关,说明随着降水的减少,麦蚜发生量增多。由相关分析可知在小麦生长季节内,蚜量与6月温度关系最明显,3月次之;与5月降水关系明显,其他月份降水次之。

10.2.1.3 气候变化对麦蚜发生发展的影响

气候变暖以后,冬季温度升高明显,随着冬小麦种植面积的逐步扩大,对麦蚜虫卵越冬十分有利。越冬基数的增加将使次年危害范围扩大,为害程度加重。以河西武威市为例,近年来冬小麦种植面积在逐年增加,加之冬、春小麦连作,这种种植方式给麦蚜的反复就近迁移为害创造了极其便利的条件。从20世纪80年代中期以来,麦蚜对小麦的危害程度呈逐年代加重趋势,凉州区、古浪县蚜虫高峰期蚜量分别由80年代后期的236.0头·(百株)$^{-1}$、337.0头·(百株)$^{-1}$增加至90年代的1396.3头·(百株)$^{-1}$和688.5头·(百株)$^{-1}$。达到防治指标面积(即蚜株率50%、百株蚜虫数500头)占小麦种植面积的比率呈指数型增长。80年代中后期至90年代前期(1985—1995年)11年中达到防治指标面积年平均为1.41万 hm^2,占春小麦种植面积的12.5%。其中轻度8年,中度偏轻1年,中度1年,重度1年。90年代后期至2002年的 7 年中达到防治指标面积平均为 4.79 万 hm^2，占春小麦种植面积的 56.0%。其中轻度 1 年，中度 1 年，中度偏重 2 年，重度 3 年。中度以上年份达到防治指标面积在 3.38~6.61 万 hm^2，达到防治指标面积较前一时期增加 3.38 万 hm^2。

甘肃陇南地区麦蚜主要集中在海拔 1300~1600 m 高度范围。由于暖冬，1992—2007 年 16 年当中，全市大发生的年份有 3 次，即 1993 年、1999 年和 2002 年，占总次数的 18.8%；偏重发生的年份 5 次，即 1992 年、2001 年、2003 年、2006 年和 2007 年，占总次数的 31.3%；中度及以下发生年份为 8 次，占总次数的 50%。从时段分布看，2000 年以前，偏重和大发生共出现 3 次，2001 年之后，偏重和大发生共出现 5 次。可见，麦蚜呈现趋重发生态势。

气候变暖，宁夏枸杞蚜虫完成一代发育的日数呈指数形式下降。温度越高，蚜虫完成繁殖一代的时间越短，全生育期繁殖的世代数越多。在没有有效防治和有充分食源的条件下，害虫的繁殖一般按照指数关系爆发性增长，对作物的危害严重。随着气候变暖和春季降水减少，麦蚜、枸杞蚜、玉米叶螨等旱生性害虫始发期提早，全年繁殖世代数增加。以枸杞蚜虫为例，银川 1991 年枸杞蚜虫始见期在 3 月 28 日，2005 年提早到 3 月 17 日，提早了 11 d。全年蚜虫繁殖世代数由 1999 年的 22.5 代增加到 2005 年的 25.5 代，平均增加 2 代·$(10\ a)^{-1}$。因此，随着气候变暖，旱生虫害发生时间提早，危害加重，对作物生长发育和产量、品质都有负面影响。旱生害虫危害时间的延长和种群数量的增多使害虫防治增加了难度，施用药量逐渐加大，害虫抗药性增加，食物安全形势越来越严峻（张智，2008）。

10.2.2 小麦吸浆虫

10.2.2.1 发生特点

小麦吸浆虫分为麦红吸浆虫和麦黄吸浆虫两种。河谷地带或有灌溉条件的地区以麦红吸浆虫为主，而高原地带则以麦黄吸浆虫为主。

在甘肃河西武威市，以麦红吸浆虫为主，每年发生一代，以老熟幼虫在土中结茧越冬。翌年春季当土温升至 11~15℃时，越冬幼虫即破茧上移到土壤表层化蛹，这时小麦正处于拔节孕穗期。当蛹经 8~10 d 羽化为成虫时，小麦也开始抽穗，成虫交配后即很快在麦穗上产卵，卵经 5~6 d 孵化为幼虫，并从小麦穗部内外颖缝隙中侵入，吮吸幼嫩麦粒的浆液。15~20 d 后幼虫老熟，遇雨露后从颖壳内爬出，弹落于土表，钻入土壤缝隙间结茧休眠。麦红吸浆虫在下午麦株下部活动频繁，20：00—21：00 为活动高峰。早晨很少到麦株上部活动，麦株下部活动也很少，潜伏在麦株下部叶背面。

武威川区 4 月上中旬破茧始期，5 月中旬达破茧盛期。5 月下旬为蛹期。5 月下旬末 6 月上旬初为成虫羽化始期，6 月上旬至中旬初为羽化高峰期；南部古浪、天祝山区 5 月中旬破茧始期，6 月中旬达破茧盛期。6 月下旬为化蛹盛期。成虫羽化始期出现在 7 月上旬，高峰期出现在 7 月中旬。一般破茧期出现在小麦苗期，破茧盛期出现在拔节期，蛹期出现在孕穗期，成虫羽化期出现在扬花灌浆期（刘明春，2009）。

10.2.2.2 小麦吸浆虫发生与气象条件

（1）温度

温度与吸浆虫破茧有密切关系，同一年份不同地块调查，地势高且遮风的麦田早期吸浆虫活动幼虫比例明显高于地势低洼、潮湿的麦田。

分析发现,小麦吸浆虫在气温稳定通过 15℃、10 cm 地温高于 18℃时,进入破茧始期,越冬幼虫破茧上升到表土层。当气温通过 16℃时进入破茧盛期;当气温稳定通过 16.5℃,10 cm 地温达到 21.0℃左右时幼虫进入化蛹始期;当气温通过 17℃时进入化蛹盛期;当气温稳定通过 19℃,10 cm 地温在 22.0℃左右时,进入成虫始期;当气温通过 20℃,10 cm 地温达 26.0℃左右时,进入成虫盛期。

后冬 2 月的地温、平均最高气温影响麦红吸浆虫的越冬,温度越低麦红吸浆虫破茧、化蛹羽化、成虫始见时间推迟,破茧盛期持续时间越短,冬季低温抑制麦红吸浆虫的提早出现,其热量条件也是打破其休眠的关键因子;开春后(3 月和 4 月)地温、气温高,蒸发大,表层土壤容易失墒,土壤湿度下降,不利于破茧,化蛹羽化越迟,成虫盛期持续时间短。4 月中旬至 5 月下旬降水量多、5 月浅层地温高,有利于提高破茧率、出土化蛹羽化和延长破茧、化蛹羽化期。6 月和 7 月温度过高,影响麦红吸浆虫蜕皮越夏,成虫始期、盛期持续时间缩短。

(2)湿度

小麦拔节—孕穗期土壤湿度与麦红吸浆虫发生关系较大。有两个敏感期。一是幼虫破茧活动期,要求土壤相对湿度在 30%以上,才能满足吸浆虫破茧活动,且随着湿度的增加破茧率加快,当土壤湿度低于 30%时,已破茧幼虫重新结茧。第二个时期是化蛹期,对土壤湿度要求很高,拔节—孕穗期灌水后,土壤相对湿度在 80%以上时方能满足化蛹要求。未灌水的麦田均未发现破茧(甘国福,2003)。

夏季空气干燥,6 月底、7 月初气候干燥度大,如无降雨,麦壳坚硬,地表干燥,老熟幼虫不易脱皮出壳,也不能入土潜伏。

干旱区春季气温回升快,温度不是影响吸浆虫发生的关键因素。此期降水量少,不能满足吸浆虫化蛹的湿度条件(湿度需高于 30%),因此灌水是决定当年吸浆虫发生程度及发生时期的关键因素。而麦收前气温高,干热风频繁,老熟幼虫不易脱壳、入土越夏越冬。所以,麦收前降雨次数和降水雨量是决定翌年吸浆虫发生程度和土壤中种群密度的关键因素。

10.2.2.3 气候变化对小麦吸浆虫发生的影响

暖冬给病虫害虫卵越冬创造了极好的环境条件,使越冬死亡率降低,越冬基数增大,有利于次年流行和趋重发生。武威历年冬季(12 月至次年 2 月)气温距平呈逐年代增加趋势,线性倾向率增加值为 $0.583℃·(10 a)^{-1}$。按暖冬标准(冬季 12 月至次年 2 月平均气温≥历年平均气温 0.5℃),在 1952—2006 年共 55 年中,暖冬共出现 18 年,其中 1994 年以来就出现了 10 年,占 56%。可见,气候变暖使得各种蚜虫的越冬生存环境得到改善,有利于虫卵越冬基数增大和次年的发生发展。

分析春小麦麦收前 7 月上中旬降水量历年变化,降水量与时间线性相关数值很小,降水量基本围绕多年平均值呈波动性变化,总体变化不大,只在个别年份明显增加。如 1986 年、1999 年和 2006 年,多于常年平均值 1~3 倍,有利于老熟幼虫脱壳、入土越夏,对次年发生有利外,其余大多年份降水量较少,不利于其入土越夏。但这一时期人工浇灌麦黄水将极大地改善其生存环境条件,仍对其发生发展有利(蒋菊芳,2009)。

10.2.3 玉米棉铃虫

10.2.3.1 发生特点

棉铃虫属鳞翅目夜蛾科,为杂食性害虫,以幼虫蛀食为害玉米、番茄、辣椒、棉花、向日葵等为主。棉铃虫害是我国陕西、河北、山东、江苏等地棉花的主要灾害,在西北的新疆、甘肃等地区也开始有所发展。发生世代一般为每年4代,近年5代也时有发生,20世纪90年代以来发生趋势加重,是棉花减产的重要原因。在甘肃河西地区,棉铃虫是棉花蕾铃期的重要害虫,对棉花生产的威胁很大。该虫于20世纪90年代在河西东部的武威市发现,并于1999年在玉米田普遍发生,其发生范围逐年扩大,为害日趋严重。

棉铃虫在新疆一般可发生3~5代,其中北疆3~4代,南疆4代,吐鲁番5代。河西的临泽一年发生3~4代。武威市一年发生3代,第一代主要危害小麦、番茄、辣椒、豌豆、苜蓿等早春作物,第二、三代危害玉米。各代历期30~40 d。越冬蛹于翌年6月中旬末、下旬初开始羽化,高峰期6月下旬末至7月上旬,一代成虫盛期8月上旬;二代幼虫始期7月下旬末,盛期8月上旬末至下旬初,此期正值玉米吐丝授粉期;三代幼虫始期8月下旬,盛期9月上旬,到9月中旬老熟幼虫落入土中化蛹越冬。由于二代幼虫和三代幼虫连续危害玉米,致使玉米受害期长达2个月以上。

调查结果显示,棉铃虫在玉米株上产卵量最多的部位是玉米的雌穗,且主要产在花丝上,其次是叶片,主要产在叶片正面,其中以中、上部叶片(2~6叶)居多,可见,玉米雌穗和中、上部叶片(2~6叶)是棉铃虫产卵的主要部位。

10.2.3.2 棉铃虫发生与气象条件

据研究,气象条件对棉铃虫越冬、翌年发育代数、危害程度均产生不同程度的影响。在诸气象因子中,气温和降水影响较大。

(1)气温

棉铃虫越冬的三个气候阶段(即秋季滞育阶段、稳定越冬阶段、春季滞育蛹发育始期至羽化阶段)气温影响指标各不相同(张建华,2001)。

在秋季滞育阶段,当秋季光照长度短于14 h时,日平均气温低于20℃,棉铃虫开始进入滞育状态;当日平均气温低于15℃,棉铃虫开始大量进入滞育状态。当日平均气温低于10℃,棉铃虫进入稳定滞育状态。秋季滞育阶段(日平均气温稳定通过≥20℃的终日至≥10℃终日)滞育蛹如遇到秋季(9—10月)短期高温天气过程,造成部分蛹羽化,而后遇到秋季降温,将导致全部羽化个体死亡,忽高忽低的剧烈变温是导致该阶段棉铃虫死亡的主要气候原因。

在无稳定积雪地区,棉铃虫越冬的临界气候指标为1月平均气温-10℃或1月平均最低气温-15℃。棉铃虫滞育蛹的临界致死温度指标在-15~-20℃。由于棉铃虫蛹是在土壤中2.5~6 cm处越冬,河西由于土质为沙壤土,越冬深度在3~9 cm,以4~7 cm处最多,直接影响棉铃虫越冬的是土壤温度,而不是气温,可用5 cm处土壤温度来衡量其越冬条件优劣。

在稳定越冬阶段,即秋季日平均气温稳定≥10℃的终日至第二年春季日平均气温稳定≥10℃的初日。该阶段棉铃虫的抗寒能力随环境温度的缓慢下降而增强,至最冷月,棉铃虫的抗寒能力最强,而后又随环境温度的上升而减弱,棉铃虫死亡率主要与低温强度和持续时间有关。不同地理种群的棉铃虫抗寒能力不一样,栖息地的地理纬度越高,冬季温度越低,抗寒能力越强。吴孔明等(1996)认为越冬北界应为1月份最低气温-15℃等温线。而在新疆北部棉区1月份平均气温在-15~-20℃,1月份平均最低气温在-20~-26℃,棉铃虫却可以越冬,这主要是由于积雪覆盖的保温作用。因此最冷月积雪的厚薄及稳定积雪形成的迟早是影响该阶段新疆北部地区棉铃虫越冬死亡率的关键因素。5 cm以上积雪形成越早越稳定,越有利于棉铃虫越冬。反之,积雪形成较晚,偏薄,将大大提高棉铃虫越冬死亡率。

在春季滞育蛹发育始期至羽化阶段,研究表明,温度是影响棉铃虫解除滞育的主要因子。据在恒温下的研究(吴坤君,1980;牟吉元,1994),棉铃虫蛹的发育起点温度约为 12~13℃,有效积温为 150~180℃·d,考虑自然条件下温度日变化的影响,可将日平均气温 10℃作为棉铃虫蛹的发育起点温度。因此,可将春季日平均气温稳定≥10℃的初日作为春季越冬代滞育蛹发育始期,≥15℃的初日作为越冬代成虫羽化始期,≥20℃的初日作为越冬代成虫羽化盛期的起点。棉铃虫发育的最适宜温度为 25~30℃,当气温低于 20℃时,将不适于棉铃虫的生长发育。影响棉铃虫存活的关键因素是春季天气的不稳定程度,尤其是倒春寒、低温、降雨天气将大大降低棉铃虫成虫羽化率,春季霜冻出现越晚、越强,降水越多,棉铃虫死亡率越高。

(2)降水

降水在棉铃虫发育的不同时期影响作用不同。在成虫出土、羽化前期,适当的降水量可使土壤疏松,有助于成虫出土,提高羽化率。据计算,各代棉铃虫平均累计卵量与产卵前一旬的降水量均呈显著或极显著正相关。而在棉铃虫产卵后,降水量和降水日数与各代棉铃虫发生程度均呈负相关,说明降水量和降水日数适当偏少有利于棉铃虫的发生和发展,而暴雨则抑制棉铃虫的发生。

10.2.3.3 气候变化对棉铃虫发生的影响

分析河西武威玉米主产区冬季气温历年变化,呈逐年代增加趋势,线性倾向率增加值为 0.583℃·(10 a)$^{-1}$。特别是最冷月(1月份)平均最低气温逐年代升高趋势更为显著。2001—2006 年平均为 -11.7℃,较 20 世纪 50—90 年代偏高 2.1~4.7℃,线性倾向率高达 0.7·(10 a)$^{-1}$,温度升高有利于棉铃虫蛹的安全越冬和越冬界限的北移,有利蛹的成活率和蛹量增加,成为棉铃虫发展增长的主要外界环境条件。一、二代成虫出土羽化前的 6 月上旬、7 月下旬降水历年呈略增加趋势,有利于蛹的出土羽化,为增加产卵量、扩大种群繁衍有利。但产卵以后,8 月中旬历年降水亦呈增加趋势,不利于卵的孵化生育,发生程度将减轻。但从 70 年代以来,夏季气温升幅明显,倾向值在 0.44℃·(10 a)$^{-1}$,加之适当的湿度,对棉铃虫的世代繁育更为有利。

≥10℃初终间日数亦呈逐年代增加,2001—2006 年较 20 世纪 70—90 年代增加 4~8 d。按棉铃虫发育起点温度约 10℃,完成 1 个世代约需积温 560℃·d,依此计算可能发生的世代数,70 年代为 5.1 代,80 年代 5.3 代,90 年代 5.4 代,2001—2007 年 5.8 代。说明随着气候的逐渐变暖,繁育时间提前,发生的世代数增加,危害期相应延长,对寄主作物的危害程度呈逐渐加重趋势。

另一方面,气候变暖使气候极端事件增加,如早晚霜冻、强降温、暴雨等对棉铃虫的发生将起到明显的抑制作用。春季气温回升早,棉铃虫羽化早,由于春季天气的不稳定性,尤其是倒春寒、低温、霜冻、降雨天气将大大降低棉铃虫成虫羽化率。春季霜冻出现越晚、越强,降水越多,棉铃虫死亡率越高。秋季降温早的年份,棉铃虫滞育也早,若滞育阶段滞育蛹遇到一段时期的高温天气过程(例如 9 月或 10 月气温偏高),造成部分蛹羽化,而后遇到秋季低温、霜冻将导致全部羽化个体死亡。忽高忽低的剧烈变温是导致该阶段棉铃虫死亡的主要气候原因。

10.2.4 玉米红蜘蛛

10.2.4.1 发生特点

玉米红蜘蛛属杂食性害螨,除为害玉米、豆类、麦类、瓜类、茄果类等外,还可寄生于田边、地梗的杂草及树木上,寄主范围很广。在甘肃玉米红蜘蛛主要为害区域在河西及沿黄灌区玉米田、陇中、东南部的冬小麦田。陇南地区每年发生面积约 6.7 万 hm^2,造成减产 10% 左右,是为害陇南市冬小麦的主要虫害。河西随着玉米种植面积的扩大、日光温室面积的迅速发展、农田生态环境的改变及高温干旱气候的影响,危害亦日趋加重。1999 年仅凉州区发生面积占玉米面积的 73%,平均虫株率 86%,产量损失 1150 万 kg。

调查表明:陇南麦红蜘蛛群居于小麦叶片的正反面,刺吸植株营养液,轻者叶面出现苍白色小点,严重时叶片枯黄,叶梢和茎也受害不能抽穗,甚至枯干而死。麦圆红蜘蛛性喜阴凉湿润的环境,多发生在川区水浇地、地势低洼潮湿密植的麦田,麦长腿蜘蛛性喜温暖干旱的环境,多发生在旱山地区,如春季回暖早,干旱,麦长腿蜘蛛易于成灾。

河西武威川区玉米红蜘蛛每年发生 10~12 代,于 10 月下旬转移到玉米秸秆、枯叶及田埂等杂草根际在蛰伏越冬或转移到日光温室内为害。翌年于 3 月下旬至 4 月初在田边杂草上始见。随气温的上升,在田埂、沟渠、树下杂草上取食、产卵繁殖,进入 5 月下旬繁殖速度加快,数量猛增,并开始向小麦、蔬菜及玉米上转移,7 月下旬集中在玉米上,8 月下旬达到高峰,此时处于玉米开花期。在干旱少雨年份和靠近村庄、日光温室周围、玉米地埂杂草发生严重。

10.2.4.2 红蜘蛛发生与气象条件

在河西武威地区,当春季日平均气温 ≥10℃ 时,红蜘蛛开始在玉米植株上活动。玉米红蜘蛛最适宜繁殖温度为 26~30℃,平均气温超过 25℃、相对湿度在 60% 以下时,玉米红蜘蛛就有严重发生的可能。这种温湿度条件持续时间越久发生越重。从红蜘蛛在玉米上开始活动到出现危害高峰需 ≥10℃ 积温 2450℃·d。

从表 10.4 可见,河西武威高峰期虫量与热量因子呈正相关,与水分因子呈负相关。热量增加有利于红蜘蛛卵的繁殖,水分则相反。红蜘蛛高峰期虫量与 5—8 月最高气温、极端最高气温呈正效应,随温度升高,繁殖速度加快,高峰期虫量增多,反之则少。其中 7 月相关程度最高,通过 0.05 显著性水平。说明 7 月气温的高低对虫量多少影响较大,也是虫量增长的关键期。由关系式 $y=-341722+10649.86x$(y 为高峰期虫量,x 为极端最高气温)得到,高峰期虫量增长停止的上限气温为 32℃。与 5—8 月各月降水量、空气相对湿度呈负相关,其中 7 月负相关最明显,通过 0.05 显著性水平。说明 7 月降水量的多少也是制约高峰期虫量增加的主要限制因子。由关系式 $y=34131.3-377.02x$(y 为高峰期虫量,x 为降水量)和 $y=195223.4-3308.84x$(y 为高峰期虫量,x 为空气相对湿度)得到高峰期虫量增长停止的上限降水量、相对湿度分别是 90 mm 和 60%。

表 10.4 武威高峰期虫量与气象要素相关系数

因子	5月	6月	7月	8月
最高气温(℃)	0.339	0.393	0.669	0.148
极端最高气温(℃)	0.278	-0.174	0.841	0.050
降水量(mm)	-0.234	-0.288	-0.585	-0.298
空气相对湿度(%)	-0.350	-0.313	-0.632	-0.510

危害陇南冬小麦的红蜘蛛主要有麦圆红蜘蛛和麦长腿红蜘蛛,麦圆红蜘蛛不耐高温、干旱,适宜温度 8~15℃,20℃ 以上就引起了死亡,麦长腿红蜘蛛性喜温暖干旱的环境,最适宜温度 14~20℃。通过对 1992—2005 年小麦红蜘蛛资料和对应的气象资料统计分析发现:小麦

红蜘蛛发生程度与上年9月到当年3月逐月平均最高气温均呈不太显著的正相关,说明该时段气温低于小麦红蜘蛛正常生长温度,气温偏高有利于小麦红蜘蛛发展,4—8月平均最高气温与小麦红蜘蛛发生程度呈不太显著的负相关,说明该时段平均最高气温高于小麦红蜘蛛正常生长温度,气温偏高不利于小麦红蜘蛛发展。

10.2.4.3 气候变化对玉米红蜘蛛的影响

气候变暖以后,不同气候区红蜘蛛气候生态条件发生了很大的变化,对红蜘蛛的生活习性、演变特点、增长规律影响很大。地处甘肃河西东段的武威在1991年之前没有红蜘蛛发生为害,1991—1998年为害面积平均只有0.1万hm^2,为害程度较轻。1999年开始大爆发,1999—2006年平均为害发生面积2.9万hm^2,为害日趋严重(图10.1)。繁殖高峰期7月平均气温在19.4~24.0℃,平均只有21.7℃,距适宜繁殖温度26~30℃尚偏低4~8℃。从20世纪70年代以来,武威7月平均气温呈逐年代增加趋势,线性倾向率为0.56℃·$(10 a)^{-1}$。而降水多年平均只有31.5 mm,虽然从90年代后期以来略有增加,但增量较小,倾向率仅3.6 mm·$(10 a)^{-1}$。相对湿度在49%~67%,多年平均57%,且呈逐年减小趋势。从温、湿因子变化趋势看,有利于玉米红蜘蛛的发生和蔓延。

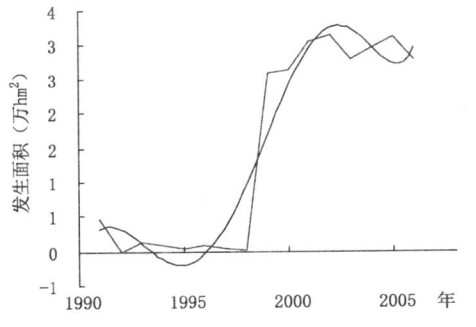

图10.1 武威玉米红蜘蛛历年发生面积

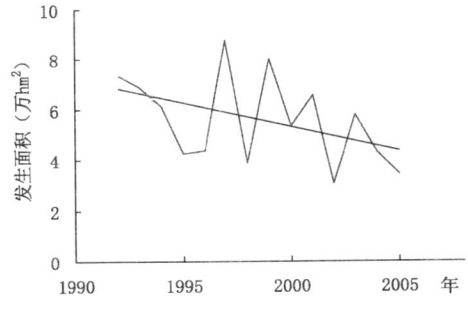

图10.2 陇南市小麦红蜘蛛历年发生面积

地处甘肃陇东南的陇南市从1992年以来,小麦红蜘蛛发生面积呈减少趋势(图10.2),从1992—1999年的平均6.2万hm^2减少到2000—2005年的平均4.7万hm^2。流行程度级别从3~5级降至1~3级。麦红蜘蛛为害主要时期4月平均气温多年在13~20℃,平均16.0℃,且呈逐年代上升趋势,倾向率0.30℃·$(10 a)^{-1}$。气候变暖不利于麦圆红蜘蛛繁殖和为害。但仍处于麦长腿红蜘蛛适宜温度范围,对其发生发展有利。

10.3 气候变化对农作物病虫害的主要危害特征

10.3.1 病虫种类增多地域范围扩大

气候变暖和作物带移动使农作物病虫害的地域分布发生变化,向高纬度、高海拔地区扩展延伸,发生面积逐年扩大,危害范围扩大,危害程度加重。由于种植业结构调整,农业物资贸易日益频繁,以及人为因素的影响,导致病虫适应性改变,使一些次要害虫上升为主要害虫,病虫种类增多。

10.3.2 越冬界线北移、时间提早发生、受害程度加重

暖冬造成大部分虫卵和菌源安全越冬,成活率提高、基数增加,次年病菌虫源初始量增大,病虫提早爆发。气温升高使某些病虫越冬界线北移,导致一些地区出现新的病虫,原来过渡带有可能成为病虫的稳定发生区。使迁入期提前、危害期延长,对农作物危害加重。受极端气候事件等因素影响,作物长势及受害补偿能力减弱;暖冬使病虫害基数或初发生来源急剧增加,给病虫害发生蔓延创造有利条件;化学农药长期使用,病虫害产生抗药性,加上农业高度集约化种植,作物品种单一,给病虫害流行爆发创造了物质条件,使受害程度加重。

10.3.3 生长季节延长、繁殖代数增加、种群增长加快

昆虫新陈代谢率或发育速率和温度成正比,气候变暖害虫发育速率加快,发育时间缩短,种群增长率加快,害虫在短时间内达到猖獗水平。作物生长季节延长,昆虫在春、夏、秋三季繁衍的代数增加,危害时间延长。

10.3.4 病毒病增加,易发大流行

高温有利于病毒在寄主体内繁殖。马铃薯结薯期遇上高温,导致马铃薯病毒病严重发生。小麦黄矮病是由蚜虫传播的病毒病,小麦黄矮病大流行与暖冬、关键生长季节气温偏高和干旱少雨有关,有利于蚜卵越冬孵化和发育繁殖。

10.3.5 寄主、害虫、天敌种群间生态系统发生了变化,害虫得到迅速繁殖。

气候变暖严重影响物种间的相互作用,原有的寄生方式变得紊乱、生态系统遭到破坏,扰乱了原先自然控制下害虫、捕食者、寄主等种群间关系,害虫暂时得不到天敌的控制而迅速繁殖,就会出现害虫暴发,进而改变生物防治的效果。气传病害的病原菌孢子随气流、风、农事操作、远距离运输等到达新的区域,如果该区域温暖的气候条件适合其生存,再加上遇到适宜的寄主植物后,病害就会迅速扩展(赵鸿,2004)。

10.4 应对技术

10.4.1 完善农作物病虫害监测评估预警体系建设,提高精准优质预报服务

气象部门加强农作物病虫害监测评估预报服务系统建设,确定病虫危害的农业气象指标,建立具有较好农业和生物意义的不同阶段的预测模型和预报方法,建设具针对性强、有效服务功能的病虫害综合业务服务产品系统,为决策部门和社会用户提供精准的优质服务。

加强和完善农业有害生物监测预警五级体系基地建设,以省级预警中心为龙头,市县级区域测报站为骨干,乡村级观测调查点为基础的监测预报预警网络,及时准确监测预报农作物病虫害的发生发展趋势。加强和完善以省级植物检疫站为中心,市县级植物检疫站为基础的较完整的植物检疫体系建设,提高突发性重大病虫害的灾变预警能力。

10.4.2 建立防治农作物病虫害管理生产新模式和配套技术适应气候变化

受气候变暖影响,我国日最高和日最低气温都将上升,冬季极冷期可能缩短,夏季炎热期可能延长,高温热害、干旱等愈发频繁[34]。因此,在重灾区和多发区要创建农作物病虫害防治管理新模式,建立一整套配套技术适应气候变化。

采取综合治理与农业、化学防治相结合的措施。一要建立综合防治体系。二要坚持综合治理方针。三要加强农业防治。选育产量潜力大、品质优良、综合抗性突出、适应性广、抗病虫能力强的优质良种,防治马铃薯晚疫病要建立无病留种地和选用无病种薯;深翻灭茬和轮作倒茬;改进栽培措施,加强田间管理。四要加强病情监测,发现中心病株立即拔除销毁并重点药剂防治。五要做好化学防治,采用药剂拌种,农药综合防治等。

10.4.3 根据未来气候预测和针对不同气候类型以及不同气候年型调整作物种植结构和比例

我国气象专家预测,21世纪我国气候将明显继续变暖,尤以北方最为明显,2020年最大增温区域在华北、西北和东北的北部,增温幅度为0.6~2.1℃[34]。气候变暖干,极有利于喜温喜干的蚜虫、玉米棉铃虫等发生发展,要压缩高危病区寄主作物的种植比例;气候变暖有利于喜温的马铃薯晚疫病、玉米红蜘蛛等发生发展,要适当压缩高危病区寄主作物的种植比例;对于喜凉的小麦条锈病发生发展有一定的抑制作用,可适当扩大高危病区寄主作物的种植比例。这样有利于提高品质、产量和效益。

不同病虫害喜欢不同的气候类型。对低海拔、低洼地和平川区的温暖温热气候类型,要加强防范高温对高危病区作物的危害,通过调整播种期和适时灌溉等措施,躲避高温时段病虫害发生高峰期对作物的危害;高纬度和高海拔的冷凉气候类型地区,适当扩大喜温病虫害作物种植比例,如春小麦、马铃薯等作物。

气候虽然呈持续变暖趋势,但在增暖的大背景下也会出现低温年份。不同气候年型对不同属性的病虫害发生影响较大,应根据不同气候年型及时准确地调整作物种植结构和种植比例,在低温气候年型应提高喜温的病虫害寄主作物的种植比例;增暖气候年型正好相反。这样,才能确保各种作物平衡发展、高产稳产,农民增产增收。

10.4.4 制定精细化农作物病虫害综合农业自然资源区划,确定精准高危病区范围重点防治

受气候变化影响,农作物病虫害高危病区的地域范围也发生了变化,从实际出发,充分利用气候和自然资源优势,划分出每一"网格点"农作物病虫害高危病区的地域范围,具体区域可精细到一公里,每个村落。气象与农业部门密切配合,确定农作物病虫害区划指标体系,采用"3S"技术,即地理信息系统、遥感技术、全球卫星定位系统进行客观性和定量化标准制作"精细化农作物病虫害综合农业自然资源区划产品系统",确定精准农作物病虫害高危病区的地域范围,为农作物病虫害防治提供科技支撑。

第 11 章 气候变化对林牧业的影响

11.1 对林业的影响

11.1.1 林业类型与气候

影响地球表面森林群落分布的重要条件是气候,特别是热量和水分以及两者的配合状况。气候随纬度、经度和海拔高度三个方面有规律的变化而变化,森林群落分布也随这种环境梯度的改变而变化。西北地区由于气候干旱,森林覆被率除陕西外,大大低于全国水平,青海森林覆被率仅为 0.3%,新疆为 0.79%,宁夏为 1.45%,甘肃为 4.33%,西藏为 5.84%。西北四省除陕西外的森林面积仅为 400 万 hm^2,只占全国森林总面积的 3%,在大部分地区无生态屏障可言,除新疆外西北地区草原退化率大大高于全国平均水平,宁夏草原退化率高达 93.7%,陕西 58.8%,甘肃 45%,西藏为 30.36%。

林木有净化空气作用,吸收 CO_2、吸尘、吸收有毒气体,杀菌、减少噪音污染等作用,林区内受地形、植被、海拔等因素影响,形成比较明显的多种小气候。不仅增加雨量,增大空气湿度,减小风速,调节气温,涵养土壤水分,亦给多种生物滋生提供了良好的生态环境。森林分布和林区与非林区的差异,在林区内或在林区与秃地之间产生温度差异,从而形成局地环流作用于降水,造成强对流天气和气候上的差异。

陕西省黄龙林区是全国八大防护林区之一,陕西省五大林区之一,位于黄土高原腹地,为以油松、辽东栎和白桦等地带性森林植被为主的落叶阔叶林区。甘肃小陇山林区地处祁吕系两翼与秦岭纬向复合部位,位于我国四大植被区系(华北、华中、喜马拉雅、蒙新)交汇处的温带南缘与北亚热带过渡地带,地跨天水(秦州、麦积、武山、清水)、陇南(徽县、两当、礼县)、定西(漳县)3 地市 8 县区,是甘肃省最大林业产区。林区温和湿润的气候,造就了区内种类繁多而茂密的植物资源,林灌草总覆盖率 72%。有木本植物 86 科,224 属,800 多种;草本植物 158 科,726 属,1986 种,是此区温带向亚热带过渡的主要植物基因库。由于区内陇东黄土高原与西秦岭山地交接,陇东黄土高原腹地季风带气候和陇南山地西北唯一的北亚热带气候交汇,从而形成了区内典型的农林复合生态和南北干旱半干旱交错过渡特征。区内复合生态特征、气候类型和生物多样性特征明显,既是生态系统的最敏感区域,又是生态环境的最脆弱区域。自然植被群落的多相复合群体,既能较好地利用环境资源,也能长期维持比较高的植被生产力。

11.1.2 气候变化对森林资源的可能影响

气候条件对植被空间分布具有决定作用,某一地区的植被在一定的气候提条件下,可根据其综合外貌的简单分类或更详细的个体群落所构成的生命形式来划分,其分类单位即称为生命地带(Holdridge,1947)。

Holdridge 的生命地带建立了植被与气候的对应关系,在全球气候变化研究中,可以通过对未来气候因子的预测,进行气候变化对陆地生态系统复合体影响的模拟。模拟结果表明,我国温带地区的植被类型受气候变化的影响较大,说明这一地区的植被对温度和降水的变化均很敏感。冷温带森林、暖温型山地森林和冷温型山地森林大量向温带草原演变。同时,在不同水分条件下,可导致温带森林、草原、荒漠之间相互转化。大多数预测结果表明,我国西北地区气候将变得更加暖干,森林将面临干旱的威胁;其次,CO_2 倍增条件下,未来气候更不稳定,极端天气和异常气候将会频繁发生,对植被和生态系统的影响会更大;此外,物种进化速度跟不上气候变化速度,将会增加物种灭绝的可能性。同时,人为影响、自然障碍和生态系统的破碎对物种迁移的限制,将会降低物种在环境变化后的生存能力。因此气候变化对植物、生态系统及人类生存环境都会造成重大影响。

据天水农业气象试验站通过 1985 年和 1994 年甘肃小陇山林区两次森林资源二类调查和 1998 年和 2000 年两次森林资源统计资料分析,得出近 30 年来该区森林资源呈减少趋势,以 20 世纪 90 年代最为严重。利用区内 70—90 年代主要气象要素的演变特征,进行综合分析和量化计算得出影响森林资源正常生产的主要气象条件是年≥0℃积温及降水量,且水热的合理匹配更为重要。其适宜的水热匹配指标:年均降水量 525 mm,以 495~555 mm 为宜,年≥0℃积温 3930℃·d,以 3555~4340℃·d 最佳。区内 90 年代以来降水减少,气候变暖,水热匹配极差,年 3930℃·d 积温线显著北抬;525 mm 雨量线明显南压,干暖气候的快速演变是造成该区森林线南移,森林资源锐减的主要气候原因。

11.1.3 天然林保护工程建设

西北地区天然林多集中在山区、平原、盆地、高原等地区且非常稀少,但其在抑制水土流失、控制土壤侵蚀、涵养水源、调节河川径流、减轻当地及下游地区自然灾害方面却起着非常关键的作用。1998 年 9 月,党中央、国务院作出了全面停止长江上游、黄河上中游天然林采伐,全力搞好生态环境建设的决定。"天然林保护工程"和"三北"防护林建设工程实施后,全面停止了西北各省区特别是长江上游、黄河上中游地区天然林的商品性采伐,使现有森林资源得到了切实保护。大幅调减商品材产量,使森林资源消耗得到了有效控制,森林资源得到了有效保护。

陕西省通过天然林保护工程的实施,累计完成公益林建设 137.8 万 hm^2,确保了森林资源的安全;天然林面积不断扩大,林分质量不断提高,活立木蓄积量逐年增加;林种搭配趋于合理,森林防护效能显著增强;林区生物多样性增加,种群数量不断扩大,生物群落结构趋于合理,呈现出人与自然和谐共处的可喜局面;森林资源培育和恢复速度加快。据 2004 年森林资源连续清查结果较 1999 年相比,林地面积净增 155.8 万 hm^2,森林面积净增 98.4 万 hm^2,天然林面积增加了 50.8 万 hm^2,森林覆盖率提高 4.71 个百分点,全省林木蓄积净增 2721.81 万 m^3。全省通过实施天然林保护工程和其他林业重点工程,有效增加了森林植被,提高了林分质量。同时落实森林管护责任,有效控制了森林资源的消耗,维护了林区的稳定,保护了森林资源的安全;公益林建设成效显著,基础设施建设快速发展。天保工程累计完成公益林建设 404.5 万 hm^2,其中人工造林 17.8 万 hm^2,封山育林 48.5 万 hm^2,人工促进天然更新 0.9 万 hm^2,森林抚育 3.5 万 hm^2,飞播造林 67.1 万 hm^2。全省累计完成苗圃、良种繁育基地建设 75 个。种苗供应能力和森林防火预警扑救能力得到了大幅度提高;生态环境明显改善,生物多样性得到有效保护。通过实施天然林保护工程,全省森林质量不断提高,森林群落结构趋于稳定,水源涵养等生态功能明显增强,水土流失强度逐年降低,面积不断减少。据西北农林科技大学火地塘林场天然林保护效益研究表明,地表径流较工程实施前减少了 39.26%,森林生态系统对重金属元素的总净吸收率达到 92.85%。野生动物种群不断扩大,数量不断增加,大熊猫、朱鹮、金丝猴、羚牛等国家一级保护动物种群数量不断扩大。

1998 年 9 月,甘肃省全面启动了国有天然林资源保护工程。工程实施区总面积 2098.4 万 hm^2,2000—2010 年规划公益林建设任务 68.7 万 hm^2,其中人工造林 15.1 万 hm^2,飞播造林 26.7 万 hm^2,封山育林 26.9 万 hm^2。工程全部实施后可吸收 5026 万 t 二氧化碳当量。工程范围包括白龙江、洮河、小陇山、太子山、大夏河、祁连山等 12 个天然林区,涉及陇南等 10 个市州的 68 个县市区。截至 2008 年,甘肃省完成公益林建设任务 71.3 万 hm^2,其中人工造林 14.6 万 hm^2,飞播造林 11.2 万 hm^2,封山育林 45.5 万 hm^2,相当于吸收了 5212 万 t 二氧化碳碳汇。

人工造林、封山封沙育林和飞机播种造林等措施,加快了林草植被的建植和恢复速度,使新增林草面积及林草覆盖率均有明显提高,短期内使西北地区森林覆盖率得到明显提高。通过工程的实施,使工程区生态环境明显改善,生态恶化局面得到遏制,森林面积不断扩大,质量不断提高,森林的群落结构趋于合理,生物物种丰富度不断提高。生物多样性得到保护。水源涵养和生态功能明显增强,水土流失流失面积不断减小、强度逐年降低。天然林保护和人工造林工程的实施,有效改变了森林利用方向,实现了森林经营利用方向从以木材利用为主向以生态利用为主的转变,林区产业结构得到调整(赵建斌,2007;管文轲,2006)。

青海省坚持生态立省战略,着力推动绿色发展。在生态脆弱区,采取"退、保、管、治、移"等综合措施,大力推进生态保护治理和建设重点项目,通过天然林资源保护、退耕还林、退牧还草、"三北"防护林体系建设、野生动植物保护及自然保护区建设、湿地保护与恢复等一系列重大工程的实施,使得三江源区、青海湖流域、柴达木盆地、东部干旱山区、祁连山山地等区域的生态环境治理都得到了不同程度的加强。三江源生态保护和建设工程中通过实施退牧还草、灭鼠灭虫、黑土滩治理、生态移民、建设养畜、湿地保护等措施,使项目区生态退化趋势得到遏制,水源涵养功能初步恢复。2009 年,封山育林 11.2 万 hm^2,防治草原鼠害 289 万 hm^2,治理水土流失面积 136.6 km^2,安置生态移民 1578 户。

林业生态体系建设以流域管理的思想,按照"南封、北育、西治、东造"的方针、建设"四大生态圈"的生态建设布局,积极组织开展造林绿化工作。据第六次全国森林资源清查(1999—2003 年)资料显示,青海省森林面积达到 317.2 万 hm^2,森林覆盖率为 5.2%,森林蓄积量为 3592.6 亿 m^3。截止 2008 年,通过签订管护责任书、完善奖惩制度等,确保了全省 198.3 万 hm^2 天然林资源得到有效保护。退耕还林(草)工程实施以来,截止 2007 年底,全省累计完成退耕地造林 19.33 万 hm^2,荒山荒地造林 37.8 万 hm^2,封山育林 4.33 万 hm^2,退耕地种草 1.93 万 hm^2。青海省的生态保护与建设工作取得了初步成效。

宁夏全境被列入天保工程实施范围。自 2000 年工程实施以来,为保护好天然林资源,宁夏回族自治区人民政府发布了禁伐令,在天然林区,严禁一切人为的、商业性的森林采伐,对 $38.5×10^4$ hm^2 有林地、灌木林地及未成林造林地全面实行管护,管护责任全部落实到单位、个人和地块。"十一五"期间完成封山育林 $13.46×10^4$ hm^2,飞播造林面积 $4.94×10^4$ hm^2,分别占规划任务的 64% 和 52%。通过天保工程的实施,使林区生态环境和林区经济得到快速恢复和发展,使工程区人口、经济、资源和环境之间的矛盾基本得到解决。

11.2 对畜牧业的影响

11.2.1 对人工牧草的影响

11.2.1.1 人工牧草的气候指标

西北是中国主要牧区,西北五省区天然草地面积占全国草地面积地 35.3%,人工牧草面积 5076.6 万 hm² 占全国草地 32.8%。由于气候及环境变化,天然草地退化比较严重,20 世纪 80 年代以来,天然草地产草量以每年 2.1%~2.9%的速度降低,草地退化率达到 19.5%~39.8%。尤以西北中部的甘肃最为严重。人工牧草种植对西北地畜牧业可持续发展意义更加重大。

目前,我国牲畜饲草主要来源于天然草场、农副产品(秸秆、麸皮等)和人工草地。天然草地由于受地理位置、年度及季节的变化影响,其产量及品质极不稳定,在一些地区靠天养畜易发生家畜"夏饱、秋肥、冬瘦、春亡"和"丰年大发展,平年保本,灾年大量死亡"的现象,主要是冬春饲草料不足和饲草料品质差所造成的。农副产品主要是作物秸秆,其质量远不如牧草,在冬春季节饲草不足的情况下,仅能保证家畜的维持需要。在我国西北地区通过人工栽培牧草,特别是利用紫花苜蓿、沙打旺、红豆草等豆科牧草建立人工草地或改良天然草地,使产草量提高 2~5 倍以上,同时使草群粗蛋白质的产量比当地天然草地高出 10 倍以上,不仅解决了牲畜冬春草料不足的问题,而且可根据牲畜的营养需要,保证饲草的平衡供应。

人工牧草还是西北地区主要的退耕还林(草)草种。由于其生长对温度等气候因子要求较低,在西北地区各地都有种植。据甘肃省气象局人工牧草试验项目组在 1985—1987 年甘肃各地的种植试验,人工牧草在海拔较高、气候干旱地区所需要的热量比海拔低、气候湿润地区的低(表 11.1)。气候变暖使其在西北适宜种植的范围扩大(蒲金涌,2006)。

表 11.1 人工牧草全生育期积温指标地理差异

地点	纬度(N)	经度(E)	海拔高度(m)	≥0℃积温(℃·d)			
				红豆草	紫花苜蓿	草木樨	沙打旺
华池	36°27′	107°59′	1269	1469.0	——	1892.5	3451.1
西峰	35°49′	107°38′	1421	1440.1	2009.6	——	3337.5
通渭	35°13′	105°14′	1767	1326.0	1983.5	1840.1	——
定西	35°35′	104°37′	1980	1404.5	1844.3	1765.3	——
华家岭	35°23′	105°00′	2450	1324.0	1695.7	1640.2	——

人工牧草的生长要求温度较低,一年之中,生长季节比较长(表 11.2)。更有利于光能的利用。根据甘肃省天水农业气象试验站种植试验,紫花苜蓿光能利用率是小麦的 30.8 倍,是玉米的 19.5 倍,光能利用能力远强于粮食作物。

表 11.2 人工牧草生长的基本环境条件

牧草名称	春季萌发温度(℃)	秋季停止生长温度(℃)	播种或开始生长时土壤湿度(%)
紫花苜蓿	2.4	4.0	13.2
红豆草	3.0	5.0	13.2

牧草名称	春季萌发温度（℃）	秋季停止生长温度（℃）	播种或开始生长时土壤湿度（%）
草木樨	3.0	4.9	13.2
沙打旺	3.0	3.5	13.2

11.2.1.2 人工牧草生长规律

紫花苜蓿一生的植株高度变化符合 Logistic 生长曲线形式的变化规律。株高由缓慢增长转换为快速增长的转变时段在分枝到现蕾期，增长速度最快的时段在现蕾期—开花期，由快速增长再次转换为缓慢增长的时段在开花期后。2～3 年生植株，一年中适宜收割 3 次。第一茬主要生长在秋季，第二茬生长在夏季，第三茬主要生长在伏秋。最高产量出现在第 1 茬和 2 茬。1～2 茬鲜草产量占 3 茬总产量的 76.9%～84.3%，干草产量占 79.1%～86.3%。第 1 茬鲜重和干重占全年鲜重和干重的 50%以上，现蕾前后是产量形成的关键时期。每茬平均日累干物质量比较接近。第 1 茬地上生长量远大于地下生长量；第 2 茬地下生长量大于地上生长量；第 3 茬地上生长量与地下生长量比较接近（蒲金涌，2005）。

紫花苜蓿叶面积指数的增长速度为 $1.40～1.55(100℃)^{-1}$，比冬小麦高出 90%，比玉米高出 222%；全生育期光能利用率约为 $2.61\ \mathrm{kg\cdot kJ^{-1}}$，是冬小麦光能利用率的 30.8 倍，玉米的 19.5 倍。水分利用率为 $16～21\ \mathrm{g\cdot m^{-2}\cdot mm^{-1}}$，是冬小麦的 2.1～2.8 倍，玉米的 2.0～2.5 倍。

11.2.1.3 牧草气候生产潜力

近 30 年气候变化对西北地区的牧草生产潜力影响较大。根据国际上通用的 Miami 模型计算了甘肃陇东南地区的牧草生产潜力，在甘肃陇东南地区降水生产潜力低于温度生产潜力，降水是限制牧草生产的主要因子，降水生产潜力为该地草地的生产潜力（图 11.1）。

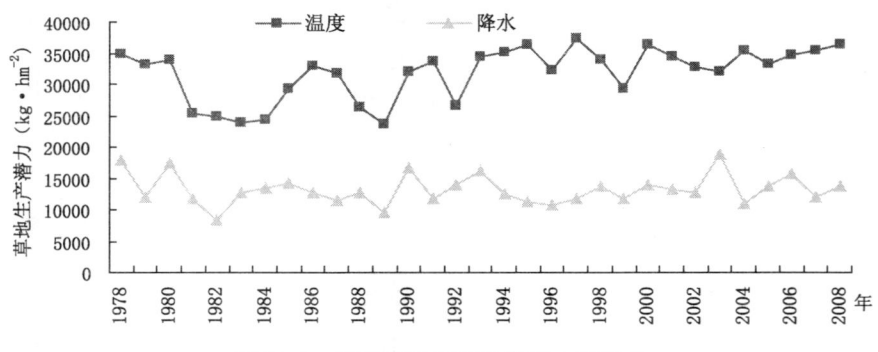

图 11.1　陇东南地区草地产潜力的变化

自 1978 年以来，温度生产潜力的变化有明显的时段性，1978—1989 年温度生产潜力呈线性减少，减少速度为 $508\ \mathrm{kg\cdot hm^{-2}\cdot a^{-1}}$（$R=0.18, P>0.01$），1989—2008 年随着年份呈线性增加，增加的为 $267\ \mathrm{kg\cdot hm^{-2}\cdot a^{-1}}$（$R=0.219, P>0.01$）。降水生产潜力除几个降水特多的年份（1990 年，2003 年）及降水特少的年份（1982 年，1989 年）外，其余年份差异不明显。与温度生产潜力平均相差 $18605\ \mathrm{kg\cdot hm^{-2}}$，只要当地的水分供应条件得到改善，草地生产潜力有较大的提升空间。

11.2.2 草原类型与气候

畜牧业上所称的草场或草原。是指陆地上大面积生长天然植物、能供家畜采食和刈割饲草的场所。因此，天然草场是由牧草和家畜为主体构成的一种特殊生产资料，是发展畜牧业生产的物质基础。

所谓草场的生态气候类型，是指一定气候条件下形成的牧草种群结构、高短疏密形态特征、经济性状（包括产量、品质）等比较一致的草场类型。接各地不同的光、热水条件和草场状况，可以归纳为四大生态气候类型（杨小利，2006）。

11.2.2.1 温凉—寒冷湿润、半湿润草甸草场

本类型主要包括甘南高服祁连山中东段，新疆阿勒泰山区、天山西部巩乃期草原的东部和南部，青海果洛、玉树、海南、黄南等自治州的大部等。这些草甸草场在我国西部牧区，新疆天山等地海拔 3500 m 左右；在青藏高寒牧区，多分布于 3500~4500 m 之间，气候从温凉到寒冷，生长季降水量多在 300 mm 以上，但内部差异很大。以祁连山等地为代表的高寒草甸草场，牧草生长季较长，夏季温凉，降水较多，冬季并不严寒。受气候条件的制约，草甸草场以禾本科的喜凉牧草为建群种、杂类草较多，豆科牧草占一定的比重，主要有羊草、披碱草、多种针茅、雀麦、苜蓿、三叶草及黄芪、草地看麦娘、老鹳草等，平均草层高度 40~80 cm，覆盖度 70% 左右，鲜草产量 3750~7500 kg·hm^{-2}，是产草量最高的一类天然草场。青藏高寒牧区的草甸草场，以莎草科和禾本科的喜凉牧草为优势种，杂草类较少，豆科牧草更为贫乏，主要有多种蒿草、苔草、早熟禾、羊茅、蓼以及短柄草、野青茅、野古草、萎陵菜、火线草等，平均草层高度 20~60 cm，覆盖度 60%~70%，鲜草产量一般 2250 kg·hm^{-2} 以上。

11.2.2.2 温凉—寒冷半干旱草原草场

半干旱草原草场是草甸草场和半荒漠草场的过渡类型，一般又称干草原或典型草原草场。主要包括宁夏西吉、海原、固原地区的大部，青南高原北部，新疆阿尔泰山、准噶尔西部山区、天山山麓地带、昆仑山北坡的高原温带、高原亚寒带草原草场等。这些草原草场在北部牧区的黄河河套以东多分布衣海拔 1000 m 以下，向西上限迅速提高，新疆天山南坡的亚高山草原可到 2800 m，青藏高原达 4000~5000 m。草原草场与草甸草场的气候条件相比，寒冷程度减轻，干旱威胁加重。西北草原草场，牧草生长季比草甸草场长 30~40 d，≥0℃ 的积温高 600~1400℃·d，最热月平均气温高 1~3℃，降水量少 30~50 mm，湿润度<0.5；越冬期短 20~40 d，最冷月平均气温高 5~8℃，年极端最低气温平均值高 6~8℃。青藏高寒牧区草原草场牧草生长季和越冬期与北部部牧区草原草场相差不大，但冬季最冷月平均气温高 3~9℃，夏季最热月平均低 5~6℃。

宁夏、新疆等地的草原草场，牧草以大针茅、短花针茅、羊茅、狐茅、细柄茅、羊草、冰草、隐子草、长芒草、异燕麦、黄芪、亚菊、冷蒿以及棘豆等为主，草层高度 30~60 cm，覆盖度 50% 左右，鲜草产量可达 2250~4500 kg·hm^{-2}。甘肃、青海等地的高寒草原草场，以针茅、紫花针茅、克氏针茅、早熟禾、苔草、固沙草、矮蒲草、贫苙草、三刺草、萎陵菜、变色锦鸡儿等为主，草层高度 20~60 cm，覆盖度 40%~60%，鲜草产量 750~3000 kg·hm^{-2}。

11.2.2.3 温暖—严寒干旱半荒漠草原草场

本类型草场水分条件比草原草场更差，主要包括宁夏中北部、祁连山沿山地带和陇中北部

的温带干旱半荒漠草原草场,塔里木盆地、准噶尔盆地边缘至低山地带的暖温带、温带干旱半荒漠草原草场,柴达木盆地东半部的盆沿地区。在宁夏、甘肃、新疆等地,干旱半荒漠草原草场多分布在海拔 1500～2000 m 以下,青海的高寒干旱半荒漠草原草场则多分布在 4000～5000 m 之间。前者牧草生长季长短和草原草场差不多,但大多数地区夏季温度更高,降水量更少,越冬期低温水乎不相上下;后者牧草生长季较高寒草原草场短,热量和降水均较少,最冷月平均气温亦较低。

在严重缺水的情况下,本类型草场牧草以沙生针茅、戈壁针茅、短花针茅、东方针茅、紫花针茅、沟叶羊茅、沙生冰草、芨芨草、长芒草、芦苇、无芒隐子草、膜果麻黄、多根葱、匙叶芥、女蒿、冷蒿、毛蒿、沙蒿、阿加蒿、木地肤、猪毛菜、盐爪爪、驼绒藜、碱蓬、小蓬、锦鸡儿、木霸王、猫头刺、泡泡刺、红砂等为主,产草量各地相差不大,鲜草产量多在 750～1500 kg/hm² 之间。

11.2.2.4　温暖—严寒极干旱半荒漠草原草场

极干旱荒漠草原草场和沙漠、戈壁湿润度都小于 0.13,但在景观上却完全不同。极干旱荒漠草原草场包括塔里木盆地至吐鲁番—哈密盆地、安敦盆地的暖温带极干旱荒漠草原草场,河西走廊、祁连山西段、准噶尔盆地和柴达木盆地中西部的温带极干旱荒漠草原草场,青海、西藏、新疆接壤地区昆仑山脉、可可西里山脉、阿尔金山脉等。

需要指出的是,上述地区的荒漠草原草场并不包括沙漠、戈壁的核心部分、只包括中或外围有水源草木可以生长的地方。其分布的海拔上限,西北部牧区多在 1000 m 以下,青藏高寒牧区的柴达木、昆仑山北坡等地 3000～4000 m。西北部牧区的荒漠草原草场,牧草生长季长,各地变化在 200～270 d 之间,≥0℃积温为 2600～4700℃·d,最热月平均气温 18～26℃,降水量少于 130 mm;越冬期较短,最冷月平均气温 −6～−9℃,年较差达 30～38℃,反映出较强的大陆性。青藏高寒牧区荒漠草原草场,牧草生长季较短,热量水平较低,降水量不足 60 mm,但越冬期气温不如北部、西部牧区荒漠草原草场低。

在热量相差悬殊、水分严重不足的条件下,本类型草场植物以旱生、超旱生、沙生和盐生为主,代表种类有芨芨草、东方针茅、戈壁针茅、羽柱针茅、三芒草、银穗羊茅、合头草、盐生假木贼、琐琐、沙拐枣、红砂、猫头刺、骆驼刺、白滨藜、戈壁藜、铁秆蒿、早蒿、沙蒿、凤毛菊、矮亚菊、棘豆、无茎芥、盐爪爪、垫状点地梅、垫状驼绒藜等,高度不一,多呈丛状或零星分布,覆盖度高者可达 20%～30%,低者不足 5%,鲜草产量 225～750 kg·hm^{-2}。

11.2.3　气候变化对草地生产力的影响

由于水分是牧草生长发育的主要限制因子,高寒阴湿区温度的升高对牧草的正作用并不明显,而且随着温度的升高,蒸发加剧,土壤变干,反而加重了牧草需水的胁迫。降水量趋于减少,干燥指数变化呈显著上升趋势,草地气候趋于暖干化,牧区草场产草数量和质量下降,劣等牧草、杂草和毒草的比例越来越高,草原退化,草场生产力进一步下降,直接威胁畜牧业的可持续发展。

近年来,随着全球气候不断变暖,西北各地草地生产力对其产生了不同的响应。1987 年以来青海长江、黄河源区土壤湿度下降明显,表明在气候暖干化状况下,土壤蒸发量远大于降水补给量,植被地上净初级生产力在此气候环境影响下,年际波动明显,而且在近十几年下降明显(李英年等,2008)。近 20 年以来,中国科学院内蒙古草原生态系统定位研究站所在地区有变暖趋势,冬季增温尤为明显。自 1993 年以来,根据模型计算的净第一性生产力与在羊草样地上实测的地上生物量值都有明显的下降趋势。冬季增温使该地区春季干旱进一步加剧,并使典型草原生产力下降(李镇清等,2003)。1954—2004 年以来的 51 a 内,宁夏盐池草地气候生产力呈增加趋势,草地气候生产力与年降水量关系密切,水分是制约草地气候生产力的关键因子。未来"暖湿型"气候对盐池草地的干物质生产最有利,平均增产幅度为 10%,而"冷干型"气候对草地的干物质生产最不利,平均减产幅度为 10%。若气温升高 1~2℃,降水量增加 10%~20%,则盐池草地的气候生产力将增加 10%~20%(苏占胜等,2007)。根据青海高寒草甸气候生产力分布与环境条件关系模型模拟,计算未来气温升高 2℃和 4℃,降水增加 10%和 20%气候情景下,未来草地生产力分别出现降低(10%)和升高(1%)的两种可能(李英年等,2000 年)。甘南高原草场 1986 年以后气候持续偏暖,降水量呈下降趋势,草地年干燥度指数变化呈显著上升趋势,每 10 年增加 0.01~0.14。气候干旱化,使牧区草场产草量和质量下降,劣等牧草、杂草和毒草的比例增大,草场生产力进一步下降(姚玉璧等,2007)。

11.2.4 对载畜量的影响

草地植被的生产力直接决定着草场的牧草生产,是草场载畜能力的基础。青海高寒草甸草场对气候变暖有明显的响应,现实状况下理论载畜量约为 2.54 个羊单位,在未来气候变暖(假设气温升高 2℃,降水不变)的情景下,草场生产力将有所降低,相应的草场理论载畜量降低至 1.04 个羊单位,是对高寒草甸草地畜牧业持续发展很不利的因素(李英年 2000)。近 30 年来定西县气候受 CO_2 增加影响逐渐变暖,降水逐渐减少,理论载畜量承受气候潜力的能力将会有所减少(闫丽娟等,2005)。利用内蒙古天然草场降水蒸散比建立内蒙古地区草地气候生产力模型,并利用气候生产力模型计算了理论载畜量,表明了在内蒙古地区降水量是影响草地载畜量的主要因子(霍治国等,1995)。

11.2.5 气候变化对牲畜生存的影响

11.2.5.1 对牲畜死损率的影响

以青藏高原东北边缘的甘南高原牧区为例,该区域牧区主要畜种为牦牛和藏系绵羊。牲畜死损率与冬春季气温、冬春季降雪量呈显著相关。当日平均气温低于 0℃时,气温远低于畜体的适宜温度,牧区家畜在无棚圈环境下,只有消耗脂肪转化热能以御寒,冷季负积温越多,畜体掉膘越多,死损率越高。冬春季降雪多易形成冬季"坐冬雪",春季大雪、低温连阴雪等灾害。积雪掩盖牧草,牲畜采食困难,饥寒交迫,造成牲畜死亡。由于冬、春季气温升高,降雪减少,使牧区雪灾趋于减少,对牲畜越冬度春非常有利,牲畜死损率呈明显的下降趋势。

由图 11.2 可见,牦牛死损率变化曲线线性拟合倾向率为 $-0.987\% \cdot (10 \text{ a})^{-1}$,呈显著下降趋势,Cubic 函数呈波动下降,方程为:

$$y = -0.0012x^3 + 0.0641x^2 - 1.0305x + 9.4685 \tag{11.1}$$

复相关系数 $R=0.79$,通过 $\alpha=0.001$ 显著性水平检验。

羊死损率变化曲线线性拟合倾向率为 $-2.74\% \cdot (10 \text{ a})^{-1}$,也呈显著下降趋势,Cubic 函数呈波动下降,方程为:

$$y = -0.001x^3 + 0.0611x^2 - 1.2539x + 14.787 \tag{11.2}$$

复相关系数 $R=0.83$,通过 $\alpha=0.001$ 显著性水平检验。

1983 年以前,牲畜死损率较高,主要是冬、春季低温多雪所致;从 1984 年开始,冬、春季气温在小振幅中持续上升,雪灾明显减少,除 1995 年外,牲畜死损率持续在一个偏低水平上。

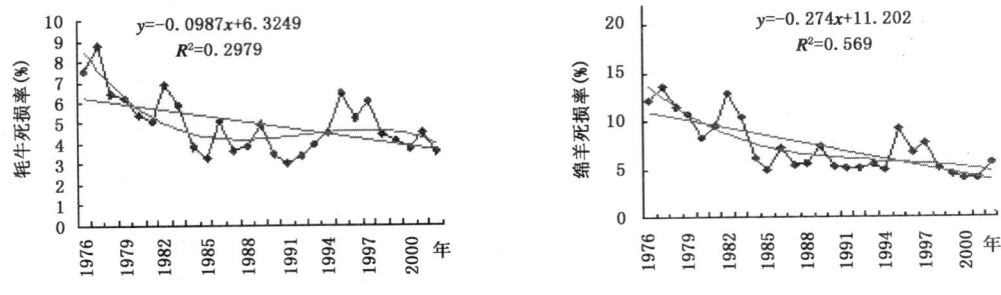

图 11.2　甘南高原牲畜死损率变化曲线

11.2.5.2　气候变化对幼畜成活率的影响

仍以青藏高原东北边缘的甘南高原牧区为例,主要畜种藏系绵羊羔羊成活率与气候条件的关系,以藏系绵羊羔羊为例研究气候变化对幼畜成活率的影响。藏系绵羊一般 7—9 月配种,孕期 148～154 d,12 月至翌年 2 月产羔,平均羔羊成活率 80.3%。相关分析表明,羔羊成活率与 12 月至翌年 5 月气温及极端最低气温呈正相关,与 12 月至翌年 5 月降水量、大雪、低温连阴雪、雪灾次数呈负相关。由图 11.3 可见,藏系绵羊羔羊成活率变化曲线线性拟合倾向率为 7.189%·(10 a)$^{-1}$,呈显著上升趋势,Cubic 函数数呈波动上升,方程为:

$$y = 0.0005x^3 - 0.0387x^2 + 1.3851x + 68.884 \tag{11.3}$$

复相关系数 $R=0.75$,通过 $\alpha=0.001$ 显著性水平检验。

牦牛一般 7—9 月配种,翌年 4—6 月产犊,平均牛犊成活率 87.3%。相关分析表明,牛犊成活率与 4—8 月气温、最低气温、日照时数均呈正相关,与 4—8 月降水量呈负相关,气温高,光照充沛,降水少牛犊成活率高,反之则低。

从 1984 年开始,冬、春季气温在小振幅中持续上升,雪灾明显减少,藏系绵羊羔羊成活率持续在一个较高水平上。

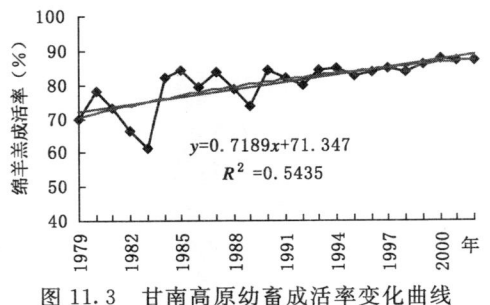

图 11.3　甘南高原幼畜成活率变化曲线

11.2.5.3　气候变化对牲畜产肉量的影响

分析气候变化对牲畜产肉量的影响,发现 1 月和 7 月气温与牲畜产肉量呈显著正相关,而与 6 月降水量呈负相关,积分回归分析发现光、温、水对产肉量影响系数曲线呈波动变化,反映了气候变化对产肉量影响多样性。气温增高,降水减少,有利于牲畜抓膘育肥,但草场退化,牧草产量及品质下降,载畜量增加,草原过牧,又成为牲畜抓膘育肥的限制因素,使牲畜产肉量呈波动变化。

11.2.5.4 对畜种分布和畜产品的影响

家畜在一地区的自然分布状况,是适应该地自然气候条件的结果。应用"生态适应指数法"可以确定气候与自然生态环境影响下,畜种的分布状况。

甘肃省的酒泉、新疆的哈密等地区,是极干旱的荒漠区,骆驼生态适应指数在 5 以上,且都排在生态类群序列之首位。青海的果格、玉树地区,海拔在 3500 m 以上,是偏湿润的高山草甸草场,生态适应指数排在生态类群序列首位的又几乎都是牦牛。

11.2.5.5 对牲畜疾病的影响

家畜疾病的种类很多,随时都可能发病,但由于草原生态气候环境的不同,在不同草原类型、不同季节,家畜疾病的种类和危害程度也会不同。牲畜腐蹄症的发生与气象条件密切相关,一般是在气温高、降水多、湿度大、多露水和地表泥泞的季节和地段容易发生。羊肠毒血病是一种急性传染病,多发生在牧草生长茂盛、草质含水量高的夏季。主要由于家畜吃了过多的青草,或吃了大量露水草和在雨水中浸泡而霉变的草,造成消化不良,使病菌在畜体肠胃中迅速繁殖,分泌出大量病毒而引发的。一般说来,多雨潮湿的暖季是胃肠道疾病、寄生虫病发生的基本条件,多发生胃肠道传染病、牛皮蝇、马、羊鼻蝇和日射病、热射病;寒冷的冬季易患风湿病、关节炎、呼吸道传染病和冻伤;在气候多变的季节,多发生羔羊痢疾、支气管炎、肺炎、鼻炎等疾病。

11.2.6 提高畜牧产品品质和产量的对策

11.2.6.1 发展草原季节畜牧业,合理利用气候资源

受季风气候的影响,我国牧区草原畜牧业出现了季节草场不平衡和家畜"夏壮、秋肥、冬瘦、春乏"的问题。为改进这种靠天养育的局面,可发展季节畜牧业。季节畜牧业就是在冷季保持最低数量的家畜,以减轻冷季草场的压力,结合补饲,避免春乏死亡;暖季以新生幼畜充分利用生长旺季的牧草,快速转化畜产品,冷季来临时加快出栏,减少家畜越冬数量。这样可以缩短生产周期,加速畜群周转,发挥生长季内牧草生长优势,提高从家畜到畜产品的转化率,从而提高草原生产能力。

11.2.6.2 农牧结合,发展肥育饲养畜牧业

由于草场载畜过牧,形成草场退化,草原生态失衡。带来一系列生态与环境问题。为此可采取农牧结合,牧区繁殖,异地育肥的方法,解决畜多草少的矛盾。即在夏秋季节,羔羊、犊牛等在草原上放牧,入冬前把它们之中的一部分集中圈养或运至饲料比较丰富的半农半牧区集中短期育肥。以提高牧业生产效率。

11.2.6.3 控制放牧强度,发展圈养舍饲畜牧业

天然草场退化、沙化的根本原因是草场超负荷过度放牧,因此必须严格控制草场放牧强度。而放牧强度的大小应由草场年产草量的多少来确定,也就是以草定畜。对于草场生产力高,产草量大的牧场,载畜量可多点,放牧时间也可长点;对于草场生产力低、产草量少的牧场可减少载畜量、缩短放牧时间、延长轮牧周期。只有科学合理地控制了放牧强度,才能减轻草场的压力,真正给予天然草场休养生息的时间和空间,让天然草场进行自然恢复与更新,这样才能使天然草场走可持续发展之路。同时在人工种植饲草料,或从农区调运加工饲草料,大力

发展圈养舍饲高效畜牧业。

11.2.6.4 转变思想观念,提高生态与环境保护意识,防止滥采乱挖

对牧民进行科技培训势在必行,让当地牧民明白草原并不是他们所想象的取之不尽、用之不竭的自然资源,它虽然可以再生,但如果不合理利用,最终会导致草场退化、沙化,使他们失去赖以生存的物质基础而被迫退出草场。要让牧民知道草原并不仅仅通过畜牧业带来经济效益,而且还具有涵养水源、保持水土、防风固沙、生物多样性保护、基因库、游憩与娱乐等生态功能,让他们在合理开发利用草场资源的同时,更要珍惜、爱护和保护天然草场,防止滥采乱挖。

11.2.6.5 治理退化草地生态与环境

以治理草场"三化"为重点整治生态环境。禁止在划定的基本草场保护区内开垦扩耕;对中度退化草场实行一定时期的禁牧封育,促进牧草资源休养生息;对重度退化草场要加大连片治理力度。人工植被恢复对荒漠化土壤具有很好的改善作用,随着流动沙丘被固定,机械组成中砂粒逐渐降低,黏粒和粉粒含量逐渐提高,土壤有机质和养分含量及 CEC 逐渐提高,土壤 pH 值变化不大,碳酸钙只是在表层升高。已经发生荒漠化的地区恢复到正常土壤需要的时间相当长,因此人们应减少人为因素对荒漠化的影响。实施飞机补播牧草,提高草被恢复能力;对潜在退化区,要加强草场监测,及时调整人类活动方式和强度。禁止捕杀草原益鸟益兽,保护鼠虫天敌,最大限度地利用草地生态系统的自然调节功能控制鼠虫害的发生发展。

11.2.6.6 依靠科技推动生态建设和农牧业发展

加强适用草畜生物技术的开发和引进。因地制宜发展畜牧业。如在高寒牧区重点加强高寒地区高抗逆性牧草品种选育和栽培技术、抑制草场鼠虫繁殖(尤其是中华鼢鼠等地下鼠虫类的繁殖)技术、高寒地区优势畜种(牦牛、藏系绵羊、蕨麻猪等)改良和育肥技术等的开发和引进。建设特色药材资源驯化和人工培育基地,减轻因滥采野生药材(如滥采冬虫夏草等)而引起草地植被破坏。

第三篇　中国西北干旱气候变化对农业生态环境的影响

中国西北地区是我国主要河流的发源地,是国家重要生态和战略屏障。生态环境是农业生存和发展的基本条件,是农村经济可持续发展的基础。但在长期的自然和人为因素作用下,生态退化的趋势在加剧,土地荒漠化在加重,生态问题更加复杂化,对中国整体生态环境构成了威胁。西北生态环境问题是西部大开发面临的最突出问题,在一定程度上已成为西北农村经济建设和社会发展的"瓶颈"。随着西部大开发战略的实施,生态环境问题将日益突出,因此研究西北干旱气候变化对农业生态环境的影响更具有重要意义。

第 12 章　气候变化对农业水资源的影响

水是农业生产和生活不可缺少、不可替代的重要资源,是人类生存的基础,水资源保障是农村经济建设的前提和基础。西北地区主要属于干旱和半干旱气候,降水量少,蒸发量大,水资源短缺,生态环境相当脆弱,水是其最为稀缺的资源,是绿洲的命脉。随着中国西部大开发战略的实施,西北原来水资源的供需矛盾更为明显。

气候变化必然引起水分循环的变化,引起水资源在时空上的重新分布和水资源总量的改变。全球气候变化趋势以及对水资源影响的研究已经很多,但对区域来说,特别是像西北地区这样广阔的区域,占有多个气候带,其气候变化的影响必然会存在不同,也有一定的难度。随着西部大开发战略的实施,原来水资源的供需矛盾更为明显。因此创建新的理论与方法,深入研究西北不同地区的干湿状况和水分盈亏量,可为水资源的合理开发及可持续利用、农业生产的可持续发展提供科学依据,为水利部门应对未来气候变化影响的水资源规划管理工作提供重要的决策支持。

12.1　气候变化与水循环和水资源

12.1.1　水循环和水量平衡

12.1.1.1　水循环

地球上各种形态的水总是处于不断的变化状态,这种变化可能是热力条件下的相态转换,也可能是在重力条件下的斜面运动,或是沿压力梯度、密度梯度的垂直、水平方向输送。通过蒸发、水汽输送、降水、下渗和径流等过程,分布在地球各个层次的水被联系起来,进行着周而复始的、跨越四大圈层的水分循环,称为水循环。

水循环扩及整个水圈,并深入大气圈、地圈及生物圈,同时通过无数条路线实现循环更替。地球上的各类水体,就是通过水循环形成了一个连续而统一的整体,是为水圈。

地表的各种水体,包括海洋、河川、湖泊、沼泽、冰雪,以及土壤、岩石、植被,乃至动物和人类,它们内部的水都在不断的更新之中,这种更新就是水循环。关于水循环的描述,可以从地表面的蒸发开始。蒸发的水汽(大部分来自海洋)升入空中,在大气环流的控制下,进行着海洋与陆地、低纬与高纬之间的交换;水汽遇冷凝结成降水(包括雪等固态水),海洋表面的降水直接回归海洋,陆地表面的降水可分为多种途径:一部分水(地表水体、湿润的植被和土壤等)重新蒸发返回空中,另一部分水在土壤、岩石中不断下渗,至达到饱和,形成壤中水和地下水径流;进入土壤的水又有部分被植被吸收,通过蒸腾作用重回空中;经过截留、下渗、吸收、地面蓄积等过程后,剩余的水才形成地表径流;在这些过程之中,又包含了动物和人类对水的攫取和排泄。地下和地表径流在地形地势的制约下不断汇集,最终归入海洋;重返空中的水汽又重复着输送、降水、蒸发、下渗、径流的全过程。

水循环实际上就是物质与能量的传输、储存和转化过程,服从质量守恒规律,其基本动力是太阳辐射和重力作用。大气环流、海陆分布、地形地势、地表状态等外部环境制约着水循环的路线、规模与强度。在水循环的过程中还携带有其他物质,成为地球生物化学输送的一种载体。

12.1.1.2 水量平衡

水量平衡与水循环是对同一过程的不同描述,随着水文测量的发展,对水循环的认识逐渐利用质量守恒定律以加深,这就是水量平衡。地球系统的各类水体在不断更新之中,这种更新是连续有序的动态过程,并具有相对稳定性。地球上的总水量接近一个常数,即全球水量是平衡的。对于某一区域而言,一定时段内水的收入与支出的差额等于该区域的储水变化量。就长时间尺度来看,区域内的储水变化量趋于零。大量的研究都基于水量平衡的概念,尽管不同作者的估算值还不尽相同。

在国际水文十年(IHD)和继后的国际水文计划第一阶段计划(IHP-I)的全球合作观测研究基础上,根据1918—1967年的资料,联合国教科文组织于1978年公布了当时最新的全球水量平衡成果。海气之间的水量交换有4.7万 km^3,即全球海洋每年向全球陆地输送4.7万 km^3 的水汽,陆地则以相同水量的径流归还海洋,完成全球尺度的水量平衡。全球降水量与全球蒸发量均为57.7万 km^3,水量是平衡的。对于海洋而言,每年的蒸发量为50.5万 km^3,降水量为45.8万 km^3,其差额即是每年海洋向陆地的水汽输送量。对陆地而言,每年的降水量为11.9万 km^3,蒸发量为7.2万 km^3,其差额即是每年陆地向海洋的径流量。径流完全来源于外流区,内流区每年0.9万 km^3 的降水量全部消耗于蒸发之中。

水量平衡是一个随时间变化的动态过程。20世纪70年代以来,人们逐渐意识到人类活动对地球环境自然变化的干扰。由于二氧化碳和其他温室气体无限制的排放,远远超过了自然状态下此类气体在大气中的含量,这些变化可能导致的一种结果是:全球气候变暖,引起海平面上升,从而改变全球水量平衡的格局(王守荣,2005)。

12.1.2 气候变化对水循环和水资源的影响

海平面、雪盖、冰面积和降水的变化与地球表面变暖是一致的。这些变化中一些是属于区域性的,同时可能是由于内部气候变率、自然强迫或区域性人类活动而不能仅仅归咎于人类活动造成的影响。根据IPCC第四次评估报告第一工作组报告《气候变化2007:自然科学基础》得出如下结论。

(1) 根据全球地表温度器测资料，全球气候呈现以变暖为主要特征的显著变化。最近12年中有11年位列1850年以来最暖的12个年份之中。近50年平均线性增暖速率（每10年0.13℃）几乎是近100年的两倍，相对于1850—1899年，2001—2005年总的温度增加为0.76℃。

(2) 对探空和卫星资料所进行的新的分析表明，对流层中下层温度的增暖速率与地表温度记录类似，并在其各自的不确定性范围内相一致，这在很大程度上弥合了TAR中所指出的差异。

(3) 至少从1980年以来，陆地和海洋上空以及对流层上层的平均大气水汽含量已有所增加。

(4) 观测表明，全球海洋平均温度的增加已延伸到至少3000 m深度，海洋已经并且正在吸收80%被增添到气候系统的热量。这一增暖引起海水膨胀，有助于海平面上升。

(5) 南北半球的山地冰川和积雪总体上都已退缩。冰川和冰帽减少有助于海平面上升（这里的冰帽不包括格陵兰和南极）。

(6) 总体来说，格陵兰和南极冰盖的退缩已对1993—2003年间的海平面上升贡献了$0.41(0.06\sim0.76)$ mm·a^{-1}。一些格陵兰和南极溢出冰川流速已经加快，这消耗了冰盖内部的冰。

(7) 在1961—2003年期间，全球平均海平面上升的平均速率为1.8 mm·a^{-1}。在1993—2003年期间，该速率有所增加，约为3.1 mm·a^{-1}。目前尚不清楚在1993年至2003年期间出现的较高速率，反映的是年代际变率还是长期增加趋势。从19世纪到20世纪，观测到的海平面上升速率的增加具有高可信度，整个20世纪的海平面上升估计为0.17 m。

(8) 已在许多大的地区观测到降水量在1901—2005年间存在长期趋势。在北美和南美东部、欧洲北部、亚洲北部和中部，已观测到降水量显著增加；在萨赫勒、地中海、非洲南部、亚洲南部部分地区，已观测到降水量的减少。降水的时空变化很大，在其他大的地区尚未观测到确定的长期趋势（IPCC，2007）。

12.1.3 气候变化对淡水资源的影响

人口的增长和对更高生活标准的渴望带来了对淡水的更大需求。在过去50年里，全世界的用水量增长了4倍，目前已达到全球总流量的约10%。当前，人类用水量的2/3用于农业，其中大部分用于灌溉，约1/4用于工业，只有10%左右为生活用水。过去千百万年来贮存在地下的水目前也正在被愈来愈多地开采利用。随着需求的迅速增长，水分供给的脆弱性也大大增加。

由于世界上许多主要水源是共享的，因而产生了更进一步的脆弱性。全球约有一半的陆地面积处于那些流经两个或更多国家的流域范围内。有44个国家的至少80%的陆地面积位于这种国际性的流域范围内。例如，多瑙河流经12个国家，这些国家都使用多瑙河的水，尼罗河流经9个国家。其他水源稀缺的国家主要依靠分享诸如幼发拉底河和约旦河的河流资源。当达成共享水源的协议会促使他们更有效地利用水分和更好地管理水源；不能达成协议则增加了紧张和冲突的可能性。前联合国秘书长加利曾说道："中东的下一场战争将为水而战，而不是政治。"

当全球变暖时,淡水的可利用程度将大大改变,温度增加意味着下降到地表的水将更多地被蒸发。如果有更多的降水来补充蒸发,则不会产生什么影响。然而按照 22 世纪 CO_2 的照常排放构想(IS2a),世界上某些地区的降水将减少,尤其是在夏季。在这些地区,降水减少和蒸发增加的综合效应使径流减少。其他地区的降水将增加,例如南亚东亚季风区、研究表明那些地区的夏季径流可能将大大增加。

进入河流的径流是落到地面上的降水被蒸发和植物蒸腾以后剩余下来的水分,它是人类可利用水的主体。径流量对气候变化很敏感,即使降水量或温度(影响蒸发量)的很小变化也能对径流产生巨大影响。为了说明这一点,本节引用 Peter Gleick 研究美国加利福尼亚萨克拉门托流域随气候条件变化径流量变化的模拟结果。当区域温度升高 $4.0℃$、降水减少 20%时,夏季径流减少为正常值的 20%~50%;在相同的升温下,即使降水增加 20%,夏季径流仍大大低于正常值。干旱或半干旱地区的流域尤其敏感。对于北半球中纬度地区的一些流域,融雪是径流的一个重要来源,这些流域也可能受到严重影响。对这些地区来说,随着温度升高,冬季径流将显著增加,而春季洪水将大为减少。此外,由于大约 1/2 的冰川和小冰盖可能在 22 世纪融化,从而将大大改变径流的季节分布,以及水力发电和农业的水分供给。到目前为止,当提到温度和降水变化时,我们所关注的是平均变化,但是气候变化的严重性在很大程度上取决于极端条件。只要看看与水有关的自然灾害的范围就能证明这一点——或者是水分太多造成洪涝,或者是水分太少产生干旱。任何温度或降水记录都显示出很大的变率。在更高的平均温度(意味着更大的蒸发)和更大的平均降水上叠加变率,产生的不可避免的后果就是发生更多次数和更大强度的干旱和洪涝。受到影响的地区可能主要是那些目前对洪涝和干旱特别脆弱的地区。

造成水分供给脆弱性的另一个原因(与全球变暖无关)是降水和土地利用变化之间的联系。大范围的森林砍伐能够导致降水的巨大变化。如果半干旱地区出现大面积的植被减少,可以预计降水也将出现类似的减少趋势,这些变化可能产生毁灭性的和广泛的影响并将加速沙漠化进程。这对于覆盖全球约 1/4 陆地面积的土地是一种潜在的威胁。

综合来说,全球变暖对水分供给的可能影响需要我们关注以下问题。

首先,必须注意当前许多地区对水分短缺的脆弱性,尤其是在干旱和半干旱地区。人类社会需求的增长意味着,即使是短期干旱也将比以前带来更大的灾难。在世界上的许多地区对水分短缺的脆弱性已得到了证实。在那些地区,地下水的开采量大大超过它的补充量,这种状况不可能持续太长时间。由于人口增长,脆弱性也将增加,从而将加重全球变暖的负面影响。

其次,全球变暖引起的气候变化将在许多地方导致水分供给的巨大变化。虽然当前有关区域和局地气候变化方面的知识还不能使科学家们清楚地鉴别出最脆弱的地区,但是他们能够指出哪些地区将最易受到影响。这些地区是干旱和半干旱地区(降水减少将造成更严重的干旱甚至沙漠化)、大陆地区(夏季降水减少和温度增加将导致土壤水分的大量损失,从而增加了对干旱的脆弱性)以及那些降水增加将导致洪水发生几率增大的地区。此外,一些地方如东南亚地区,它们依赖于未受管理的河流系统,因而与俄罗斯西部和美国西部那些受到管理的大规模水资源系统地区相比,对气候变化将更加敏感。

12.2 对地下水资源的影响

地下水是人类生活、生产、生态用水的重要水源,它主要存储在地质形成的饱和带里的黏土、砂土、沙砾和岩石空隙、裂隙中。地下水通过来自降水、湖泊、河流等水源补给与大气陆地水循环相连。浅层地下水的补给参与水文循环,从而使得它成为可再生资源。它对于维持河流、湖泊、湿地以及水生群落具有重要意义,是水循环不可缺少的一部分。在全球水储量中,地下水是仅次于冰川的淡水资源,世界许多干旱区国家均以地下水作为农业灌溉和农村饮用水的主要来源,像非洲、哈萨克斯坦、中东、美国亚利桑那州、澳大利亚和以色列等地区和国家。中国西北干旱区深居欧亚大陆腹地,远离海洋,气候干燥,降水稀少。多年平均水资源量为 1102×10^8 m³,其中地表水资源量为 965.7×10^8 m³,地下水 135.4×10^8 m³。西北干旱地区土地面积占全国总面积的 35.3%,而水资源量仅占全国总量的 4.6%,水资源短缺已经成为严重制约西北干旱地区社会经济发展和生态环境保护和建设的重要"瓶颈"。在目前干旱区水资源利用紧张的情况下,人们日益寄希望于向地下索取更多的水资源。因此,干旱区地下水在水资源的开发利用中占有特殊的、不可替代的作用和地位(刘春蓁,2007)。

全球气候变暖是目前人类面临的重大环境问题之一,具有影响范围广、持续时间长、制约因素复杂、后果严重等特点,作为环境敏感因子的地下水,在全球气候变暖和人类活动(如区域地下水位下降、水循环作用加快等)的双重影响下,也发生了深刻变化,加剧西北干旱区的水资源供需矛盾,严重影响了农业水安全,从而影响到区域的可持续发展。由于西北干旱区所处的特殊的地理位置,地下水对人类活动干扰以及气候变化表现出少有的脆弱性,易在外界作用下由一种形态滑向另一种形态,敏感性和易变性强。目前,在人类活动对地下水的影响研究方面已经开展了比较多的工作,但对气候变化对地下水的影响研究还处于起步阶段,缺乏西北干旱区地下水资源对气候系统自然演变强迫下的响应机理的深刻认识,气候变化下地下水安全性和适应性基础研究方面也很薄弱。主要是由于气候变化的复杂性,对其进行评估尚有难度,而地下水与气候的关系以及地下水的补给方式要比地表水复杂得多,因此目前还很少围绕气候变化对地下水资源的潜在影响展开深入研究。为此,急需加强地下水水资源对气候变化的响应研究,这是应对气候变化、发展我国西北干旱区气候变化影响适应性对策体系的重要科学支撑(郭占荣,2001)。

12.2.1 干旱区地下水资源对气候变化的敏感性

气候变化与人类活动干扰对地下水的影响研究方面,目前主要有三种认识:(1)强调人类活动的影响作用,认为近 50 年以来的变化主要是人类活动造成的;(2)强调气候变化的主导作用;(3)综合前面两种观点,认为在不同时空尺度上人类活动与气候变化所起的作用是不同的。

对于西北干旱区,气候干旱,降水稀少,水资源的开发利用是进行工、农、牧业生产和社会发展的先决条件,"有水有绿洲,无水成荒漠"。在水资源的开发利用中,地下水占有特殊重要的地位。因此。在该地区,地下水位的持续下降主要还是由人类的不合理开发利用引起的,人类活动在地下水动态变化过程中起主导作用。例如,为了提高水资源的利用效率,对渠道进行衬砌,这样一来,渠系利用率是提高了,却无形中减少了地下水的补给来源;平原水库建设以及枢纽工程的不断上移,在造就了高效、集约化的绿洲经济的同时,也引起了地下水空间补给的变化;为了满足灌溉的需要,大量抽取地下水,致使地下水位急剧下降(胡汝骥,2002;汤奇成,1990)。

当然,在西北干旱区,可以肯定地说,气候变化对该地区的地下水的动态变化是有影响的。

12.2.1.1 气候变暖会引起地下水温度的变化

气温升高在引起蒸发增加的同时还能引起地下水水温的升高,水温升高会引起水的多种物理性质的变化,其中最受关注的是水中溶解氧的降低,增加水体氨、氮、氯及重金属的毒性作用,此外,还会加快各种化学反应的速度,并影响其反应程度以及生物耗氧量(BOD)等;同时浅层地下水温度的升高,必将对表层岩土的温度和热容量产生影响,进而对植物和农作物生长、土层的物化特征产生种种影响(马金珠,1990;谢正辉,2009)。

12.2.1.2 地下水位波动对气温、降水的敏感性

地下水补给对气候变化的敏感性研究主要有两种方法:一种是基于长系列的降水、气温、地下水水位的观测资料,采用统计方法研究它们之间的相关关系,从而给出地下水补给对气候变异和变化的敏感性;另一种用气候情景值驱动地下水补给模型研究地下水补给对气候变化的响应程度。通过对干旱内陆区河西走廊降水、气温与地下水水位的变化进行相关分析(图 12.1),结果表明,地下水位以及埋深对降水变化的敏感程度远大于温度变化。由麻省理工学院研究人员开展的一项新研究也表明,某一地区的年降雨量增加 20%,地下水量则增加 40%;但当降雨量减少 20%时,地下水的补给则减少 70%。在干旱及半干旱地区这种变化更为明显(丁宏伟,2002)。

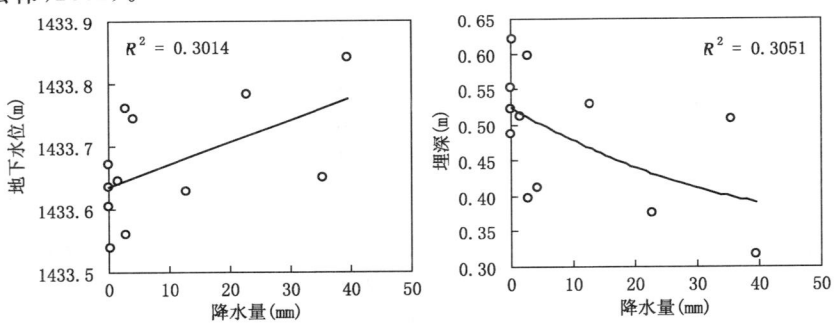

图 12.1 河西走廊内陆区降水、气温与地下水水位的相关性

12.2.2 河西走廊内陆区地下水对气候变化的响应

12.2.2.1 气候变化特征

从 20 世纪 50 年代后期到 90 年代,河西内陆干旱区的气温变化的过程虽存在一定的区域差异,但总的趋势都是上升,中部自 60 年代以来持续升温,而东、西部在 70 年代以后逐渐升温,这与全球增温是一致的。降水表现为 60 年代偏少,70 年代偏多,80 年代又偏少,90 年代以后又偏多,总体上降水略有增加,但变化不大。

12.2.2.2 河西走廊干旱内陆区流域地下水变化特征

20 多年的观测资料表明(图 12.2),以区域性地下水位持续下降为特征的水文地质问题在河西走廊三大流域迅速发展。其中武威盆地下水位平均下降 8.32 m,下降速度 0.52

m·a^{-1};民勤盆地地下水位平均下降 7.71 m,下降速度 0.48 m·a^{-1};张掖盆地地下水位平均下降 0.79 m,下降速度 0.004 m·a^{-1},临泽地下水位平均下降 1.30 m,下降速度 0.065 m·a^{-1};酒泉地下水位平均下降 1.36 m,下降速度 0.07 m·a^{-1},敦煌地下水位平均下降 2.89 m,下降速度 0.15 m·a^{-1}。河西走廊干旱内陆区地下水位的持续下降主要还是由人类的不合理开发利用引起的,当然,气候变暖也在一定程度上加剧了该地区的地下水位的下降(丁宏伟,2002)。

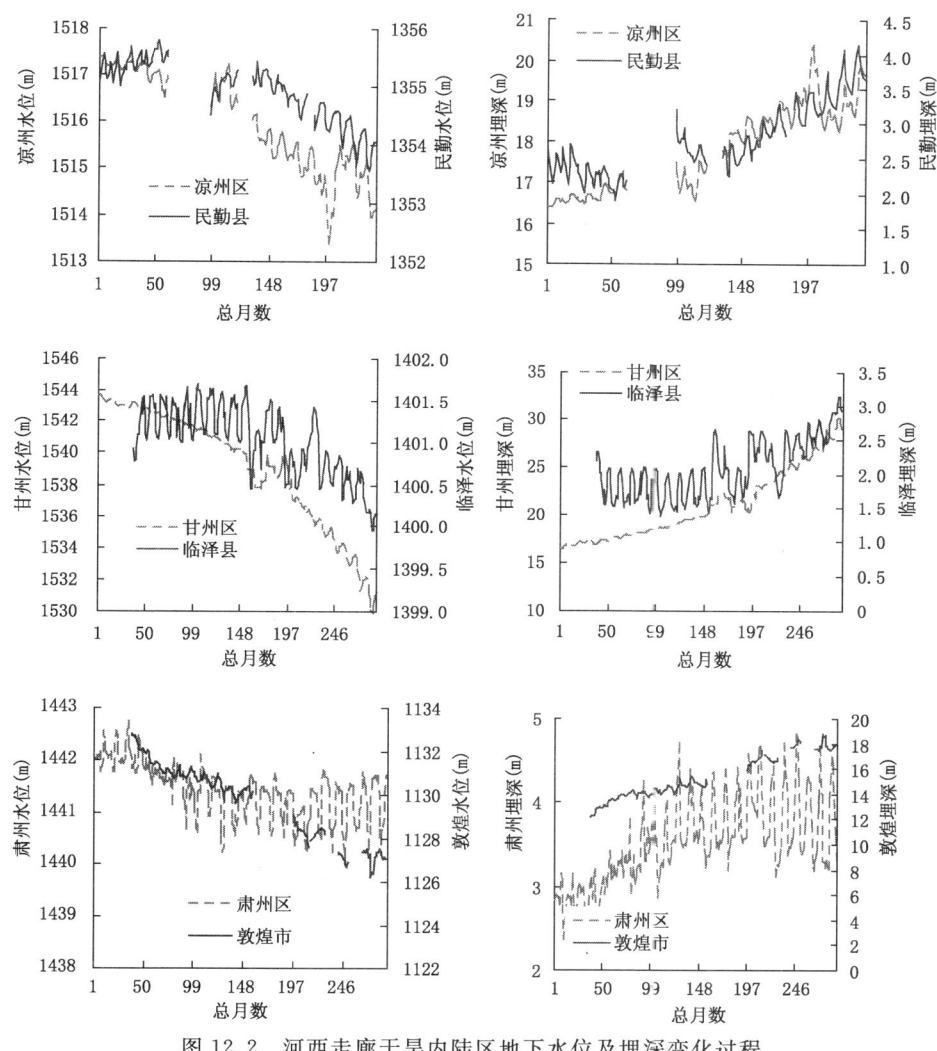

图 12.2 河西走廊干旱内陆区地下水位及埋深变化过程

干旱区地下水持续下降已经引起了很多生态环境问题。由于地下水资源不断减少引起的泉水资源的大幅度削减,致使主要有泉水组成进入下游的地表水量逐年减少,在强烈的蒸发浓缩作用下,地表水及浅层地下水均表现出随流程增加而水质盐化的现象。由于地下水位的下降,著名的敦煌月牙泉不断萎缩,现在不得不发展到用人工注水的办法来维持。武威市和张掖地区绝大多数民用井已相继干涸;地下水位的不断下降,还直接导致了植被生态体系的衰退。众多河流的干涸和河道迁移,使原来沿河岸发育的林带及灌丛草场迅速退化乃至消失,沿泉水溢出带广为分布的沼泽及喜水植被随着泉水减少而衰亡,代之而起的是旱生、沙生和盐生草甸。随着水文情势的改变和植被大范围退化,以盐渍化和沙漠化为象征的土地退化现象在河西走廊迅速发展,使该地区逐渐发展成为我国沙尘暴发生的策源地(郑丹,2005)。

12.3 对冰川积雪的影响

12.3.1 冰川

冰川是地球上人类赖以生存的"高山固体水库",是许多河流的源头。我国冰川面积达 59425 km^2,占全球中、低纬度冰川面积的 50% 以上(秦大河,2002)。我国西部冰川分布区是亚洲 10 条大江大河(长江、黄河、塔里木河等)的水资源形成区,冰川和积雪对这些江河水资源的形成与变化有着十分突出的影响。在我国西北干旱区,冰川是水资源的重要组成部分,冰川融水的重要性尤其突出,如塔里木河各源流区冰川融水补给比例多在 30%~80%(施雅风,2005)。它对于干旱区生态环境的演变、绿洲农业开发和社会经济文明发展有着举足轻重的地位,是维护干旱区绿洲水文生态稳定的关键因素。冰川是气候的产物,又是气候变化的敏感指示器,气候的波动变化也会引起冰雪物质的积累和消融,会直接影响到局地气候、生态环境、水资源变化乃至海平面升降。近百余年来,全球平均气温呈上升趋势,尤其 20 世纪以来,增温显著。在全球升温的背景下,中国西部大部分冰川处于退缩状态。冰川退缩将会对山区水资源变化带来巨大影响,导致水资源—生态与环境恶化的连锁反应,进而影响人类发展。因此,气候变化对冰川消融过程的影响机理研究受到国际科学界的高度关注。目前,由于冰川研究时间较短,冰川变化对水资源影响研究基础薄弱,有关冰川变化对水资源影响的时空尺度、气候—冰川—水文之间相互联系的数量关系等方面还很不清楚。西北干旱区冰川面积广阔、类型多样,过去几十年中冰川变化对水资源到底产生了什么影响、未来变化将会有什么影响?目前的研究还不能系统、准确地回答这一广泛关注、且急需回答的科学问题(郑丹,2001)。

描写冰川变化的参数有冰舌进退、物质平衡、雪线高度变化等。其中物质平衡是该冰川表面积累量与消融量的代数和,反映了冰川表面单位面积上相对于上一个冰川物质平衡年末冰面的平均升降变化状况。冰川物质平衡量总体受气温与降水的共同作用,在变化上与气温呈反相关,与降水呈正相关。当降水量增大时,会有更多的降水以固态形式在冰川上保存下来,冰川物质收入量增加;而当气温升高时,一方面冰川表面的消融会因此加快,冰川物质收入量减少,而另一方面,从冰川物理学角度上看,冰川冰体本身的温度亦随之升高,冰川冷储降低,对气温变化的敏感性因此也随之增大。可以认为,气温的持续升高,造成了冰川冷储的减少,冰川对气温升高的敏感性也大大增强。当气温持续升高到一定程度时,尽管有大的降水也难阻挡冰川的强烈消融,包括冰川积累区(李忠勤,2007;谢自楚,1998)。

12.3.1.1 "七一"冰川

利用等高线法计算了祁连山中段"七一"冰川的物质平衡,结果显示:1974—1975 年度到 1977—1978 年度的物质平衡平均为 256 mm,1984—1985 年度到 1987—1988 年度的冰川物质平衡平均为 4 mm,而 2001—2002 年度和 2002—2003 年度的冰川物质平衡分别为 -863 mm 和 -360 mm,平均为 -563 mm。从这三个时段的观测结果看,20 世纪 70 年代冰川具有较大的正平衡,到 80 年代中期冰川基本为零平衡状态,到时隔 10 多年后的最近两年间,冰川为较大的负平衡,出现强烈亏损(蒲健辰,2005)。冰川的萎缩强烈反映了祁连山冰川对全球气候变暖过程的响应。在降水量大致稳定的情况下,气温成为影响祁连山冰川变化的主要因素(图12.3)。1960年以来的观测表明,近50年来的3个高温年份都集中在近几年,导致了祁连山冰川的萎缩(高晓清,2000)。

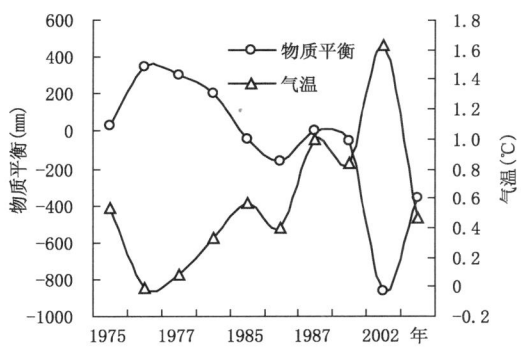

图 12.3 祁连山七一冰川物质平衡与气温关系

12.3.1.2 乌鲁木齐河源 1 号冰川

通过对天山乌鲁木齐河源 1 号冰川 1960—2004 年的 $T\geqslant 0℃$ 气候积温与期间的冰川的物质平衡结果进行对比分析,结果表明 1 号冰川从 20 世纪 50 年代末有观测记录以来,物质平衡大多处于亏损状态,年均冰川物质平衡为 -233.6 mm,累计达到 -10746.5 mm,平均厚度减薄了近 12 m,损失体积达 2062×10^4 m^3。1 号冰川的物质平衡与 $\geqslant 0℃$ 气候积温有密切的关系,呈显著的负相关,相关系数为 -0.6142,通过了 $a=0.05$ 的显著性检验。而积温的变化趋势与气温的变化趋势是一致的(图12.4)。也就是说随着气温的明显上升,天山乌鲁木齐河源 1 号冰川消融的速度在显著增加(王国亚,2005)。

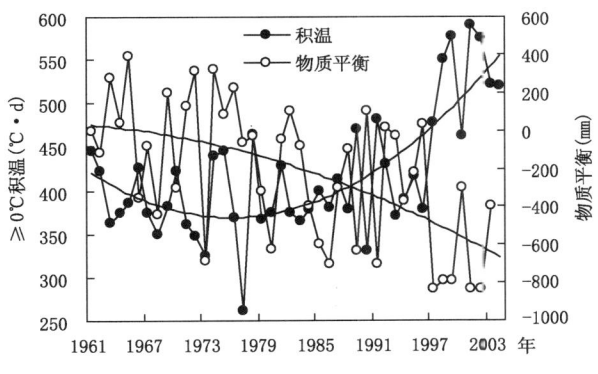

图 12.4 乌鲁木齐河源 1 号冰川与积温的关系

12.3.2 积雪

积雪是降雪在地表的净积累,其数量由深度表示,积雪深度主要取决于降雪多寡。积雪资源是陆地生态系统重要的水资源之一,尤其在中纬度干旱半干旱山区,融雪径流对河流的补给量在春季甚至可达 75% 以上。在中国西部的一些高海拔山区,积雪融水是极其重要的水资源,在水资源合理利用中扮演着极其重要的角色,对生态系统的良性循环和环境的改善具有极为重要的作用。积雪对气候环境变化十分敏感,特别是季节性积雪,在干旱区和寒冷区既是最活跃的环境影响因素,也是最敏感的环境变化响应因子。积雪跟冰川一样,也是气候的产物,区域积雪的长期波动无疑是区域气候长期变化的结果(Rees,1992;Cohen,1991)。

西北干旱区是我国积雪资源较丰富的地区,我国三大积雪稳定区,其中2/5的面积位于西北地区,尤其以新疆天山地区分布较广。西北干旱区也是我国积雪水资源最为丰富的地区,冬季积雪时期平均积雪贮量(水当量)达 $361.0\times10^8 \ m^3$,其中北疆 $211.6\times10^8 \ m^3$,南疆 $130.5\times10^8 \ m^3$,祁连山区 $18.9\times10^8 \ m^3$。随着全球气候变化,我国新疆地区东部由暖干向暖湿转变,在冬季气温升高的同时,冬季降水量也在增加。冬季降水对积雪增加的贡献比由于冬季气温升高造成的积雪减少的贡献大,所以从总体上来看,天山西部中山带的季节性积雪长期以来呈增加的趋势。新疆年积雪日数、消融期积雪日数和年累积雪深度近50年来分别增加了8.9 d、1.6 d 和 20.8 cm。海—气环流模式表明,随着温室气体导致的全球增温,寒冷地区和高山地区降雪量将增加,温带地区冬季降雪量也将增加,这表明,积雪随气候变暖而增加的趋势有可能已经成为寒冷区中高山带固有的特征。但是个别地区,如我国东北三江地区,由于冬季气温变暖趋势大于冬季降水量增加趋势,结果导致冬季初雪日延迟而终雪日提前,缩短了地表积雪时间(高卫东,2005)。

因此,在全球和区域气候持续变暖的条件下,很多地区积雪会随着气温的升高而呈减少趋势。同时雪深年振幅将显著增大,大雪年和枯雪年的出现将更加频繁。春季积雪提前消融,春旱加剧,融雪对河川径流的调节作用将大大减小。

12.4 对内陆湖泊的影响

湖泊水域的变化是其所在流域水量平衡的综合结果,对气候变化和人类活动影响具有高度敏感性。西北地区以青藏高原为主体的我国寒区和以内蒙古和新疆为代表的我国旱区聚集着大量的湖泊,成为我国著名的青藏和蒙新两大湖区。位于寒冷和干旱环境下的湖泊对人类活动和气候变化较其他地区更加敏感。高山湖泊处于自然状态,受人类活动影响较小,能够较真实地反映气候状况,而内陆河尾闾湖变化受自然和人类活动共同影响(施雅风,2003,魏文寿,2001)。

12.4.1 青海湖

青海湖位于我国青藏高原的东北部,青海省境内,是我国境内最大的高原内陆咸水湖泊,海拔高度在 3200 m,湖水面积近 $0.43\times10^4 \ km^2$,流域面积约 $2.97\times10^4 \ km^2$,位于 $97°50'\sim101°20'E,36°15'\sim38°20'N$(图12.5)。

12.4.1.1 近50年青海湖水位波动的基本特征

图12.6给出了1960—2009年青海湖水位变化及M-K法突变检验曲线。由此可见,近50年来青海湖水位呈持续下降趋势,气候倾向率达 $-0.68 \ m\cdot(10 \ a)^{-1}$。值得关注的是,2005—2009年青海湖水位持续5年呈上升态势,累积上升幅度达0.57 m。统计四季湖泊水位年际变化值得出,冬、春、夏三季并未出现连续5年的上升趋势,而只有秋季出现连续5年上升态势,且累积上升幅度达0.67 m,明显高于年累积上升幅度,说明近5年来青海湖水位的上

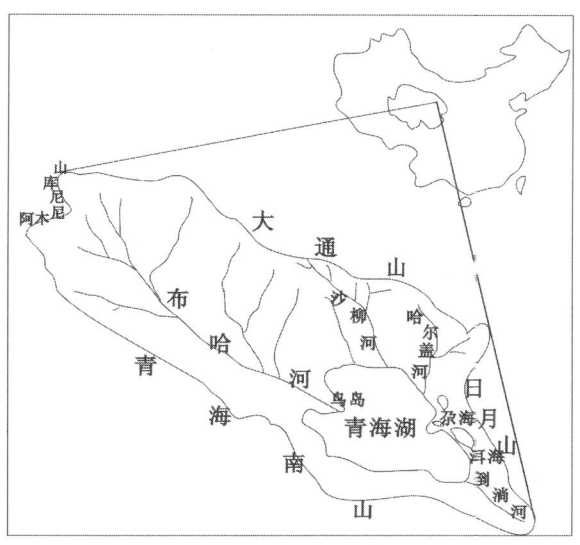

图 12.5　青海湖流域示意图

升,主要是由于秋季湖泊水位的上升引起的。青海湖秋季水位对径流量、湖面降水量和蒸发量的响应是最为敏感的,这也正是秋季湖泊水位上升最显著的原因所在。从 1959 年青海湖水位有观测记录以来的历史来看,近 5 年水位持续上升具有如下突出的历史地位:

(1) 2005—2009 年来水位持续上升为近 50 年来首次出现,此前水位连续上升分别出现在 1967—1968 年、1975—1976 年、1982—1984 年、1989—1990 年和 1999—2000 年,但持续时间均不超过 3 年;

(2) 近 5 年来水位持续上升缓解了近 50 年来青海湖水位显著下降的气候趋势,1960—2004 年间水位变化的气候倾向率高达 $-0.77\ \mathrm{m\cdot(10\ a)^{-1}}$,而 1960—2009 年间水位变化的气候倾向率下降为 $-0.68\ \mathrm{m\cdot(10\ a)^{-1}}$,下降幅度趋缓;

(3) 波谱分析表明,青海湖水位年际变化值变化序列具有 3~5 年、8 年、10 年和 20 年的显著性周期,近 5 年水位的持续上升,使得 3~5 年的短周期趋于不显著,20 年的较长周期的显著性更显突出;

(4) M-K 法突变检验显示,青海湖水位在 2003 年发生了突变,水位下降幅度明显减缓直至 2005 年以来呈持续上升态势(许何也,2007;李林,1999;周笃珺,2004)。

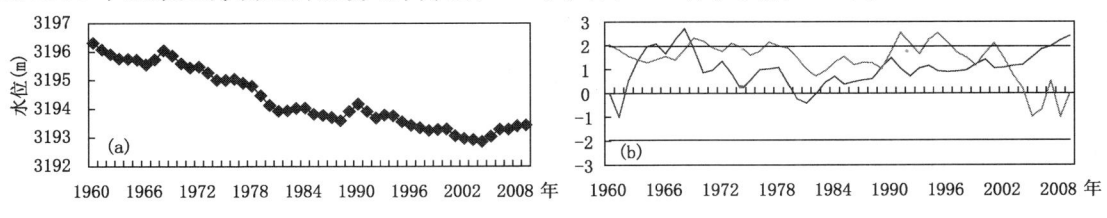

图 12.6　1960—2009 年青海湖水位变化(a)及 M-K 法突变检验曲线(b)

12.4.1.2　气候变化决定了青海湖流域径流量的丰枯

以下选取青海湖流域径流量最大、观测资料最完整的布哈河为代表,分析整个流域径流量变化及其对气候变化的响应。由图 12.7a 给出的 1961—2009 年布哈河年平均流量变化曲线可以看出,尽管在总体上无明显增加趋势,但进入21世纪以来流量增加趋势较为明显。利用天峻气象站气象观测资料,参照河流水文平衡模式,同时充分考虑到冰雪融水对布哈河流量的补给作用,建立如下布哈河流域流量倚降水量、蒸发量、平均最低气温气候因子变化的回归方程:

$$Q_i = 52.531 + 0.0887R_i - 0.068E_i + 0.052T\min_i \tag{12.1}$$

方程复相关系数为0.777,达到99.9%的置信水平。式中,Q_i、R_i、E_i和$T\min_i$分别为当年布哈河平均流量、流域降水量、蒸发量和5—9月平均最低气温。据此,对Q_i进行拟合,其结果如图12.7a所示,两者拟合率达0.653。上式说明布哈河流量随着流域降水量的增加、蒸发量的减少和5—9月平均最低气温的升高而增大,其物理意义是明确的。同时,Q_i与R_i、E_i和$T\min_i$的相关系数分别为0.750、-0.594和0.427,分别达到99.9%、99.9%和99%的置信水平,说明对于流量的作用,依次为$R_i > E_i > T\min_i$。可见降水量对流量的增加具有十分显著的作用,图12.7b给出的两者的线性相关曲线也恰好说明了这一点。另外,分析1961—2009年布哈河流域平均降水量、蒸发量和5—9月平均最低气温的变化得出,蒸发量虽有减少但不明显,而降水量和5—9月平均最低气温分别呈增加和升高趋势,尤其是5—9月平均最低气温升高十分显著,气候倾向率为0.535℃·(10a)$^{-1}$,达到99.9%的置信水平。以上分析表明,由于流域气温升高、降水量增加导致布哈河冰雪融水补给量和雨水补给量的增加,最终使其流量进入21世纪以来呈增加趋势(常国刚,2005;丁永建,1995)。

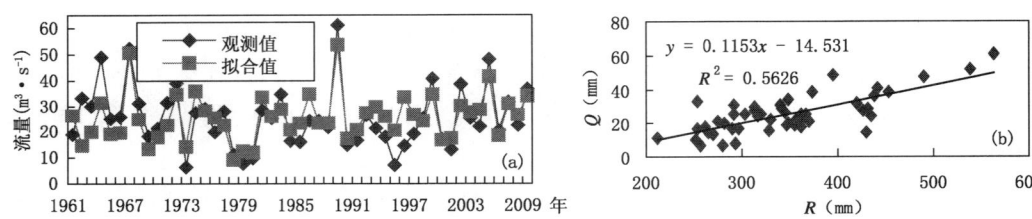

图12.7 1961—2009年布哈河年平均流量实测值和拟合值(a)与流域年降水量和径流深的相关曲线(b)

12.4.1.3 高原季风振荡影响了青海湖流域区域气候变化

青海湖流域地处西风带、高原季风、东亚季风的交错带,但作为青藏高原重要组成部分,其独特的气候特征无异与高原季风气候的形成和演变有着更为密切的相关关系。首先,高原的气温变化与季风强弱变化一致,季风强期气温高,季风弱期气温低。统计1961年以来高原季风指数的年际变化可以看出高原季风变化经历了三个阶段:1967年以前为强盛期,1968—1983年为季风弱期,1984年以后又转为季风强期(图12.8a)。高原季风年际振荡与气温突变之间的位相之差可能有2~3年之差。青海湖流域气温在1987年出现由冷向暖的突变,与高原季风1984年后的增强恰好对应。其次,高原季风弱(强)可导致高原东部及东亚、南亚变干(湿)。采用李栋梁等统计的青藏高原季风指数进行统计分析,即

$$PMI = (\Delta Z_1 + \Delta Z_2 + \Delta Z_3 + \Delta Z_4) - 4\Delta Z_5 \tag{12.2}$$

式中,PMI为高原季风指数,ΔZ_1、ΔZ_2、ΔZ_3、ΔZ_4和ΔZ_5分别为噶尔、茫崖、班玛、江孜和那曲600 hPa高度距平。分析表明,若以天峻、刚察夏季降水量的平均值代表青海湖流域夏季降水量,则夏季高原指数与青海湖流域夏季降水量的相关系数为0.307,达到95%的置信水平。由图12.8b给出的1961—2008年标准化处理后的夏季高原指数与青海湖流域夏季降水量变化曲线可以看出,不仅两者均呈显著增加趋势,同时两者的拟合率高达0.667。可见,夏季高原

季风增强,导致了青海湖流域夏季降水量的增多。

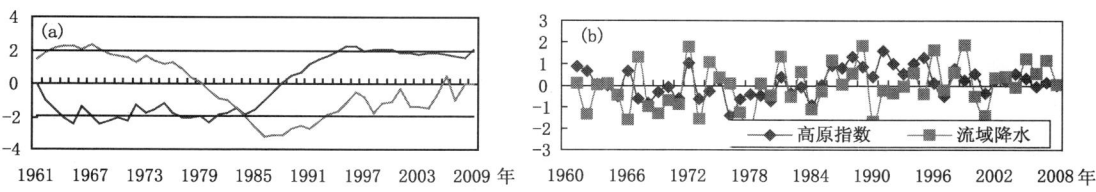

图 12.8　1961—2008 年夏季高原指数 M-K 法突变检验(a)及其与青海湖流域夏季降水量标准化(b)曲线

综上所述,由于青藏高原季风加强,使得青海湖流域气候变化暖湿化,而青海湖流域降水量的增加和气温的升高使入湖径流量增加,而入湖径流量的增加则引起了近 5 年来青海湖水位的持续上升(李栋梁,2003;范建华,1992)。

12.4.2　博斯腾湖

博斯腾湖位于新疆天山南麓焉耆盆地东南部最低洼处,地理位置介于 $41°56'\sim42°14'$N,$86°40'\sim87°56'$E,是新疆境内最大的湖泊,也是我国内陆干旱区最大的淡水湖泊(图 12.9)。它由大湖、小湖群、湖滨湿地三部分组成,博斯腾湖习惯上被称为大湖。湖东西长达 55 km,南北平均宽约 20 km,水域面积 $877.0\sim1002.4$ km^2,蓄水量 $5.2\times10^9\sim8.8\times10^9$ m^3,平均水深 7.38 m,最大水深 16 m。主要靠开都河补给,是开都河的尾闾湖,孔雀河的源头。湖区属中温带干旱荒漠气候,多年平均相对温度 7.9℃,年降水量约 70 mm,大约为新疆全区降水量的一半,并且 80% 以上是主要集中在 5—9 月。年蒸发量大,为 1141 mm。年日照时数 $3008.4\sim3130.6$ h(钟瑞森,2003;李卫红,2002)。

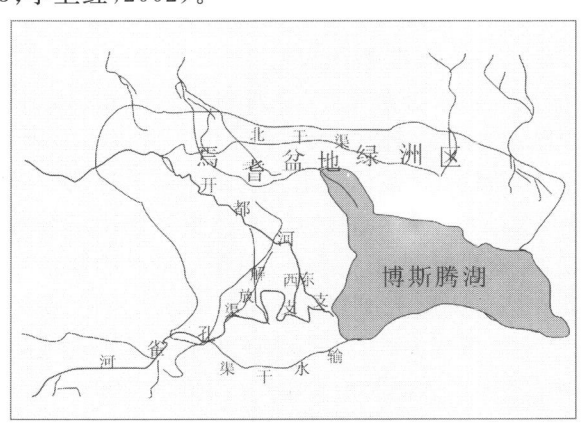

图 12.9　博斯腾湖地理位置及水系图

博斯腾湖兼有开都河来水的水资源控制、流域农田灌溉、工业及城乡生活用水、流域生态环境保护和向塔里木河下游紧急输水等多种功能,对当地的经济、社会发展和生态与环境建设具有特别重要的意义。近 50 年来,博斯腾湖水位变化加大,矿化度增大,水质恶化。

博斯腾湖的水位变化和水域面积变化是一致的,都呈现出"V"型,表现为先降后升,其中 1958—1986 年期间逐年水位和面积以下降为主,间有上升,1986 年为最低值,分别为 1044.81 m 和 868 km^2(图 12.10)。1987 年以来,逐年水位和面积以上升为主,特别是 1997

年以来,又出现连续高水位,2003—2005 年博斯腾湖水位又持续下降。博斯腾湖矿化度也发生了较为剧烈的变化。湖水矿化度由 1958 年的 0.55 g·L^{-1} 升至 1975 年的 1.44 g·L^{-1}。1987 年升至历史最高水平,达到 1.87 g·L^{-1}。以后矿化度缓慢下降,2000 年降至 1.19 g·L^{-1}(图 12.11)。短短的 30 多年里,由于湖水的不断盐化,博斯腾湖已从淡水湖渐变成微咸水湖(王容,1994;刘瑞霞,2006)。

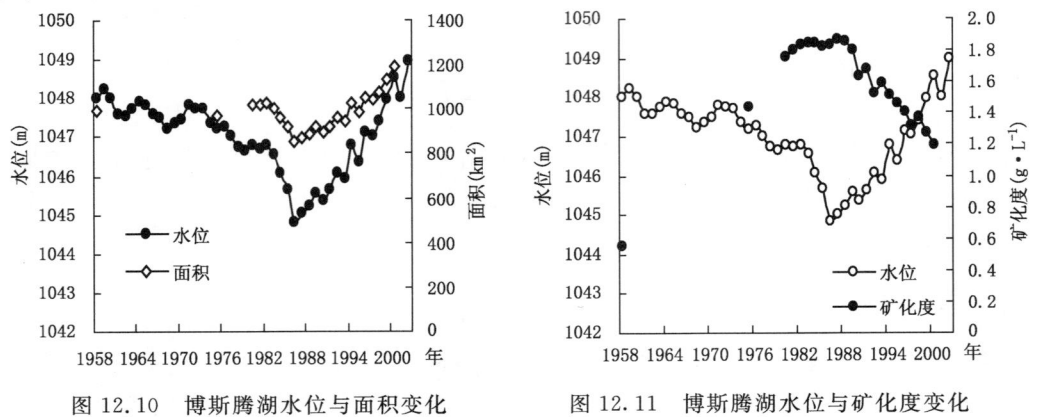

图 12.10　博斯腾湖水位与面积变化　　　图 12.11　博斯腾湖水位与矿化度变化

博斯腾湖水量和水质的变化是气候变化和人类活动共同作用的结果,但自然和人为两种因素对水位和水环境变化的影响力在不同时期是有差异的(刘愿英,2008)。

开都河作为博斯腾湖最主要的补给水源,占博斯腾斯腾湖流域总径流量的近 85%,开都河入湖水量的多少对博斯腾湖的水位变化起着至关重要的作用,它的水量的多寡与博斯腾湖水位的变化是一致的。20 世纪 50 年代末期到 60 年代中期和 70 年代后期以来,开都河流域进行了大规模的开发。随着焉耆盆地农业灌溉面积的大量增加,开都河出山口后相当部分水量被农业灌溉引用(图 12.12),农田灌溉面积由 1950 年的 3.0×10^{4} hm^{2} 扩大到 1958 年的 3.24×10^{4} hm^{2},与此同时灌溉引水量由 1950 年的 3.0×10^{8} m^{3} 增加到 1958 年的 8.17×10^{8} m^{3}。导致了入湖泊水量的减少和博斯腾湖水位的下降。同时由于农业生产中特殊的耕作方式,大量高含盐的农田排水直接进入湖体,还有人为地截取入湖水量,使入湖淡水水量减少,再加上湖体主要进水口和出水口的位置距离较近,水体置换能力不强等,促使湖水中的盐分积累,矿化度升高。因此说,在这段时期内人类活动是干旱地区的博斯腾湖水位及其水质变化的主导因子,但是气候变化在一定程度上加剧了博斯腾湖水量和水质的变化。20 世纪 60 年代后期至 70 年代末,博斯腾湖流域气温的升高加剧了湖泊水面的蒸发以及湖水的不断盐化,而降水量的持续偏少,使湖泊接受的入湖补给量减少(高华中,2005)。

进入 20 世纪 80 年代后期,开都河流域水土开发进入了另一个时期,虽然开都河流域灌溉面积继续猛增,到 2002 年约为 9.99×10^{4} hm^{2},但由于实行了科学合理的开发方式,灌溉引水量却下降 3.0×10^{8} m^{3} 左右,灌溉定额由 1978 年的 19545 m^{3}·hm^{-2} 下降到 2002 年的 9075 m^{3}·hm^{-2}。博斯腾湖水位也逐渐回升了,矿化度也呈降低趋势。因此,在这段时期内人类活动对博斯腾湖水情变化的负面影响逐渐在减弱,相反,气候变化对博斯腾湖水情变化的影响显著加强。主要表现为 80 年代后期以后,随着新疆气候由暖干化向暖湿化转型,生态、环境产生了显著的响应。博斯腾湖流域降水量的增加,使开都河径流量随之增加(图 12.13)。此外,开都河发源于天山中部的依连哈比尔尕山和萨尔宾山,河源多大冰川,共有 722 条,总面积 445

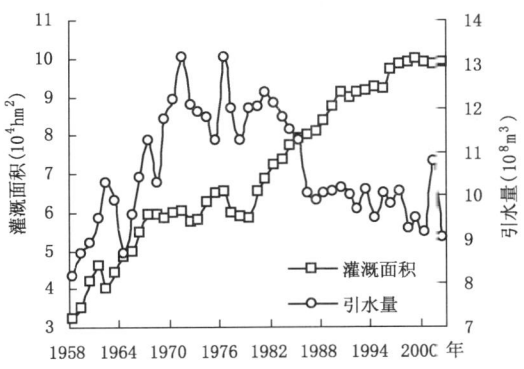

图 12.12　开都河流域灌溉面积和引水量变化过程

km² 的冰川,冰雪融水补给量为 15.08×10^8 m³,约占开都河多年平均径流的 44.2%,在全球暖化、高山升温的背景下,使开都河上游山区冰川加速消融,产生大量冰雪融水补给河川径流,从而导致进入博斯腾湖的水量增多,水位连年攀升。2003 年以后,博斯腾湖水位又出现下降,这也与开都河流域降水量的减少以及天山山区冰川退缩、积雪量减少有关。

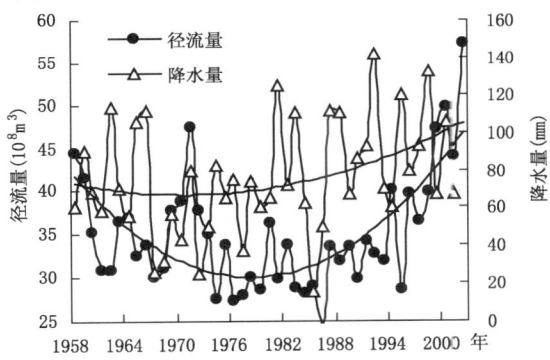

图 12.13　开都河流域降水量与径流量变化过程

12.5　对内陆河水资源的影响

12.5.1　新疆塔里木河

塔里木河流域位于我国新疆内陆干旱区,地处欧亚大陆腹地,是我国最大的内陆河,最早由环塔里木盆地的九大水系 114 条河流构成。但由于气候变化和人类活动的影响,导致多条支流已经在 20 世纪 40 年代以前与其干流失去联系,流域面积缩小,流域生态与环境正在不断恶化。目前,塔里木河流域由阿克苏河、叶尔羌河、和田河、开都河—孔雀河四条源流和塔里木河干流组成,即"4 源 1 干",全长 2437 km,其中塔里木河干流长约 1321 km(图 12.14)。

塔里木河流域属大陆性暖温带、极端干旱沙漠性气候,降雨稀少,蒸发强烈,气候干燥,年均温度 10.6~11.5℃,≥10℃ 积温多在 4100~4300℃·d,年均降水 116.8 mm,其中山区 200~500 mm,平原区只有 50~80 mm,有的地方仅为 10 mm 左右。流域内分布有南疆五地州的 42 个县市,新疆生产建设兵团 4 个师的 55 个团场,流域辐射面积 1.02×10^6 km²,约占全疆国土面积的

61.27%,约有人口 825.7 万,耕地 2044×10^4 hm^2。它是新疆重要的粮食和名优果品基地,也是国家级的棉花基地,丰富的石油天然气资源又使其成为我国 21 世纪能源战略接替区和石油化工基地。但由于极端干旱的自然环境背景,再加上人类对水土资源的不合理开发利用,导致补给塔里木河下游水量急剧减少,使区域生态环境极为脆弱,生态环境不断恶化,并进而威胁绿洲安全。因此,塔里木河流域的水资源合理利用和生态环境恢复与保护,在中国西北地区大型河流流域具有普遍的重要意义,在新疆发展战略中占有十分重要的地位(满苏尔·沙比堤,2007)。

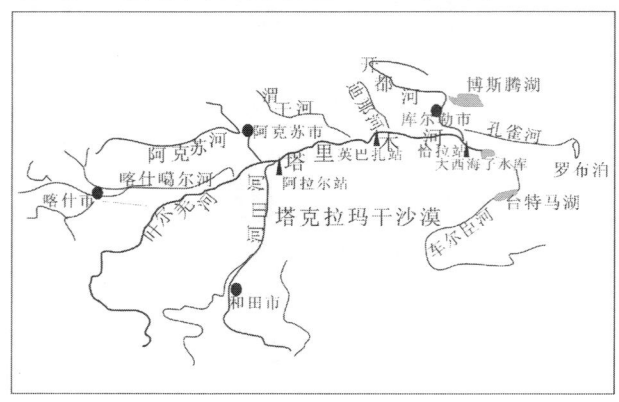

图 12.14 塔里木河流域水系图

西北地区河川径流主要来自大气降水,其次来自冰雪融水和地下水。塔里木河属于高山冰雪融水和雨水混合补给的河流,其特点是汛期时间长,变差 CV 值小。根据敏感性试验和各种模拟研究,气候变化对西北地区河川径流产生了很大的影响,当然塔里木河也不例外(邓铭江,2006)。

12.5.1.1 塔里木河流域源流区气候及径流量变化特征

(1)径流变化

近 40 多年来,塔里木河流域源流区各河流年平均径流量基本上均呈增加趋势(图 12.15),其中,阿克苏河表现出明显单调增加的趋势,多年平均变率为 0.5429×10^8 m^3·a^{-1}。其次为开都河和叶尔羌河,分别为 0.1248×10^8 m^3·a^{-1} 和 0.1166×10^8 m^3·a^{-1};而和田河径流量表现出轻微减少趋势外,多年平均减少率为 0.0584×10^8 m^3·a^{-1},减少的趋势不是很明显。对四源流的变差 CV 值进行分析,四源流的 CV 值都比较小,其中阿克苏河为 0.16,叶尔羌河为 0.19,和田河为 0.20,反映了由冰雪融水、降水混合型补给河流的特点,即在径流量的补给来源中,高山冰雪融水与雨水在不同时期起到相互补充的作用,反映在径流量中就比较稳定。

其实不仅在塔里木河流域源流区各河流的年平均径流量表现为增加的趋势,大部分内陆河径流量都有显著的增加,其中尤以天山南坡西端河流增幅最大。特别是近 10 年来,天山山区径流量增幅非常明显,天山北坡的河流径流量普遍比 20 世纪 60—80 年代增加了 10%~20%,天山南坡增加了 20%~40%,少数河流高达 60%~70%。

(2)气候变化对径流影响

在全球变化的背景下,塔里木河流域的也对全球气候变化作出了局地响应。在源流区增温增湿均十分明显。从 20 世纪 60 年代以来,四源流年平均气温升高了约 0.4℃,降水量年际

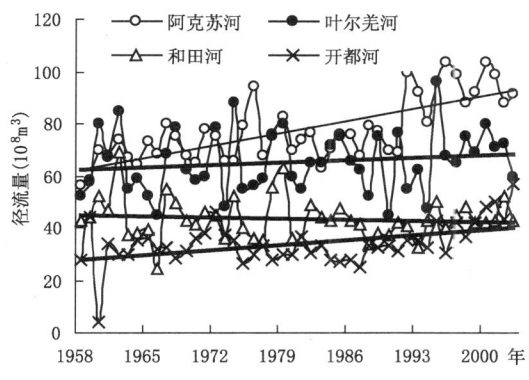

图 12.15 塔里木河四源流 1958—2003 年径流变化

变化同气温一样总体趋势呈逐年递增的状态,降水增加比较明显的是阿克苏河流域,而年平均变率最小为开都河流域。从时间上分析,年均气温和年降水基本上都在 20 世纪 90 年代达到了最高,这个时期是整个流域增温增湿最明显的阶段。气温和降水的季节性分析表明,在四源流区气温和降水的增加并非在各个季节都有体现,它具有一定的特殊性,气温升高主要是在冬、秋两季,而降水增多则主要是在夏季。在四源流区气温和降水增加的主要季节又有所差异,开都河区、叶尔羌河区和和田河区气温增加主要是在秋、冬季,而阿克苏河区主要是在秋、春季;开都河区和叶尔羌河区降水增加主要在夏季,阿克苏河区和和田河区则主要在秋季。

对塔里木河源流山区来讲,20 世纪 60 年代以来的气候变暖、变湿是塔里木河源流径流增加的一个非常重要的因素。温度通过对冰川的生消作用来直接影响径流量。塔里木河主要源流阿克苏河、叶尔羌河、和田河和开都河发源于天山、喀喇昆仑山和昆仑山的中高山带,河源有冰川分布,冰雪融水在径流补给中占有很大的比重。气温作为热量指标,它的升高将会加强冰川和积雪的消融的速度,导致冰川储量的巨额透支,这种巨额透支在短期内提高了对河流的补给程度,使得源流区的山区来水量呈明显增加趋势。降水则直接对冰川和径流量进行补充。但温度、降水对径流的影响并不一定是同步的,存在某种滞后性。因为冬半年的降水大部分以固态形式累积,对径流的贡献有限;在夏半年随着温度的升高,冰雪、冰川融化,再加上暴雨等,形成径流。因此,当年的降水量对当年径流量的贡献并不大,气温对径流量的影响大于降水的影响。徐海量等利用非参数检验的方法,对塔里木河流域源流区的温度、降水和径流变化的长期时间趋势的非参数进行了分析检验,根据长期趋势的 Kendall 检验结果看,温度在 0.05 检验水平上是显著的,降水的增加则是不显著的,表明了温度升高与径流量增加的关联趋势更明显;对四源流来说,降水量并不是近 50 年来径流量增长的最主要因素。因此,塔里木河源流径流量的增加与温度升高的关联更明显。但从长远看,以冰川为水源的塔里木河,随着气温的不断升高,冰川和积雪消融速度的加快,河流将面临枯竭(赵锐锋,2010;傅丽昕,2008)。

12.5.1.2 塔里木河干流区气候及径流量变化特征

(1)径流变化

塔里木河干流位于塔里木盆地北缘,它始于阿克苏河、和田河以及叶尔羌河汇合处的肖夹克,终于台特玛湖,全长 1321 km。按地貌特点划分为上、中、下游三段。从阿拉尔至英巴扎为上游,河道长 495 km。英巴扎至恰拉为中游,河道长 398 km。恰拉至台特玛湖为下游,河长

428 km。塔里木河干流本身不产生径流,它完全依赖于阿克苏河、和田河、叶尔羌河和开都河补给才得以生存。塔里木河上源流区四条河流 1958 年来总来水量呈增加趋势(图 12.16),多年平均增率 0.6049×10^8 m^3 · a^{-1},而干流来水量却呈下降趋势,多年平均减率 -0.1786×10^8 m^3 · a^{-1}(图 12.17)(陈亚宁,2008)。

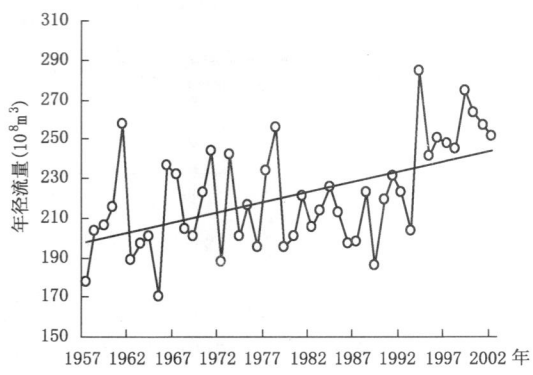

图 12.16 阿克苏河、和田河、叶尔羌河和开都河总径流量变化

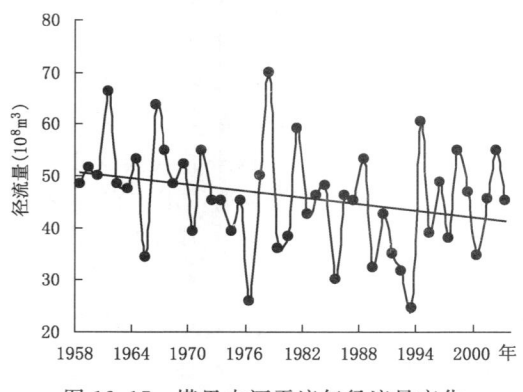

图 12.17 塔里木河干流年径流量变化

(2) 人类活动是造成的塔里木河干流径流变化的主导因子

从 20 世纪 60 年代以来,由于气温逐渐升高,降水量逐年增加,山区冰雪消融和降水补给增多,使得源流区的山区来水量呈明显增加趋势,本应该进入干流区的水量增大,而在该期间的丰水年进入塔里木河干流的水量只相当于平水年或略偏枯水年的水量,这种情况可有力地说明了塔里木河干流水量减少并不是由气候变化原因导致的,主要是人类活动增加耗水造成的。

塔里木河流域源流区和干区,也是绿洲广泛分布区,对于该区来说,由于气候干旱,降水稀少,农业生产主要以灌溉为主,形成典型的干旱区灌溉农业。"非灌不殖"是本区最显著的特点,有水就有绿洲,无水便成荒漠,土地资源的利用受到水资源条件的刚性约束。因此以农业用地为主的土地利用模式对水源条件具有高度的依赖性。近 40 多年来,4 条源流出山口天然径流量虽然呈增加趋势,但由于源流区灌溉面积的增加,人类加大了对水资源的开发利用。阿克苏河、叶尔羌河、和田河、开都河—孔雀河流域内年消耗水量分别从 20 世纪 60 年代的 43.49×10^8 m^3、69.94×10^8 m^3、32.21×10^8 m^3、39.06×10^8 m^3 增加到 21 世纪初的 $69.09 \times$

10^8 m³、80.34×10^8 m³、36.45×10^8 m³、48.92×10^8 m³。补给塔里木河干流的水量除开都河—孔雀河流域少量增加外,其余三条源流均分别从 60 年代的 36.98×10^8 m³、2.415×10^8 m³、12.28×10^8 m³ 减少到 21 世纪初的 31.31×10^8 m³、0.512×10^8 m³ 和 10.3×10^8 m³(图 12.18)。四条源流总的耗水量从 60 年代的 184.7×10^8 m³ 增加到 21 世纪初的 234.8×10^8 m³(图 12.19),相应的补给塔里木河干流的水量则平均以 0.49×10^8 m³·$(10 a)^{-1}$ 的速度在减少(杨青,2003)。

随着人口的增长以及人们对提高生活水平的迫切要求,在塔里木河干流区,人类进行了大规模的农业开发,过度引水灌溉。其中干流上游多年平均耗水量 18.44×10^8 m³,中游多年平均耗水量 22.22×10^8 m³,是干流耗水量和单位长度耗水量最大的区段(图 12.18 到图 12.20)。由于中上游耗水量的不断增加以及气温的不断升高,区域蒸发强烈,输入到大气的蒸散发量也随之增加,再加上水库等水利设施的修建,扩大了水面面积,也大大增加了水量蒸散损失,从而增大了水资源的损耗量,使进入下游的水量急剧减少,致使下游部分河道开始断流,地下水位下降,荒漠植被迅速衰退,沙漠化土地面积不断增加,水质日益恶化,目前塔里木河仅在洪水期的水质为淡水,到洪水末期,水质已变为弱矿化水,而枯水期全为较高的矿化水。因此,在塔里木河干流区,人类的工、农业生产活动与耗水量大大增加是造成径流量减少的主要驱动力(满苏尔·沙比堤,2007;傅丽昕,2010;魏文寿,1998)。

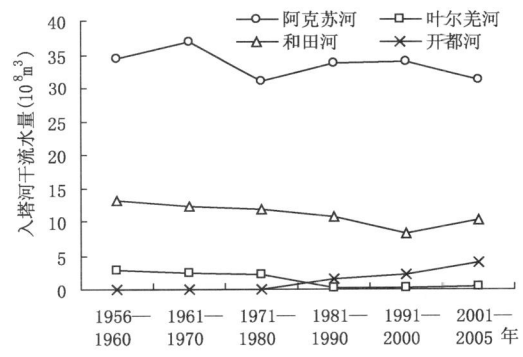

图 12.18 四条源流进入塔里木河干流的水量变化

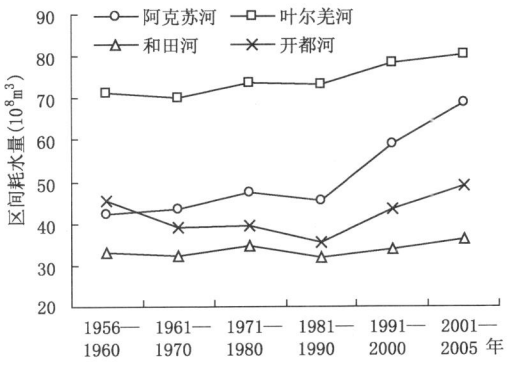

图 12.19 四条源流区间耗水量变化

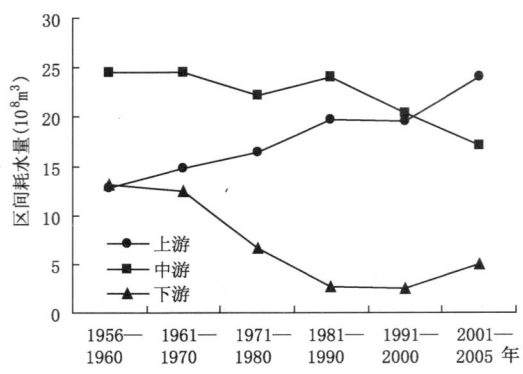

图 12.20　塔里木河干流上中下游耗水量变化

12.5.2　疏勒河

河西地区石羊河、黑河、疏勒河三大内陆河流,均发源于祁连山(图 12.21),分别由干流及其左右若干支流组成,年径流水量在 1 亿 m³ 以上独立出山的河流有 15 条,是形成和维系河西绿洲最基本的条件。三大流域水资源的开发利用对河西地区乃至甘肃全省经济社会发展发挥着重要的作用。

图 12.21　河西内陆河分布图

疏勒河是甘肃河西走廊第二大内陆河,发源于祁连山北麓的青海省疏勒南山和托勒南山之间的冰川地带,西北流经昌马、玉门镇、饮马场后,西流接纳党河继而注入哈拉湖,最后消失于新疆维吾尔自治区东部边境的盐沼之中,河流大致呈西北—东南走向,地势由东往西倾斜。疏勒河流域三大河流讨赖河、昌马河、党河,由东而西依次排列,主要河段位于河西西部的冲积平原和祁连山北麓洪积倾斜平原上,流域面积分别为 6883 km²、16961 km² 和 14325 km²,其中疏勒河干流(昌马河)全长 665 km,海拔 1100~2010 m,干流流域中下游为绿洲地带,年平均温度 7~9℃,年平均降水量≤70 mm,年蒸发量≥2500 mm,年日照时数≥3000 h,年内平均

8级以上大风日接近80 d,属典型的大陆荒漠干旱型气候。流域内有效灌溉面积130万亩,农业灌溉用水占水资源总量85.5%,是甘肃省百万亩自流大型灌区(郭小芹,2009;汤奇成,1982)。

12.5.2.1 水资源年内变化特征

疏勒河属于内陆河流,季节性变化极大,从疏勒河流域逐月径流量占年径流量的百分率(表12.1)可以看到,疏勒河流域各水系的年内分布特征基本相似,均呈明显的"单峰型"分布,其流量在12月至翌年1月处于低谷,3—4月开始缓慢回升,7—8月达到极大值,10—11月又急剧减少,直至12月再次达到低值(与降水量的变化特征一致),也就是说疏勒河流域的年径流量主要集中在汛期,4—9月流量对年流量的贡献值最为显著,其中讨赖河为71.0%、昌马河为78.1%、党河为63.9%,这种状况可用两个原因解释,一是疏勒河流域受季风气候的影响,降水具有极强的季节性,而汛期降水又对径流量形成最有效的补给;二是夏季温度高使得高山融雪加大,直接导致发源地径流量的增大,使疏勒河表现出明显的季节性特征。另外从逐月径流量的分布上看,昌马河的极差最大,讨赖河次之,二者的丰枯月份非常明显,尤其是讨赖河在1月份几近干涸,与此相反,党河则比较平稳,季节差别不大,相比之下可以说是一条"常青河"。

表12.1 疏勒河流域1973—2008年逐月径流量占年径流量的百分率(%)

河流	1月	2月	3月	4月	5月	6月	7月	8月	9月	10月	11月	12月
讨赖河	0.6	3.5	5.6	6	6.3	9.7	19.5	18.2	11.2	7.7	6.2	5.6
昌马河	2.9	3.1	3.3	5.5	6.0	9.8	23.6	22.3	11.0	5.5	4.2	2.9
党河	5.2	5.8	6.8	11.8	9.7	9.7	13.1	11.5	8.2	7.0	6.1	5.2

12.5.2.2 水资源年际变化特征

为了揭示疏勒河流域流量的年际变化趋势,就各河流的年流量、最大流量和最小流量计算其Mann-Kendall统计值Zc(郭小芹,2009)。

从疏勒河流域年径流量Mann-kendall统计值Zc(表12.2)可知:讨赖河年最大径流量、年最小径流量都有明显的增加趋势,但年径流量却少有变化,这表明讨赖河属于典型的季节性河流;昌马河年径流量、年最大径流量和年最小径流量均减少,尤其是年最小径流量显著减少;党河年径流量、年最大径流量、年最小径流量都有显著增加。就总趋势来说,讨赖河年径流量一直比较稳定,昌马河年径流量显著减少,而党河年径流量增加的趋势特别显著,这对于敦煌绿洲的生存是非常有利的。

表12.2 疏勒河流域1973—2008年径流量Mann-Kendall统计值Zc

河流	年径流量	年最大径流量	年最小径流量
讨赖河	0.036	0.492**	0.332*
昌马河	−0.390*	−0.310*	−0.670**
党河	0.754**	0.754**	0.700**

注:*$\alpha=0.05$的相关性检验;**$\alpha=0.01$的相关性检验。

通过对昌马河的Mann-Kendall分析,从图12.22中可以看出,除了20世纪80年代初期昌马河径流量有所增加外,其余年份基本处于枯水状态,90年代后期竟然跌到最低点,其后径流量逐渐增多,在近10年的时间里,昌马河一直持续增加,但直到2006年才有了显著变化,这一趋势与气候转型相一致,2006年是昌马河开始突变的时间。而党河径流量自1977年以来有一个明显的增加趋势,1983—2003年增加趋势超过0.05临界线,表明增量非常显著,1977年为这一突变的开始时间。讨赖河变化一直比较平稳,没有明显的突变年份。

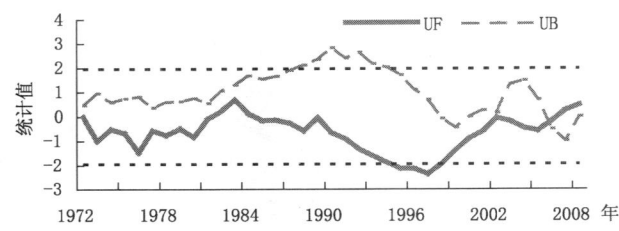

图12.22　昌马河年径流量 Mann-Kendall 趋势分析

(注:细直虚线为 $\alpha=0.05$ 显著性水平临界值)

12.5.2.3　流量对气候变化的响应

从理论上说,降水是净流量补给的直接来源,对出山口托勒降水量与昌马河径流量变化做了分析,发现二者变化趋势非常相似,但在1992—1993年和1999—2002年出现了明显的偏差,这说明除了降水的直接影响以外,温度也是径流量改变的重要因素。

分析托勒站气候变化与疏勒河主干河流——昌马河年径流量之间相关系数(表12.3),发现温度与径流量有密切关系,其中除了与春季和冬季温度不相关外,出山口的夏季、秋季及年平均温度与昌马河径流量呈显著正相关关系;降水与径流量的关系更为密切,夏季、秋季、冬季以及年降水与径流量显著正相关,即温度升高、降水增多,会使径流量显著增多,这也说明气候转型有利于径流量的增多,出山口近几年气候的升温增湿变化是昌马河径流量显著增加的原因。

表12.3　出山口气候变化与昌马河径流量相关系数

相关系数	春季	夏季	秋季	冬季	年
温度	0.102	0.483**	0.342*	−0.031	0.346*
降水	0.269	0.333*	0.536**	0.479**	0.525**

注:*、**分别表示 $\alpha=0.05$ 和 $\alpha=0.01$ 的相关性检验。

用功率谱分析其周期长度(图12.23),发现出山口降水量和昌马河径流量均存在4~6年的周期振荡,而温度变化周期为3年,讨赖河、党河为2~3年的短周期(图略),这种主周期波动在整个时间序列上表现非常显著。

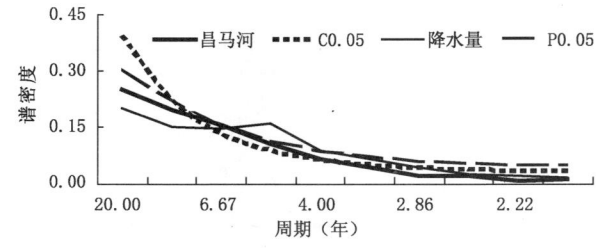

图12.23　昌马河年径流量功率谱分析

(C0.05和P0.05分别表示在 $\alpha=0.05$ 时昌马河径流量和降水量的红噪音标准谱)

12.5.3 黑河

黑河是我国西北地区第二大内陆河,位于河西走廊中部,发源于南部祁连山腹地,黑河从莺落峡进入河西走廊,经临泽和高台县汇梨园河与摆浪河穿越正义峡(北山),进入阿拉善平原,莺落峡至正义峡流程 185 km,河床平均比降 2‰,为黑河的中游,黑河流经正义峡谷后,在金塔县境内与北大河汇合,至内蒙古额济纳旗境内注入居延海;黑河从发源地到居延海全长 821 km,流域面积约 14.3×10^4 km^2。

12.5.3.1 流量的月际变化特征

径流年内分配不均匀系数是反映径流年内分配不均匀的一个指标,其计算公式为

$$C_{vy} \sqrt{\frac{\sum_{i=1}^{12}\left(\frac{K_i}{K}-1\right)^2}{12}} \tag{12.3}$$

式中,K_i 为各月径流量占年径流量的百分比,K 为各月平均占全年百分比,即 $K=100\%/12=8.33\%$。其值越大,表示河川水量年内分配越不均匀。计算得黑河的 C_{vy} 值为 0.81,表明黑河流量年内分配很不均匀。冬季各月的流量仅占全年流量的 3% 以下,到了 5 月流量明显上升,7 月达到峰值,10 月又开始迅速下降,汛期(5—9 月)流量集中了全年流量的 75% 以上(图 12.24)。最大月和最小月出山径流量相差 81.79%。

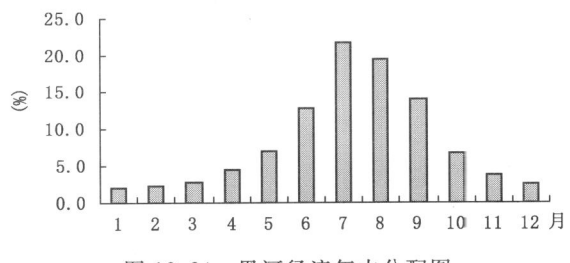

图 12.24 黑河径流年内分配图

计算黑河各月及汛期流量的变差系数发现,黑河不论是各月还是汛期流量的变差系数都很小,只有 5—9 月在 0.29~0.36,其他时段均在 0.20 以下。说明黑河流量补给主要来源于祁连山高山冰雪融水与雨水在不同时期的相互补充(曹玲,2005,2007)。

12.5.3.2 流量年际变化趋势

图 12.25 给出了 1944—2006 年黑河年平均流量的变化曲线,可见,黑河流量的年际差异很大。最丰年 1989 年汛期流量为最枯年 2006 年的 2.9 倍。若将流量分为五个等级:流量距平百分率 $\delta<-30\%$ 为枯水年,$-30\% \leqslant \delta<-10\%$ 为偏枯年,$-10\% \leqslant \delta<10\%$ 为正常年,$10\% \leqslant \delta<30\%$ 为偏丰年,$\delta>30\%$ 丰水年,则 63 年中正常年份就有 37 年,占 59%,丰水和偏丰年占总序列的 19%,枯水和偏枯时段占 22%。尽管在 63 年中正常年份居多,但偏枯和枯水年份较偏丰和丰水年份多。年流量累积距平曲线图(图 12.26)说明,黑河流量 60 多年来丰、枯交替变化:20 世纪 50 年代为丰水期,60 年代到 70 年代中期为枯水期,80 年代为丰水期,90 年代为枯水期,从 21 世纪开始进入丰水期。丰水期正好是近半个多世纪以来全球气温升高最明显的时期,而枯水期亦然,说明黑河径流量与祁连山冰川的融化量息息相关。

通过计算黑河流量的线性倾向率得出,黑河年均流量略呈增加之势,其径流量气候上升

率为 6.96(10 a)$^{-1}$,增加趋势不太明显。从各季线性变化来看,四季均呈略增趋势,其中夏季流量相对较明显。

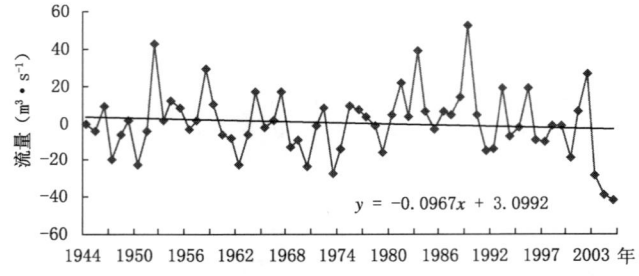

图 12.25　黑河流量长期变化及线性拟合

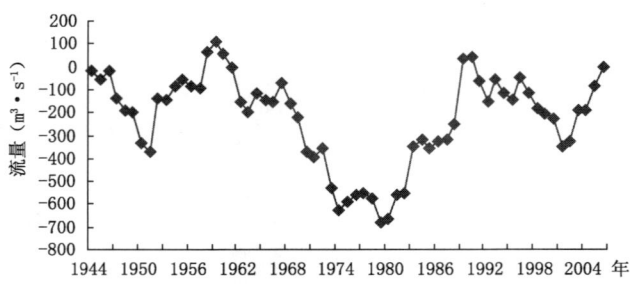

图 12.26　黑河流量长期变化的累积距平

12.5.3.3　径流对气候变化的响应

黑河源区以祁连为代表的祁连山中段自 1959 年以来年降水量约以 7.77 mm·(10 a)$^{-1}$ 的倾向率递增,年平均气温以 0.24℃(10 a)$^{-1}$ 的倾向率升高。从各季变化来看,夏季降水增加趋势较明显,降水量以 6.6 mm(10 a)$^{-1}$ 的倾向率递增,而春季降水量以 0.53 mm(10 a)$^{-1}$ 的倾向率递减。全年各季气温均呈显著升高趋势,其中尤以冬季为最,气温以 0.45℃(10 a)$^{-1}$ 的倾向率升高。

黑河出山口流量冬季主要受气温影响,夏季则取决于降水量的多少。冬暖有利于祁连山冰雪消融,产生径流。降水对流量的贡献主要在夏半年。冬季降水与流量相关很差,这是因为冬季降水先以积雪形式储存于山顶,多降水天气通常气温偏低,减缓了冰雪消融。计算黑河年平均流量与其上游托勒、野牛沟、祁连三站降水量之间的相关系数分别为 0.596、0.789 和 0.747,均超过 0.001 的相关检验,可见流量与降水的关系更密切、更直接。

12.5.3.4　气候变化对洪峰的影响

(1)洪峰流量变化

最大洪峰流量的气候倾向率为每 10 年增加 2.4 m^3·s^{-1},表明最大洪峰流量随时间呈弱的上升趋势,也即意味着最大洪峰流量的序列随时间演变不平稳,存在一定的波动性。利用功率谱法提取该序列的周期可以确定最大洪峰流量的时间演变存在准 3 年的和准 11 年周期振荡。

应用累积距平方法和滑动 t-检验方法分析黑河最大洪峰流量在 1973 年发生突变($P<0.02$)。20 世纪 50 年代、70 年代初至 80 年代前期黑河年最大洪峰流量在增加,60 年代初至

70年代前期、80年代前期到90年代末黑河年最大洪峰流量在减少(表12.4)。

表12.4 黑河最大洪峰流量突变前后的变化

突变年	t统计值	起止年	平均值($m^3 \cdot s^{-1}$)	突变前后差值($m^3 \cdot s^{-1}$)
1960年	1.98	1944—1960年	491.2	-56.4
1973年	-2.57	1961—1973年	434.8	155.8
1983年	1.73	1974—1983年	590.6	-77.8
		1984—2000年	512.8	

(2)洪峰出现时间变化

利用Cramer's法对黑河洪峰出现时间进行突变检验,分析结果表明突变年发生在1983年,通过了0.01的显著性检验。在1983年前年最大洪峰出现日期呈推后趋势,其出现日期平均推后3.8 d·a^{-1},而在1983年后出现日期平均提前7.9 d·a^{-1},突变后出现日期提前速度明显快于突变前推后的速度。由于黑河上游的气温突变发生在1984年,可以认为黑河年最大洪峰出现日期与黑河上游气温的突变期基本上是同时发生的。说明黑河年最大洪峰出现时间与气候变暖关系密切。

分析洪峰出现时间与黑河上游气温的关系。结果表明,1961—2000年黑河最大洪峰出现时间与祁连山年平均气温的变化趋势基本一致,其相关系数为0.3647,达到98%的置信水平。这表明,黑河上游气温较高时,黑河年最大洪峰出现时间较早;而气温较时低,黑河年最大洪峰出现时间相对较晚。这一结果很好反映了黑河年最大洪峰对气候变暖的响应程度。

12.5.4 石羊河

石羊河流域位于甘肃省河西走廊的东部,地理位置106°06′~104°04′E,37°10′~39°24′N,流域总面积4.16万km^2,人口223万。全流域分为南部祁连山地,中部走廊平原区,北部低山丘陵区及荒漠区四大地貌单元。海拔在1020~5000 m,年降水量在100~600 mm。石羊河流域径流主要由发源于祁连山区的八大支流组成,其中五河(由东向西分别是古浪河、黄羊河、杂木河、金塔河、西营河)在出山中汇流形成石羊河,流经武威盆地进入下游民勤盆地的红崖山水库。

12.5.4.1 石羊河流域径流量变化特征

(1)年际变化

石羊河流域年径流量总体呈明显下降趋势,线性倾向率达-0.5亿$m^3 \cdot (10 a)^{-1}$。20世纪50年代中后期平均径流量为12.1亿m^3,60年代10.5亿m^3,70年代、80年代分别为9.4亿m^3和9.8亿m^3,90年代减幅明显,平均只有7.9亿m^3,较80年代减少了19%。2001—2005年略有增加,平均为8.7亿m^3(图12.27)。受上游来水减少和人类活动双重影响,流入下游石羊河蔡旗断面来水流量亦呈大幅下降趋势(图12.28),由80年代的7.05 $m^3 \cdot s^{-1}$下降到2001—2006年的4.14 $m^3 \cdot s^{-1}$,线性减少倾向率值为1.69 $m^3 \cdot s^{-1} \cdot (10 a)^{-1}$。受流域来水量减少的影响,石羊河流域地下水20世纪60年代中期较50年代后期减少20.90%;70年代后期较60年代中期减少18.41%;80年代中期较70年代后期减少4.98%;90代后期较80年代中期减少6.93%。近50年来,石羊河流域地下水补给量减少了42.92%,其中武威盆地减少 51.50%(范锡朋,1981;袁生禄,1991;丁宏伟,2007)。

按径流量距平百分率≥15%为丰水年,≤-15%为枯水年,其余为平水年标准统计,50 年中丰水年出现频次为 12 年,占总年数的 24%;枯水年 15 年,占 30%,平水年 23 年,占 46%。在 15 年枯水年中,20 世纪 90 年代以来出现 9 年,占枯水年总数的 60%。丰水年多出现在 20 世纪 50—60 年代,占 50%。据曼-肯德尔突变分析检验(图 12.29),1993 年出现径流量减少突变点,1993 年以来径流量呈减少趋势,特别从 1996 年以来减少明显,达显著水平($P<0.05$)。

四季径流量亦呈逐年代减少趋势,其中冬、夏季减少趋势明显。径流量分别由 20 世纪 50 年代的 0.15 亿 m³、2.157 亿 m³ 减少到 90 年代的 0.11 亿 m³、1.466 亿 m³,分别减少了 27%和 32%。线性倾向率冬季>夏季>秋季>春季,倾向值分别为 0.14 亿 m³·(10 a)$^{-1}$、0.12 亿 m³·(10 a)$^{-1}$、0.03 亿 m³·(10 a)$^{-1}$、0.01 亿 m³·(10 a)$^{-1}$。

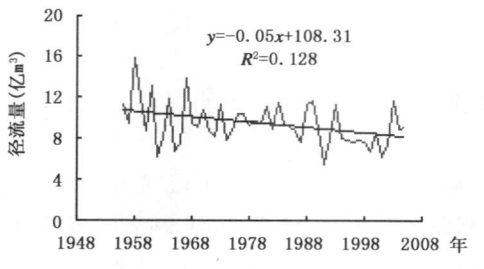

图 12.27 石羊河流域出口历年径流量变化

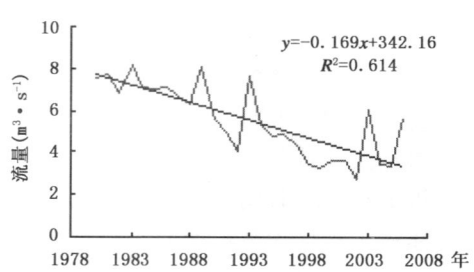

图 12.28 石羊河上游蔡旗断面历年流量变化

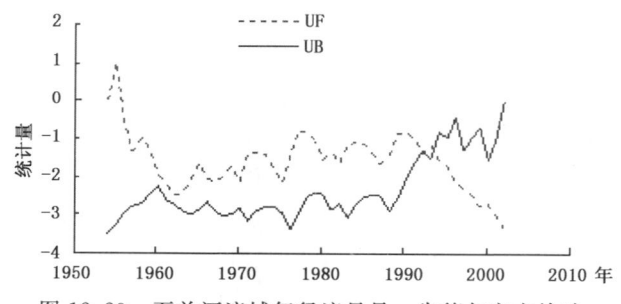

图 12.29 石羊河流域年径流量曼-肯德尔突变检验

(2)年内变化

以流域内径流量最大的西营河为例,径流量分布一年中呈单峰型曲线。夏季(6—8月)最大为 1.776 亿 m³,占年径流量的 57%,秋季(9—11 月)、春季(3—5 月)次之,分别占 21%和 18%,冬季(12 月至翌年 2 月)最小仅占 4%。各月中 7 月份最大(0.666 亿 m³),2 月份最小(0.029 亿 m³)。汛期 4—9 月径流量占全年的 86%,为非汛期的 6 倍多。

为了反映径流量在年内分布特征,计算了西营河径流量历年峰型度 α(4—6 月径流总量与 7—9 月径流总量比值)、丰枯率 β(4—9 月径流总量与 10 月至翌年 3 月径流总量比值)。从图 12.30 中看出,峰型度呈降-升-降的演变过程,说明流域冬春季节性融水占雨水量的比重呈逐年减少趋势,特别从 20 世纪 80 年代中期(1984 年)开始减少趋势明显。年丰枯率总体上呈逐年上升趋势,汛期径流量与非汛期径流量的比值在增加,但变幅较大很不稳定。从峰型度和丰枯率变化特征看出，冬春季积雪融水对径流量的补给比例在减少，而汛期雨水形成的径流比例在增加。

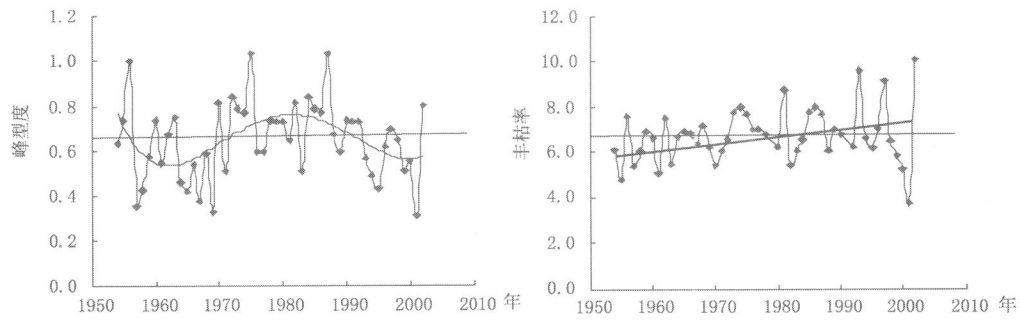

图 12.30 石羊河流域年度峰型度、丰枯率历年变化

12.5.4.2 气候变化对径流量的影响

(1) 流域内气候变化特点

分析流域产流区邻近气象站年、季气温历年变化，各测点气温均呈不同程度的上升趋势。气温年线性倾向率值在 $0.291\sim0.395℃·(10\ a)^{-1}$，均高于全国平均增温速度（$0.044℃·(10\ a)^{-1}$）。气温的季节变化中冬季的倾向值最大（$0.452\sim0.728℃·(10\ a)^{-1}$），秋季次之（$0.314\sim0.417℃·(10\ a)^{-1}$），夏季再次（$0.195\sim0.245℃·(10\ a)^{-1}$），春季最小（$0.113\sim0.195℃·(10\ a)^{-1}$）。说明石羊河流域上游产流区气温增幅十分明显。

流域内年降水量均呈不同程度的增加趋势。年线性倾向率在 $1.14\sim13.79\ mm·(10\ a)^{-1}$。降水量季节变化中，永昌的夏季降水量增幅最大，倾向率为 $10.2\ mm·(10\ a)^{-1}$。其次为乌鞘岭的夏、秋季，倾向率分别在 $4.1\ mm·(10\ a)^{-1}$、$4.3\ mm·(10\ a)^{-1}$，其他季节均较小。特别是古浪、永昌的秋季降水呈减少趋势。可见，流域内降水虽有增加趋势，但总体上增幅较小。

(2) 主要气象要素与径流量

计算流域径流量与古浪、永昌、乌鞘岭三站（下同）逐月平均气温相关系数，5—9月各站月平均气温与河流径流量呈现负相关，特别是7月和8月气温与径流量均呈显著负相关，相关系数在 $-0.29\sim-0.36$（$P<0.05$）。说明这段时间气候变暖不利于河流径流量的形成。而在非汛期的3月、4月、9月和10月，相关系数多呈正值，特别是3月和10月相关系数接近显著性水平临界值。说明冬、秋季气候变暖，有利于山区冰雪消融，从而增加河流径流量。

计算年径流量与各站降水量相关系数，径流量与河流主要来水季节6—9月的降水量均呈正相关关系，相关系数在 $0.32\sim0.57$，通过显著水平（$P<0.05$）或极显著水平（$P<0.01$）。说明这一时期降水多，径流量大。亦说明一年中径流量的多少主要取决于夏季降水量的多少。其他季节相关不显著。

计算年径流量与逐月蒸发量相关系数，均呈负相关，蒸发大不利于径流的增加。特别是夏季高温季节的7月、8月蒸发量对河流径流量的负效应最大，相关系数达到一年中的最大值，为 $-0.48\sim-0.62$，t 检验统计值呈显著（$P<0.05$）或极显著（$P<0.01$）水平。

从以上分析看出，在气候变暖背景下，对以降水补给型为主的石羊河流域来说，降水增多虽有利于径流的形成和来水量的增加，但由于降水总量增幅较小，加之在高气温情形下，蒸发加剧，水分散失量大，不利于径流量的增加，是造成流域径流量减少的主要原因。另外，冬暖明显虽在短期内有利于冰雪消融,但由于冬季降水减少导致冰雪贮量减少,无水可补使补给比例下降,不利于融水量的增加。祁连山区雪线上升明显,许多小冰川已面临消失的危险。

12.6 对外流河水资源的影响

12.6.1 黄河上游流域

黄河上游主要产流区甘南高原位于甘肃省南部,是青藏高原和黄土高原的结合部。地理坐标在 $33°06'\sim35°34'N$,东经 $100°45'\sim104°45'E$。这里属黄河上游河源区。独特的地理环境孕育了大面积的草地、森林和湿地生态系统,是黄河上游重要的生态屏障,具有重要的水源涵养、水源补给、水土保持、维持生物多样性、调节区域气候等功能,在维护黄河流域水资源和生态安全方面具有不可替代的作用。区域内阿尼玛卿山脉下的玛曲县是天下黄河第一曲,境内黄河长约 433 km,年平均流量 450 $m^3 \cdot s^{-1}$,是青藏高原中华水塔的重要涵养地,是黄河流域人类赖以生存的生命之源。洮河、大夏河是甘肃南部两条最大的黄河支流。洮河在甘南境内年径流量 $36.0 \times 10^8 \, m^3$,大夏河年径流量为 $4.5 \times 10^8 \, m^3$。同时,洮河、大夏河120多条支流纵横全区,流域面积达 $3.17 \times 10^4 \, hm^2$。这里被誉为黄河的"天然蓄水池",湿地面积 376483.8 hm^2,其中水域面积达 39950.0 hm^2,是目前国内保存最完好、状态最原始、特征最明显的高寒沼泽湿地,对黄河水源具有特殊的调节作用,在丰水期大量存蓄黄河及支流的河水、降雨等,而在枯水期随着河面的下降将存蓄的水资源补给黄河,这里既是黄河上游草原湿地生态脆弱区,又是黄河补充水量关键区和水量变化敏感区。因此,研究黄河上游主要产流区甘南高原气候变化特征、水资源变化特征,及其二者的关系,建立水资源气候模式。对维护草原湿地生态系统的稳定性,保护黄河源头水资源具有重要科学价值(姚玉璧,2007)。

12.6.1.1 水资源变化特征

(1)水资源趋势变化

一个区域的水资源总量是指当地降水形成的可被利用的地表和地下产水量,即地表径流量与降水入渗补给量之和。不计过境的客水资源量,扣除地表水和地下水相互转换的重复量,黄河上游主要产流区甘南高原1956—2004年年平均水资源总量为 $65.8614 \times 10^8 \, m^3$,产水模数 $21.5 \times 10^4 \, m^3 \cdot km^{-2}$。洮河片产水量最多,大夏河片产水量最少。

黄河上游主要产流区甘南高原水资源呈显著下降趋势。历年水资源变化曲线线性拟合倾向率递减速度最快的洮河为 $-4.051 \times 10^8 \, m^3 \cdot (10 \, a)^{-1}$(图12.31a),递减速度最慢的黄河玛曲至龙羊峡 $-0.288 \times 10^8 \, m^3 \cdot (10 \, a)^{-1}$,黄河河源至玛曲递减率为 $-1.512 \times 10^8 \, m^3 \cdot (10 \, a)^{-1}$。大夏河递减率为 $-0.709 \times 10^8 \, m^3 \cdot (10 \, a)^{-1}$(图12.31b)。

黄河河源至玛曲水资源总量年际变化曲线Cubic函数呈先增后降的波动变化,方程为 $y=0.0005x^3-0.0451x^2+1.0111x+14.179$,其线性化后的复相关系数 $R=0.563$,通过 $\alpha=0.01$ 检验。洮河水资源总量年际变化曲线Cubic函数也呈先增后降的波动变化,方程为 $y=0.0011x^3-0.099x^2+2.0701x+31.901$,其线性化后的复相关系数 $R=0.517$,也通过 $\alpha=0.01$ 检验。黄河玛曲至龙羊峡、大夏河水资源总量年际变化曲线Cubic函数趋势波动不明显。

由此可知,黄河上游主要产流区甘南高原水资源呈显著下降趋势。

(2) 水资源周期振荡特征

用小波分析方法对黄河上游主要产流区甘南高原水资源的年际周期振荡特征进行分析，黄河河源至玛曲段水资源存在2～3年、7～8年、20年的年际周期变化，短周期振荡中7～8年周期振荡明显，20年长周期振荡明显且振荡较强。洮河水资源存在2～3年、7～8年、20～22年的年际周期变化，短周期振荡中7～8年周期振荡明显，20～22年长周期振荡明显且振荡较强。大夏河水资源存在2～3年、10年、22～23年的年际周期变化，短周期振荡中10年周期振荡明显，22～23年长周期振荡明显振荡较强。黄河玛曲至龙羊峡水资源有类似周期振荡特征。

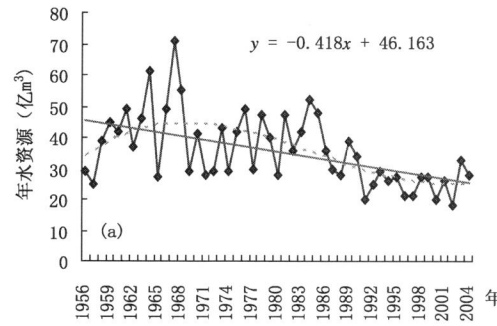 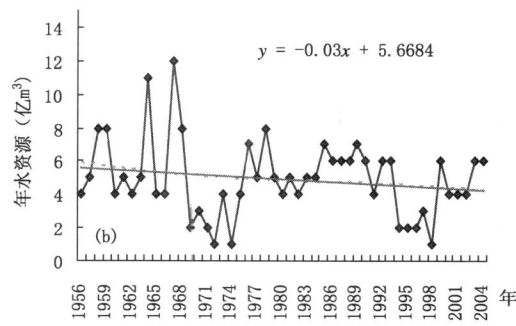

图12.31 甘南高原水资源年际变化
(a)洮河；(b)大夏河

分析可知，黄河上游主要产流区甘南高原水资源存在2～3年、7～8年、20～23年的年际周期变化，其中短周期振荡中，以7～8年周期振荡明显，长周期振荡20～23年一致明显且振荡较强。

12.6.1.2 气候变化与水资源变化的关系

由表12.5可见，黄河上游主要产流区甘南高原流域降水量与水资源呈显著正相关，夏河年降水量与大夏河年水资源相关系数通过$\alpha=0.01$检验，其余各地降水量与相应流域水资源相关系数通过$\alpha=0.001$检验。降水减少，水资源相应减少。流域干燥指数与水资源呈显著负相关，各地干燥指数与相应流域水资源相关系数也通过$\alpha=0.001$检验。干燥指数增加，水资源相应减少。根据地球表面水分循环理论，地表水资源的最终来源为大气降水，近50年来黄河上游主要产流区甘南高原流域降水量呈减少趋势，草地干燥指数呈上升趋势，导致水资源呈减少趋势。

表12.5 甘南高原气候变化与水资源变化相关系数

	临潭		卓尼		碌曲		合作		夏河		玛曲	
	R	K	R	K	R	K	R	K	R	K	R	K
洮河	0.62	−0.61	0.56	−0.60	0.63	−0.73						
大夏河							0.57	−0.55	0.45	−0.50		
河源至玛曲											0.65	−0.76

12.6.1.3 水资源变化气候模式

利用黄河上游主要产流区甘南高原流域气象资料建立水资源气候模式。

洮河水资源气候模式：
$$Y_1 = 34.0228 + 0.0429R_1 - 14.852K_1 \quad (12.4)$$
式中，Y_1 为洮河年水资源量；R_1 为临潭年降水量；K_1 为临潭年干燥指数。$F=13.402$，$F_{0.01}=5.15$，$F>F_{0.01}$，通过 $\alpha=0.01$ 检验。

大夏河水资源气候模式：
$$Y_2 = 2.229 + 0.010R_2 - 2.136K_2 \quad (12.5)$$
式中，Y_2 为大夏河年水资源量；R_2 为合作年降水量；K_2 为合作年干燥指数。$F=11.362$，$F_{0.01}=5.6$，$F>F_{0.01}$，通过 $\alpha=0.01$ 检验。

黄河河源至玛曲段水资源气候模式：
$$Y_3 = 41.839 - 28.808K_3 \quad (12.6)$$
式中，Y_3 为黄河河源至玛曲段年水资源量；K_3 为玛曲年干燥指数。$F=49.649$，$F_{0.01}=7.44$，$F>F_{0.01}$，通过 $\alpha=0.01$ 检验（姚玉璧，2007）。

12.6.2 渭河流域

渭河是黄河第一大支流，发源于甘肃省渭源县西南的鸟鼠山北侧，自西向东流经甘肃省的渭源、陇西、武山、甘谷、天水后，于凤阁岭进入陕西省，东西横贯宝鸡、杨凌、咸阳、西安、渭南等市区后，于潼关的港口注入黄河，全长 818 km，流域总面积 13.48 万 km^2。渭河流域多年平均天然径流量 100.40 亿 m^3，占黄河流域天然径流量 580 亿 m^3 的 17.3%。渭河流域具有悠久的古代文明，渭河在陕西境内塑造和滋润的关中平原，是中华民族文明历史的摇篮。目前仍然是我国重要的粮棉油产区和工业生产基地之一。因此，研究渭河源区气候变化及其对水资源的影响，对渭河流域水资源合理开发利用和水资源安全具有极为重要的意义。

12.6.2.1 水资源变化特征

(1) 水资源趋势变化

一个区域的水资源总量是指当地降水形成的可被利用的地表和地下产水量，即地表径流量与降水入渗补给量之和。不计入境的客水资源量，扣除地表水和地下水相互转换的重复量，渭河源区 1980—2006 年年平均水资源总量为 $0.2157\times 10^8 \ m^3$。

渭河源区渭源站径流量年际变化呈显著下降趋势（图 12.32），倾向率为 $-0.044\times 10^8 \ m^3 \cdot (10\ a)^{-1}$，径流量年际变化曲线 Cubic 函数呈一峰一谷波动变化，方程为
$$y = 0.0001x^3 - 0.0045x^2 + 0.0454x + 0.1555 \quad (12.7)$$
其线性化后的复相关系数 $R=0.65$，通过 $\alpha=0.01$ 检验。

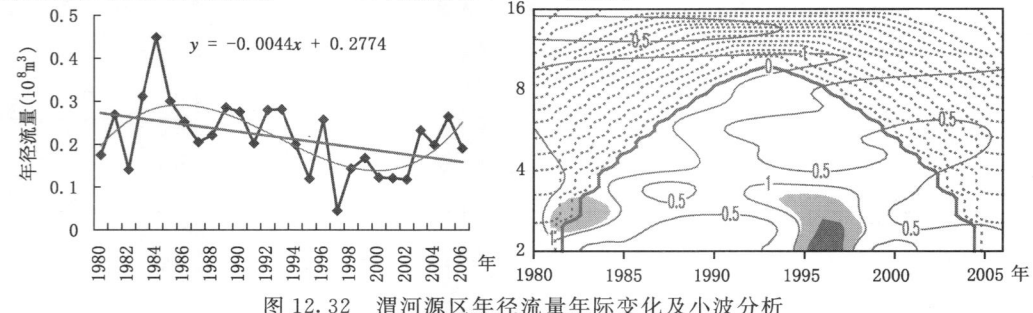

图 12.32 渭河源区年径流量年际变化及小波分析

由此可知,渭河源区径流量呈显著下降趋势。

(2)径流量周期振荡特征

用有边界小波能量谱分析方法对渭河源区径流量的年际周期振荡特征进行分析,渭河源区径流量存在3年的年际周期变化,3年周期振荡在1996—1997年为中心的局部时段内最强,其余时段周期振荡较弱。

(3)径流量突变检测

为了进一步搞清楚渭河源区径流量随时间变化特征,通过M-K法对渭源站径流量年际变化序列进行了突变检测。UF曲线超过0.05显著水平线,表明渭河源区径流量随时间变化表现出明显的下降趋势,且从1993年开始下降,突变点在1993年。

12.6.2.2 气候变化与径流量变化的关系

渭河源区降水量与径流量呈显著正相关,渭源降水量与年径流量相关系数为0.73,年平均气温与径流量呈显著负相关,相关系数为-0.74,干燥指数与径流量亦呈显著负相关,相关系数为-0.79,均通过$\alpha=0.01$检验。降水减少、气温升高、干燥指数增加,径流量减少,水资源相应减少。根据地球表面水分循环理论,地表径流量的最终来源为大气降水,渭河源区水资源减少的主要原因是降水量减少,气温上升,干燥指数上升。

12.6.2.3 水资源变化气候模式

利用渭河源区气象资料建立水资源气候模式。

渭河源区径流量气候模式：

$$Y = 0.4692 + 0.0005R - 0.0807T \tag{12.8}$$

式中,Y为渭源年径流量;R为渭源年降水量;T为渭源年平均气温。$F=40.62$,$F_{0.01}=5.61$,$F>F_{0.01}$,通过$\alpha=0.01$检验。

12.6.3 白龙江流域

白龙江是嘉陵江的上游源区,发源于甘肃省碌曲县郎木乡,向东流经四川省若尔盖、甘肃省迭部县、舟曲县、武都区、文县、四川省青川县、至昭化县旧城汇入嘉陵江干流。白龙江全长576 km,集水面积31808 km²。甘肃省碌曲郎木寺、四川省若尔盖、甘肃省迭部等县为上游;甘肃省舟曲、武都区为中游;甘肃省文县、四川省青川县地处白龙江下游。白龙江水资源变化的研究对合理开发利用白龙江水资源具有极为重要的意义。

12.6.3.1 水资源变化特征

(1)水资源趋势变化

一个区域的水资源总量是指当地降水形成的可被利用的地表和地下产水量,即地表径流量与降水入渗补给量之和。不计过境的客水资源量,扣除地表水和地下水相互转换的重复量,白龙江流域1964—2002年年平均水资源总量为96.374×10^8 m³。

白龙江流域红旗站径流量总量年际变化呈显著下降趋势(图12.33),倾向率为-28.09 m³·s·(10 a)$^{-1}$,年平均流量总量年际变化曲线Cubic函数呈先增后降的波动变化,方程为$y=-0.0133x^3+0.7499x^2-13.781x+394.12$,其线性化后的复相关系数$R=0.49$,也通过$\alpha=0.01$检验。

由此可知,白龙江流域流量呈显著下降趋势。

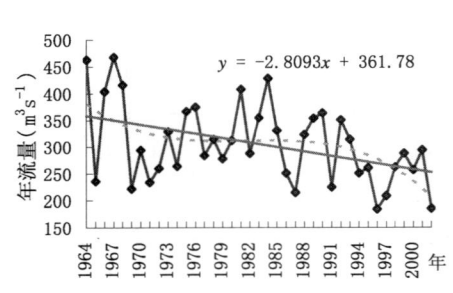 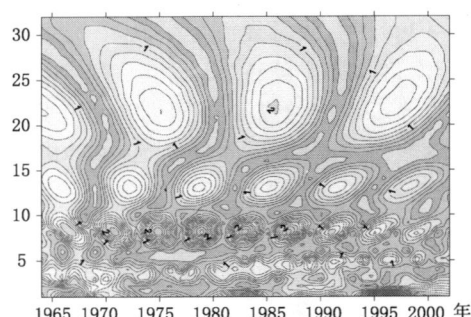

图 12.33　白龙江流域年平均流量年际变化及小波分析

(2)年平均流量周期振荡特征

用小波分析方法对白龙江流域年平均流量的年际周期振荡特征进行分析,由图 12.33 可见,白龙江流域年平均流量存在 3～4 年、7～8 年、12～13 年的年际周期变化,短周期振荡中 7～8 年周期振荡明显且一致性较好,12～13 年长周期振荡明显且振荡较强。

(3)年平均流量突变检测

为了进一步搞清楚白龙江流域年平均流量随时间变化特征,通过 M-K 法对白龙江流域年平均流量年际变化序列进行了突变检测。UF 曲线超过 0.05 显著水平线,表明白龙江流域年平均流量随时间变化表现出明显的下降趋势,且从 1985 年开始下降,突变点在 1991 年。

12.6.3.2　气候变化与水资源变化的关系

白龙江流域代表气象站降水量与水资源呈显著正相关,文县降水量与年水资源相关系数最大为 0.71;武都次之为 0.69;迭部最小为 0.47,均通过 $\alpha=0.01$ 检验。降水减少,水资源相应减少。流域干燥指数与年平均流量呈显著负相关。干燥指数增加,年平均流量相应减少。根据地球表面水分循环理论,地表年平均流量的最终来源为大气降水,白龙江流域降水量呈减少趋势,气温呈上升趋势,干燥指数呈上升趋势,导致年平均流量呈减少趋势。

12.6.3.3　水资源变化气候模式

利用白龙江流域气象资料建立水资源气候模式。

白龙江年平均流量气候模式:

$$Y=-76.74+0.141X_1+0.450X_2+0.177X_3 \tag{12.9}$$

式中,Y 为白龙江年年平均流量;X_1 为武都年降水量;X_2 为文县年降水量;X_3 为迭部年降水量(张秀云,2009)。

年平均流量气候模式回归效果检验表明:标准差 $S_y=40.7$,复相关系数 $R^2=0.63$,方差检验 $F=14.24$,$F_{0.01}=4.33$,$F>F_{0.01}$,通过 $\alpha=0.01$ 检验,气候模式历史检验拟合率高。

第 13 章 气候变化对农田土壤水分的影响

13.1 土壤水热特征和蒸散量

13.1.1 土壤水热特征

西北地区地跨温带湿润、半湿润、半干旱和干旱气候区,以雨养农业为主。由于干旱气候的影响,旱灾频仍,生态环境恶化。近 50 年,受全球气候变暖的影响,由大气干旱造成的土壤干旱已成为制约农作物生长的主要气象灾害。土壤水分含量、运行状况及分布特性已成为决定植被恢复及重建的重要因素之一,作为影响土壤湿度的主要因子的土壤温度,其传输、交换规律及变化特性的研究无疑显得很有意义,从农业生态学的角度来说,土壤水热特征的研究对于探究该地区土壤-植被-大气系统动态耦合过程中复杂的水热传输及分配都是有益的。

13.1.1.1 土中热力特性

(1)地温日变化特性

土壤表面吸收太阳净辐射能量,以分子传导的形式向深层传输热量,使下层增温;反之,当土壤表面因辐射冷却,热量由下层向上传输。计算得出,西北地区甘肃黄土高原四季不同类型天气下各深层地温的日变化分布呈周期性。各深层地温的日变化可用温度方程描述。

$$T = \overline{T} + \sum_{k=1}^{n}\left(a_k\cos\left[\frac{k\pi}{12}\times(t-1)\right] + b_k\sin\left[\frac{k\pi}{12}\times(t-1)\right]\right) \quad (13.1)$$

式(13.1)中

$$a_k = \frac{1}{2}\times\sum_{t=1}^{24}Tt\cos\left[\frac{k\pi}{12}\times(t-1)\right]$$

$$b_k = \frac{1}{2}\times\sum_{t=1}^{24}Tt\sin\left[\frac{k\pi}{12}\times(t-1)\right]$$

式中,k 为波数,t 为时间($t=1$—24),Tt 为各时刻温度。

四季地温日变化谐波分析结果表明,各层次地温的日变化基本表现为一阶谐波,这种正弦的波形尤以晴天最为明显,昙天次之。对代表站点天水的研究表明,夏季晴天 0 cm 振幅最大,可达 33.5℃,冬季最小,为 −2.2℃。随深度振幅逐渐减小。冬季 10 cm 以下、其他季节 40 cm 以下温度基本无日变化,温度波为一驻波,已无热量的上下传输。阴天及雨天由于地表接受太阳辐射较弱,表层地温较低,甚至出现逆温层。因夏秋季深层贮存热量较丰,地温较高,而表层由于辐射散热冷却较快,逆温层分布最为明显。总的来说,各层地温变化比较平缓。

(2)土壤温度随深度变化

土壤温度随深度的分布主要呈现四种类型,即日射型:日间地面获得大量太阳辐射能量,表面温度逐渐上升,热量从上向下传输,温度随深度呈递减态势;辐射型:出现在夜间,当地面辐射冷却,热量由深层向表层传输;早上过渡型:日出后,地面温度上升,上层温度分布呈日射型,而下层仍为辐射型,此时中间层温度最低;晚上过渡型:一般出现在傍晚,地面因辐射冷却温度下降,上层为辐射型,下层仍为日射型,此时中间层温度最高。

西北地区黄土高原冬季晴天由于气温回升缓慢,表层接受太阳辐射能量较少。研究得出,天水土壤地表热量向下传输深度最大仅至 15 cm,15 cm 以下出现逆温层,阴天传输只及 10 cm,10 cm 以下即出现逆温层;春、秋、夏季热量传输至 40 cm 趋于稳定,其中秋季 40 cm 以下出现逆温层。各季不同天气地温随深度的分布类型出现时次有所差异(表 13.1)。研究表明,天水夏季晴天日出时间较早,表层地温回升迅速,日射型出现时间最早,为 11 时,傍晚日落时间较晚,地温因辐射冷却降温迟缓,辐射型出现时间最晚为 01 时,秋季阴天因雨日较多,表层地温回升缓慢,日射型出现时间最晚,为 13 时,而辐射型出现时间最早,为 22 时。

表 13.1 各季不同天气地温随深度的分布类型出现时次(时)

项目			日射型	晚上过渡型	辐射型	早上过渡型
冬季	0~15 cm	晴天	12	18	19	10
	0~15 cm	阴天	12	18	19	10
春季	0~40 cm	晴天	13	19	1	8
	0~40 cm	阴天	13	19	2	9
夏季	0~40 cm	晴天	11	20	1	8
	0~40 cm	阴天	13	20	23	8
秋季	0~40 cm	晴天	13	18	23	9
	0~40 cm	阴天	13	17	22	9

(3) 土中热交换特性

1) 热通量计算方法

用拉依哈特曼提出、采金近似简化建立起来的热平衡台站规范方法计算各季节典型天气下 24 h 土壤热通量值。

$$Q_s = \frac{C_m}{t_2 - t_1}\left(S_1 - \frac{k}{10}S_2\right) \tag{13.2}$$

式(13.2)中,$t_2 - t_1$ 为时间间隔,C_m 为土壤容积热容,K 为导温率。

$$S_1 = 20(0.082\Delta\theta_0 + 0.333\Delta\theta_5 + 0.175\Delta\theta_{10} + 0.156\Delta\theta_{15}$$
$$+ 0.333\Delta\theta_5 + 0.004\Delta\theta_{20})(℃ \cdot cm)$$

$$S_2 = \tau/2[\theta(20,t_1) - \theta(10,t_1) + \theta(20,t_2) - \theta(10,t_2)](℃ \cdot h)$$

$C_m/(t_2-t_1) \times S$ 表示(0~20 cm)层的平均热含量变化;

$-1/(t_2-t_1) \times C_m K S_2/10$ 表示通过 20 cm 的平均热通量。

实际计算时,C_m 值根据土壤湿度值做相应变动,得出每日平均 C_m,K 的日平均值用台站规范方法求取。

$$K = M/N (cm^2/h) \tag{13.3}$$

式(13.3)中

$$M = 26.67(0.06\Delta\theta_0 + \Delta\theta_5 + 1.62\Delta\theta_{10} + \Delta\theta_{15} + 0.06\Delta\theta_{20})(℃ \cdot cm^2)$$

$$N = 6[(D8 + D10)/2 + D11 + D14 + D17](℃ \cdot h)$$

$$D = (\theta_0 + \theta_{20})/2 - \theta_{10}$$

D 为表示各时土温分布的特征量。θ_0、θ_{10}、θ_{20} 为各时次 0 cm、10 cm、20 cm 的地温。

2)热通量日变化特点

从西北旱作区代表点天水冬小麦田地不同季节典型天气下土中热通量的日变化曲线(图 13.1)中可以看出,热通量由正值转为负值即热量开始由下层向上层传输的出现时间各季基本一致在 16 时,阴天则提前 1 h,热通量由负值转为正值的时间各季基本一致出现在 07 时,冬季阴天则出现在 09 时。热通量最大值出现在春季的晴天,达 30 cal·cm^{-2}·h^{-1},其次为夏季的晴天;最小值也出现在春夏两季的晴天,表明春夏两季热量交换最为活跃。值得注意的是,在春秋季阴雨日,23 时前后出现一明显的正值,表明春秋季 23 时之前为逆温传输最为强烈之时,至 23 时,表层增温,从而使热量又向下传输,最终维持热交换的平衡。

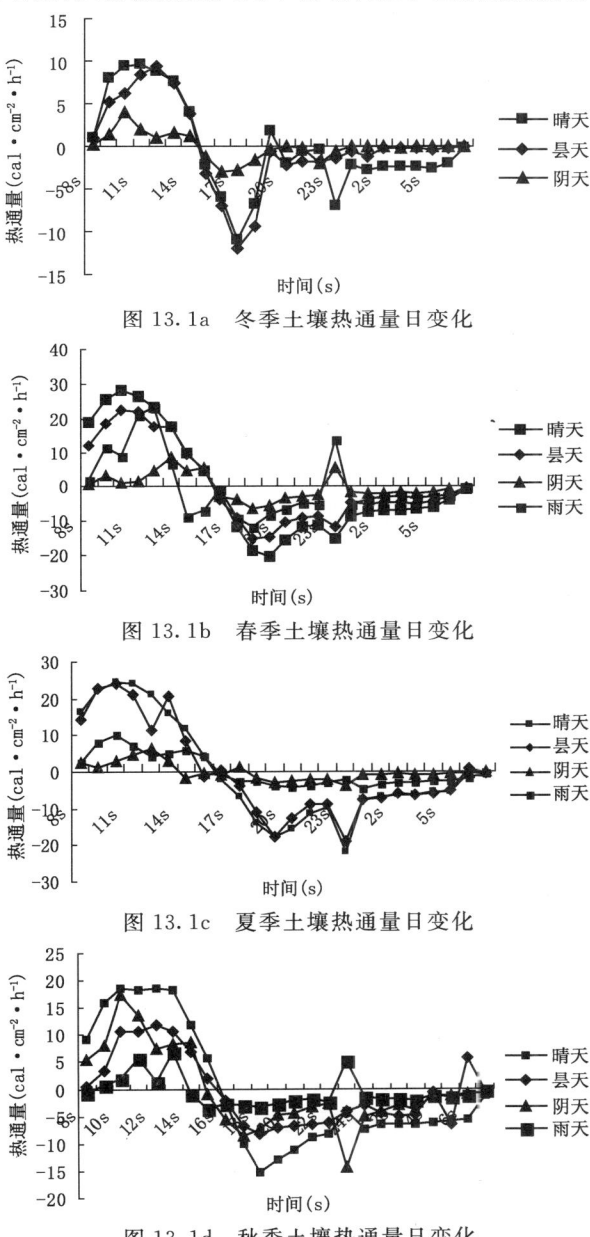

图 13.1a 冬季土壤热通量日变化

图 13.1b 春季土壤热通量日变化

图 13.1c 夏季土壤热通量日变化

图 13.1d 秋季土壤热通量日变化

3)热通量年际变化特点

甘肃西北黄土高原土壤热通量最大值和最小值均出现在春季的晴天。通过对 2004 年有自动站观测以来天水春季土壤热通量统计计算表明(图 13.2),土壤热通量最大值在 20~30 cal·cm^{-2}·h^{-1},出现时间为 10—11 时,最小值在 -14~-20 cal·cm^{-2}·h^{-1},出现时间为 18—20 时,自 2004 年以来,热通量最大值呈现下降的变化趋势,而最小值则为上升趋势。

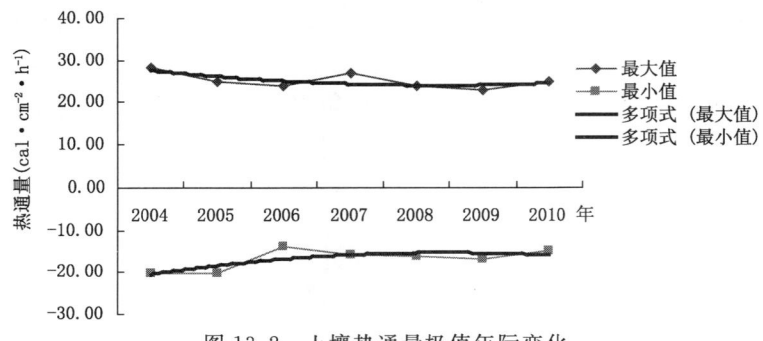

图 13.2 土壤热通量极值年际变化

13.1.1.2 土中水热耦合特征评述

(1)土壤湿度变化对土中热交换的影响

土壤湿度 W 的变化,同样会引起导热率及容积热容 C_m 的变化,而影响到土中热交换。K 及 C_m 值随 W 变化速度不尽相同。C_m 是土壤各组成部分——固体颗粒、水和空气热容量的加权平均。由于空气部分的热容远比土壤颗粒和水的作用小,所以,对于同一种土壤来说,C_m 随 W 的增加呈线性上升。

$$C_m = \rho_{土粒}(0.2 + W) \tag{13.4}$$

关于 W 与 K 的关系,国外有关试验认为,在初期,导热率随湿度上升而迅速增加,增加速度超过 C_m 的上升速度,故 K 值也是增加的。当 W 增至一定程度后,K 的增加已不显著,而 C_m 仍呈线性上升,在某一土壤湿度下,K 达到最大,此后,K 值随 W 的增加而减小。因此,土壤的导温性能在湿度适中时最好,太干或太湿都不好。对 2004 年天水站 K 日平均值与相应时日 W 值变化进行分析,得出二者有一较好的对应关系,即 K 值随 W 值的增减作相应大小变化,冬季 K 值最小,表明温度波的传递最浅。可见,甘肃黄土高原因降水稀少,K 值与 W 的线性正相关比较显著。通过相关计算,拟合出如下关系式:$K = 1.9661 \times 10^{-3} + 2.8336 \times 10^{-5} W$ ($R = 0.893$)。

(2)土壤含水量与土壤温度变化关系分析

土壤湿度对地温的影响还表现在水分含量高的土壤,由于蒸发对热量的消耗而引起土温的变化。因 40 cm 以下土温已接近恒温层,因此在探讨土壤含水量与土壤温度变化关系时,相应土壤水分的分析主要考虑在 50 cm 以内。

从天水一年各季 50 cm 层内土壤水分变化(图 13.3)中可以看出,土温通过影响土壤水分的蒸发,对土壤湿度产生影响。冬季低温时土壤表层封冻,土壤失墒较为缓慢,12 月土壤含水量最高,10 cm 土层达 22 mm,10~40 cm 均在 20 mm 以上,10~50 cm 土壤含水达 104 mm;春季来临后,气温回升,土温也逐渐升高,冻土层消融,土壤水分蒸发不强,深层水分能保持在稳定的向上流,此时作物需水也不大,3—4 月 10~50 cm 土壤含水量在 64~101 mm;5 月份由于春旱的影响,表层含水量降至 14 mm,6 中下旬至 8 月,由于土温逐渐上升至全年中的最高值,土壤水分蒸发强烈,作物蒸腾加剧,土壤水分损失和消耗增加,8 月 10 cm 土层含水出现一年中的最低值,仅为 8 mm,20～50 cm 也出现一年中的最低值,为 33 mm;仲秋 10 月气温日渐下降,蒸发减弱,又有连绵的降水,含水量升至 18 mm。从 10 cm、50 cm 土壤含水量变化的趋势线中,可以清楚地看到,10 cm 含水量最低值,出现在 6 月中下旬至 8 月上中旬;50 cm 含水量最低值,出现在 7 月上旬至 8 月中下旬。

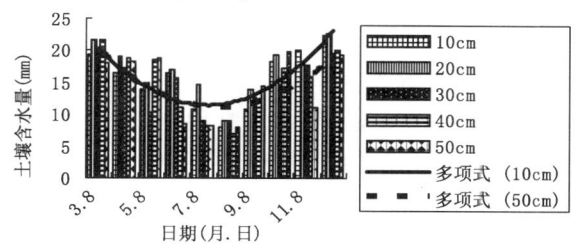

图 13.3 天水土壤含水量(mm)年变化(0～50 cm)

土层中水热年变化表明,大气降水与地表和 5 cm 地温变化呈现较好的一致性,而土壤含水量变化则与之相反(图 13.4)。

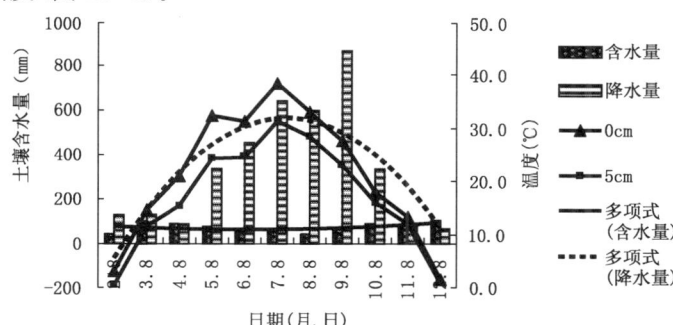

图 13.4 天水土壤年水分含量与地温变化

上述分析表明,水热交互作用显著影响土壤水分蒸发,进而影响到土壤含水量。

13.1.2 土壤蒸散量

水分蒸散是西北黄土高原土壤水分运行的主要环节之一。土壤纳接了大气降水之后,除很少一部分渗透到土壤深层外,绝大部分通过蒸发及作物的蒸腾进入大气,完成土壤水分循环的最后过程,实现土壤水的再循环。植被的分布由水热组合确定,蒸散发作为一个重要的水循环要素,是制约土壤有效水分的重要因子,能够表征气候因子的综合影响,对区域气候、水文、农业、生态研究有重要意义。因此在植被生态学和生物地理学上扮演了重要角色。张新时 1989 年就已经将蒸散发作为指标和变量引入国家区域的气候—植被关系研究中。因此,在气象、地理、水文、农业及生态等各学科领域关于蒸散发的研究亦越来越深入。

传统研究蒸散发是根据气象站点的常规观测值来估计,假设蒸发区域非常小以至于不用考虑区域气象或空气运动,生物学上估算蒸散发也是如此。有关蒸散及蒸发的测定,进行较早的主要有两种方法,即 E601 型及 φ20 cm 的小型蒸发皿。近 20～30 年来,虽然各种类型的蒸渗仪器投入使用,但由于其性能及技术方面尚未达到至臻至善,所以至今也未形成统一观测体系,且其资料年序短,分布零散,不能全面诠释蒸散情况。土壤水分的蒸散情况仍不得不依靠资料年代较长、观测方法比较统一的 φ20 cm 小型蒸发或 E601 型蒸发器观测数据进行订正理论上或经验上概算的土壤蒸散量值。

Peman-Monteith(P-M)方法是一个具有物理基础的计算蒸散量的方法。该方法根据动力学原理及热力学原理,考虑了辐射、温度、空气湿度等各项因子的综合影响。因此,FAO 推荐该方法作为估算蒸散发的唯一标准方法。

13.1.2.1 用 Peman 公式计算的蒸散变化特征

利用西北黄土高原 4 省 32 个具有代表性的气象台站(甘肃省 11 站,青海省 3 站,陕西省 12 站,宁夏区 6 站),应用修订的 Penman-Monteith(P-M)模型计算了西北黄土高原 48 年陆地表层最大可能蒸散量的变化。结果表明:1961—2008 年,西北黄土高原最大可能蒸散量多年平均在 400~800 mm,大部分区域在 650~750 mm。高值区居于陕西关中,其值在 720~800 mm,低值区在甘肃西南和青海东部,其值在 400~680 mm。甘肃中东部、宁夏南部和陕北一带最大可能蒸散量呈增加趋势,其变化曲线线性拟合倾向率在 $4.0 \sim 8.02 \text{ mm} \cdot (10 \text{ a})^{-1}$,最大可能蒸散量在 20 世纪 60—80 年代表现较为稳定,从 1996 年开始呈增加趋势,到 2006 年以后增加更为显著,突变发生在 1996 年。近 48 年最大可能蒸散量在高原西北部区域存在 3 年、8 年的周期振荡。对甘肃黄土高原蒸散量的研究表明,甘肃黄土高原潜在蒸散值的变化特征为,20 世纪 90 年代以后最大,其次为 60 年代和 70 年代,80 年代最小。进入 90 年代以来,由于气温升高明显,各地潜在蒸散值明显大于平均值。从潜在蒸散的四季变化来看,夏季最高,其次为春季和秋季,冬季最小。说明蒸散量受气温的支配比较大,因此在其他影响因子相对稳定的状况下,气温升高的结果必然导致蒸散量的加剧(姚小英,2006)。

13.1.2.2 实际蒸发量变化特征

蒸发皿是气象观测站观测蒸发量普遍使用的器皿,其观测条件一致,方法规范统一,资料年代长,虽然在反映蒸发上有一定局限性,但仍是一种在各种物理因子综合影响下反映观测蒸散量比较可用及可信的方法。以甘肃黄土高原为例,所选的各代表站点为基本站或基准站,根据气象观测规范要求,每年 4—11 月蒸发观测启用 φ20 cm 小型蒸发皿,12 月至翌年 3 月启用 E601 型大型蒸发皿,所测蒸发量为小(或 E601)型蒸发皿观测值(表 13.2)。

表 13.2 甘肃黄土高原各地 20 世纪 60—90 年代实测蒸发量与 40 年平均比较(mm)

地点	年代	全年值	距平	地点	年代	全年值	距平
环县	60	1745.6	48.2	天水	60	1219	−120.7
	70	1675.5	−21.9		70	1310	−29.7
	80	1661.5	−35.9		80	1304	−35.3
	90	1708.0	10.6		90	1525	185.4
	平均	1697.4			平均	1339.2	
西峰	60	1481.8	13.3	临洮	60	1253	−8.0
	70	1531.0	62.5		70	1227	−33.9
	80	1339.0	−129.5		80	1208	−52.6
	90	1527.5	59.0		90	1365	104.1
	平均	1468.5			平均	1260.8	

地点	年代	全年值	距平	地点	年代	全年值	距平
平凉	60	1474.3	31.2	岷县	60	1150	−36.6
	70	1487.7	44.6		70	1206	19.3
	80	1334.5	−108.6		80	1105	−82.1
	90	1488.8	45.7		90	1286	98.6
	平均	1443.1			平均	1187.0	

各地 20 世纪 60—90 年代实测值的变化趋势与计算的潜在蒸散量虽在数值上有所差别，但趋势基本一致，蒸发皿所测值的最大值一般出现在 7 月，最小值出现在 1 月，而潜在蒸散量最大值出现在 7—8 月，最小值出现在 1—12 月，蒸发皿所测值的峰值变化落后于潜在计算值 0.5 个月。

从 40 年蒸发皿观测蒸发量的变化看出，除天水 20 世纪 60 年代最小外，各地普遍 80 年代最小，均为负距平，最小值位于陇东的西峰，为 −129.5 mm，90 年代所测值明显大于平均值，陇东距平值为 10~59 mm·a^{-1}；陇西黄土高原中部的岷县距平值为 98.6 mm·a^{-1}，西部的临洮为 104.1 mm·a^{-1}，东南部的天水最大为 185.4 mm·a^{-1}。各地用 Peman 公式计算的潜在蒸散量各年代变化趋势与蒸发皿所测值基本一致。但是 60—90 年代各地潜在蒸散值比蒸发皿所测值高 30%~40%，其中夏季和秋季潜在蒸散量均大于蒸发皿所测值，其中夏季相差最大，达 4 成至 1 倍；冬季潜在蒸散量则小于蒸发皿所测值。

13.1.2.3 土壤水分盈亏特征分析

对于土壤的水分平衡来讲，降水量与潜在蒸散的比值(B_E/R)(干燥度)及差值 $R-B_E$ 均可表征一个地区农田土壤水分的盈余与亏缺状况。

西北地区很少受季风影响，以大陆性气候为主，绝大多数为干旱地区，少数为半干旱和半湿润地区。据西北农田实际蒸散量分布特征研究表明，西北地区农田潜在蒸散值的变化与降水密切相关，降水量越小，潜在蒸散值越大。西北地区干燥度整体水平较高，年均值均大于 1，农田实际蒸散量均大于降水量，且越往西，差值越大。对甘肃黄土高原土壤蒸散发研究结果表明，一年之中，陇东黄土高原年蒸发力是降水量的 3.4 倍，陇西黄土高原南部年蒸发力是降水量的 3.5 倍，中部地区为 4.0 倍，西部最少为 3.2 倍。秋季的蒸发力与降水量比值最小，陇东平均为 2.7，陇西南部天水为 2.4，中部定西为 3.9，西部临洮为 3.9；冬季比值最大，陇东为 6.3，陇西黄土高原的南部为 8.0，中部为 13.8，西部为 8.2，春季和夏季次之。说明由于暖冬的影响，冬季气温升高幅度最大，而降水偏少，土壤蒸散能力加强。

20 世纪 90 年代以来，西北地区降水持续偏少，气温持续升高，潜在蒸散能力持续增强，蒸散能力与可供蒸散的降水比必然增大。据统计，陇东黄土高原年潜在蒸散能力与降水的比增加了 0.9，陇西黄土高原南部增加了 1.1，甘肃黄土高原中部增加了 0.6，西部增加了 0.5。降水量与理论蒸散的差值标志着土壤水分对蒸散的不满足程度。西北地区各地 $R-B_E$ 值均为负值，夏季最大，冬季最小，秋春次之。主要作物生长需水关键期处于土壤水分的低值区，夏季为降水的高峰期，和土壤水分的蒸发期同步，蒸发强烈，土壤失墒严重，累积贮水量最小，加之土壤水分变化幅度较大，贮水效率低，冬季相反。一年当中，各地均程度不同地表现出土壤水分的稳定性。对甘肃黄土高原各代表站点的计算结果表明，$R-B_E$ 值 20 世纪 80 年代夏季和冬季以东部及中部最大，分别为 638 mm 及 111 mm，降水较丰的西部最小，分别为 510 mm 及 81 mm。90 年代由于气温增高，更加剧了土壤蒸散，土壤水分亏缺更为严重。夏季东部土壤水分亏缺量增加了 24%、南部增加了 18%、中部最大为 46%、西部为 21%；冬季土壤水分亏缺量东部最大为 43%、南部最小为 9%。90 年代以来，陇中及陇东北部增幅最多，土壤水分亏缺最为严重。与时俱增的土壤水分亏缺给西北地区农业生产、经济发展带来了严峻的挑战。独特的气候资源决定了西北地区的农业生产离不开灌溉，尤其是新疆、陕西北部及甘肃北部等地，灌溉是农作物生长需水的主要来源（姚小英，2007）。

13.2 对旱作地土壤水分的影响

13.2.1 土壤水分与降水量的关系

土壤水分是大气降水和地表植物利用共同作用的结果。已有研究表明，在 0~100 cm 各层中，耕作层 0~30 cm 土壤湿度与降水量的关系最好，因此耕作层是重点分析对象。旱作区降水量和耕作层土壤湿度存在着一致的整体趋势和年际振荡趋势。说明降水是影响土壤水分的主要因素。耕作层土壤湿度与降水量有极显著的正相关，自上而下，土壤湿度对降水量的敏感性逐渐降低。随降水增加，土壤湿度存在一个临界值。达到此临界值后，土壤湿度处于饱和状态，由于各区的土壤质地略有不同，所以此临界值也有差异。10 cm 土层的降水临界值，甘肃的陇东 100 mm，陇南 95 mm，陇中 80 mm；20~30 cm 的降水临界值 140~150 mm。不同级别的降水对土壤湿度有不同的显著影响。

13.2.2 土壤水分的气候特征

13.2.2.1 土壤水分的垂直变化特征

麦田土壤水分与冬小麦的生长发育期、土壤性质及气候因子等有关。对于相对固定的地方，其变化主要受制于降水量、气温等气候因素及作物生长发育的阶段。根据甘肃省天水农业气象试验站多年的麦田观测资料表明，0~100 cm（(0~30 cm)、(30~70 cm)、(70~100 cm)）土层内各层次土壤含水量从 3 月上旬到 11 月下旬的变化为时间（T）的函数，是一组叠加的正弦波，不同土层波相及振幅略有差异。5 月上旬，耕作层（0~30 cm）土壤含水量出现一年之中的最低值；30~70 cm 在 5 月下旬出现一年之中的最低值；70~100 cm 至 6 月中旬才开始出现一年之中的最低值（图 13.5）。随着深度的增加，振幅越来越小，变化趋于平缓（蒲金涌，2005）。

0~200 cm 土壤含水量在不同层次随时间的变化表明（图 13.6），0~70 cm 土层接纳大气降水的能力强，水分上下交换活跃，增墒失墒变化迅速，干湿交替明显，尤以耕作层（0~30 cm）变化较为突出，其含水量易受天气、气候、作物生长及人类活动等因素的影响；70~130 cm 为土壤深层，小麦的根系可延伸至此，土壤含水量虽受降水影响较小，但变化仍较大；130~200 cm 土壤含水量变化相对较小。邓振镛等研究得出，陇西黄土高原定西农业气象试验站 0~30 cm 土层土壤含水量变异系数为 30%~38%；30~100 cm 为 25%~30%；100~200 cm 为 10%~25%。可见，随深度的增加，土壤含水量是趋向稳定的。从图中还可以看出，5 月份

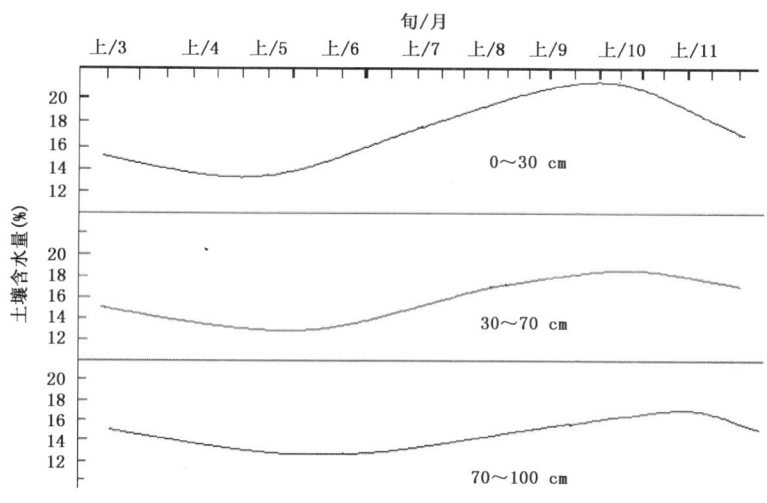

图 13.5 天水麦田土壤含水量(0～100 cm)变化(1981—2005 年)

耕作层土壤含水量即出现一低值区,随着时间的增加,这一低值区渐次向深传递,6—7 月低值区停留在 130 cm 左右。6—7 月为冬小麦生长最旺盛时段,上层土壤水不敷作物需用,土壤水向上运动明显,最深影响可达 130 cm 左右;8 月开始,麦田进入休闲期,加之气温逐渐降低,能量减小,蒸散减缓,上层土壤墒情迅速改善,下层土壤含水也缓慢增多。

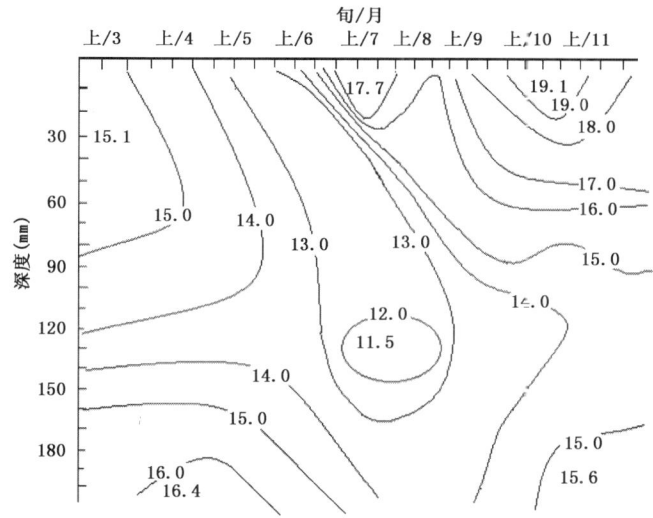

图 13.6 天水冬小麦麦田土壤含水量(0～200 cm)(%)

13.2.2.2 土壤贮水量变化特征

土壤水分贮量的变化,是土壤内部水分向上蒸散、向下渗透及外部降水共同作用、动态平衡的结果。在西北旱作区,土壤水分很难达到或接近饱和状态,100 cm 土层以下水分下渗量极少。分析甘肃天水农业气象试验站麦田 0～100 cm 土层的土壤总贮水量变化,可以看出,其变化趋势为一正抛物线(图 13.7)。0～100 cm 土层的土壤贮水总量的变化幅度均小于田间最大贮水量。说明一年之中,土壤因持水过多而引起的重力下渗量是有限的,贮水变化主要受冬

小麦吸收利用、蒸腾及田间蒸发制约,3—9月土壤贮水变化比较剧烈。0～100 cm为一随时间变化的二次曲线方程:

$$W(t) = a_o + a_1 t + a_2 t^2 \tag{13.5}$$

式中,$W(t)$表示0～100 cm土层的贮水量;t为3月上旬到9月下旬的旬序数,3月上旬,$t=1$;……9月下旬,$t=21$;a_o,a_1,a_2为常数($a_o=238.12,a_1=-16.5,a_2=0.8088$;$F=75.86\gg F_{0.05}=4.35$达显著水平)。对式(13.5)求一阶导数,得出贮水量随时间的变化率:

$$W(t) = a_1 + 2a_2 t \tag{13.6}$$

从式(13.6)可以看出,贮水量的变化率是时间的线性函数。令$W(t)'=0$,得$t_{\min}=-a_1/2a_2$为贮水量呈极小值的时间。天水农业气象试验站所在地区$t_{\min}=10.2$(6月上旬),这与实际情况是完全一致的。

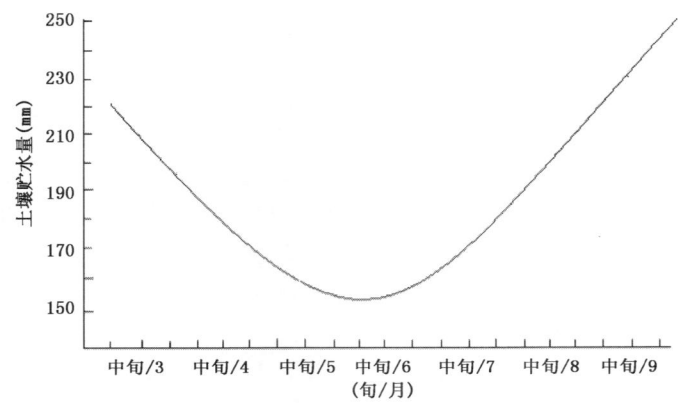

图13.7 陇西黄土高原天水土壤贮水量(0～100 cm)变化(1982—2008年)

13.2.2.3 土壤水累积耗散量变化特征

土壤水分的耗散,包括向外的蒸散(evapotranspiration)(含蒸发(evaporation)及蒸腾(transpiration))、下渗及植被的吸收利用,由于下渗量极微,可以省略,在实际工作中土壤水分耗散量则主要由蒸散及植被的吸收利用两部分构成。据姚晓英研究,同样环境条件下,陇西黄土高原旱作区0～50 cm土层在不同的土壤含水量状况下,水分蒸散的速度是不一样的。土壤含水量占田间持水量80%以上时,土壤水分失散最快;60%～80%时,土壤水分失散较快;当占田间持水量<40%时,水分失散最慢。散失等量的水分,占田间持水量40%时,比占田间持水量为60%～80%时所需时间多10～20倍。

据天水农业气象试验站0～100 cm土壤含水量资料(1982—2000年),用简化的土壤水分平衡方程$CW(t) = \sum[W(t) - W(t+1) + P(t,t+1)]$($t=1,\cdots,27$)计算得到不同时段内的$CW(t)$值。式中,$CW(t)$为土壤累积耗散量,$W$为每旬测定的100 cm土层内含水量,$t$为旬序数,其中$t$为3月上旬到11月下旬的旬序数,3月上旬$t=1$—11月下旬$t=27$,$P(t,t+1)$为两旬测定时段内的降水量。据分析,从解冻的3月上旬到冻结的11月下旬,陇西黄土高原土壤水的年逐旬累积耗散是时间的函数(图13.8),可用logister曲线来描述:

$$CW(t) = D/(1 + e^a + bt) \tag{13.7}$$

a、b、D为系数($a=4.72128$、$b=-0.324078$、$D=521.44$;$F=726.3 \gg F_{0.05}=4.21$,拟合效果显著)。

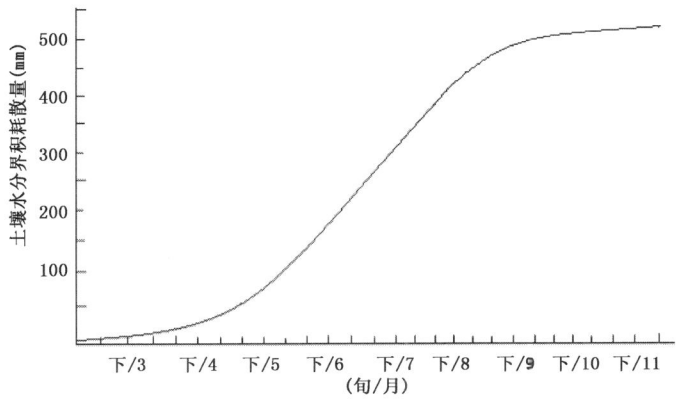

图 13.8 陇西黄土高原天水土壤累计水分变化(0~100 cm)

由式(13.7)得出 100 cm 土层内 3—11 月间的土壤水耗散量为 512 mm,这与该地年平均降水量基本持平。3—5 月气温回升快,随着植被生长发育对土壤水分需求的增加,土壤水分的累积耗散量上升较快,但由于春季大气降水相对较少,补充不足,尤其是上层土壤水蒸散速度较快,加之春季气温不高,蒸散所需的热能还嫌不足,在当时气温等物理环境条件下,土壤处于"无水可蒸散"或只有少量水可供蒸散的状态,总体累积耗散量增速相对较缓;6—9 月是一年之中降水相对较多的月份,上层土壤水补充比较及时充足,气温较高,能量较大,一方面较多的降水保证了蒸散的相对较丰供给,另一方面充足的能量又使得蒸散能力加强,累积耗散量增加速度最快;9—11 月大气降水虽然较多,但气温降低,能量较小,蒸散能力减弱,累积耗散量的增加速度也迅速减小。若令 $CW''(t)=0$,得出累积耗散量增加速度变化最小的时间为 $t=b/a=14.6$,此期为该地 6 月下旬至 7 月上旬。证明盛夏是累积耗散量增加最快、土壤水分累积耗散变化速度比较稳定的一个时段。这同多年的实际测定情况是完全吻合的。

13.2.3 土壤水分对气候变化的响应

13.2.3.1 气候变暖对土壤贮水量的年际变化的影响

自 20 世纪 90 年代以来,西北地区土壤水分贮量呈减少之势。以甘肃黄土高原为例(表 13.3),陇东黄土高原 1991—2003 年土壤贮水量均值比 80 年代 0~100 cm 土层减少 5~10 mm,0~200 cm 土层减少 10~15 mm;陇西黄土高原 0~100 cm 减少 15 mm,0~200 cm 土层减少 10~30 mm;值得指出的是,0~100 cm 土层的总贮水量占 0~200 cm 总贮水量的比例随着年代递减。80 年代占 48%~57%,90 以后代占 46%。各土壤贮水量测量点较为一致。说明对于一定深度层次的土壤贮水量来说,上层水分有逐年减少之趋势。

表 13.3 不同时期甘肃黄土高原平均土壤贮水量(mm)

深度	年份	环县	西峰	泾川	天水	定西	通渭	榆中
100 cm	1981—1990 年	144	194	220	192	154	116	123
	1991—2003 年	137	166	186	182	149	130	122
	差值	−7	−26	−34	−10	−5	−11	−1
200 cm	1981—1990 年	63	367	386	367	290	267	269
	1991—2003 年	53	338	374	350	273	225	228
	差值	10	29	12	17	17	42	41

13.2.3.2 气候变暖对 1 m 土壤贮水量的逐旬变化及 2 m 土壤贮水量的逐月变化的影响

1991—2003 年 100 cm 各时段平均土壤贮水量均小于 20 世纪 80 年代(表 13.4),最大差的值绝对值陇东黄土高原出现在春、秋两季;陇西黄土高原出现在春末夏初及初秋;最大差值的绝对值出现时间两地相差 20～30 d。最小绝对值均出现在夏季。

表 13.4 甘肃黄土高原 0～100 cm 土壤贮水量的逐旬变化(mm)

旬/月	陇东黄土高原(西峰)			陇西黄土高原(天水)		
	1981—1900 年	1991—2003 年	差值	1981—1900 年	1991—2003 年	差值
上/3	214	190	−24	191	192	1
中/3	214	194	−20	188	191	3
下/3	212	192	−20	192	182	−9
上/4	211	185	−26	189	184	−5
中/4	201	190	−11	184	174	−10
下/4	196	164	−32	182	167	−16
上/5	174	156	−18	175	152	−23
中/5	174	146	−28	170	148	−21
下/5	165	132	−33	165	141	−23
上/6	167	136	−31	159	146	−13
中/6	143	140	−3	156	148	−8
下/6	146	132	−14	169	150	−19
上/7	166	142	−24	181	166	−15
中/7	173	153	−20	184	183	−1
下/7	184	175	−9	188	180	−8
上/8	189	178	−11	196	188	−8
中/8	217	195	−23	201	184	−17
下/8	214	191	−23	207	199	−8
上/9	226	177	−49	232	194	−38
中/9	224	190	−34	224	229	5
下 9	239	190	−49	234	201	−33
上/10	228	196	−32	228	217	−12
中/10	230	213	−16	234	234	0
下/10	231	211	−20	228	225	−3
上/11	222	200	−23	226	222	−4

20 世纪 80 年代到 2003 年 0～200 cm 一年之中土壤总贮水量也经历了高、低、高的变化过程(表 13.5),即春季较高,夏季最低,秋季最高,以陇东黄土高原变化最为剧烈。1981—1990 年与 1991—2003 年土壤贮水量一年之中最接近的时段为的最低值的 6—7 月,相差值陇东黄土高原为 20 mm;陇西黄土高原为 36 mm。相差最大时段是 10—11 月及 4—5 月,陇东黄土高原为 90 mm;陇西黄土高原为 40 mm。由此可见,80 年代以后春、秋季的土壤保墒、收墒能力的降低,是土壤水年际差值加大、土壤贮水量趋小的主要原因。

表 13.5　甘肃黄土高原 0~200 cm 土壤贮水量的逐月变化(mm)

地点	年代	3月	4月	5月	6月	7月	8月	9月	10月	11月
西峰	1981—1990年	399	259	341	291	302	348	396	422	447
	1991—2003年	359	355	313	278	276	316	331	359	360
	差值	−40	−8	−28	−13	−26	−22	−65	−63	−87
天水	1981—1990年	399	369	343	331	305	377	395	423	438
	1991—2003年	284	302	300	298	324	351	379	377	400
	差值	−15	−57	−43	−33	−19	−26	−16	−46	−38

13.2.3.3　气候变暖对土壤贮水量空间变化的影响

气候变暖也影响了土壤贮水量的空间分布。以陇东黄土高原的西峰站为例(图 13.9)，0~200 cm 各层次土壤平均贮水量显示，40 cm 以上 1991—2008 年的平均值大于 20 世纪 80 年代，40 cm 以下 1991—2008 年土壤贮水量开始小于 21 世纪 80 年代。随深度的加深，大部分层次出现了负值区域，90~100 cm 尤为明显。

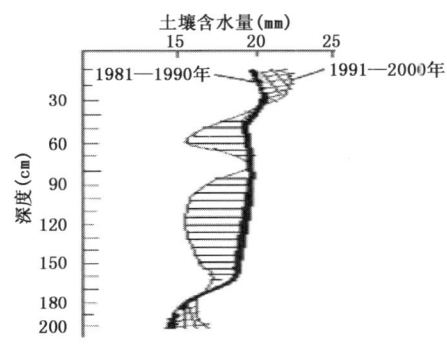

图 13.9　西峰平均土壤贮水量(0~200 cm)随深度的变化

各层平均土壤贮水量随深度及时间分布显示(图 13.10)，春、夏、秋季土壤贮水量分别出现比较明显的水分较丰时段及层次(20 mm，占田间持水量 60%左右)、水分匮缺时段及层次(16 mm，占田间持水量 40%左右)、水分丰富时段及层次(24 mm，占田间持水量 80%)。从 20 世纪 80 年代以来，春季土壤水分较丰层次由 120 cm 向上退缩至 30~40 cm，时间从 3 月上旬至 4 月中旬缩短至 3 月上旬至 4 月上旬；120 cm 以下土壤含水匮缺开始时间从 5 月份提前到土壤解冻的 3 月，浅层(0~50 cm)土壤含水匮缺的结束时间从 6—7 月推后到 7—8 月。1991—2003 年 6—7 月 50~100 cm 深度出现了土壤含水严重缺少现象(<13 mm，<40%田间持水量)，秋季恢复土壤含水较丰的范围无论从时间或者层次都有较大退缩。土壤含水丰富期出现时间从 7 月推后到 9 月，上层深度从 10 cm 向下退至 60 cm，下层深度从 180 cm 向上退至 80 cm，从 80 年代的 150 cm 厚度减至累积厚度不足 50 cm 的 60~90 cm、180~200 cm 两个层次；水分丰富时段、层次消失殆尽。除去降水影响外，90 年代因冬季气温偏高，土壤水运动活跃导致的春秋水分散失、较多保墒能力低是土壤贮水量减少的主要原因。其定量描述还有待于进一步探索。

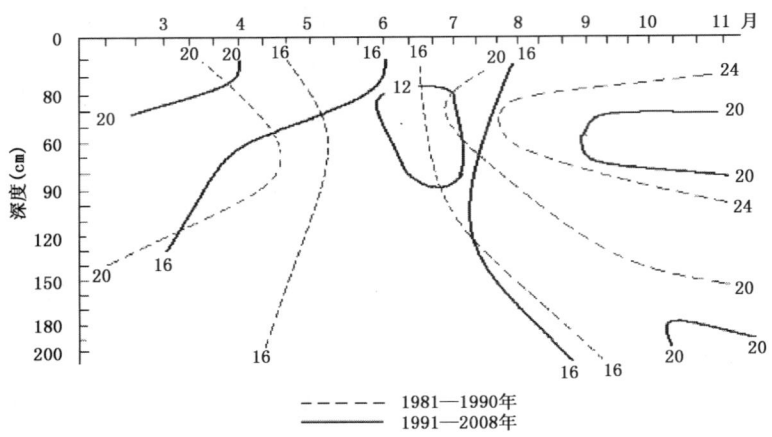

图 13.10 西峰平均土壤贮水量(单位:mm)随深度的变化(0~200 cm)(1981—2008 年)

13.2.4 土壤水分有效利用评述

一年之中,西北干旱地区大气降水有 49%~55%集中在夏季,土壤水分得到补充最多,该季节植被生长旺盛,气温高、能量充足,耗散失水量也最大;冬季降水量最小,占年降水总量 3%,气温低,能量小,耗散失水最少。以甘肃的陇西黄土高原为例,土壤从大气中得到的补充水分以陇西黄土高原的中部定西为最少,西北部的临夏最多,东南部的天水次之。

正常年份,西北旱作区土壤贮水量远不能达到充分满足作物需求状态。以土壤含水量占田间持水量≤40%为严重干旱的界限值,以土壤含水量占田间持水量 60%为轻度干旱的界限值,以土壤含水量占田间持水量 80%为作物可利用水分的最适宜值,利用陇西黄土高原各站(1982—2005 年)土壤含水量平均值,计算各地在作物生长季节的土壤含水与最适宜水分之间的差值(表 13.6)。可以看出,陇西黄土高原土壤严重干旱的土壤含水量界限值为 9.0%~11.0%,轻度干旱的界限值为 13.0%~16.0%,最适宜水分的界限值为 18%~22%。作物生长季节,各地土壤含水与最适水分含量均有一定差值,一般夏季最大,可达 100 mm,春季次之,为 30~70 mm。说明该地域植被生长受水分制约程度大。

表 13.6 陇西黄土高原水分界限值及冬小麦主要生长季土壤含水量(%)、贮水量(mm)与最适水分含量比较

站点	严重干旱		轻度干旱		最适宜水分		土壤贮水量—最适宜水分	
	土壤含水量	贮水量	土壤含水量	贮水量	土壤含水量	贮水量	春	夏
临夏	10.5	154	15.7	231	21.0	308	−33	−54
榆中	11.0	130	16.4	194	21.9	258	−66	−102
靖远	9.7	127	14.6	191	19.4	254	−29	−90
定西	10.2	130	15.2	193	20.3	258	−50	−80
通渭	9.2	104	13.9	157	18.5	209	−70	−72
天水	9.2	121	13.7	181	18.3	242	−32	−69

由于少雨时段和多雨时段的差异,以及冬小麦不同生长时期生理耗水的差异,冬小麦不同生长发育时期,水资源构成不尽相同。7—8 月是甘肃陇东地区麦田主要收墒期,幼苗生长期水资源 60%来源于播种前土壤贮水,40%来源于幼苗生长期间自然降水。春旱是威胁陇东农

业生产的主要农业气象灾害,植株生长期和成穗期土壤水库贮水分别占对应期间水资源总量的 74% 和 66%,而期间降水量则只占需水量的 23% 左右。籽粒形成期正处在陇东少雨时段向多雨时段转折期,降水量是各生长时段最多的,而由于春旱,前期土壤贮水消耗较大,籽粒形成期土壤贮水是冬小麦整个生长期贮水量最低的时期,只占水资源总量的 34%。

13.3 对灌区土壤水分的影响

甘肃河西地区深居内陆,受西风带系统和高原大地形影响,气候条件恶劣,降水稀少,是一个以农业为主的典型灌溉区,包括西部酒泉、中部张掖和东部武威三个地区。

13.3.1 土壤水分变化特征

河西灌区 5 月上旬开始灌溉,农作物灌溉保证率在正常情况下达 100%,因此灌溉之前 3—4 月的土壤水分状况最具代表性。

13.3.1.1 年际变化

从图 13.11 可以看出,灌区总体表层土壤湿度年际变化曲线波动振幅较大,随着深度的增加,波动振幅依次减小。东部和西部地区各层土壤湿度相差不大,而中部相差较大,且年际变幅均较东、西部大,但从 20 世纪 90 年代末开始,这种差距在整个灌区都缩小了。土壤湿度年际变化趋势东、西部各层基本一致,深层土壤湿度比浅层的土壤湿度明显偏高;而中部浅层土壤湿度与深层土壤湿度的年际变化趋势不一致,20 cm 以上与以下的土壤湿度年际变化曲线为反位相,表层 0~10 cm 土壤湿度比其他各层明显偏低,而 10~20 cm 土壤湿度比其下的各层明显偏高。

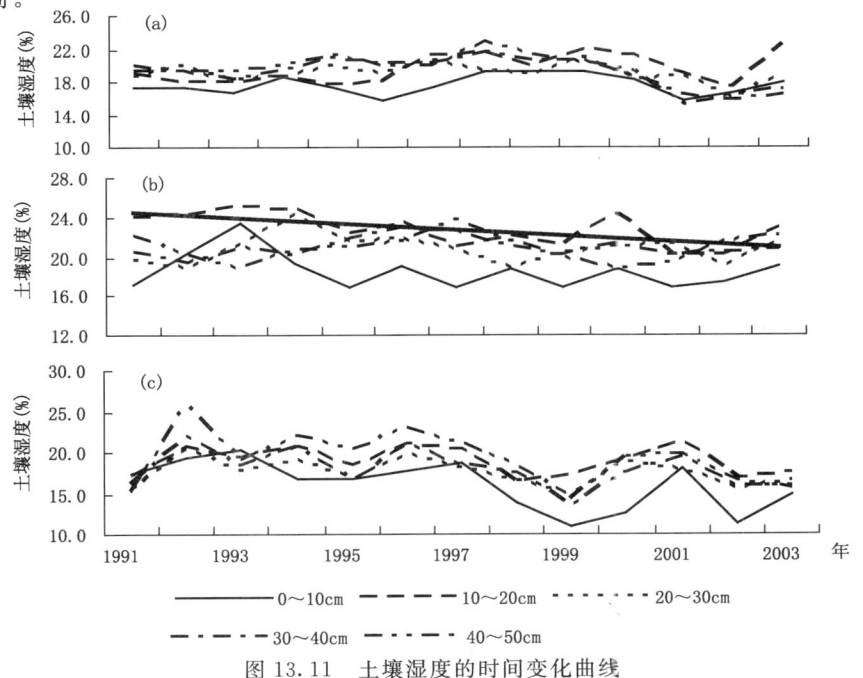

图 13.11 土壤湿度的时间变化曲线

((a)为东部,(b)为中部,(c)为西部,(b)中粗实线为 10~20 cm 线性变化)

13.3.1.2 线性趋势

线性倾向分析表明,东部地区表层 0~10 cm 变化趋势不明显,10~20 cm 为明显上升趋势,自 20~30 cm 开始,呈下降趋势,而且随着深度的增加,下降趋势愈来愈明显,说明浅层土壤湿度和深层土壤湿度具有相反的变化趋势,前者变湿,后者的趋势为变干;中部地区除 10~20 cm 土壤湿度呈较明显的下降趋势外(图 13.11b),其余各层变化趋势均不明显。西部地区各层均呈下降趋势,在表层和最深层的倾向率较大,中间各层较小,说明在表层和最深层土壤湿度变干的程度较中间各层突出。

13.3.2 土壤水分对气候变化的响应

13.3.2.1 降水对土壤湿度的影响

根据地表收支方程可知,降水增多有利于土壤湿度增加,而土壤湿度的增加同样使得地表蒸散增加,地表蒸散的增加为后期降水的增加提供了水汽,最终将使降水进一步增加。

分析三个地区土壤湿度与降水的关系,发现各区表层土壤湿度对降水的依赖关系非常明显,但其变率比降水小。统计各层土壤湿度与春季降水的相关系数(表 13.7),可以看出,东、中、西部表层的土壤湿度与春季降水的相关系数分别为 0.5784、0.6601、0.4913。因此,可以说表层土壤湿度的年际变化主要受降水的年际变化控制。从表 13.7 还可以看出,10 cm 以下的各层土壤湿度与降水的相关系数均明显小于表层。因此,可以认为,在河西走廊绿洲灌区,土壤湿度和降水的关系主要表现在土壤的表层,随着深度的增加,两者的关系逐渐减弱。而表层土壤湿度与降水的关系仅表现两者时间变化曲线波动的一致性上,只有在西部地区两者的年际变化趋势一致(曹玲等,2005)。

表 13.7 各区土壤湿度与春季降水之间的相关系数

深度	东部	中部	西部
0~10 cm	0.5784	0.6601	0.4913
10~20 cm	0.2738	0.1118	0.0892
20~30 cm	0.2180	−0.0223	0.1037
30~40 cm	0.0987	0.0969	0.1339
40~50 cm	0.1288	−0.0653	−0.0572

13.3.2.2 土壤湿度与气温的关系

气温的升高,增加了土壤中的水分蒸发,从而使土壤湿度降低。河西走廊绿洲灌区总体气温是呈上升趋势的,但对不同的地区,气温对土壤湿度的影响深度是不同的。通过统计各区域气温与土壤湿度之间的相关系数发现,在东部地区气温与土壤湿度的反相关关系越往深层表现越明显,但在表层却为比较明显的正相关关系(相关系数为 0.5322);中部地区气温与土壤湿度的反相关关系只在 10~20 cm 反映出来,在其他各层均没有明显的相关关系;西部地区这种反相关关系在各层均表现明显,而以表层和最深层尤为突出。

在前面分析的各区域逐层土壤湿度的线性倾向变化中也得到了比较一致的结论:在东部地区,气候变暖对土壤干化的影响随着深度的增加而增大,在 30 cm 以上几乎没有影响;中部地区这种影响只在浅层 10~20 cm 比较突出,在其他各层不明显,其原因可能是土壤水分由温度较低处向较高处运动,春季在10~20 cm土壤温度相对较高,从而集中了较大的水分;在西部地区,气候变暖对各层土壤干化均产生影响,这种影响在表层和较深层表现比较明显。

13.3.3 春季河西走廊绿洲土壤湿度与沙尘暴的关系

河西走廊由于其所处特殊的地理环境和下垫面条件的影响,一直是大风沙尘暴天气的高发区。而春季该地区由于多大风,气温回暖解冻,地表裸露,是沙尘暴天气的高发期。

1991—2003年张掖土壤湿度与沙尘暴的出现次数变化趋势相反,相关系数为-0.6312,达到了95%的置信度(图13.12)。这表明,春季河西走廊绿洲土壤湿度相对较大,该地区沙尘暴爆发的次数相对较少;而土壤湿度较小的春季,出现沙尘暴的次数相对多些。

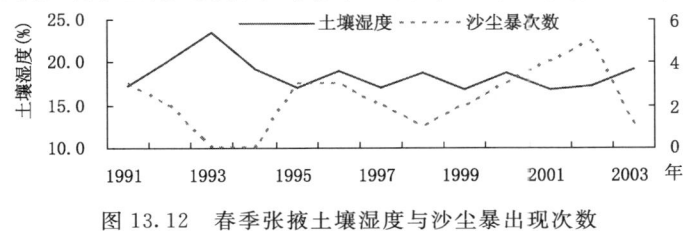

图13.12 春季张掖土壤湿度与沙尘暴出现次数

造成沙尘暴爆发的原因是多方面的,其形成的天气气候背景、动力热力条件等目前已有较多的研究。但我们认为土壤湿度对起沙是有一定影响的。地表水分的减小,使得土壤容易沙化,从而有利于沙尘的扬起。

13.3.4 节水灌溉技术

河西走廊灌区是甘肃省重要的商品粮基地和棉花产地,制种玉米、棉花、葡萄、特色瓜果是该区重要的支柱产业。近年来,一方面由于气候变化,三大流域出山口来水量减少,加上流域增加灌溉用水和生态用水等原因,造成河西全流域资源性缺水;另一方面,农业用水所占比重大,地下水超采,致使地下水位以每年0.2~1.0 m的速度下降,导致河西地区生态环境面临着沙进人退的严重后果。特别是水资源开发利用不当,造成土壤次生盐渍化和水污染持续增加。因此,大力发展以膜下滴灌、垄膜沟灌等为主的农田节水灌溉技术,将过去浇地、泡地的灌水方式改变为根据作物类型适时适量地浇灌作物的方式,既能减少水资源浪费,降低灌水成本,提高作物产量和品质,又能遏制地下水位下降和生态恶化,缓解水资源短缺问题,实现水资源的可持续利用(崔毅,2005)。

13.3.4.1 小畦灌水技术

小畦灌溉是我国北方井灌区行之有效的一种节水灌溉技术,河北、山东、河南等省的一些园田化标准较高的地方,正在逐步推广应用。其优点是灌水流程短,减少了沿畦长产生的深层渗漏,因此能节约灌水量,提高灌水均匀度和灌水效率。缺点是灌水单元缩小,整畦时费工。小畦灌溉就是相对过去长畦、大畦而言,将灌溉土地单元划小,但畦子的大小也不是越小越好,而是根据一些技术指标来确定畦田的长度。

13.3.4.2 间歇灌水技术

间歇灌溉技术是20世纪80年代以来研究出的一种新的地面灌溉技术,它突破了传统的地面灌溉模式,具有灌水速度快、节约水量和灌水均匀度高等优点。传统的地面灌溉方式是连续地向沟（畦）田输入一个大致不变的流量，直到灌完一个沟（畦）为止。在水流推进过程中，入渗水流量尽管沿沟（畦）长逐渐减少，但仍是连续的，所以又称为连续灌溉。而间歇灌溉则是以一定的或变化的周期循环间断地向沟（畦）田灌水，即交替地向几个沟（畦）田供水。间歇灌溉开始时，当水流入沟（畦）一定距离时停止供水（即将水改口入另一沟畦），待田面水层消退后，再开始供水，第二次供水推进长度为第一次供水的湿润长度加上新推进的一段长度，尔后再停止供水，等到再次消退后再供水，不断重复这种循环直到灌完全部沟（畦）田为止。

13.3.4.3 膜上灌

膜上灌的基本形式有以下几种。

（1）开沟扶埂膜上灌。在膜上灌铺膜装置未研制成功前，利用原有的铺膜机平铺地膜，灌水前在两膜之间用开沟器开沟，在膜侧形成小的土埂，膜床高于两边沟底。因为膜床高、埂子小、水易下沟，所以推广中采用较少。

（2）打埂膜上灌。它是第一种形式的改进形式。有两种形式，一为有慢灌带的打埂膜上灌，即作 1～2 m 宽的小畦，将 90 cm 塑膜铺于其中，一膜 3 行种植，膜两侧有 10 cm 左右的漫灌带。这种形式的膜上灌，畦长一般为 30～50 m，入畦流量 5 L·s^{-1}，节水 20% 以上。另一种为无漫灌带的打埂膜上灌，即做宽为 95 cm 左右的小畦，把宽为 70 cm 地膜铺于其中，一膜 2 行种植，膜两侧为土埂。这种膜上灌，畦长 80～120 m，节水 30%～50%。

（3）沟内膜孔灌。沟内膜孔灌是将土壤整成沟垄相间的波浪形田面。地膜铺于沟底和两坡，作物种在两侧坡边上，利用放膜孔为作物供水，节水 30% 以上。缺点是垄背杂草丛生，放苗孔以下水量无效蒸发。

（4）膜孔膜缝灌。是第三种形式的改进形式，即把膜铺在垄背上，相邻两膜在沟底形成 2～3 cm 宽的一条缝。通过放苗孔和窄缝给作物供水，克服了沟内膜孔灌的缺点。

13.4 对主要农作物土壤水分的影响

13.4.1 冬小麦

13.4.1.1 土壤贮水量对旱作区冬小麦生产力的影响

（1）土壤贮水力

1）土壤最大贮水量

土壤最大贮水量是指一定土层厚度的土壤总含水量，以土层深度（mm）表示。其计算式为：

$$U = F \times h \times E \times 10 \tag{13.8}$$

U 为土壤贮水量（mm）；F 为土壤容量（g·cm^{-3}）；h 为土壤厚度（cm）；E 为田间持水量（%）。

从表 13.8 看出，不同水分气候区土壤最大贮水量差异很大，半干旱区、半湿润区和湿润区 1 m 土层分别为 270 mm、299 mm、331 mm，2 m 土层分别为 561 mm、605 mm 和 676 mm。与湿润程度和田间持水量有关，气候越湿润、田间持水量越大，土壤贮水能力越大。

2）土壤最大有效贮水量

土壤有效贮水量是指土壤中含有大于凋萎湿度的水分贮存量。其计算式为：

$$\mu = F \times h \times (E - E_R) \times 10 \tag{13.9}$$

μ 为有效贮水量(mm);E_R 为田间凋萎湿度(%)。

受作物凋萎湿度影响,各水分气候区最大有效贮水量也有较大差别,半干旱区、半湿润区和湿润区分别占最大贮水量的 79%、75% 和 58%,有随湿润度增加而减少趋势(表 13.8)。

3)不同干旱程度的贮水量

不同农业干旱程度,其土壤贮水量标准不同。以田间持水量 40%、60% 和 80% 的土壤水分分别确定为严重干旱、轻度干旱和最适宜冬小麦生长发育的土壤贮水量指标。

从表 13.8 看出,在 1 m 土层内,半干旱区最适宜、轻度干旱和严重干旱的贮水量指标为 216 mm、162 mm 和 108 mm;半湿润区分别为 240 mm、180 mm 和 120 mm;湿润区分别为 265 mm、198 mm 和 132 mm。在 2 m 土层内,半干旱区分别为 449 mm、337 mm 和 225 mm;半湿润区分别为 484 mm、363 mm 和 242 mm;湿润区分别为 541 mm、406 mm 和 271 mm。总的趋势是气候越湿润,贮水量的标准越高,这是由最大贮水能力的差异造成的。各地应根据不同季节的土壤贮水量标准采取不同的农业耕作和管理措施。

4)土壤实际贮水量

实际测定的土壤贮水量比最大贮水量和最适宜贮水量有很大差异。半干旱区、半湿润区和湿润区 1 m 土层实际贮水量分别为 111 mm、183 mm 和 269 mm。2 m 土层分别为 230 mm、370 mm 和 550 mm(表 13.8)。实际贮水量分别占最大贮水量的 41%、61% 和 81%;占最适宜贮水量的 51%、76% 和 102%。随湿润度增加贮水量越多。湿润区的实际贮水量比最适宜贮水量还多 4~9 mm。各地实际贮水量与年降水量呈明显正相关关系。因此,不同水分气候年型(正常年、干旱年、丰水年)实际贮水量有较大的差异。

表 13.8 不同水分气候区土壤贮水能力(mm)

土层	项目	半干旱区	半湿润区	湿润区
土层 0~100 cm	最大贮水量	270	299	331
	最大有效贮水量	212	225	192
	最适宜贮水量	216	240	265
	轻度干旱	162	180	198
	严重干旱	108	120	132
	实际贮水量	111	183	269
土层 0~200 cm	最大贮水量	561	605	676
	最适宜贮水量	449	484	541
	轻度干旱	337	363	406
	严重干旱	225	242	271
	实际贮水量	230	370	550

(2)农田耗水量

1)麦田累积耗水量的计算方法

$$C_t = \sum_{t=1}^{n}(D_t - D_{t+1} + P_{t-t+1}) \quad (13.10)$$

式中,D 为旬(月)测定的某一土层土壤水分;t 为冬小麦从播种起以旬(月)为单位的时间序列;P_{t-t+1} 为两次测定土壤水分期间的降水量;n 为要计算的旬(月)数。冬季(12—2月),因土壤冻结未进行土壤水分测定,则式(3.10)无 $D_t - D_{t+1}$ 项,只有 P_{t-t+1} 项。

2)冬小麦耗水量指标

从表 13.9 看出,冬小麦全生育期 2 m 土层实际耗水量为 304～343 mm,平均为 330 mm。各水分气候区耗水量差异并不大,有随湿润度增大而递减的趋势。蒸腾系数为 330～648,平均为 442。随湿润度增加而迅速递减,半干旱区差异比较大,比湿润区约大一倍。

表 13.9 不同水分气候区冬小麦实际耗水量和蒸腾系数

气候区	贮水量(mm)	耗水量(mm)	蒸腾系数($g \cdot g^{-1}$)
半干旱区	230	342	648
半湿润区	370	343	348
湿润区	550	304	330

从表 13.10 和图 13.13 看出,冬小麦冬前生长阶段,实际耗水量不多,耗水量全部来源于 0～30 cm 土壤耕作层。此时降水较多,可满足植株对水分需要,尚有 34.3% 的盈余水分贮存于土壤中。返青后耗水量开始加大,拔节期正值春季少雨阶段,降水量只能满足耗水量的 75%,有 25% 的亏缺水分要靠土壤贮水供给,其中 82.6% 的水分来自 100 cm 以上土层,17.4% 的水分来自 100 cm 以下土层。拔节抽穗期是全生育期中需水关键期,也是耗水高峰期,正常水分年,此时降水量基本能满足麦田耗水量,但干旱年要靠土壤贮水供给。抽穗灌浆期正值春末夏初少雨期,麦田耗水量较大,此时降水量仅能满足麦田耗水量的 14%,剩余 86% 的水分完全依赖于播前 100 cm 以下的土壤贮水补给,因此,有"伏秋雨春用"之说。灌浆成熟期需水量逐渐减少,此时正值当地 6 月下旬至 7 月上旬的一段相对多雨期,其降水量在多数年份能满足麦田对水分需要,且少数年份有盈余的水分贮存于土壤之中。经统计得出,不同水分气候区冬小麦生育期降水量只占实际耗水量的 65%～95%,有 5%～35% 的耗水量是从播种前土壤贮水量补给的。看来,冬小麦对土壤贮足伏秋底墒,尤其干旱年显得非常重要。

表 13.10 西峰冬小麦不同生育阶段实际耗水量与降水量满足率

项目	播种—越冬	越冬—返青	返青—拔节	拔节—抽穗	抽穗—灌浆	灌浆—成熟	全生育期
耗水量(mm)	62.9	21.5	92.6	110.3	80.7	73.6	441.6
日耗水量(mm)	1.60	0.20	1.85	5.25	3.84	2.73	1.51
耗水率(%)	14.1	4.9	21.0	25.0	18.3	16.7	100.0
降水量(mm)	95.7	17.1	69.6	104.8	11.4	111.0	409.6
降水占耗水比(%)	152.5	79.5	75.2	95.0	14.1	150.8	92.7
土壤供水量(mm)	−33.0	4.4	23.0	5.5	69.3	−37.4	32.0

3)农田耗水量变化特点

冬小麦不同生育阶段消耗不同土层水分(表 13.11)。在冬小麦营养生长阶段,2 m 土层耗水率为 53.4%。由于根系主要分布在土壤上层,故 50 cm 内土壤水分消耗明显,耗水率达 33.3%,越往深层递减。进入生殖生长阶段,冬小麦生长进入旺盛阶段,耗水量不断增大,2 m 土层总耗水率为 62.2%,比营养阶段提高 8.8%。由于上层土壤水迅速减少,不能满足需要,迫使根系不断下伸吸收深层土壤水,所以 50 cm 内的上层水比营养阶段耗水率下降 12%;50 cm 以下的各层土壤水耗水率均大于营养生长阶段 5.9%～8.5%,致使深层土壤水分不断向上层输送,以满足冬小麦生长需要。因此,在农田耕作和管理上,尤其要注意贮好和管好底墒,以防生殖阶段干旱的发生和危害。

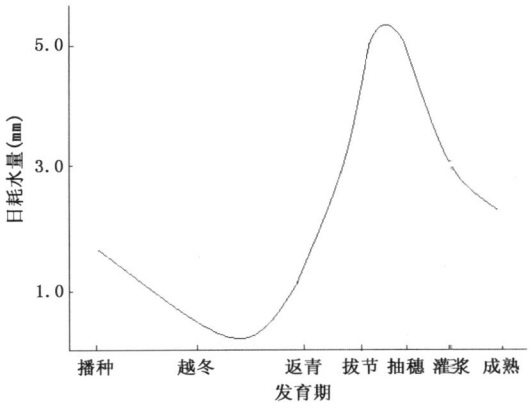

图 13.13 冬小麦日耗水量变化趋势

表 13.11 冬小麦不同生育阶段不同土层耗水率(%)

土层(cm)	0～50	51～100	101～150	151～200	0～200
营养生长阶段(返青—孕穗)	33.3	7.6	7.6	4.9	53.4
生殖生长阶段(孕穗—成熟)	21.3	16.1	13.5	11.3	62.2

(3) 冬小麦水分生产力

限制旱作区冬小麦产量高低的重要因素是水分。因此,可用大气降水生产力和土壤水分生产力来表示某地旱作冬小麦水分生产力。其表达式分别为:

$$P_r = W/R \text{ 和 } P_S = W/C \tag{13.11}$$

式中,P_r 和 P_S 分别为 666.7 m^2(每亩)大气降水生产力(kg·mm^{-1})和土壤水分生产力(kg·mm^{-1}),W 为冬小麦籽粒产量(kg·666.7 m^{-2}),R 和 C 分别为冬小麦生育期大气降水量(mm)和土壤耗水量(mm)。这两个指标能比较客观真实地反映土壤贮水和有效降水对冬小麦产量的贡献。

从表 13.12 看出,在正常年份,冬小麦生育期大气降水生产力为 0.33～1.54 kg·mm^{-1},平均为 0.96 kg·mm^{-1}。土壤水生产力为 0.30～1.38 kg·mm^{-1},平均为 0.87 kg·mm^{-1}。土壤水生产力比大气降水生产力低 0.09 kg·mm^{-1};约少 9.4%。干旱年比正常年水分生产力低得多,大气降水生产力低 0.14～0.63 kg·mm^{-1},约少 40%;土壤水生产力低 0.06～0.62 kg·mm^{-1},约少 23%。看来,旱作小麦由于受水分因素的制约,水分生产力极不稳定,年际变化很大,尤其 20 世纪 90 年代以后,气候暖干化的影响,冬小麦水分生产力大幅下降。因此,要特别注意气候暖干化后,水分生产力严重下降的安全生产问题。

表 13.12 不同水分气候区冬小麦水分生产力(kg·mm^{-1})

气候区	正常年			干旱年		
	大气降水生产力	土壤水分生产力	差值	大气降水生产力	土壤水分生产力	差值
半干旱区	0.33	0.30	0.03	0.19	0.24	−0.05
半湿润区	1.01	0.94	0.07	0.67	0.69	−0.02
湿润区	1.54	1.38	0.16	0.91	0.76	0.15

同一种气候年型,以湿润区的水分生产力最高,正常年份 1 mm 大气降水和土壤水可生产 1.54 kg 和 1.38 kg;其次是半湿润区 1 mm 大气降水和土壤水可生产 1.01 kg 和 0.94 kg,以半干旱区水分生产力最低,1 mm 大气降水和土壤水可生产 0.33 kg 和 0.30 kg。比半湿润区和湿润区分别下降为 68% 和 78%,随干旱程度增加,水分生产力明显递减。

在同一地区不同气候年型耗水量不同,生物产量差异很大。冬小麦生育期间干旱年实际耗水量比正常年要少 200~300 mm,蒸腾系数小 65 左右,生物产量也明显偏低 3000~7000 kg·hm^{-2}(表 13.13)。实际耗水量与生物产量呈显著正相关,相关系数达 0.989。当生物产量在 4000 kg·hm^{-2} 水平时,实际耗水量为 150 mm,蒸腾系数为 350 左右;当产量在 12500 kg·hm^{-2} 时,实际耗水量为 500 mm,蒸腾系数为 400 左右。生物产量增加,使耗水量增大的幅度远远超过蒸腾系数增大的幅度。在一般情况下,1 mm 耗水量可生产生物产量 1.416 kg。当生产水平达到一定高度时,生物产量增加,其实际耗水量却相对减少,蒸腾系数也相应降低。

表 13.13 不同气候年型冬小麦实际耗水量、蒸腾系数与生物产量

气候区	正常年			干旱年		
	耗水量 (mm)	蒸腾系数 (g·g^{-1})	生物产量 (kg·hm^{-2})	耗水量 (mm)	蒸腾系数 (g·g^{-1})	物产量 (kg·hm^{-2})
西峰	500.5	402.3	12442.5	321.6	339.5	9472.5
天水	467.5	419.8	11137.5	142.6	355.1	4012.5

(4)几点认识(邓振镛,2010)

1)黄土高原西部旱作区是一个贮水和保水性能良好的天然水库,为冬小麦生长发育提供较好的 水分生存环境,应予大力开发和利用。1 m 和 2 m 土层最大贮水量以及最适宜贮水量分别为 270~331 mm 和 561~676 mm 以及 216~265 mm 和 449~541 mm,总的趋势是随湿润度增加而增大。但实际贮水量 1 m 和 2 m 土层分别为 111~269 mm 和 230~550 mm,只相当于半干旱区、半湿润区和湿润区最大贮水量的 41%、61% 和 81%;只达到最适宜贮水量的 51%、76%、102%。愈是干旱地区实际贮水量愈少,与气候类型相吻合。半干旱区远不能满足冬小麦生长需要,达到严重干旱程度;半湿润区只能勉强维持生存需要,达到轻度干旱,必须采取一套有效保墒耕作抗旱措施;只有湿润区达到最适宜指标能满足冬小麦需水要求。

2)黄土高原旱作区冬小麦全生育期 2 m 实际耗水量和蒸腾系数分别为 304~343 mm 和 330~648,总的趋势是随干旱程度增加而增大。冬小麦生育期降水量只能满足耗水量的 65%~95%,有 5%~35% 的耗水量是从播前土壤贮水量补给的。冬小麦拔节抽穗期是耗水高峰期,也是需水关键期。2 m 土层营养和生殖阶段分别消耗土壤贮水量的 53.4% 和 62.2%,随深度增加而减少;营养阶段浅层的耗水量大于生殖阶段,生殖阶段深层的耗水量大于营养阶段。

3)土壤贮水量是旱作区冬小麦生产力的最重要因素。旱作区冬小麦水分利用率低,水分生产力低而不稳,但潜力很大。正常年土壤水分生产力为每亩 0.30~1.38 kg·mm^{-1},平均为 0.87 kg·mm^{-1};但干旱年只有 0.24~0.76 kg·mm^{-1},平均为 0.56 kg·mm^{-1},比正常年下降 23%。水分生产力的变化,总的趋势是随干旱程度增大,水分利用率和水分生产力明显递减。冬小麦生物产量与农田实际耗水量呈显著正相关关系,1 mm 农田耗水量可生产生物产量为 1.416 kg。因此,在半湿润区以及湿润区气候暖干年份,必须在肥力、耕作、管理等措施一定要跟上,水分生产力是有很大的潜力。在半干旱区以及半湿润区气候暖干年份要调整作物

种植结构,适当控制冬小麦播种面积,扩大耐旱作物和饲草作物面积以及实行轮作倒茬等措施。

13.4.1.2 土壤贮水量对旱塬区冬小麦产量的影响

(1)土壤贮水量的变化特征

土壤贮水量变化西峰冬小麦生长年度 2 m 土层土壤贮水量历年平均值为 351 mm,最大值在 1990—1991 年为 457 mm;最小值在 2008—2009 年为 274 mm,次小值在 1994—1995 年为 280 mm,最大值与最小值相差 183 mm。分析 1989—2009 年冬小麦生长年度 2 m 土层土壤贮水量变化(图 13.14),变干突变年发生在 1994—1995 年。突变年前呈明显偏多趋势,突变年后至 2000—2001 年为迅速减少趋势,以后至今呈波浪式变化。线性倾向率 $b=-2.143$,每 10 年约减少 21.4 mm,经验检超过 0.05 的显著性水平。

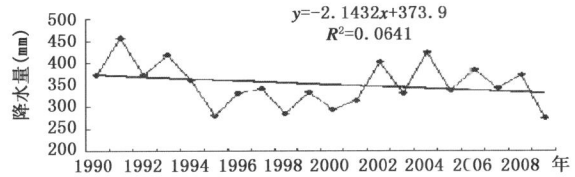

图 13.14 冬小麦生长年度 2 m 土壤贮水量随年代变化

分析 1989—2009 年西峰站冬小麦生长发育几个关键期,即秋季底墒(11 月 8 日)、冬小麦返青期(3 月 8 日)、拔节期(4 月 8 日)和孕穗－开花期(5 月 8 日)2 m 土层土壤贮水量变化(图 13.15),变干突变年均发生在 1994—1995 年,均通过 0.05 的显著性水平检验。四条曲线变化趋势与冬小麦生长年度 2 m 土层土壤贮水量变化趋势基本一致,2 m 土层土壤贮水量最多年与最少年相差分别为 240 mm、194 mm、207 mm 和 206 mm,线性倾向率分别为 -1.224、-0.765、-3.211 和 -5.423,每 10 年约减少 12.2 mm、7.7 mm、32.1 mm 和 54.2 mm,发生干旱(标准:比 2 m 土层平均土壤贮水量$\leqslant 10\%$)的频率分别为 20%、25%、30% 和 30%。从上述看出,拔节期以及孕穗－开花期的 2 m 土层土壤贮水量变化最大,秋季底墒和返青期的变化较为平缓。也反映出愈往冬小麦生殖生长期干旱出现频率也愈大。因此在生产管理上要特别重视春旱和春末夏初干旱的防御。

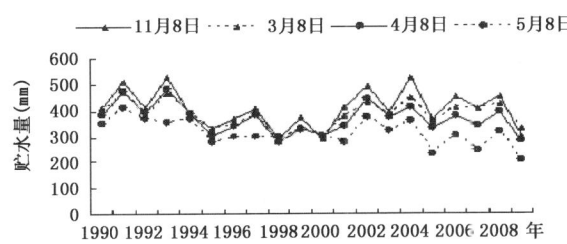

图 13.15 冬小麦关键生育期 2 m 土壤贮水量随年代变化

(2)土壤贮水量与冬小麦产量要素的影响

冬小麦产量构成要素主要有不孕小穗率、穗粒数和千粒重,其变异系数分别为 52%、16% 和 21%。表明不孕小穗率形成期对环境因素的反应尤为敏感,其次是千粒重。

从表 13.14 看出,产量构成要素中不孕小穗率和千粒重与产量的相关系数达到显著性水平。不孕小穗率愈少、千粒重愈高,则籽粒产量愈高。表明这两个要素是影响冬小麦产量的主要构成要素。

表 13.14 冬小麦产量各构成要素间的相关系数

相关系数	不孕小穗率	穗粒数	千粒重	籽粒产量
不孕小穗率	1			
穗粒数	−0.5982**	1.0000		
千粒重	0.2002	−0.2713	1.0000	
籽粒产量	−0.4097*	0.2192	0.4668**	1.0000

注：* 表示达到 0.05 显著性水平，** 表示达到 0.01 显著性水平。

从表 13.14 看出不同时期 2 m 土层土壤贮水量与千粒重均呈正关系，尤其拔节期关系最为显著。不同时期 2 m 土层土壤贮水量与穗粒数多为弱的负相关，均没有达到显著性水平。

利用拔节期 2 m 土层土壤贮水量与千粒重进行相关分析，其计算方程为：

$$Y_1 = 0.0823 H_0 + 4.2499 \tag{13.12}$$

式中，Y_1 为千粒重，单位为 g；H_0 为拔节期 2 m 土层土壤贮水量（H_0 取值范围 250～500 mm），单位为 mm。方程相关系数为 0.6252，经检验，其显著性水平达到 0.01。

计算结果表明，两者呈显著的直线相关（图 13.16），土壤贮水量在 250～500 mm，随着土壤贮水量的增加千粒重呈明显增加趋势，每增加 10 mm 则千粒重提高 0.8 g。当土壤贮水量在 320～500 mm 时，冬小麦千粒重≥30 g，出现频率为 80%。

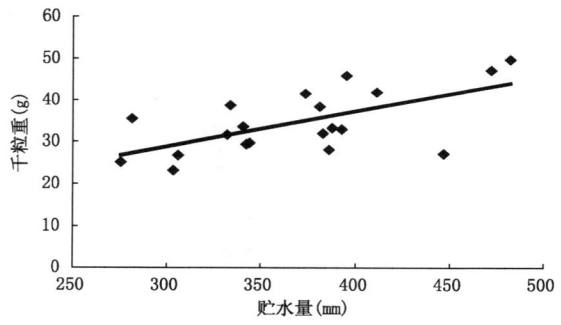

图 13.16 冬小麦千粒重与拔节期 2 m 贮水量关系

(3) 土壤贮水量对冬小麦产量的影响

1) 土壤贮水量与冬小麦产量的相关分析

从表 13.15 看出，冬小麦拔节期、返青期、越冬开始（秋季底墒）和三叶－分蘖期 2 m 土层土壤贮水量与气候产量关系最为密切，尤其拔节期密切程度最高；与孕穗－开花期关系密切，与播种期有相关，与乳熟至成熟期基本无相关关系。说明秋季底墒、春旱和春末夏初干旱对气候产量构成严重威胁。

表 13.15 2 m 土层土壤贮水量与冬小麦产量各构成要素的相关系数

测定时间	9月8日	10月8日	11月8日	3月8日	4月8日	5月8日	6月8日	7月8日
发育期	播种	三叶－分蘖	越冬开始	返青	起身－拔节	孕穗－开花	乳熟	成熟
穗粒数	−0.1418	0.0132	−0.2245	−0.1487	−0.2428	−0.1702	−0.3198	−0.1114
千粒重	0.6103**	0.4883*	0.5861**	0.6025**	0.6252**	0.4049	0.4167	0.3240
气候产量	0.4065	0.5953**	0.6568**	0.6602**	0.6890**	0.4595*	0.2767	0.2464

注：* 表示达到 0.05 显著性水平，** 表示达到 0.01 显著性水平。

从表 13.16 看出,冬小麦播种至分蘖期 0.5 m 土层土壤贮水量与气候产量关系最为密切;从越冬开始至乳熟期逐渐转到 1～1.5 m 土层土壤贮水量与气候产量关系最为密切;乳熟至成熟期各土层土壤贮水量与气候产量均无密切关系,但 1.5 mm 土层的相关系数最高。结果表明,苗期主要利用浅层土壤水,进入营养生长中后期至生殖生长阶段主要利用中层和深层土壤水,而且愈往生长后期土层愈有加深的趋势。

表 13.16　不同土层土壤贮水量与冬小麦气候产量的相关系数

测定深度	播种	三叶—分蘖	越冬开始	返青	起身—拔节	孕穗—抽穗	乳熟	成熟
0.5 m	0.4725*	0.6712**	0.7517**	0.6878**	0.7416**	0.4111	0.1893	0.2033
1.0 m	0.4300	0.6535**	0.7665**	0.7299**	0.7776**	0.4725*	0.2944	0.2571
1.5 m	0.4185	0.6162**	0.7095**	0.7038**	0.7306**	0.4685*	0.2920	0.2621
2.0 m	0.4065	0.5953**	0.6568**	0.6602**	0.6890**	0.4595*	0.2767	0.2464

注：* 表示达到 0.05 显著性水平,** 表示达到 0.01 显著性水平。

2) 土壤贮水量与冬小麦产量的变化分析

从上述分析中得出,土壤贮水量与气候产量关系极为密切,根据相关程度,分别分析不同生育阶段两者曲线波动的一致性,其相位变化非常接近。从图 13.17 看出,气候产量与生长年度 2 m 土层土壤贮水量曲线只有 2 年反相位变化,几率为 10%。冬小麦三叶—分蘖、秋季底墒、返青期、拔节期和孕穗—开花期 2 m 土层土壤贮水量与气候产量关系最为密切的五个生育阶段曲线变化,分别有 2 年、2 年、2 年、2 年和 4 年反相位变化,而且幅度均很小,几率分别为 10%、10%、10%、10% 和 20%。两者相关关系愈密切,反相位愈少。说明旱塬区冬小麦气候产量主要受土壤贮水量变化的制约,尤其受关键生育阶段土壤贮水量变化的影响。

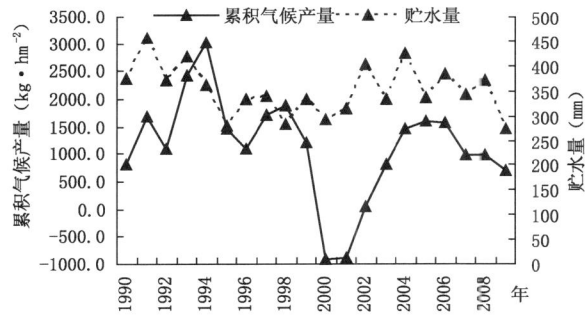

图 13.17　西峰气候产量与冬小麦生长年度 0～200 cm 土壤贮水量曲线

3) 不同土层深度土壤贮水量对冬小麦产量的影响

由积分回归给出的气候产量与不同深度土壤贮水量之间的关系式看出(表 13.17),其回归方程的复相关系数均大于 0.7,经 F 检验,显著性水平均达 0.01 以上。由此可知,土壤贮水量与气候产量密切相关,说明旱塬区土壤贮水量是影响产量的最重要的因子。从表 13.17 还可看出,1 m 土层积分回归复相关系数最高;另外,随着土层加深,积分回归复相关系数有逐渐减少趋势。这说明在冬小麦产量形成过程中,浅、中层(0.5～1 m)土壤中的贮水量具有突出作用。

表 13.17　冬小麦气候产量与不同土层土壤贮水量之间的关系式

土层(m)	积分回归方程	R	F
0.5	$\hat{y}=-1233.57+4.28q_{j0}-0.44q_{j1}-0.34q_{j2}+1.20q_{j3}$	0.781	5.867**
1.0	$\hat{y}=-1208.75+2.12q_{j0}-0.18q_{j1}-0.54q_{j2}+0.80q_{j3}$	0.787	6.092**
1.5	$\hat{y}=-627.46+1.20q_{j0}-0.11q_{j1}-0.41q_{j2}+0.61q_{j3}$	0.749	4.784**
2.0	$\hat{y}=-169.77+0.79q_{j0}-0.12q_{j1}-0.23q_{j2}+0.49q_{j3}$	0.716	3.950**

注：* 表示达到 0.05 显著性水平，** 表示达到 0.01 显著性水平。

尽管如此，深层土壤贮水量对产量形成的作用不可忽视。从表 13.18 看出，在营养生长阶段，2 m 土层耗水率为 53.4%。由于根系主要分布在土壤上层，故 50 cm 内土壤水分消耗明显，耗水率达 33.3%，越往深层递减。进入生殖生长阶段，生长进入旺盛阶段，耗水量不断增大，2 m 土层总耗水率为 62.2%，比营养阶段提高 8.8%。由于上层土壤水迅速减少，不能满足需要，迫使根系不断下伸吸收深层土壤水，所以 50 cm 内的上层水比营养阶段耗水率下降 12%；50 cm 以下的各层土壤水耗水率均大于营养生长阶段 5.9%~8.5%，致使深层土壤水分不断向上层输送，以满足冬小麦生长需要。深层土壤贮水量对产量形成起着重要的"补偿作用"。因此，在农田耕作和管理上，尤其要注意贮好和管好底墒，以防生殖阶段干旱的发生和危害。

表 13.18　冬小麦不同生育阶段不同土层耗水率(%)

土层(cm)	0~50	51~100	101~150	151~200	0~200
营养生长阶段(返青—孕穗)	33.3	7.6	7.6	4.9	53.4
生殖生长阶段(孕穗—成熟)	21.3	16.1	13.5	11.3	62.2

4) 不同生育阶段土壤贮水量对冬小麦产量的影响

从图 13.18 看出，两条曲线变化趋势基本一致，但 1 m 曲线较 2 m 的起伏变化较大，说明浅中层的土壤贮水量对气候产量的影响较土层深层的来得大。从分蘖开始至拔节期(2 m 曲线至孕穗—开花)土壤贮水量对气候产量的影响呈正效应，冬小麦需水和供水矛盾最为突出的时期，底墒和返青至拔节期 1 m 土层土壤贮水量每增加 10 mm，气候产量分别增加约 102 kg·hm^{-2} 和 75~22 kg·hm^{-2}；2 m 土层土壤贮水量每增加 10 mm，气候产量分别增加约 20 kg·hm^{-2} 和 22~18 kg·hm^{-2}。说明这两个时期土壤贮水量对气候产量的影响非常重要。

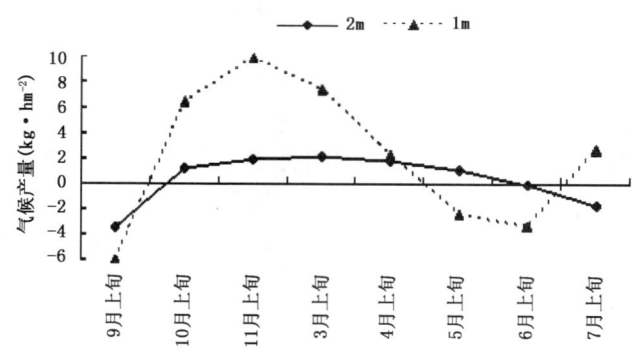

图 13.18　西峰每月上旬不同层次土壤含水量与产量的 $aj(t)$ 曲线

尤其是 1 m 土层土壤贮水量对气候产量的影响比 2 m 土层土壤贮水量的影响更大。灌浆至乳熟期以后，则产生弱的负效应，说明土壤贮水量对气候产量的影响已并不重要，或者受其他不利天气条件的影响。

5) 土壤贮水量对冬小麦产量的贡献

通过计算，旱塬区 1982—2009 年产量气象波动指数为 0.3031，占实际产量变异系数 84%。变干突变前气象波动指数为 0.3132，占实际产量变异系数 82%；变干突变后气象波动指数为 0.3050，占实际产量变异系数 91%。变干后较变干前所占百分比明显增大。说明旱塬区产量年际波动主要受土壤贮水量影响，而且变干后比变干前土壤贮水量对产量贡献明显增大。

对气候产量序列进行突变检测，得出突变年发生在 1995 年。气候产量突变时间与土壤贮水量突变时间完全一致，说明气候产量的变化与气候变干的关系极为密切。整个气候产量序列 1990 年至 2009 年平均气候产量为 35.4 kg·hm^{-2}。而 1990 年至突变年气候产量呈增加趋势，平均气候产量为 604.4 kg·hm^{-2}，1993 年增加最多，为 1313.9 kg·hm^{-2}；突变年至 2009 年气候产量呈减少趋势，平均气候产量为 -154.2 kg·hm^{-2}，气候产量下降最大时段为 1995—2000 年，其中 1995 年和 2000 年减产最严重，分别为 -1548.3 kg·hm^{-2} 和 -2136.5 kg·hm^{-2}。突变后比突变前气候产量下降了 758.6 kg·hm^{-2}，下降 125.5%。

不同气候年型对气候产量影响是不同的。计算冬小麦逐年相对气候产量，当相对气候产量大于 10% 为丰产年型，小于 -10% 为歉收年型，介于二者之间为平收年型。在统计的 1982—2009 年中，丰产年型 10 年，平收年型 9 年，歉收年型 9 年。1995 年为突变年，变干前的 1982—1994 年出现丰产年型、平收年型、歉收年型分别为 6 年、3 年和 4 年，占相应年型的 60%、33%、44%。变干后的 1995 年至 2009 年出现丰产年型、平收年型、歉收年型分别为 4 年、6 年和 5 年，占相应年型的 40%、67%、56%。变干前出现的丰产年型比变干后多 20%，而变干前出现的歉收年型比变干后少 12%。说明气候变干后，干旱年份出现频率增大，对冬小麦产量影响很大。

(4) 冬小麦气候产量预测模型

选取与冬小麦相关关系最密切、对产量起决定因素的土壤贮水量的因子作为自变量，分不同生长阶段建立气候产量模型。

1) 前期预测模型

$$Y_w = -3859.4 + 17.58H_1 (R = 0.5875, F = 25.63 > F_{0.00008}, n = 20) \quad (13.13)$$
$$Y_w = -3138.34 + 7.81H_2 (R = 0.4314, F = 13.66 > F_{0.001}, n = 20) \quad (13.14)$$

式中，Y_w 为冬小麦气候产量，单位为 kg·(hm)$^{-2}$；H_1、H_2 分别为底墒(11 月 8 日) 1 m、2 m 土壤贮水量，单位为 mm。

从式(13.13)和式(13.14)可以看出，产量模式方程的相关检验均达极显著水平，浅层 1 m 的底墒与产量的相关系数远大于深层 2 m 底墒与产量的相关系数，说明浅层水对产量的贡献比深层水大。因此，前期预测模型应选用式(13.13)。

2) 中期预测模型

$$Y_w = -3549.75 + 18.64H_3 (R = 0.6046, F = 27.53 > F_{0.00005}, n = 20) \quad (13.15)$$
$$Y_w = -3761.99 + 10.31H_4 (R = 0.4747, F = 16.27 > F_{0.0008}, n = 20) \quad (13.16)$$

式中，H_3、H_4 分别为拔节期(4 月 8 日)测定的 1.0 m、2.0 m 土壤贮水量，单位为 mm。

从式(13.15)和式(13.16)可以看出,产量模式方程的相关检验均达极显著水平,浅层 1 m 的拔节期与产量的相关系数略大于深层 2 m 拔节期与产量的相关系数,说明浅层水对产量的贡献比深层水大。因此,中期预测模型应选用式(13.15)。

3)综合预测模型

$$Y_w = -4006.9 + 8.79H_1 + 10.89H_3 (R = 0.647, F = 15.58 > F_{0.0001}, n = 20) \tag{13.17}$$

$$Y_w = -3726.19 + 1.63H_2 + 8.41H_4 (R = 0.4775, F = 7.769 > F_{0.004}, n = 20) \tag{13.18}$$

$$Y_w = -3890.6 + 16.93H_1 + 0.47H_4 R = 0.5877, F = 12.12 > F_{0.0005}, n = 20) \tag{13.19}$$

从以上三式可以看出,产量模式方程的复相关检验均达极显著水平。式(13.17)和式(13.18)均可看出,拔节期土壤贮水量对产量贡献比底墒大;式(13.17)和式(13.18)比较看,浅层 1 m 土壤贮水量比深层 2 m 土壤贮水量对产量贡献大;从式(13.19)看出,浅层 1 m 的底墒对产量贡献远大于深层 2 m 拔节期土壤贮水量对产量的贡献。从以上分析,综合预测模型应选用式(13.17)和式(13.19)综合确定结果。

(5)几点认识(邓振镛,2001)

1)土壤贮水量减少是现代气候暖干化的重要特征。旱塬区冬小麦生长年度 2 m 土层土壤贮水量历年平均值为 351 mm,冬小麦生长年度和生长发育几个重要时期 2 m 土壤贮水量总体呈下降趋势,变干突变年均发生在 1994—1995 年。生长年度突变年后迅速减少,每 10 年约减少 21.4 mm。生长关键阶段的拔节期和孕穗—开花期 2 m 土壤贮水量变化最大,每 10 年约减少 32.1 mm 和 54.2 mm;而秋季底墒和返青期变化较平缓,每 10 年约减少 12.2 mm 和 7.6 mm。反映出愈往生殖生长阶段干旱出现频率愈大。

2)土壤贮水量对冬小麦产量要素的影响敏感。旱塬区冬小麦不孕小穗率形成期对土壤贮水量等环境因素的反应尤为敏感,其次是千粒重,最小是穗粒数。不孕小穗率和千粒重与产量的相关性非常密切,是影响产量的主要要素。不同生育期 2 m 土壤贮水量与千粒重均呈正相关,其中拔节期贮水量与千粒重呈极显著直线相关,每增加 10 mm 则千粒重提高 0.8 g。当土壤贮水量在 320~500 mm 时,冬小麦千粒重≥30 g,出现频率为 80%。

3)土壤贮水量是影响冬小麦产量最重要的因素。冬小麦拔节期 2 m 土壤贮水量与冬小麦气候产量关系最为密切。苗期主要利用浅中层土壤水,生殖生长阶段主要利用中层和深层土壤水,而且愈往生长后期土层愈有加深的趋势。土壤贮水量与冬小麦气候产量关系极为密切,两者相位变化非常一致。在产量形成过程中,不同深度土层土壤贮水量均起到重要作用,但浅中层具有突出作用;生殖生长阶段深层土壤水向浅中层输送,对产量形成起着重要的"补偿作用"。底墒和返青至拔节期土壤贮水量是冬小麦需水和供水矛盾最为突出的时期,对产量的影响最为显著。

4)土壤贮水量对冬小麦产量的贡献非常显著。旱塬区冬小麦产量年际波动主要受土壤贮水量的影响,而且变干后比变干前土壤贮水量对产量贡献明显增大。气候产量突变年发生在 1995 年,与土壤贮水量突变时间完全一致,气候产量变化与气候变干的关系极为密切。1990—2009 年平均气候产量为 35.4 kg·hm^{-2},突变后比突变前气候产量下降了 758.6 kg·hm^{-2},下降 125.5%。气候变干后,干旱年份出现频率增多,冬小麦丰产年型减少 20%,而歉收年型增加12%,对产量影响很大。建立冬小麦前期气候产量预测模式,应选用浅中层 1.0 m 底墒作预测因子;中期模式应选用浅中层 1.0 m 拔节期土壤贮水量作预测因子。综合最佳模式应选用浅中层底墒和拔节期深层土壤贮水量的复合预测因子。

5)应对气候暖干化,确保冬小麦安全生产。冬小麦生长后期对深层土壤贮水量需求旺盛,而深层水的蓄存主要来源于伏秋季的降水量,因此要做好收墒保墒一整套农耕管理,要充分发挥"伏秋雨春用"的作用。在生长关键的拔节期如出现干旱,有条件地方,要充分发挥集雨节灌技术的作用,补充土壤水分。在干旱气候年型应适当控制冬小麦种植比例,适当扩大谷子、糜子、马铃薯等耐旱作物种植面积,确保各种作物平衡发展、高产稳产。要创建旱塬区现代农业发展模式,建立一整套旱作农业生产机制来适应气候变化。

13.4.2 春小麦

13.4.2.1 土壤贮水量

(1)土壤最大贮水量

从表 13.19 看出,土壤最大贮水量 1 m 土层为 213~303 mm,2 m 土层为 470~617 mm,与湿润程度和田间持水量有关,气候越湿润、田间持水量越大,则土壤贮水能力越强。

表 13.19 不同水分气候区土壤贮水能力(mm)

项目	1 m 土层						2 m 土层				
	最大贮水量	最大有效贮水量	最适宜贮水量	轻度干旱	严重干旱	实际贮水量	最大贮水量	最适宜贮水量	轻度干旱	严重干旱	实际贮水量
干旱区	213	181	171	128	85	86	470	376	282	188	190
半干旱区	301	238	241	180	120	119	582	466	349	233	230
半湿润区	303	223	242	182	121	182	617	493	358	247	370

(2)土壤最大有效贮水量

受作物凋萎湿度影响,各水分气候区 1 m 土层最大有效贮水量也有差别,干旱区、半干旱区、半湿润区分别占最大贮水量 85%、79%和 74%,有随湿润度增加而减少趋势(表 13.19)。

(3)不同干旱程度的贮水量

不同农业干旱程度,其土壤贮水量标准不同。以田间持水量 40%、60% 和 80% 的土壤水分分别确定为严重干旱、轻度干旱和最适宜春小麦生长发育的土壤贮水量指标。

从表 13.19 看出,在 1 m 土层内,干旱区最适宜、轻度干旱和严重干旱的贮水量指标分别为 171 mm、128 mm 和 85 mm;半干旱区分别为 241 mm、180 mm 和 120 mm;半湿润区分别为 242 mm、182 mm 和 121 mm。在 2 m 土层内,干旱区分别为 376 mm、282 mm 和 188 mm;半干旱区分别为 466 mm、349 mm 和 233 mm;半湿润区分别为 493 mm、358 mm 和 247 mm。总的趋势是气候越湿润,贮水量的标准越高,这是由最大贮水能力的差异造成的。各地应根据不同季节的土壤贮水量标准采取不同的农业耕作方式和管理措施。

(4)土壤实际贮水量

实际测定的土壤贮水量比最大贮水量和最适宜贮水量都偏少。干旱区、半干旱区和半湿润区 1 m 土层实际贮水量分别为 86 mm、119 mm 和 182 mm;2 m 土层分别为 190 mm、230 mm 和 370 mm(表 13.19)。实际贮水量分别占最大贮水量的 40%、40% 和 60%;占最适宜贮水量的 50%、50% 和 75%。随湿润度增加实际贮水量增多的趋势。

经统计,各地实际贮水量与年降水量呈明显正相关关系。两者相关系数为 0.847,显著水平达 0.01,其拟合方程为:

$$C_t = 37.8 + 0.933R \qquad (13.20)$$

式中,C_t 为实际贮水量(mm);R 为降水量(mm)。降水量每增加 10 mm,实际贮水量增大 9.3 mm,降水量越多,实际贮水量越多。

13.4.2.2 农田耗水量

(1)不同水分气候区春小麦实际耗水量指标

从表 13.20 看出,春小麦全生育期 2 m 土层实际耗水量为 153～323 mm,平均为 217 mm。随湿润度增大而增加的趋势。1 m 土层贮水量只能满足耗水量的 56%～68%;2 m 土层贮水量不但能满足耗水率的需求,还有 15%～31% 的盈余。蒸腾系数为 448～989,平均为 652。随湿润度增加而迅速递减,干旱区最大,比半干旱区和半湿润区约大一倍。

表 13.20　不同水分气候区春小麦实际耗水量和蒸腾系数

项目	贮水量(mm)		耗水量(mm)	蒸腾系数(g·g^{-1})
	1m 土层	2m 土层		
干旱区	86	190	153	989
半干旱区	119	230	175	448
半湿润区	182	370	323	520

(2)不同生育阶段春小麦实际耗水量指标

从表 13.21 看出,春小麦从播种到出苗至拔节,耗水强度由小变大,拔节至抽穗达高峰期,营养生长阶段 2 m 土层耗水率为 54.4%;抽穗至灌浆至成熟耗水强度则由大变小,进入生殖生长阶段 2 m 土层耗水率为 45.6%,比营养阶段耗水率少 8.8%。耗水量最大阶段是拔节到抽穗至灌浆期,这两个阶段的生育天数虽占全生育天数的 25.9%,但耗水量却占全生育期的 49.7%。尤其是拔节至抽穗期日耗水量最大(图 13.19),为需水关键期。

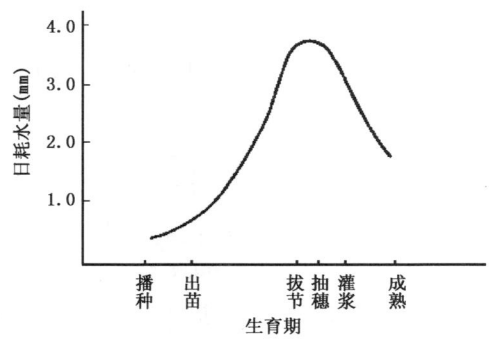

图 13.19　春小麦日耗水量变化曲线

春小麦全生育期基本上处于少雨季节。从播种至灌浆耗水总量为 169.3 mm,而降水总量只有 105.9 mm,仅占耗水总量的 62.6%,亏缺 37.4%,其中以拔节至抽穗亏缺量最大。有一半的水分来源于播种前土壤贮存的水分。灌浆至成熟期,正处 6 月下旬至 7 月上旬一段相对多雨期，降水量较多，供大于求，不仅满足了春小麦后期生长对水分的需要，而且有盈余的水分又重新贮存于土壤之中。

表 13.21　定西春小麦不同生育阶段实际耗水量与降水量满足率

项目	播种至出苗	出苗至拔节	拔节至抽穗	抽穗至灌浆	灌浆至成熟	全生育期
耗水量(mm)	14.7	51.3	47.1	56.2	38.6	207.9
日耗水量(mm)	0.82	1.01	3.93	3.12	2.27	1.79
耗水率(%)	7.1	24.6	22.7	27.0	18.6	100.0
降水量(mm)	11.3	43.4	26.1	25.1	76.3	182.2
降水与耗水比(%)	76.9	84.6	55.4	44.7	197.7	87.6
土壤供水量(mm)	3.4	7.9	21.0	31.1	−37.7	25.7
土壤供水占耗水比(%)	23.1	15.4	44.6	55.3	−97.7	12.4

统计得出，不同水分气候区春小麦生育期降水量可占实际耗水量的 80%～98%，播前土壤贮水补给量只占耗水量的 20%～2%，愈干旱地区依赖土壤贮水补给性愈大。

13.4.2.3　春小麦水分生产力

限制旱作区春小麦产量高低的重要因素是水分。因此，可用大气降水生产力和土壤水分生产力来表示某地旱作春小麦水分生产力。

从表 13.22 看出，正常年春小麦生育期每亩大气降水生产力为 $0.30\sim0.91\ kg\cdot mm^{-1}$，平均为 $0.63\ kg\cdot mm^{-1}$；土壤水生产力为 $0.24\sim1.00\ kg\cdot mm^{-1}$，平均为 $0.67\ kg\cdot mm^{-1}$。干旱年大气降水生产力为 $0.32\sim0.61\ kg\cdot mm^{-1}$，平均为 $0.48\ kg\cdot mm^{-1}$；土壤水生产力为 $0.28\sim0.74\ kg\cdot mm^{-1}$，平均为 $0.51\ kg\cdot mm^{-1}$。干旱年水分生产力比正常年偏低 $0.16\ kg\cdot mm^{-1}$，偏低 24%。大气降水生产力比土壤水的偏低 $0.04\ kg\cdot mm^{-1}$ 左右，偏低 5% 左右。干旱区水分生产力明显比半干旱区和半湿润区偏低 54%～65%。看来，旱作小麦由于受水分因素的制约，水分生产力低而不稳，年际变化很大，尤其 20 世纪 90 年代以后，受气候暖干化的影响，春小麦水分生产力大幅下降。因此，要特别注意和防范气候暖干化后，春小麦水分生产力严重下降的安全生产问题。

表 13.22　不同水分气候年型春小麦水分生产力($kg\cdot mm^{-1}$)

项目	正常年		干旱年	
	大气降水生产力	土壤水分生产力	大气降水生产力	土壤水分生产力
干旱区	0.30	0.24	0.32	0.28
半干旱区	0.91	1.00	0.61	0.74
半湿润区	01.68	0.76	0.52	0.50

在同一水分气候区不同气候年型耗水量不同，生物产量也有较大差异。春小麦生育期间干旱年实际耗水量比正常年要少 40 mm，蒸腾系数大 132，生物产量偏低 240 $kg\cdot hm^{-2}$ 左右（表 13.23）。经统计，实际耗水量与生物产量呈显著正相关，在一定范围内，实际耗水量增多，生物产量增加。在一般情况下，1 mm 耗水量可生产生物产量 1.41 kg。

表 13.23　半干旱区不同水分气候年型春小麦实际耗水量、蒸腾系数与生物产量

项目	耗水量(mm)	蒸腾系数($g \cdot g^{-1}$)	生物产量($kg \cdot hm^{-2}$)
正常年	162	322	5040
干旱年	122	454	4800

13.4.2.4　几点认识(邓振镛,2011)

(1)甘肃黄土高原旱作区是一个贮水和保水性能较好的天然水库。干旱区、半干旱区和半湿润区 2 m 土层最大贮水量分别达 470 mm、582 mm 和 617 mm;但实际贮水量只有 190 mm、230 mm 和 370 mm。总的趋势是随湿润度增加而增大。实际贮水量只相当于最大贮水量的 40%、40% 和 60%;占最适宜贮水量的 50%、50% 和 75%。愈是干旱地区实际贮水量愈少,与气候类型相吻合。这三种水分气候区均不能满足春小麦生长发育的基本需求,尤其是干旱区和半干旱区供求矛盾非常突出。

(2)甘肃黄土高原旱作区不同气候区春小麦全生育期实际耗水量差异较大。干旱区、半干旱区和半湿润区分别为 153 mm、175 mm 和 323 mm,随湿润度增大而增加的趋势。春小麦拔节至抽穗期是耗水高峰期,也是需水关键期。2 m 土层营养和生殖生长阶段消耗土壤贮水量分别为 54.4% 和 45.6%,营养阶段比生殖阶段多 8.8%。春小麦全生育期降水量只能满足实际耗水量的 80%~98%,有 20%~2% 的耗水量是从播前土壤贮水量补给的。愈干旱地区依赖土壤贮水量补给性愈大。

(3)土壤贮水量是旱作区春小麦生产力的最重要因素。旱作区春小麦水分生产力低而不稳,但仍有一定的潜力。正常年土壤水分生产力为每亩 0.24~1.0 $kg \cdot mm^{-1}$,平均为 0.67 $kg \cdot mm^{-1}$;但干旱年只有 0.28~0.74 $kg \cdot mm^{-1}$,平均为 0.51 $kg \cdot mm^{-1}$,比正常年偏低 24%。干旱区的水分生产力明显比半干旱区和半湿润区偏低 54%~65%。春小麦生物产量与麦田实际耗水量呈明显正相关关系,实际耗水量 1 mm 可生产生物产量 1.41 kg。

(4)对旱作区土壤水库进行二次开发,提高土壤贮水量利用效率。在干旱区以及半干旱区气候暖干年份要调整作物种植结构,严格控制春小麦的播种面积,扩大耐旱作物如马铃薯、胡麻、糜谷、饲草等作物的种植面积以及实行轮作倒茬等措施。在半干旱区和半湿润区的正常气候年份必须改进农业耕作技术,提高土壤水资源利用率。如采取增加土壤水库库容的各种有效保墒耕作抗旱措施;实施集水节灌农业;推广旱作全膜双垄集雨沟播为主的旱作农业综合新技术等。

13.4.3　玉米

13.4.3.1　土壤贮水量变化特征

玉米生长期是西北地区降水较多的时段。而土壤水分贮量的变化,是土壤内部水分向上蒸散、向下渗透及外部降水共同作用、动态平衡的结果。西北地区常年多旱,100 cm 土层以下水分下渗量极少,贮水量主要受大气降水及蒸散量制约。分析甘肃天水、西峰农业气象试验站玉米地块 0~100 cm 土层的土壤总贮水量变化,可以看出,其变化趋势呈抛物线状(图 13.20)。0~100 cm 土层的土壤贮水总量的变化幅度均小于田间最大贮水量。说明一年之中,土壤因持水过多而引起的重力下渗量是有限的,贮水变化主要受作物吸收蒸腾及田间蒸

发制约。应用天水、西峰农试站土壤含水量测定资料，运用统计学方法进行拟合，得到0~100 cm土层土壤贮水总量随时间变化方程：

$$W(t) = a_0 + a_t + a_2 t^2 \tag{13.21}$$

式中，$W(t)$表示0~100 cm土层的贮水量；t为3月上旬到9月下旬的旬序数，共21旬，故$t=1,\cdots,21$；a_0,a_1,a_2为常数。

天水：$a_0=238.12, a_0=-16.5, a_2=0.8088$；$F=75.86 \geq F_{0.05}=4.35$，达显著水平；

西峰：$a_0=242.28, a_1=-16.0, a_2=0.7508$；$F=60.87 \geq F_{0.05}=8.10$，达显著水平。

对式(13.21)求一阶导数，得出贮水量随时间的变化率：

$$W(t) = a_1 + 2a_2 t \tag{13.22}$$

从(13.22)式可以看出，贮水量的变化率是时间的线性函数。令$W(t)'=0$，得$t_{min}=a_1/2a_2$为贮水量呈极小值的时间。天水农业气象试验站所在地区$t_{min}=11.0$（6月中旬前后），西峰农业气象试验站所在地区$t_{min}=10.2$（6月上旬），此期正值陇东地区玉米七叶至拔节的关键生育阶段，土壤累积耗散量增加最快、耗水量大而降水相对偏少，土壤中上层贮水量处于最低值阶段。这同多年的实际测定情况是完全吻合的。

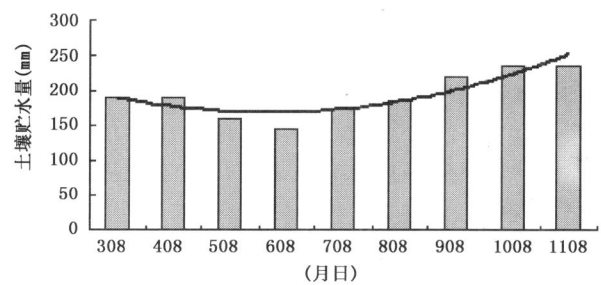

图13.20 甘肃天水玉米田土壤贮水量(0~100 cm)变化(1970—2005年)

13.4.3.2 土壤温度变化特征

统计分析显示，陇东玉米地中温度的变化自20世纪70年代以来呈上升趋势。自70年代至2003年，西峰玉米地10 cm、20 cm地温分别升高了0.9℃及0.5℃（表13.24）。从地温四季的变化情况来看，冬季平均气温的上升最为明显，33年间10~20 cm土层年平均温度升高近1℃。其次为秋季和春季。夏季气温上升趋势则不明显。

表13.24 10~20 cm西峰地中温度变化(℃)

深度	70年代	80年代	90年代	2001—2003年
10 cm	10.0	10.1	10.7	10.9
20 cm	10.4	10.2	10.7	10.9

13.4.3.3 土壤湿度变化对温度的影响

土壤湿度(W)的变化，相应会引起土壤导热率(K)及容积热容(C_m)的变化，从而影响到土中热交换及土壤温度。对于同一种土壤来说，C_m随W的增加而线性上升。

$$C_m = \rho_{土粒}(0.2 + W) \tag{13.23}$$

分析2005年天水站玉米地中K日平均值与相应时日W值变化（图13.21），可以看出，二者有一较好的对应关系，即K值随W值的增减作相应大小变化，冬季K值最小，表明温度波的传递最浅。可见,陇东地区因降水偏少,K 值与 W 的线性正相关比较显著,说明土壤导热率随湿度上升而迅速增加。通过相关计算,拟合出如下关系式。

$$K = 1.9661 \times 10^{-3} \times 10^{-5} W \quad (R = 0.893)$$

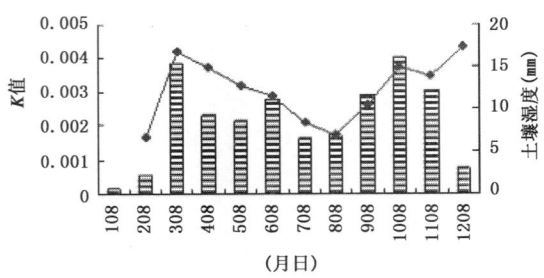

图 13.21 K 值与土壤湿度对应变化

13.4.3.4 土壤含水量与地温关系

从玉米地 50 cm 层内土壤水分变化(表 13.25)中可以看出,土温通过影响土壤水分的蒸发,对土壤含水量产生影响。冬季无作物生长,气温低且土壤表层封冻,土壤失墒较为缓慢,12 月土壤含水量最高,10~50 cm 层内含水量达到 129 mm;春季来临后,气温回升,土温也逐渐升高,冻土层消融,土壤水分蒸发不强,深层水分能保持稳定的向上流动。3—4 月 10~50 cm 土壤含水量为 96 mm 左右;6 月气温回升明显,甚至会出现全年最高气温,土壤水分蒸发强烈,加之此期玉米生长发育蒸腾加剧,土壤水分损失和消耗增加,而降水量相对较少,10 cm 土层含水量出现一年中的最低值,为 16 mm,10~50 cm 出现一年中的最低值,为 75 mm;7—8 月气温及地温均处于高温阶段,玉米生长也处于对水分需求的最高值阶段,但此时段也是大雨甚至暴雨易出现时期,10~50 cm 土壤贮水量比 6 月回升较多;进入 9 月以后,温度逐渐下降,玉米已进入后期生长阶段,对水分需求降低,土壤处于蓄墒保墒阶段,含水量逐渐上升至全年最高值(蒲金涌,2005)。

表 13.25 土壤含水量年变化(mm)

月—日	10 cm	20 cm	30 cm	40 cm	50 cm	平均
3—08	20	20	20	19	19	97
4—08	20	18	19	19	19	96
5—08	17	15	16	16	15	79
6—08	16	15	15	15	14	75
7—08	18	21	14	16	16	85
8—08	19	19	17	18	18	91
9—08	25	25	25	24	22	121
10—08	28	27	27	25	23	130
11—08	27	25	26	25	23	127
12—08	25	25	28	26	25	129

从天水站 2005 年玉米地水热年变化曲线得出,大气降水与 0 cm 地温及 10~40 cm 平均

地温变化呈现较好的一致性,7—8月均达到最高值,而土壤含水量变化则与之相反,此时段土壤贮水量达到最低值(变化趋势用多项式拟合)(图13.22)。

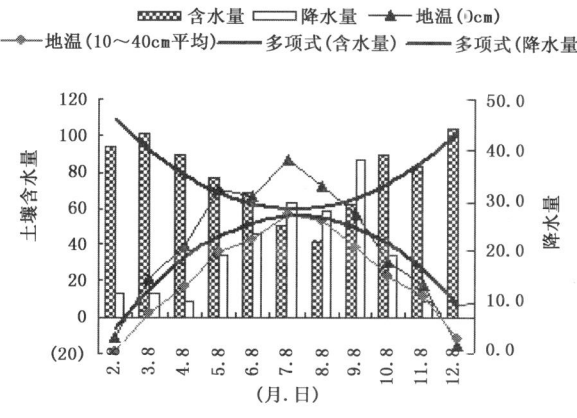

图 13.22　土壤水分含量与地温的年变化

13.4.3.5　土壤温湿耦合效应对玉米生长的影响

一年内玉米田土壤温湿变化特征表明,土壤贮水量一年当中主要有两个低值阶段:5—6月及7—8月。5—6月份气温回升快,地温也随之逐渐增高,此时段玉米处于拔节生长期,随着作物生长发育对土壤水分需求的增加,土壤水分的累积耗散量上升较快,但由于春季到初夏大气降水相对较少,补充不足,尤其是上层土壤水蒸散速度较快,而春季气温不高,蒸散所需的热能还嫌不足,在当时气温等物理环境条件下,土壤处于"无水可蒸散"或只有少量水可供蒸散的状态,土壤缺乏足够的水分供给玉米生长。因此,春末夏初干旱对玉米等春播作物产量造成严重影响;同时春季低温又会影响到玉米苗期光合作用的进行,最终影响到后期产量的形成。

7—8月是一年之中降水相对较多的月份,也是各层土壤温度最高的时段,上层土壤水补充比较及时充足,气温较高,能量较大,水分蒸发量随之增高,加之作物耗水量加大,一方面较多的降水保证了蒸散的相对较丰供给,另一方面充足的能量又使得蒸散能力加强,累积耗散量增加速度最快;土壤含水量反倒呈现一年中的次低值阶段,成为当地最易发生伏旱的重要原因。统计分析表明,伏期(7月中旬至8月中旬)降水量与玉米产量正相关显著玉米的营养、生殖生长在此时段同时进行,对水分、养分状况比较敏感,发生在伏期的"卡脖子"旱,对玉米生长影响极大。

9—11月大气降水较多,连阴雨出现频次增加,同时气温降低,能量较小,蒸散能力减弱,累积耗散量的增加速度也迅速减小。土壤贮水增加,但由于玉米处于生长后期,需要充足的光照及温度条件,此期温湿匹配反倒不利玉米后期成熟及收获。

分析表明,在玉米主要生长季节的4—9月,各地土壤含水与最适水分含量均有一定差值。据有关计算,此差值一般夏季最大,可达100 mm,春季次之,为30~70 mm。说明该地域玉米生长受水分制约程度大。

第14章 气候变化对农田土壤环境及生物多样性的影响

14.1 对土壤环境的影响及胁迫效应

14.1.1 气候变化对土壤水分的影响

气候变暖加剧土壤水分蒸发,使土壤水分含量明显减少。从冬季土壤层0~60 cm含水量动态变化曲线表明:宁夏引黄灌区经过一个冬季增温,土壤含水量明显减少(图14.1)。当冬季增温0.5~2.5℃,土壤层0~20 cm含水量从18.5%减少为16.2%~12.5%,减少了12.4~32.4个百分点;土壤层20~40 cm含水量从20.5%减少为18.0%~19.0%,减少了7.3~12.1个百分点;土壤层40~60 cm含水量从20.6%减少为19.1%~19.4%,减少了5.8~7.3个百分点。伴随温度的增加。土壤水分蒸发量呈显著增加趋势(图14.2)。当冬季增温0.5~2.5℃,土壤层0~60 cm水分蒸发量从10.4 mm增加到11.5~28.7 mm,增加了10.5~175.9个百分点。

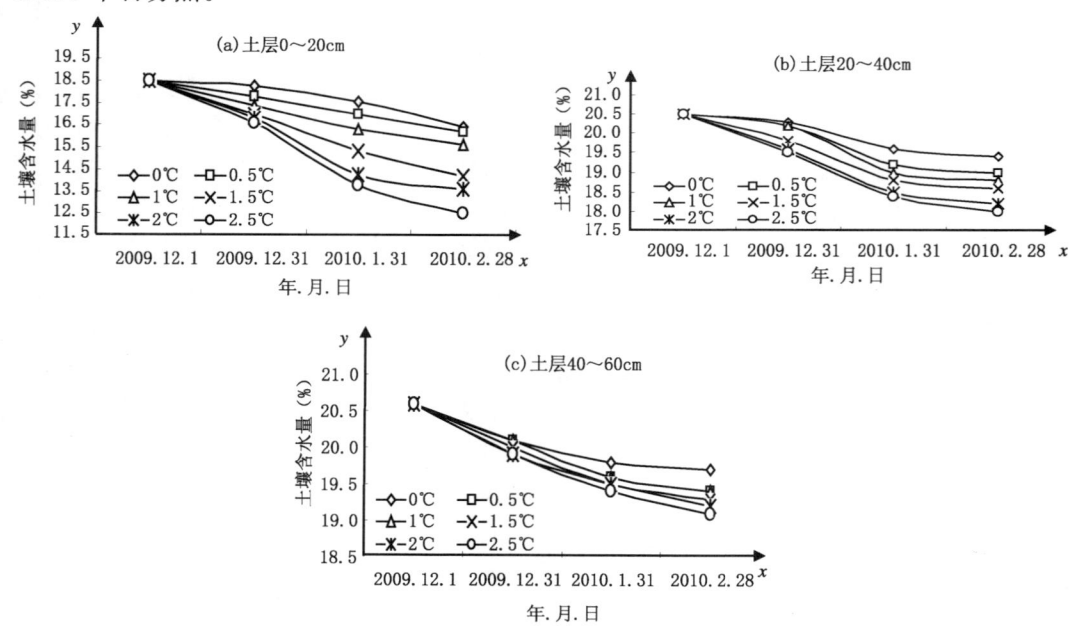

图14.1 冬季土壤含水量动态变化

通过从冬季增温与土壤层0~60 cm含水量关系表明:宁夏引黄灌区冬季增温越高,土壤含水量减少越明显,土壤水分蒸发越快(图14.3)。冬季增温0.5~2.5℃较未增温比较,土壤层0~20 cm、20~40 cm、40~60 cm含水量分别减少0.2%~3.9%、0.4%~1.4%、0.3%~

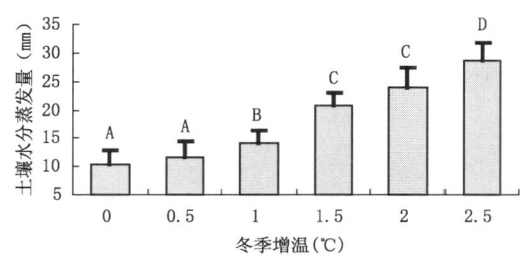

图 14.2 冬季增温与土壤水分蒸发量的关系

注:图中字母代表在 5% 下差异显著,"A" 相对于 "B" 有显著性差异,余类推

0.6%。土壤层 0~20 cm 含水量(Y)与冬季增温(X)之间存在关系为 $Y=-0.0804X^2+0.2575X+16.87(R^2=0.9815)$;土壤层 20~40 cm 含水量($Y$)与冬季增温($X$)之间存在关系为 $Y=-0.2743X+19.627(R^2=0.9875)$;土壤层 40~60 cm 含水量($Y$)与冬季增温($X$)之间存在关系为 $Y=-0.1057X+19.72(R^2=0.9096)$。

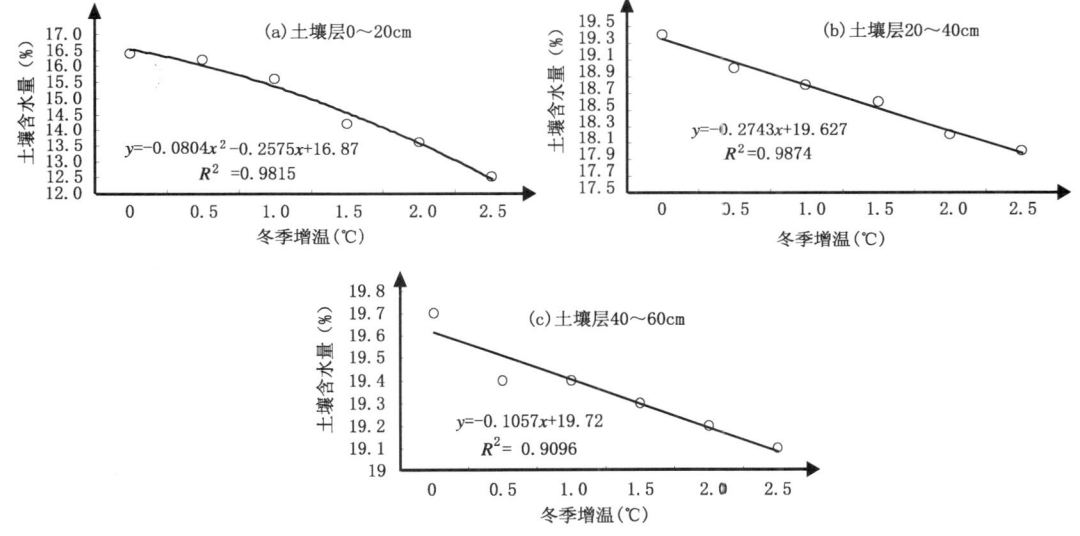

图 14.3 冬季增温与土壤含水量关系

14.1.2 气候变化对土壤微生物的影响

在全球变化条件下,外生菌、根真菌和丛枝菌根真菌如何对大气 CO_2 浓度增加做出响应,这是近年来科学家非常关注的一个领域,已经取得了显著的研究进展。菌根是土壤中的真菌侵染高等植物根系形成的一种联合体,是自然界中普遍存在的共生现象。菌根为植物提供养分和水分,促进植物的生长,从而提高植物的生存竞争能力(Waither,2005)。菌根真菌的生长与植物种类、pH 值、土壤养分有着密切关系。大气 CO_2 浓度增加影响着与其共生的菌根真菌的群落结构和生理特征。CO_2 增加能间接或直接影响菌根真菌的群落结构和生长繁殖能力,菌根真菌的种类、数量、物种多样性、种群结构及其功能将随之变化。

目前,有关根真菌对 CO_2 浓度增加的研究主要集中在农田、森林、草地领域。CO_2 浓度增加对菌根真菌的影响试验只能采取人工模拟的方法完成。CO_2 浓度模拟方法主要有在温室、培养箱、开顶箱中增加大气 CO_2 浓度的方法,以及在自由条件下增加大气 CO_2 浓度(FACE)

的方法。FACE被认为是最接近自然条件的人工模拟方法。人工模拟与实际自然条件有误差，而且大多试验都是短期的，得到的数据较难反映长期CO_2浓度增加对菌根真菌的影响趋势。大多数研究认为，大气CO_2浓度升高对菌根真菌产生正效应。Goldbold分别对白桦和北美白松（*Pinus strobus*）进行高CO_2浓度处理，研究却发现白桦的ECM菌根生物量增加，而北美白松的ECM菌根生物量却没有变化。同样在CO_2浓度升高条件下对不同物种的AM菌根进行的研究也发现其表现不同。Sanders对夏枯草（*Prunella vulgaris*）进行大气CO_2浓度升高处理20周后，发现其AM菌根生物量增加（徐国强，2002）。CO_2浓度升高对ECMF和AMF的影响都是积极的，当CO_2浓度升高后，ECMF的种丰度增加了34%，AMF增加了21%。AMF内部不同种真菌对CO_2响应度不同也引起真菌群落结构发生改变。研究发现，大气CO_2浓度倍增，使植物根内的AMF特异类群（uniquspecies group）减少，共有类群（common specigroup）增加。这可能是因为非特异的AMF类能够适应多种宿主的根际环境，而特异的AMF群只能适应某种单一的根际环境，CO_2浓度升高非特异的AMF类群具有更大的生存优势和竞力。AMF对CO_2浓度升高的响应不同，将会引起AMF物种组成的变化以及生态系统功能的改变，从而可能改变植物—植物间竞争关系。

土壤微生物相互作用对土壤碳的转化有重要的贡献，CO_2浓度的增加会影响微生物的相互作用，而转化过程会对营养供应和生态系统碳储量产生影响。CO_2浓度的增加，运转到根系的碳水化合物增加，根际环境、根际微生物活性、微生物群落结构以及菌根共生体的形成会发生变化，影响到生态系统碳的动态变化。CO_2浓度增加改变了土壤真菌的新陈代谢，增加了降解来源于植物体中的含碳化合物的胞外酶量。反过来，土壤微生物通过调节营养供应来影响植物的生长，这样通过反馈作用也可能影响物种或基因型的装配。总的来说，由CO_2浓度的增加触发生物间相互作用和反馈的改变，可能影响个体物种或基因型的分布，改变生态系统的装配和生态系统间的主要碳流，进而影响到生态系统的结构和功能（肖国举，2007）。

一般而言，升高温度可通过影响土壤微生物群落的组成结构、微生物多样性、微生物生物量、微生物呼吸作用、土壤有机物质的矿化率、土壤的水热条件、有机物质分解等因素间接影响土壤酶的活性（Kang，2005）。温度过高，土壤酶会变性，并丧失本身的活性；温度过低，酶活性会降低。土壤温度对土壤酶活性有明显的作用，土壤温度升高6.2℃，土壤磷酸酶活性提高20%（Dick，2000）。但是，冬季增温对土壤过氧化氢酶、脲酶、磷酸酶活性究竟有怎样的影响，尚不清楚。通过冬季增温与土壤过氧化氢酶、脲酶、磷酸酶活性的关系表明：经过一个冬季增温，土壤过氧化氢酶、脲酶、磷酸酶活性呈明显下降趋势。增温越高，下降趋势越明显（图14.4）。冬季增温0.5~2.5℃与未增温比较，土壤过氧化氢酶、脲酶、磷酸酶活性分别降低0.08~1.20 ml·g^{-1}、0.004~0.019 mg·g^{-1}、0.10~0.25 mg·kg^{-1}。

14.1.3 气候变化对土壤肥力的影响

CO_2浓度升高会使土壤中碳的储存量增加，豆科作物的固氮能力加强。对大部分分布广泛的土壤来讲，CO_2浓度增加对土壤的影响是积极的，引起土壤肥力的提高和土壤物理性状的改善。通过全球循环模型的模拟结果显示，CO_2浓度增加提高了作物和植被生产力，加之一般的和稍微高的降雨量并未完全被高的蒸腾作用所抵消，导致地被植物普遍增加，从而更好抵制径流和侵蚀的影响（徐小锋，2007）。

大部分土壤过程依赖于温度和水分，因此对气候变化的反应敏感。高温可加快有机质消

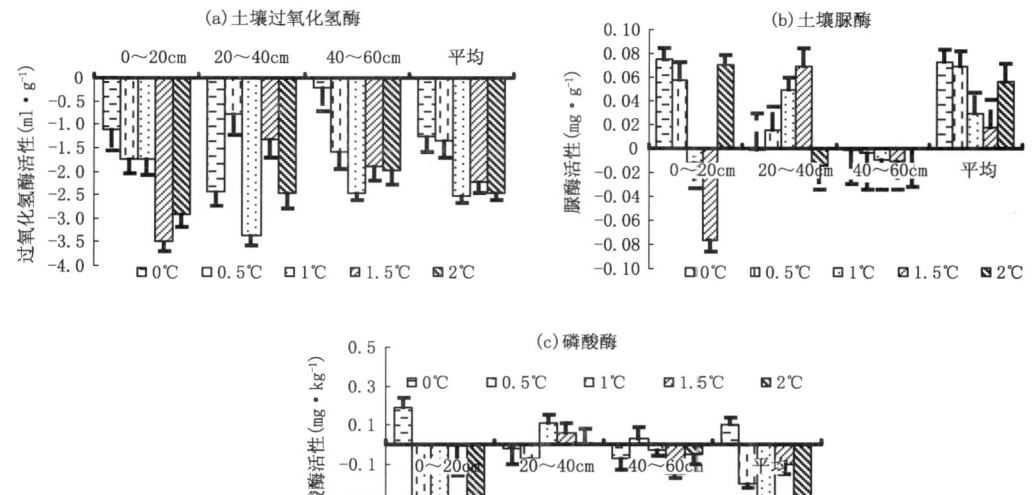

图 14.4 冬季增温与土壤过氧化氢酶、土壤脲酶、磷酸酶活性变化的关系
注：(a)、(b)、(c)纵坐标分别表示土壤过氧化氢酶、脲酶、磷酸酶活性在冬季增温后的变化值

耗,会降低土壤肥力。土壤温度升高和降雨量的变化使土壤微生物活动发生改变,必然引起土壤养分发生变化。气候变暖,将导致微生物对土壤有机质的分解加快,从而加速了土壤养分的变化,可能造成土壤肥力下降。通过对岐山黄土 Pb、Cu、Zn、Cd、Mn 元素含量磁化率及粒度的研究表明,这 5 种元素的变化是气候变化的结果,对这些元素相对含量及元素间比值高低的研究结果表明:黄土母质在分化成土壤过程中,分化程度、植被的发育程度与当地平均降雨量和气温有关(庞奖励,2001)。

通过冬季增温与土壤有机质增加的关系表明:冬季增温,土壤有机质呈明显增加趋势。增温越高,有机质增加越明显。冬季增温 0.5~2.5℃较未增温比较,土壤有机质增加 0.01~0.62 g·kg^{-1}(图 14.5);通过冬季增温与土壤有效氮、有效磷、速效钾变化的关系表明:伴随冬季增温,土壤有效氮有明显减少趋势。冬季增温 0.5~2.5℃与未增温比较,土壤有效氮减少 2.45~4.66 g·kg^{-1}(图 14.6a);冬季增温,土壤有效磷呈明显增加趋势。冬季增温 0.5~2.5℃较未增温比较,土壤有效磷增加 2.92~5.74 g·kg^{-1}(图 14.6b);冬季增温,土壤速效钾没有明显的变化趋势(图 14.6c)(肖国举,2010)。

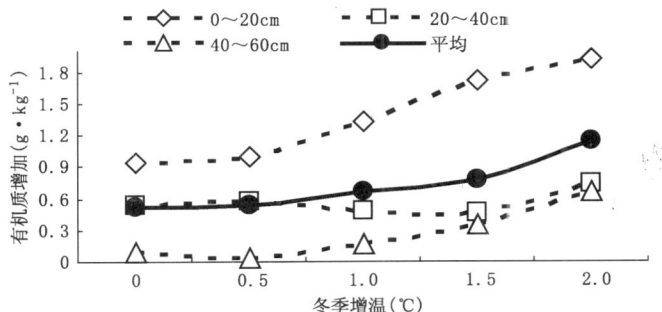

图 14.5 冬季增温与土壤有机质增加的关系

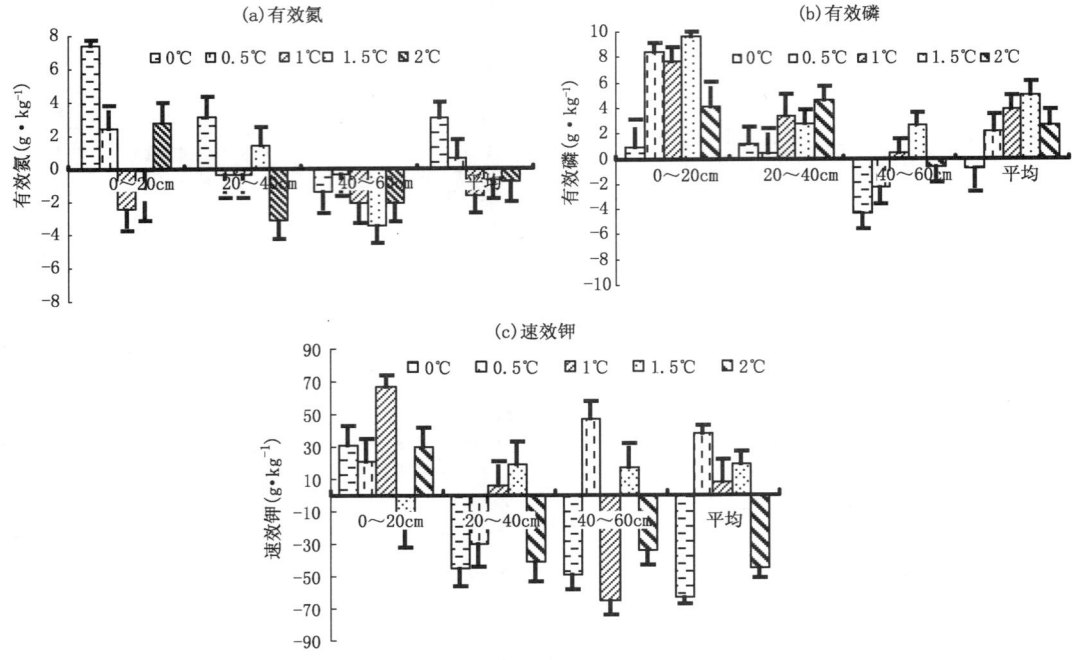

图 14.6 冬季增温与土壤有效氮、有效磷、速效钾变化的关系
注：(a)、(b)、(c)纵坐标分别表示冬季增温后土壤有效氮、有效磷、速效钾的变化值

由气候变化引起的其他变化可适当地被许多土壤的矿物质成分、有机质含量和结构稳定性所缓冲。然而由于区域降雨量下降而不能被 CO_2 效应所补偿，引起的植被、一年生或多年生作物的减少可能引起土壤结构的退化和孔隙度降低，从而增加了坡地的径流和侵蚀（周涛，2003）。长江以南亚热带丘陵和低丘地带将面临红壤砂化，地力衰退；气候变暖使得具有较高生物活性和周期性减少的永久冻土有减少趋势；在海拔较低、未被保护的海岸区，由于海水侵蚀，几十年后可能引起酸性硫酸盐土层的形成（潘根兴，2008）。

一般认为，自然界本身的变化和人类活动的影响是导致碳循环平衡发生变化的两个主要原因。国内外有关定量化研究气候变化与土壤养分变化关系的报道不多。这可能是在气候变化的长时间尺度上，土壤样品的取样具有较大的困难。如何创新实验方法和手段，定量化研究土壤 N、P、K 及土壤有机质等养分变化是一个具有难点的研究课题。

14.1.4 气候变化对土壤矿化作用的影响

大气 CO_2 浓度升高对土壤有机碳矿化和积累的影响受到关注。大气 CO_2 浓度升高对土壤碳平衡的影响较复杂，涉及作物生物量的变化，影响到进入土壤有机碳量的变化。在高 CO_2 浓度下，由于根系生物量增加，且较容易为微生物利用，土壤微生物趋向于从利用土壤有机碳向利用根系分泌有机碳转移。由于作物的气孔传导率因 CO_2 浓度增加而降低，因此农业生态系统中土壤水分的有效性在高 CO_2 浓度下将有所增加。当 CO_2 浓度升高而 N 素供给不足时，尽管各器官的生物量增加，但增加的同化碳大量向根系分配，使根系增加显著，根冠比增加（刘玉学，2009；寇太记，2008）。随 CO_2 浓度升高，根在数量及形态结构上的变化有助于植物在环境胁迫下摄取更多的养分和水分，从而更好地适应高 CO_2 浓度环境。大气 CO_2 浓度增加直接导致植物可利用的有效碳增加,但是植物 N 素供给相对受到限制,N 素的有效性在平衡较高的碳素有效性及其分配方面有重要的作用。在高 CO_2 浓度下,小麦、玉米等作物的碳氮比均有不同程度的升高,但若要充分利用高 CO_2 浓度,就必须投入足够的肥料来满足作物对矿物质如 N 的需求。

温度是加速土壤有机碳矿化作用的主要驱动因子之一,温度升高加快土壤有机碳矿化速率。全球气候变化不仅仅是温度的变化,可能还伴随着降水等变化,而且温度变化引起其他一系列土壤物理、化学和生物反应的变化。因此,气候变化对土壤有机碳矿化作用的综合影响目前还没有一个统一的认识(李法虎,2006)。

14.1.5 气候变化对土壤呼吸作用的影响

土壤呼吸作为表征土壤中异养微生物和植物根系进行生命活动的标志,既是全球碳循环的一个重要组成部分,也是土壤碳库的主要输出途径和大气 CO_2 重要的源。国内外已开展了开放式环境中 CO_2 体积分数升高对农田生态系统土壤呼吸的研究。依托 FACE(free air carbon dioxide enrichment)试验平台,研究大气 CO_2 浓度升高对稻(*Oryza sativa* L.)/麦(*Triticum aestivum* L.)轮作土壤呼吸的影响。在整个测定期间,土壤呼吸与基础土壤呼吸速率呈明显的季节变化,与气温和土壤温度季节变化趋势基本一致,呼吸速率与温度具有显著的相关性;呼吸速率与土壤含水量无显著的相关性,土壤水分是麦田土壤 CO_2 排放的非限制性因素,且温度与土壤含水量间的交互效应对土壤呼吸的影响不显著。基础土壤呼吸比作物下的土壤呼吸更易受温度影响,土壤温度比气温能更好地解释土壤 CO_2 排放的季节性变化。CO_2 浓度增加降低了温度与呼吸速率间的相关系数,表明温度对土壤 CO_2 排放的影响程度下降。但高 CO_2 浓度环境中植物—土壤生态系统的土壤呼吸对温度增加敏感性的降低,有利于减缓土壤碳分解损失的速度,有助于评价未来高 CO_2 浓度气候变暖背景下植物—土壤系统下的农田生态系统土壤碳的固定潜力。

在植物—土壤系统中,土壤呼吸受植物类型、植物生长状况、植物生长阶段控制,土壤呼吸直接或间接地受温度和水分的控制。目前水热因子对于不同时间尺度土壤呼吸影响的机理及其模型研究较少,是限制当前准确评估碳收支的重要因素之一。随着大气 CO_2 浓度升高,水热等环境因子对土壤呼吸控制程度的研究偏少。估测土壤中 CO_2 的释放量,确定其与环境因子和人类活动的关系,既对估算生物学过程在生态系统碳收支中的作用非常关键,又对评估陆地生态系统在全球碳循环中的功能和地位也有着极其重要的意义。

14.1.6 气候变化对土壤盐分的影响

全球盐碱土壤面积约为 9.6 亿 hm^2,我国约有 1.0 亿 hm^2。黄河河套地区有灌溉农田 100 万 hm^2,但 1/3 以上存在不同程度的土壤盐渍化问题。宁夏引黄灌区有耕地 42.21 万 hm^2,其中盐化土壤面积 20.96 万 hm^2,占耕地总面积的 49.7%。土壤盐渍化已经严重影响和制约该地区的生态环境和农业可持续发展。

气候变暖伴随蒸发加剧,导致北方一些地区土壤盐渍化,西北地区由于盐碱危害加重,至少损失耕地 9.6×10^6 hm^2。由于盐碱土壤中的作物比非盐碱土壤中的作物需要消耗更多的能量从土壤中吸取水分或进行作物细胞内部的生物化学调整,因此根区土壤过多的盐分总的来说会降低作物的生长速率和作物产量。盐分在土壤中的存在降低了土壤的渗透势,从而减小了作物根系内外部的水势差,降低了土壤水分的可利用性。当土壤中如果某些离子浓度或活度过大,将会引起作物营养元素的比例失调或缺乏。在许多盐碱土中,Na^+ 或 Cl^- 等离子的浓度过高,相对于其他离子的比例相当大,从而会导致一些低浓度营养元素的缺乏。高的 Na^+ 浓度可引起钙和镁元素的缺乏,Cl^- 和 SO_4^{2-} 大量存在可减少作物对 NO_3^- 的吸收。

目前,有关气候变化对土壤盐渍化影响的研究报道不多。以宁夏引黄灌区为例,采用了近 35 年来土壤盐分定位观测资料,进行了气候变暖对土壤盐分的影响研究。从 1973—2008 年不同年份与土壤盐分和年平均温度之间的关系表明:宁夏引黄灌区在伴随年平均温度升高的同时,土壤全盐含量成明显的增加趋势(图 14.7 至图 14.9)。近 35 年来,轻盐化土壤、中盐化土壤和重盐化土壤全盐分别增加了 0.08 g·kg^{-1}、0.13 g·kg^{-1} 和 0.19 g·kg^{-1}。

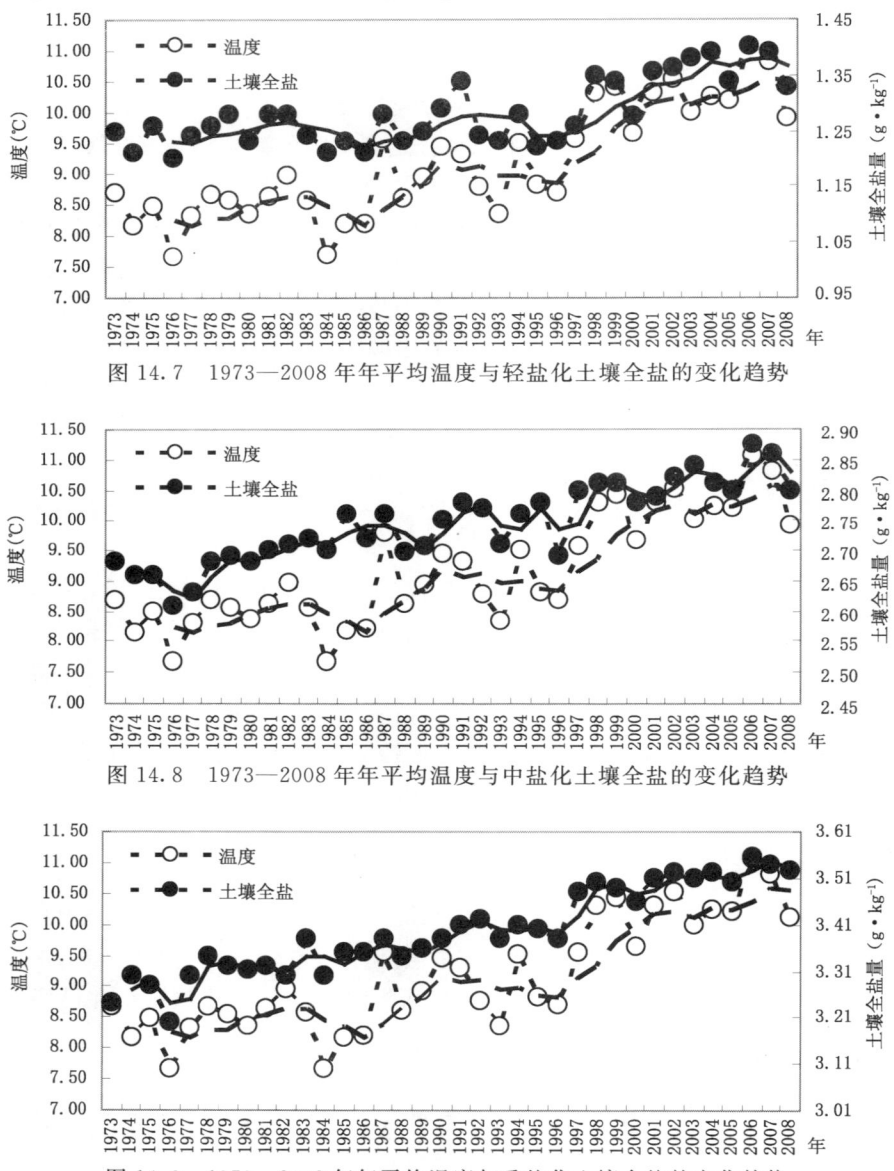

图 14.7 1973—2008 年年平均温度与轻盐化土壤全盐的变化趋势

图 14.8 1973—2008 年年平均温度与中盐化土壤全盐的变化趋势

图 14.9 1973—2008 年年平均温度与重盐化土壤全盐的变化趋势

通过年平均温度升高和土壤全盐增加之间的关系研究表明:近 35 年来,宁夏引黄灌区盐化土壤全盐增加量随年平均温度升高的增加而增加(图 14.10 至图 14.12)。轻盐化土壤,温度升高与土壤全盐增加之间存在关系为 $Y=0.0088X^2+0.0277X+0.0093(R^2=0.8082)$;中盐化土壤,温度升高与土壤全盐增加之间存在关系为 $Y=0.0722X+0.0205(R^2=0.8049)$;重盐化土壤,温度升高与土壤全盐增加之间存在关系为 $Y=-0.0105X^2+0.1296X+0.0291$ $(R^2=0.8321)$。

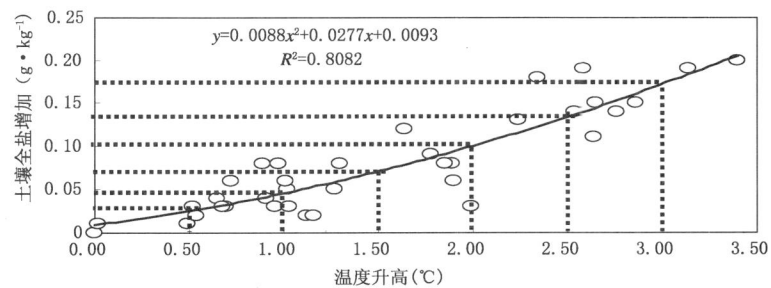

图 14.10　温度升高与轻盐化土壤全盐增加的关系

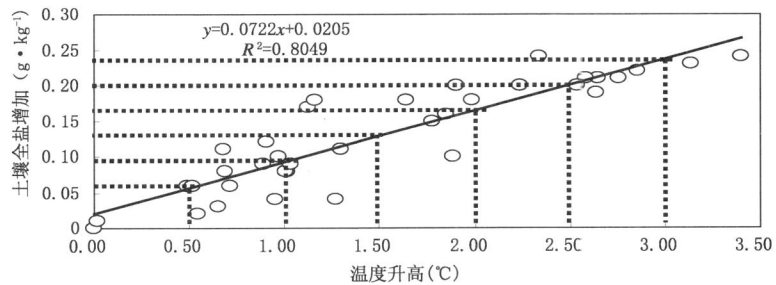

图 14.11　温度升高与中盐化土壤全盐增加的关系

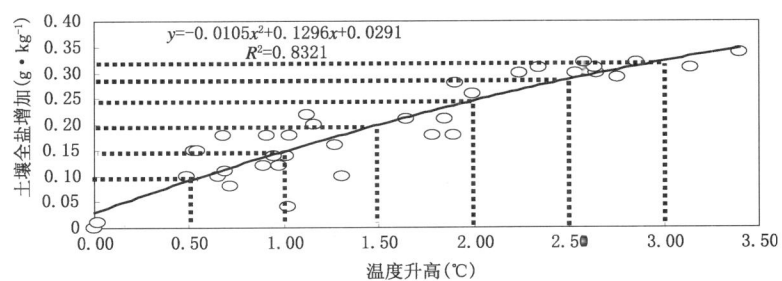

图 14.12　温度升高与重盐化土壤全盐增加的关系

通过年平均温度升高和土壤全盐增加之间的模拟关系式,可以计算温度升高 0.5～3.0℃时,宁夏引黄灌区盐化土壤全盐增加的量。当温度升高 0.5～3.0℃时,轻盐化土壤全盐增加 0.03～0.17 g·kg^{-1}、中盐化土壤全盐增加 0.06～0.24 g·kg^{-1}、重盐化土壤全盐增加 0.09～0.32 g·kg^{-1}(表 14.1)。

表 14.1　温度升高与盐化土壤全盐增加量

温度升高(℃)	土壤全盐增加(g·kg^{-1})		
	轻盐化土壤	中盐化土壤	重盐化土壤
0.5	0.03	0.06	0.09
1.0	0.05	0.09	0.15
1.5	0.09	0.13	0.18
2.0	0.10	0.16	0.25
2.5	0.13	0.20	0.29
3.0	0.17	0.24	0.32

根据宁夏引黄灌区盐化土壤调查资料,轻盐化土壤、中盐化土壤和重盐化土壤面积分别为 9.42 万 hm²、6.41 万 hm² 和 5.13 万 hm²。当温度升高 0.5～3.0℃时,轻盐化土壤、中盐化土壤和重盐化土壤淋洗增加土壤盐分的灌水量分别为 0.58～0.64 亿 m³、0.39～0.42 亿 m³ 和 0.32～0.34 亿 m³;宁夏引黄灌区盐化土壤总的灌水量增加 1.29～1.40 亿 m³(表 14.2)。

表 14.2　宁夏引黄灌区需要淋洗温度升高引起盐分增加所需的灌水总量

温度升高	轻盐化土壤		中盐化土壤		重盐化土壤		合计	
	面积(万 hm²)	水量(亿 m³)	面积(万 hm²)	水量(亿 m³)	面积(万 hm²)	水量(亿 m³)	面积(万 hm²)	水量(亿 m³)
0.5	9.42	0.58	6.41	0.39	5.13	0.32	20.96	1.29
1.0	9.42	0.59	6.41	0.40	5.13	0.32	20.96	1.31
1.5	9.42	0.61	6.41	0.40	5.13	0.33	20.96	1.34
2.0	9.42	0.61	6.41	0.41	5.13	0.33	20.96	1.35
2.5	9.42	0.63	6.41	0.41	5.13	0.34	20.96	1.38
3.0	9.42	0.64	6.41	0.42	5.13	0.34	20.96	1.40

冬季增温与土壤 pH 值增加曲线关系表明:经过一个冬季增温,土壤 pH 值明显增加。冬季增温越高,土壤 pH 值增加越明显。冬季增温 0.5～2.0℃与未增温比较,土壤 pH 值增加 0.42～0.67(图 14.13)。冬季增温与土壤全盐增加的曲线关系表明:经过一个冬季增温,土壤全盐明显增加。冬季增温越高,土壤全盐增加越明显。冬季增温 0.5～2.0℃与未增温比较,土壤全盐含量增加 0.39～0.50 g·kg^{-1}(图 14.14)。

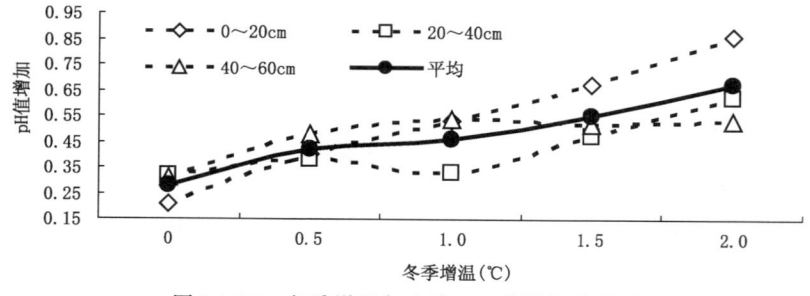

图 14.13　冬季增温与土壤 pH 值增加的关系

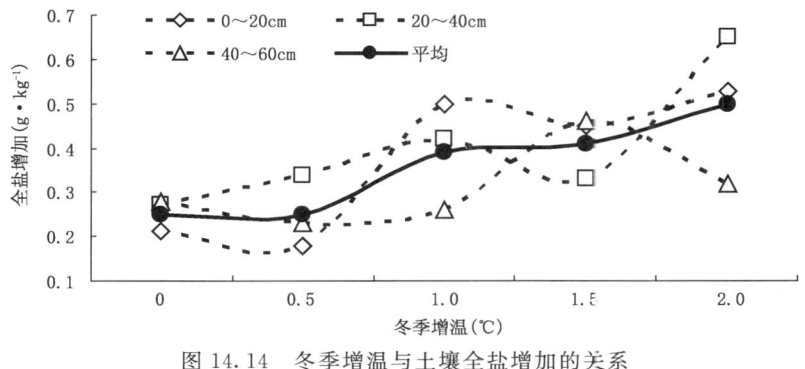

图 14.14　冬季增温与土壤全盐增加的关系

14.2　对生物多样性的影响

气候变化对生物多样性的影响,取决于气候变化后物种相互作用的变化,以及物种迁移后与环境之间的适应性平衡。在迁移过程中,生态系统并不是作为一个一个单元整体迁移的,它将产生一个新的生态结构系统,生物物种构成及其优势物种都将会变化,这种变化的结果可能会滞后于气候变化几年、几十年,甚至几百年。植被模拟研究证实,气候变化使某些物种由于不能适应新环境而有濒临灭绝的危险,也可能出现新的物种体系。大量观测表明,过去气候变化已经对生物多样性产生极大影响,包括物种的物候、行为、分布和丰富度、种群大小和种间关系、生态系统结构和功能等都已经发生了不同程度的改变,甚至引起个别物种的灭绝。未来全球气候变暖将对生物多样性产生更深刻的影响。IPCC报告最新评估,预计未来全球升温幅度超过 1.5~2.5℃,目前已评估过的 20%~30% 的物种灭绝的风险将增加,超过 2~3℃,目前地球上 25%~40% 的生态系统结构与功能将发生巨大改变。这无疑将会给生物多样性保护带来严峻挑战。

14.2.1　气候变化对物种多样性的影响

气候变化改变着一些物种的行为。例如,1971—1995 年期间,在英国 65 个物种中 78% 物种繁殖日期提早 9 d;1903—2008 年期间,美国威斯康新州,鸟类中 8 个种鸣叫期提前,1 个推迟;1959—1993 年期间,欧洲植物开花大概提前 11 d,部分植物生长加速;我国华北平原生长季延长,许多植物开花物候期提前、生长加速。气候变化使物种行为的改变,打乱了生物节律。植物通过改变物候期而适应逐渐升高的温度,例如,在欧洲树木呈现秋色,过去每 10 年晚了 0.3~1.6 d。动物方面,许多迁徙的鸟类正在改变它们的旅行日程,英国蝴蝶春天出现的时间较 20 年前提前了 6 d。一些冬眠的动物如蛇类因气温上升而提前结束"冬眠",生物节律受到影响。

气候变化改变着一些物种的迁移规律。在过去 25 年,英国脊椎和无脊椎动物向北或高海拔迁移;南美栖息在山区和平原的一些生物也都向北迁移,一些河流中棕色鳟鱼种群向高海拔迁移;蝴蝶、一些鸟类和哺乳动物都呈现北移趋势。有研究表明,许多物种的分布范围每 10 年北移 6.1 km。

气候变化改变着一些物种的丰富度。过去 40 年中,欧洲候鸟和留鸟丰富度因气温升高而发生改变;气候变化使极地北极熊出生率下降;美国一些两栖类物种灭绝。中国的地表植被丰富度发生了很大的变化,特别是在西北地区,温带荒漠的范围大大扩展,生态和环境进一步恶化,草原退化严重,生物多样性破坏很严重。例如,野马、野骆驼等野生动物的生存环境处于极危状态,淡水湖泊生态系统退化十分严重。

气候变化使得带菌或传染病大爆发。随着温度的升高,带菌者的繁殖速度、数量增长;寄生虫的生长速度加快,传染期加长。受温度升高影响,有害生物如珊瑚虫病、牡蛎病原体、作物病原体、里夫特裂谷热和人类霍乱等,也将变得活跃起来。登革热以前常常发生在海拔 1000 m 以下的地区,而现在位于墨西哥海拔 2000 m 的地区发生了登革热,在哥伦比亚海拔超过 2000 m 的地区发现了登革热和黄热病的媒介昆虫。气候变化引起有害生物的增加,包括害虫和疾病生物向高海拔和高纬度迁移,害虫和疾病爆发强度和频率增加。云杉小蠹爆发频率伴随干旱和夏季干旱,干旱胁迫增加使害虫与寄主关系都受到影响,使阿拉斯加云杉小蠹已朝北移动,云杉树皮甲虫传染率增加。

气候变化引起物种濒危或消失。有人悲观地估计,当地球平均温度升高 6℃ 时,地球上将有 90% 以上的物种消失。20 世纪 70 年代以来,由于温度上升、云层升高,在哥斯达黎加森林里生活的鸟类、爬行类和两栖类种群发生了巨大变化,其中有 21 种蛙类在这个森林中消失。对气候变化最敏感的珊瑚礁,目前正发生大规模白化现象,全球约 16% 的珊瑚死亡。

降水和温度变化对生物多样性的影响程度不同。例如,在欧洲 25 个鸟类孵化日期与春天气温密切相关,春天气温升高使孵化日期提前;在北京,1951—2000 年间观测表明,春季山桃始花物候和生长变化与温度变化相关性比其与降水相关性要高。

14.2.2 气候变化对生态系统多样性的影响

目前,生物多样性对气候变化响应的研究主要集中在物种组成和群落结构的变化、物种的分布格局和适宜生境的变化、生态交错带的位移、种间关系的变化等方面。例如,1951—1994 年期间,气候变化使爱莎尼亚森林树种由落叶为优势种改变为以云杉为优势种的组成结构。20 世纪 70 年代降水量的变化,特别冬季降水量增加,使美国奇瓦瓦荒漠木本灌丛密度增加 3 倍,常见动物数量减少,稀少动物数量增加;气温升高也使荒漠植被地理分布发生改变,引发的干旱加剧使许多荒漠植物大片死亡(Klanderud,2003)。动植物为适应气候变化,不断地改变其活动范围和行为,引发物种之间生物链的断裂。例如,由于迁徙鸟类到达欧洲的时间太晚,以致其产下的后代错过了毛毛虫生长旺季,因缺少足够的食物而生存困难。

气候变化使高纬度陆地生态系统植被生产力增加,生态系统碳氮循环过程改变。气候变化改变了高山生态系统物种组成和群落结构,对高山生物多样性既有正面也有负面的影响。一方面,低海拔物种往高海拔迁移可能增加高山生物多样性。如在过去 100 年中,低海拔物种的迁移使瑞士境内高山带的植物多样性显著增加,喜马拉雅山高山带物种丰富度也明显提高(刘兴良,2006)。暖也可能降低高山带生物多样性,如连续 5 年升温和施肥使瑞典北部高山冻原带苔藓和地衣优势群落的物种数量减少,物种丰富度和多样性降低。气候变暖还可能使高山带的生物或优势物种因为适宜生境的消失而濒临灭绝或被其他物种替代。气候变暖使喜温的灌木、草本和入侵杂草的分布趋于更高的海拔,增加了高山带物种丰富度,并使亚高山和高山带物种更替速率加快,但同时也威胁到区域内的特有种。如在增温和增加养分的条件下,挪威南部高山带的优势矮灌木宽叶仙女木被禾本科和非禾本科草本取代。相对于本地种而言,气候变化可能会增强外来种的生存、繁殖和竞争能力,而对本地种构成威胁,进而影响区域内的生物多样性。

气候变化引起生态交错带结构改变。例如,20世纪气温平均升高0.8℃,使斯堪的纳维亚山系瑞典区域树线上升了100 m以上。全球升温使我国长白山岳桦苔原过渡带变宽(周晓峰,2002),五台山高山草甸和林线过渡带中一些植物向高海拔迁移(戴君虎,2005)。气候变化使高纬度和高海拔生长季延长20%,使北方森林以每增加1℃按100~150 km速度向北扩展。

气候变化引起河流、湖泊湿地等淡水环境的生物多样性改变。在过去25年里,不同纬度高山河流和溪流中水温已升高,使类似棕色鳟鱼这样水生生物向高海拔迁移(Root,2003);1981—2005年期间,英国瑞汗地瑞姆瓦延高地溪流水温上升了1.4~1.7℃,许多大型无脊椎动物受到影响,表现出春天温度每升高1℃,无脊椎动物丰富度下降21%(Waither,2005)。

14.2.3　气候变化与生物入侵

生物入侵是指外来物种通过非自然途径迁移到新的生态环境的过程。入侵生物由于其有广泛的适应性、极强的繁殖能力,不仅对"入侵领地"的生物多样性构成威胁,破坏生态平衡,甚至给人类社会、环境造成巨大的损失。

入侵物种在新的环境中不受食物来源及天敌制约,可无节制地繁衍,种群快速扩大,对入侵地生物多样性构成极大的威胁。水葫芦原产南美洲委内瑞拉,为多年生水生植物,具有无性和有性两种繁殖方式。在适宜条件下,5 d就能繁殖成一个新植株;开花后每株可产生300粒种子,成熟种子在水中可存活5~20年。约在20世纪30年代作为观赏植物传入我国,后来又作为猪食饲料和重金属污染水体修复植物而广为种植。由于过度繁殖,现已蔓延成灾。因水葫芦入侵,昆明滇池十几种水生植物相继灭绝,水生植物从68种下降到30种左右。火炬树原产北美,为落叶灌木或小乔木,属漆树科植物。1959年引入我国,主要以黄河流域以北各省区栽培较多。目前,长江流域也广泛栽培,有非常强的侵占力,凡是海拔500~3000 m,降水在300 mm以上、温度在25℃~45℃、年平均温度在8℃以上均能够繁殖,具有极广阔的生态位。火炬树分布的地方,除了3~5种草本植物外,几乎难以见到本地种;个别地段将所有本地物种都排斥干净(范广州,2002)。

生物入侵对农业和畜牧业已经造成巨大的影响。牛羊吃了入侵物种紫茎泽兰后很快掉毛、生病,母羊怀不上胎并接二连三地死去。据四川省凉山州统计,仅1996年一年就减少羊6万头,损失2100万元。紫茎泽兰进入香蕉林,使得香蕉林树矮果少;进入花椒林、桑树林,花椒和蚕茧当年就减产8%。另外,像美洲斑潜蝇、马铃薯甲虫、非洲大蜗牛等外来昆虫入侵,近年来也相当严重,给入侵地农业生产带来灾难。

生物入侵对生物多样性构成极大的威胁的同时,还会危及人类健康乃至生命。如豚草,原产北美,传入我国东北、华北、华东和华中。豚草不仅危害农牧业生产,其花粉对人体健康也产生危害,可以引起"花粉过敏症"、过敏性鼻炎和支气管哮喘等疾病。

14.3　对农业生态系统组成与结构和功能的影响

一般情况下,农田生态系统的初级生产力在CO_2浓度增加的条件下比正常CO_2浓度下要高得多。同时,CO_2浓度升高会促使作物光合产物流向根系,从而提高农田生态系统地下部分对碳的固定以及植物根系对水分的吸收。地下部分碳汇潜力的加强可以导致农田生态系统

对大气 CO_2 的永久固定。研究表明,大气 CO_2 升高对农田土壤中细菌数量有一定的影响,但对真菌数量影响不大。增加 CO_2 对土壤呼吸有促进作用,主要由于 CO_2 升高可促进土壤有机碳的输入,为土壤微生物提供更多的可降解底物,促进微生物活动,因而增强土壤呼吸作用。另外,植物有不同的光合途径。当大气中 CO_2 浓度发生变化时,具有不同固碳途径的植物之间的竞争关系自然会发生变化。一些科学家预测,在 CO_2 浓度升高时,农田 C_3 杂草会在 C_4 作物种群中更具有竞争力,而 C_4 杂草对 C_3 作物的影响则会减少。C_4 植物为优势种的群落也许会更加容易被 C_3 植物入侵。但是,并非所有的 C_3 植物在 CO_2 浓度升高的情况下都增加生物量和繁殖力,不同物种反应的程度不同,甚至连变化方向都可以不同(肖国举,2007)。

气候变化已经引起农业生态系统组成、结构和功能以及生物多样性的变化。气候变暖意味着外界向农业生态系统输入更多的能量,能量的获得为生物多样性提供了更广泛的资源基础,允许更多的物种共存(赵茂盛,2002)。农业生态系统的组成改变会直接导致农业生态系统结构和功能的变化。农业生态系统对气候变化的反应表现在不同的时空尺度上。气候变化在不同方面通过影响作物的生理过程、种间相互作用,甚至改变物种的遗传特性,进而影响农业生态系统的种类组成、结构和功能。由于不同作物种对全球气候变化的反应有较大差异,可以预计农业生态系统的种类组成会随全球气候变化而发生显著的改变。全球气候变化可以通过改变作物的死亡率以及随后幼苗生长而影响着农业生态系统的结构。大气温度的升高很可能提高农业生态系统的呼吸量,从而有可能降低整个生态系统的碳贮存量。同时,降水量的改变,海平面的上升也会在很大程度上影响着农业生态系统的功能。气候变暖,尤其暖湿气候将有利于一些病菌的发生、繁殖和蔓延,从而将使农田生态系统的稳定性降低。

农业生态系统是一种受人类强烈干预的人为控制系统,也是自我调节机制较为薄弱的生态系统,是全球气候变化的主要承受者。气候变化对农业生态系统的影响是一个复杂的问题,必将引起农业生态系统组成、结构和功能的变化。气候变暖意味着外界向农业生态系统输入更多的能量,能量的获得为生物多样性提供了更广泛的资源基础,允许更多的物种共存。CO_2 浓度增加对生态系统中的物种或基因型间的相互作用的影响,不仅仅依赖于对 CO_2 的直接生理作用,而且依赖于可利用的营养、有效的水分和周围环境的组成(徐国强,2002)。气候变化通过影响作物的生理过程、种间相互作用,改变物种的遗传特性,进而影响农业生态系统的种类组成、结构和功能。大气温度升高使农业生态系统的呼吸量提高,从而降低整个生态系统的碳贮存量。同时,降水量的改变,海平面的上升也会在很大程度上影响农业生态系统的功能。气候变暖将有利于病菌发生、繁殖和蔓延,从而使农田生态系统的稳定性降低。

一般情况下,农田生态系统的初级生产力在 CO_2 浓度增加条件下将有所增加。同时,CO_2 浓度升高将促进作物光合产物流向根系,从而提高农田生态系统地下部分对碳的固定以及植物根系对水分的吸收。地下部分碳汇潜力的加强可导致农田生态系统对大气 CO_2 的永久固定。研究表明,大气 CO_2 浓度升高对农田土壤中的细菌数量有一定的影响。增加 CO_2 浓度对土壤呼吸有促进作用,主要是由于 CO_2 浓度升高可促进土壤有机碳的输入,为土壤微生物提供更多的可降解底物,促进微生物活动,因而增强了土壤的呼吸作用(周晓峰,2002)。

植物有不同的光合途径,当大气中 CO_2 浓度发生变化时,具有不同固碳途径的植物之间的竞争自然会发生变化。个体物种的生理、生长和生化过程的改变将可能影响生物间的相互作用,包括竞争、取食、授粉和根际动态过程。这样可能导致物种或基因型的主导优势的改变,进而影响他们在生态系统中的作用(Burgmer,2007)。物种或基因型个体对 CO_2 浓度提高的反应表现出广泛的差异性,可能改变了他们相互间的竞争性。当 CO_2 浓度升高时,C_3 植物不论是单独生长还是共生竞争都比 C_4 植物更受益于这种变化,主要由 C_4 植物特殊的结构特征所导致,在 CO_2 浓度提高条件下 C_4 植物的维管束鞘细胞具有高效的 C 泵,使得在当前 CO_2 浓度水平下光合作用容易得到饱和(Hughes,2006)。CO_2 浓度增加影响更高营养层次的相互作用,CO_2 浓度增加提高了生产力,降低了营养层次相互作用的强度(Hussain,2001)。

大气 CO_2 浓度升高对农业生态系统最直接最重要的影响是其光合作用的变化。C_3 植物通常比 C_4 植物对大气 CO_2 浓度的增加更敏感,C_4 植物适应高温下的低 CO_2 浓度环境,而 C_3 植物则适应低温下的高 CO_2 浓度环境。随 CO_2 浓度升高,植物光合作用的最适温度将增加。高 CO_2 浓度环境增加了细胞内外的 CO_2 浓度差,通常会提高植物的光合速率,使水分利用率升高。有研究表明,玉米等 C_4 植物的水分利用率随大气 CO_2 浓度的升高而上升(赵峰,2004)。一些植物的呼吸速率随 CO_2 浓度的上升而升高,如棉花叶片的夜间呼吸速率在高 CO_2 浓度下有所增加。也有研究表明,一些作物的呼吸作用随 CO_2 浓度的升高而下降,如紫花苜蓿在 950 $\mu mol \cdot mol^{-1}$ CO_2 浓度下,暗呼吸下降了 10%,而根部的呼吸速率下降程度大于茎部。但是还有研究表明,一些植物的呼吸速率在 CO_2 浓度增加时不发生变化,如大豆在高 CO_2 浓度下处理 50 d 后其单位干物质的呼吸量变化不大。

大量开放式空气 CO_2 浓度增加(FACE)的实验研究表明,CO_2 浓度增加促发了植物体中一个生理级联反应,增加了光合作用,降低了叶片气孔导度和羧化酶的浓度(黄建晔,2004),影响到生态系统的能量平衡和养分循环。

半干旱地区春小麦全生育期升高 CO_2 浓度能够有效提高田间生态系统边缘效应。与没有 CO_2 浓度升高比较,当 CO_2 浓度升高 40~160 $\mu mol \cdot mol^{-1}$ 时,春小麦田间生态系统边缘效应的面积增加 1.8~3.6 m^2。气候变暖有利于宁夏中部地区牧草干物质积累,草原初级生产能力有所提高。随着气候变暖,宁夏中部草原总体上向生产能力逐步提高的方向发展,不论是草场总产草量还是主要优质牧草,其产量趋势都表现出增加的趋势。例如,胡枝子地上干物质积累总量 2020 年和 2050 年分别较当前提高 4.7% 和 17.3%。但是,随着气候变暖,草原植被构成中优质牧草所占比例呈下降趋势,特别是豆科牧草所占比例明显减小,植被群落结构有可能发生变化(戴君虎,2005)。

生态系统对气候变化有一定的适应能力,但是这种适应和调节能力是有限的。如果气候变化幅度过大、胁迫时间过长,或短期的干扰过强,超出了生态系统本身的调节和修复能力,生态系统的结构功能和稳定性就会遭到破坏,造成生态系统不能适应气候的变化,发生不可逆转的演替,即 UNFCCC 所指的"危险气候(dangerous climate)"。

目前,人类对农业生态系统对于未来气候变化的反应预测能力还很有限。面对全球环境变化与人类社会可持续发展的挑战,全球变暖研究已经从认识地球系统的基本规律转向应用研究,并特别关注全球变暖的区域响应及人类社会对全球变暖的适应性问题。为了提高中国全球变化研究的整体水平,与国际全球变化研究接轨,更重要的是为更准确地预测中国陆地生态系统对于全球变化的反应,减少全球变化的不确定性,未来全球变暖研究趋势将更加关注人类社会与自然界的相互作用和地球资源的可持续发展的相互关系。在研究方法上,则更加关注通过高新科技获取多平台全球变暖研究观测资料,关注多因子影响的综合研究,强调以地球系统为核心的、多学科、多圈层的交叉集成分析与模拟,探讨适应与减缓全球变暖对中国农田生态系统影响的最佳模式。

第15章 气候变化对自然植被的影响

植被是全球陆地生态系统的主体,在物质循环和能量转化中发挥着重要作用,并且在维持全球碳平衡、减慢温室气体浓度升高、维护全球气候稳定等方面具有不可替代的作用。同时,在自然生态系统中,植被是最活跃的因子,能够指示自然环境中的某些组成成分,如大气、水、土壤、岩石的变化,是景观生态环境变化的综合指示器。植被一方面是气候的产物,每个气候类型或分区都有相应的植被类型相对应;另一方面,不同的植被类型通过影响植被与大气间的物质和能量相互作用对气候产生影响,而改变的气候又通过大气与植被的物质、能量交换作用对植被生长产生影响,最终可能导致植被类型的变化。因此,植被与气候的关系是全球变化与陆地生态系统研究的关键所在。随着全球变化研究的深入,植被对气候变化的响应方式及其程度已成为全球变化研究的热点。

15.1 祁连山区及河西走廊

15.1.1 祁连山区

祁连山位于欧亚大陆中心,横跨甘肃、青海两省,南坡位于青海省东北部,北坡位于甘肃西部,东起乌鞘岭,西至当金山口与阿尔金山脉相接,全长约 1000 km,由多条西北—东南走向的平行山脉和宽谷组成,山势由西向东降低,高低悬殊,是我国西北地区著名的高大山系之一。祁连山作为阻挡北方冷空气南下的高大屏障,南北两侧具有明显不同的气候特征,山地气候垂直差异显著。植被分布呈现出亚洲中部蒙古成分,北温带成分,温带亚洲成分以及特有成分,组成了山地森林、灌丛、草原、草甸等不同的植被类型,而且南北两坡的分布高度、分布类型也明显不同。祁连山既是我国西北地区重要的水源涵养区和雪冰水资源区,也是西北地区重要的森林草原生态系统和野生动物保护区,对维护河西走廊绿洲生态系统的平衡和遏止荒漠化发展具有重要作用。

15.1.1.1 祁连山气候变化特征

近 50 年来祁连山区的年平均气温整体呈上升趋势,线性拟合增长率为 $0.26℃ \cdot (10\ a)^{-1}$,略高于全国的升温速率($0.25℃ \cdot (10\ a)^{-1}$)。分析表明,祁连山区气温在 20 世纪 80 年代发生突变,即以 80 年代中期为界分为慢速增温和快速增温两个阶段,其中 20 世纪 90 年代中期以后气温上升最为明显。70 年代的平均气温较 60 年代平均气温升高了 $0.1℃$;80 年代平均气温比 70 年代平均气温升高 $0.1℃$;90 年代平均气温比 80 年代平均气温升高了 $0.3℃$。21 世纪前 5 年平均气温比 20 世纪 90 年代升高了 $0.3℃$。祁连山北坡的温度整体比南坡的高。

从 20 世纪 60 年代至今降水量的变化存在一定幅度的波动,但是其整体的趋势是降水量的逐渐增加,从年代际变化来看,80 年代以前在平均值之下,且振幅较小,80 年代以后降水量有增多趋势,且振幅较大。年降水量的线性拟合增长率为 $4.9\ mm \cdot (10\ a)^{-1}$。从空间上来看,降水量的整体趋势是从西北向东南逐渐增加的,主要是由于西太平洋副高的活动变化引起东南暖湿气流对祁连山东南迎风坡降水产生影响较大,但是本区位于我国大陆腹地,四周山岭高耸,南部与东部的暖湿气流到达西北部已成强弩之末,因而,产生的降雨很有限。

15.1.1.2 气候变化对植被的影响

(1) 草地严重退化,生产力急剧下降

气候变暖,不仅加速了祁连山区冰川、雪山的消融速度,同时也导致了地温大幅度升高,土壤水分下降,土壤结构变差,有机质含量极低,土壤趋于碱性和板结土壤湿度减少,那些过去湿地深层的多年冻土发生退化,再加上人类活动加剧,牲畜数量大幅度增加,对草地利用出现掠夺式经营,草地资源严重退化,牧草生长上限将向高纬度、高海拔移动。原生植被的适应环境发生改变而发生演替,寒性草原带向温性草原带转化,湿生或湿中生植被将向相对旱生性植被类型发展,而被其他的植被类型所替代,终久导致植物群落的演替。

在祁连山南坡地区,退化草地的面积已达 431.87×10^4 hm^2,占草地总面积的 84.46%,其中,重度退化草地面积为 130.71×10^4 hm^2,占退化草地面积的 30.27%,中度退化草地 146.52×10^4 hm^2,占退化草地面积的 33.93%,轻度退化草地面积 154.64×10^4 hm^2,占退化草地面积的 35.80%。中度以上退化草地面积达 277.23×10^4 hm^2,占草地总面积的 54.22% (图 15.1)。

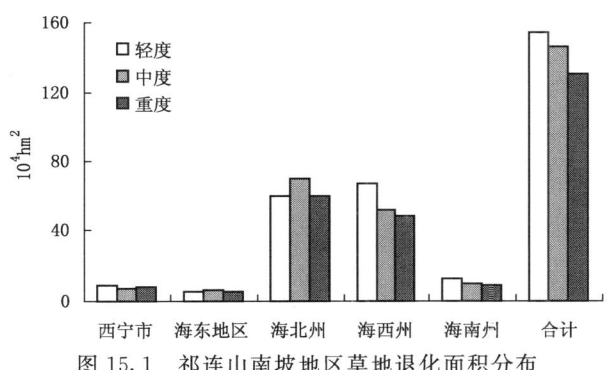

图 15.1 祁连山南坡地区草地退化面积分布

祁连山北坡的天然草地,是聚居在甘肃河西走廊的藏族、蒙古族、裕固族、哈萨克族、汉族等民族依赖生存和发展的重要自然资源。牧民主要依赖在草地上放牧牛羊为主要生产方式发展畜牧业。目前可利用高寒草地面积为 514.05×10^4 hm^2,退化高寒草地面积已 498.70×10^4 hm^2,严重退化草地面积 182.30×10^4 hm^2,导致 90% 以上的天然草地都处于不同程度的退化。目前仍以每年 3%~5% 的速度在加剧退化。

在草地退化的同时,植物群落也在悄然发生演替。如祁连山南坡海北高寒草甸,在 20 世纪 70 年代,由于土壤潮湿,植被以藏嵩草为优势的沼泽化草甸,伴生种类为湿生、湿中生植物,如青藏苔草、车前垂头菊、星状凤毛菊和斑唇马先蒿等,草群生长茂密,总覆盖度选 90% 以上。但近年来,由于受气候趋暖干旱的影响,地下水位降低,土壤含水量减少,中生多年生禾草羊茅、垂穗披碱草等大量迁入,代替了沼泽化草甸,植被盖度也略有降低。70 年代以前高寒草甸地区原生植被是以异针茅、羊茅为上层,矮嵩草为下层的双层结构植物群落,草原覆盖度大,一般均在 80% 以上,植株较高,可达 50 cm 左右,牧草优良,杂毒草较少。现在植物群落发生了变化,原来双层结构的原生植被体系变为以矮嵩草为优势种的单层结构群落,草场盖度减小。原来较隐蔽的环境变为开阔的环境,开阔环境也给杂毒草生长提供了良好的条件。在矮嵩草群落分布区内,草场种类组成也相应出现新的分布格局。其结果使植物群落结构变得极为简单,伴生种增多。

而在祁连山北部和中部地区,大面积的高寒草甸类草地已退化成黑土滩。该类草地植被盖度多在30%以下(局部地区已成为寸草不生的次生裸地),植物种类大量减少,毒杂草蔓延,优良牧草几乎丧失殆尽,致使草地水源涵养能力降低,减洪滞洪功能下降,严重影响了祁连山北坡的生态安全和畜牧业的可持续发展。

(2)森林面积锐减,生态功能弱化

在祁连山地南坡的黑河和大通河流域,是青海省森林面积分布最大的地区之一。区域内森林覆盖率为5.92%,其中灌木林占65.50%,乔木林占34.50%。森林覆盖率高于青海省全省平均3.01%的水平,但远低于全国13%的平均水平。

在历史上,祁连山地区大部分被针叶林、山地冻原针叶林、灌丛及草甸覆盖。包括在西汉时期,祁连山地区约有森林600×10^4 hm^2,生长茂密,绿树参天、浓荫遮日、四季常青。随着长期的气候变化和人为破坏,到20世纪50年代初,祁连山地森林面积减至153.14×10^4 hm^2,只有西汉时期的1/4,林缘也由海拔1900 m上升到2300 m。特别是近几十年来,由于气候转暖和人类活动的干扰,区域内森林资源不断减少,祁连山区已经呈现出分层递减逆向蚕食演替景象,乔木林演变成灌木林或疏林地,灌木林和疏林演变成草地(图15.2)。由于祁连山森林面积的大幅度减少和林分质量的明显下降,森林的水源涵养功能退化,出山径流量减少,导致祁连山地区水资源更为缺短。森林生态系统对经济社会发展的支撑能力严重削弱。与此同时,祁连山区的森林景观正向破碎化方向发展,使野生动植物栖息地遭到破坏,导致一些野生动植物种群数量下降,特别是具有较高经济价值的珍稀濒危野生动物遭到严重破坏,一些国家重点保护动物濒临灭绝。

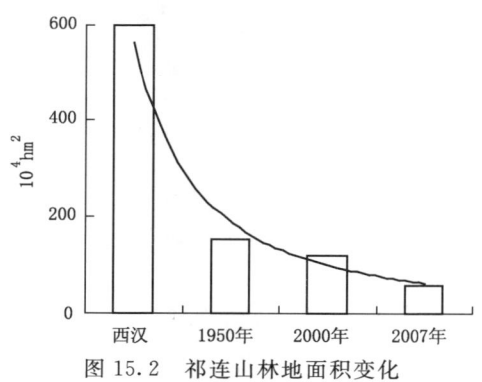

图15.2 祁连山林地面积变化

15.1.2 河西走廊

15.1.2.1 湿地萎缩

湿地被誉为"地球之肾",它不仅为人类生产和生活提供多种资源,而且具有巨大的环境功能和效益,是人类生存和发展的重要基础。湿地生态系统对周围环境变化较为敏感,它的分布及变迁能反映一个地区的生态地质环境状况。

近30年来河西走廊的自然湿地资源不断减少,且减少速率不断加大。其中以沼泽湿地减少最为显著,而人工湿地的面积在持续增加,特别是近几年来增加迅速。湿地的破碎化程度不断加剧,由于河流湿地、沼泽湿地和湖泊湿地的减少以人工湿地的增加,湿地多样性指数和均匀度指数不断上升。从总体来看,河西走廊的湿地资源在加速萎缩,变化趋势不容乐观(图15.3)。

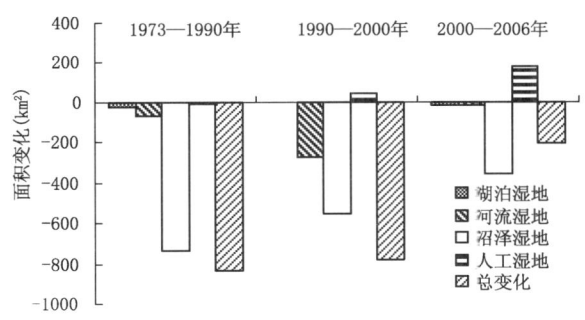

图 15.3 河西地区的湿地资源变化趋势

气温是影响湿地变迁的重要自然因素之一。河西走廊绝大部分地区的气温升高,且气温的升高幅度高于全国的平均水平。而气温的上升直接导致蒸发量的增加,使湿地水环境趋于恶化,进而发展成湿地退化。将河西地区气温变化图与湿地的变化情况进行叠合分析可知,河西走廊湿地的整体变化趋势与气温条件的变化情况相对应:湿地面积减少最明显的地区也都是气温升高都比较显著的区域,而全区湿地总体呈减少的趋势也与研究区气温的普遍上升相符。因此,气候变暖不可避免地导致了河西走廊湿地生态系统发生退化。

河西走廊大部分地区降水虽然增加,但湿地依然出现萎缩,似乎说明降水变化并不是湿地减少的直接原因。对于河西走廊来说,年降水量平均在 200 mm 左右,有的地方如敦煌等地年降水量不足 50 mm,而年蒸发量却在 2000 mm 以上,降水量的增加幅度和蒸发量相比杯水车薪,对湿地的促进作用有限。而温度升高蒸发量加大就可能削弱甚至抵消降水量增加对湿地的促进作用。

15.1.2.2 草地退化

河西走廊拥有各类天然草原 983.52×10^4 hm^2,可利用草原 871.69×10^4 hm^2,其中温性荒漠类草原占 43%,高寒草地占 31%,以芦苇为主的低地草甸占 6.5%,其他过渡类型占 17%。

据调查,1985 年河西走廊草地退化面积 866.54×10^4 hm^2,占草地总面积的 86%,其中轻度退化 302.73×10^4 hm^2,中度退化 312.89×10^4 hm^2,重度退化 233.15×10^4 hm^2;1995 年河西走廊草地退化面积达到 852.93×10^4 hm^2;2005 年河西走廊草地退化面积达到 871.45×10^4 hm^2。1985—2005 年的 20 年间草地退化面积增加 4.97×10^4 hm^2,在各类草原中中度退化草地面积增加了 17.78×10^4 hm^2,重度退化草地面积增加 117.43×10^4 hm^2,重度退化草地面积占可利用草地面积的比例由 31% 上升为 40%。

草原退化导致产草量不断下降。据调查,河西走廊各类草原的牧草产量普遍比 20 世纪 80 年代下降了 17%~45%。如山丹县 1985 年草场平均产草量 1725 kg·hm^{-2},到 2005 年已降至 1273 kg·hm^{-2}。草原退化也导致了牧草质量逐渐变差,可食性牧草减少,毒草和杂草增加,可食牧草和优质牧草变的低矮稀疏。如肃南高寒草原 1985 年毒、杂草占产草量的 21%,

2005 年增加到 34%，优质牧草则由 42% 下降到 29%，优良牧草和可食牧草比例下降 5%～7%。退化草原不仅牧草平均高度较 1985 年降低 5～15 cm，而且高寒草甸类草地中的毒、杂草由 5% 上升到 11%。

由于河西走廊地处干旱地区，长期受大陆性气候的影响，加上近年来气温不断上升，使得气候更干燥，随之而来的是祁连山冰川萎缩，雪线持续上升。加之降雨量偏少，蒸发量大，地下水位下降，草原长期处于极度干旱状态，牧草生长缓慢，地表裸露，草原沙化。另外，频繁而强度较大的大风掀起的沙尘暴卷走了大量土壤表层，使草原进一步被风蚀沙化。另一方面，从河西走廊降水的时空分布来看，表现为南多北少、秋多春少，特别是牧草返青期的 3—5 月份有效降水少，降水量严重不足，少雨多风，气温持续上升，牧草返青无应有的底墒保证，土壤干旱使大面积草原不能按时返青，地表裸露，气候干旱使草场生产力下降，造成牧草返青不足，生长发育缓慢，产草量降低，草场等级下降，遇到干旱年份尤其显著，整个春季年降水平均不足 10%，因此，干旱化是河西走廊草原退化的重要原因。

15.1.2.3 林木死亡

随着河西走廊气温缓慢的波动状上升，再加上人类不合理开发利用水资源，如大量超采地下水以及中上游过度用水，导致进入下游的水量逐年减少等，使得河西走廊地区，特别是三大内陆河流域下游地区成片的林木死亡。

在石羊河流域下游民勤县原先生长的成片天然胡杨林，现已全部死亡消失。仅红沙梁就有 3200 hm² 沙枣树和红柳死亡；20 世纪 50 年代起陆续种植的 13.3×10^4 hm² 防风固沙灌木林到本世纪初减少到 7.1×10^4 hm²，死亡 6.2×10^4 hm²。生长在绿洲边缘的天然灌木林，已有 3.6×10^4 hm² 死亡，2.37×10^4 hm² 濒临死亡或只生不长。

在黑河流域，原先多处林场的 667 hm² 胡杨林，现在只剩下夹墩湾一处，面积尚不足 7 hm²，

原国营拐坝林场几百公顷成片沙枣林已所剩无几，20 世纪 50—60 年代兴建的 60 多个乡村林场的 700 hm² 林地，也大都不复存在。在黑河下游，历史悠久的额济纳绿洲已呈衰败之势，绿洲林地面积大大缩小，与 20 世纪 50 年代相比，分布于河岸的胡杨、沙枣林面积减少 54%，红柳林面积减少 33%，原绵延 800 km 的 113×10^4 hm² 梭梭林已减少到目前的 20×10^4 hm²；胡杨林面由 5×10^4 hm² 减少到目前的 2.26×10^4 hm²，红柳林由 15×10^4 hm² 减少到目前的 10×10^4 hm²，沿河乔灌木林严重退化，目前现存林的状况是疏林多、老树多、病腐木多，并且林木生活力极差。

在疏勒河流域，原生长于疏勒河两岸双塔堡—望杆子一带约 1333 hm² 天然胡杨林已经所剩无几，剩下来的也长势秃萎，濒临死亡；而雁脖子湖一带约 200 hm² 胡杨林已全部死亡而变为风蚀地。

15.2 新疆荒漠和半荒漠区

新疆位于 73°32′～96°21′E，34°22′～49°33′N，南北长约 1500 km，东西宽约 1900 km，总面积为 166.6×10^4 km²，约占全国面积的 1/6。新疆地处欧亚大陆腹地，受西伯利亚及蒙古高压控制，为典型的温带大陆性气候，气候干燥，雨水稀少，且分布极不均匀。北疆降水在 150～200 mm，南疆为 16～85 mm，整体上北疆比南疆高出甚多，蒸发量则相反，北疆为 1500～2300

mm，南疆 2100～3400 mm，南疆比北疆高出较多。

新疆具有独特的三山（阿尔泰山、天山和昆仑山）夹两盆（塔里木盆地和准噶尔盆地）的地貌特征，植被也具有明显的地带性分布规律，形成独特的山地—绿洲—荒漠系统。在山地区，依山而上主要分布着荒漠植被、荒漠草原、草原、草甸+沼泽、高寒草原、落叶阔叶林、高山垫状植被及冰雪带。在山前冲积平原区以及沿塔里木河流域两岸水资源比较丰富的地区分布着斑块状绿洲。而以旱生超旱生藜科、菊科及杂类草为绿色覆盖主体的荒漠植被主要分布在宽广的台地和辽阔的冲积平原，几乎占据了所有的山前洪积扇、古老的冲积堆、三角地和阶地，且上升到低山和前山带，它们构成新疆草地资源的基础和主体，占到新疆土地面积的42%以上，是维系绿洲生态、阻止沙漠化扩张的第一道生态屏障和缓冲区，同时也对发展新疆草原畜牧业、振兴地方经济具有重要的作用。

近几十年来，随着新疆气候的变湿转暖，对新疆的脆弱、敏感的生态环境也产生了十分重要的影响，作为新疆生态系统主体的自然植被应该来说是首当其冲。

15.2.1 不同植被的季节变化与气温降水的关系

归一化植被指数（NDVI）是遥感影像的近红外波段（NIR）和红外波段（R）反射率的比值参数，是对地表植被覆盖和生长情况的一种反映。通过植被指数可以评价植被覆盖、生长状况和生物量等。

图 15.4 显示了新疆不同植被类型的 NDVI 的月变化特征，可以看出不同植被 NDVI 季节变化十分明显，与温度、降水和太阳辐射的季节变化有很高的相关性。具体地说，1月和2月气温很低，地表冻结，地表植被停止生长，是 NDVI 最低的时期；3月和4月开春，气温回升，植被开始出现生机；进入5月气温继续升高，植被开始有较明显的生长；6—8月，进入气温高、降水多、太阳辐射强的时期，良好的光、热、水使得山区和植被处于生长状况最好时期，其中7月 NDVI 值达到全年积累量的最高值；9—10月，气温降低，降水减少，NDVI 值开始大幅下降；11—12月进入冬季，植被停止生长，植被指数也降至0.05左右。新疆不同植被类型在生长季 NDVI 从大到小依次为落叶阔叶林＞高寒草原＞草甸+沼泽＞草原＞山垫状植被＞荒漠草原＞荒漠植被。也就是说从山区到平原区，不同植被的 NDVI 在变小。

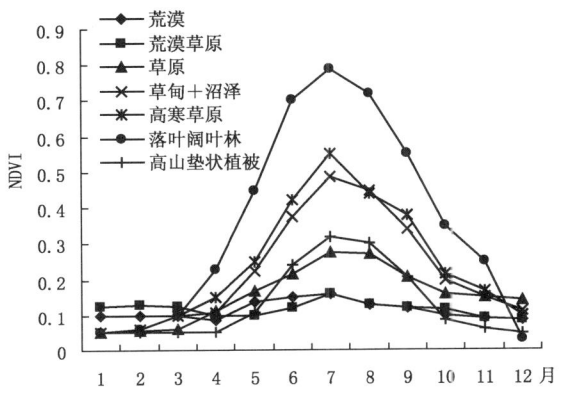

图 15.4 新疆不同植被类型的 NDVI 的月变化

15.2.2 不同植被的年际变化及其对气候变化的响应

15.2.2.1 高寒山地

近几十年来,新疆地区生长季 NDVI 总体呈现不显著的增加趋势(图 15.5),但各地区之间又存在不同程度的差异。据新疆维吾尔自治区气象局 2007 年 1 月中旬发布的《2006 年生态与农业气象年报》显示,仅在 1 年之内(2005—2006 年),新疆植被总面积将近增加 17 万 km^2。新疆植被增加明显的地区主要分布在天山、阿尔泰山、昆仑山三大山脉的中高山带,其中包括新疆第一大草原巴音布鲁克高山草原和第二大草原巴里坤草原。植被类型主要以针叶林、阔叶林、灌丛、高寒草甸和草原为主,尤其以山地森林植被增加比较明显,面积呈持续增长趋势(图 15.6)。46 年来天山山区各植被净第一性生产力均为增多趋势,递增速率为 $0.0056\sim0.0288\ t\cdot hm^{-2}\cdot a^{-1}$(普宗朝,2009),都达到了 $\alpha=0.1$ 以上的显著水平(图 15.7);近 20 年来巴音布鲁克草原植被面积总体上呈现波动性增加趋势,生态环境有所改善(刘艳,2006)。

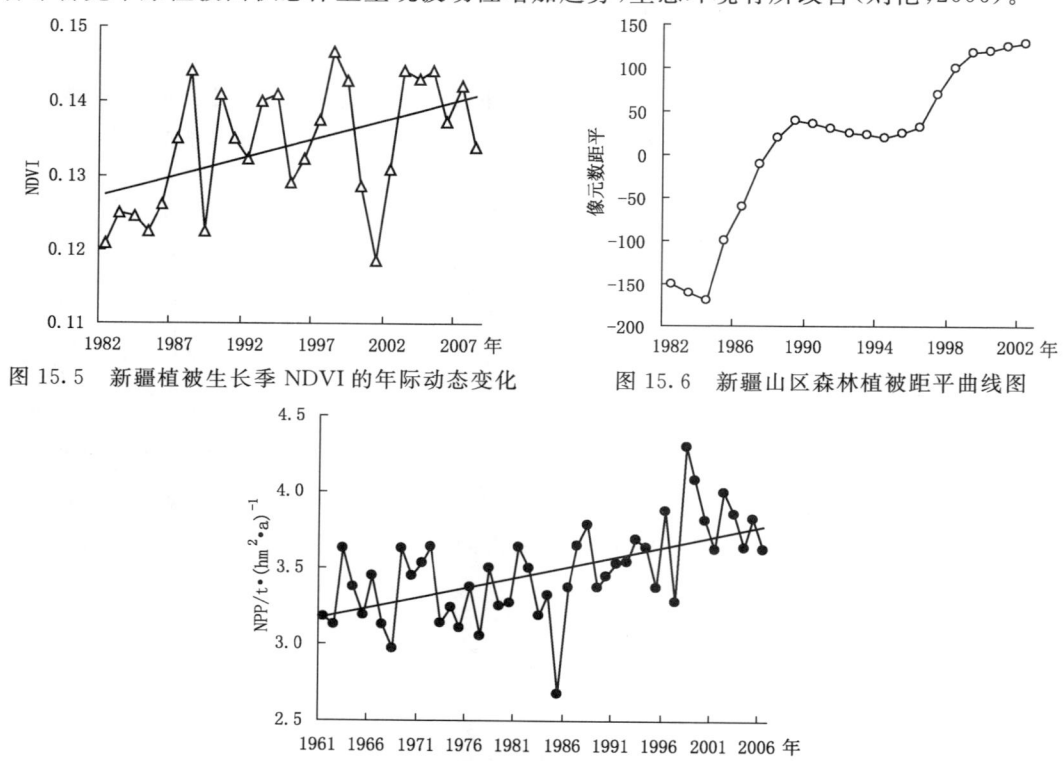

图 15.5 新疆植被生长季 NDVI 的年际动态变化

图 15.6 新疆山区森林植被距平曲线图

图 15.7 天山山区自然植被净第一性生产力变化

新疆山区植被的大面积改善跟新疆气候总体呈较明显的"暖湿化"变化趋势是分不开的。对于处于高海拔地区的植被如针叶林、灌丛、高寒沼泽和草甸以及高寒草原等来说,他们的覆盖度是随着温度的升高在增加的。由于中高山带以上本身降水量就很充足,土壤含水量较丰富,因此对植被生长来说,热量条件较降水更为重要,温度成为促使植被生长的关键因子,生长季 NDVI 与温度的相关系数可以达到 0.9 以上,而与降水量关系不是很密切;而对处于中低山带以下的草原和荒漠草原来说,由于受干燥大陆性气团控制,气候干旱,所以在热量满足的情况下,降水是促进植被生长的主要因素。这些区域的植被 NDVI 和降水量具有很好的正相关关系,而且往往对对降雨具有一定时间滞后的反应。

总之,新疆山区的植被的增加相对于平原区来说,受人类活动影响较小,更多地还是反映了自然的状况,主要是跟气温的升高和降水的增加有关,当然也跟中国实施退耕还林、退牧还草等生态保护政策不无关系。

15.2.2.2 平原荒漠

在新疆广袤的平原低山带分布着大片的荒漠景观,地理分布格局和水热状况决定了这里的水平地带性植被是以超旱生的小半乔木、半灌木和小半灌木为优势种所形成的荒漠。主要由藜科、十字花科、菊科、柽柳科、豆科、紫草科、蒺藜科和禾本科等科组成。植被类型主要有短叶假木贼、沙漠绢蒿、白茎绢蒿、羊茅、囊果碱蓬、叉毛蓬、驼绒藜、樟味藜、梭梭、盐爪爪、猪毛菜、盐穗木、甘草、芦苇、角果藜、沙拐枣、柽柳、琵琶柴、胡杨、白刺、骆驼刺、红砂、麻黄。同时还具有发育良好的短命植物如:英吉独尾草、东方旱麦草、囊果苔草、齿稃草、小车前、疏齿千里光、黄花珀菊、小花荆芥、假紫草、狼紫草、弯角四齿芥、荒漠庭荠等。由于新疆平原荒漠区气候干旱,降水稀少,蒸发强烈,生境极为严酷,因而这里的荒漠植被特点表现为生物类群极为稀少,生物区系的组成极度贫乏,群落结构简单,食物链极度简化,群落不郁闭,分布稀疏,稳定性差,生产力低,从而使得干旱荒漠系统具有极度脆弱的性质。

荒漠植被作为新疆草地资源的基础,是发展新疆畜牧业,特别是草原畜牧业不可缺少、难以取代的重要组成部分。同时由乔木、灌木和草本三层次相结合形成的荒漠植被带是防止沙漠流动的最有效屏障。但是随着气候变化和人类活动的加剧,新疆的荒漠植被正在发生着不同程度的退化现象,主要表现为:植被面积减小,植被盖度和高度明显下降,生产力下降;灌丛之间的距离增加,植被变得更加稀疏,群落矮化灌丛块变大,枝条生长方式改变,由直立向上生长变为匍匐或斜生生长;植被生长不良,大面积枯梢、死亡;植物种类减少,群落结构简单化;牧草质量下降,不可食植被(毒杂草)占优势的草地面积增加,饲用价值处于一个劣变过程。特别是在绿洲与沙漠之间的过渡带,由于人类活动的干扰,荒漠植被退化尤为严重,绿洲荒漠过渡带已从真正意义上的过渡带而转变为生态裂谷带,此区域的植被带也由维护绿洲稳定的屏障演变成威胁绿洲存在的外患。如在塔里木河下游,分布于河两岸的胡杨林是塔克拉玛干和姆塔桥沙漠之间的绿色走廊,原有胡杨林 53×10^4 hm²,40 年来却减少了 84%,且还在继续减少,使得两大沙漠合围,绿色走廊在消失,大批村民外迁,一座座村庄被废弃。

不合理的人类活动是造成新疆荒漠植被系统退化的主要原因。由于人们在经济利益的驱动下,盲目追求畜牧头数来达到增收的目的,导致草地严重超载,许多草地的载畜量远远超过理论载畜量,超载过牧和放牧制度的不合理,使荒漠草地退化日趋严重。同时,随着人口数量的过度膨胀,对粮食的需求量大幅度增加,使得人们对草地进行了无节制的盲目开垦,垦后原始植被已被全部破坏,几十年都将无法恢复;此外,荒漠植被中包括众多诸如甘草、沙杞、冬青、肉苁蓉、天麻、黄柏、胡杨、麻黄、沙棘、冬虫夏草、芍药、锁阳、罗布麻、蕉毫、山野菜、菌陈蒿、乌头、沙枣树、红柳、芦苇、梭梭等极具生活、药用价值和工业价值的植被,由于人们过度无序采挖,导致荒漠草地生态系统严重破坏。

气候变化在一定程度上加剧了新疆荒漠植被的退化速度。在全球性气候变暖的大背景下,新疆气候呈现明显变暖的总趋势。由于荒漠植被稀疏,背景土壤对植被指数的贡献远大于植被本身,温度的上升加速了地表蒸散发过程,潜在地加剧了水分的缺乏,对降水本来就极为稀少的新疆荒漠植被生长具有明显的抑制作用,因此平原荒漠区植被指数与温度的相关性要大于降水。虽然降水量也呈增加趋势,但增加的降水相对于新疆本身极度干旱的环境以及不断增加的温度来说犹如杯水车薪,虽然不能从根本上缓解植被退化的趋势,但对平原区荒漠植被变化也有一定的影响,如春季之初,随着冰雪融化,受季节性雪水的影响以及夏秋雨季降水的影响,促使短命植物在很短的一段时间内完成一个完整的生命周期。

总之,脆弱的生态环境是新疆平原荒漠植被退化的自然内因力,人为干扰和不合理利用是荒漠植被退化的主要驱动力,气候变暖、变干是加速荒漠植被退化的辅助外因力。

15.3 青藏高原

青藏高原在中国境内部分西起帕米尔高原,东至横断山脉,横跨 31 个经度,东西长约 2945 km;南自喜马拉雅山脉南缘,北迄昆仑山－祁连山北侧,纵贯约 13 个纬度,南北宽达 1532 km;范围为 $26°00'12''\sim39°46'50''$N,$73°18'52''\sim104°46'59''$E,面积为 257.24×10^4 km^2,占我国陆地总面积的 26.18%,包括西藏、青海两省区的全部和新疆、甘肃、四川、云南四省区的部分地区。青藏高原是亚洲多条重要河流的发源地,被科学家称为"中华水塔"。由于其特殊的地势和地理位置,青藏高原形成了非地带性的高原气候,对全球气候变化影响巨大,并促使了亚洲季风气候的形成(莫申国,2004)。在海拔高度、地理纬度和距海远近等因素的共同作用下,随着气候由东南暖湿向西北冷干递变。青藏高原植被复杂多样,高原水平带谱依次出现森林、草甸、草原、荒漠等植被,垂直自然带也由东南部的海洋性湿润型递变为高原腹地的大陆性干旱型。喜马拉雅山南侧,从热带雨林或常绿阔叶林开始,往上相继为针叶林混交林,暗针叶林、灌丛、草甸直至雪线以上的高山永久冰雪带,是中国最完整的山地自然景观垂直带谱。

青藏高原属于气候变化的敏感区和生态脆弱带(孙鸿烈,1998)。但是,由于缺少历史资料,以及近期研究的局部性和不完整性,其气候变化和高原植被演变趋势的关系还有待进一步探讨。总体上看,青藏高原的气温变化较我国东部超前 4~8 年,其增温率明显高于全国同期(郑度,2002)。随着全球气候变暖,高原植被覆盖状况呈现两极变化:部分区域生态环境恶化,植被覆盖呈退化趋势(牛亚菲,1999;王一博,2004);同时增温效应导致活动积温增加,部分地区植被生长空间拓展,地表植被呈现增加的发展趋势(樊启顺,2005)。

15.3.1 青藏高原气温和降水的时空变化

近 40 年(1961—2001 年)的观测资料表明,青藏高原气候变化明显,是全球气温变化最敏感的地区之一。气温变化趋势与高度呈正比,高度越高变暖越明显。最低温度的增暖明显高于最高温度。降水总体趋势增多,但变化并不十分显著,局部地区趋于减少。

15.3.1.1 降水

青藏高原降水量在 1961—2001 年总体略有增加;从 20 世纪 60 年代开始年降水量增加,1998 年全年降水量达到最高值 566.52 mm;60 年代到 80 年代初期,多年降水低于 40 年的多年平均降水量(484.42 mm),而后 20 年平均值多年平均降水量超过 40 年的多年平均降水值。降水量的增加主要集中在冬春季节,而夏秋则没有明显变化。青藏高原春季多年平均降水量为 82.3 mm,降水变化基本呈增加的趋势,但年际变化波动较大;夏季多年平均降水量为 287.4 mm,降水没有明显的年际变化;秋季多年平均降水量为 105.4 mm,降水亦没有明显的年际变化;高原冬季多年平均降水量在 10 mm 左右,降水在中期呈增加的趋势,各年的降水变化率很大(张磊,2007)。增湿现象也是冬季最显著,春季次之,秋季没有显著趋势,夏季则出现减湿现象(牛涛,2005)。

400 mm 等雨量线经过青海玉树—西藏拉萨一线,可以作为干湿区的分界。在该线西北部降水量小,东南部降水量大(向波等,2000)。与气温的空间分布格局相似,将青藏高原分为南北两区(南区主要是西藏,北区主要是青海),南区的年降水量在 40 年里经历了先减少后增加的过程,北区则呈现先增加后减少的趋势。降水量变化与地形也有十分紧密的关系,横断山脉以西的地区降水量都明显增多(张磊,2007)。

总之,从 20 世纪 60 年代初到 80 年代中后期,青藏高原为相对暖干时期,从 80 年代后期开始,高原进入相对暖湿时期(牛涛等,2005)。然而,温度和降水的季节分布变化却不协调,冬春季趋于暖湿化,而夏季则趋于暖干化。同时,温度和降水变化的区域差异性也不容忽视。青藏高原西北部一些地区气温的上升和降水量减少使该区出现暖干化趋势,而东南部一些地区则出现暖湿化趋势。

15.3.1.2 气温

20 世纪 50 年代中期以来青藏高原气温显著增暖,1955—1996 年的增温速率为 0.16 ℃·$(10 a)^{-1}$,对高原及邻近地区 178 个测站资料的研究还表明测站所在海拔高度不同,其增暖趋势也不同,随测站高度的升高而增加。高原冬、春季气温和地表温度都明显升高(韦志刚等,2003),其中冬季增温趋势最明显(赵昕奕,2002),秋季和夏季增温则较弱(牛涛,2005)。高原平均气温年际变化呈先冷后暖的过程,1987 年是转折点(蔡英,2003)。研究了 1961—2001 年的气温变化,发现 1965 年和 1998 年分别达到 40 年的最低值和最高值;从 20 世纪 60 年代到 70 年代初,年均气温值低于 40 年的多年平均气温值,而到 80 年代中期年平均气温值超过 40 年的多年平均气温值。在气温年际波动的同时,不同季节平均温度的变化也存在差异(樊启顺,2005)。

由于青藏高原幅员辽阔、地形复杂,气温变化存在较大的地域性差异。在整个高原增温明显的前提下,又以西藏、青海交界地带更显著,高原北部冬夏两季和年平均气温变化幅度都比南部大,同时,西部又比东部大(向波等,2000)。以 35°N 为界的西藏和青海的年平均最高和最低气温反位相变化明显,前者在青海的增幅比西藏明显,而后者在西藏的增幅比青海明显(李生辰,2006)。气温升高的开始时间也不同步,一般首先在高原西部出现,然后逐步向东部地区推进,说明高原西部生态环境脆弱区域对温度的变化更敏感。

15.3.2 气候变化对青藏高原植被的影响

15.3.2.1 气候变化对牧草返青和黄枯期的影响

植物通常在日平均温度上升到 5℃ 的时候开始发育。温度升高,可促进酶的活性,加快植物发育进程,反之亦然(韩小梅,2008)。而温度变化对物候期的作用有一定的时滞,物候期的提前与推迟对温度上升与下降的响应是非线性的,物候变化显示的是过去若干季节的气候信息总和。气候变化对青藏高原牧草物候影响的研究主要集中在青海省。青南牧区牧草返青期气温回升速度在逐年减缓,而牧草黄枯期气温降低速度在逐年增大(张国胜,1999)。这迫使青南地区牧草返青期推迟,黄枯期提前,生长期缩短,影响了牧草的发育(祁如英,2006)。上年 10 月至当年 4 月平均气温升高 1℃,青海省草本平均返青期提早 2.2 d 左右,上年 10 月至当年9月平均气温升高1℃,平均黄枯期提前0.4 d,返青期至黄枯期平均间隔日数延长约4.5 d(邱丹,2000)。牧草返青期除决定于温度之外,上年秋季(9—11月)和当年春季(3—4月)的降水量对返青期也有明显的影响;秋季(9—11月)降水量每偏多(或偏少)10 mm,返青期提前(或推后)2～4 d;若牧草枯黄前的8月、9月出现干旱天气则可使牧草提前枯黄(汪青春,1998)。

因地形复杂而各地气候条件不同,草本植物的物候存在明显的地域性(邱丹,2000)。但物候期与地理位置的关系模式也因气候变化而呈现不稳定的特点。不同地区气温和降水对天然牧草的生长发育影响程度不同。青南东部半湿润地区影响牧草返青的主要因素是热量条件,而青南西部和环湖干旱、半干旱地区牧草返青期的早晚主要受制于水分条件(张钛仁,2007)。

青藏高原牧草返青一般集中在5月份,枯黄集中在9月份,从上年10月到当年4月份的温度和降水的变化都会影响到牧草当年返青期的变化。当年牧草黄枯期则受枯黄前8月和9月气温和降水的影响。这两个气候因子对返青期或黄枯期的影响不是独立的,而是相互制约的,且在不同的气候区主导因素不同。

15.3.2.2 气候变化对植被覆盖度的影响

20世纪80年代初到21世纪初,整个青藏高原植被覆盖度总体呈增加趋势。降水和温度年内变化的不协调也造成了植被覆盖度变化的季节差异。春季植被覆盖度增加率最大,而夏季和秋季则相对较小(杨元合,2006)。

高原地区各子气候区之间悬殊的温湿差异,造成地表植被覆盖类型时空分布变化具有突出的地域性特征。气候变暖造成部分区域地表常年冻土融化加速、沙漠面积增加,植被覆盖呈现退化的趋势(蔡英,2003),而高原南缘湿润地区植被覆盖度却从20世纪80年代初到2000年呈现增加趋势,这也是造成高原植被覆盖总体增加的原因。1982—1991年间,青藏高原植被覆盖度增加幅度从东部、南部向西部、北部逐渐减弱,而1992—2002年,高原植被中部和西北地区呈现大面积退化现象(梁四海,2007)。气温升高加剧高原北部地区的干旱,使得植被更加依赖于水分条件;同时也造成南部湿润地区植被生长周期和覆盖度的增加,使地表植被生态系统对水分的需求量随之增多;可见,气温增高的同时,高原地区植被覆盖的变化与降水量呈显著的正相关性(徐兴奎,2008)。

20世纪80年代以来,虽然气候变化对青藏高原整体植被覆盖度呈现正面的影响,但区域性和季节性差异较大。春季植被覆盖度的增加速率最大,并且不同地区植被覆盖度出现明显的两极分化,高原中部和西北部植被覆盖度下降,而高原东南部湿润地区植被覆盖度增加。

15.3.2.3 气候变化对植被带的影响

不同的气候条件对应不同的植被类型。气候变化后,植物群落将向与原来环境相似的地区迁移。由于气候趋暖,牧草生长上限将向高纬度、高海拔偏移,寒性草原带向温性草原带转化。青藏高原腹地高寒草原与高寒草甸过渡区则表现为高山蒿草群落向紫花针茅(*Stipa purpurea*)群落的退化(王谋,2005)。反映在高原腹地的生态演化模式为表征干旱气候系统的高寒草原植被带的扩张,而扩张的方向则是逆高原夏季风传输方向,平面上表现为高寒草原带向南的扩张(袁婧薇和倪健,2007)。但在假设降水不变的情况下,应用改进的Biomes 3平衡陆地生物模式进行模拟,得出了与上述相反的结果:11种植被群落在气候变化条件下都发生了明显的变化;温带草原、草甸、灌丛和森林面积都有不同程度的增加,而荒漠和高山植被都有不同程度的减少;由于地形和高原水热条件的分异,分布界线向更高的海拔迁移,总的植被带向西北方向迁移。虽然未来气候变暖在一定程度上减少和缓解低温对高寒草甸牧草生长的不利影响,但气候变暖的同时降水亦须随之增加,才能提高牧草产量。为此,在气候变化适应对策研究中,对于青藏高原高寒草甸分布地区可能出现的气候干旱现象应给予高度重视(李英年,2000)。

气候对青藏高原森林的影响主要表现为植被垂直自然带上限的变化。高山林线因其所处的特殊地理位置,成为植被与气候变化关系研究的理想场所(戴君虎,1999);温暖指数是决定青藏高原东南部山地针叶林分布的主导因子,郑远长(1995)根据设计的气候变化情景,得出区域内垂直自然带上限变动幅度在 360～670 m。通过对云南西北部干旱河谷植被的历朝与现代资料的比较,发现植被总体格局变化不大,但因气候变暖而引起冰川退缩,灌木种类入侵到高山草甸,林线海拔增加,大约每 10 年上移 8.5 m。

青藏高原植被带的推移同时表现为水平自然带和垂直自然带上的变化。从目前的研究结果看,植被垂直自然带的变化是随气候变暖而向高海拔推移,水平自然带的变化则趋向于由半干旱型的高寒草原向半湿润型的高寒草甸扩张。

15.3.2.4 气候变化对物种组成和群落结构的影响

气候变化影响高原植物群落的物种组成和物种多样性,从而改变群落的结构和功能。这在不同植被类型过渡带表现得尤为敏感(袁婧薇,2007)。分析高寒草原与高寒草甸过渡带样方统计资料发现,随气候变化,群落物种多样性、丰富度、均匀度及重要值方面都发生了变化(王谋,2004)。物种丰富度主要受生长季降水和温暖指数的影响,并且前者的影响大于后者(杨元合等,2004)。研究发现增温可能导致草原植物群落减少 26%～36% 物种的风险。通过试验也发现,温暖化效应使种多样性比原生矮嵩草(Kobresia hum ilis)草甸群落的物种有所减少,植物种群优势度发生倾斜(李英年,2004)。另外有研究发现(三江源自然保护区编委会,2002),青藏公路 124 道华扁穗草(Blysm us sinocom pressus)群落在 1975 年、1996 年的气候变暖过程中,受冻土退化的影响,呈现显著的退化趋势:湿中生的华扁穗草群落,由中生型的矮嵩草群落替代,矮嵩草群落为高山嵩草(K. pygm aea)群落取代,高山嵩草则进一步干旱化演变为沙生苔草(Carex praeclara)群落。20 世纪 70 年代,海北生态站西永安城南滩的一片沼泽化草甸,以藏嵩草(K. tibetica)为建群种(夏武平等,1991)。近年来,气候变化导致该区地下水位下降,土壤湿度降低,中生禾草类占据主导地位,群落结构发生改变(李英年等,1998)。由此可见,气候变化已经影响到高原植被物种组成和群落结构,从而会进一步影响到植被群落的演替(李英年等,2004)。

15.3.2.5 气候变化对植被生态系统土壤有机碳含量的影响

在 1960—2002 年,青藏高原草地有机碳总量和主要草地生态系统有机碳量呈现出明显的年际变化,而以 1990—2000 年期间的年际变化幅度最大,在这期间主要生态系统有机碳总量都呈现先上升而后迅速下降的变化(张永强,2006)。40 多年来,部分草地生态系统土壤有机碳含量下降与青藏高原气候温暖化有密切联系。气候变化主要在两方面影响土壤碳的蓄积过程:一是温度、降水变化影响植物生产力速率和凋落速率;二是气候变化影响微生物活性,改变地表凋落物和土壤有机碳的分解速率(张伟,2006)。当土壤碳素的输入超过碳释放时,土壤碳库也随之增加(徐晓锋,2007),反之则会减少。

不同植被类型,其土壤有机碳含量不同。土壤有机碳含量从高到低依次是森林、灌丛、草甸、草原和荒漠(田玉强,2007)。上文已经论述过,气候变化影响了物种组成、群落结构、植被带推移以及植被净初级生产力和生物量的变化,这必定影响植被碳库的改变。同时,相同植被类型净初级生产力的变化也会导致进入土壤的碳素发生变化。植物形成凋落物是按一定比例进行的,气候变暖增加植被碳库,凋落物量也会随之增加。凋落物碳库是联系植物碳库和土壤碳库的中间环节(张伟,2006)。气候变暖对凋落物分解的影响,一方面体现在影响凋落物的产生量和质量,另一方面气候变暖也影响凋落物的分解速率(陈华等,2001)。

气候变化对土壤有机碳的分解和土壤呼吸速率也有一定影响。高寒草地土壤有机碳含量与冬春气温呈明显负相关,冬春气温升高,土壤有机质加快分解速度,同时,土壤水分因受温度升高,冻结期缩短,贮存能力降低,导致高寒草地碳蓄积量下降(李英年,2005)。随温度升高,除了一些沙漠地区外,其他地区土壤呼吸都会增加。降雨也会对土壤呼吸产生一定影响。当降雨量适中的降雨事件发生时,高寒草甸土壤呼吸率先略降低,而后迅速增加,增加量大于正常值,这说明降雨事件刺激土壤呼吸率的增大。但当降雨量过大时,降雨事件对土壤呼吸基本没有影响。

土壤碳库的含量取决于碳素的输入和碳释放。地面植被状况的改变会改变碳素的输入,而温度和降水的变化改变土壤碳的释放,最终改变土壤碳含量。

15.3.2.6 气候变化对生态环境的影响

全球变暖导致青藏高原冰川的融化和退缩,冻土环境退化,尤其是三江源地区的冻土区,从而威胁到整个青藏高原及其周边地区的生态环境的安全。40年来,江河源区降水量的增加主要集中在冬春,夏季降水量明显减少,气温总趋势升高,与植被生长关系密切的4月、5月和9月气温却呈现持续下降趋势(尚占军,2005)。江河源区脆弱的生态环境对气候的响应强烈,冰川退缩和多年冻土消融加剧大范围高寒草地的退化(王根绪,2001;杨建平,2004)。近20年来,黄河源区多年冻土表层融化,部分地带完全融化,土壤含水量减少,植被物种出现更替(梁四海,2007)。多年冻土环境的改变使植被根系层土壤水分和养分减少,沼泽湿地变干向草甸转变,阳坡草甸向草原转变(王燕,2005)。

受全球气候变化影响,青藏高原土地沙漠化日趋突出,形成了以三江源地区、柴达木盆地、青海湖盆地和共和盆地为主的四大沙漠化土地分布区。高原大部分地区属于高寒干旱半干旱气候区,多风是该区气候的一个共同特点(王绍令,2002)。再加上藏北高原降水量从20世纪80年代末开始明显减少,地表径流量减少,土壤变干,风蚀强度进一步增加(董玉祥,2001)。同时,高原气候变暖也使多年冻土退化,部分沼泽地变干,地表盐渍化加重,部分已固定的沙丘复活,加重沙漠化现象(王绍令,2002)。土地沙漠化改变了原有生境的生物组成和密度,减少生物量和植被盖度,最终导致生产力的下降。

高寒生态环境脆弱且敏感,而植被和生态环境又相互依存。近年来,气候变化引起的冰川退缩,冻土消融和土地沙漠化,加速了青藏高原植被的退化。

15.3.2.7 气候变化对植被净初级生产力和生物量的影响

植被净初级生产力(NPP)是表征植被活动的关键变量,全球变化对植被的影响将直接影响到净初级生产力的大小(孙睿,2001)。20世纪80年代以来,在全球气候变化的大背景下,我国陆地植被净初级生产力表现出了一定的增长趋势(朴世龙,2002)。利用遥感手段对青藏高原植被的研究也表明,高原植被的生长也以非线性增长的方式响应全球变暖。在中国陆地植被范围内,青藏高原的相对增加量最大,在20%～40%。因为青藏高原植物生长受温度的胁迫(朱文泉,2007),随温度的增加,植被净初级生产力的增加幅度会比较大(朴世龙,2002)。但这种增加又存在很大的差异性。不同植被类型净初级生产力增加幅度不同,荒漠的相对增加量最大,草甸和草原次之,然后是森林和灌丛(孙睿,2001)。

生物量是重要的植物群落数量特征,直接反映生态系统生产者的物质生产量(罗丹,2006)。降水的年际变化影响生物量的年际变化,而积温的多少影响自然界可提供的能量,从而决定了生物量形成的能量基础(宇万太,2001)。青藏高原多年冻土区典型高寒草原和高寒草甸植被生物量与1—8月平均气温、期间降水量和年地温较差之间具有显著的线性复相关关系(王根绪,2007)。通过模拟实验发现,4—9月温度的升高使植物发育速率加快,导致矮嵩草草甸植物的成熟提早,实际生长期缩短,限制了干物质积累,导致生物量减少(李英年,2004)。冬季气温逐年升高的情况下,牧草年产量有所下降,与冬季升温后土壤水分散失,保墒能力减弱有关(李英年,1998)。

未来气候变化及其对青藏高原植被净初级生产力和生物量的影响也备受关注。一些研究也在某种假定的气候条件下,模拟了净初级生产力和生物量的变化。假定气温平均升高1.5℃,降水平均增加5%,地表植被分布未发生变化的情况下,青藏高原净初级生产力相对增加量是全国增加幅度最大的(孙睿,2001)。但实际上,气温和降水发生变化后,植被的分布也会相应发生一定的变化。随着温度的增加,生物生产量呈S型曲线递增,且其递增速率随降水量增加而加快。气候的暖干和暖湿变化对高寒草地植被生物量的影响不同,未来10年气温增加0.44℃,降水量增加$8\ \mathrm{mm}\cdot(10\ \mathrm{a})^{-1}$,地上生物量将明显减少(王根绪,2007)。由此可知,降水的小幅度增加,并不能改善增温对生物量产生的正面影响。同时,高寒草原对气候增暖的响应幅度显著小于高寒草甸,对降水的增加响应要大于高寒草甸。

总结以上观点可见,气候变暖使青藏高原不同植被类型的净初级生产力呈现增长趋势,而矮嵩草草甸的生物量被证实在减少。生物量减少,一种可能原因是温度升高,影响了植被生长期,另一种是如果温度升高,降水不能在一定程度上随之改善,必然会引起生物量的减少。

15.4 生态环境保护与建设

国家实施的天然林资源保护、退耕还林、退牧还草、"三北"防护林体系建设、野生动植物保护及自然保护区建设、湿地保护与恢复等一系列重大工程,对于恢复西北地区植被,遏制土地荒漠化发展,防止水土流失等起到了重要作用,西北地区的生态保护与建设工作取得了明显成效。但是,由于气候变化导致的生态环境建设难度加大,人民群众生态保护意识还需要进一步加强,生态环境建设与保护的法律法规和政策措施还需要进一步完善。

15.4.1 退耕还林工程

2002年,全国全面开展退耕还林工程,是我国进行的一项重大生态建设和整治项目。西北地区是全国退耕还林工程建设的重点区域,于1999年率先在全国开展退耕还林工程试点,主要以改善生态环境为目标,针对中陡坡耕地的脆弱环境,对≥25°的陡坡耕地和其他水土流失严重的耕地进行整治，最终治理水土流失，调整农村产业结构，提高农业综合生产力，增加农民收入。

陕西省将退耕还林与调整产业结构相结合，加快主导产业的培育和后续产业的开发。并大力开展基本农田建设，在渭北和延安南部退耕区，狠抓以苹果为主的优质果品生产基地建设，培育林果主导产业，达到了既能退耕还林又可富民的目的。1999—2008年，陕西省共完成退耕还林230万 hm^2，其中退耕还林地102万 hm^2，荒山荒地造林119.4万 hm^2，封山育林8.7万 hm^2。森林覆盖率由退耕前的30.92%增长到37.26%，净增6.34个百分点，是历史上增幅最大，增长最快的时期。全省治理水土流失面积3.74万 km^2，累计达到8.77万 km^2，占水土流失面积的64%，年均输入黄河的泥沙量减少1.3亿 t。实践证明退耕还林对改善生态环境、优化农村产业结构、促进农村经济发展发挥了积极的作用。生态效益与经济效益已显现出来。

到2008年底，甘肃省已完成退耕还林建设任务174.5万 hm^2，其中退耕还林地16.9万 hm^2，荒山荒地造林99万 hm^2，封山育林80.7万 hm^2。依托退耕还林工程，可因地制宜兴建经济林果基地、牧草基地、中药材基地等。如甘肃陇南市就在工程支持下新建花椒、核桃、油橄榄等特色林果基地7.3万 hm^2。促使农业产业结构发生变化，农村土地生产力提高，特种养殖、大棚蔬菜种植等产业发展迅速，农民总体福利水平提高，并有效推动了城镇居民生态意识的增强（郭雨华，2009）。

宁夏先后于2000年和2003年启动实施了退耕还林和退牧还草工程。截止2007年底，全区实施退耕还林79.3万 hm^2。经过近几年持续努力，退耕还林工程在西北地区生态环境建设方面取得了明显的生态效益、经济效益和社会效益。使近400万 hm^2 水土流失严重的坡耕地恢复植被，森林覆盖率平均提高了两个百分点。生态建设使脆弱区生物多样性和土壤物理性质得到了改善，水土流失得到基本控制，沙漠化趋势明显遏制、沙漠化土地得到有效治理，生态环境明显优化（肖浩，2008）。

退耕还林地区"生态破坏—贫困—生态进一步破坏"的恶性循环得到扭转，逐步走上了粮下川、林上山、羊进圈的良性发展道路。同时，退耕还林工程还有力地推动了农村土地的可持续利用，使退耕农户土地利用结构发生明显变化，低产耕地退出粮食生产，陡坡耕种、过度垦殖、过度放养的不合理土地利用方式大幅减少，林草种植面积显著增加。

退耕还林工程是一个复杂的社会系统工程，尤其是对地方农民习惯的生产方式和生活方式是一种冲击和挑战，一定程度上影响到农民的切身利益。由于经济落后，西北许多退耕还林地区产业结构单一，对耕地有着深深的生存依赖。因此，盲目开垦现象还未完全消除，乱砍滥伐林地和生态环境破坏现象仍未彻底遏制。确保重要生态脆弱区的退耕还林能够退得下、不反弹，实现长期目标和效益，就必须从根本上解决这部分人口的脱贫问题，解决退耕区的长远发展问题，提高经济收入，发展后续产业，而这些仍是目前保证退耕还林长期目标实现的难点和薄弱环节。另外，生态移民、后续产业发展、长效补偿机制等工作目前仍处于试点、推广阶段，还需要得到科研、资金等方面的进一步支持，广大民众认识意识和行动自觉性也有待进一步的提高。

15.4.2　三江源生态保护与建设工程

2005年，我国政府启动了三江源生态保护和建设工程，工程涉及退牧还草、禁牧减畜、生态移民和人工增雨等22个子项目。在世界最大的自然保护区面积超过15万 km² 的范围内实施退牧还草、禁牧减畜、生态移民、荒漠化治理、草原建设等一系列措施,并鼓励和扶持三江源区生态移民发展后续产业。

经过几年建设,现已取得明显的阶段性成效。区域水源涵养功能初步恢复,"增水"效果明显,长江、黄河、澜沧江在青海的出境水量逐年上升,沼泽、湖泊面积也不同程度扩大,扎陵湖面积净增加43.21 km²,草地生态系统退化趋势逆转面积净增加182.75 km²,荒漠化面积净减少200.84 km²。草场压力持续减轻,草场生产条件改善,植被呈现恢复态势、草地恶化趋势减缓。监测表明,2007年工程实施区内草产量比2004年约增加30%,植被覆盖度和高度有明显提升,这种好转趋势在2008年和2009年继续持续。

生态移民的小城镇建设、养畜工程配套建设、农牧民科技培训、人畜饮水、能源建设等工程项目的实施,生态移民水、电、太阳能等生活条件得到明显改善,收入也得到提高。通过引导和促使部分牧民群众向中心集镇聚集,保证了核心区禁牧措施的贯彻落实,并为从事二、三产业提供更广阔的空间和可能,对改善中心城镇的基础设施和公共服务条件提供了机遇。也有利于统筹规划和合理配置相关资源,为改善牧民群众的生产生活方式提供良好的外部条件。

近几年,青海省政府还将继续加大工程投入和执行力度,并争取启动三江源国家生态保护综合试验区项目建设,重点在建立生态补偿机制上取得突破,努力实现生态保护、地区发展与民生改善的规划目标。三江源生态保护与建设工程的大规模开展,也表明了我国在应对气候变化、保护脆弱区生态环境方面的决心,在国际上树立了良好形象,并在国内生态保护和改善脆弱区民生方面起到了很好的示范作用和宣传效果。但在高寒恶劣气候条件下,培育稳定的后续产业是巩固退牧还草和生态移民成果的关键,是生态保护与建设工程能够顺利进行和目标实现的重要前提,而在目前退牧还林(草)补偿政策尚未完善、第三产业和特色产业尚在起步和探索阶段的情形下,确保移民牧户不返牧、保障和持续提高移民的生活水平,还是当前尚未根本解决和急需研究、解决的重大难题(刘海棠,2009)。此外,由于工程尚处于建设与探索过程中,各类研究支持能力有限,面临管理和执行方面众多的新问题新事物,对如何科学进行、并切实实现以草定畜,建立健全生态监测和评估体系,加强考核管理与考核评价体系,以及加大保护力度,这些工作开展的好坏都将是今后工程目标是否顺利实现必须面对和解决的重大问题。

15.4.3 防沙治沙工程

西北地区是我国沙漠化土地危害区域和主要的风沙源地。几十年来,防沙治沙和垦荒毁林毁草现象并存。进入21世纪后,随着对生态环境重要性认识的不断提高,结合生态环境保护与建设、"天然林保护工程"、"三北"防护林工程的相继大规模展开,以及社会防风治沙重视程度和国家投入的显著加大,西北地区防沙治沙取得显著成绩,区域生态环境改善明显,沙漠化趋势得到初步遏止。西北地区风沙灾害面积广大,防沙防风任务艰巨,目前仅在局部地区取得有效成绩,全面治理风沙灾害尚任重道远。西北各区应根据可持续发展的要求,结合西北沙化土地的实际,在防沙治沙工作中,按照预防为主、科学治理、合理利用的方针,加大扶持防沙治沙的力度,强化防沙治沙的各项措施,长期和全面的推进防沙治沙工作,努力建设和保护林草植被为主体的生态安全体系。

陕西省沙化土地面积143.4万 hm²,荒漠化土地面积为299万 hm²。沙化土地面积位居全国 30 个沙区省(区)的第七位。近年来,陕西防沙治沙工作取得了显著成效,生态环境得到改善。土地沙化实现了由"整体恶化"到"整体遏制"的历史性转变。主要有三个重大变化:面积减少,与 20 世纪末相比,沙化和荒漠化土地面积分别减少了 2.1 万 hm^2 和 12.6 万 hm^2;程度减轻,流动沙地和半固定沙地比重由 29.9% 下降到 15.9%,重度和极重度荒漠化面积比重已由 54.8% 下降到 13.4%;扩展趋势整体被遏制了,1960—1999 年 40 年间,全省沙化土地面积扩大了 47.8 万 hm^2,从 2000 年到 2004 年 5 年间,沙化土地面积净减少 2.1 万 hm^2,流动沙地净减少 8.5 万 hm^2。林草植被大幅增加,沙区生态面貌显著改观。目前沙区林草植被面积已达 133.8 万 hm^2,林草覆盖率由新中国成立初期的 18% 增加到 33.5%;以陕蒙交界、长城沿线、白于山北麓等为骨架,总长达 1500 多 km 的大型防风固沙林带初步建立;毛乌素风沙滩区和大荔沙苑近 13.3 万 hm^2 农田林网基本形成,沙漠腹地建起万亩以上片林 165 块。20 世纪中叶至 21 世纪初的 50 年间,沙尘暴日数年均减少一半多,重点治理区自然降尘较空旷地减少了 90%。

甘肃则采用沙生植物种植方式,治理风沙口、控制流沙面积、降低风速,并取得了防风固沙的良好成效。工程措施防风治沙能立见成效,但需耗费大量材料劳力,需经常维修。植物固沙不仅能削弱风速,改变流沙的性质,达到长久固定的目的,同时还能调节气候、美化环境,具有很好的社会效益,可在适宜地区增强植物固沙防风的建设。

气候变暖变干以及气候变化引起的植被退化、覆盖率下降加速和引起青海土地沙漠化的蔓延。近 50 年来青海沙漠化土地面积总体呈增大趋势,1959 年青海省沙漠化土地面积 596 万 hm^2,20 世纪 80 年代中期,沙漠化土地面积增加至 957.5 万 hm^2,90 年代中期后又增加到 1255.8 万 hm^2,2000 年达到最大,达到 2220 万 hm^2(图 15.8)。进入 21 世纪后,随着部分地区降水量的增加,以及生态恶化土地治理建设的大力实施,省内主要沙区沙漠化程度趋缓,沙漠化土地面积出现减少态势。2009 年,全省沙化土地面积减少至 1255.5 万 hm^2,达到 20 世纪 90 年代中期水平。同时,沙丘高度和移动速率呈现出明显的减缓势头。2009 年,共和、兴海、海晏三地沙丘高度普遍比 2004—2007 年平均降低 0.1~1.0 m;沙丘水平移动速度较 2003—2008 年平均速度减慢 2.5~12.2 $m \cdot a^{-1}$。

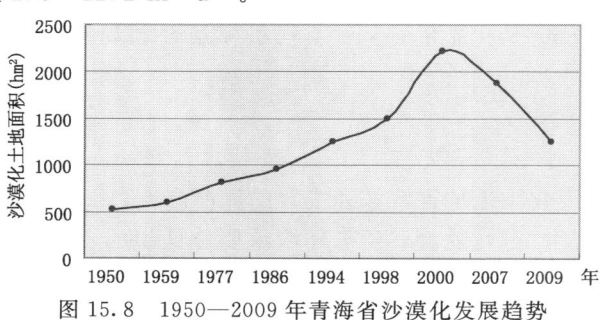

图 15.8 1950—2009 年青海省沙漠化发展趋势

宁夏中卫沿腾格里沙漠前缘营造防风固沙林和覆盖材料为主的防护体系,20 世纪 70 年代,沿沙漠边缘的北干渠两侧开展治沙造林、建立防护林、网。到 80 年代中期,在保护区内形成的"五带一体"的防护体系,有效地控制和防治了流沙南移(孙继周等,2003)。2006 年,第三次全国荒漠化沙化监测结果表明,宁夏已累计治理沙化土地 46.7 万 hm^2,荒漠化土地和沙化土地分别比 1999 年减少了 23.3 万 hm^2 和 2.54 万 hm^2,成为全国第一个治理速度大于沙化速度的省区,生态建设步入"整体遏制、局部好转"的新阶段。近年来在这些地区结合"天然林保护工程",实现了沙漠化治理速度大于扩展速度的历史性转变,沙漠化过程实现了人进沙退的逆转(景佩玉,2008)。

15.4.4 湿地保护工程

西北地区湿地不仅在我国湿地中占有较大的比重,而且分布在江河源头、绿洲、河滩、内陆湖滨等生态环境敏感地带,一旦破坏很难恢复。为有效保护和管理湿地资源,西北各省区已建立起众多不同类型的国家级和省级湿地保护区(张娟等,2008;汪一鸣,2004),特别在青藏高原地区建立了世界最大的保护区"三江源自然保护区"。

随着以保护区为主的湿地保护体系的逐渐形成和建设,以及退牧还草、封沙育草、休牧育草,滩涂恢复改造和围栏建设等湿地植被恢复工程措施的开展,在草场和水源合理利用前提下,西北地区湿地生态环境恶化速度开始减缓,草地退化得到初步遏制、生物多样性得到保护。通过制订保护湿地生态环境的法律和规章制度,更使湿地的长期保护得到了有效保障。但在气候明显变暖背景下,人类生存发展与湿地保护之间的冲突,都将给湿地生态环境的保护带来更大困难。湿地的保护是近年来才得到广泛重视和加强的工作,对其保护工作的方式和措施尚缺乏科学的研究和可借鉴的有效经验,其保护与管理工作都需要进一步完善和体系化。

陕西汉中朱鹮自然保护区为国家级湿地保护区,泾渭湿地保护区、瀛湖湿地保护区、陕西黄河湿地自然保护区、千湖湿地自然保护区、黑河湿地保护区为五个省级自然保护区。朱鹮栖息地、红碱淖湿地为国家重要湿地,近年来由于气候暖干化,降水减少,蒸发量加大,加之上游地区无计划截流灌溉,造成下游河流水量减少,湿地水源补给不足,水面面积锐减。天然湿地呈现出面积萎缩、功能退化、生物多样性减少的趋势。陕西大部分沼泽湿地变为农田,失去调洪功能,仅黄河湿地就萎缩近 100 km^2。

陕西高度重视湿地保护,坚持湿地保护、经济发展、农民增收相统一的原则。要正确处理长远利益与眼前利益的关系,按照统筹兼顾、协调发展的要求,把湿地保护发展与增加群众收入和提高生活水平结合起来,与推动区域经济发展结合起来,实现三者之间的和谐统一,湿地生态环境恶化速度开始减缓,生物多样性得到保护。例如千阳县依托境内千河流域自然条件,建立了陕西千湖湿地自然保护区,围绕水源净化和湿地保护植树造绿,在湿地保护区营造水源涵养林 0.11 万 hm^2,建设绿化林带 21 km,栽植芦苇 107 hm^2、速生杨片林 37 hm^2,建起了垃圾处理场和污水处理厂。同时,实施湿地保护区废弃物清理、水质保洁、河床恢复、河道治理、湿地生态修复等工程,改善了保护区生态环境。

近 49 年来,三江源区大部分冰川和高山积雪逐年萎缩,加之降水量减少,直接影响到高原湿地的水源补给,引起泥炭沼泽地干燥并裸露,导致沼泽低湿草甸植被向中旱生高寒植被演变,植被生物量减少,湿地功能下降。20 世纪 80 年代初黄河源区沼泽类湿地面积为 38.9 万 hm^2,90 年代减少到 32.5 万 hm^2,平均每年递减 0.59 万 hm^2,而 1990—2004 年减少尤为显著,减少了近 200 km^2(李林等,2009)。长江上游地区湿地也呈明显退化趋势,其中玉树隆宝湿地沼泽缩减速度达到 487.3 $hm^2 \cdot a^{-1}$。

21 世纪以来,三江源地区湿地退化趋势逐步得到初步遏制。2003—2006 年黄河源区湖泊类湿地面积和数量持续增长,其中面积由 2003 年的 1462.94 km^2 增大为 2006 年的 1594.79 km^2,数量由 2003 年的 71 个增加为 2006 年的 162 个。长江源头湿地面积近 10 多年来总体呈增加态势,1990—2004 年间共增加 332.65 km^2,年平均增加速率达到 23.76 $km^2 \cdot a^{-1}$(表 15.1)。

表 15.1 长江源头不同时期湿地动态变化

湿地	1990—2000 年		2000—2004 年		1990—2004 年	
	面积(km^2)	斑块数(块)	面积(km^2)	斑块数(块)	面积(km^2)	斑块数(块)
沼泽	+332.22	+453	+119.73	−91	+451.95	+362
湖泊	−16.66	+57	+86.53	+7	+69.87	+64
河流	+37.67	+9	−226.83	+16	−189.16	+25
合计	+353.22		−20.57		332.65	

通过退耕还湖、湿地保护、恢复、治理工程建设,恢复和扩大湖泊、湿地面积,全面恢复湿地功能。宁夏引黄灌区是湿地相对集中的区域。宁夏重点开展沿黄百万亩湿地生态保护林建设项目,新造林 6.7×10^4 hm^2,保护建设湿地 11.2×10^4 hm^2。湿地保护按照强调以灌木为主的片林带。以湖泊湿地,银北低洼盐碱地和农垦系统常年稻地营造灌木林 1×10^4 hm^2。树种以耐盐碱,耐水湿的紫穗槐、红柳等、适当配置白蜡、旱柳、沙枣等乔木树种。同时保护和种植当地适生水生植物,如芦苇、香蒲、荷花等。沿黄河两岸结合护堤护岸,湿地保护,城市景观,休闲观光等功能,新营造黄河护岸林 2.3×10^4 hm^2。依托银川市、石嘴山市、吴忠市、中卫市滨河改造项目,建设城市景观林带 0.33×10^4 hm^2,营造水土保持防护林 0.67×10^4 hm^2,湿地保护林 1 万 hm^2,恢复建设青铜峡库区鸟岛湿地 0.33×10^4 hm^2。

15.4.5 生态移民工程

西北地区生态环境恶化,人类的干扰和破坏是一个重要的直接原因,实行生态移民工程,可以更好地保护生态脆弱区的环境,也已成为应对和响应气候变化的一个有力措施(皮海峰等,2008)。西北地区生态移民在 21 世纪初就已陆续以试点的方式在各生态保护区和脆弱区展开(鲁顺元,2008;石德生,2008;新疆生态移民情况调研课题组,2008),并取得了显著成效。

随着三江源自然保护区的建成,近些年来三江源地区大规模的生态移民及生态移民工程陆续展开,大量移民点陆续兴建,全面的生态移民政策实施和安置工作也已逐步展开,截止 2009 年,已先后搬迁安置移民 1 万多户,近 5 万名藏族牧民进入城镇社区。迁出区生态环境恶化趋势得到缓解和恢复,禁牧和轻牧、休牧措施得到贯彻落实。随着生态移民的迁出,保护地区变成基本无人干扰的自然生态系统和野生动植物的乐园,可使核心区成为不受人类活动影响的真正的核心区,对自然生态环境保护和生物多样性保护将起到关键作用。

宁夏采取整村搬迁、集中或插花安置的形式,已在扶贫扬黄灌溉工程红寺堡灌区、固海扬水扩灌区、盐环定扬水灌区、山区库井灌区和农垦国营农场等地建设移民安置区 21 处,截至 2005 年,累计集中安置 9.4 万人,减轻了当地人口对生态环境的压力。

生态移民政策把分散居住的农牧民移居出去、聚居起来,改善生态环境的过程,也是移民城镇化的过程。这将一定程度上改变移民的生产、生活方式,使其农牧产业的主收入来源开始向具有分工和交易性质的现代方式转变,促使农牧民从农牧业向非农产业转移。农牧移民户的聚居,为服务业的产生和发展、市场信息的交流、农牧民新技术新知识的传播和培训提供了基础,并为其子女们接受更好地教育提供了条件。同时生态移民的对象多为经济条件非常落后、交通不便的少数民族群众,在国家投资安置下,改善这些地区居民的生活水平和经济条件,有利于和谐社会的构建和社会稳定和民族团结。

生态移民虽然可以从根本上解决人类对脆弱生态区的压力,但目前尚作为一种有益的探索形式,目前还面临许多问题需要得到妥善解决。生态移民近几年才大规模展开,对其管理方式尚处于探索阶段,对农牧民与集体、企业、国家关系的管理缺乏有效的法律介入。移民户后续经济发展和其将来生活保障和提高等问题的解决是防止回迁的重要前提,而从熟练牧民向其他产业的转变过程不是一蹴而就的,在相当长的过渡时期内,需要一定资金保障和技术的支援,特别是如何促进移民对将来生产方式的适应、实现生活水平的提高以及安置区后续产业的建设与良性发展,这些因素的成功与否,都将可能成为造成部分牧民返牧回迁的直接原因。在生态移民的过程中,目前科技支持的力度还远远不够,移民的科学规划、移民后安置区新生产方式下各种实用技术培训与支持等,都是事关移民点将来发展的重要支撑条件(刘学敏,2002)。另外,由于人口的聚集,也会对移民点及其周围的环境造成直接的破坏,对其管理和建设水平提出了更高的要求。

第四篇　中国西北干旱气候变化的影响评价与预警技术

中国西北是对全球变化响应最敏感的地区之一。西北地区的经济发展、生态环境的变化及其对全球气候变化的响应,越来越为人们所关注。国家和地方政府先后启动了塔里木河、黑河、石羊河等内陆河水系的统一管理及其生态环境治理等计划,并在环境治理等方面开展了相关国际合作,对西北水资源、沙尘暴、生态环境等对气候变化的响应特征进行了许多研究。了解中国西北干旱气候变化的影响评价与预警技术,对我们应对气候变化带来的影响、确保西北社会经济持续发展有重要的意义,同时对解决相关科学问题、推进全球变化科学研究工作也具有积极的作用。

第 16 章　对西北干旱气候变化的预估

16.1　西北干旱气候变化的综合评价

16.1.1　气温呈现出显著的上升趋势

近 50 年来,西北地区气温变化表现为一致的上升趋势,1961—2008 年西北地区的区域年平均气温每 10 年升高 0.33℃,其中,冬季升温更为显著,达到 $0.47℃ \cdot (10 a)^{-1}$。与全国其他地区相比,该地区年均或季节的增温幅度,都要显著高于全国平均水平。

16.1.2　降水变化空间差异突出

1961—2008 年西北地区降水量变化的空间差异性十分突出。其中,新疆北部、祁连山区和柴达木盆地等地区降水增加,甘肃河东地区、青海东部、陕西、宁夏等地区明显减少。西北地区降水日数也发生了明显的变化,夏、秋两季 10 mm 以下降水日数明显减少,25 mm 以上降水日数尤其是暴雨日数明显增加,表明强降水出现的概率增大。

16.1.3　西北地区整体暖干化趋势明显,局部出现暖湿现象

近 50 年来西北地区干燥指数的变化表明(图 16.1),西北中西部尽管降水增加,但干燥指数变化不显著,而东部地区干燥度指数增加很显著,说明西北中西部地区变湿不明显,而西北地区东部暖干化趋势明显。近 50 年来不同年代雨量线对比分析发现,西北地区东部雨量线不断南撤,说明半干旱区逐渐南扩。

干旱是西北地区最为严重的自然灾害之一,受全球变暖的影响,近 50 多年来西北地区干旱受灾面积呈急剧扩张趋势(图 16.2),旱灾造成的粮食减产不断增加。尤其是进入 20 世纪

90 年代以来重大干旱灾害事件发生频率显现出快速增加之势,干旱对农业的危害也在加大。

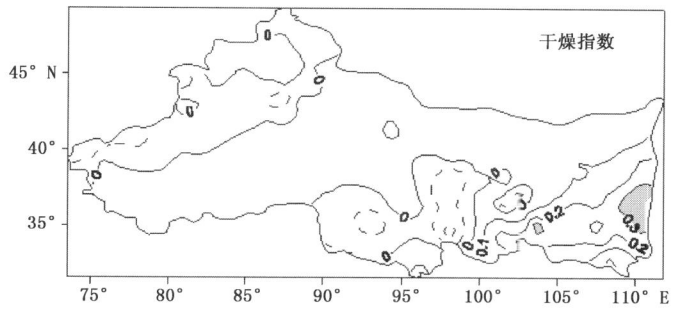

图 16.1　西北地区 1961—2008 年干燥指数变化

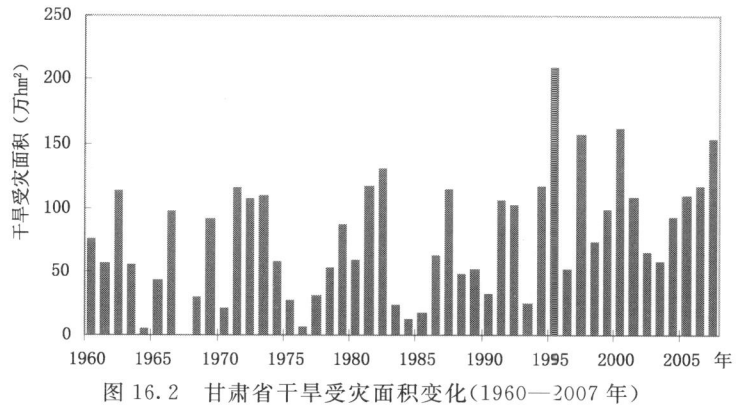

图 16.2　甘肃省干旱受灾面积变化(1960—2007 年)

总之,近 50 年来,西北地区气温呈现显著的上升趋势,降水变化空间差异突出,西北地区整体暖干化趋势明显,局部出现暖湿现象。气候变暖使冰川退缩,雪线上升,冻土消融,湿地退化,湖泊萎缩,河流流量减少,水资源越来越短缺,出现生态环境恶化问题(张强,2010)。

16.2　未来气候变化的演变趋势

16.2.1　人类活动

根据 IPCC 第四次评估报告中的 17 个模式的预估结果综合分析得出,在温室气体排放(A1B)情景下,到 2030 年我国西北地区年平均气温将升高 0.8~2.1℃,新疆大部和青藏高原中东部地区增温幅度较大,大部分地区的年降水量增加幅度在 8% 以下,其中柴达木盆地将比 20 世纪 90 年代偏多 5%~19% 左右。预计到 2050 年,西北地区各地气温依旧呈现增温态势,增温幅度在 1.93~2.77℃ 之间(图 16.3);西北地区东部,包括甘肃天水、陇东、宁夏南部和陕西关中等地,降水减少 0.01%~4.34%,西北地区中西部的降水呈现出增加趋势,其中新疆北部的降水增加明显,将增加 10.0%~19.1%(图 16.4)(张强,2010)。

16.2.2　太阳活动

气候系统外部的强迫因子主要有太阳活动与火山活动。太阳活动反映了到达大气上界太

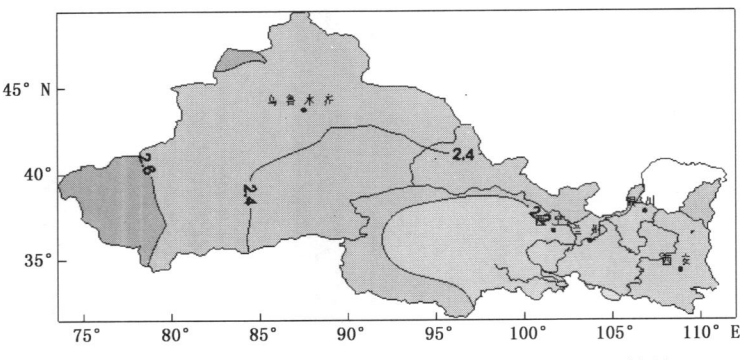

图 16.3　西北地区 2050 年年气温距平预测(℃)(A1B 情景)

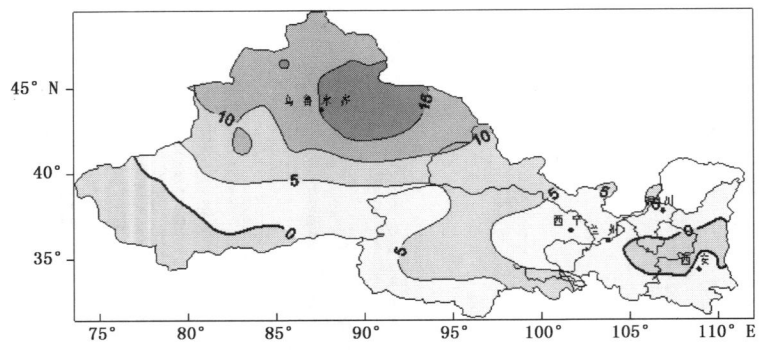

图 16.4　西北地区 2050 年年降水变化预测(%)(A1B 情景)

阳辐射强度的变化,近百年和近千年(1880—1989 年,1000—1989 年,分辨率 5 年)全球平均气温与太阳活动的相关系数分别为 0.88 和 0.73,可见太阳活动无论在近千年还是在近百年气候变化中均有重要意义(王绍武,1995)。

16.2.2.1　太阳黑子的变化特点

太阳黑子最显著的周期是准 11 年,近 1000 年来太阳黑子周期长度(SCL)的多年平均为 11.24 年。其变化范围在 7.3～17.1 年,平均 8～15 年。表 16.1 给出了公元 1001—2000 年各个世纪中 SCL 平均长度、最短长度、最长长度。可以看出,SCL 在单数世纪(11 世纪、13 世纪、15 世纪、17 世纪、19 世纪)其平均值均偏长(值大于 11.24 年);除 16 世纪外,在双数世纪(12 世纪、14 世纪、18 世纪、20 世纪)其平均值均偏短(值小于 11.24 年)。这种世纪周期主要表现在 SCL 的最长周期上,最短周期反映不明显。世纪内长短周期之差平均为 7 年,除 11 世纪外,单数世纪周期振幅大;除 14 世纪外,双数世纪周期振幅小,这种现象在 15 世纪以后显得尤其突出(表 16.1)。利用近 1000 年中 SCL 的 5 个最显著周期 41 年,58 年,76 年,90 年和 200 年叠加外推预测。从过去 1000 年的 SCL 变化情况看来,世纪周期是 SCL 的一个显著周期,特别是最近 200 年更加明显。进一步分析发现,自 14 世纪开始,在每个世纪内的前 50 年 SCL 较后 50 年长,即从 1300 年起 SCL 还存在明显的准 50 年(41～58 年)周期(李栋梁,2005)。

表 16.1　近 1000 年来 SCL 变化情况统计

世纪	11	12	13	14	15	16	17	18	19	20	平均
平均	11.71	10.78	11.61	10.84	11.48	11.31	11.32	10.97	11.71	10.64	11.24
SCL_{min}	9.0	8.0	8.0	8.0	8.0	8.0	8.0	8.2	7.3	9.0	8.15
SCL_{max}	15.0	14.0	17.0	16.0	16.0	14.0	15.5	14.0	17.1	12.9	15.15
$SCL_{max}-SCL_{min}$	6.0	6.0	9.0	8.0	8.0	6.0	7.5	5.8	9.8	3.9	7.0
相邻世纪间 t		3.93	−2.66	2.43	−2.10	0.58	−0.03	1.30	−2.91	4.82	

注：$t_{0.20}=1.29; t_{0.05}=1.96; t_{0.02}=2.33; t_{0.01}=2.58$。

1001—2000 年期间 SCL 在 200 年滑动相空间中 50 年周期振幅随时间的变化，可以看出，近 1000 年中除两个时段（1380—1500 年，1780—1820 年）50 年周期不显著外，其余时段均存在显著的 50 年周期。特别是近 200 年这一周期非常稳定。利用近 1000 年中 5 个最显著周期叠加外推预测结果表明，21 世纪 SCL 总体将变长，而且前 50 年比后 50 年更明显。

16.2.2.2　气温与 SCL

太阳活动与天气气候的变化存在密切关系。太阳黑子周期长度（SCL）与地球大气温度异常具有非常好的相关性。SCL 与气温呈负相关关系，即太阳活动的减弱（SCL 变长）对气候变暖起到抑制作用。21 世纪 SCL 总体将变长，而且前 50 年比后 50 年更明显。因此，未来太阳活动的减弱（SCL 变长）对气候变暖将起到抑制作用。李栋梁指出，如果仅考虑 SCL 变化影响时，2001—2010 年青藏铁路沿线平均地表温度将降低 1.8℃。

16.2.3　火山活动

火山活动代表平流层气溶胶对到达地面太阳辐射的削弱。近百年和近千年（1880—1989 年，1000—1989 年，分辨率 5 年）全球平均气温与火山活动的相关系数分别为 −0.40 和 −0.49，可见火山活动无论在近千年还是在近百年气候变化中均有重要意义。

用格陵兰极冰酸度（H^+/kg）代表火山活动，共采用三种周期拟合，即 700 年、200 年和 30 年周期，拟合序列与观测值的相关系数达到 0.77。图 16.5 给出公元 1500 年以来的观测值及拟合值和根据火山爆发情况对酸度曲线所作的外延。

一次强火山爆发对半球尺度气温的影响，估计在 0.1～0.5℃，为了估计火山活动对年代际气候变化的影响，从图 16.5 可以见，发现 19 世纪 80 年代—20 世纪 00 年代和 20 世纪 10—30 年代，火山活动两次明显减弱，同期全球平均气温上升 0.12℃ 及 0.22℃。根据周期分析，未来 50 年是火山活动比较激烈的时期，年平均气温可能因此而下降 0.10～0.18℃（王绍武，1995）。

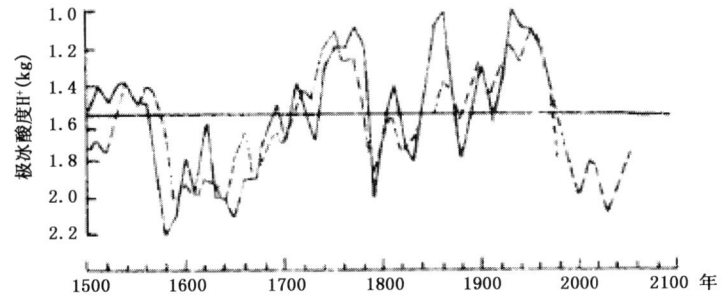

图 16.5　1500 年以来格陵兰极冰酸度（实线）及三种周期的合成（虚线）（短虚线为实线的外延）

综上所述，未来50年，考虑到在温室气体排放增加的情景下，我国西北地区年平均气温将升高0.8～2.1℃，大部分地区的年降水量增加幅度在8%以下。但受到气候系统外部的强迫因子，主要是太阳活动与火山活动的影响，西北地区年平均气温升高将受到抑制。

16.3 气候变化预测的不确定性

16.3.1 未来人类社会与经济发展的不确定性

社会—经济发展的因子如人口变化、经济发展及技术变化，在超过15～20年时间很难制订一种可信方案。社会与经济的发展中有许多因素是难以预测的，如战争等。未来各国的能源排放、人口增长以及土地利用等多方面的发展状况是非常复杂的，取决于多种因素。人类活动排放的微量气体在辐射过程中的作用非常复杂，在大气中的存留时间不确定，这些微量气体之间还可以起化学反应，形成新的气体等（王绍武，2005）。

16.3.2 大气环流模式存在局限性

这种局限性主要归因于用来建模的各种物理因素中存在很大的不确定性，包括模式的计算稳定性、参数化的有效性、物理过程描述的合理性等。

现在，大部分模式仍不能控制气候漂移，特别是深海的气候漂移。在分析许多海洋变率的变化时，必须将这种漂移考虑在内。在估测气候系统中不同反馈的强度时，模式间存在较大的差异。对一些变率模态，特别是Madden-Julian振荡，周期性大气阻塞和极端降水的模拟仍然存在各种问题。在大部分模式对南大洋的模拟中都发现了系统误差，这同瞬变气候响应中存在的不定性相关。气候模式的制约因素仍然存在，包括现在计算机资源能够达到的空间分辨率有限，需要更加广泛的集合运算以及需要把更多的额外过程纳入其中（IPCC，2007）。

随着数值预报模式的不断完善，模式考虑的物理过程日趋完备，但仍然不能完全等同于真实物理过程。可以说对各种天气过程的发展的机理认识是一个长久的课题，目前的数值预报能力还不能完全解决天气预报业务中的各种需求。

16.3.3 气候驱动因子的变化认识不足

目前，对气溶胶对云特性改变的全过程尚未有充分的认识，对其相关间接辐射效应强度尚没有很好的定论。对平流层水汽变化的原因及其辐射强迫仍不能进行很好的量化。对20世纪气溶胶变化产生的辐射强迫的地理分布和时间变化仍不能进行很好的特征表述。对大气CH_4增长率最近变化的原因仍然缺乏充分的认识。对自工业化前以来对流层臭氧浓度增加的不同因子的作用仍不能进行很好的特征表述。对产生辐射强迫的地表特性和陆地—大气相互作用仍不能进行很好的量化（IPCC，2007）。

16.3.4 气候变化观测的缺陷

无线电探空资料的空间覆盖面比地表资料相差很多，而且证据显示一些探空资料的可靠性差，特别在热带地区。对海洋上空的总云量和低空云量的变化，地表观测和卫星观测结果不一致。在量化全球和区域降水趋势时，降水量测量的难度仍然是一个值得关切的问题。土壤墒情和径流的记录通常时间较短,而且只在几个区域有记录资料,这妨碍了对干旱变化进行完全的分析。有限的可用观测资料限制了对极端事件类型的分析。有关卫星时代前的飓风频率和强度的资料有限,对卫星记录资料的解释也存在疑问(IPCC,2007)。

气候预测是涉及耦合的非线性混沌系统,未来气候态十分准确的长期积分是不可能的,而且有些变化是地球以外的过程,人们不了解也不可能控制,因而气候模式也不可能完全合理、准确地表征这些未知作用。基于以上事实,气候变化的预测主要反映的是大陆空间尺度未来长期的变化趋势。

IPCC 的几次评估报告提出,科学家们希望通过大量研究和深入的多学科的综合研究以及世界各国的共同努力,以期进一步缩小与减少预测的不确定性。

16.4 科学应对气候变暖的策略

16.4.1 减排措施难解燃眉之急

恢复温室气体平衡状态是控制气候变暖的关键环节。恢复温室气体平衡的途径:一方面需要减少排放,走低碳经济和节能经济之路,另一方面需要增加吸收,扩大植被的固碳能力,走绿色经济之路。增加吸收主要取决于人类对自然植被的保护和再造林的扩大等自然固碳方式的发展;减少排放则主要取决于人类生产、生活规模和方式的改变。研究表明:1970 年以来能源供应、交通、工业生产和土地利用变化四个方面带来的排放量分别增加了 145%、120%、65%和 40%,人口数量和人均消费增加造成的排放量分别增加了 69%和 77%。在当前政策和措施下,尽管有些地区会减少一些排放,但很可能会被其他一些地区迅速增加的排放所抵消。人类活动的无序性仍然会使大气中温室气体的聚集趋势在今后可预测的数十年内持续加强。同时,温室气体的影响也相当持久,气候变暖不会因为温室气体得到控制而立即刹车。控制温室气体排放更多是战略性的效果,它只能对减缓气候变暖产生长远作用,而无法达到迅速扭转目前变暖趋势的目的。如果这个情况持续下去,21 世纪气候变暖还将会持续较长一段时间。令人担忧的是,当气候变暖发展到一定程度,补救的代价很可能会十分惨重(张强,2011)。

16.4.2 地球工程技术可助一臂之力

对气候变化的策略仅仅考虑减少温室气体可能远远不够,还需要考虑更多战术性的对策来减缓已经面临的现实危机。2008 年美国科学家提出了一种比较新的观点,他们认为地球工程技术在控制气候变暖方面的作用不可低估。一般,导致地球变暖的人为驱动力有两个方面,一方面是大气层捕捉的太阳辐射能量增加,另一方面是进入大气的太阳净辐射增加。前者主要是温室气体排放增加的效果,这也正是目前试图通过温室气体减排措施所要改变的,而对后者的改变往往被我们忽视了。地球工程技术就是针对后者引起的气候变暖的应对方式,这其中有很多手段可以供我们考虑。1991 年菲律宾皮纳图博火山爆发的气候效应给了人们一些这方面的启示。菲律宾皮纳图博火山爆发当时导致地球的降温幅度达到了 3.5℃左右,持续时间约 2~3 年。通过人工手段重现这种效果就是地球工程技术的思想核心。现实中,可供采取的办法各种各样:首先,向高层大气中注入少量极细的硫颗粒就可以实现挡开 1%~2%太阳辐射光的效果,这足以抵消上世纪地球变暖带来的影响。其次,让舰队向空中喷洒海水或许也能取得类似的效果,因为这增加了低云的厚度,也增加了云的反射率。另外,除了在空中想办法而外,在地面也可以做一些文章。譬如,把楼顶刷成白色可以增加地表对太阳光的反射,减少实际进入大气的太阳净辐射能,达到降低大气温度的目的。在减少温室气体排放的效果不够有效或者不够及时的情况下,这种地球工程技术无疑可以在减缓气候变暖方面助我们一臂之力。

当然,对地球工程技术仍然有不少质疑的声音,认为硫颗粒可能导致平流层臭氧损耗、造成酸雨事件、甚至破坏或扰乱地球系统本来的规律,担忧出现不可预期的后果。不过,皮纳图博火山提供的证据表明,它对大气成分的影响几乎微不足道,负面影响不会太大,更何况它与失去控制的全球变暖相比也许风险要小得多。目前,非常认真对待地球工程技术的科学家和环境经济学家已经越来越多,美国国家科学院、美国航天局、能源部等已经肯定了这项技术的可行性。

两全其美的事情很少,很多时候我们需要在面对挑战和危机的时候做出权衡利弊的选择。地球工程技术有一些负面效应在所难免,但它很可能将是我们权衡其利弊之后的一种科学选择(张强,2011)。

16.4.3　减排是控制气候变暖的战略重点

然而,我们绝对不能以工程技术措施为借口允许毫无节制地排放。虽然地球工程技术的潜力巨大,但可以肯定的是它并不是解决气候变暖问题的永久办法,也不是最理想的办法,其风险和局限性依然是显而易见的。地球工程技术只可以作为全球向零排放经济过渡阶段的辅助手段,它也许可以帮助人类及时或尽早地控制住目前气候变暖的趋势,但绝对不可能用它来替代减排的手段。从长远看,零排放经济才是比较科学的一劳永逸应对气候变化的科学措施(张强,2011)。

简单而言,减排措施是应对气候变化的战略手段,而地球工程技术更类似于战术手段。

第 17 章 气候变化对水资源的影响评价

17.1 气候变化对水资源的影响评价方法

17.1.1 水文模拟研究进展

17.1.1.1 水文模拟发展过程

回顾国际水科学领域的发展历程,从方法论的角度看,水文、水资源的研究大致可以分为以下四个时期:经验时期(1900—1930 年),推理时期(1930—1950 年),理论化计算时期(1950—1975 年)和计算机化模拟时期(1975—2000 年)。从系统方法和大型计算机的引进的角度看,水文、水资源的研究可以分为两个阶段。

第一阶段为 19 世纪 80 年代以前的"分解"研究阶段,即把水文循环分解为陆地分支与大气分支,并分别隶属于陆地水文学和大气科学。气象学界主要关心大气中的水分收支,而水文学家主要关心降水在陆面上的再分配。另一方面,在相当长的时间内,人们认为气候是静态的,并处于长期的统计平衡状态。水文学家则认为,长系列的水文均值是稳定不变的,年径流的丰枯是围绕均值的周期变化,水文计算以几十年至几百年时间尺度内水文过程稳定不变为前提,未来则看做是过去的外延或重复。这一阶段所用的模式主要有纯经验模式、概念模式和纯物理模式,用于模式计算的计算机内存较小、速度较慢。

第二阶段为 20 世纪 80 年代以来的"系统"研究阶段,即引进气候系统的概念,将水文循环看作气候系统的一个重要环节,开始对水文循环进行交叉学科(大气、海洋、生物、水文等)的研究。全球气候监测网的完善、气候动力学的发展、气候预测模式的建立,为水文循环一体化模拟研究打下基础,为陆气耦合模式研究提供了条件。到 20 世纪 80 年代后期,水文学借助于计算机性能的提高,建立了基于地质不均匀条件下水文循环的更符合实际情况的水文模式及解法,使得具有大量节点未知数(100 万个以上)矩阵的解算成为可能,打破了过去表层水文学关于均质土中水分运动假设的传统理论。国外很多专家学者正是从气候系统及其变化的概念出发,建立了多种水文模式,应用现代水文理论和高速计算机系统分析评价气候变化对各地水资源的影响。

17.1.1.2 水文模式研究进展

水文模式是研究水分循环及气候变化对水资源影响的有效工具,近 30 年来水文模式有了长足的发展,在水文预测、径流模拟和水资源评估等领域得到广泛应用,迄今国际上已建立了如下模式。

(1)经验性模式

经验性模式只阐述各水文因子之间的统计关系,不能揭示水文过程的物理机制。因此,经验性模型只能反映建模时为特定的气候和流域条件设置的输入和输出的关系,将这些关系应用到与建模流域和气候条件不同的地区,其模拟的可靠性有限。

(2) 水量平衡模式

水量平衡模式描述流域内水分流入和流出的过程。这类模式因对各水文参数复杂程度的考虑程度不同而有差别,大多数模式在计算总径流时考虑了以降水形成的直接径流(超渗产流)和流域蓄水量变化产生的滞后径流(蓄满产流)。另外,大多数水量平衡模式把蒸发作为潜在蒸发量和土壤蓄水量的函数进行计算。水量平衡模式适合于日、旬、月、季和年的时间尺度模拟,但最常用的是月尺度。

(3) 概念性集总参数模式

概念性集总参数模式用经验统计方法说明各水文参数的线性和非线性关系。同水量平衡模式一样,概念性集总参数模式试图解释从降水进入流域到以径流离开流域的运动过程。水分运动过程包括垂直运动和水平运动,垂直运动包括植物截留、蒸发、下渗、土壤蓄水、蒸散、地下水回补、积雪和融雪等。水平运动包括地表径流、壤中流、地下径流和河川径流。另外,一些模型还能模拟相关的沉淀、化学和生物过程。

(4) 基于过程的分布式参数模式

基于过程的分布式参数模式建立在水分运动的物理机制的基础上,包括一个或多个空间协调的过程,能够预测流域内水文状况的空间特性和流域蓄水量及出流量。模式的空间离散化提高了过程模拟的精度,可以在网格点或地貌单元上模拟水文过程,每一个网格点或地貌单元有特定的过程参数。分布式参数模式具有模拟水文空间响应特性的能力,有利于建立以水文过程和各种生物和化学等自然过程为基础的耦合模式。因此越来越受到人们的重视。

(5) 大陆尺度水文模式

大陆尺度模式是描述区域或大陆尺度水量变化的模式,其格点可以与全球气候模式 GCM 在时空尺度上相兼容。它具备以下四个特点:一是具有较充分的物理结构,可分别对其每个部分的模拟效果进行验证;二是模式参数可据研究流域的实时特性进行计算,模式的参数可进行时空移植;三是研究范围较大,能用于不同尺度上水量平衡的模拟;四是充分考虑陆—气间的反馈机制,可实现陆—气相互作用的嵌套与耦合:大陆尺度水文模式可将水文模拟、预测的尺度从流域扩展到区域范围,因而受到广泛的重视,目前各大国际水文科学计划都将其列为重点研究内容。

17.1.2 水文计算与模拟原理

17.1.2.1 水量平衡原理

水量平衡是指任意区域(或水体),在任意时段内其流入的水量与流出的水量运的差额等于该时段区域(或水体)内蓄水的变化量,即水在循环和转化过程中,从总体上保持收支平衡。

根据水量平衡原理,地球上的总水量接近于一个常数,自然界的水循环持续不断,并且有相对稳定性。

17.1.2.2 水量平衡方程

将研究的空间作为一个系统,那么系统中输入的水量 $I(t)$ 应于系统中的蓄水变量 $\dfrac{dS}{dt}$ 加上系统输出的水量 $Q(t)$:

$$I(t) - Q(t) = \frac{dS}{dt} \tag{17.1}$$

式(17.1)是一般的水量平衡方程式。其差分形式为：

$$\overline{I}\Delta t - \overline{Q}\Delta t = \Delta \overline{S} \tag{17.2}$$

式中，I 为水量收入项；Q 为水量支出项；ΔS 为研究时段内区或（或水体）内蓄水变化量；$\overline{I}\Delta t$、$\overline{Q}\Delta t$、$\Delta \overline{S}$ 分别为计算时段 Δt 内的水量收入、支出及蓄水变化量。

式(17.2)为水量平衡的基本表达式，式中收入项 I 和支出项 Q 还可视具体情况进一步细分。以陆地上任一地区为例，设想沿该地区边界作一垂直柱体，以地表作为柱体的上界，以地下某深度处的平面为下界（以界面上不发生水分交换的深度为准），则可在上述水量平衡基本表达式的基础上列出如下方程式：

$$P - E_1 + R_\text{表} + R_\text{地下} + S_1 = E_2 + R'_\text{表} + R'_\text{地下} + q + S_2 \tag{17.3}$$

式中，P 为时段内降水量；E_1、E_2 分别为时段内水汽凝结量和蒸发量；$R_\text{表}$ 和 $R'_\text{表}$ 分别为时段内地表流入与流出的水量；$R_\text{地下}$、$R'_\text{地下}$ 分别为时段内从地下流入与流出的水量；q 为时段内工农业及生活净用水量；S_1、S_2 分别为时段始、末蓄水量。

由于式(17.3)中 E_1 为蒸发量，令 $E = E_2 - E_1$ 为时段内净蒸发量；$\Delta S = S_2 - S_1$ 为时段内蓄水变量，则式(17.3)可改写为：

$$(P + R_\text{表} + R_\text{地下}) - (E + R'_\text{表} + R'_\text{地下} + q) = \Delta S \tag{17.4}$$

以上讨论的是通用水量平衡方程式，以下讨论区域水量平衡方程式。区域可理解为任何给定的空间，如河流、湖泊、冰雪等水体，山区、平原、盆地、农田、城镇、森林、草场等各种自然土地和土地利用的不同地段。还有按自然和行政划分的区域。区域界线可以是闭合的，也可以是非闭合的。从水量交换的角度也可把水量平衡区域划分为四个自然系统，并可列出相应的水量平衡方程式。

(1) 大气系统

其水量平衡方程式为：

$$A_i - A_0 + ET - P = \pm \Delta A \tag{17.5}$$

式中，A_i、A_0 为大气层中除降水与蒸散以外的其他收入水量和支出水量；P、ET 为降水量和蒸散量；ΔA 为大气系统中蓄水量。

(2) 流域系统

其水量平衡方程式为：

$$P - R - ET = \pm \Delta S \tag{17.6}$$

式中，ΔS 为流域蓄水量；P 为降水量；R 径流量；ET 为蒸散量。

(3) 土壤系统

其水量平衡方程式为：

$$P + C_m - R + S_i - S_0 - ET = \pm \Delta S \tag{17.7}$$

式中，P 为降水量；ET 为蒸散量；C_m 为土壤中的凝结水量；R 为径流量；S_i 为由地下水和壤中流形式进入土壤层的水量；S_0 为由土壤层向下渗入地下水和壤中流形式流出土壤层的水量；ΔS 为土壤层中的蓄水量。

(4) 地下水系统

其水量平衡式为：

$$\alpha P + q_i + q_0 - F_0 = \pm \Delta S_0 \tag{17.8}$$

式中，α 为地下水的降水入渗补给系数；F_0 为地下水上升经土壤到地面后的蒸发量；q_i 为地下流入水量；q_0 为地下流出水量；ΔS_0 为地下的蓄水量。

以上四个系统的水量平衡可以相互结合列成联立方程，用于水循环或水量交换的研究。对于特定区域、空间层或水体的水量平衡方程，可视具体条件列出。

17.1.2.3 径流过程分析

(1) 径流表示方法

流量 Q 指单位时间内通过某一断面的水量，常用单位为 $m^3 \cdot s^{-1}$。流量随时间的变化过程，可用流量过程线表示。此外，常用的还有日平均流量、月平均流量、年平均流量等指定时段的平均流量。

径流总量 W 是指 T 时段内通过某一断面的总水量，常用的单位为 m^3。有时也用时段平均流量与时段的乘积表示：

$$W = QT \tag{17.9}$$

径流深度（简称径流深）R 是指将径流总量平铺在整个流域面积上所求得的水层深度，以 mm 为单位。若 T 时段内的平均流量为 $(m^3 \cdot s^{-1})$，流域面积为 $F(km^2)$，则径流深度 R(mm)可由下式计算：

$$R = \overline{Q}T/(1000F) \tag{17.10}$$

径流模数 M 是流域出口断面流量与流域面积 F 的比值。常用单位为 $L \cdot s^{-1} \cdot km^{-2}$，计算式为：

$$M = 1000Q/F \tag{17.11}$$

径流系数 α 是某一时段的径流深度 R 与相应的降水深度 P 之比值，计算式为：$\alpha = R/P$，因为 $R < P$，故 $\alpha < 1$。

(2) 影响径流的因素

影响径流形成和变化的因素主要有：气候因素、流域下垫面自然因素和人类活动因素。

气候因素 包括降水、蒸发、气温、风、湿度等。降水是径流的源泉，径流过程通常是由流域上降水过程转换来的。降水和蒸发的总量及其时空分布和变化持性，决定了径流组成的多样性和径流变化的复杂性。气温、湿度和风通过影响蒸发、水汽输送和降水而间接影响径流。

流域下垫面自然因素 包括：地理位置，如纬度、距海远近、面积、形状等；地貌特性，如山地、丘陵、盆地、平原、谷地、湖沼等；地形特征，如高程、坡度、坡向；地质条件，如构造、岩性；植被特征，如类型、分布、水理性质（阻水、吸水、持水、输水性能）等。上述因素在空间上的组合，构成了下边面条件的差异，这种差异足以构成产流方式（指各种径流成分产流机制的组合）及产流条件的差异。

人类活动因素 人类活动对径流的影响既广泛又深远。人类活动对径流的影响一是直接截用径流，二是通过改变下垫面条件而直接或间接影响了径流过程，导致径流数量、质量的变化（王守荣，2005）。

17.2 未来气候变化对水资源的影响预测

我国地域辽阔，在东亚季风影响下气候在空间上差异悬殊，在年内时间分配上也很不均衡。由于气候因子(降水、气温)与水文要素(如地表径流、土壤水、地下径流)之间的非线性的复杂关系,在不同气候区或不同下垫面条件下同样的气候变化情景往往对水文要素产生不同的影响,或者在同一气候区,相同的下垫面虽然其气候均值不变,但时空分布和强度变化不同时水文水资源要素亦有完全不同的反应。因此,水文水资源对气候变化的响应是十分复杂的,它涉及对气候要素均值、时空分布以及强度变化等多方面的水文响应。严格来说,研究气候变化对水文、水资源的影响应当使用有较高时空分辨能力的区域气候模型的输出值。由于目前大气环流模型只能给出大气中 CO_2 浓度加倍条件下 $500 \times 500 \ km^2$ 格点上的年及季的气候情景值,虽然通过随机模型或内插值公式可以下标至流域尺度,然而对其时空变化以及陆面不均匀性的考虑是很有限的。

17.2.1 气候变化对天然年径流的影响预测

气候变化对径流的影响是在以下两个假定下完成的:一是各月的气候变化情景与 GCMs 给出的各季的气候变化情景相同或按权重内插至各月;二是以近 30 年长序列水文气象实测值为气候背景,即以这 30 年降水、气温和径流的年内分配为原型,而不考虑气候自然波动引起的年内分配的差异。根据四个 GCMs 模型的气候情景得到以下主要研究结果。

第一,三个 GCMs 情景,七个流域天然年径流变化形式有以下三种。一是全国主要江河年径流皆减少(LLNL);二是北方径流减少,南方径流增加(OSU);三是北方径流增加,南方径流减少(UKMOH)。

第二,气候变化导致年径流变幅最大的地区为淮河及其以北。年径流减幅最大者为海滦河流域的京津唐地区(-16%)及淮河(-15%),海滦河流域年径流减幅为-12%。年径流增幅最大者为辽河(17%),黄河上游(15%)及松花江(12%),长江及其以南变幅较小,为 -8%~8%。

第三,黄河主要产沙区——河龙区间沙量的增减决定于汛期降水:雨多(少)、水多(少)则沙多(少)。然而,当降水增幅小,气温升幅大时,可出现沙量加大,径流减少。对 GCMs 七个模拟结果平均得到,河龙区间年径流减少 2.1%,年产沙量增加 4.6%。

第四,利用月水量平衡模型及七个 GCMs 模型输出值,结合汉江流域未来的需水预测,计算了不同气候情景下丹江门可调水量的变化,对七个 GCMs 模型模拟结果平均得到初期可调水量将减少 3.5%,后期可调水量减少 2.2%,年调水量减少 4.8~5.0 亿 m^3。气候变化对可调水量的影响很小,可忽略不计。

17.2.2 气候变化对径流年内分配、干旱及洪涝的影响预测

在季风气候影响下,各流域汛期径流占年径流的 70% 以上。当气候变化值相同,其年内分配不同时,径流的变化对供水、用水造成的经济后果是不同的。

第一,对于湿润及半湿润气候区的东江、汉江、淮河、黄河上中游,无论降水增加或减少,气温的升高皆导致陆面蒸发量的加大,而半干旱气候区,陆面蒸发的增减主要由降水的增减决定。例如黄河的山峡区间在 LLNL 情景下,虽然夏季气温升高 1.6℃,由于降水减少 5%,蒸发量减少 4%。在 OSU 情景下,夏季降水增加 1.3%,蒸发量增加 2.4%。

第二,年径流的增加主要发生在春、夏、秋三季。在 OSU 情景下,东江春、夏及初秋月径流增加 8%~10%;淮河 6—8 月增加 8%~9%。在 UKMOH 情景下,海滦河 7—8 月增幅

$10\% \sim 12\%$。

第三,年径流量减少亦主要发生在春、夏、秋。在 LLNL 情景下,淮河流域汛期径流减幅达 $16\% \sim 19\%$,海滦河减幅为 $14\% \sim 19\%$,尤以 8 月减幅最大。黄河除上游径流增加外,其他三区逐月径流皆减少。

第四,径流减幅较大的月份发生在气温升高,降水减小的情景下,径流的减幅可达降水减幅的 4 倍以上,而径流的增加发生在气温升高,降水增加的情景下,径流的增幅与降水的增幅基本一致(IPCC,2007)。

17.3 水资源可持续利用

17.3.1 水资源可持续利用的原则

水资源开发利用在不同地区、不同历史背景和不同发展水平下是有相当大的差异。然而,可持续发展作为全球发展的总目标,所体现的公平性和可持续性原则,对水资源可持续利用来讲则相同。

17.3.1.1 公平性原则

水资源可持续利用的公平性原则包括区域公平和代际公平。水资源开发涉及上下游、左右岸不同的利益群体,这些利益群体既可能包括国与国的关系,也可能包括省与省、市与市等不同区域之间的关系。在一个主权国家范围之内的水资源开发,则应考虑流域整体利益的基础上,各利益群体间应公平合理地共享水资源。

水资源可持续利用的代际公平是从时间尺度衡量资源共享的公平性。可持续发展常常定义为"不以破坏后代的生存环境为代价的发展"。虽然水资源是可更新的,但水资源遭到污染和破坏后其可持续利用就不可能维系。特别是地下水资源的过度开采,其后果往往是不可逆的。因此,可持续发展要求当代人在考虑自己的需求与消费时,也要为未来各代人的要求与消费负起历史的与道义的责任。

17.3.1.2 持续性原则

水资源可持续利用的持续性原则就是除不损害水资源本身之外,还要以不损害支持地球生命系统的大气、土壤、生物等自然条件为前提,必须以充分考虑水及其相关资源的临界性。必须适应水资源及其环境的承载能力。也就是说,在开发利用水资源的过程中,需要根据持续性原则调整开发方式与强度,确定利用和消耗的标准,而不能盲目地、过度地生产、消耗。

水资源可持续利用的出发点和根本目的就是要保证水资源的永续、合理和健康地使用。水资源和水生态环境是资源和环境系统中最活跃和最关键的因素,是人类生存和持续发展的首要条件。可持续发展要求人们根据可持续性的条件调整自己的生活方式,在不破坏生态环境的范围内确定自己的消耗标准。

水资源利用的持续性原则还包括水资源的优化配置的其他替代品的开发,其中优化配置是协调社会、经济、环境目标的有效手段,而污水资源化、海水淡化等则是在必要条件下对水资源可持续利用的重要补充。

17.3.1.3 需求管理原则

传统的水资源开发利用是从供给发展角度考虑的,认为需水的增长是合理的且是不可改变的,传统的水利发展和所有的管理工作是努力寻找和开发新的水源、贮水、输水和水处理工程。扩大供水能力一直是追求的目标,直到需水得到满足,或由于资金不足,或由于技术上不可行才停止。

水资源可持续利用的需求管理原则从某种意义上意味着限制,但它并不排斥人们为了追求高标准生活质量对水的需求,重要的是这种需求应在环境与发展的总框架下进行。供水量越大,废污水就越多,为了保证环境质量,对水处理的要求就越来越高。因此,在水资源可持续利用中应摒弃传统水利的工程导向,而应通过各种有效的手段提出更合乎需要的用水水平和方式。

17.3.2 水资源可持续利用的保障措施

在满足上述原则基础上实现水资源可持续利用保障措施。

17.3.2.1 完善法律体系与健全执法机构

实现水资源可持续利用必须首先具有法律上的保证,因此要进行制度创新,加快立法进程。我国目前已经制定了《水法》、《水土保持法》、《环境保护法》等相关法律,但各法律之间还存在着交叉重叠的现象,尤其是执法方面还存在机构和队伍不健全等现象。以流域为主体的水资源管理还没有真正形成,运用法律的形式明确流域管理机构的性质、职责、权力,建立流域管理与区域管理相结合的流域水管理体制,与流域管理密切相关的水资源规划、治理、利用、配置、节约和保护等政策也应尽快制定或完善。

17.3.2.2 加强机制创新,实行水资源有偿使用和转让

按照资源共享、平等协商的原则,在特定时期、特定条件下,由利益相关者共同参与,划分水资源的权属关系,使用范围、方式。明确水资源分配中的权属关系,积极推行有偿使用和有偿转让水资源的政策,建立用水交易权和许可的水市场,通过经济手段调节水的分配,促进水资源的优化配置。水资源费的转让包括行业之间和部门之间的转让,即从低效用水向高效用水转移,从余水向缺水部门转移。建立合理、有序的转让机制和政策,引导水的消费和水市场的良性发展。新用水户(工业、城市)对原用水户(农业)给予经济补偿,可促进原用水户的技术更新,建立节约型社会。通过加大水资源费的征收力度,实现水资源总体上的调节,水资源费的征收应与水资源分配制度相对应,在申请取水许可的同时交纳水资源费,保证权利与义务一致。

17.3.2.3 改革行政管理体制,建立水资源统一管理体系

多年以来,部门分割、地区分割的水资源管理体制,使防汛减灾、城乡用水、防治污染、保护生态环境等工作都存在许多矛盾,造成许多不应有的浪费和损失。因此必须改革现行的行政管理体制,实施"事企"剥离。其目标是:在水行政主管部门的宏观指导下,真正做到产权清晰,权责明确,建立用水户参与管理决策的民主管理机制。

建立水资源统一管理体系,实行管理上的一体化。起重要作用的是机构协调和目标的一体化,要求有关部门管理协调统一,协同作战。实行以流域或区域的水量与水质、地表水与地下水、城市供水与乡村供水、供水与排水等统一管理。水资源管理一体化不仅是实现水资源可持续利用的有效手段和社会可持续发展的必然要求,也是水资源优化配置的体制保障。

17.3.2.4 制订近、中、长期的可持续利用规划

立足当前,放眼长远是水资源可持续利用的根本保障。制定具有不同时间尺度的水资源可持续利用规划,可以从中长期发展战略和近期行动计划中全面把握水资源的利用态势,采取更具综合性和整体性的战略,增强预见性和预防性。

可持续利用规划应具有时间上的延续性和现实上的可操作性,内容上应包括水资源的开发、利用、治理、配置、节约、保护,把配置、节约、保护放在重要位置。

17.3.2.5 改变原有的管理办法,由供给管理转向需求管理

传统的水资源管理可以统称为供给管理,其主要特征是根据工农业用水需求,建设大中型水利工程来实现水资源供需平衡。然而,随着水利工程不断兴建,工程难度愈来愈大,成本也不断增加,而且随着径流开发加大,带来了一系列的生态环境问题,水资源供需矛盾也不断加剧,完全依靠增加工程解决水资源问题已经不可能,运用综合手段缓解水资源供需矛盾成为一种必然。供水管理的最大缺陷是忽略了用水节水的可能性,它将水资源供需矛盾的解决寄托在水源供给上,其结果是水资源浪费的增加和低效,必须变供水管用为需求管理。

所谓的水资源需求管理就是综合运用行政、法律和经济手段来规范水资源开发利用中人类行为,从而实现对有限水资源优化配置和合理利用。它强调把水资源作为一种稀缺的经济资源,对水资源的优化利用应着眼于现存的水资源供给。

17.3.2.6 提高监控与水有关的灾害的能力

洪水灾害、水短缺和水污染是通常所说的水的三大问题。要保障社会进步,经济发展与环境改善,就必须具备对上述灾害的快速反应和处理能力,这也是水资源可持续利用的基本实现形式。建立灾害的监测、预警系统,具备完整的应急方案,才不致因自然或人为灾害影响正常的发展。特别是要加强洪水管理,未雨绸缪,制定洪水管理计划;树立风险意识,加强风险管理;合理运用工程措施,突出非工程措施的运用,采取合理的政策、措施,减轻灾害所带来的损失。

17.3.2.7 优化配置水资源

从"需求管理"的原则出发,在合理需要和现实可行的工程供水能力情况下,进行资源的合理配置。优化配置的目的是提高水资源利用率,是从更大范围内思考水资源开发利用的战略布局。无论是国民经济规划、区域发展规划或水资源可持续利用规划,都应采取综合的观点、系统的观点和可持续发展的观点,把水资源的合理配置、优化调度放在重要位置。

17.3.2.8 改革水价,按经济规律办水、管水、用水

水价是水资源管理的主要经济杠杆,对水资源的配置和管理起重要的导向作用。长期以来,我国的水价政策极不合理,几乎与节水、治污和统一调配水资源的战略反向而行。过去我国一直实行低于成本的供水体系,一方面造成部分地区水的浪费,另一方面又破坏了流域或区域的水资源供需平衡态势,水管部门的正常运行也难以维持。因此,改革水价,按经济规律办水、管水、用水。在国家水资源管理机构的统一领导下,根据国家确定的水资源战略,明确制定我国现阶段的相应水价政策和水价系统逐步创造条件,实现农业完全成本供水,城市生活、工业按市场经济体制(成本+利润)供水。

17.3.2.9 努力提高节水水平,建立节水型社会

必须将节约用水、保护水资源作为一项基本国策,并像实施计划生育国策那样来实现这一

国策。节水一方面减少水的利用,另一方面也减少了污染。我国城市、工业用水和农业灌溉用水的节水潜力巨大。应加大资金与技术的投入,通过节水宣传教育,征收水资源费,调整水价,实行计划供水、取水许可制度,努力提高节水水平。在全社会形成节水和保护水资源的风气,把它作为全民的行动,与社会经济可持续发展结合起来,要坚持不懈,无论产业结构布局和调整,还是各项政策的制定和实施,必须充分考虑水资源的制约因素,建立节水型社会。

17.3.2.10 持续改善水环境

提出可持续发展是与长期以来生态环境的退化,特别是水环境的退化密切相关的。经济发展中的某些内在因素有碍于环境保护和资源的持续利用。如排污超过了河流的纳污和降解能力,地下水的开采超过了其补给能力,水生态环境恶化、海水入侵、地面沉降等,这些因素包括人口增长、非确定性、不可逆性及环境与经济发展之间的取舍问题。水资源可持续利用应是使水环境条件朝着改善的方向发展。

17.3.2.11 保持水资源开发利用与水资源总量的动态均衡

水资源开发利用是与社会、经济和环境发展要求、水资源总量以及资金、技术等条件相适应的。在我国北方地区人均水资源量少,开发利用程度相对较高。而南方地区人均水资源量多,开发的要求和紧迫性相对较低。从资源的持续保有量出发,在水资源相对稀缺的地区,应将生态环境需水作为可持续发展的优先对象,保持维持经济发展所消耗的水资源与水资源总量之间的动态平衡(姚玉璧,2007)。

17.3.2.12 不断提高水资源可持续利用中的科技贡献率

水资源可持续利用关键在科技。科技兴水战略对水利建设和水资源的持续利用至关重要,长期以来,水利基础设施老化失修、设备陈旧落后、管理粗放、人员素质低等问题是影响水资源可持续利用的重要因素。改善农业灌溉技术条件,提高工业重复利用率,实行多水源联合运用、雨水汇集利用、劣质水处理再利用等多途径出发提高科技条件。

17.3.2.13 充分重视水资源战略储备及相应的技术储备

为了应对21世纪我国面临的严重的水量与水质危机,必须做好水资源后备战略储备及相应技术的技术储备。作为后备的战略水资源,最主要的是海水利用、调水、大气水的开发。

第一,海水是战略后备水资源基地,具有"取之不尽,用之不竭"的特征。在我国水资源日益紧张的情况下,充分利用海水和向大海要淡水成为一条必由之路。第二,调水是解决水资源分布不均衡的重要手段之一。"南水北调"是一项战略性工程,从长期来看,是必然要实现的,只是选择最佳时间问题。第三,大气水的开发利用是解决水资源危机的另一条途径。采取一定措施,从战略的角度重视大气水的开发利用,从全国的角度制订大气水开发利用规划,研究大气水的开发利用对地表径流及生态环境的影响,开发投入低、产出高的新技术(姚玉璧,2007)。

由于后备水资源开发利用难度较大,技术要求很高,所以必须加强有关技术的研究和贮备。

第18章 气候变化对生态环境的影响评价

自然环境有其自身发生发展规律。人类在对自然资源开发和经济建设中,往往由于不合理利用而违反自然环境的内在规律,招致自然环境的破坏,脆弱环境的迅速退化则是这一破坏过程的结果。它严重阻碍着可持续发展。因此,近年来,国内外对脆弱生态环境展开了深入而广泛的研究。其中,评价指标体系和生态环境脆弱度的评价方法也提升到定量水平。目前,关于区域脆弱生态环境定量评价的文章并不多见。由于各地区自然环境条件不同,人类活动方式和对自然的影响度也不尽相同,其结果表现为社会、经济发展等方面的较大差异。因此,开展气候变化对生态环境的影响评价,搞清气候变化对生态环境的影响程度,对于西北地区社会经济的可持续发展很有必要(刘燕华,1995;申元村,1995)。

18.1 甘肃省脆弱生态环境定量评价

甘肃省地处青藏、黄土和蒙古三大高原的交汇地带,南北相距约 10 个纬度,东西跨越 16 个经度。境内地势高亢、地形复杂,高山、高原、河谷、盆地、丘陵、平原、沙漠和戈壁等地形兼而有之。气候类型复杂多样,由东南部的亚热带湿润气候逐渐过渡到西北部的冷温带干旱气候。自然植被的水平分布自东南向西北呈现森林、草原、荒漠的较全的温带植被类型。由于独特的自然环境,形成多种自然景观,植物种类丰富,以温带科属为主,共约 4350 种。甘肃省总土地面积 4544 万 hm^2,森林占 8.7%,草地占 34.7%,耕地占 10.7%,难于利用的沙漠、戈壁、沼泽、石山裸地、永久性积雪和冰川等占 40% 以上。

18.1.1 甘肃省脆弱生态环境形成原因

自然环境是由物质体系和能量体系构成的综合系统,脆弱环境由于内在物质、能量匹配上存在着某一环节上的不协调或联系上的"断层"或联系脆弱阈值域,抗御来自自然的或人为活动影响的能力低,生态特征上反应敏感,容易演化为另一生产量低,生物多样性减少,景观形态受到改变的脆弱类型。脆弱生态环境形成的因素可以归纳为自然因素和人为因素两大类。

18.1.1.1 脆弱生态环境形成原因

(1)自然因素

自然因素包括基质、动能两大因素。基质因素主要由地质构造、地貌特征、地表组成物质、生物群体类型等因子构成,是生态环境构成的物质基础;动能因素主要由气候脆弱因子构成,是生态环境形成演替的能量基础。

1)地质脆弱因子

甘肃省特殊的地质环境条件,决定了甘肃省地质灾害多发。近几十年来,随着人类活动不断加剧,灾害范围有逐渐扩大趋势,危害程度也越来越高,甘肃省已成为我国地质灾害重灾区之一。地质灾害的类型几乎包括了陆地地质灾害的全部,有地震、滑坡、崩塌、泥石流、地面塌陷、地裂缝、水土流失、土地沙漠化、土壤盐渍化和区域地下水位下降等灾害。

2) 地貌脆弱因子

甘肃省地形地貌复杂。东南部重峦叠嶂,山高谷深、东部大都黄土覆盖,形成独特的黄土地貌。河西走廊地势平坦,绿洲、沙漠、戈壁相间分布。北部为蒙古高原,也是巴丹吉林沙漠和腾格里沙漠所在地,西南部为青藏高原东北边缘,地势高耸,有永久性积雪和现代冰川分布。总体而言,山地和高原占70%以上,滑坡、崩塌、泥石流、地面塌陷、地裂缝、水土流失、土地沙漠化、土壤盐渍化等尤为突出。

3) 气候脆弱因子

气候脆弱因子最主要的有降水量和降水变率,当降水量和降水变率变化至其他因素不能自我调整时,无疑会造成生态环境链的断裂。甘肃具有气候干燥(年均降水量300 mm左右,不及全国的一半),气温日较差大,光照充足,太阳辐射强,雨热同季,气候类型多样,气象灾害种类多、频率高、范围广等大陆性气候特征。主要的气象灾害有干旱、大风、沙尘暴、暴雨、冰雹、霜冻和干热风等,气象灾害占自然灾害的88.5%,高出全国平均状况的18.5%。自新中国成立以来的50年中,甘肃省平均每年因气象灾害造成的经济损失占GDP的4%~5%,高于全国平均。此外,寒冷和大风吹蚀等也是导致生态脆弱的因子。

4) 水文脆弱因子

甘肃人均水资源量为1100 m³,不足全国人均水资源量2275 m³的50%。近40多年来全省除黑河和疏勒河外大部分河流径流量呈减少的趋势。

水资源利用率过高。根据国际标准,不影响生态环境的水资源合理开发利用率不超过40%。我国因为水资源紧张,一般采取的标准是60%~70%。我省河西地区总用水量占水资源总量的102%,其中石羊河为154%,黑河为95.5%,疏勒河为76.4%。

河西走廊地下水天然资源20世纪90年代比50年代减少45%,黑河减少41%,石羊河减少56%,疏勒河减少42%。泉水资源由1955年的27.6亿 m³减少到1999年的19.6亿 m³,削减幅度达29.2%。

(2) 人为因素

人为因素即人类的不合理开发利用。人类生存发展离不开资源和环境。在"人地关系"中,人类始终处于主导地位。如果人类活动与资源环境承载能力及再生能力协调,则生态环境处于良性演替,如果人类不合理开发利用,生态环境将会逆向演替,并将导致脆弱生态环境的产生。具体来看,甘肃省人类不合理利用资源环境的方式主要表现在下列几个方面。

1) 过度垦殖土地

因地制宜地利用土地资源和建立农林牧合理用地结构,是建立良好生态环境的中心环节。甘肃耕地中以旱地和陡坡地为主。公元前1066年至公元前221年(西周至战国末),泾、渭河上游山上几乎都有茂密的森林。黄土高原区原始植被是属于森林与森林草原,森林覆盖率高达53%,是一片林茂草丰的好地方。河西地区祁连山"有松柏五木,美水草"。到了汉代,人类活动加剧,由于多次移民垦荒和军事行动等,甘肃的森林开始减少。甘肃现在森林覆盖率仅为9.9%,远远低于世界平均26%的水平和国内平均17%的水平。

2) 草原退化

全省草原面积0.18亿万 hm²,占全省土地总面积的39.4%,为全国五大牧区之一。在气候变暖背景下草地不同程度地出现了严重退化、沙化和盐碱化的"三化"现象。甘肃草地退化率为45%,大大高于全国平均水平,草地退化面积占草地总面积的88%。

3) 荒漠化加剧

甘肃省荒漠化土地分布在河西五市及白银、庆阳、甘南、兰州、定西、临夏 11 个市州的 38 个县，荒漠化土地总面积 19.3 万 km²，占全省总土地面积的 42.5%。沙质荒漠化土地面积 351 万 km²，主要分布在河西走廊的腾格里、巴丹吉林和库姆塔格三大沙漠的前缘及其与绿洲交错地带。黑河流域沙漠化发展速度达到 2.6%～6.8%，已成为我国乃至世界上沙漠发展最强烈的地区。世界沙漠化会议认为干旱区人口密度极限为 7 人·km^{-2}，甘肃省河西为 15 人·km^{-2}。

18.1.1.2 评价单元的确定

脆弱生态环境定量评价以统计资料为准，选择行政区划为评价分析单元。鉴于条件所限，为了资料的全面和完整性，选择地级市为评价单元。对甘肃省共辖 14 个地级市进行评估。

18.1.2 评价指标体系的建立

18.1.2.1 指标体系的具体设置

脆弱生态环境是与自然、社会、经济紧密联系的，是自然环境条件与人类生产活动以及历史发展过程相互联系和作用的结果。"脆弱生态区压力－状态－响应模型"即反映了人口发展状况、资源数量与利用状况、环境状况、经济与社会发展状况各子系统间相互作用、相互制约的因果与逻辑关系。作为脆弱生态环境指标体系，实际上是估价人口、社会发展、环境整体生产能力及潜力的程度，以及环境能否被持续稳定利用的综合性衡量指标。无论脆弱生态环境的成因和表现特征在各区有何不同，其最终在经济、社会方面的结果表现大体一致，主要体现在生产能力低、工业落后、人口素质差、经济贫困等方面。因此，社会经济发展指标作为结果表现指标应该是该指标体系的重要组成部分。

根据以上甘肃省脆弱生态环境成因和特征的分析以及指标客观性、简洁性、可比性的原则，通过专家咨询形式，建立了如下评价指标体系。该体系包括主要成因指标和结果表现指标两部分。

表 18.1 所列指标体系中，除干燥度、降水变率、土壤侵蚀面积、恩格尔系数和人口自然增长率的大小与生态环境脆弱程度大小成正相关外，其他指标均与其成反相关（薛纪渝，1995；赵跃龙，1996）。

表 18.1 脆弱生态环境指标体系及权重表

指标	指标值	指标来源	指标权重
主要成因指标	1		0.50
水	降水量	气象统计资料	0.0706
	降水变率	气象统计资料	0.0353
热	气温≥10℃积温	气象统计资料	0.0196
水热结合——干燥度	$K = 0.16 \sum \geqslant 10℃ \cdot R^{-1}$	气象统计资料	0.0543
农业人口人均耕地面积		甘肃统计年鉴	0.0543
森林覆盖率		甘肃统计年鉴	0.1058
土壤侵蚀面积与总面积的比		甘肃统计年鉴	0.0543
耕地面积公顷		甘肃统计年鉴	0.1058
结果表现指标			0.50
人均 GDP		甘肃统计年鉴	0.0252

续表

指标	指标值	指标来源	指标权重
农民人均纯收入		甘肃统计年鉴	0.1645
恩格尔系数		甘肃统计年鉴	0.0366
人口素质	非文盲率	甘肃统计年鉴	0.1097
	人口自然增长率	甘肃统计年鉴	0.0547
农业投入水平	有效灌溉面积占耕地面积	甘肃统计年鉴	0.0218
	每公顷耕地拥有机械动力	甘肃统计年鉴	0.0042
	施用化肥量	甘肃统计年鉴	0.0190
	每公顷耕地施用化肥量	甘肃统计年鉴	0.0080
	农村用电量	甘肃统计年鉴	0.0048
	每公顷耕地用电量	甘肃统计年鉴	0.0420
单位面积产量		甘肃统计年鉴	0.0095

18.1.2.2 评价指标权值确定

由于各指标因子在指标体系中的作用不同,对生态环境影响程度有差异,为了区分其对系统影响的差异性,常采用加权评价法。采用层次分析法(简称 ATP)来确定甘肃省脆弱生态环境评价指标参数的权值。按照评价指标体系确定的层次结构,根据 ATP 要求,咨询有关专家意见,构成判断矩阵,获得各层次指标权数及随机一致性率值(CR)等。总排序指标权值见表 18.1。

18.1.3 甘肃省脆弱生态环境定量评价

以上指标体系经赋权值后,利用适合的方法进行脆弱生态环境定量评价。评价结果由生态环境脆弱度来量度。用各地区每项指标值最大值分别除以该项指标值,可以消除指标间量纲的不同,称为初值化。

即
$$X_{ij} = \frac{x_{ij}}{x_{j\max}} (i=1,2,3,\cdots,n; j=1,2,3,\cdots,k) \tag{18.1}$$

式中,X_{ij} 为消除量纲后标准化数据,x_{ij} 为原数据指标值,$x_{j\max}$ 为每项指标值最大值。

生态环境脆弱度 G 采用如下计算公式:

$$G = 1 - \sum_{i=1}^{n} P_i \times W_i / |\max \sum_{i=1}^{n} P_i \times W_i + \min \sum_{i=1}^{n} P_i \times W_i| \tag{18.2}$$

式中,P_i 为各指标初值化之值;W_i 为各指标权重。

采用式(18.2)计算出全省 14 地级市的脆弱度(G)见表 18.2。

表 18.2 全省 14 地级市生态环境脆弱度表

$G \leqslant 0.74$	$0.74 < G \leqslant 0.77$	$0.77 < G \leqslant 0.80$	$G > 0.80$
$G_{天水} = 0.7175$	$G_{定西} = 0.7440$	$G_{酒泉} = 0.7750$	$G_{甘南} = 0.8237$
$G_{庆阳} = 0.7228$	$G_{金昌} = 0.7473$	$G_{白银} = 0.7918$	$G_{临夏} = 0.8425$
$G_{张掖} = 0.7275$	$G_{平凉} = 0.7480$	$G_{嘉峪关} = 0.7948$	
$G_{兰州} = 0.7306$	$G_{武威} = 0.7484$		
$G_{陇南} = 0.7367$			

18.1.4 甘肃省脆弱生态环境分区评述

甘肃在全国属强脆弱区。采用生态环境脆弱度排序结果和地区自然环境以及地貌格局的实际，进行分级。大致可以分为以下几类脆弱区。

18.1.4.1 极强脆弱区

极强脆弱区包括甘南、临夏、长江、黄河的上游源区，该区域在中国西部生态环境系统中处于十分重要的位置。被列为国家十大生态功能保护区之一的玛曲草原拥有 86 万 hm^2 的优质草场，曾被誉为"亚洲第一优良牧场"，是黄河径流的主要汇集区，这里形成了一个长 433 km^2 U 字型的"九曲黄河"第一湾，为黄河提供了 45% 的水量，素有黄河"蓄水池"之美称。

该区域主要问题，一是草场"三化"现象严重，草原生产能力大幅下降。甘南 80% 的天然草原退化。其中沙化草场 5.3 万 hm^2，且沙化面积以每年平均 300 hm^2 的速度递增。目前有大型沙化点 36 处，形成了 220 km 的流动沙丘带，并以每年 3.9% 的速度扩展。鲜草产量从 20 世纪 80 年代后期的 900 $kg \cdot hm^{-2}$，下降到目前的 220 $kg \cdot hm^{-2}$，下降了约 75%。二是湿地面积锐减，甘南湿地面积从 20 世纪 80 年代初的 640 万 hm^2 减少为现在的 210 万 hm^2。三是水源涵养能力降低，河流补给量减少。黄河玛曲段的年产流量呈显著的下降趋势，下降速率为 1.2 亿 $m^3 \cdot a^{-1}$，补给量减少了 15%。洮河径流量减少 14.7%，大夏河径流量减少 31.6%。四是水土流失加剧，山地灾害频发。水土流失面积由 20 世纪 80 年代的 80 万 hm^2 增加为 94 万 hm^2；山体滑坡地段 2984 km^2。五是生物多样性减少。部分地区生物多样性由每平方米 29.1 种下降到 22 种，呈现出中度退化；有些地区由每平方米 29.1 种下降到 8.7 种，呈重度退化。

造成生态退化的主要原因，一是温度显著升高。甘南各地年平均气温在持续上升，目前气温较 20 世纪 70 年代增加了 1.2℃ 左右。二是降水减少。甘南各地年降水量有减少趋势，减少幅度最大的是碌曲、迭部、卓尼。其中玛曲年降水减少率为 -13.6 mm · $(10\ a)^{-1}$，90 年代较 70 年代降水量减少了 47 mm，大约 8% 左右。三是蒸发增加。玛曲年蒸发量随着气温升高而增加，平均每 10 年增加 32.7 mm。90 年代以后比 90 年代以前年平均蒸发量高 89 mm。加上年降水同期减少 47 mm，二者合计，90 年代以后比 90 年代以前水分年亏缺达 136 mm。四是人类活动影响。人类活动影响也是导致生态环境恶化的主要原因之一。甘南人口从 1949 年的 29.7 万人增加到 2000 年的 64 万人，增加了 34.3 万人，年平均递增 2.35%。同时由于乱砍滥伐，使森林覆盖率从秦、汉时期的 90%，减少到 1949 年的 55%，1985 年已经下降到 48%，2000 年底仅为 20%。过度放牧进一步加剧了草场的退化。甘南州草场理论载畜量为 453 万个羊单位，而实际载畜量却为 882 万个羊单位，超载 95% 左右。

18.1.4.2 强脆弱区

强脆弱区包括疏勒河流域及腾格里沙漠南缘的白银北部。

疏勒河流域位于甘肃省河西走廊西部，全长 670 km，流域总面积 4.13 万 km^2，行政区划属于甘肃省酒泉地区的玉门、安西、敦煌、肃北、阿克塞五县（自治县）市以及张掖地区肃南自治县的一部分。流域内总人口 45 万人。

该区域主要问题，一是天然植被萎缩严重。西湖原有的 3.3 万 hm^2 灌木林，到 20 世纪 80 年代初只剩下不足 0.7 万 hm^2，且长势秃萎，濒临死亡；原来生长于双塔堡—望杆子疏勒河两岸的约 0.13 万 hm² 天然胡杨林已所剩无几；雁脖子湖一带的胡杨林已全部死亡而沦为风蚀地。花海盆地 20 世纪 60 年代中期原有红柳林 4 万 hm²，现仅存 1 万 hm²。二是土地荒漠化呈加重趋势。由于大范围的沙生植被遭到破坏，致使流域生态环境日趋恶化，进而引起沙漠化进程的迅速发展。20 世纪 90 年代，敦煌市荒漠化土地面积为 252.8 万 hm²，而到 2001 年，荒漠化土地面积增加到了 270.7 万 hm²，净增 7%。三是草场退化严重。仅牧区退化草场面积约 40 万 hm²，农区草场退化现象十分普遍，程度较牧区严重，每年鼠类破坏面积较大。四是土壤盐渍化严重。流域中、下游地区，盐渍化土地面积达到了 3 万多公顷。五是水土流失严重。流域内水土流失面积 16.5 万 hm²，占总面积的 96%。六是冰川退缩。疏勒河现有冰川 417 条，面积 849 hm²，近几十年来冰川面积减少了 36 hm²，即减少了 4.2%。七是敦煌生态系统恶化。敦煌绿洲天然林比新中国成立初期减少 40%；胡杨林仅存 1 万 hm²，减少 67%；可利用草场减少 77%，现存草场不同程度地存在沙化和盐碱化的现象。宝贵的湿地平均每年以 0.13 万 hm² 的速度在消失。绿洲内咸水湖和淡水湖 80% 已不复存在。与此同时，土地沙化面积每年以 0.13 万 hm² 的速度增加，沙漠向绿洲逼进了 3~4 m，大风和沙尘暴等自然灾害加剧。生态的恶化使野生动物种群明显减少，濒临绝境。月牙泉形成距今约 12000 年，年均降水量在 40 mm 左右，但蒸发量高达 2480 多 mm。在这种极端干旱和强烈蒸发的气候条件下，月牙泉却能保持上万年不干涸，但目前月牙泉面临枯竭的危险。1960 年月牙泉水域面积为 1.5 hm²，最大水深 7.5 m；1986 年水域面积 0.9 hm²，最大水深 4.2 m；目前水域面积只有 0.6 hm²，最大水深仅 1 m 左右。泉水水位每年还在以 15 cm 左右的速度下降。月牙泉的遭遇是整个大环境内生态恶化的缩影，是敦煌盆地生态恶化的预警器（宋连春，2003）。

造成生态退化的主要原因，一是气候变暖，蒸发增加，使整个流域地表水分损失加大。二是水库截流，造成地下水量补给量急剧减少。三是人口和农田灌溉面积增加，导致用水量增加。1949 年农田灌溉面积 1.5 万 hm²，1995 年 4.3 万 hm²，2002 年 5.2 万 hm²；人口 1949 年 10 万，1988 年 36 万，目前 40 多万。四是人工超量开采地下水，打破了地下水动态平衡。流域地下水普遍下降 3~5 m，有的下降 10 m。

腾格里沙漠南缘的白银北部干旱、土地沙漠化、水土流失、植被退化等问题突出。

18.1.4.3 较强脆弱区

较强脆弱区包括石羊河流域及陇中黄土高原区较强脆弱区。

(1) 石羊河流域较强脆弱区

石羊河流域位于祁连山东段与巴丹吉林沙漠与腾格里沙漠南缘之间，发源于祁连山冷龙岭冰川，尾水消失于腾格里沙漠。石羊河流域的冲积扇形成南、北两个盆地。石羊河有 8 条主要支流。流域面积 4.16 万 km²，行政区划包括武威市的凉州区、古浪县、民勤县全部及天祝县部分、金昌市的永昌县及金川区全部以及张掖市肃南裕固族自治县部分，共三市七县，总人口 223 万人。

该区域主要问题，一是植被衰退、土地沙化。目前全流域土地沙化面积已达 2.22 万 km²，占流域总面积的 53.3%，沙漠正以每年 3~4 m 的速度向绿洲推进。流域土地沙化问题已严重地威胁到了流域的生态环境安全。二是地下水位下降、水质恶化。近 20 年来，由于流域地下水补给量的减少及开采量的增加，地下水位呈下降趋势，水位埋深普遍下降 5~16 m。其中武威市漏斗区面积为 10 km²，漏斗中心水位埋深达 75 m；永昌县漏斗面积为 150 km²，中心水位埋深达 57 m；下游民勤盆地，地下水的超采更为严重，地下水位持续下降，其地下水位较

20世纪70年代下降了10～20 m,个别地方达40 m,并仍以0.5～1.0 m·a^{-1}的速度下降,地下已形成总面积近1000 km^{2}大型区域水位下降漏斗。与此同时,由于下游地区大量反复开采日益枯竭的地下水,强烈的蒸发浓缩作用使地下水质呈明显的下降趋势。民勤湖区北部地下水矿化度由20世纪50—60年代的2 g·L^{-1}上升至90年代的4～6 g·L^{-1},县城附近地下水矿化度以每年0.03 g·L^{-1}的速度上升,部分地区地下水因水质恶化而无法饮用和灌溉,当地农民只能弃耕离乡,给群众生活生产造成极大危害。目前,民勤近25万hm^{2}地表都不同程度地存在盐渍化。温总理近几年曾经11次对民勤绿洲退化问题做出重要批示(宋连春,2004)。

造成生态退化的主要原因,一是温度升高,蒸发增加。50多年来年平均气温上升了1.4℃,导致区域蒸发潜力增加。二是上游降水减少,雪线上升,冰川缩减。石羊河上游山区降水量从20世纪80年代后减少,造成积雪面积减少,雪线正以年均2～6 m的速度上升,有些地区的雪线年均上升竟达12～22 m。祁连山冰川不断缩减,与70年代相比,减少了大约10亿m^3。三是径流减少。石羊河流域出山径流下降,夏季径流量减少趋势最为明显。流域上游八河支流的出山口径流量由20世纪50年代中期的17亿m^{3}减少到目前的12.5亿m^3,减少27%。四是上游水源涵养能力下降。祁连山森林覆盖率由新中国成立初的22.4%下降到目前的14.4%。上游祁连山区水源涵养能力下降,祁连山灌木林比50年代上移40 m,30%的灌木林出现草原化和荒漠化。目前水源涵养林不足550 km^2,灌草面积3100 km^2,植被覆盖率只有40%。五是人口和耕地增加。民勤人口由1949年10万增加到30万。20世纪50年代,石羊河流域灌溉面积13万hm^2,60年代初期16万hm^2,70年代初20万hm^2,80年代初24万hm^2,目前29万hm^2。六是过度抽取地下水。地下水位较20世纪70年代下降了10～20 m,个别地方达40 m,并仍以0.5～1.0 m·a^{-1}的速度下降,地下已形成总面积近1000 km^{2}的大型区域水位下降漏斗。

(2)陇中黄土高原区较强脆弱区

陇中黄土高原区水土流失严重,在定西区域内水土流失面积1.735万km^2,占国土总面积的85.25%,平均土壤侵蚀模数4470 t·km^{-2},其中有1.2万km^{2}土壤侵蚀模数≥6536 t·km^{-2},占总水土流失面积的69.24%,局部地方土壤侵蚀模数高达12000 t·km^{-2},平均每年约有84456万t泥沙输入河道。区域内每年因水土流失损失有机质、N、P、K分别为844.56亿t、67.57亿t、126.68亿t、1773.58万t,相当于每年流失化肥191.17万t,是1999年全市化肥施用量的9.7倍。由于土壤养分大量流失,导致土壤肥力下降,土地生产力低下。

18.1.4.4 偏强脆弱区

偏强脆弱区包括黑河流域及陇东南偏强脆弱区。

(1)黑河流域偏强脆弱区

黑河源出祁连山北坡,流经河西走廊,消失于内蒙古阿拉善高原西部居延盆地的戈壁、沙漠之中,干流全长956 km,流域面积13万km^2,流经青、甘、蒙三省区的11县(旗),人口173万。流域内有祁连山区、河西走廊平原和阿拉善高原三种地貌类型。

该区域主要问题,一是天然林减少。黑河流域天然森林生态系统分布面积在近10年间减少了6.4%,年均减少面积25 km^2。二是草地退缩。黑河流域草地总体退化面积47%。三是土地沙漠化。近10年来,全流域范围内新增沙漠化土地面积405 km^2。四是土地盐碱化。2000年全流域盐碱化土地分布面积为1万km^2。五是水域面积变小和地下水位下降。流域河湖水域面积进一步萎缩,近10年流域上、中、下游地区河渠滩地分布面积分别减少了

27.3%、29.8%和60.7%。六是黑河流域下游生态环境恶化。额济纳天然绿洲面积从20世纪80年代中期的4400 km² 减少到目前的3328 km²,减少了24%,而土地沙漠化面积增加了32%。鼎新绿洲的面积已由七八十年代的450 km²,减少到目前的348 km²,减少了23%,从20世纪50年代至今,黑河下游的额济纳旗三角洲有333万hm² 天然草地严重退化。自20世纪60年代至今,居延海地区2.5万hm² 水域面积沦为荒漠戈壁,沙漠面积增加了数百平方km²,草场植物被由100多种锐减为30多种。阿拉善横贯东西800 km的土地上,50年代有梭梭林113万hm²,现覆盖度在30%以上的仅剩39万hm²。

造成生态退化的主要原因,一是气温升高、蒸发增大。近几十年来张掖温度升高0.9℃,鼎新升高1.1℃,额济纳升高1.6℃。二是降水有所增加,但总量小。近几十年来张掖降水增加14%,鼎新增加2%,额济纳增加23%,但降水总量小。三是冰川消融、固体"水库"减小。黑河流域冰川水储量占河西祁连山区总数的17%,冰川融水的补给比重占出山年径流量的8.2%,估计现有冰川已比60年代减少10%～20%。四是土地资源不合理利用。上游地区大肆开荒、毁林、毁草、水源涵养基地遭破坏。中游盲目扩大耕地,河流下泄量日趋减少。近年来张掖绿洲的耕地面积比80年代中期增加了9300 hm²;临泽绿洲耕地面积比80年代中期增加了6600 hm²。黑河中游新中国成立初期灌溉面积6.9万hm²,目前为22.3万hm²。下游地区不断扩大耕地,致使植被荒漠化,地下水位下降。五是水资源分配不合理。黑河流域新中国成立初期经济社会用水15亿m³,目前为26.2亿m³,进入下游水量由11.6亿m³ 减少到7.7亿m³。六是过牧与超载。流域中、上游的牧区普遍存在着草地严重超载过牧现象,平均超载率达21.7%,肃南局部草场超载率已达70%,全区冬春草场可利用面积仅为总的草场面积的39%,理论载畜量98.8万羊单位,实际260万只,超载量高达164%。

(2) 陇东南偏强脆弱区

素有陇东粮仓之称的甘肃董志塬,沟头年均前进1 m,目前,塬区较完整的塬面仅有30%～40%,残塬占10%～20%。陇南山区滑坡泥石流威胁不断,陇南山区地质构造活跃,断裂构造发育,地势起伏大。由于地质条件的原因,以及人为的滥伐森林、陡坡开荒,造成地表岩石裸露,同时由于降雨集中、暴雨多发,使该地区水土流失强度大,滑坡、泥石流十分发育,是全国四大滑坡、泥石流集中暴发区之一。滑坡、泥石流主要分布于白龙江、白水江、羊汤河和西汉水的河流谷地两岸及支沟内,以白龙江、白水江流域分布最广,危害最大。

另外,沟大、沟深、石多、土薄的岭谷地貌,使这里农耕地分布零散,低产田多,农田水利建设难度大。交通条件也极为不便,其经济发展水平相对低下(姚玉璧,2007)。

18.2 石羊河流域生态环境定量评价

18.2.1 影响指数的评价方法

人与自然环境的不协调和协调是对立统一的。人类在发展中既独立于自然,又相依于自然,其生存和发展常面临着程度不同,状态各异的自然危机。人类要生存,需要诸多的生活条件,围绕生存繁衍进化发展,从事的各种活动是一种长期行为,这种行为随着时间尺度的变化,年复一年地缓慢进行,其过程不是立竿见影地影响到生态环境变化,而是在不断积累和叠加中由量变提升到质变。从人类活动的综合层面着眼,选择人口变化、养殖业变化、国民经济变化为代表建立分析评价这些活动对生态环境的影响指数。

人口对环境影响指数（LEA）：

$$LEA = (t\text{时间末的人口数} - t\text{时间始期的人口数}) \times t\text{时间末的劳力}/t\text{时间末的总人数}$$

LEA 反映人口变化过程对环境影响程度，指数的大小可衡量出人口及社会主要活动者（劳力）对生态环境的影响速度。

养殖业对环境影响指数（LEB）：

$$LEB = (t\text{时间末的养殖数} - t\text{时间始期的养殖数}) \times \text{人均占有数}/\text{总养殖数}$$

LEB 反映养殖业变化过程对环境影响程度，LEB 的大小可衡量出养殖业及人均占有量对生态环境的影响速度。

社会经济是社会发展需要和社会进步的标志，经济实力反映科技生产力高低。在人类发展过程中，经济发展的快慢代表着一个民族、一个国家、一个地区的物质富裕程度，社会发展中经济是直接的推动力，在经济推动作用下，即推动了社会发展，也驱动了自然环境变化。GDP 对环境影响指数（LEP）：

$$LEP = (t\text{时间末的 GDP} - t\text{时间始期的 GDP}) \times \text{社会消费值}/\text{总产值}$$

LEP 反映国民经济变化过程对环境影响程度，LEP 的大小可反映国民经济发展及主要消费需求对生态环境的驱动速度（冷疏影，1999；武永峰，2002；赵跃龙，1998）。

地球气候在历史长河中不断变化，特别是 20 世纪 80 年代以来，气候变化速度加快，全球变暖已成不争的事实。在全球气候变化背景下，生态环境也相应发生变化。对于内陆干旱区来说，降水稀少蒸发大，加之气温升高，是生态恶化的又一主要影响因素。

气候变化选择影响环境较明显，作用较大的气温、降水表述，气温用变化率，降水用距平百分率，平均值用有气象记录以来的多年平均。在气候变化和人类活动共同影响下，河流水资源状况日趋恶化，流域生态环境的安全受到很大威胁。水资源变化对环境影响选择河流减少量和土地面积占有量表征。

气候变化对环境影响：根据地区实际情况，山区大多数地方没有灌溉条件，对环境植被的影响主要取决于热量和降水的综合适宜度，气温适宜降水充沛，植被生长有利，反之不利，据此建立气候影响指数（LED）：

$$LED = \sum [1 - (t\text{时间气温变化率} \times t\text{时间降水变化率})]$$

有灌溉条件的地区除热量和降水外，地表水也是植被生长的重要条件，建立气候影响指数时增加这一要素，称水热影响指数（LEE）：

$$LEE = \sum [1 - (t\text{时间气温变化率} \times t\text{时间降水变化率})/\text{单位土地面积占有河流来水量}]$$

18.2.2 生态环境的现状

环境蠕变是一种渐变过程，在形成环境蠕变中受到多种因素共同长期的复杂影响，从量变长期积累到质变，才缓慢的表现出不可逆转的变化结果。这种地球环境变化过程不易察觉且具有明显发展方向和系统，持续时间长、范围大、后果比较严重。石羊河流域近年生态环境正在不断恶化，如民勤县由于过量开采地下水，地下水位不断下降，20 世纪 60 年代栽植的大片沙枣防风固沙林因缺水，近年成片死亡，造成沙线逐渐前移，图 18.1 反映出国民经济中农业经济发展过程的一个方面，人均耕地不断减少，粮食产量却不断增加，导致资源不合理的开发利用,使生态环境得不到及时休养恢复,从而影响环境,改变环境。

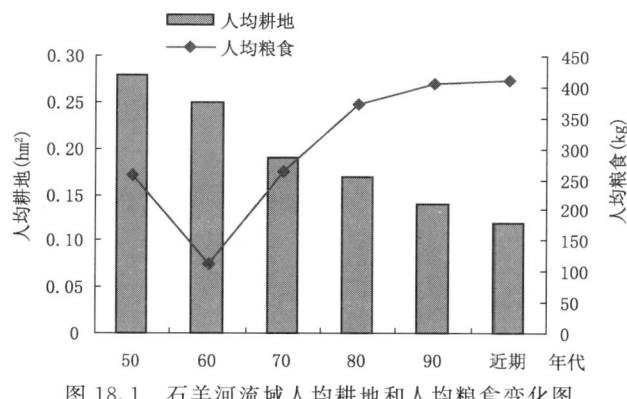

图 18.1　石羊河流域人均耕地和人均粮食变化图

18.2.3　生态环境蠕变动因变化过程

在人类活动包括人口、牲畜养殖业、国民经济变化等多种要素的共同影响下,由人口、牲畜养殖业、国民经济变化变化对环境蠕变的动态影响指数(表 18.3)可见,20 世纪 50 年代和 60 年代较小,只有 0.121~0.311,以后不断增加,持续到 90 年代增加为 2.142,比 50 年代增加了近 27 倍,近期才有所下降,与 80 年代基本持平。这种变化,说明人口、养殖业、国民经济影响压力在不断加大,在人类生物链中,需要多种多样的物质提供基本生存条件,为保障不断发展的需要,人类活动随着这种需求的扩大,多样性也随之增加。从简单到复杂,从低级到高级,无论生产方式、生产工具、生产规模、生产数量、资源需求等都在外部涨落机制的作用下不断增加。这种活动多样性,导致自然资源过度开发利用,不计后果、不顾长远利益、没有科学意识、以小范围的局部利益为出发点、从事多种多样的、甚至掠夺式的开发利用,在这些压力的驱动下环境在逐渐蠕变(马兴祥,2007)。

表 18.3　石羊河流域人口、养殖业、GTP 对环境蠕变过程影响指数表

年代	LEA	LEB			LEP	合计
		大牲畜	生猪	羊		
50	0.01	0.03	0.02	0.06	0.001	0.121
60	0.14	0.002	0.05	0.10	0.019	0.311
70	0.50	0.013	0.02	−0.004	0.027	0.556
80	0.54	0.007	0.03	0.07	0.036	0.683
90	2.09	−0.014	0.02	0.004	0.042	2.142
近期	0.54	0.0002	0.07	0.053	0.060	0.6832

从图 18.2 看出,20 世纪 50—60 年代年平均气温呈降低趋势,10 年降低 0.98℃,60 年代开始气温升高,特别是 90 年代到近期气温升高速度明显加快,年平均升高 0.59℃。从季节变化图 18.3 看,冬季气温升高趋势明显,其他季节升高从 60 年代和 70 年代开始。由于气温升高,加速了环境变化。

分析降水量变化(图 18.4),20 世纪 50 年代降水较多,60 年代最少,以后变化不大。四季变化中有降有升趋势不明显,但近年春、夏季降水呈减少趋势(图 18.5),在植被生长旺盛的夏

季,降水减少促进了环境的退化。

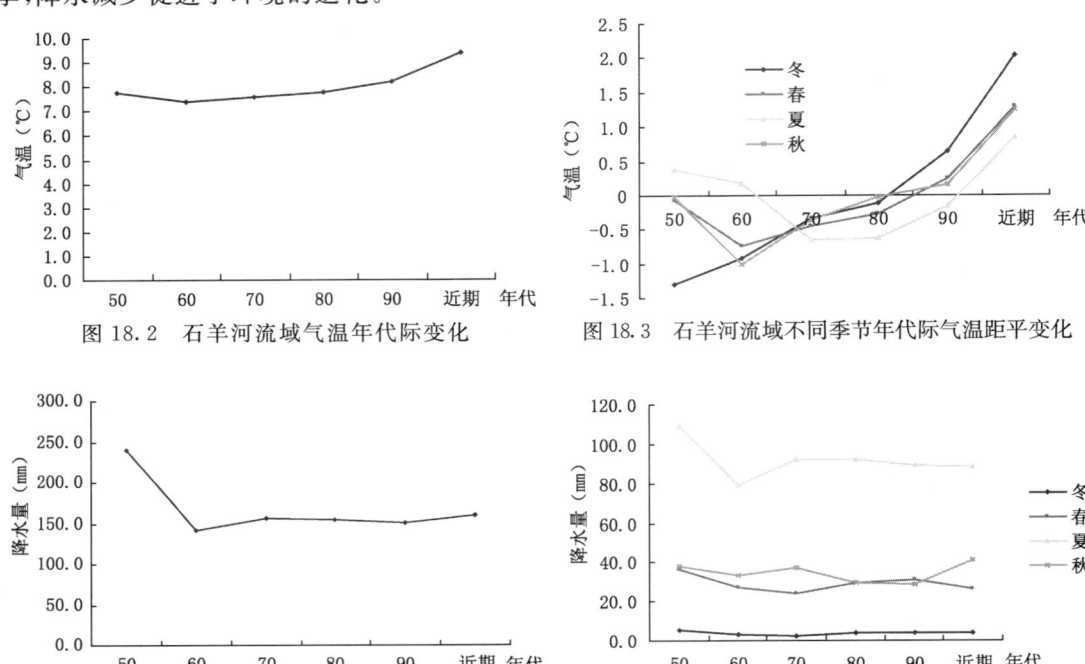

图 18.2 石羊河流域气温年代际变化

图 18.3 石羊河流域不同季节年代际气温距平变化

图 18.4 石羊河流域不同年代际降水量变化

图 18.5 石羊河流域不同季节降水量年代际变化

计算山区气候对生态影响指数(LED)与灌溉区气候对生态影响指数(LEE)(表18.4)可见,石羊河流气候变化对环境蠕变过程影响指数山区为23.24,灌溉区为37.76,年代际变化具有逐渐增大趋势。

表 18.4 石羊河流气候变化对环境蠕变过程影响指数表

年代	50	60	70	80	90	近期	合计
ELD	3.08	3.97	4.07	3.92	4.10	4.10	23.24
ELE	2.94	3.56	4.46	7.43	7.69	11.68	37.76

由于气候变化和人类活动影响,河流来水量逐年减少。20世纪50年代河流来水量为17.8亿 m^3,80年代减少到15亿 m^3,90年代减少到12亿 m^3。50年代石羊河流入下游民勤的水量为5.42亿 m^3,到90年代减少为1.52亿 m^3,近年不足1亿 m^3,从石羊河最大的来水河西营河流量变化(图18.6)可见流量在明显减少,流量减少使本来脆弱的生态环境因缺水加速恶化。石羊河流域中下游的凉州区和民勤县自流泉、沼泽全部干枯,大片沙枣林枯死,沙线以每年4～10 m的速度侵吞绿洲就是证明。

在气候、人类活动和社会发展需求等多种因素共同影响下,生态环境逐渐发生了不可逆的退化和恶化。

18.2.4 遏制环境蠕变的对策

从上述分析可见,环境蠕变是多种原因共同长期影响的结果,要减缓和遏止这种变化就必须多方面采取治理措施。在环境循环变化中人类活动具有直接影响力,而水资源循环是生态

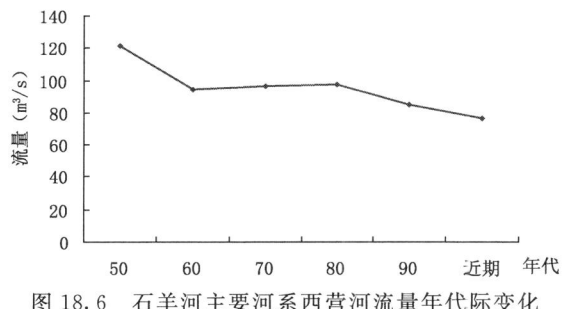

图 18.6　石羊河主要河系西营河流量年代际变化

循环的孕育者,减缓水资源过度开发利用必不可少。因此要建立和完善节水型社会,大力倡导计划用水,节约用水,循环用水。政府要建立强有力的法律法规,规范开发用水程序,从用水源头抓起,常抓不懈(张强,2005;杨兴国,2005)。

在农业发展中要大力压缩用水过多的种植模式,以水资源合理安排节水种植模式,积极发展草产业。石羊河流域应不断压缩高耗水玉米带田种植,发展多采光,少用水的阳光产业,推广渗灌、喷灌、地膜覆盖、膜下渗灌等节水技术,减少和禁止过度开采地下水,合理分配内陆河流域的水资源,调剂农业用水和生态用水比例,为生态环境恢复创造宽松的水源供给条件。

同时还要合理利用本地气候资源,近一步加大退耕还林草力度,封育结合,持之以恒地抓好南部扩大水源涵养带,中部保持绿洲面积不减少,北部治沙育林草,加大水源涵养林草保护和发展力度,继续减少水源涵养林草地区人口和牲畜养殖压力,提高水源涵养能力,使石羊河领域的生态尽快步入利用、恢复平衡轨道。

大力开发利用空中水资源,积极开展人工增雨雪,加快植被生长速度,使生态环境得以改善。

第 19 章　气候变化对农业生产的影响评价

19.1　对农作物的影响评价

19.1.1　影响的可能性和不确定性

19.1.1.1　气候变化的可能性

可能性指某些完备定义下的结果已发生或未来将要发生的概率评估,而且尽可能基于量化分析或专家结论。在 IPCC 第四次评估报告中,当作者评价某些结果的可能性时,其含意见表 19.1(IPCC,2007)。

表 19.1　气候变化评估术语

术语	发生或结果的可能性
几乎确定	发生概率大于99%
很可能	90%~99%的发生概率
可能	66%~90%的发生概率
一半可能	33%~66%的发生概率
不可能	10%~33%的发生概率
很不可能	1%~10%的发生概率
太不可能	小于1%的发生概率

表 19.2 根据到 21 世纪中叶至下叶的预估结果,由极端天气和气候事件变化可能引起的气候变化影响的示例。未考虑适应能力的任何变化或发展。第二栏给出的可能性估算与第一栏列出的现象有关(IPCC,2007)。

19.1.1.2　气候变化的不确定性

不确定性(IPCC,2007)是任何评估的一个固有特征,可用"信度"来表述(表 19.3)。气候变化研究中的不确定性主要包括:气候变化的原因存在不确定性、气候变化的预测存在不确定性、气候变化的影响存在不确定性。对于在全球变化认识上的不确定性,IPCC 认为主要是由于测量中的随机误差、系统误差、假设的差异、模型的差异、替代数据的准确性及对未来的无知等原因造成的,即便按照最保守的估计,全球变暖以及海平面的上升都将伴随着整个 21 世纪。为减少目前全球气候变化模型预测中的不确定性,需要在以下两点的认识与模拟上取得较大进展:决定大气温室气体与气溶胶浓度的因子;决定气候系统对温室气体增加的敏感性的反馈机制。对气候监测来说,规划一个全球观测系统是一项紧迫的任务。

表 19.2　气候变化对行业的影响

一些现象和变化趋势	基于 SRES 情景下 21 世纪预估结果,未来变化趋势的可能性	按行业分类的主要预估影响的实例			
		农业、林业和生态系统	水资源	人类健康	工业、人居环境和社会
大部分陆地地区,冷昼/冷夜偏暖/偏少;热昼/热夜偏暖/偏多	几乎确定	偏冷环境下产量增高;偏暖环境下产量减少;病虫害多发	影响依赖于融雪的水资源;影响某些水供应	因寒冷条件减少导致的死亡率下降	供暖能源需求降低;制冷能源需求增加;城市空气质量下降;由冰雪造成的运输中断减少;影响冬季旅游业
暖期/热浪:大部分陆地地区的发生频率增加	很可能	热应力造成偏暖地区产量下降;发生野火危险增大	水的需求增长;水质问题,如藻类大量繁殖	与热有关的死亡风险增大,特别是老年人、慢性病人、幼童和独居者	温暖地区无适当住宅者生活质量下降;影响老年人、幼童和穷人
强降水事件:大部分地区的发生频率增加	很可能	农作物受损;土壤侵蚀,土壤浸透导致无法耕种	对地表水和地下水水质有不利影响;供水受到污染;水短缺或许缓解	死亡、受伤、传染病、呼吸疾病和皮肤病的风险增大	洪水破坏人居环境、商业、运输和社会;对城乡基础设施的压力;财产损失
受干旱影响的地区增加	可能	土地退化,产量降低/农作物受损和歉收;牲畜死亡增加;野火风险增大	更大范围的缺水压力	粮食和水短缺的风险增大;营养不良的风险增大;水源性和食源性疾病的风险增大	人居环境、工业和社会的水短缺;水力发电潜力降低;潜在的人口迁移
强热带气旋活动增强	可能	农作物受损;树木风倒(连根拔起);珊瑚礁受损	断电造成公共供水中断	死亡、受伤、水源性和食源性疾病、创伤后压抑症候群的风险增大	遭受洪水和强风的破坏;在脆弱地区,私营保险公司撤出保险范围;潜在的人口和基础设施的迁移,财产损失
由极端高海平面所引发的事件增多(不含海啸)	可能	灌溉用水、江河入海口和淡水系统盐化	海水倒灌导致可用淡水减少	洪水致死、致伤的风险增大,淹死的风险;与人口迁移有关的健康影响	海岸带保护的成本对土地利用重新安置的成本;潜在的人口与基础设施的迁移;另见上面热带气旋一栏

注:a) 关于定义的更多细节,见第一工作组报告。b) 每年最极端昼/夜的变暖。c) 极端高海平面取决于平均海平面和区域天气系统。此处定义为某给定时段内某站每小时的海平面观测值中最高的 1% 部分。d) 在所有情景中,预估的 2100 年全球平均海平面高于参考时段。尚未评估区域天气系统变化对极端海平面的影响。

表 19.3　气候变化信度术语

术语	结论正确的信度水平
很高信度	至少有九成机会是正确的
高信度	约有八成机会是正确的
中等信度	约有五成机会是正确的
低信度	约有二成机会是正确的
很低信度	正确的机会小于一成

人类活动对于气候变化的决定作用可以用"高度可能"来概括。事实上,这种假设成立的概率估计有90%。但是数字技术以及观测手段还在不断发展。正如道达尔公司科学发展部高级副总裁Jean-François Minster所言,"我们仍然缺失关键参数的数据,如云层的三维结构(对评价其对全球产生的影响必不可少)、海洋冰层的厚度(据此可以预测冰层的融化速度)、冰层的动力学特征(预测极地冰盖变化的决定性因素)、土壤的湿度,以及因极为罕见而缺失统计和观测资料的极端现象。"根据这些不确定的预测所得出的结论是:虽然高山冰川极有可能继续融化,但极地冰盖的融化速度仍然存在不确定性。目前,冰盖表面正在加速融化,这一现象已经得到证实,它将如何发展?是降低速度、趋于稳定、还是继续加速? Michel Petit 认为,"如果冰盖的融化速度继续加快,我们头上将悬起一把新的达摩克利斯之剑(人类即将面临生存的危险)。如果格陵兰的冰盖消融,海平面将上升6～7 m。科学家估算的只是平均值,但一个世纪以后到底会怎样,无人能晓。"

19.1.2　评价方法与系统

19.1.2.1　气候变化影响评价方法

在气候变化影响评估研究方面,科学家们已经根据科学技术的新发展和对全球气候系统及其变化特点认识的深化,开发出一些新的研究途径和分析工具,但在对一些具体问题的分析方面,也仍然使用了大量传统的数学统计分析方法及社会经济研究方法。主要有如下几类(殷永元和王桂新,2003)。

(1) 自然生态研究方法

这类研究方法一般注重研究生态协同的各种组成部分及它们之间的相互联系与作用过程。这类方法主要用来预测气候变化对生态区迁移、基因多样化、生物保护区、生产率、生态系统的稳定性以及生态复原性等的影响方面。主要有土地能力分类法,用于早期研究气候变化对全球生态区或植被带影响的项目中。另外,生态模拟模型方法可用来研究全球增温对作物、森林、湿地、鱼类以及其他生态系统的影响,也可以进行适应对策评估。

(2) 社会影响评价方法

社会影响评价方法的发展和应用,目的主要在于设法把社会价值及考虑因素也纳入分析过程之中。目前关于社会影响的主要分析方法,仍然是一些比较传统的社会学研究方法,如社会调查、问卷、面谈、观测及社会统计等。另外还有代尔斐法和建立未来社会情景方法等。

(3) 经济影响评价方法

在适应对策研究中,经济分析方法得到广泛的应用,尤其是成本效益分析法(CBA)和投入产出法(IOA)备受经济学家们的关注。成本效益分析法主要用来评价气候变化的经济影响及对气候变化影响的对策,在 CBA 方法分析中所有的成本和效益都被转换成现在的货币价值,但他没有考虑所产生的影响和后果在不同地区和不同社会部门的分布差异。投入产出法 IOA 用来研究和展示气候变化情景对不同地区或部门的影响,其优点是提供了一个互相联系的框架结构,能把若干部门与地区用投入—产出的关系表达出来。

(4)系统分析方法

系统分析方法为决策者和研究人员提供了一个可以用来评价和选择有效、合适的对策,以及预测实施这些对策可能产生后果的分析研究框架。在这一框架中,一些分析技术,如数学方法、模拟模型(如运筹学模型、Rotmans1990 年发展的 IMAGE 模型)及决策支持系统等,都可以用来反映系统中的某些部门及它们之间的联系和功能。

综上所述,要全面了解气候变化对整个区域的总体影响,就必须进行对学科的全面研究,把环境、生态、经济、社会等各子系统以及它们之间的相互联系和作用结合起来综合考虑。系统分析方法为完成这种综合评估提供了一个有效的研究框架,并对科学研究和决策制定的统一发挥了桥梁作用。

19.1.2.2 农业影响评价方法

评价原则:有限目标、专题评价——气候变化对农作物的影响。

评价方法:综合评价法。农业生态系统是一个受自然因素和人类活动共同影响的系统。因此,西北农作物对气候变化响应的评价方法需要考虑自然、经济等多种因素,将采取综合评价方法。

评价目标:气候变化对农作物生长、种植结构、地理分布、气象灾害的影响等。

框架设计:评价目标、方法、指标分类(图 19.1)。

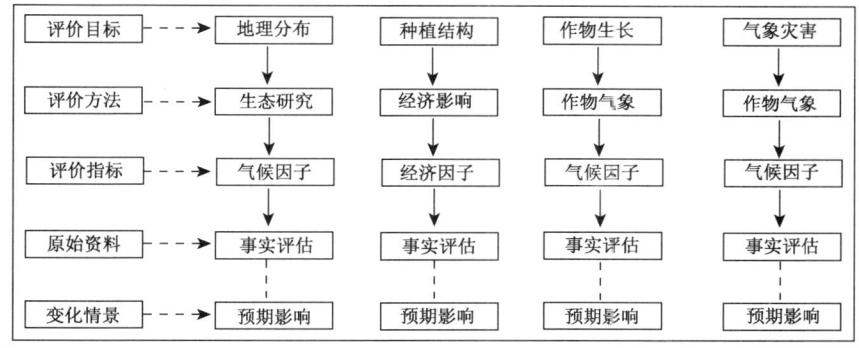

图 19.1 西北农作物对气候变化响应的评价方法框架

19.1.3 作物评价指标体系

地理分布指标:主要有温度、降水等气候因子,包括作物生长所需积温、雨养农田降水量、灌溉量等。可划分成作物可种植区、适宜种植区等。

种植结构指标:主要有净收益等经济因子。净收益=单位面积产量×单位产量价格—单位面积成本。单位产量价格包括政府政策性补贴。

作物生长指标:主要有温度、降水等气候因子,包括作物生长所需适宜温度、水分、灌溉时机等。具体评价用作物生长统计模型和生物学模型。这里以统计模型为主。

气象灾害指标：主要有温度、降水等气候因子，它们的变化引起了干旱、高温、干热风、霜冻等灾害发生频率、强度、造成的损失等变化。

农作物病虫害气象指标：列出了小麦锈病、麦蚜、玉米螟、棉花枯萎病、棉铃虫等 22 种与气象条件紧密关联、发生较重的病虫害及其发生发展的气象条件。

19.1.4 作物定量评价模式

早期的有关气候变化对农业影响的研究主要是采用农业气候指标或经验统计方法，即根据一些农业气候指标与作物布局等的对应关系，或者是根据作物生长发育与天气气候条件的相关关系，运用一定的数理统计方法构建统计模型，用于气候变化对农业布局、生物多样性和作物产量影响的研究。20 世纪 80 年代以来，国际上作物模型的研究有了很大的发展，主要有 CERES、TAMW、ARCWHEAT 等，其中美国的 CERES 系列模型是最具有代表性的作物模式，包括了主要禾谷类作物的模型，如 CERES-Wheat、CERES-Rice、CERES-Maize 等，这些模式可以较好地模拟天气、土壤、栽培管理和品种遗传参数特性对作物生长发育和产量的影响，作为气候变化对农业影响的评价模式在国际上被广泛应用。此外，还有许多涉及小麦生理生态过程的其他模型。

Rosenzweign(1985)根据北美小麦生长区的温度和降水指标，研究了 GISS(CO_2 浓度加倍)气候情景下历史上个别年份极端天气和异常天气时期对加拿大 Saskatchewan 地区的农业气候资源和春小麦产量的影响，指出年平均温度增加 1℃，春小麦的生长季可延长 10 d、成熟期提前 3 d，成熟前遭遇早霜的几率减少 5%；并比较了三种气候变化情景下春小麦生长的差异。

20 世纪 80 年代中后期，随着一系列的作物生长动力(态)模拟模式的建立，使气候变化的农业影响评估由静态、统计估计阶段进入到动态、机理性估计阶段。美国环保局 EPA(1989)研究了气候变化对美国农业生产的影响，他们主要使用 CERES(小麦、玉米)和 SOYGRO(大豆)模式，以 GCMs(GISS、GFDL 和 OSU)输出和当前气候相结合为基础的气候变化前景，模拟计算并评估了气候变化对美国农业的可能影响；Dhakhwa 等(1997)分别利用 CEREs 模式和 WPIC 模式与两种 GCMs(GFDL 和 UKMO)模式输出相联结，评估了全球变暖和 CO_2 浓度增加的增肥效应对美国北加利福尼亚地区玉米生产的影响；并比较了两种作物在各种气候变化情景下模拟结果的差异。目前，研究者开始评估 CO_2 和其他作物影响因子的复合作用对农业的影响。Tubiello 等(1999)利用两年的春小麦 FACE 试验对 CERES-Wheat 模型中关于 CO_2 浓度和水分胁迫对小麦影响的模拟进行验证，以研究这两种因子的交互作用对小麦的生长影响；Jamieson(2000)也进行了不同氮营养供应下，CO_2 浓度变化对小麦影响的模拟。Roby Greenwald(2006)在 CERES 模型中考虑了大气气溶胶对麦类作物的影响，得出气溶胶对小麦有负面影响，生长季节的副作用增大，小麦产量变化±5%，气溶胶通过减少土壤蒸散发来减少作物的水分胁迫。

中国大陆的作物模拟研究起步较晚，起初的研究主要集中在水稻、小麦、棉花、玉米等作物上。20 世纪 80 年代初模式化栽培在我国得到较大发展，80 年代末才出现我国自主研发的比较系统的作物模型。小麦生长模拟研究又比水稻稍晚，最早出现在 90 年代初。以王石立、王馥棠的春小麦简化生长模型和张宇的冬小麦生长发育模型为开始，我国的小麦生长模拟研究逐渐发展并成熟。尤其进入 21 世纪后,在小麦的阶段发育、形态发育、物质积累和产量形成、田间土壤水分和养分效应、作物模型可视化与决策系统的建立等方面开展了系统研究,并在生产实际中得到初步应用。

王馥棠等(Wang,1997)应用统计回归方法建立气象产量模型,结合 GCMs 输出的气候变化区间,模拟研究了气候变化对我国东部长江中下游地区水稻和黄淮海平原冬小麦生产的影响。中国农业科学院等以 CERES 模型为基础,提出了小麦、玉米作物的生产试验系统。王桂玲等以实测的土壤水分资料为基础,借鉴并吸收 Ceres-Wheat 的土壤水分平衡思想,建立了冬小麦田间土壤水分平衡动态模拟模型。冯利平等研究了不同类型小麦品种的发育与温、光等主要环境因子的数量关系,在借鉴吸收"水稻钟"模型和 CERES-Wheat 模型的思想方法基础上,构建了析因指数形式的小麦发育期动态模拟模型(WDSM)。模型考虑了小麦的春化作用、光周期作用,考虑了小麦发育的基点温度、发育速度与温度的非线性关系等,较好地处理了发育与环境变量之间的数量关系。模型生物学意义明确,机理性强,模拟精度较高,在全国范围内,该模型模拟误差在 1 周之内,绝大多数地点在 2~4 d。

熊伟等(2006)利用最新温室气体和 SO_2 排放方案,即政府间气候变化委员会(IPCC)排放情景特别报告(SRES)的 A2 和 B2 方案,通过区域气候模式和区域作物模型,模拟未来 21 世纪 80 年代(2071—2100 年)我国小麦产量变化;韩育宁等以北方旱农区为研究区域,利用作物生长模型 CERES-Wheat 模拟了北方旱农区小麦的水分生产潜力值,得出小麦田间水平和区域水平的潜力值,用地理信息系统(GIS)软件 ArcView 在北方旱农类型图上展示模拟结果,分析了小麦潜力值的空间分布规律。

近年来建立了很多基于"作物—环境—技术"关系的小麦生长模型,提出了适用于不同时空环境的小麦生育调控指标及栽培管理的动态知识模型,将小麦生长模型的预测功能与知识模型的决策功能相结合,建立了小麦生产智能化决策支持系统。朱艳和曹卫星(2005)将系统分析方法和数学建模技术应用于小麦管理知识表达体系,通过解析和提炼小麦生育及管理指标与环境因子及生产水平之间的基础性关系和定量化算法,创建了小麦管理动态知识模型 WheatKnow;充分利用软构件的技术特点,在 Visual C++和 Visual Basic 平台上研制了数字化和组件化小麦管理动态知识模型系统,实现了播前栽培方案的设计和产中适宜调控指标动态的预测两大功能。

另外,朱大威和金之庆(2008)利用 GISS、GFDL 和 UKMO 三种国际上通用的平衡大气环流模型(GCM)的有关输出值,结合东北三大农业生态区气象资料以及未来气候变率变化的三种假设,并利用天气发生器(WGEN),选用 DSSAT 中的 SOYGRO、CERES-Maize、CERES-Wheat 和 CERES-Rice 作为效应模型,通过比较模拟结果,就 CO_2 有效倍增时气候及其变率变化对不同生态区粮食作物的影响做出定量评价;王石立等(2008)阐述了基于作物生长模型的农业气象条件影响评价、作物产量动态预测、便于业务部门使用的计算机应用系统专供业务人员使用的基于作物生长模型的农业气象条件影响评价和产量预测的计算机应用系统;Lin Erda(2008)等模拟了在 A2 排放情景下,考虑 CO_2 气肥效应时,到 2020 年、2050 年、2080 年我国雨养小麦和灌溉小麦的产量均增加。在 A2 和 B2 情景下,如果不考虑 CO_2 气肥,到 2080 年小麦产量分别下降 20% 和 10%。

19.2 对畜牧业的影响评价

19.2.1 对牧草生长发育的影响评价

19.2.1.1 对牧草返青和黄枯期的影响评价

在水分满足的条件下,温度决定牧草的生长和发育。即使喜凉牧草,如各类羊草、苔草等,一般日平均气温未稳定通过0℃不能萌动返青,不稳定通过5℃,难以出现青单期。牧草返青后进入分蘖(展叶)、拔节、抽穗、开花、成熟、枯黄等物候期进度的快慢,亦主要决定于温度和水分。最暖月平均气温低于10℃的地方,即使喜凉牧草,种子也多难以成熟,大部分依靠根蘖繁殖。在我国广大牧区气候干冷同季的条件下,部分牧草往往因为冬季低温而遭受冻害。紫花苜蓿一般认为在有雪被覆盖的情况下能忍受-40℃的低温,但在地理环境特殊、冬季积雪甚少的甘肃省肃南县试验表明,越冬期负积温1550℃·d,极端最低气温-27.6℃,死亡率则达30%左右。其他喜温牧草,对温度要求更严。如沙打旺,在西北、内蒙古等地种植,因生长季短,积温不够,不能开花;或开花后温度低,多数地区种子不能成熟;能成熟者,结果量亦很少。

气候变暖,温度升高,可促进酶的活性,加快植物发育进程,反之亦然。而温度变化对物候期的作用有一定的时滞,物候期的提前与推迟对温度上升与下降的响应是非线性的,物候变化显示的是过去若干季节的气候信息总和。张国胜等(1999)对青南牧区牧草返青(黄枯)期气温回升(降低)速度进行分析,发现青南牧区牧草返青期气温回升速度在逐年减缓,而牧草黄枯期气温降低速度在逐年增大。这迫使青南地区牧草返青期推迟,黄枯期提前,生长期缩短,影响了牧草的发育。

通过对青海省草本植物物候期观测分析得出:上年10月至当年4月平均气温升高1℃,全省草本平均返青期提早2.2 d左右,上年10月至当年9月平均气温升高1℃,平均黄枯期提早0.4 d,返青期至黄枯期平均间隔日数延长约4.5 d。牧草返青期除决定于温度之外,上年秋季(9—11月)和当年春季(3—4月)的降水量对返青期也有明显的影响;秋季(9—11月)降水量每偏多(或偏少)10 mm,返青期提前(或推后)2~4 d;若牧草枯黄前的8月和9月出现干旱天气则可使牧草提前枯黄(邱丹,2000)。

青藏高原牧草返青一般集中在5月份,枯黄集中在9月份,从上年10月到当年4月份的温度和降水的变化都会影响到牧草当年返青期的变化。当年牧草黄枯期则受枯黄前8月和9月份气温和降水的影响。这两个气候因子对返青期或黄枯期的影响不是独立的,而是相互制约的,且在不同的气候区主导因素不同。

19.2.1.2 对植被净初级生产力(NPP)和生物量的影响

植被净初级生产力(NPP)是表征植被活动的关键变量,全球变化对植被的影响将直接影响到净初级生产力的大小。20世纪80年代以来,在全球气候变化的大背景下,我国陆地植被净初级生产力表现出了一定的增长趋势(朴世龙,2002)。利用遥感手段对青藏高原植被的研究也表明,高原植被的生长也以非线性增长的方式响应全球变暖。在中国陆地植被范围内,青藏高原的相对增加量最大,在20%~40%。因为青藏高原植物生长受温度的胁迫,随温度的增加,植被净初级生产力的增加幅度会比较大。但这种增加又存在很大的差异性。不同植被类型净初级生产力增加幅度不同,荒漠的相对增加量最大,草甸和草原次之,然后是森林和灌丛。

生物量是重要的植物群落数量特征,直接反映生态系统生产者的物质生产量。降水的年际变化影响生物量的年际变化,而积温的多少影响自然界可提供的能量,从而决定了生物量形成的能量基础。青藏高原多年冻土区典型高寒草原和高寒草甸植被生物量与 1—8 月平均气温、期间降水量和年地温较差之间具有显著的线性复相关关系。李英年等(2004)通过模拟实验发现,4—9 月温度的升高使植物发育速率加快,导致矮嵩草草甸植物的成熟提早,实际生长期缩短,限制了干物质积累,导致生物量减少。冬季气温逐年升高的情况下,牧草年产量有所下降,与冬季升温后土壤水分散失,保墒能力减弱有关。

假定气温平均升高 1.5℃,降水平均增加 5%,地表植被分布未发生变化的情况下,青藏高原净初级生产力相对增加量是全国增加幅度最大的。但实际上,气温和降水发生变化后,植被的分布也会相应发生一定的变化。以高原实际调查数据为基础,建立了 QZNPP 模型,发现随着温度的增加,生物生产量呈 S 型曲线递增,且其递增速率随降水量增加而加快。气候的暖干和暖湿变化对高寒草地植被生物量的影响不同,未来 10 年气温增加 0.44℃,降水量增加 8 mm·$(10 a)^{-1}$,地上生物量将明显减少。由此可知,降水的小幅度增加,并不能改善增温对生物量产生的正面影响。同时,高寒草原对气候增暖的响应幅度显著小于高寒草甸,对降水的增加响应要大于高寒草甸。

总结以上观点可见,气候变暖使青藏高原不同植被类型的净初级生产力呈现增长趋势,而矮嵩草草甸的生物量被证实在减少。生物量减少,一种可能原因是温度升高,影响了植被生长期,另一种是如果温度升高,降水不能在一定程度上随之改善,必然会引起生物量的减少。

19.2.2 对牧业生产未来可能的影响

尽管未来 50 年青海降水量有所增加,但由于降水总量较小,降水量增多的绝对量不大,且随着气温不断升高干燥度将继续加大,因此未来气候变化对青海牧业的影响不容乐观。青海高寒草甸草场对气候变暖有明显的响应,现实状况下理论载畜量约为 2.54 个羊单位,在未来气温升高 2℃,降水不变的情景下,草场生产力将有所降低,相应的草场理论载畜量降低至 1.04 个羊单位,是对高寒草甸草地畜牧业持续发展很不利的因素(李英年 2000)。青海出现越来越多的暖冬,这给幼畜安全越冬、提高幼畜成活率带来了一定的优势,但同时暖冬气候也给病原微生物的繁殖滋生提供了环境条件,病原微生物对幼畜的健康带来了一定的威胁。

第 20 章　农业应对气候变化的对策与技术

20.1　气候变化对农业技术的影响

近 30 年的全球温度增高已经对区域气候和环境产生了深刻影响。为适应这一变化,农业生产已经采取了相应的适应措施。华北平原弱冬性小麦品种的选育和推广,东北平原(特别是三江平原)水稻大面积扩种,宁夏等西北干旱区水稻、马铃薯的作物种植比例调整,内蒙古中东部、辽宁阜新等干旱区采取的保护性耕作措施,都是针对当地水热条件变化而采取的适应性措施。很多措施已经卓有成效,成功经验可以为其他地区提供借鉴和示范。

20.1.1　作物品种更新

气候变暖使我国年平均气温上升,各地的热量资源都有不同程度的增加,农业生产必然随之做出适应性调整,才能保证其可持续发展。气候变暖促使华北地区小麦品种向弱冬性演化,因此其布局也做出了适应性调整。以前推广的冬小麦品种大多属于强冬性,因冬季无法经历足够的寒冷期以满足春化作用对低温的要求,已经被过渡型、半冬性或弱冬性生态类型的冬小麦品种所取代。全国第一产麦大省河南省的秋播小麦,过渡型是其适宜品种生态型。适宜栽培的品种向弱冬性方向演化是应对气候变暖的适应性行为,有助于小麦总产的稳定和提高。

同时也要看到,越冬作物品种布局的调整,使农作物冷害、冻害等自然灾害的发生几率增大,所以农作物抵抗自然灾害的能力要增强。品种选育过程中要充分考虑气候变化因素,以耐高温、耐干旱、抗病虫害、抗冷冻害为新形势下小麦育种的主要指标;同时考虑高效光合作用、光周期不敏感特性,以缓解生育周期缩短和种植北界北移时对产量的不利影响。

20.1.2　作物布局调整

在全球变暖的大背景下,西北干旱区增暖明显。使该区干旱显著增加,对农作物熟制、布局、结构都产生了影响。为此宁夏调整了农业结构和品种布局,调减高耗水量作物及品种,扩大节水型、耐旱型作物生产,增加作物种群的多样性,建立适水性和节水型农作制,实现结构抗旱减灾。在南部山区和中部干旱区马铃薯种植面积达到 400 万亩,实现了扩大节水型、耐旱型粮食作物的生产。东北地区气候变暖、热量增加有利于水稻的种植,一定程度上减少了低温冷害的威胁,延长了水稻生长期,利于水稻增产,东北地区水稻的播种面积已由 1985 年的 115 万 hm^2 增加到 2005 年的 209 万 hm^2,增加了 80.9%。

但是,在气候变化导致一些作物的种植区域扩大,种植北界北移的过程中,有可能导致农作物的冷害、冻害的风险性增大,因此要有充分的灾害风险意识,做好农作物区域的规划和北移界限的界定,做好引种种植的评估工作,防范灾害的发生。此外,气候变暖使极端天气事件发生的几率也在不断增加,如持续高温干旱等天气使得农业生产受害的可能性变大,因此适应气候变化的应对措施一定不能冒进,以避免不当的调整造成的灾害发生。

20.1.3 耕作措施改进

气候的暖干化趋势,也导致地表蒸发和植物蒸腾作用的加强,从而进一步加剧水资源的供求矛盾,使干旱问题更为突出。北方农牧交错带属于生态敏感带。随着全球气候变暖,加上持续开垦,草原植被破坏,北方农牧交错带已经成为我国生态脆弱与贫困主要地区之一。采取多种形式的带状间作为中心的保护性耕作技术,包括麦类油菜等条播作物留茬与马铃薯等穴播作物间作轮作技术,以留茬带保护牧草带;灌草间作以灌木带保护牧草带;粮草间作轮作以多年生牧草带保护作物带;田间间作向日葵、饲料玉米、草木樨等高秆作物或牧草,秋后留茬作为生物保护篱网;以及适宜的间作轮作组合及带宽。这一系列适应措施已经取得明显成效。

同样,在半干旱的辽宁省阜新地区开展的保护性耕作研究与示范,也在保护性耕作技术体系、保护性耕作机械研制、保护性耕作理论和配套技术方面取得一定进展。对适应当地气候变化起到了积极作用。

20.1.4 农田管理加强

气候变暖和干旱是困扰中国北方地区农业发展的重要因素,因此在农业技术上也采取了相应的应对措施。采取节水灌溉技术,如滴灌、喷灌、管道灌溉,提高水分利用效率,减少灌溉中水资源的浪费;进行定额灌溉、减少灌溉次数、灌关键水等改进灌溉制度;采取残茬或秸秆还田等措施防止地表水资源蒸发;利用作物的水分胁迫诱导反冗机制,合理配置有限的水资源,节水的同时达到稳产的目的。气候变暖也影响土壤中生物物理和化学过程,土壤有机质的微生物分解将加快,长此下去将造成地力下降。因此相应地改进了施肥方式,如改一次大量施肥为少量多次施肥,减少了化肥的损失;根据释放随时间变化规律,掌握施肥时间,以作物吸收量最大的生育阶段肥效最佳;再如采用化肥深施、混施等方式,提高肥效,减少损失。

20.1.5 病虫草害防治

农作物害虫发生发展与气候条件关系密切,气候变暖将影响作物害虫发生世代数、发生数量和地理分布界限,许多病虫害的危害将加剧。针对作物病虫草害的范围扩大和流行蔓延,农业生产上采取加强对田间害虫天敌的保护,发挥天敌对害虫的控制作用,研制并合理施用高效、低毒、无毒新型化学农药等措施,减少用药量,保护生态平衡;培育抗病虫良种,减轻害虫危害。病虫草害对气候变化的响应还需要密切关注以便及时有效地处置。

20.2 农业应对气候变化对策的影响因素

20.2.1 不同气候变化情景影响

对气候情景的预估本身存在两方面的不确定性,一是由于科学水平的提高和人类思维的限制,在温室气体排放、物理过程参数化等方面存在着不确定性;二是本节的未来气候情景数据由区域气候模式 PRECIS 把 GCM 的情景预测结果降尺度到我国区域,尽管 PRECIS 相对于 GCM 能够提供较详细的区域信息,但是 50 km 的分辨率还是一个较大的区域,因此,PRE-

CIS应该发展更小尺度的分辨率,使研究更加与实际吻合,减少情景方面的不确定性或是采用多种不同的气候模式进行对比研究。尽管在作物模型和所需的气候模式上存在着很多的假设和不确定性,但这些不确定性大都是全球性的,需要逐步的改进。因此虽然有这些不确定性,并不影响气候变化影响与适应的发展。

适应性研究方法上存在的不确定性。适应气候变化主要是对未来气候变化影响的适应,然而在预测未来的气候变化及其影响上存在很大的不确定性,从而导致具体的适应性研究方法能否适合于未来气候变化研究的问题。

20.2.2 对策的制订者

对适应气候变化重视不够。减缓气候变化是为了降低未来发生气候变化的影响程度,适应气候变化则是通过对气候变化影响做出反应,减少不利影响造成的危害,其实质是减少脆弱性。迄今为止,虽然国内外对适应气候变化作为应对气候变化的主要途径达成一致。但是气候变化的适应问题却没有得到真正的重视,对如何提高适应气候变化的能力做得很少。

适应资金和技术障碍。适应气候变化是一个系统工程,需要巨大的资金支持,特别是发展中国家,由于适应的基线较低,在适应行动中需要投入的资金更大。发展中国家由于科学技术实力弱,在适应气候变化方面更是存在技术障碍。

20.2.3 对策执行者

气候变化适应技术和措施具有明显的局地和区域效应。适应气候变化主要是通过对气候变化影响做出反应,减少不利影响造成的危害,由于对不同的区域、部门的影响存在很大差异,实施具体的适应技术和措施也存在很大差异,应该加强不同区域、典型适应技术措施的研究。

20.2.4 对策的科学性与针对性

缺乏适应效果的评估方法和工具。适应选择措施和技术并非没有成本和风险,然而有关适应行动的成本和利润的定量信息目前还很缺乏。在进行气候变化的适应性研究时,需要加强具体的适应措施和技术的成本和效果分析,任何一个具体的措施或技术都是放在一个大的社会、经济、自然环境中去实施,必然受到多方面、多重的影响,很难单独区分气候变化的影响,因此需要开发成本-效益分析,多目标分析和风险-效益分析等方法评估适应的效果。

缺乏适应性技术措施的定量研究。虽然一些有利于缓解气候变化影响的措施也已经开始实施,个别的研究也初步达到定量化,但很多研究还只是停留在定性研究阶段。

20.3 农作物应对气候变化对策与技术

20.3.1 调整作物种植结构,确保粮食生产安全

我国气象专家预测,21世纪我国气候将明显继续变暖,与1961—1990年的30年平均气温相比,到2020年我国平均气温将可能变暖1.3~2.1℃,尤以北方最为明显,2020年最大增温区域在华北、西北和东北的北部,增温幅度为0.6~2.1℃;我国北方降水量可能增多,相应降水日数也有显著增加,其中以新疆和内蒙古中部增加最为集中。

气候变暖,对越冬作物冬小麦和喜温作物生长发育和产量比较有利,可以北移西扩,向高纬度高海拔扩展,适当扩大种植面积;对喜凉作物春小麦适当减少面积。作物种植结构调整应趋向农业净收益最大化,玉米、水稻、棉花、特色农作物的净收益明显大于小麦,这直接导致这些作物种植面积比例提高,实现区域农业经济快速发展。气候变化对粮食安全生产具有潜在威胁,在考虑净收益最大化的同时,在决策层面上,应根据国家和区域(或省)对粮食需求,确保必需的粮食种植面积,实行不同作物差别农业补贴政策,提高粮食作物补贴标准,实现农业经济和粮食安全协调发展(邓振镛,2010)。

20.3.2 根据不同气候年型调整作物种植比例

虽然未来气候将呈持续变暖趋势,但在增暖的大背景下必然会出现低温年份。不同气候年型对不同属性的作物产量和品质影响较大,应根据不同气候年型适当调整作物种植结构和种植比例。在低温气候年型应适当降低冬小麦和喜温作物种植比例,但喜凉作物可根据降温幅度和降温时段来调整不同适宜种植区域的不同作物的种植比例;增暖气候年型正好相反。在干旱气候年型应适当控制喜水的水稻、玉米等作物种植比例;适当扩大谷子、糜子、马铃薯等耐旱作物种植。这样,有针对性地可以减少不利气候年型对作物的影响,确保各种作物平衡发展、高产稳产。

20.3.3 针对不同气候区域发展优势作物和配置作物种植格局

在分析气候变化对粮食作物影响以及气象条件与作物生长发育和产量之间关系的基础上,提出不同气候区域适宜发展的作物。谷子和糜子适宜在温和半干旱半湿润气候区旱作地发展;玉米适宜在温暖半湿润或湿润气候区旱作地和温暖干旱或半干旱气候区灌溉地发展;水稻是温暖或温热半湿润气候区和温和半干旱气候区灌溉地的优势作物;马铃薯是冷凉半干旱半湿润气候区旱作地的优势作物;冬小麦是温和半湿润或湿润气候区旱作地的优势作物;春小麦是温凉半湿润或湿润气候区旱作地和温凉干旱或半干旱气候区灌溉地的优势作物。

由于气候变化引起各地作物种植格局发生了较大变化。如西北地区干旱灌溉区作物种植格局从以春小麦为主转变为以玉米和棉花为主,其次是春小麦;半干旱旱作区以春小麦为主转变为以冬小麦、春小麦、马铃薯为主,其次是玉米,搭配谷子和糜子种植;半湿润旱作区作物种植比例由冬小麦占6成和玉米占4成转变为冬小麦、玉米、马铃薯各占3成,搭配谷子和糜子种植。

20.3.4 采取不同栽培技术和管理模式应对气候变化

气象和农业部门应加强作物适宜播种期预报服务。气候变暖,春季气温回升较快,春播作物应适时提前播种,充分利用早春热量资源,弥补生育后期热量不足,躲避早晚霜冻、盛夏高温影响和生殖生长后期的低温危害。秋冬偏暖,越冬作物应适时推迟播种,防止冬前生长过旺。作物生长季积温提高,生长季延长,有利于种植熟性偏中晚的高产品种;增大复种指数。

气候变干,半干旱和半湿润旱作区作物生长季降水量对产量至关重要,应引进、培育抗逆性、抗热性、耐旱性较强的新品种、杂交种种植,同时品种要多样化。遇到干旱年份,有条件可进行集雨补灌和适时节水灌;干旱和半干旱灌溉区应适时灌溉,避免缺水作物受旱而减产;湿润区和高寒阴湿区应防止生殖生长后期水分过多,热量不足而造成减产。

20.3.5 采取综合配套技术提高抵御灾害能力

受气候变暖影响,我国日最高和日最低气温都将上升,冬季极冷期可能缩短,夏季炎热期可能延长,高温热害、干旱等愈发频繁。因此,要重视和加强气象灾害的监测、预测和评估;建立气象灾害监测预警基地,研究防御对策;建立具有较好的物理基础、较强的监测和预测能力、有效的服务功能的气象灾害综合业务服务系统,为决策部门和社会用户提供优质服务。

加强农业基础设施建设,提高抗御气象灾害能力。加强农作物气候生态研究,准确掌握各种农作物对气候变化响应特征和对气象条件的需求,加强气候变化及气象灾害变化趋势研究,提前预知未来气候变化趋势及其可能对农业生产带来的影响,为从容应气候变化提供有利条件。改善农村环境来减缓或适应气候变化,发展农业循环经济,提高农业生产技术水平;科学合理施用化肥、农药,促进农业可持续发展;实施农田保护性耕作措施;大力推广节水灌溉模式,科学决策水资源分配和合理利用。

北方旱作农业作物种植面积占70%以上,农业干旱造成的损失非常严重,因此要创建干旱区现代农业发展模式,建立一整套旱作农业生产机制来适应气候变化。对低海拔地区和平川区,应加强防范高温对马铃薯薯块膨大期的危害。通过调整播种期和适时灌溉等措施,减轻干热风对小麦开花灌浆期的危害。对高纬度和高海拔地区应加强防范喜温作物水稻、玉米生殖后期的低温冷害。加强越冬作物病虫害和稻田新发生的细菌褐斑、胡麻斑病和二化螟等病虫害的防治。

20.4 畜牧业应对气候变化对策与技术

降低牧业生产对未来气候变化的敏感性,在未来的时间里应继续加强草原保护、建设和合理利用,充分发挥畜牧业生产潜力;继续退耕还牧,恢复草原植被,增加草原的覆盖度;以草定畜,控制草原的载畜量,防止过度放牧、草场超载;合理利用农业气候资源,选择耐高温抗干旱的草种并注意草种的多样性,避免草场的退化及加强病虫草害预报和防治工作等,以实现牧业生产的可持续发展。

20.4.1 退牧还草

在气候变迁和人类活动干扰下,西部地区的天然草地生态环境严重退化,并且引发了一系列严重的生态经济问题。退牧还草是国家改善草原生态环境和促进牧区社会经济持续发展的重大战略举措。内蒙古阿拉善盟为了治理不断恶化的草地生态环境,抢救草地资源,从2002年开始,退牧还草112.8万hm^2,连续4年对退牧还草项目区的监测结果表明:草地植被覆盖度提高了97%,干草产量提高了1347%。2004年以来,甘肃省实行退牧还草以来草原生态治理成果显著。甘南草甸草原的植被盖度平均由60%提高到75%以上,退牧还草项目区草原禁牧3年后,植被盖度达到90%,休牧3年后植被盖度达到80%。同时还维护了高原生物物种多样性,保护和改善高寒草地生态环境。从2003年起青海玉树、果洛两个州的12个县实施青海省退牧还草工程,通过半结构式访谈、实地调查等方式对2004—2006年黄河源区果洛州退牧还草工程实施现状进行了分析。结果显示:该工程的实施有效地改善了果洛州草地生态环境状况,促进了当地经济产业结构的调整,但由于社会经济条件的限制,项目区没有形成具有市场规模的替代产业,牧民的生产、生活受到影响,同时也暴露出了一些政策上的不合理性。建议通过加强移民教育、发展特色替代产业、提高草地资源管理水平、完善补偿体系等方面对退牧还草政策加以改进,从而使退牧还草工程成为真正的长效工程。

20.4.2 加强人工草场建设

人工草场建设对减少家畜因冬、春饲料不足而掉膘或死亡损失,解决草畜不平衡问题,对增加畜产品产量和提高土地利用率等均有重要意义。人工草地是牲畜冷季饲草的主要生产基地,通过建立人工草地可对天然草地进行生态置换,使天然草地植被得到恢复。作为人工草地建植的最初尝试,20世纪60年代,青海省分别在各类生态类型地区建立了人工草地并筛选出适宜的牧草品种,通过对原生植被(覆盖度30%左右)、毒杂草和鼠害严重的退化草地,建立半人工草地,其生产力可以较快地恢复,当年的生物产量为对照的8倍(李建平等,2004)。在青海"黑土型"退化草地上建植人工草地会大幅度地提高牧草生产力,是防止草场退化、保护草地生态系统生物多样性的根本措施(施建军等,2007)。

针对甘肃全省天然草原有90%出现不同程度的退化,而且每年还有以近10万 hm^2 的速度继续扩大。甘肃省人大通过《甘肃省草原条例》于2008年3月1日正式施行,对维护草原生态安全具有重要意义,对草场建设发挥重要作用。在草业开发方面,每年种植紫花苜蓿、红豆草、饲用玉米等优良牧草6.7万 hm^2;全省秸秆加工总量600万 t,加工利用率50%。

20.4.3 实行围栏封育

很多研究已证实,过牧是草原退化的主要原因,围栏封育作为生态恢复的重要手段,已成为我国草地治理的一项重要措施。青海省玉树县上拉秀乡高寒草甸和高寒沼泽化草甸退化草地进行为期3年的禁牧封育改良试验,结果表明:禁牧封育措施对恢复高寒草甸、高寒沼泽化草甸退化草地植被有明显的效果,禁牧封育后草地中植物的盖度、高度和产草量明显提高;牧草成分发生显著变化,优良莎草科、禾本科牧草种类与产量增加,杂类草的种类、产量下降(都耀庭,2007)。内蒙古锡林郭勒盟退化羊草草原围栏封育后,分析围栏封育样地和自由放牧样地连续5年的植被调查资料发现:随着封育措施的实施,总体上草原群落优势种为羊草和大针茅,反映出典型草原特征;而自由放牧样地,羊草和大针茅在群落中的地位不恒定。围栏封育措施显著提高了群落植被的平均高度、地上生物量和凋落物量。但随着围封时间的延长群落地上生物量逐渐降低,凋落物量增高(左万庆,2009)。

甘肃省肃南县草原休养生息工程健康发展。采取主要措施是:对祁连山天然核心林区封山育林育草;对承包草场实施围栏封育;鼓励牧民发展非牧产业,减轻草场压力,延长生态草场休养生息周期。

20.4.4 畜种改良

1998年青海省共和县江西沟乡上社村四社改良羊比例达到100%,其中一、二类羊占88%以上,个体产毛量平均2.3 kg,比非改良区的临近村社的1.1 kg·只$^{-1}$,高一倍多,绵改取得了较好的经济效益和社会效益,1 hm^2 草地产值131.55元,人均收入达到2874元,成为海南州绵改示范村和小康村(德忠等,1999)。但近年来果洛州许多地区也进行了一些小规模的引种改良工作,结果不尽人意,这些改良育种工作普遍存在着盲目性、片面性和分散性,缺乏科学指导和统一规划,由此可能会破坏果洛州现有的种质资源,使种质血缘复杂化,导致畜种退化甚至造成很大的经济损失(罗玉珠,2008)。

甘肃省将畜种改良作为发展现代畜牧业目标任务之一。5年全省建牛冻配改良站点2161个,冻配率由30%增加到47%;建设羊常温人工授精站点1000个,人工授精及良种肉羊交授配率达70%;牛羊良种化程度分别达到70%和75%。甘肃省民乐畜牧业发展势头旺盛,全县种植饲草0.67万 hm^2,畜牧新品种改良达60%以上,全县建起30多个改良站点,大力开展西门塔尔、夏洛来冻精改良本地黄牛和利用波尔山羊胚胎分割移植和奶牛胚胎移植技术,达到了快速扩繁的目的。

20.4.5 畜牧业发展新模式

甘肃省建立畜牧业发展新模式,将规模养殖小区建设模式作为增收重要支柱。未来5年内,新建规模养殖户20万户、标准化养殖小区4000个、工厂化养殖企业300个,牛、羊规模化养殖比重分别达到46%、66%。截止2007年4月底,全省养殖小区达到1130个,养殖小区新增畜禽饲养量92万头只。甘南实施以牧区繁育、农区育肥、农区种草、牧区补饲为主要内容的"农牧互补"战略,充分利用农区和半牧区丰富的饲草料资源优势、实现了牧区、农区、半牧半农区三大生态类型之间的资源优势互补,提高了牧业生产的科技含量。

20.4.6 草原鼠害防治

青海省草地鼠害防治工作经40多年的不懈努力,截止2006年,全省累计防治鼠害面积3570.6万 hm^2,害鼠危害面积及程度有了大幅度的降低,灾害发生周期也大为延长,有效遏制了鼠害大面积暴发。据测算,灭治后植被盖度可恢复到40%~90%以上,饲草量的增加不仅使草原植被得到了恢复,也大大缓解了天然草原的放牧压力,昔日满目疮痍的不毛之地恢复了生机,草地生态环境不断得到改善,草地生产力大幅度回升,牧业生产重现生机(安部加,2008)。

20.4.7 牧业病虫害防治

青海省草原虫害主要为蝗虫和草原毛虫,草原灭鼠、灭虫后草地植被逐渐恢复,每年可使牧草增产148.76~247.93万t,相当于81.51~135.85万只羊单位的全年食草量。防治鼠虫害的直接经济效益(最终产品-畜产品现市价计)每年可达1841.1~3576.75万元,相当于防治投入的1.90~3.69倍。草地生态系统服务的价值远大于生产价值,初步估计草地因生态修复后每年可挽回的生态系统服务价值可达8021.73万美元(才旦,2006)。近年来,由于宁夏地区自然和人为等因素的影响,造成草原生境日益恶化,生态失衡,草原毒害草滋生蔓延,各种鼠虫危害猖獗。在虫害综合治理过程中,以预测预报为前提下,重点推广生物制剂防治为主+保护害虫天敌+生态治理—化学药剂为辅的可持续治理策略(黄文广,2009)。

20.5 农业可持续发展的基本策略

20.5.1 国家可持续发展战略

可持续发展战略的核心是"人类与自然的和谐发展",既不造成环境破坏,又不产生任何负面影响;不仅当代人可以更好地生存、发展,而且子孙后代能更好地生存、发展。作为一种新的发展战略,它以节约资源、保护环境、控制人口为经济发展目标,提高经济增长的社会效益,改善生活质量,保护和创造美好的生活环境,实现资源的永续利用和人类世代的发展。实施可持续发展战略的原则有以下几方面。

20.5.1.1 发展原则

发展是可持续发展的核心,无论是发达国家还是发展中国家,都享有平等的、不容剥夺的发展权利。特别是对于发展中国家来说,发展权尤为重要。目前,发展中国家正经受着来自贫穷和生态恶化的双重压力,贫穷是导致生态恶化的根源,生态恶化又加剧了贫穷。因此,对于发展中国家来说,发展是第一位的。只有发展才能为消除贫穷和阻止生态环境恶化提供必要的物质技术基础;只有发展才能不断增强综合国力,提高人民的生活水平。发展才是硬道理。

20.5.1.2 公平原则

公平原则是实现可持续发展的重要伦理原则。在人与自然的相互关系中,人对自然的态度实际上体现着人类的文明程度,人与自然的综合协调、同生共息,需要社会公众有一个共同的价值取向和道德观念。可持续发展作为重要的社会发展战略,其目的就是要使社会生产既满足当代人的需要,又不对后代人满足其需要的能力构成危害。自然资源是有限的,自然生态环境的优劣在很大程度上决定了他们生存和发展的生活质量。因此,我们不能因为当代人的生存与发展而损害后代人满足其需要的条件。

20.5.1.3 公正原则

全球范围看,各国之间都拥有平等的发展和生存权利,任何国家和地区的发展不能以损害其他国家和地区的发展为代价,更不能以"加强世界环保为幌子"去干涉别国的内政。要给世界以公正的原则共享发展权。预先享用了地球,也最先造成了环境破坏的发达国家,理应对全球环境的"赤字"负有不可推卸的经济、道德责任。当然,发展中国家也应结束"杀鸡取卵"、"竭泽而渔"的行为,从而避免生态环境的进一步恶化。从中国的现实情况看,中国经济文化比较落后,贫穷是造成社会发展不可持续的重要原因。而长期以来所形成的东西部地区之间的发展不平衡,则加剧了这种发展的不可持续性。因此,消除贫困,缩小地区差距,实现区域经济协调发展,是可持续发展公正原则的本质要求。

20.5.1.4 协调原则

随着生存危机的日益加剧,我们应该转变思维定式和发展方式,正确处理人与自然的关系。过去,人们把人与自然界相互对立起来,认为人是自然界的主宰,过分强调了人对自然的征服能力,从而疏忽了征服和改造自然要以尊重和保护自然为前提。工业革命,尤其是科技革命,使人类在较短的时间内生产出大量的社会财富,极大地刺激了人类消费欲望的膨胀。正是这些暂时的成果,使人们过分陶醉于对自然界改造的胜利,从而陷入了价值关系上的认识误区,形成了恶性索取的价值观念,即把自然界看做是取之不尽、用之不完的生存对象,而不顾他人和子孙后代的生存和发展毫无节制地加以掠夺。可持续发展观主张,自然存在的价值性和一切生命与人类应当享有对等的生存权利。既要肯定人类生存发展的权利,又要肯定自然界生存发展的权利。

20.5.2 农业适应气候变化的策略

农业是受气候变化影响最为严重的部门之一,农业生产在面对气候变化的影响时显得极其脆弱,气候变化造成的粮食短缺可能会比海平面上升产生的影响来得更快、也更早。如果地球继续更暖、温度的继续升高,从中纬度地区到高纬度地区作物产量最终将随之下降,4℃或更高的温度增加,将使全球粮食产量受到严重的影响。粮食计划署指出,政府间气候变化专门委员会预测,到2020年依靠雨水灌溉的农业生产将减少一半。由于非洲95%的农业全都依靠雨水,非洲地区将面临长期饥饿和食品短缺难题。国际农业研究咨询组的研究人员用计算机模型模拟了2050年前后的气候特征,结果发现:南亚次大陆大片适合于种植小麦的肥沃土地将会荒芜。这些区域将变得太热且干燥,不适合种植农作物,使当地2亿人处于缺粮少食的危险中。由于人类长期从事农业耕作,各种农作物已经适应了当前生存温度区间,如果气候变暖,气温升高,将超出作物适应的生存温度区间,造成作物减产。气候变化对农业生产造成的严重影响已经受到了广泛的关注,积极进行气候变化的影响、脆弱性评估,以及研发适应气候变化的技术、及时采取适应措施无疑对农业应对气候变化具有重要意义。

农业的"适应"问题可从两方面来看:一是农民和农村社区在面临气候变化时自觉调整他们的生产实践,取决于农民掌握农业技术的水平及收入的高低;二是在面对气候变化可能带来的减产或新机会时,政府有关决策机构积极宣传指导、有计划地进行农业结构以尽量减少损失和实现潜在的效益,提高农业对气候变化不利影响的抵御能力,增强适应能力。目前农业适应气候变化的主要措施可以概括为以下几点。

(1)调整农业结构和种植制度适应气候变化。针对气候变化对农业的可能影响,要分析未来光、温、水资源重新分配和农业气象灾害的新格局,改进作物品种布局,选用抗旱、抗涝、抗高温等抗逆品种。

(2)发展生物技术等前沿学科。为减少气候变化对农作物的不利影响,选育优良品种是重要的适应性对策。通过体细胞无性繁殖变异技术、体细胞胚胎形成技术、原生质融合技术、DNA重组技术等,快速有效地培育出抗逆性强、高产优质的作物新品种是重要途径。开发农作物高光效育种、抗高温育种技术、选育抗逆品种,不但可以抵消气候变化引起的不利影响,还可以充分利用未来农作物的高CO_2肥效作用使粮食获得增产,保证子孙后代的粮食安全。开发节水灌溉技术与高效用水技术以及可持续的肥料使用技术,强化人类适应气候变化、干旱化及其对农业影响的能力。

(3)调整管理措施。有效利用水资源、控制水土流失、增加灌溉和施肥、防治病虫害、推广生态农业技术等以提高农业生态系统的适应能力。通过调整农业结构和种植制度适应气候变化是目前农业适应气候变化采取的主要措施之一,针对气候变化对农业的可能影响,分析未来光、温、水资源重新分配和农业气象灾害的新格局,改进作物品种布局,选用抗旱、抗涝、抗高温等抗逆品种等都能达到适应气候变化的目的。研究结果表明:农民在新的气候环境中可以选择作物新品种替代产量低的作物品种。在有关农业适应的文献中作物选择被作为适应气候变化的策略经常被提到。农民可以参考政策、价格、经验、劳动力以及天气、土壤等自然环境因子等的影响进行作物选择。目前农民通过作物选择行为进行农业结构调整适应气候变化研究的例子还不是很多。所采用的研究方法一般是首先收集资料,尽可能的收集到可能获得的影响农民种植决策各来源的统计数据或调查数据,主要包括自然的、社会的、经济的、人口的、教育程度、气候等影响因子,分析主要影响因子,然后建立作物选择模型(多元回归模型、逻辑斯谛回归模型等),以效用最大或利润最大为目标进行作物选择。气候变化对农业土地价值的影响时,农作物属性和土地属性是农民选择的两个决定因子,其中作物属性用价格和成本衡量,土地属性决定能否适合作物生长,以气候、天气和土壤属性决定,土壤的属性包括盐碱度、坡度等,根据选定的影响因子建立混合逻辑斯谛模型(Mixed Logit model)研究农民在面对环境变化时如何进行土地分配。通过选择农户属性的外生变量 K 和农民的特性 S 变量,利用多项式逻辑斯谛模型建立农民的作物选择效用方程估计气候因素对作物选择的影响。其中农户的属性变量 K 主要包括天气、土壤和价格变量,S 包括农民的年龄、农户大小两个变量。通过研究气候变化情景下农业土地利用方式的改变进行农业的适应性研究也很常见。如研究作物播种面积占耕地面积的比例变化、作物播种面积的变化、农作物种植模式的变化等。以上的研究存在着考虑的影响因子不全的缺陷,但却是目前进行农业适应性研究的重要方法。很多专家、学者已经认识到农业适应气候变化的重要性,并开始展开农业适应气候变化的研究。

第 21 章 气候变化对农业影响预估及预警业务系统

21.1 未来气候变化对农业影响预估

21.1.1 气候变化的不同情景

所谓情景不是对未来的预测或预报,而是描述一种未来世界发展的可能性。一个情景由许多相互关联的变量组成,在一系列连贯的、相互一致的假设基础上,形成对未来世界的总体描述。各种不同的情景构成了可供选择的未来图画。情景是一种有用的工具,可以用来分析各种因素如何影响温室气体的未来排放,并能评估与之相关的不确定性,正如情景所描述的那样,任何一种排放路径的发生概率都是非常不确定的。对未来温室气体排放情景的构建是进行气候模拟、评估气候变化的影响和脆弱性、选择减缓和适应气候变化的对策及分析气候变化相关政策的基础。

未来全球气候的变化趋势主要取决于人类社会的发展方向,包括人口变化、经济发展、技术变化、能源供需以及土地利用变化等。IPCC 排放情景特别报告(SRES)描述了新的未来情景,预测了与社会经济发展相联系的温室气体排放。SRES 情景的构建是基于对相关文献的全面回顾、对叙述性"构想"的开发,以及在来自不同国家的六个集成模式的帮助下对这些假设和特征进行定量化。这些情景提供了评估未来气候变化和可能相应策略的基础。

SRES 情景包括四个系列 A1,A2,B1 和 B2,其中 A1 由三组情景 A1FI,A1B,A1T 组成,分别表示能源技术发展的不同选择,A2,B1 和 B2 各由一组情景组成,总共 40 个情景。SRES 情景考虑的影响温室气体排放的主要因子包括人口、经济、技术、能源和农业(土地利用)。根据 SRES 情景,未来温室气体排放在很大程度上取决于人们的选择,例如经济结构的调整、对不同能源的偏爱、如何利用土地资源等。

四个情景系列的基本假设和主要特征如下。

(1)在 A1 情景系列中,未来世界的经济高速增长,但人口增长缓慢,全球人口在 21 世纪中叶达到峰值,随后减少,并快速引进新技术和更高效的技术。主要是地区间的融合、能力建设、日益增加的文化和社会的相互影响,同时大幅度降低人均收入的地区性差异。人们追求的是个人福利而不是环境质量。该情景包括四组情景,分别描述能源系统中技术变化的不同方向:A1C(以煤为主),A1FI(以石油和天然气为主),这两组情景最终合为一组 A1FI(以矿物燃料为主),A1T(以非矿物燃料为主),A1B(各种能源之间达到平衡)。

(2)在 A2 情景系列(国内或区域资源情景)中,未来世界的发展很不均匀。主题是自力更生、保护区域特性,强调家庭价值和当地传统。不同地区间人口出生率的趋同极为缓慢,因而导致全球人口的持续增长。经济发展主要是区域性的,人均经济增长和技术变化的速度要慢于其他情景系列。

(3)在 B1 情景系列中,未来世界更为趋同,和 A1 情景系列一样,全球人口在 21 世纪中叶达到峰值,随后减少,但是经济结构向服务业和信息经济快速转变,材料强度降低,并引入清洁生产技术和更有效利用资源的技术。着重于全球性解决经济、社会和环境的可持续发展,包括改善公平,但不提出另外的气候法案。

(4)在 B2 情景系列(区域可持续发展情景)中,未来世界着重于局地性解决经济、社会和环境的可持续发展。全球人口增长,但增长速度比 A2 情景系列慢,经济发展速度中等,与 B1 和 A1 情景系列相比,技术变化的速度较为缓慢且变化多样。尽管该情景也是致力于环境保护和社会公平,但重点在局地和区域水平。

21.1.2 农业响应的几个方面

农业是对气候变化响应最为敏感的行业之一,农业生态系统也是受人类活动直接影响最大的生态系统,气候变化对农业发展和农业生态系统安全提出了前所未有的严峻挑战。目前,关于气候变化对农业的影响及其适应对策技术研究,国内外主要从认识气候变化的影响特征和减轻影响程度两个方面开展了工作,前者是后者的基础。在影响特征方面区域性差异很大,因此各国主要致力于本国气候变暖对农业影响事实的揭示和未来影响的模拟研究。影响事实的揭示主要依赖于过去长期相关监测资料,发达国家积累的资料丰富,研究比较充分一些,总体处于领先水平。而模拟研究多采用生物气候模式、人工气候箱、智能温室和开放式大田试验等手段,期望能尽可能准确地了解未来不同气候变暖情景对农业的影响,为开发适应对策技术提供科学依据。气候变化对农业的主要影响有以下几方面。

(1)气候变化对农业种植区域的影响。气候变暖将使温度带向极地移动,年平均温度每增加 1℃,北半球中纬度的作物带将在水平方向北移 150~200 km,垂直方向上移 150~200 m。

气候变化对农业种植制度的影响。气候变暖,生长季延长,将有利于提高作物复种指数。假设到 2030 年全球二氧化碳浓度倍增和平均气温上升 1℃ 的情况下,预计中国三熟制的北界将从目前的长江流域移至黄河流域,二熟制北界从秦淮地区北移至内蒙古和东北的南部。

(2)气候变化对农作物生理生态的影响。大气 CO_2 浓度增加将刺激作物的光合作用,导致作物光合作用效率和水分利用效率的提高,C_3 植物通常比 C_4 植物对大气 CO_2 浓度的增加更敏感(Poorter,1993)。CO_2 浓度增加使棉花的呼吸速率增加,使紫花苜蓿的呼吸速率下降,而大豆的呼吸速率对 CO_2 浓度增加响应不明显。

(3)气候变化对农作物生长发育的影响。气候变暖使春季土壤解冻时间提前,春播作物播种期提前。生长期温度升高使有些作物生长发育速度加快,生育期缩短,减少了作物光合作用积累干物质的时间。生育期的气温每升高 1℃,水稻生育期将缩短 7~8 d,冬小麦生育期将缩短 17 d。在生长期内,玉米对变暖的响应还表现出一定的阶段差异,增温使玉米拔节期以前的营养生长阶段缩短,抽雄—乳熟期的生殖生长阶段延长,乳熟—成熟期的生殖生长阶段缩短。

(4)气候变化对作物产量与粮食安全的影响。气候变暖将导致一些作物的单产量下降。在水稻结实期,温度上升 1~2℃,产量将下降 10%~20%。温度每增加 1℃,玉米平均产量将减少 3%。大气 CO_2 浓度增大将提高作物单产,而且 C_3 作物增产幅度大于 C_4 作物。如果不考虑 CO_2 直接施肥作用,当温度升高 2.0~2.5℃ 时,未来我国小麦、水稻和玉米三大作物开始持续减产;考虑 CO_2 直接施肥作用时,未来三种作物的单产将增加。但多数研究认为,未来气候变化将导致我国主要农作物产量下降,并威胁我国粮食安全。如果局地平均温度增加 1~3℃,全球粮食生产潜力将随温度升高而增加,如果超过这一范围,则会降低,低纬地区的作物产量比高纬地区对变暖更敏感。

（5）气候变化导致的作物种植结构变化对粮食安全的影响。气候变暖导致经济作物种植面积增加，主要粮食作物种植面积的减少，产量下降。当粮食作物种植面积减少造成的总产量减少超过粮食单产提高带来的总产量增加时，将影响粮食安全。气候变暖使作物水分利用效率减小，单位农业产量耗水量增加，也使喜温、高需水量作物的种植面积迅速扩大，使农业总耗水量增加，影响水资源安全。

21.2 预警技术

21.2.1 作物病害监测及成灾预警

病虫害监测预警是植物保护的基础性工作，自新中国成立以来，逐步建立、完善病虫害测报体系，形成了分布全国的病虫害测报网络。长期以来，各级病虫测报部门对当地病虫害的发生情况进行系统监测，积累了大量资料。这些监测资料作为重要的基础性数据，用于病虫害的预测预报和指导防治，对我国粮食安全生产发挥了重要的作用。

从总体上来看，病虫害监测预警工作内容中存在一个"数据采集—数据报送与管理—数据处理与预测预报—病虫害预报信息发布"的信息链，其中的各环节与信息技术中数据获取、数据传输、数据处理和数据应用等技术相对应，可以说信息技术能够为病虫害监测预警工作提供完善的技术支持。事实上，近年来对于利用信息技术解决病虫害测报工作中相关问题的研究也取得了很大的进展，部分病虫测报部门也开展了一些应用示范。但到目前为止，应用示范的范围较小，采用的技术也只是上述信息链中的某一个环节涉及的技术，尚无成熟的各环节技术配套的应用案例。

21.2.1.1 病虫害监测预警技术

病虫害监测预警信息链各环节中涉及传感器技术、数据库技术、网络和通信技术、专家系统技术、人工神经网络技术、全球定位技术（GPS）、地理信息系统技术（GIS）等。

（1）数据采集获取技术。传统的病虫害监测主要是根据农业部发布的病虫害监测调查规范进行调查。通过人工调查、人工记录，以档案形式保存数据，一些数据还需通过计算得到。在一些具备数据库系统的部门，数据需要人工输入计算机，并保存到数据库中；从数据的调查到记录、计算、再到录入计算机，环节较多，监测人员的工作量大，容易造成人为错误，数据应用的时效性差。对于一些个体较小的昆虫（如麦蚜等）来说，由于虫体较小，长时间的人为眼睛观察不仅劳动量很大，效率极低，而且计数存在很大误差，各个调查者之间的调查结果可比性差。

针对这些问题，一些相应的监测技术已见报道。如微小昆虫自动计数技术、昆虫诱捕自动记录装置和PDA＋GPS数据采集记录技术。微小昆虫自动计数技术，主要是利用计算机图像处理技术解决田间麦蚜、温室蚜虫、白粉虱等微小昆虫调查困难，数据难于获取等问题。只需通过适当方式获取害虫图片进行自动计数即可完成数据调查工作。昆虫诱捕自动记录装置是利用性诱剂对昆虫的引诱作用，对通过扫描光栅的昆虫数量进行计数，实现了小菜蛾、桃小食心虫等昆虫的自动监测。PDA＋GPS数据采集记录技术主要用于常规病虫害的人工调查，记录数据的同时记录GPS定位信息，为GIS提供定位数据。上述技术可减少调查、记录数据的中间环节，避免数据录入电脑过程中的人为错误。根据调查的原始数据实时计算出一些必需的数据参量，减轻工作人员的工作量，并通过数据的实时传输提高数据的时效性。

病虫害测报不仅需要病虫害发生动态的监测数据，还需要相应的环境因子数据。传统的环境因子数据主要来源于气象部门，而与病虫害发生动态密切相关的环境因子主要是田间小气候数据。田间小气候数据监测技术已相对成熟，主要是利用传感器技术和 GPRS（通用分组无线服务）网络通信技术自动获取病虫害监测站点的实时小气候数据，并将其上传到数据库中备用。

（2）数据传输与数据管理技术。传统的数据传输主要是利用电报、报表等方式实现数据上报，存在工作量大、时效性差等问题。现代信息技术为数据的实时上报提供了技术支撑。利用 Internet 和 GPRS 网络通信技术进行病虫害监测数据的实时上报，提高数据传输的效率。如 PDA+GPS 数据采集记录技术获取的数据可保存成 XML 数据文件，通过 GPRS 或 Internet 提供给数据管理系统。近年来全国农业技术推广服务中心的测报部门建立了中国农作物有害生物监控信息系统和北京市农作物重大病虫害远程预警信息系统，也都提供了田间病虫害监测数据上传的用户接口。

数据管理主要是利用数据库技术对病虫害监测数据进行管理，通过后台管理界面可以对数据库中的数据进行添加、删除、修改，以及原始数据的归纳计算，地区、气象、小气候区域统计数据管理等操作，实现数据的维护功能。中国农作物有害生物监控信息系统和北京市农作物重大病虫害远程预警信息系统等都具备较为完善的数据管理机制。其他一些关于病虫害测报方面的研究也大都涉及数据管理技术。

（3）预测预报技术。病虫害预测预报的相关研究报道较多，大体上可以分为以下两类：一类是以网络地理信息系统（WebGIS）为底层框架，将病虫害数据库、气象数据库、预测预报模型数据库有机结合，将数字结论转化为直观易懂的电子地图，通过地理信息系统显示出来，有效、方便地为农业病虫害预测预报提供服务。类似的研究包括基于 WebGIS 的病虫数据库及自动预警系统（WPDAWS）、基于 GIS 的全国主要粮食作物病虫害实时监测预警系统、农作物病虫害防治决策支持系统和果树病虫害管理信息系统等。这些研究主要是利用 GIS 结合模型技术、人工神经网络技术等进行病虫害的预测预报。另一类是近几年来国内外都有很大发展的病虫害预测预报专家系统，涉及的对象主要包括粮食作物、棉花、果树、草原病虫害等。其中以粮食作物居多。开发了农业病虫害预测预报专家系统平台，以数据库形式来存放有关的专家知识，结合专家知识与案例进行推理，具有专家知识库的维护、用户数据输入、推理确认、病虫害预测预报结果显示、案例库管理（包括案例确认、补充信息及案例统计）及预测结果解释等功能（高灵旺，2006）。这两类预测预报技术也有一些交叉的实际例证。如开发了基于 WebGIS 的具有浏览器/服务器（B/S）三层网络架构的农业病虫害预测预报专家系统（刘明辉，2009）。

（4）预报信息发布技术。随着信息技术的发展，病虫害预报发布技术也已经发生了很大的变化，一些植保部门利用网络技术代替传统纸质文档进行预报发布。如采用网络技术结合 WebGIS 发布预报信息，具有直观、易理解等特点。但到目前为止，由于网络还不能覆盖广大的农村地区，使得基于网络的预报信息发布的用户范围极其有限。为解决这一问题，全国农业病虫害监控中心构建了病虫害电视预报视频素材管理系统，对主要病虫害的视频素材采集技术、预报节目制作加工技术和送播技术进行了系统的研究，构建了病虫害电视预报技术体系，在全国范围内进行推广，大大提高了病虫害预报信息发布的时效性与覆盖面。

21.2.1.2 病虫害监测预警新技术

在现有技术的基础上,未来应进一步在以下几个方面进行深入研究,完善病虫害测报工作的技术体系。

(1)加强信息链薄弱环节的技术研究。如加强数据获取环节上技术的研发,提高数据获取的自动化程度。进一步降低测报人员的劳动强度,提高数据的准确率。

(2)对数据管理系统中积累的病虫害及小气候监测数据进行分析,利用数据挖掘技术等手段建立相关病虫害预测模型,将模型预测与专家系统预测结合起来,进一步提高病虫害预测的技术含量及预报准确率。

(3)进行遥感技术的应用研究。将遥感信息作为病虫害监测预警系统的信息源,并与GPS、GIS技术结合起来进行病虫害分布空间特征的分析,掌握病虫害发生为害的空间动态与时间动态。

21.2.2 农作物长势遥感监测

通过分析作物光谱特征在生长发育过程中的时相表征及其农学意义,从而确立高光谱遥感作物营养(N、P、K)诊断机理与解释标志以及作物营养诊断的最佳光谱波段;通过连续去除法、导数光谱法、小波分析法以及与神经网络的结合来提高反演作物营养元素含量的精度。

区域抽样框架技术与GPS样线野外探测技术相结合的农业土地资源动态变化预警方法;高空间分辨率遥感、区域抽样框架与地理信息系统等技术集成的农业土地资源变化遥感更新方法。通过区域抽样框架、GPS样线野外探测与视频采分类提取,结合统计外推模型的农作物种植面积遥感综合估算技术。系统采用抽样集技术的集成,研究农作物种植结构信息快速采集方法;样区实地采集与高空间分辨率遥感影像框架技术与农情调查系统,进行农作物种植结构监测,采用时间序列NDVI曲线监测复种指数。通过建立系统化的监测体系,使农作物长势监测由定性逐步走向定量。

应用高时间、空间分辨率的卫星遥感数据产品,在地理信息系统的支持下,采用遥感数据与地面数据验证、同化、融合技术,进行主要农作物长势遥感监测,形成完善的主要农作物长势遥感监测技术系统。完成农作物产量遥感综合监测预测与农作物旱涝灾害遥感综合监测技术。进行农作物遥感动态监测数据预处理。

21.3 预警业务系统

以变暖为主要特征的全球气候变化是人类迄今面临的最大的环境问题,也是21世纪人类面临的最严峻的挑战之一。预计到21世纪末,全球地表平均增温将达1.1~6.4℃。气候变暖已对全球自然生态系统以及社会经济系统产生了明显影响,其中不少影响是负面的或不利的。农业是对气候变化响应最为敏感的行业之一,气候变化对发展现代农业提出了前所未有的严峻挑战。我国是农业大国,受气候变化的影响,农业气象灾害的频率和强度明显增大,农业生产损失巨大,粮食安全压力和农业生产的不稳定性增加,农业生产布局和结构将出现变动,农业成本和投资大幅度增加。

中国西北地域广阔,是气候变化的敏感地区和农业生产脆弱区,农业生产受气候变化影响十分明显。其中,旱作农业区更是完全依赖自然降水,对气候变化的响应更加敏感而突出。近

30 年来,受气候变暖影响,西北旱作农作物的生长期缩短、产量下降,豌豆—春小麦—马铃薯轮作系统的水分利用效率减小,甘肃冬小麦种植北界向西北扩展 100~200 km,海拔高度升高了 300~400 m,甘肃中东部以小麦为主的农业种植格局已演变为以小麦—玉米—马铃薯为主格局,旱作农田干旱化、沙化趋势加重。这些结果表明西北地区旱作农业受气候变暖影响十分深刻而严重。

农业气候变化预警业务系统,在综合研究西北旱作农业对气候变暖的响应特征和规律的基础上,建立旱作区主要作物生长模型,开发了旱作农业适应气候变暖的对策技术,建立旱作农业应对气候变暖的预警、应对技术服务系统。

21.3.1 系统概念模型和框架

农业气候变化预警业务系统概念模型和框架见图 21.1。

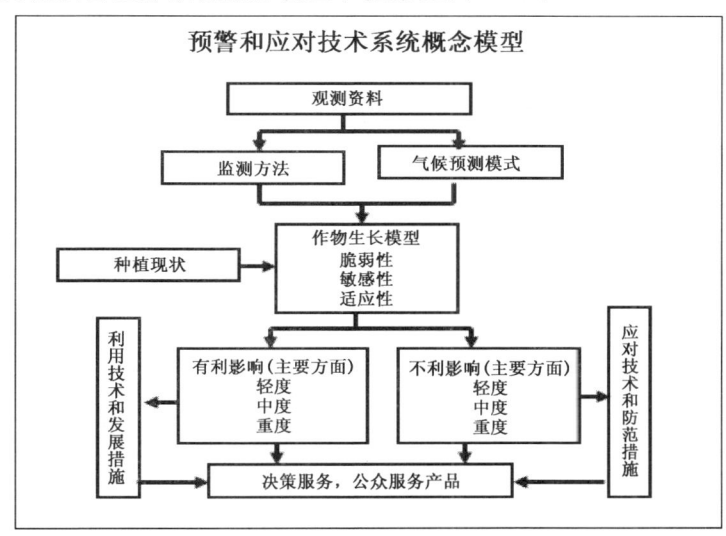

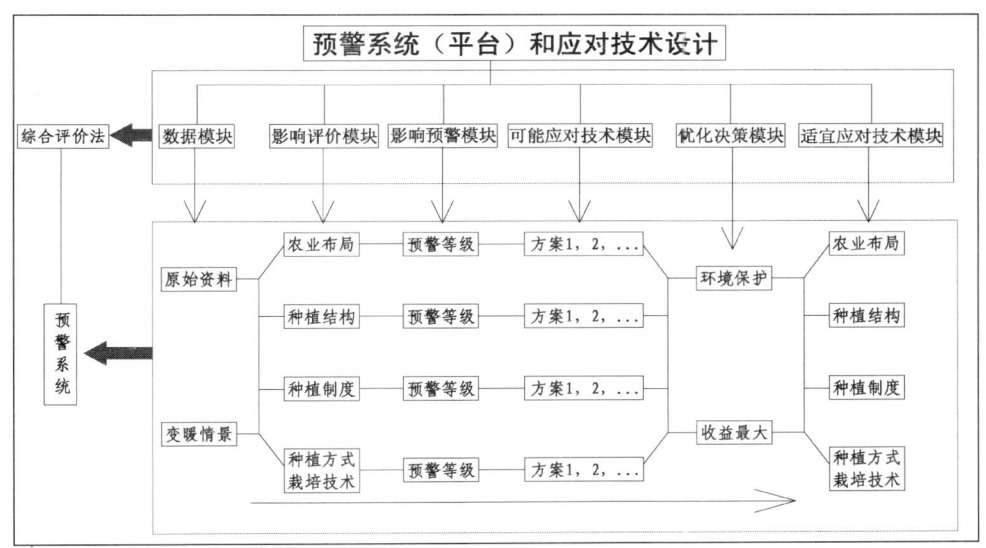

图 21.1 农业气候变化预警业务系统概念模型和框架

21.3.2 系统开发原则

为建立一个信息全面、结果可靠、功能完善的"农业气候变化预警业务系统",系统在设计时主要遵循以下几个原则。

(1)完整性原则:为了给使用者提供全面完善的服务信息,系统广泛收集了来自中国气象局、西北各省(区)的各类气象资料;农林水、统计、民政部门等有关干旱地区农业生产的信息,同时兼顾地面和地下水分资料、高空遥感等资料。

(2)适应性原则:系统是一个不断完善的系统,能够不断更新升级,最大限度地适应业务发展的需要,集成了尽可能多的计算、绘图及其他后处理模块,最大可能的满足业务需求。

(3)可靠性原则:为保证计算结果的可靠性,对所有原始数据进行必要的质量控制;尽可能在已有文献中,以及研究成果中筛选适宜西北地区的影响评价和预测预警的方法模型。

(4)安全性原则:根据业务需要,给予不同用户不同级别的操作权限;充分保证操作系统,数据库,应用软件三层安全保证措施,确保数据的安全性。

(5)易用性原则:系统操作简单、维护简单、使用方便;系统遵循严格的文档规范,拥有完备的文档,程序有完备的中文注释。

21.3.3 系统结构与特点

21.3.3.1 系统结构

系统包括数据库管理、精细化农业区划、监测评价、预测预警评估及对策、未来情景应对措施、产品制作及服务管理、系统帮助模块等几个主要组成部分(图21.2)。

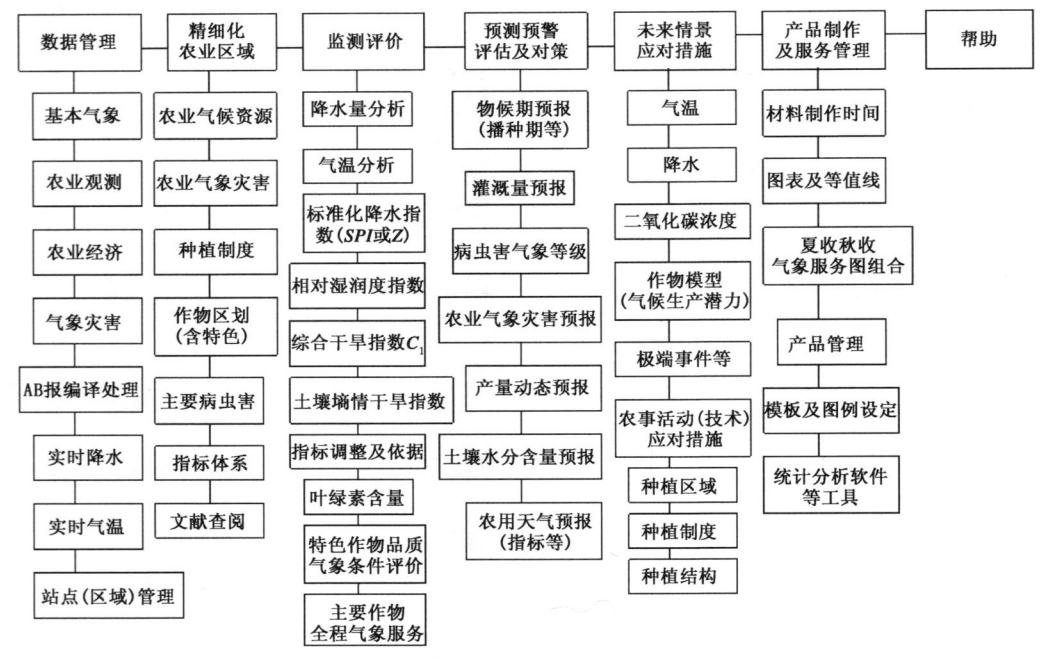

图 21.2 农业气候变化预警业务系统结构

21.3.3.2 系统特点

为了保证系统的扩展性和延伸性,能够接入多种可执行程序(VB和Fortran等的执行程序)和常用绘图软件,比如Surfer、Graph、Excel等;采用了可扩展数据库结构,能够满足数据库在其他方面的追加和补充;可以补充和追加更多的功能到系统中,保证系统在其余方面功能的扩展。

建成的"农业气候变化预警业务系统",具有以下特点:一是采用B/S架构,系统搭建在高性能服务器上,使用者不需要安装任何软件,只要能够连接到网络上就能使用系统的功能;二是高速服务器能够快速处理各类数据,生成图形、表格,可以满足多用户同时使用系统;三是系统集成了各种干旱监测、评估、预测和预警指标,同时利用项目研究成果实现了多种监测指标的自动计算和绘图;四是生成好的图形和表格可以方便地添加到产品模版中进行产品制作,制作好的产品能够通过发布系统发布到指定的网站中。

21.3.4 系统功能与应用

"农业气候变化预警业务系统"有数据库管理、精细化农业区划、监测评价、预测预警评估及对策、未来情景应对措施、产品制作及服务管理和系统帮助模块等七个主要组成部分(图21.3)。

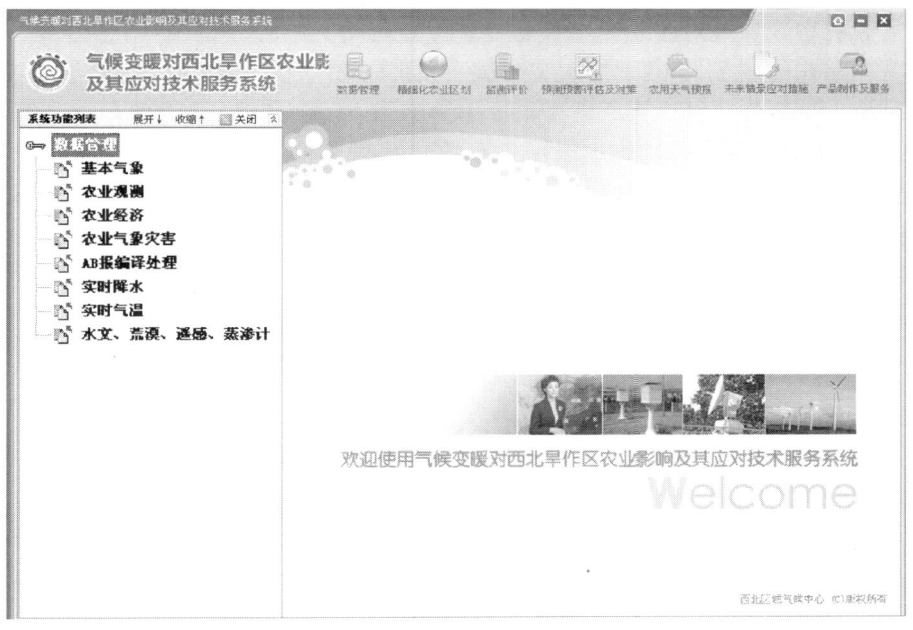

图21.3 农业气候变化预警业务系统首页

21.3.4.1 数据库管理

数据库是系统稳定高效运行的基础,系统的数据库管理模块可以通过气象信息网络系统自动获取有关数据,并进行加工处理形成统计资料。

数据种类主要包括:基本气象资料、气象灾害、农业经济资料、AB报资料、实时气象观测资料和站点管理等。

基本气象资料主要为降水、温、压、湿、风、光等原始资料；同时包括高温、积温、降水日数、日照时数、高温日数等利用原始资料统计计算而得到的气候事件资料。

农业观测资料为农气观测站和试验站观测得到的作物物候期、作物生长、产量构成、作物生理资料、土壤湿度资料、病虫害资料等。

气象灾害包括干旱、大风、沙尘暴、高温、干热风、连阴雨、暴雨、雷暴、冰雹、寒潮降温等各类气象事件；灾害信息包括灾害发生时间、地点、面积、损失等。

农业经济资料包括：主要粮食和经济作物的播种面积、作物单产总产、农田灌溉量、作物价格、农用物资等农业部门统计资料。

AB报资料包括土壤墒情、作物长势、作物灾情等资料。

实时气象资料为逐时降水与气温资料，用于监测评估极端事件的发生。

站点管理为对各气象站点进行区域归类等。

数据主要存储在SQL数据库中，一些特殊资料以文本文件（*.dat，*.txt，或Excel等）存储，图形资料以Srf、Jpg、Bmp等格式存储。

21.3.4.2 精细化农业区划模块

精细化农业区划模块主要对农业气候资源、农业气象灾害、作物种植制度、作物病虫害等项目进行区划，利用地理信息数据（1：250000）结合区划对象数据进行精细化的地理区划。

农业气象灾害区划是对西北区域常发的暴雨、干旱、沙尘暴、连阴雨、霜冻、大风、冰雹等气象灾害进行精细化的划分，为西北区灾害防御和灾害应对措施与技术的制定提供参考。

作物种植制度区划是针对西北主要粮食作物（冬春小麦、玉米、马铃薯和杂粮等）、经济作物（棉花、油菜、大豆、中药材、制种玉米和瓜果等）、林果业（苹果、葡萄和桃子等）进行区域划分；同时对西北区域的作物熟制（一年一熟、一年两熟和两年三熟）、作物种植结构（间作套种、混作、轮作等）方式等进行划分。

作物病虫害区划是对西北区域主要病虫害进行区划，包括小麦条锈病、小麦赤霉病、小麦芽虫、红蜘蛛、玉米螟、棉铃虫、马铃薯晚疫病、炭疽病等区划。

各类区划以图形显示，并配以文档或文字说明。

21.3.4.3 监测评价

监测评价模块的主要功能包括气候概况分析，各类干旱指数监测、特色作物气象条件分析、作物发育期气象条件分析及影响评估等。

实现气温（平均、最高、最低）、降水、湿度、风速、日照、蒸发等主要气象要素的查询和统计；能够进行距平百分率和数据标准化等计算，能够按照用户设定的单站、多站或者区域级别进行气象要素的监测评估，能够进行最大最小值的排序（顺序或者逆序），能够对指定的任意时间段数据进行处理分析，能够对选定的数据和指定年份进行比较；可以完成图表的制作。

干旱指数监测可以根据用户需求实现不同站点（区域）和时间段的各类干旱指数（降水距平、标准化降水指数、相对湿润度、综合指数和土壤墒情等）对干旱的监测，并对干旱进行等级评估。

农业气象灾害评估针对农业生产影响较大的干旱高温、沙尘暴、干热风、连阴雨、暴雨、霜冻、大风、冰雹等灾害进行实况监测、评估，与历史状况对比分析。

特色作物气象条件分析包括对特色经济作物（马铃薯、中药材、林果业（苹果）、甜菜、白兰瓜和油橄榄等)关键生产期(果实膨大期、糖分转化期、油脂形成期等)进行气象条件分析,评估气象条件(气象要素和气象灾害等)对作物品质的影响(如马铃薯淀粉含量、苹果含糖量、油橄榄含油率、甜瓜含糖量等)。

作物发育期气象条件分析以冬春小麦、玉米、马铃薯、苹果等为主要服务对象,分旬或不同生育阶段(播种、品质形成期、产量形成期、收获期等),对气象条件及气象灾害进行分析,评估气象条件的影响,对农业生产进行全程农业气象服务并给出对策建议。

21.3.4.4 预测预警评估及对策

预测预警模块的主要功能包括物候期预报、土壤水分含量预报、灌溉量预报、病虫害气象等级预报、产量动态预报等功能。

物候期预报:利用气象资料(光照、积温等)和历史物候期建立模型,模型分区域或者站点建立,保证所建模型计算结果的精细化和准确性;预报作物适播期、叶龄、开花期、成熟期等关键发育期出现的时间。

土壤水分含量预报:利用土壤水分消耗与降水、气温、植物利用等的关系,分区域建立土壤水分的预报模型,对未来一段时间土壤干旱状况进行预测预警。

灌溉量预报:针对可灌溉区域(甘肃河西地区),根据作物不同阶段的需水量,以及气象要素建立的关系,建立作物生育期灌溉量预测模型,指导农业生产者进行合理灌溉。

病虫害气象等级预报:针对冬春小麦、马铃薯等作物常出现的条锈病、晚疫病、红蜘蛛等病虫害发生情况与气象条件建立等级预报模型,为农作物病虫害预防提供参考。

产量动态预报:对西北主要粮食作物小麦和玉米进行滚动预报,根据气象条件和气象灾害的随时变化以及未来气候预测,对粮食产量预测进行滚动更新。

21.3.4.5 未来情景应对措施

未来情景应对措施模块包括气候变化趋势、CO_2趋势、作物气候生产潜力模拟、极端事件趋势、种植区域变化、种植制度变化、种植结构变化,以及农事活动在气候变化背景下的应对策略。

气候变化趋势:对西北区域未来20~50年各月的气温和降水趋势进行预测,对长期和超长期时间段的气候进行预测,分析评估未来一段时间的气候趋势。

CO_2趋势:对有大气成分观测的站点资料进行分析,依据模式对温室气温的模拟,预测CO_2的未来趋势。

作物气候生产潜力模拟:依据未来气候变化趋势和大气养分(CO_2)等对作物的影响关系,分析西北区域各地的作物理论潜在生产力在未来的变化趋势。

极端事件趋势:未来气候变化对于极端事件会有不同的影响,该功能主要从极端降水和极端气温方面分析评估,未来暴雨、高温等灾害性天气发生频率和程度等变化趋势。

作物种植区域变化:由于受气温光照和降水变化的影响,作物适宜生长区域将发生变化,对主要粮食作物如小麦、玉米、马铃薯等的适宜生长区在未来气候情景下进行重新区划。

种植制度变化:同样受热量和降水的变化,作物种植制度的分布区域也将发生变化。主要对一年一熟、一年两熟、两年三熟等种植制度,以及作物种植结构(间作套种、轮作、混作等)在未来气候情景下进行区划。

农事活动变化:对于未来气候变化趋势,农业生产的管理方式、应对措施也将发生变化。

对未来气候变化情境下作物种植管理(调整播期、化肥施用量、抗旱、设施农业的灾害应对、地膜覆盖等农艺措施调整等)方面进行预评估。

21.3.4.6 农用天气预报

该模块包括专项农业规划服务、专业农业区域服务、关键农事季节服务、主要农事活动服务、设施农业服务等几个方面(图21.4)。

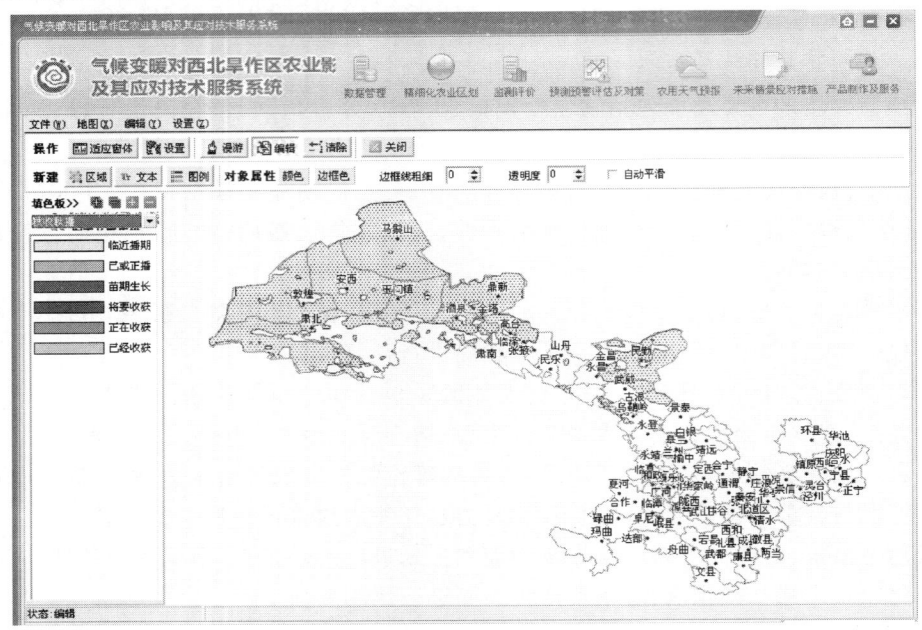

图21.4 农业气候变化预警业务系统农用天气预报页面

21.3.4.7 业务制作与管理

该模块包括业务规范及技术规定、基本业务提醒、产品模块、产品发布、产品管理等。

业务规范及技术规定:业务产品的技术要求和规范,各类产品的内容格式、技术指标、文字表达、参考标准及依据等,为业务人员特别是新参加工作的人员提供一个学习和熟悉业务工作的平台。

基本业务提醒:对目前承担的各项业务产品制作发布时间以字幕形式提前(在发布前5 d,每天提醒4次)提醒,督促业务人员提前准备材料制作产品。

产品模块:把每种业务产品以标准模板规范,如产品名称、期号、签发人、日期、文字格式以及图标位置等,为产品制作定制标准格式。

产品发布:将制作好的产品定期发送至指定地址(指定邮箱、服务器、或者网站等)。

产品管理:对所有业务产品进行分类储存管理、分时间管理,可能随时根据关键词、时间等查询。

参考文献

安部加.2008.青海省草原鼠害综合治理的回顾与展望.草地保护,(5):46-47.
才旦.2006.青海省草原鼠虫害防治效益分析.草原与草坪,(2):69-72.
蔡英,李栋梁,汤懋苍,等.2003.青藏高原近50年来气温的年代际变化.高原气象,22(5):464-470.
曹玲,邓振镛,窦永祥,等.2007.气候变化对河西走廊石羊河流域绿洲玉米产量的影响及对策研究.地球科学进展,22(特刊):73-78.
曹玲,邓振镛,窦永祥.2008.气候变化对河西走廊灌区玉米产量的影响及对策研究.西北植物学报,28(5):1043-1048.
曹玲,董安祥,窦永祥.2007.黑河洪峰变化及其对全球气候变暖的响应.干旱地区农业研究,25(2):236-240.
曹玲,窦永祥.2005.黑河流域降水的时空特征及预报方法.干旱气象,23(2):35-38.
曹玲,宋连春,董安祥,等.2005.河西走廊绿洲春季土壤湿度与气候变化的初步研究.地球科学进展,20(suppl):6-11.
曹玲,王强,邓振镛,等.2010.气候暖干化对甘肃谷子产量的影响及对策研究.应用生态学报,21(11):2931-2937.
常国刚,李凤霞,李林.2005.气候变化对青海生态与环境的影响及对策.气候变化研究进展,1(4):172-175.
陈华,NamlonME,田汉勤.2001.全球变化对陆地生态系统枯落物分解的影响.生态学报,21(9):1549-1563.
陈少勇,董安祥,陈添宇.2006.祁连山云量对气候变暖的响应.干旱区研究,23(2):227-233.
陈少勇,董安祥,孙秉强.2005.中国西北低云量的分布及气候变化.地球科学进展,20(特刊):11-16.
陈少勇,董安祥,王丽萍,等.2005.祁连山区夏季总云量的气候变化与异常研究.南京气象学院学报,28(5):617-625.
陈少勇,董安祥.2006.中国西北地区总云量的气候变化特征.成都信息工程学院学报,21(3):171-174.
陈亚宁,徐长春,郝兴明,等.2008.新疆塔里木河流域近50 a气候变化及其对径流的影响.冰川冻土,30(6):921-929.
丑洁明,封国林,董文杰,等.2004.气候变化影响下我国农业经济评价问题探讨.气候与环境研究,9(2):361-368.
崔毅.1999.农业节水灌溉技术及应用实例.北京:化学工业出版社,2005.
戴君虎,崔海亭.国内外高山林线研究综述.地理科学,19(3):243-249.
戴君虎,潘嫄,崔海亭,等.2005.五台山高山带植被对气候变化的响应.第四纪研究,25(2):216-223.
德忠,龚宝泰,多杰才让.1999.海南州畜种改良现状及对策.青海畜牧兽医杂志,29(2):28-29.
邓铭江.2006.塔里木河流域气候与径流变化及生态修复.冰川冻土,28(5):694-702.
邓振镛.2005.高原干旱气候作物生态适应性研究.北京:气象出版社.
邓振镛,闵庆文,张强,等.2010.中国生态气象灾害研究.高原气象,29(3):810-817.
邓振镛,王鹤龄,李国昌,等.2008.气候变暖对河西走廊棉花生产影响的成因与对策研究.地球科学进展,23(2):160-166.
邓振镛,王鹤龄,王润元,等.2008.气候变化对祁连山北坡农林牧业结构的影响与对策研究.中国沙漠,28(2):381-387.
邓振镛,王强,张强,等.2010.中国北方气候暖干化对粮食作物的影响及应对措施.生态学报,30(22):6278-6288.

邓振镛,文小航,黄涛,2009.等.干旱与高温热浪的区别与联系.高原气象,28(3):702-708.
邓振镛,尹宪志,陈艳华,等.2004.甘肃三种特色作物气候生态适应性分析与适生种植区划.南京气象学院学报,27(6):814-821.
邓振镛,张强,刘德祥,等.2007.气候变暖对甘肃种植业结构和农作物生长的影响.中国沙漠,27(4):1-6.
邓振镛,张强,蒲金涌,等.2008.气候变暖对中国西北地区农作物种植的影响.生态学报,28(8):3760-3768.
邓振镛,张强,倾继祖,等.2009.气候暖干化对中国北方干热风的影响.冰川冻土,31(4):664-671.
邓振镛,张强,万幸,等.2005.甘肃省农业种植结构性调整的发展战略与优化方案.地球科学进展,20(特刊):108-112.
邓振镛,张强,王强等.2011.甘肃黄土高原旱作区土壤贮水量对春小麦水分生产力的影响.冰川冻土,33(2),425-430.
邓振镛,张强,王强等.2011.黄土高原旱塬区土壤贮水量对冬小麦产量的影响.生态学报,31(18):5281-5290.
邓振镛,张强,王强等.2010.黄土高原旱作区土壤贮水力和农田耗水量对冬小麦水分生产力的影响.生态学报,30(14):3672-3678.
邓振镛,张强,徐金芳,等.2009.高温热浪与干热风的危害特征比较研究,地球科学进展,24(8):865-872.
邓振镛,张强,徐金芳,等.2008.全球气候变暖对甘肃农作物生长影响的研究进展.地球科学进展,23(10):1070-1078.
邓振镛,张强,徐金芳,等.2008.西北地区农林牧业生产及农业结构调整对全球气候变暖响应的研究进展.冰川冻土,30(5):835-842.
邓振镛,张宇飞,刘德祥,等2007..干旱气候变化对甘肃省干旱灾害的影响及防旱减灾技术的研究.干旱地区农业研究,25(4):94-99.
丁宏伟.2007.石羊河流域绿洲开发与水资源利用.干旱区研究,24(4):416-421.
丁宏伟,张荷生.2002.近50年来河西走廊地下水资源变化及对生态环境的影响.自然资源学报,17(6):691-697.
丁宏伟,张举.2002.干旱区内陆平原地下水持续下降及引起的环境问题-以河西走廊黑河流域中游地区为例.水文地质工程地质,(3):71-75.
丁一汇.2009.大气气溶胶通过改变水循环实现对水资源的影响.中国水利,19:24-25.
丁一汇,任国玉,赵宗慈,等.2007.中国气候变化的检测及预估.沙漠与绿洲气象,1(1):1-9.
丁一汇,任国玉.2008.中国气候变化科学概论.北京:气象出版社,10-18.
丁永建,刘凤景.1995.近三十年来青海湖流域气候变化对水量平衡的影响及其趋势预测.地理科学,15(2):128-135.
董玉祥.2001.藏北高原土地沙漠化现状及其驱动机制.山地学报,19(5):385-391.
都耀庭,张东杰.2007.禁牧封育措施改良高寒地区退化草地的效果.草业科学,24(7):22-24.
杜文军.2003.小麦锈病的防治规律与综合防治技术.陕西农业科学,(2):35-40.
樊启顺,沙占江,曹广超,等.2005.气候变化对青藏高原生态环境的影响评价.盐湖研究,13(1):12-18.
范广州,程国栋.2002.影响青藏高原植被生理过程与大气CO_2浓度的气候变化的相互作用.大气科学,26(4):509-518.
范建华,施雅风.1992.气候变化对青海湖水情的影响——近30年时期的分析.中国科学(B),21(5):537-542.
范锡朋.1981.河西走廊河川径流与地下水的相互转化及水资源的合理利用.水文地质工程地质,76(4):1-4.
方精云.2000.全球生态学——气候变化与生态响应.北京:高等教育出版社,施普林格出版社.
冯建英,陈旭辉,陆登荣,等.2004.我国西北干旱区区域性沙尘暴特征及成因研究.中国沙漠,24(5):582-587.
伏洋,张国胜,颜亮东,等.2009.青海省农业结构调整与发展循环经济的途径.安徽农业科学,37(27):13267-13270.
伏洋,张国胜,颜亮东.2004.气候变化对青海省种植业的影响及适应对策.中国农业气象,25(3):11-14.

参考文献

傅丽昕,陈亚宁,李卫红,等.塔里木河三源流区气候变化对径流量的影响.干旱区地理,2008,31(2):237-242.

傅丽昕,陈亚宁,李卫红,等.2010.塔里木河源流区近50 a径流量与气候变化关系研究.中国沙漠,30(1):204-209.

高华中,朱诚,李宗尧.2005.开都河灌区灌溉引水对博斯腾湖面积影响的定量分析.自然资源学报,20(4):502-507.

高庆华,苏桂武,张业成,等.2003.中国自然灾害与全球变化.北京:气象出版社,1-10.

高卫东,魏文寿,张丽旭.2005.近30a来天山西部积雪与气候变化—以天山积雪雪崩研究站为例.冰川冻土,27(1):68-73.

高晓清,汤懋苍,冯松.2000.冰川变化与气候变化关系的若干探讨.高原气象,19(1):9-16.

高晓清,朱德琴,姚济敏.2004.从地球系统的观点看气候突变.干旱气象,22(4):71-75.

龚春梅,宁蓬勃,王根轩,等.2009.C_3和C_4植物光合途径的适应性变化和进化.植物生态学报,33(1):206-221.

龚建宁,2001.新疆草原蝗鼠灾害与控制策略.灾害学,16(2):65-69.

管文轲,张新霞,李焱.2006.新疆天然林保护与森林生态效益.防护林科技,增刊:66-67.

郭小芹,李岩瑛,曹玲.2009.气候变化对疏勒河流域径流量影响研究.安徽农业科学,37(35):17595-17598.

郭雨华.2009.中国西北地区退耕还林工程效益监测与评价.北京林业大学,博士论文.

郭占荣,刘花台,朱延华.2001.论西北地区地下水的开发利用与保护.水利学报,(6):37-40.

韩小梅,申双和.2008.物候模型研究进展.生态学杂志,27(1):89-95.

韩永翔,万信,邓振镛,张杰.2003.加入WTO后甘肃省农业种植结构的战略性调整研究.中国农业气象,(2):43-45.

贺晋云,张明军,王鹏,等.2011.新疆气候变化研究进展.干旱区研究,28(3):499-508.

胡汝骥,樊自立,王亚俊,等.2002.中国西北干旱区的地下水资源及其特征.自然资源学报,17(3):321-326.

黄建晔,杨洪建,杨连新.2004.CO_2浓度增加对水稻产量形成的影响及其与氮的互作效应.中国农业科学,37(12):1824-1830.

黄荣辉,陈际龙,周连童,等.2003.关于中国重大气候灾害与东亚气候系统之间关系的研究.大气科学,27(4):770-787.

黄荣辉,顾雷,陈际龙,等.2008.东亚季风系统的时空变化及其对我国气候异常影响的最近研究进展.大气科学,32(4):691-719.

黄文广,于钊,黄波.2009.宁夏草原鼠虫害防治现状及措施.宁夏农林科技,(4):79-80.

霍治国,李世奎,杨柏.1995.内蒙古天然草地的气候生产力及其载畜量研究.应用气象学报,6(增刊):89-95.

蒋菊芳,魏育国,刘明春,等.2009.河西走廊东部麦红吸浆虫发生的气象预测.中国农业气象,30(3):449-452.

蒋菊芳,魏育国,刘明春.2009.石羊河流域玉米田棉铃虫发生气象条件分析预测.干旱地区农业研究,27(3):221-225.

景佩玉.2008.宁夏实施天然林资源保护工程情况调研.宁夏林业通讯,4:24-26.

寇太记,苗艳芳,庞静,等.2008.农田土壤呼吸对大气CO_2浓度升高的响应.生态环境,17(4):1667-1673.

冷疏影,刘燕华.1999.中国脆弱生态区可持续发展指标体系框架设计.中国人口·资源与环境,9(2):40-45.

李栋梁,郭慧,李跃清,等.2005.青藏高原及其铁路沿线地表温度变化趋势预测.高原气象,24(5):685-693.

李栋梁,魏丽,蔡英,等.2003.中国西北现代气候变化事实与未来趋势展望.冰川冻土,25(2):135-142.

李法虎.2006.土壤物理化学.北京:化学工业出版社.

李国昌,陈乾,陈添宇,等.2005.祁连山区地形降水的气候特征.地球科学进展,20(特刊):173-183.

李建平,王小华,刘迎春.2004.青海省高寒牧区人工草地的建植与利用.四川草原,(7):25-30.

李军,邵明安,张兴昌.2004.黄土高原旱塬地冬小麦水分生产潜力与土壤水分动态的模拟研究.自然资源学报,19(6):738-746.

李林,张国胜,汪青春,等.1999.青海地表水资源的变化及影响因子.气象,25(8):11-15.
李生辰,徐亮,郭英香,等.2006.近34 a青藏高原年气温变化.中国沙漠,26(1):27-34.
李卫红,袁磊.2002.新疆博斯腾湖水盐变化及其影响因素探讨.湖泊科学,14(3):224-227.
李文华,闵庆文,张强,等.2009.生态气象灾害.北京:气象出版社.
李英年.2000.高寒草甸牧草产量和草场载畜量模拟研究及对气候变暖的响应.草业学报,9(2):77-82.
李英年,关定国,赵亮,等.2005.海北高寒草甸的季节冻土及在植被生产力形成过程中的作用.冰川冻土,27(3):311-319.
李英年,王启基,赵新全,等.2000.气候变暖对高寒草甸气候生产潜力的影响.草地学报,8(1):23-29.
李英年,王启基,周兴民,等.1998.高寒草甸植物群落的环境特征分析.干旱区研究,15(1):54-58.
李英年,赵亮,赵新全,等.2004.5年模拟增温后草甸群落结构及生产量的变化.草地学报,12(3):236-239.
李英年,赵新全,周华坤,等.2008.长江黄河源区气候变化及植被生产力的特征.山地学报,26(6):678-683.
李照荣,丁瑞津,董安祥,等.2004.西北地区冰雹分布特征分析.高原气象,23(6):795-803.
李镇清,刘振国,陈佐忠,等.2003.中国典型草原区气候变化及其对生产力的影响.草业学报,12(1):4-10.
李忠勤,沈永平,王飞腾,等.2007.冰川消融对气候变化的响应——以乌鲁木齐河源1号冰川为例.冰川冻土,29(3):333-342.
梁四海,陈江,金晓梅,等.2007.近21年来青藏高原植被覆盖变化规律.地球科学进展,22(1):33-40.
梁四海,万力,李志明,等.2007.黄河源区冻土对植被的影响.冰川冻土,29(1):45-52.
林而达,等.1997.全球气候变化对中国农业影响的模拟.北京:中国农业科技出版社.
林而达,许吟隆,蒋金荷,等.2006.气候变化国家评估报告(Ⅱ):气候变化的影响与适应.气候变化研究进展,2(2):51-56.
林纾,陈丽娟,王润元,等.2007.西北地区初终霜冻的气候特征分析.地球科学进展,12(增刊):133-139.
林纾,陆登荣,王毅荣,等.2008.1960年代以来西北地区暴雨气候变化特征.自然灾害学报,17(3):16-21.
林忠辉,莫兴国,项月琴.2003.作物生长模型研究综述.作物学报,29(5):750-758.
刘春蓁,刘志雨,谢正辉.2007.地下水对气候变化的敏感性研究进展.水文,27(2):1-6.
刘德祥,白虎志,董安祥.2004.中国西北地区冰雹的气候特征及异常研究.高原气象,23(6):795-803.
刘德祥,董安祥,邓振镛.2005.中国西北地区近43年降水资源变化对农业的影响.干旱地区农业研究,23(4):179-185.
刘德祥,董安祥,邓振镛.2005.中国西北地区气候变暖对农业生产的影响.自然资源学报,20(1):119-125.
刘德祥,董安祥,陆登荣.2005.中国西北地区近43年气候变化及其对农业生产的影响.干旱地区农业研究,23(2):195-201.
刘德祥,孙兰东,宁惠芳.2008.甘肃省干热风的气候特征及其气候变化的响应.冰川冻土,30(1):81-86.
刘海棠.2009.加强三江源地区生态建设与保护的几点建议.中国农业资源与区划,30(4):75-77.
刘佳,何清,刘蕊,等.2008.新疆太阳辐射特征及其太阳能资源状况.干旱气象,26(4):61-66.
刘娟,韩勇,蔡祖聪,等.2007.FACE系统处理三年后淹水条件下土壤CH_4和CO_2排放变化.生态学报,27(6),2184-2190.
刘明春.2006.河西走廊沿沙漠地区酿酒葡萄生态气候特征分析.干旱地区农业研究,24(1):143-148.
刘明春,蒋菊芳,史志娟,等.2009.小麦蚜虫种群消长气象影响成因及预测.中国农业气象,30(3):440-444.
刘明春,蒋菊芳,魏育国,等.2009.气候变暖对甘肃省武威市主要病虫害发生趋势的影响.安徽农业科学,20:9522-9525.
刘明春,吕世华.2006.河西走廊酿酒葡萄气候资源定量分析评价.中国沙漠,26(6):976-981.
刘明春,薛生梁.2004.河西走廊酿酒葡萄生育模型及气象条件分析.气象,(12):78-82.
刘明春,张强,邓振镛,等.2007.河西干旱区酿酒葡萄生长的气象条件.生态学报,27(4):1656-1663.
刘瑞霞,刘玉洁,郑照军,等.2006.博斯腾湖面积定量遥感.应用气象学报,17(1):100-106.

刘天明,李翠菊.2008.全球变暖对我国农田生态系统的影响初探.资源环境与发展,4:12-14.
刘艳,舒红,李杨,等.2006.天山巴音布鲁克草原植被变化及其与气候因子的关系.气候变化研究进展,2(4):173-176.
刘燕华.1995.中国脆弱环境划分与指标.见:生态环境综合整治与恢复技术研究.北京:中国科学技术出版社.
刘玉学,刘微,吴伟祥,等.2009.土壤生物质炭环境行为与环境效应.应月生态学报,20(4):977-982.
刘愿英,张学真,柳富民,等.2008.人类活动对博斯腾湖水环境变化影响分析.陕西农业科学,(3):66-72.
鲁顺元.2008.生态移民理论与青海的移民实践.青海社会科学,6:23-27.
罗丹,张宏,泽柏.2006.我国高寒草甸植被生产力及其影响因子.山地学报,24:275-281.
罗玉珠.2008.果洛州畜种改良工作现状及对策措施.草业与畜牧,(6):29-33.
马红亮,朱建国,谢祖彬.2007.高CO_2浓度对稻田CO_2排放影响的初步分析.中国农学通报,23(1):176-184.
马金珠,李吉均,高前兆.1990.气候变化与人类活动干扰下塔里木盆地南缘地下水的变化及其生态环境效应.地理研究,9(2):51-56.
马鹏里,杨兴国,陈端生,等.2006.农作物需水量随气候变化的响应研究.西北植物学报,26(2):0348-0353.
马兴祥,邓振镛,李岩英,等.2007.石羊河流域环境蠕变的动因变化过程及修复措施.地球科学进展 22(Suppl.):225-229.
马兴祥,邓振镛,魏育国,等.2004.甘肃谷子气候生态适应性分析及适生种植区划.干旱气象,22(3):59-62.
马兴祥,魏育国,蒋菊芳.2006.沙漠边缘新垦酿造葡萄园土壤水分及作物耗水特性研究.干旱地区农业研究,24(4):58-61.
马占鸿,石守定,姜玉英,等.2004.基于GIS的中国小麦条锈病菌越夏区气候区划.植物病理学报,34(5):455-462.
马柱国,符淙斌.2001.中国北方干旱区地表湿润状况的趋势分析.气象学报,59(1):738-746.
满苏尔·沙比提,楚新正.2007.近40年来塔里木河流域气候及径流变化特征研究.地域研究与开发,26(4):97-101.
满苏尔·沙比提,胡江玲.2007.塔里木河流域水量变化对生态环境影响分析.干旱区资源与环境,21(10):83-87.
莫申国,张百平,程维明.2004.青藏高原的主要环境效应.地理科学进展,23(2):88-96.
牛涛,刘洪利,宋燕,等.2005.青藏高原气候由暖干到暖湿时期的年代变化特征研究.应用气象学报,16(6):763-771.
牛亚菲.1999.青藏高原生态环境问题研究.地理科学进展,18(2):163-171.
潘根兴,李恋卿,郑聚锋,等.2008.土壤碳循环研究及中国稻田土壤固碳研究的进展与问题.土壤学报,45(5):901-914.
庞奖励,黄春长,张治平.2001.陕西五里铺黄土微量元素组成与全新世气候不稳定性研究.中国沙漠,21(2):151-156.
皮海峰,吴正宇.2008.近年来生态移民研究评述.三峡大学学报,30(1):14-17.
蒲健辰,姚檀栋,段克勤,等.2005.祁连山七一冰川物质平衡的最新观测结果.冰川冻土,27(2):199-204.
蒲金涌,邓振镛,姚小英,等.2004.甘肃省胡麻生态气候分析及种植区划.中国油料作物学报,26(3):37-42.
蒲金涌,邓振镛,姚小英,等.2004.甘肃省马铃薯生态气候分析及综合区划.华北农学报,19(增刊):243-246.
蒲金涌,姚小红,尹东,等.2005.紫花苜蓿及主要粮食作物各生育时段叶面积指数及光能利用率研究,中国农业气象,16(1):31-33.
蒲金涌,姚小英,邓振镛,等.2006.气候变化对甘肃冬油菜种植的影响.作物学报,32(9):1397-1401.
蒲金涌,姚小英,辛昌业.2010.甘肃糜子生态气候适宜性研究.干旱地区农业研究,28(1):223-226.
蒲金涌,姚小英,姚晓红,等.2009.气候变暖对甘肃黄土高原苹果物候期及生长的影响.中国农业气象,29(2):181-183.

蒲金涌,姚晓红,胡利平,等.2006.甘肃陇东南紫花苜蓿土壤水分利用程度的评估研究.干旱地区农业研究,24(2):100-104.

蒲金涌,姚晓英,贾海源,等.2005.甘肃陇西黄土高原旱作区土壤水分变化规律及其有效利用程度研究.土壤通报,36(4):483-486.

蒲金涌,姚晓英,王位泰,等.2002.陇东地区黄花菜的气候适应性分析及其种植分区.中国蔬菜,(6):20-22.

蒲金涌,姚玉璧,马鹏里,等.2007.甘肃省冬小麦生长发育对暖冬现象的响应.应用生态学报,18(6):1237-1241.

朴世龙,方精云,郭庆华.2002.1982—1999年青藏高原植被净第一性生产力及其时空变化.自然资源学报,17(3):373-380.

普宗朝,张山清.2009.气候变化对新疆天山山区自然植被净第一性生产力的影响.草业科学,26(2):11-18.

祁如英,王启兰,申红艳.2006.青海草本植物物候期变化对气象条件影响分析.气象科技,34(3):306-310.

《气候变化国家评估报告》编写委员会.2007.气候变化国家评估报告.北京:科学出版社,43-80.

秦大河,陈宜瑜,李学勇.2005.中国气候与环境演变.北京:科学出版社.

邱丹,张国胜.2000.青藏高原气候变化对青南地区高寒草地生态系统的影响.青海科技,7(2):23-25.

邱新法,曾燕,缪启龙.2001.我国沙尘暴的时空分布规律及其源地和移动路径.地理学报,56(3):316-322.

屈振江.2010.陕西农作物生育期热量资源对气候变化的响应研究.干旱区资源与环境,24(1):75-79.

三江源自然保护区编委会.2002.三江源自然保护区生态环境.西宁:青海人民出版社.

尚占军,龙瑞军.2005.青藏高原"黑土型"退化草地成因与恢复.生态学杂志,24(6):652-656.

申元村.1995.中国脆弱环境区划的初步研究.见:生态环境综合整治与恢复技术研究.北京:中国科学技术出版社,69-76.

施建军,邱正强,马玉寿.2007."黑土型"退化草地上建植人工草地的经济效益分析.草原与草坪,(1):60-64.

施雅风,沈永平,李栋梁,等.2003.中国西北气候由暖干向暖湿转型的特征和趋势探讨.第四纪研究,23(2):152-164.

石德生.2008.三江源生态移民的生活状况与社会适应——以格尔木市长江源生态移民点为例.西藏研究,4:93-103.

宋连春,邓振镛,董安祥,等.2003.干旱.北京:气象出版社,1-9,49-70,99-145.

宋连春,张强,孙国武,等.2004.全球变暖对甘肃省经济、社会和生态环境的影响及其对策.干旱气象,22(2):69-75.

宋艳玲,张强,董文杰.2004.气候变化对新疆地区棉花生产的影响.中国农业气象,25(3):15-20.

孙芳,杨修,林而达,等.2005.中国小麦对气候变化的敏感性和脆弱性研究.中国农业科学,38(4):692-696.

孙鸿烈,郑度.青藏高原形成演化与发展.广州:广东科技出版社,1998.

孙继周,吴洪斌,刘荣国,等.2003.沙坡头自然保护区植物群落的消长变化及可持续发展研究.西北植物学报,23(4):544-549.

孙睿,朱启疆.2001.气候变化对中国陆地植被净第一性生产力影响的初步研究.遥感学报,5(1):58-61.

孙旭映,俞亚勋,闫敬泽,等.2004.甘肃冰雹灾害对农业的影响及其防御对策研究.中国农业气象,25(3):33-36.

谭建国,陆晨,陈正洪.2008.高温热浪与人体健康.北京:气象出版社.

汤奇成,李秀云.1982.径流年内分配不均匀系数的计算和讨论.自然资源,6(3):61-67.

汤奇成.1990.中国干旱区地表水与地下水的转化.地理研究,9(2):51-56.

陶健红,王遂缠,王宝鉴,等.2009.中国西北地区气温异常的特征分析.见:王润元主编.中国西北地区农作物对气候变化的响应.北京:气象出版社,3-22.

田玉强,欧阳华,宋明华,等.2007.青藏高原样带高寒生态系统土壤有机碳分布及其影响因子.浙江大学学报(农业与生命科学版),33(4):443-449.

汪青春.1998.牧草生长发育与气象条件的关系及气候年景研究.中国农业气象,19(3):1-7.
汪一鸣.2004.宁夏平原湿地保护、利用的经验教训.干旱区资源与环境,18(6):6-9.
王馥棠.1996.气候变化与我国的粮食生产.中国农村经济,(11):19-23.
王根绪,程国栋,沈永平,等.2001.江河源区的生态环境变化及其与综合保护研究.兰州:兰州大学出版社.
王根绪,胡宏昌,王一博,等.2007.青藏高原多年冻土区典型高寒草地生物量对气候变化的响应.冰川冻土,29(5):671-679.
王桂玲.1998.冬小麦田间土壤水分平衡动态模拟模型的研究.江苏农业学报,14(5):69-72.
王国亚,沈永平,毛炜峄,等.2005.乌鲁木齐河源区44a来气候变暖特征及其对冰川的影响.冰川冻土,27(6):813-819.
王鹤龄,王润元,孙万仓,等.2007.甘肃省气候变暖特征及冬油菜北移种植适应性探讨.地球科学进展,22(特刊):6-12.
王吉庆,陆家兴,刘守俭.1965.甘肃地区小麦条锈病菌越夏规律的初步研究.植物病理学报,8(1):1-9.
王谋,李勇,白宪洲,等.2004.全球变暖对青藏高原腹地草原资源的影响.自然资源学报,19(3):331-336.
王谋,李勇,黄润秋,等.2005.气候变暖对青藏高原腹地高寒植被的影响.生态学报,25(6):1275-1281.
王宁珍,邓振镛,黄斌,等.2007.气候变化对陇东黄土高原玉米干物重的影响.地球科学进展,22(特刊):68-71.
王宁珍,邓振镛,张谋草,等.2006.陇东黄土高原气候变化对玉米叶面积生长的影响研究.干旱地区农业研究,24(2):189-194.
王容,杜勇.1994.博斯腾湖流域气候及湖陆风.干旱区地理,17(3):90-94.
王润元,张强,刘宏宜,等.2006.气候变暖对河西走廊棉花生长的影响.气候变化研究进展,2(1):40-42.
王润元,张强,王耀琳,等.2004.西北干旱区玉米对气候变暖的响应.植物学报,46(12):1387-1392.
王润元,张强,杨兴国,等.2007.河西走廊绿洲农作物生长时段对变暖响应的比较研究.地球科学进展,22(特刊):1-5.
王绍令,赵林,李述训.2002.青藏高原沙漠化与冻土相互作用的研究.中国沙漠,22(1):33-39.
王绍武,赵宗慈,龚道溢,等.2005.现代气候学概论.北京:气象出版社,194-213,224-230.
王绍武,赵宗慈.1995.未来50年产中国气候变化趋势的初步研究.应用气象学报,6(3):333-342.
王石立,马玉平.2008.作物生长模拟模型在我国农业气象业务中的应用研究进展及思考.气象,34(6):3-10.
王石立,王馥棠,李友文.1991.春小麦生长简化模拟模式研究.应用气象学报,8(3):294-300.
王式功,董光荣,陈惠忠,等.2000.沙尘暴研究的进展.中国沙漠,20(4):349-356.
王守荣,朱川海,程磊,等.2005.全球水循环与水资源.北京:气象出版社,59-142.
王顺德,陈洪伟,张雄文,等.2006.气候变化和人类活动在塔里木河流域水文要素中的反映.干旱区研究,23(2):195-202.
王旭,马禹,陈洪武,等.2003.南疆沙尘暴气候特征分析.中国沙漠,23(2):147-151.
王燕,赵志中,乔彦松,等.2005.若尔盖45年来的气候变化特征及其对当地生态环境的影响.地质力学学报,11(4):328-340.
王一博,王根绪,常娟.2004.人类活动对青藏高原冻土环境的影响.冰川冻土,.26(5):523-527.
王毅荣.2007.1961—2005年黄土高原地区积温演变.冰川冻土,29(1):119-125.
王毅荣,尹宪之,袁志鹏.2004.中国黄土高原气候系统主要特征.灾害学,19(增刊):40-45.
王毅荣,张强,李耀辉.2005.中国黄土高原地区春寒时空演变.干旱气象,23(3):17-22.
王毅荣.2005.中国黄土高原汛期降水异常特征.成都信息工程学院学报,20(2):199-204.
王正新.2009.永昌县啤酒大麦区域优势分析.甘肃农业科技,(11):36-38.
韦志刚,黄荣辉,董文杰.2003.青藏高原气温和降水的年际和年代际变化.大气科学,27(12):157-170.
卫捷,陶诗言,张庆云.2003.Palmer干旱指数在华北干旱分析中的应用.地理学报,58(增刊):92-99.

魏文寿,姜逢清,王存牛.1998.塔里木河流域冰雪资源的估算与评价.见:塔里木河流域水资源、环境与管理.北京:中国环境科学出版社,51-56.

魏文寿,秦大河,刘明哲.2001.中国西北地区季节性积雪的性质与结构.干旱区地理,24(4):310-313.

文小航,尚可政,王式功.2008.1961—2000年中国太阳辐射区域特征的初步研究.中国沙漠,28(3):554-561.

吴孔明,郭予元.1996.棉铃虫迁飞与滞育的研究——棉铃虫滞育的解除与羽化形成.中国农业科学,29(1):15-20.

武文斌.特色优势产业:担保增收"桥头堡".甘肃日报,2008.7.1.第3版.

武永峰,任志远.2002.陕西省脆弱生态环境定量评价研究.干旱区资源与环境,16(2):10-14.

西北区域气候中心.2011.西北地区气候变化评估报告.

夏武平,周民,期季辩,等.1991.高寒草甸地区的生态群落.高寒草甸生态系统(3).北京:科学出版社.

夏训诚,杨根生.1994.关于西地区风沙尘暴的几个问题.中国科学院院刊,(4):346-349.

向波,缪启龙,高庆先.2000.青藏高原气候变化与植被指数的关系研究.气候分析与农业气象,21(1):29-6.

肖国举,王静.2003.黄土高原集水农业研究进展.生态学报,23(5):1003-1011.

肖国举,张强,李裕,等.2010.气候变暖对宁夏引黄灌区土壤盐分及其灌水量的影响.农业工程学报,26(6):7-14.

肖国举,张强,王静.2007.全球气候变化对农业生态系统的影响研究进展.应用生态学报,18(8):1877-1885.

肖浩.2008.高寒草甸植被退化的几个案例分析及恢复问题.草业与畜牧,3:27-32.

肖志强,李宗明,樊明,等.2008.陇南山区小麦白粉病流行程度预测模型.干旱地区农业研究,26(8):146-149.

谢贤群,王菱.2007.中国北方近50年潜在蒸发的变化.自然资源学报,22(5):683-691.

谢正辉,梁妙玲,袁星,等.2009.黄淮海平原浅层地下水埋深对气候变化响应水文.29(1):30-35.

谢自楚,张金华.1988.中国冰川的物质平衡.见:中国冰川概论.北京:科学出版社,67-94.

新疆生态移民情况调研课题组.2008.新疆生态移民情况调研报告.生态与环境,5:46-49.

熊伟,居辉,许吟隆,等.2006.气候变化下我国小麦产量变化区域模拟研究.中国生态农业学报,14(2):164-167.

徐国强,李杨,史奕,等.2002.开放式空气CO_2浓度升高对稻田土壤微生物的影响.应用生态学报,13(10):1358-1359.

徐小锋,田汉勤,万师强.2007.气候变暖对陆地生态系统碳循环的影响.植物生态学报,31(2):175-188.

徐兴奎,陈红,Levy J K.2008.气候变暖背景下青藏高原植被覆盖特征的时空变化及其成因分析.科学通报,53(4):456-462.

许何也,李小雁,孙永亮.2007.近47 a来青海湖流域气候变化分析.干旱气象,25(2):50-54.

薛纪渝.1995.脆弱环境敏感性评价方法探讨.见:生态环境综合整治与恢复技术研究.北京:中国科学技术出版社,19-24.

闫丽娟,张恩和.2005.北方农牧交错带理论载畜量对气候变化的响应-以定西县为例.草业科学,22(3):8-10.

严美春,曹卫星,李存东.2000.小麦发育过程及生育期机理模型的检验和评价.中国农业科学,33(2):43-50.

严美春,曹卫星,罗卫红.2000.小麦发育过程及生育期机理模型的研究Ⅰ.建模的基本设想与模型的描述.应用生态学报,11(3):355-359.

杨芳,徐有绪.2006.青海东部气候资源的利用.青海草业,15(1):35-39.

杨建平,丁永建,沈水平,等.2004.近40a来江河源区生态环境变化的气候特征分析.冰川冻土,26(1):7-16.

杨金虎,江志红,杨启国.2005.中国西北近41a来年中雨及以上降水次数的时空分布特征.地球科学进展,20(特刊):138-145.

杨金虎,张存杰,姚玉璧,等.2006.中国西北近45a来夏季无雨日数的诊断分析.干旱区地理,29(3):348-353.

杨连新,王余龙,李世峰,等.2007.开放式空气二氧化碳浓度增高对小麦物质生产与分配的影响.应用生态学报,18(2):339-346.

杨青,何清.2003.塔里木河流域的气候变化、径流量及人类活动间的相互影响.应用气象学报,14(3):309-321.

杨小利,江广胜.2010.陇东黄土高原典型站苹果生长对气候变化的响应.中国农业气象,31(1):74-77.

杨小利.2006.陇东黄土高原牧草气候生产潜力评价.草业科学,23(2):1-5.

杨元合,朴世龙.2006.青藏高原草地植被覆盖变化及其与气候因子的关系.植物生态学报,30(1):1-8.

杨元合,饶胜,胡会峰,等.2004.青藏高原高寒草地植物物种丰富度及其与环境因子和生物量的关系.生物多样性,12(1):200-205.

姚小英,蒲金涌,王澄海,等.2007.甘肃黄土高原40a来土壤水分蒸散量变化特征.冰川冻土,29(1):126-130.

姚小英,王澄海,蒲金涌,等.2006.甘肃黄土高原地区土壤水热特征分析研究.土壤通报,37(4):666-670.

姚小英,王全福,朱德强,等.2004.陇东南葡萄生态气候及种植风险决策.中国农业气象,25(1):57-59.

姚小英,杨小利,蒲金涌,等.2009.天水市大樱桃种植中影响产量的生态气候因素分析.干旱地区农业研究,27(5):261-264.

姚小英,张岩,马杰.2008.天水桃产量对气候变化响应.中国农业气象,(2):202-204.

姚晓红,许彦平,秘晓东.2006.气候变化对天水苹果生长的影响及对策研究.干旱地区农业研究,24(4):129-134.

姚晓红,许彦平,秘晓东.2006.气候变暖对甘肃陇东南地区苹果适生区落花落果的影响及对策研究.干旱地区农业研究,24(6):142-146.

姚玉璧,邓振镛,王润元,等.2006.气候变化对甘肃胡麻生产的影响.中国油料作物学报,28(1):49-54.

姚玉璧,邓振镛,王润元,等.2006.气候暖干化对甘肃马铃薯生产的影响.干旱地区农业研究,24(3):16-20.

姚玉璧,邓振镛,王润元,等.2006.气候暖干化对甘肃马铃薯生产的影响研究.干旱地区农业研究,24(1):196-202.

姚玉璧,李耀辉,王毅荣,等.2005.中国黄土高原气候与气候生产力对全球气候变化的响应.干旱地区农业研究,23(1):202-208.

姚玉璧,万信,张存杰,等.2009.甘肃省马铃薯晚疫病气象条件等级预报.中国农业气象,30(3):445-448.

姚玉璧,王润元,邓振镛,等.2007.黄河上游主要产流区气候变化及其对水资源的影响.中国沙漠,27(5):903-909.

姚玉璧,王润元,邓振镛,等.2007.黄河首曲草原牧区气候变化及对牲畜的影响.中国农业大学学报,12(1):27-32.

姚玉璧,王润元,邓振镛,等.2010.黄土高原半干旱区气候变化及其对马铃薯生长发育的影响.应用生态学报,21(2):287-295.

姚玉璧,王润元,尹东,等.2007.气候变化对黄河首曲地区草地生态退化的影响.资源科学,29(4):127-133.

姚玉璧,王毅荣,李耀辉,等.2005.中国黄土高原气候暖干化及其对生态环境的影响.资源科学,27(5):146-152.

姚玉璧,张存杰,万信,等.2010.气候变化对马铃薯晚疫病发生发展的影响.干旱区资源与环境,24(1):173-178.

姚玉璧,张秀云,杨金虎,等.2007.甘肃省脆弱生态环境定量评价及分区评述.水土保持通报,27(5):178-184.

殷永元,王桂新.2003.全球气候变化评估方法及其应用.北京:高等教育出版社.

尹东,邓振镛.2003.甘肃省名优瓜果气候适应性分析.气象科技,(4):248-252.

余优森.1989.白兰瓜含糖量气候分析和区划.中国农业气象,(2):8-12.

余优森.1994.花椒果实膨大生长与品质的气象条件.气象,20(7):50-54.

余优森,任三学.1995.陇南花椒品质气象条件和气候区划.中国农业气象,16(5):32-34.

宇万太,于永强.2001.植物地下生物量研究进展.应用生态学报,12(6):927-932.

袁婧薇,倪健.2007.中国气候变化的植物信号和生态证据.干旱区地理,30(4):465-473.

袁生禄.1991.石羊河流域水资源大规模开发对生态环境的影响.干旱区资源与环境,5(3):44-51.
张国胜,李林,汪青春,等.1999.青南高原气候变化及其对高寒草甸牧草生长影响的研究.草业学报,8(3):1-10.
张杰,韩涛,王建.2005.祁连山区1997—2004年积雪面积和雪线高度变化分析.冰川冻土,27(5):649-654.
张娟,张海军,王立平.2008.新疆湿地保护与管理建议.森林工程,24(4):21-22.
张磊,缪启龙.2007.青藏高原近40年来的降水变化特征.干旱区地理,30(2):240-246.
张良,王式功,尚可政,等.2007.祁连山区空中水资源研究.干旱气象,25(1):14-20.
张强,邓振镛,赵映东,等.2008.全球气候变化对我国西北地区农业的影响.生态学报,28(3):1210-1218.
张强,韩永翔,宋连春.2005.全球气候变化及其影响因素研究进展综述.地球科学进展,9:45-53.
张强,胡隐樵.2000.关于我国西北干旱气候的若干问题.中国沙漠,20(4):357-362。
张强,李裕,陈丽华.2011.当代气候变化的主要特点、关键问题及应对策略.中国沙漠,31(2):492-499.
张强,张存杰,白虎志,等.2010.西北地区气候变化新动态及对干旱环境的影响.干旱气象,28(1):1-7.
张强,张凯.2005."环境蠕变"概念之我见.地球科学进展,20(9):1037-1040.
张强,张良,崔县成,曾剑.2011.干旱监测与评价技术的发展及其科学挑战.地球科学进展,26(7):763-778.
张润杰,何新凤.1997.气候变化对农业害虫的潜在影响.生态学杂志,16(6):36-40.
张书余,等.2008.干旱气象学.北京:气象出版社,1-27,73-81,185-190,237-246.
张钛仁,颜亮东,张峰,等.2007.气候变化对青海天然牧草影响研究.高原气象,26(4):724-731.
张伟,张宏,泽柏.2006.我国高寒草甸碳循环研究进展.山地学报,24:266-274.
张新时.1989a.植被的PE(可能蒸散)指标与植被—气候分类(一)——几种主要方法与PEP程序介绍.植物生态学与地植物学学报,13(1):1-9.
张新时.1989b.植被的PE(可能蒸散)指标与植被—气候分类(二)——几种主要方法与PEP程序介绍.植物生态学与地植物学学报,13(3):197-207.
张雄,董伟,王立祥.2007.陕北丘陵沟壑区主要小杂粮降水生产潜力研究.水土保持通报,27(4):155-158.
张秀云,姚玉璧,蔡广珍,等.2009.白龙江流域气候变化及其对水资源的影响.资源科学,31(8):1315-1320.
张永强,唐艳鸿,姜杰.2006.青藏高原草地生态系统土壤有机碳动态特征.中国科学D辑(地球科学),36(12):1140-1147.
赵峰,千怀遂.2004.全球变暖影响下农作物气候适宜性研究进展.中国生态农业学报,12(2):134-137.
赵鸿,何春雨,李凤民,等.2008.气候变暖对高寒阴湿雨养农业区春小麦生长发育和产量的影响.生态学杂志,27(12):2111-2117.
赵鸿,孙国武.2004.环境蠕变对农业病虫草鼠害的潜在影响.干旱气象,21(1):53-56.
赵鸿,孙国武,王润元.2005.20年来甘肃省河东地区小麦蚜虫的发生规律与气候波动的关系探析.地球科学进展,20(特刊):95-99.
赵鸿,王润元,王鹤龄,等.2007.西北干旱半干旱区春小麦生长对气候变暖响应的区域差异.地球科学进展,22(6):636-641.
赵鸿,肖国举,王润元,等.2007.气候变化对半干旱雨养农业区春小麦生长的影响.地球科学进展,22(3):322-327.
赵建斌.2007.陕西天然林保护与可持续经营对策研究.西北农林科技大学,硕士论文.
赵茂盛,Ronald.P N,延晓冬.2002.气候变化对我国植被可能影响的模拟.地理学报,57(1):28-38.
赵庆云,赵红岩,王勇.2007.甘肃省夏季异常高温及其环流特征分析.中国沙漠,27(4):639-643.
赵锐锋,陈亚宁,李卫红,等.2010.1957—2007年塔里木河赶流径流量变化趋势分析.资源科学,32(6):1196-1103.
赵昕奕,张惠远,万军.2002.青藏高原气候变化对气候带的影响.地理科学,22(2):190-195.
赵跃龙等.1996.中国脆弱生态环境分布及其与贫困的关系.人文地理,11(2):1-7.

赵跃龙,张玲娟.1998.脆弱生态环境定量评价方法的研究.地理科学进展,**17**(1):69-72.

郑丹,李卫红,陈亚鹏,等.2005.干旱区地下水与天然植被关系研究综述.资源科学,**27**(4):160-167.

郑丹,苏晓岚.2001.气候变化与冰川演变的研究进展.新疆气象,**24**(1):1-6.

郑度,林振耀,张雪芹.2002.青藏高原与全球环境变化研究进展.地学前缘,**9**(1):95-102.

郑远长.1995.青藏高原东南部山地森林植被与气候关系研究.地理研究,**14**(4):104.

钟瑞森,董新光.2008.新疆博斯腾湖水盐平衡及水环境预测.湖泊科学,**20**(1):58-64.

周笃珺,马海州,高东林,等.2004.青海湖南岸全新世黄土地球化学特征及气候环境意义.中国沙漠,**24**(2):144-148.

周涛,史培军,王绍强.2003.气候变化及人类活动对中国土壤有机碳储量的影响.地理学报,**58**(5):727-734.

周晓峰,王晓春,韩士杰.2002.长白山岳桦—苔原过渡带动态与气候变化.地学前缘,**9**(1):227-232.

周秀骥,吴国雄.2004.中国气象事业发展战略研究.重大科学技术问题卷.北京:气象出版社,47-77.

朱大威,金之庆.2008.气候及其变率变化对东北地区粮食生产的影响.作物学报,**34**(9):1588-1597.

朱文泉,潘耀忠,阳小琼,等.2007.气候变化对中国陆地植被净初级生产力的影响分析.科学通报,**52**(21):2535-2541.

左万庆,王玉辉,王风玉.2009.围栏封育措施对退化羊草草原植物群落特征影响分析.草业学报,**18**(3):13-19.

Annette F. 2003. Regionalized inventory of bioorganic greenhouse gases emissions from European agriculture. *Eur. J. Agron*, **19**:135-160.

Brown N J, Parsley K, Hibberd J M. 2005. The future of C_4 research-maize, Flaveria or Cleome? *Trends in Plant Science*, **10**:215-221.

Burgmer T, Hillebrand H, Pfenninger M. 2007. Effects of climate driven temperature changes on the diversity of fresh water macroinvertebrate. *Oecologia*, **151**:93-103.

Cohen J, Rind D. 1991. The effect of snow cover on the climate. *Journal of Climate*, **4**:689-706.

Cornic G, Fresneau C. 2002. Photosynthetic carbon reduction and carbon oxidation cycles are the main electron sinks for photosystem II Activity during a mild drought. *Annals of Botany*, **89**:887-894.

Rosenzweig C and Hillel D. 1993. Agriculture in a greenhouse world: Potential consequences of climate change. *National Geographic Research and Exploration*, **9**: 208-221.

Dhakhwa G B. 1997. Maize growth: Assessing the effects of global warming and CO_2 fertilization with crop models. *Agriculturel and Forest Meteorology*, **87**: 253-272.

Edwards G E, Furbank R T, Hatch M D, et al. 2001. What does it take to be C_4 lessons from the evolution of C_4 photosynthesis. *Plant Physiology*, **125**:46-49.

Gillon J, Yakir D. 2001. Influence of carbonic anhydrase activity in terrestrial vegetation on the 180 content of atmospheric CO_2. *Science*, **291**:2584-2587.

Gong C M, Gao X W, Cheng D L, et al. 2006. C_4 photosynthetic characteristics and antioxidative protection of C_3 desert shrub Hedysarum scoparium in Northwest China. *Pakistan Journal of Botany*, **38**:647-661.

Gowik U, Burscheidt J, Akyildiz M, et al. 2004. cis-Regulatory elements for mesophyll specific gene expression in the C_4 plant Flaveria trinervia, the promoter of the C_4 phosphoenolpyruvate carboxylase gene. *The Plant Cell*, **16**:1077-1090.

Greenwald R, Bergin M H, Xu J, Cohan D, et al. 2006. The influence of aerosols on crop production: A study using the CERES crop model. **2-3**(September): 390-413.

Hibberd J M, Quick W P. 2002. Characteristics of C_4 pho-tosynthesis in stems and petioles of C_3 flowering plants. *Nature*, **415**:451-454.

Hibberd J M, Sheehy J E, Langdale J A. 2008. Using C_4 photosynthesis to increase the yield of rice-rationale and feasibility. *Current Opinion in Plant Biology*, 11:228-231.

House K Z, House C H, Schrag D P, et al. 2007. Electrochemical acceleration of chemical weathering as an energetically feasible approach to mitigating anthropogenic climate change. *Environ. Sci. Technol*, 41(24): 8464-8470.

Hughes C, Eastwood R. 2006. Island radiation on a continental scale: Exceptional rates of plant diversification after uplift of the Andes. *Proceedings of the National Academy of Sciences*, USA, 103:10334-10339.

Hussain M, Kubiske M E, Connor K F. 2001. Germination of CO_2-enriched Pinus taeda. L seeds and subsequent seedling growth responses to CO_2 enrichment. *Functional Ecology*. 15: 344-350.

Huxman T E, Monson R K. 2003. Stomatal responses of C_3, C_3-C_4 and C_4 Flaveria species to light and intercellular CO_2 concentration: implications for the evolution of stomatal behaviour. *Plant, Cell and Environment*, 26:313-322.

IPCC. 2007. Climate Change 2007: Impacts, Adaptation and vulnerability. Contribution of Working Group II to the Fourth Assessment Report of the Intergovernmental Panel on Climate Change. Cambridge, UK: Cambridge University Press.

IPCC. 2007. Summary for PolicymakersIPPC. Climate Change 2007: Mitigation of Climate Chang. Contribution of Working Group III to the Fourth Assessment Report of the Intergovernmental Panel on Climate Change. Cambridge, UK: Cambridge University Press.

IPCC. 2007. Summary for Policymakers of Climate change 2007: The Physical Science Basis. Contribution of Working Group I to the Fourth Assessment Report of the Intergovernmental Panel on Climate Change. Cambridge, UK: Cambridge University Press.

Jamieson P D, Bemtsen J, Ewert F, et al. 2000. Modeling CO_2 effects on wheat with varying nitrogen supplies. *Agriculture, Ecosystem and Environment*, 82:27-37.

Kang H J, Kim S Y, Fenner N, et al. 2005. Shifts of soil enzyme activities in wetlands exposed to elevated CO_2. *Science of the Total Environment*, 337(1/3):207-212.

Klanderud K, Birks H J B. 2003. Recent increases in species richness and shifts in altitudinal distributions of Norwegian mountain plants. *The Holocene*, 13:1-6.

Lin E D, Xiong W, Ju H, et al. 2005. Climate change impacts on crop yield and quality with CO_2 fertilization in China. *Philos. T. Roy. Soc. B*, 360:2149-2154.

Long S P, Elizabeth A A, Andrew D B L, et al. 2006. Food for thought: Lower-than-expected crop yield stimulation with rising CO_2 concentrations. *Science*, 30:1918-1921.

Orrson, et al. 2003. Plant responses to changes in pest, disease and weed incidence. Gardening in the Global Greenhouse Technical Report, 50-55.

Rees W E. 1992. Ecological footprint and appropriated carrying capacity: What urban economics leaves out. *Environment and Urbanization*, 4(2):121-130.

Remy M, Stefan B, Andreas B W, et al. 2003. Effect of CO_2 enrichment on growth and daily radiation use efficiency of wheat in relation to temperature and growth stage. *Eur. J. Agron.*, 19:411-425.

Root T L, Price J T, Hall K R, et al. 2003. Fingerprints of global warming on wild animals and plants. *Nature*, 421:57-60.

Rosenzweig C, Hillel D. 1993. Agriculture in a greenhouse world: Potential Consequences of climate change. *National Geographic Research and Exploration*, 9:208-221.

Rosenzweig C. 1985. Potential CO_2-induced climate effects on North American wheat-producing regions. *Climatic Change*, 7:367-389.

Sukumar Chakraborty, Gordon Murray, Neil White. 2002. Impact of Climate Change on Important Plant Disea-